EUROPA LEHRMITTEL

EUROPA-FACHBUCHREIHE
für Farbtechnik und Raumgestaltung

AF733970

Rechnen, Wirtschaften und Projektieren für Maler und Lackierer

VERLAG EUROPA-LEHRMITTEL · Nourney, Vollmer GmbH & Co. KG
Düsselberger Straße 23 · 42781 Haan-Gruiten

Europa-Nr.: 44327

Autoren des Buches „Rechnen, Wirtschaften und Projektieren für Maler und Lackierer"

Baldauf, Regina	Dipl. Ing. Pädagogin	Pirna
Grebe, Peter	Oberstudienrat	Olpe
Leeuw, Hans-Jörg	Studienrat	Meschede
Pehle, Wolfgang	Diplom Gewerbelehrer i. R.	Radebeul bei Dresden
Sirtl, Helmut	Studiendirektor	Reutlingen

Lektorat und Leitung des Arbeitskreises:
Hans-Jörg Leeuw

Verlagslektorat:
Alexander Barth

Bildbearbeitung:
Verlag Europa-Lehrmittel, Zeichenbüro, 73760 Ostfildern
Grafische Produktionen: Jürgen Neumann, 97222 Rimpar

Bildentwürfe: Die Autoren

Die Verwendung nur eines grammatikalischen Geschlechts bei Berufs- und Gruppenbezeichnungen wurde im Hinblick auf den Lesefluss gewählt. Sie stellt keine Meinungsäußerung zur Geschlechterrolle dar.

1. Auflage 2011
Druck 5 4

Alle Drucke derselben Auflage sind parallel einsetzbar, da sie bis auf die Korrektur von Druckfehlern identisch sind.

ISBN 978-3-8085-4432-7

Umschlaggestaltung: Q. Gute Grafik, 51143 Köln und Michael M. Kappenstein, 60594 Frankfurt a. M.
Satz: Meis satz&more, 59469 Ense / rkt, 51379 Leverkusen
Druck: CPI books GmbH, 25917 Leck

Was benötigt der Maler und Lackierer, um in seinem Beruf erfolgreich zu sein? Fachwissen in Verbindung mit handwerklicher Fähigkeit ergibt die Fachkompetenz, die heute so wichtig ist, um im Beruf zu bestehen. Die Grundlagen seines Wissens erwirbt der Maler und Lackierer in der Berufsausbildung.

Ein gutes Lehrbuch leistet ihm nicht nur zur Vor- und Nachbereitung des Unterrichts gute Dienste, es hilft auch dabei, Herausforderungen in der beruflichen Praxis professionell zu meistern. Damit der Maler und Lackierer nicht vor unlösbaren oder nur schwer zu entscheidenden Fragestellungen steht, kommt er nicht umhin, auf Bücher zurückzugreifen.

Kennzeichen dieses Buches ist die übersichtliche und kompakte Darstellung der Inhalte. Jedes Kapitel und jedes Unterkapitel bildet eine in sich abgeschlossene Einheit. Die Texte in schülergerechter Sprache stehen in engem Zusammenhang mit vielen Tabellen, Grafiken und Fotos, wodurch der Lernende die fachlichen Zusammenhänge leicht begreift.

Das vorliegende Werk **„Rechnen, Wirtschaften und Projektieren für Maler und Lackierer"** ergänzt die Fachkunde **„Fachwissen Maler und Lackierer"** um die mathematischen und wirtschaftlichen Fragestellungen. Es wurde nach der Ausbildungsordnung und dem Rahmenlehrplan zum Ausbildungsberuf Maler und Lackierer konzipiert und eignet sich bestens zum Einsatz im lernfeldorientierten Unterricht. Die Auszubildenden werden dazu angeregt, sich über ihren Kernberuf hinausgehend zu interessieren und zu informieren.

Das Lehrwerk ist nach folgenden Schwerpunkten gegliedert:

- In den **Kapiteln 1 bis 8** erfolgt die Einführung in die mathematischen Grundlagen derjenigen Berechnungen, die dem Maler und Lackierer als Grundlagen dienen.
- Die **Kapitel 9 bis 22** behandeln umfassend die für Maler und Lackierer geltenden Aufmaßregeln sowie das Schreiben eines Aufmaßes. Die Aufmaßübungen werden exemplarisch in ein übliches Aufmaßformular eingetragen.
- In den **Kapiteln 23 und 24** liegt der Schwerpunkt auf der Abrechnung von Malerleistungen durch die Vermittlung von Grundlagen der Kosten- und Preisberechnung sowie der Lohnberechnung.
- Die **Kapitel 25 bis 28** gehen auf Führung eines Malerunternehmens ein. Das Fach Wirtschaftslehre ist als eigenständiges Fach nicht mehr im Rahmenlehrplan enthalten, die Inhalte werden im Rahmen der Lernfelder vermittelt.
- Das Buch schließt mit den **„Technischen Merkblättern" (Kapitel 29 bis 35)**, mit denen die Bearbeitung von Kundenaufträgen eingeübt werden kann. Sie wurden in Anlehnung an Merkblätter des Marktes entwickelt und stellen Informationen zu den wichtigsten Beschichtungsstoffen zur Verfügung.
- Im Anhang finden sich Preislisten, mit denen Preiskalkulationen praxisnah errechnet werden können.

Die Konzeption des Buches basiert auf der langjährigen Erfahrung der Autoren in der schulischen und praktischen Ausbildung von Malern und Lackierern.

Unseren Lesern wünschen wir viel Freude und Erfolg bei der Erarbeitung und Vertiefung der Fachkenntnisse. Hinweise und Ergänzungen, die zur Weiterentwicklung des Buches beitragen, nehmen wir unter der Verlagsadresse oder per E-Mail (lektorat@europa-lehrmittel.de) dankbar entgegen.

Herbst 2011 | Autoren und Verlag

Inhaltsverzeichnis

II AUFMASSE

IV UNTERNEHMENSFÜHRUNG

V TECHNISCHE MERKBLÄTTER

1 : 1 = 1 – 1 = 0 + 1 = 1 · 1 = 1

1.1 Ziffern, Zahlen, Zählweisen

Zahlen geben eine Anzahl an, z. B., wie ein Spiel ausgegangen ist, wie viele Tore geschossen wurden usw. Man verwendet Zahlen, um eine Reihenfolge festzulegen, z. B. Hausnummern. Zahlen geben die Uhrzeit oder einen Geldbetrag an (Bild 1).

Eine Ziffer dient der Darstellung einer Zahl. In Übersicht 1 sind arabische und römische Ziffern dargestellt.

Bild 1: Verschiedene Schreibweisen von Zahlen

Römische Ziffern

Die römischen Zahlzeichen waren jahrhundertelang gebräuchlich. Das römische Zahlensystem kennt keine 0 und arbeitet nach einem additiven System mit Basis der 10 und Hilfsbasis 5.

I	V	X	L	C	D	M	ↁ	ↂ
1	5	10	50	100	500	1 000	5 000	10 000

Arabische Ziffern

Die „arabischen Ziffern" verdankt man den Indern. Die indischen Rechenkenntnisse wurden um 800 n. Chr. von arabischen Mathematikern und Kaufleuten übernommen und 300 Jahre später nach Europa gebracht. Daher die Bezeichnung „arabische Ziffern".

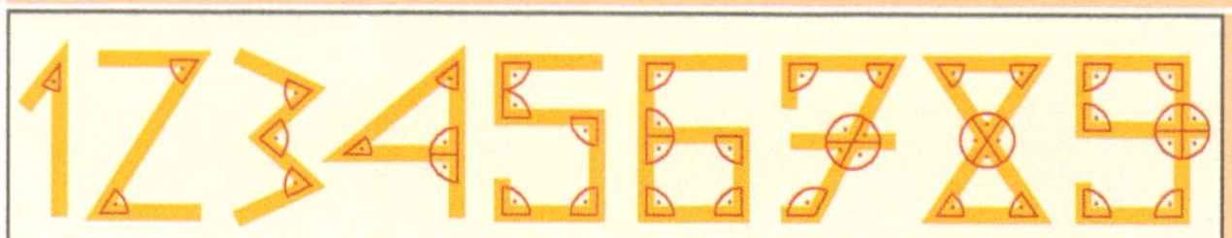

1 2 3 4 5 6 7 8 9 0 ○

Erst nach 1500 n. Chr. konnte sich die arabische Schreibweise der Zahlen durchsetzen. Als Begründer des modernen Rechnens erwies sich Adam Riese (1492 – 1559), sein Lehrbuch *„Rechenung auff der linihen und federn..."* (1522) förderte die arabische Schreibweise von Zahlen im europäischen Raum. Zielgruppe waren wahrscheinlich Lehrlinge kaufmännischer und handwerklicher Berufe.

Übersicht 1: Römische und arabische Ziffern

Längenmaße

Handwerker messen Längen oft mit Messinstrumenten. Sind diese jedoch auf der Baustelle nicht zur Hand, wird auch geschätzt. Man sucht sich dazu eine Vergleichsgröße. Geübte Handwerker beherrschen auch das relativ genaue Einschätzen von Maßen, indem sie z. B. Längen traditionell mit ihren Körpermaßen vergleichen (Übersicht 2).

Durch Vergleich mit ähnlichen Situationen, Schätzen und Überschlagsrechnen erfolgen auch heute noch viele Entscheidungen auf Baustellen (denn der Maler und Lackierer antwortet oft auf Fragen nach dem etwaigen Preis, Materialverbrauch usw.). Geübte Handwerker sollten daher das Schätzen und Überschlagsrechnen üben, sodass sie nicht ganz falsch mit ihren Prognosen liegen.

In früheren Zeiten wurde häufig mit Handbreite, Fuß, Schrittlänge oder Elle gemessen. Da die Menschen aber nicht alle gleich groß waren (und sind), gab es vor allem dann Streitigkeiten, wenn etwas beim Verkauf gemessen (und bezahlt) wurde.

Da der Handel durch unterschiedliche Maßeinheiten erschwert wurde, einigte man sich auf ein gemeinsames Grundmaß: das Urmeter (1799 in Paris). Aus sehr widerstandsfähigem Metall wurde ein Stab hergestellt, auf dem durch zwei Striche die Länge des Meters festgelegt wurde.

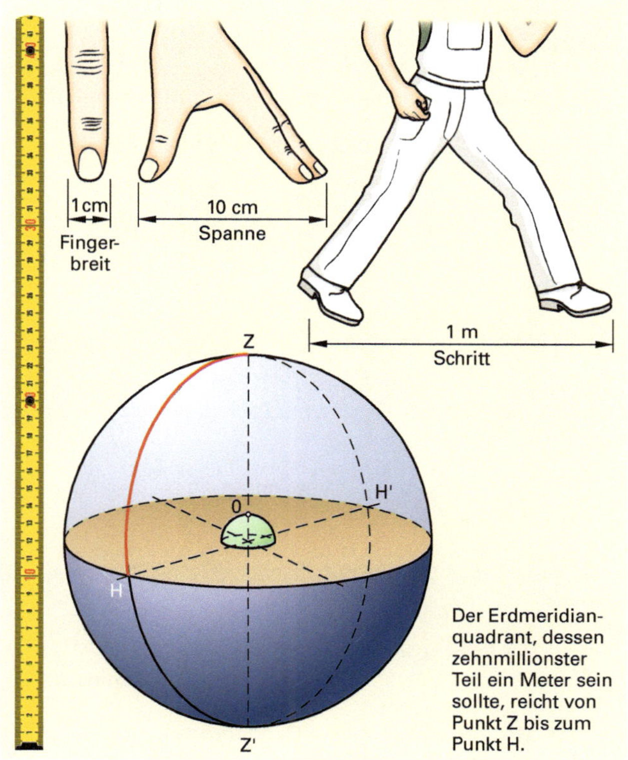

Übersicht 2: Messinstrumente und Vergleichsgrößen

1.2 Grundrechenarten und Rechengesetze

Zahlen werden beim Rechnen miteinander kombiniert, diese Kombinationen (oder Rechenwege) werden durch Zeichen symbolisiert (Tabelle 1):

Tabelle 1: Mathematische Zeichen und Begriffe

Zeichen	Bedeutung	Zeichen	Bedeutung
+	plus, und, dazu	⁒	abzüglich
–	minus, weniger, weg	%	Prozent
· x	mal, multipliziert	‰	Promille
/ — : ÷	geteilt durch, dividiert	⇒	daraus folgt
=	gleich	∅ d	Durchmesser
≠	nicht gleich	ϱ	Dichte
>	größer als	r	Radius
≥	gleich oder größer als	l	Länge
<	kleiner als	h	Höhe
≤	gleich oder kleiner als	b	Bogenlänge
∞	unendlich	h_s	Seitenhöhe
≈	annähernd gleich, etwa, nicht zwingend	U	Umfang
≙	entspricht	A	Fläche
...	und so weiter, bis	M	Mantelfläche
π	PI, Kreiszahl = 3,14	O	Oberfläche
Δ	Delta, Differenz	V	Volumen

Besonders Handwerker müssen die Grundrechenarten sicher beherrschen, sie sind Grundlage für alle überschlägigen und genauen Rechnungen, die ihnen im Alltag begegnen (Übersicht 1).

Addition Summand + Summand = Summe

Nur Größen mit gleichen Maßeinheiten können addiert werden, dabei bleibt die Einheit erhalten.

11,00 m²
\+ 5,00 m²
\+ 17,00 m²
\+ 2,50 m²
\+ 8,00 m²
\+ 32,00 m²
\+ 18,00 m²
= 93,50 m² Gesamtwohnfläche

Subtraktion Minuend – Subtrahend = Differenz

Bei der Subtraktion dürfen Minuend und Subtrahend nicht vertauscht werden. Nur Größen mit gleichen Maßeinheiten können subtrahiert werden, dabei bleibt die Einheit erhalten.

93,50 m² Gesamtwohnfläche
– 11,00 m²
– 32,00 m²
– 18,00 m²
= 32,50 m² die mit Fliesen belegt werden.

Grundriss Erdgeschoss

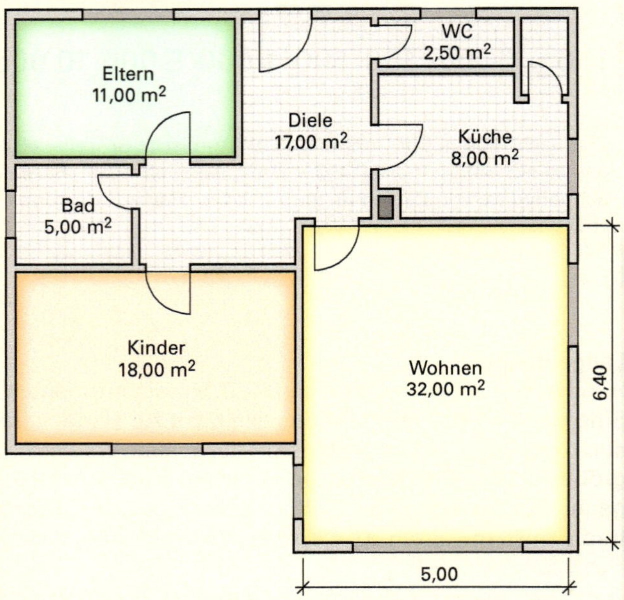

Multiplikation Faktor · Faktor = Produkt

Bei einer Multiplikation können die Faktoren vertauscht werden. Multipliziert man Größen mit Zahlen, so bleibt die Einheit der Größe erhalten.

1,50 m² · 10 = 15,00 m² Fensterfläche

Multipliziert man Größen miteinander, so entstehen neue Einheiten.

5,00 m · 6,40 m = 32,00 m² Fläche des Wohnzimmers

Sprich: Meter mal Meter gleich Quadratmeter.

Division Dividend : Divisor = Quotient

Bei der Division dürfen Dividend und Divisor nicht vertauscht werden. Dividiert man gleiche Größen miteinander, so entstehen Zahlen, da sich die Größen wegkürzen.

$$\frac{22{,}80 \text{ m Wandfläche}}{0{,}53 \text{ m Bahnenbreite}} = $$ 43,02 Bahnen werden benötigt (aufgerundet: 44 Bahnen)

Dividiert man verschiedene Größen miteinander, so entstehen neue Größen.
22,00 m : 2 Maler = 11 m / Maler

Sprich: Meter pro Maler, die tapeziert werden sollen.

Übersicht 1: Addition und Subtraktion

Beim Rechnen mit Zahlen und Variablen müssen verschiedene Regeln und Gesetzmäßigkeiten berücksichtigt werden. Bei allen Gesetzmäßigkeiten und Regeln gilt: Punkt- vor Strichrechnung, Klammern haben Vorrang (Tabelle 1)!

Tabelle 1: Punkt- vor Strichrechnung, Umgang mit Klammern

Rechenregel	Berechnung	Beispiel
Regel 1: Punktrechnung geht vor Strichrechnung.	Die beiden Flächen des Grundrisses im Beispiel werden getrennt berechnet. Zuerst wird die linke Fläche, dann die rechte Fläche berechnet. Anschließend werden beide Flächen addiert.	**Rechenansatz 1:** 3,00 m · 2,60 m + 1,50 m · 2,60 m = 7,80 m² + 3,90 m² = 11,70 m² 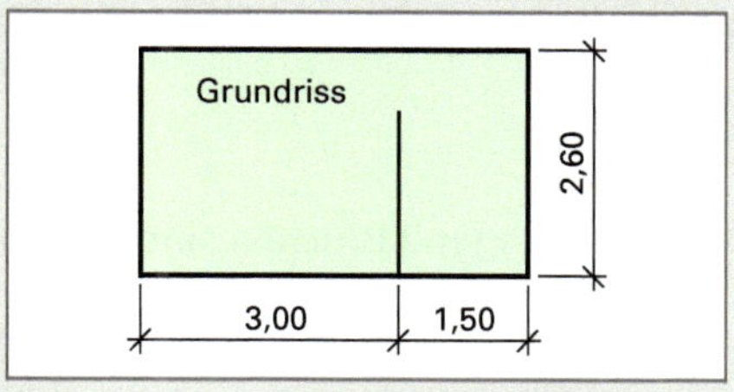
Regel 2: Klammern haben immer Vorrang.	Die Klammer hebt Regel 1 auf. Ist eine Klammer gesetzt, muss immer zuerst der Wert in der Klammer ausgerechnet werden, d.h., die Klammer muss aufgelöst werden. Das Multiplikationszeichen vor oder hinter der Klammer kann entfallen. Alle anderen Zeichen müssen geschrieben werden. Befinden sich Klammern innerhalb einer Klammer, so sind diese zuerst aufzulösen.	**Rechenansatz 2:** (3,00 m + 1,50 m) · 2,60 m = 4,50 m · 2,60 m = 11,70 m²

In einer **Gleichung** haben beide Seiten dasselbe Ergebnis. Formeln sind Gleichungen, um eine unbekannte Zahl zu finden. Die Unbekannte wird häufig mit x eingesetzt. Die Berechnung einer Formel führt nur zum richtigen Ergebnis, wenn

- die richtigen Zahlen eingesetzt werden,
- die Einheiten stimmen.

Befindet sich eine unbekannte Größe innerhalb der Formel, so kann sie durch Umstellung isoliert und dann berechnet werden. Die Unbekannte wird isoliert, indem man auf beiden Seiten die gleiche Rechenoperation vornimmt, sodass die Vorgabe erhalten bleibt, dass beide Seiten der Gleichung/Formel zum selben Ergebnis führen. Bei komplexen Formeln kann das Umformen sehr kompliziert sein. Dann ist es sinnvoller, in der Formelsammlung die bereits umgestellten Versionen nachzuschlagen.

Um eine Gleichung zu lösen, sind Rechengesetze und Regeln hilfreich bzw. notwendig. Nur die Beachtung dieser Regeln führt zum richtigen Ergebnis (Tabelle 2).

Tabelle 2: Rechengesetze und Regeln

Kommunikativgesetz		
Vertauschen von Summanden	$2 - 8 + 4 = 4 + 2 - 8 = \mathbf{-2}$	$a - b + c = a + c - b$
Vertauschen von Faktoren	$6 \cdot 3 \cdot 4 = 4 \cdot 6 \cdot 3 = \mathbf{72}$	$a \cdot b \cdot c = c \cdot a \cdot b$
Assoziativgesetz		
Zusammenfassen von Summanden	$4 - 3 + 9 = (4 + 9) - 3 = \mathbf{10}$	$6a + 4b - 3a = (6a - 3a) + 4b = \mathbf{3a + 4b}$
Zusammenfassen von Faktoren	$2 \cdot 5 \cdot 6 = (6 \cdot 5) \cdot 2 = \mathbf{60}$	$a \cdot b \cdot c = (a \cdot c) \cdot b$
Vorzeichenregeln		
Summieren von Zahlen	$13 + (7 - 2) = 13 + 7 - 2 = \mathbf{18}$ $13 - (7 - 2) = 13 - 7 + 2 = \mathbf{8}$	$a - (b - c) = a - b + c$
Multiplizieren von Zahlen	$3 \cdot 5 = \mathbf{15}$ $(-3) \cdot (-5) = \mathbf{15}$ $(-3) \cdot 5 = 3 \cdot (-5) = \mathbf{-15}$	$a \cdot x = \mathbf{ax}$ $(-a) \cdot (-x) = \mathbf{ax}$ $(-a) \cdot b = a \cdot (-b) = \mathbf{-ab}$
Minuszeichen vor der Klammer	$9 - 2 - 5 = 9 - (2 + 5) = \mathbf{2}$	$a - b - c = a - (b + c)$
Distributivgesetz		
Multiplizieren mit Summen	$3 \cdot (6 + 2) = 3 \cdot 6 + 3 \cdot 2 = \mathbf{24}$	$a \cdot (b - c) = a \cdot b - a \cdot c$
Multiplizieren von Summen	$(7 + 2) \cdot (5 - 3)$ $= 7 \cdot 5 - 7 \cdot 3 + 2 \cdot 5 - 2 \cdot 3$ $= 9 \cdot 2 = \mathbf{18}$	$(a - b) \cdot (c + d)$ $= ac + ad - bc - bd$

1.3 Bruchrechnung

Bruchzahlen entstehen, wenn ein Ganzes in gleiche Teile aufgeteilt wird. Alte Zahlzeichen verraten diesen ursprünglichen Gedanken noch: Das 3000 Jahre alte babylonische Keilschriftzeichen für den Bruch 1/2 ist ein halb gefülltes Gefäß.

In Europa wurde als Zeichen für einen Bruch der Bruchstrich um ca. 1500 eingeführt. Der Bruchstrich entspricht dem Zeichen „geteilt durch". Ein Bruch beschreibt den Anteil an einem Ganzen. So ist z. B. der fünfte Teil eines Ganzen 1/5. 2 Teile vom Ganzen entsprechen 2/5. Die Zahl auf dem Bruchstrich bezeichnet man als Zähler, die Zahl unter dem Bruchstrich als Nenner.

$$\frac{2}{3}\quad\frac{\textbf{Zähler}}{\textbf{Nenner}}$$

Beim Umgang mit Brüchen sind verschiedene Rechenregeln zu beachten (**Tabelle 1**):

Tabelle 1: Bruchrechnung

Erweitern und Kürzen von Brüchen	Ein Bruch verändert seinen Wert nicht, wenn Nenner und Zähler mit der gleichen Zahl multipliziert oder dividiert werden. Vor dem Kürzen muss die Zahl gefunden werden, durch die Zähler und Nenner teilbar sind.	Kürzen $\frac{51}{9}\frac{:3}{:3}=\frac{17}{3}$ Erweitern $\frac{7}{3}\frac{\cdot 3}{\cdot 3}=\frac{21}{9}$
Umwandeln gemischter Zahlen in Brüche	Besteht eine Zahl aus einer ganzen Zahl und einem Bruch, so kann die ganze Zahl in den Bruch umgewandelt und zum vorliegenden Bruchteil addiert werden.	$2\frac{3}{4}=2\cdot\frac{4}{4}+\frac{3}{4}=\frac{8}{4}+\frac{3}{4}=\frac{11}{4}$
Umwandeln von Brüchen in gemischte Zahlen	Ein Bruch kann in eine gemischte Zahl umgewandelt werden, indem man durch Teilung bis zum Komma rechnet und den Rest als Bruch beibehält.	$\frac{11}{4}$ = 11 : 4 = 2 Ganze + Rest 3 Viertel = $2\frac{3}{4}$
Addieren von Brüchen	Brüche können nur addiert werden, wenn der gleiche Nenner vorliegt, d. h. wenn sie gleichnamig sind. Ungleichnamige Brüche müssen durch Erweitern gleichnamig gemacht werden. Der einfachste Weg, den gemeinsamen Nenner zu finden, ist die Multiplikation aller Nenner. Addiert werden dann die Zähler der gleichnamigen Brüche.	$\frac{2}{3}+\frac{4}{5}=\frac{2\cdot 5}{3\cdot 5}+\frac{4\cdot 3}{5\cdot 3}=\frac{10}{15}+\frac{12}{15}=\frac{22}{15}=1\frac{7}{15}$
Subtrahieren von Brüchen	Brüche können nur subtrahiert werden, wenn der gleiche Nenner vorliegt, d.h. wenn sie gleichnamig sind. Ungleichnamige Brüche müssen durch Erweitern gleichnamig gemacht werden. Der einfachste Weg, den gemeinsamen Nenner zu finden, ist die Multiplikation aller Nenner. Subtrahiert werden dann die Zähler der gleichnamigen Brüche.	$\frac{2}{3}-\frac{2}{5}=\frac{2\cdot 5}{3\cdot 5}-\frac{2\cdot 3}{5\cdot 3}=\frac{10}{15}-\frac{6}{15}=\frac{4}{15}$
Multiplikation von Brüchen	Man multipliziert Brüche, indem man Nenner mit Nenner und Zähler mit Zähler multipliziert. Es ist von Vorteil, gemischte Zahlen wie z. B. $2\,^3/_4$, in einen Bruch umzuwandeln ($^{11}/_4$) und das Ergebnis wieder in eine gemischte Zahl umzuwandeln.	$\frac{4}{6}\cdot\frac{2}{3}=\frac{4\cdot 2}{6\cdot 3}=\frac{8}{18}$ gekürzt = $\frac{4}{9}$
Division von Brüchen	Man dividiert Brüche, indem man den Nenner des einen mit dem Zähler des anderen Bruches multipliziert und den Zähler mit dem Nenner des anderen Bruches (Kehrwert). Es ist von Vorteil, gemischte Zahlen wie z. B. $2\,^3/_4$ in einen Bruch umzuwandeln ($\frac{11}{4}$) und das Ergebnis wieder in eine gemischte Zahl umzuwandeln.	$\frac{4}{6}:\frac{2}{3}=\frac{4\cdot 3}{6\cdot 2}=\frac{12}{12}$ gekürzt = 1

Brüche lassen sich in Dezimalzahlen umrechnen und umgekehrt (Tabelle 1):

Tabelle 1: Umrechnungsmöglichkeiten von Brüchen und Dezimalzahlen

Umrechnung eines Bruches in eine Dezimalzahl	Jeder Bruch kann in eine Dezimalzahl umgewandelt werden, indem man den Zähler durch den Nenner teilt.	$\frac{3}{4} = 3 : 4 = 0{,}75$
Umrechnung einer Dezimalzahl in einen Bruch	Die Dezimalzahl ist der Anteil von 1. So kann sie als Bruch geschrieben werden. Durch Erweiterung erhält man einen reinen Bruch, der eventuell noch gekürzt werden kann.	$0{,}8 = \frac{0{,}8}{1} = \frac{8}{10} = \frac{4}{5}$

1.4 Aufgaben

Aufgabe 1
Addieren bzw. subtrahieren Sie folgende Größen:

3,756 dm³ – 1,237 dm³
23,84 m + 34,77 m + 13,97 m
134,87 € – 64,89 € – 27,67 €

Aufgabe 2
Multiplizieren bzw. dividieren Sie folgende Größen und Zahlen:

$\frac{4 \cdot 3{,}56 \text{ m}^2}{3{,}00 \text{ m} \cdot 4{,}32 \text{ m}}$ $\qquad$ $\frac{3\,(6{,}55 \text{ m} \cdot 7{,}83 \text{ m})}{2}$

Aufgabe 3
Kürzen Sie folgende Brüche!

$\frac{7}{21}$ | $\frac{38}{114}$ | $\frac{125}{50}$ | $\frac{27}{9}$ | $\frac{108}{16}$

Aufgabe 4
Erweitern Sie folgende Brüche!

$\frac{4}{5} = \frac{?}{25}$ | $\frac{2}{7} = \frac{?}{21}$ | $\frac{31}{14} = \frac{?}{56}$ | $\frac{2}{3} = \frac{?}{51}$

Aufgabe 5
Wandeln Sie die folgenden Brüche in Dezimalzahlen um bzw. Dezimalzahlen in Brüche!

$\frac{3}{5}$	$\frac{27}{9}$	$\frac{6}{8}$	$\frac{435}{5}$	$\frac{18}{14}$	$\frac{7}{311}$
6,25	0,50	3,15	1,8	0,75	325,3

Aufgabe 6
Schreiben Sie die römischen Zahlen in arabische Zahlen um und umgekehrt!

MMCV	MMVIII	MDCCCLVIII
1925	1778	2012

Aufgabe 7
Ein Ziegelstein wiegt ½ seines Gewichtes + 2 kg. Wie viel wiegt er nun genau (in kg)?

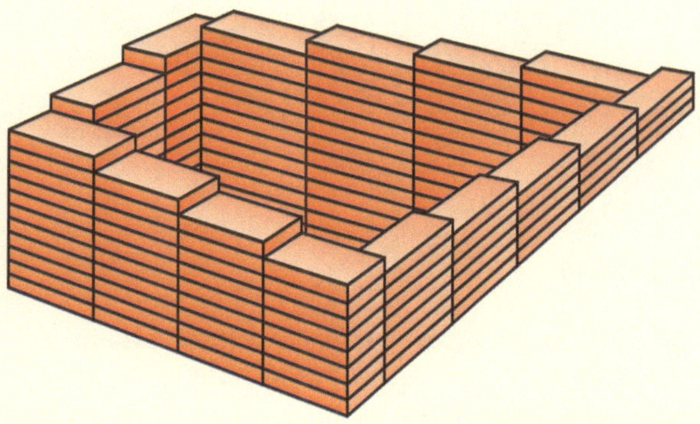

Aufgabe 8
Aus wie vielen Platten besteht diese Treppe?

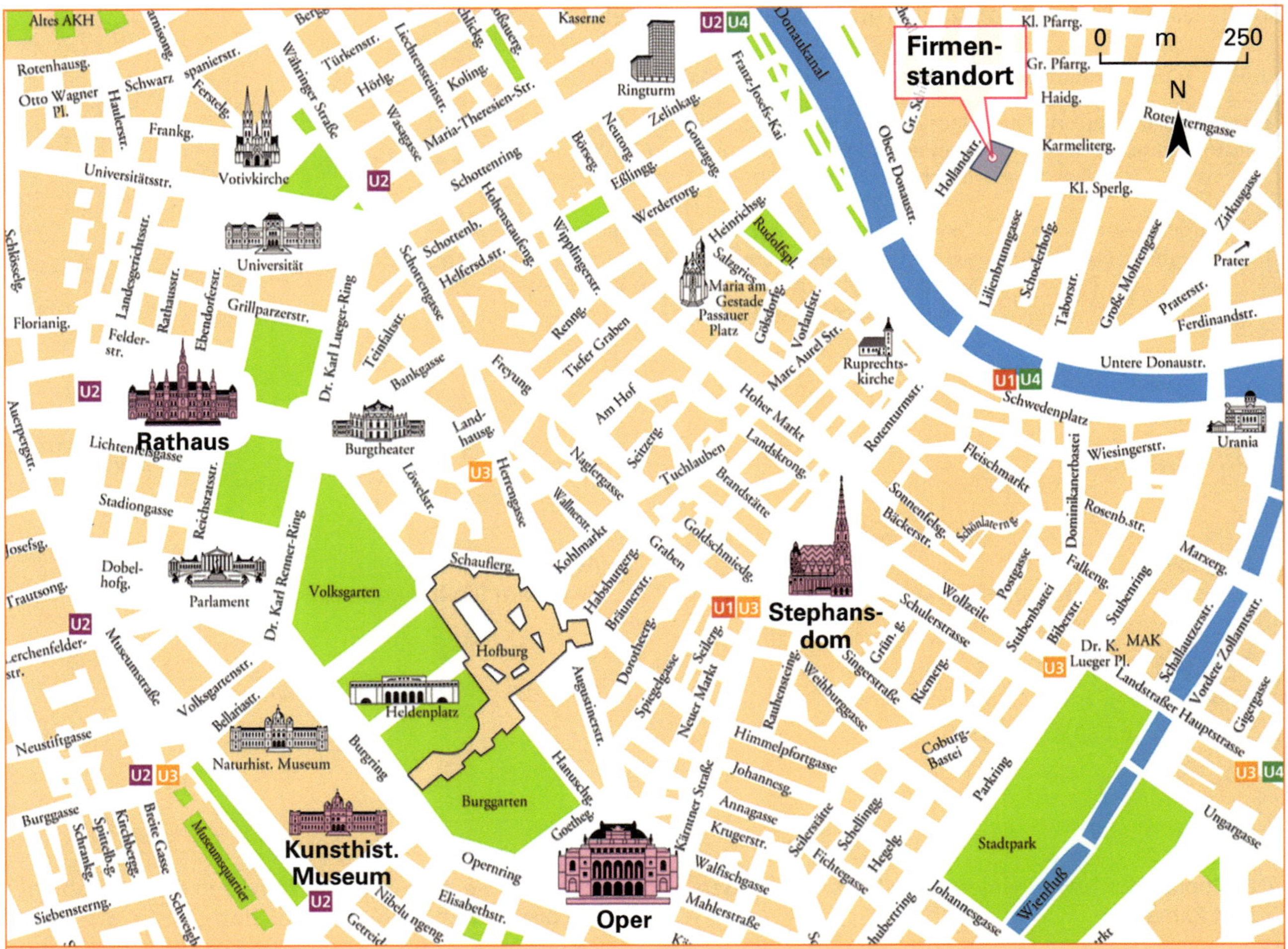

Aufgabe 9

Ein Maler- und Restauratorenbetrieb hat Baustellen an der Oper, Stephansdom, am Kunsthistorischen Museum und am Rathaus.

Wie weit sind die jeweiligen Wege vom Firmenstandort (am nördlichen Flussufer, Hollandstrasse, Ecke Karmelitergasse) zu den einzelnen Baustellen?

Aufgabe 10

Wie groß ist die Fläche eines Quadrates, wie groß die Fläche aller dunklen Quadrate, wie groß die Fläche aller Quadrate zusammen?

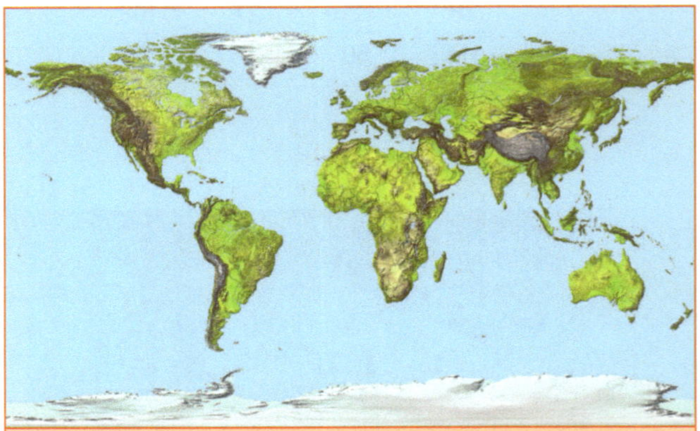

Aufgabe 11

Die Oberfläche der 7 Kontinente beträgt 150 000 000 km². Gemessen an der Gesamtfläche betragen die Landoberflächen der einzelnen Kontinente:
Afrika 1/5 Antarktis 1/10 Asien 3/10 Australien 4/75
Europa 1/15 Nordamerika 4/25 Südamerika 3/25

Wie groß sind die Erdteile in km²?

2.1 Umwandlung von Größen, Zahlenwerten und Einheiten

Mit Meterstab, Messbecher, Stoppuhr etc. lassen sich Größen messen, die mit den entsprechenden Einheiten versehen werden müssen, um sie richtig zuordnen zu können. Das Formelzeichen gibt an, um welche physikalische Größe es sich handelt. Jeder Größenwert setzt sich aus einem Zahlenwert und der Einheit zusammen **(siehe Tabelle 1)**.

Tabelle 1: Größenwerte, Zahlenwerte und Einheiten

Größe	Formelzeichen	Größenwert (Beispiel)	Zahlenwert	Einheit	Einheit in Worten
Länge	l	2 m	2	m	Meter
Fläche	A	3 m²	3	m²	Quadratmeter
Volumen (Rauminhalt)	V	6 m³	6	m³	Kubikmeter
Masse (Gewicht)	m	5 kg	5	kg	Kilogramm
Zeit	t	55 s	55	s	Sekunde

Mit diesen Größenwerten kann gerechnet werden. Das Ergebnis einer Berechnung ist aber immer nur dann richtig, wenn Maße in gleichen Einheiten eingesetzt werden. Die Multiplikation von 3 Metern mal 70 Zentimetern führt nur zum richtigen Ergebnis, wenn entweder die Meter in Zentimeter umgewandelt oder die Zentimeter in Meter umgewandelt werden. Auch ein Ergebnis, z. B. 23 700 cm², muss umgewandelt werden können. 2,37 m² vermitteln eine klare Vorstellung dieser Fläche **(siehe Tabelle 2)**.

Tabelle 2: Umwandlung von Maßzahlen

Größe	Bild	Maßeinheit			
Strecke *l, b, r*		m 5,12	dm 51,2	cm 512	mm 5 120
		Die Kommaverschiebung erfolgt jeweils um **1 Stelle**			
Fläche *A*	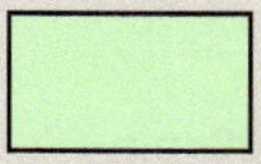	m² 0,34	dm² 34	cm² 3 400	mm² 340 000
		Die Kommaverschiebung erfolgt jeweils um **2 Stellen**			
Volumen (Rauminhalt) *V*	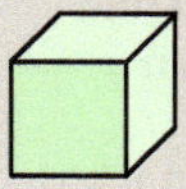	m³ 1,62	dm³ 1620	cm³ 1 620 000	mm³ 1 620 000 000
		Die Kommaverschiebung erfolgt jeweils um **3 Stellen**			

Beispiele: **Umrechnung Strecke:** 1,28 m = 1 280 mm 3 670 cm = 36,70 m
Umrechnung Fläche: 5,96 m² = 59 600 cm² 790 cm² = 0,0790 m²
Umrechnung Volumen: 0,45 m³ = 450 000 cm³ 630 cm³ = 0,000630 m³

Rauminhalte werden auch in Litern beschrieben. Es können m³ in Liter umgerechnet werden und umgekehrt. 1 l = 1 dm³. Flüssige Werkstoffe werden immer in Litern angegeben **(siehe Tabelle 3)**.

Schichtdicken werden in µm gemessen. Umwandlung: 1 mm = 1000 µm (Mikrometer)

Tabelle 3: Umwandlung von Volumen

Größe	Bild	Maßeinheit		
Volumen Rauminhalt	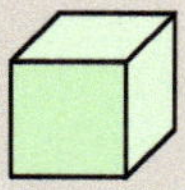	m³	1 dm³ = 1 l	1 cm³ = 1 ml
		4,234	Liter l 4 234	ml 4 234 000
		Die Kommaverschiebung erfolgt jeweils um **3 Stellen**		

Beispiele: Umrechnung Volumen in Liter
0,12 m³ = 120 dm³ = 120 l
567 cm³ = 0,567 dm³ = 0,567 l

Beispiele: Umrechnung Liter in Volumen
3 358 l = 3 358 dm³ = 3,358 m³
36 700 ml = 36,7 l = 36,7 dm³ = 0,0367 m³

Tabelle 1: Umwandlung von Maßen/Gewichten

Größe	Bild	Maßeinheit			
Masse Gewicht	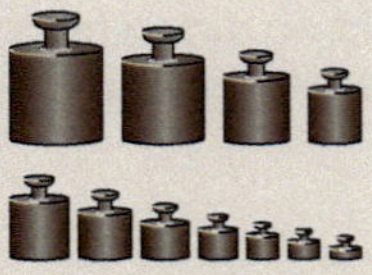	Tonne	Kilogramm	Gramm	Milligramm
		t 0,567	kg 567	g 567 000	mg 567 000 000
		Die Kommaverschiebung erfolgt jeweils um **3 Stellen**			

Beispiele Umrechnung Masse: 2,12 kg = 2 120 g 39 500 g = 39,500 kg

Der Zeiteinteilung liegt nicht das Dezimalsystem, sondern das 12er- bzw. das 24er-System zugrunde.
Bei der Ermittlung von Zeiten liegt das Ergebnis häufig in Minuten vor und muss in Stunden und Minuten umgewandelt werden. Es werden die enthaltenen vollen Stunden berechnet. Übrig bleiben die restlichen Minuten **(Tabelle 2)**.

Tabelle 2: Umwandlung von Zeiten

Größe	Bild	Maßeinheit		
Zeit		Stunden	Minuten	Sekunden
		h 12 h 15 min	min 735 min	s 44 100 s
		Umrechnungszahl = **60**		

Beispiel: Umrechnung Minuten in Stunden

738 Minuten entsprechen wie vielen Stunden?

738 min : 60 = 12 volle Stunden + x Minuten Rest
12 · 60 min = 720 min
Differenz 738 min – 720 min = 18 min Rest
Ergebnis: 738 min ≙ 12 h und 18 min

Beispiel: Umrechnung Stunden in Minuten

8,50 Stunden entsprechen wie vielen Minuten?

8 h x 60 = 480 min
0,50 h bezieht sich auf 100 und muss auf Bezug 60 umgerechnet werden

$$\frac{0{,}50 \cdot 60 \text{ min}}{100} = 0{,}3 = 30 \text{ min}$$

480 min + 30 min = 510 min
Ergebnis: 8,5 h ≙ 510 min

Das Rechnen mit Zahlen, die nicht zum Dezimalsystem gehören, erfolgt getrennt nach den Einheiten und anschließender Umwandlung.

Beispiel: Addition (Subtraktion) von Zeiten

1 h 45 min + 30 min + 7 h 25 min – 3 h 30 min

Lösung:
1. Schritt: Summe der vollen Stunden — 1 h + 7 h – 3 h = 5 h
2. Schritt: Summe aller Minuten — 45 min + 30 min + 25 min – 30 min = 70 min = 1 h 10 min
3. Schritt: Summe aus Schritt 1 und 2 — 5 h + 1 h 10 min = 6 h 10 min

2.2 Aufgaben

1a) 4 560 cm^2 = __m^2
1b) 1,2 m^3 = __l
1c) 232 312 s = __h
1d) 789 kg = __g

2a) 529 l = __m^3
2b) 223 000 cm = __ m
2c) 86 g = __kg
2d) 6,4 h = __min

3a) 1,2 l = __ml
3b) 435 min = __h
3c) 17,5 m = __cm
3d) 5 690 cm^3 = __dm^3

4a) 3,12 m^3 = __dm
4b) 5 450 cm = __m
4c) 0,8 h = __min
4d) 76 000 ml = __l

5a) 12,60 m^2 + 6,00 m^2 + 115 dm^2 + 1 200 cm^2 = __m^2
5b) 7 l + 13 000 ml + 3,5 dm^3 + 120 000 cm^3 = __l
5c) 13 h 15 min + 3 h 45 min – 1 h 45 min + 2 h 45 min = h __min

Ein Bild sagt mehr als 1000 Worte. Diese Erkenntnis kann man sich zunutze machen, wenn man Methoden kennt, mit denen Sachverhalte, Ergebnisse und Zusammenhänge anschaulich dargestellt werden können.
Die folgenden Darstellungsmethoden findet man auch in der Presse zur Veranschaulichung wirtschaftlicher, technischer, sozialer und anderer Zusammenhänge:

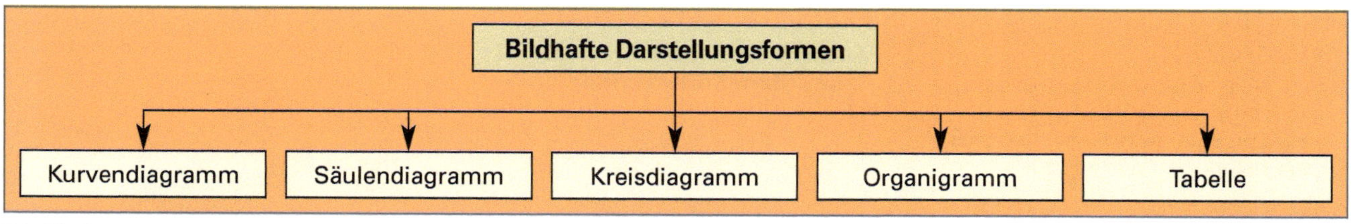

Die Wahl der Darstellungsmethode hängt davon ab, was gezeigt werden soll.

3.1 Diagramme

Tabelle 1: Kurvendiagramm

Kurvendiagramm	
Einsatz	**Beispiel mit Darstellung**
Das Kurvendiagramm dient der Darstellung von Abhängigkeiten zwischen mehreren Größen oder der Entwicklung zwischen mehreren Größen. Größen als Bezugspaare sind z. B. Liter + Preis Jahre + Stundenlohn Kilometer + Zeit.	Darstellung des Temperatur-Verlaufs innerhalb eines Jahres in Deutschland. 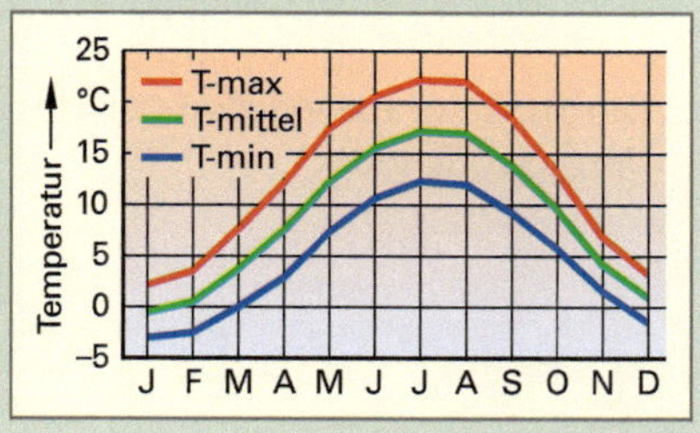

Erstellung eines Kurvendiagramms:
1. x-Achse und y-Achse im rechten Winkel zueinander stehend zeichnen.
2. Gleichmäßige Einteilung der Achsen in vorgesehene Einheiten, meist beginnend mit 0.
3. Auf den vorbereiteten Achsen werden die Größen angetragen.
4. Es werden nun die Punkte ermittelt und zu einer Geraden oder eine Kurve verbunden (**Bild 1**).

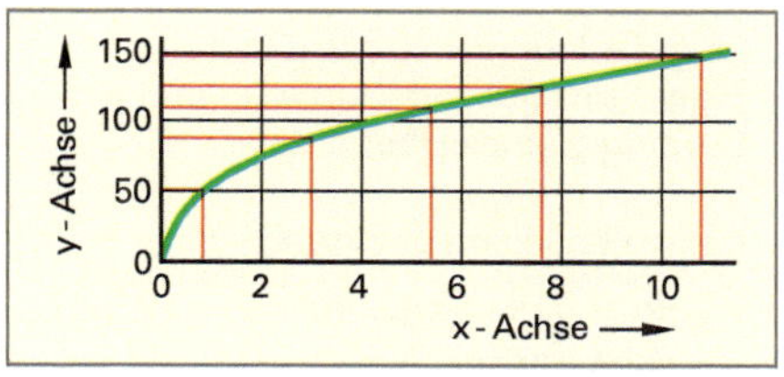

Bild 1: Erstellen eines Kurvendiagramms

Tabelle 2: Säulendiagramm

Säulendiagramm	
Einsatz	**Beispiel mit Darstellung**
Es lassen sich Rangfolgen, Größen und Werte grafisch darstellen. Verglichen wird nur 1 Größe, z. B. Preis, Menge, Jahre, Mengen, Anteile. Die x-Achse dient als Boden, auf dem die Säulen stehen. Auf der y-Achse werden dazu die Größen angetragen.	Vergleich des Absetzverhaltens von Pigmenten beim Einrühren in Lacken mit verschiedenen Geräten. (Alkydharz mit Zugabe von 0,3 % Antiabsetzmittel) 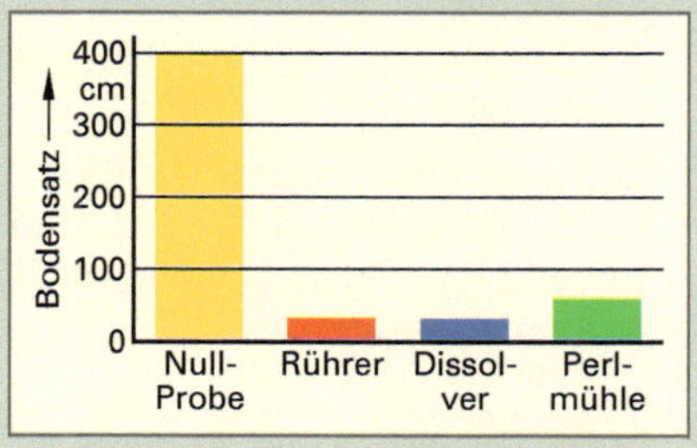

Erstellung eines Säulendiagramms:
1. x-Achse und y-Achse sind im rechten Winkel zueinander zu zeichnen.
2. Die Abstände der Säulen sowie deren Dicke auf der x-Achse sind beliebig.
3. Es folgt die gleichmäßige Einteilung der y-Achse in der vorgesehenen Einheit, meist beginnend mit 0.
4. Auf den vorbereiteten Achsen werden die Größen angetragen.
5. Es werden nun die Säulen gezeichnet.
6. In den Säulen können jeweils Anteile eingetragen werden (**Bild 2**).

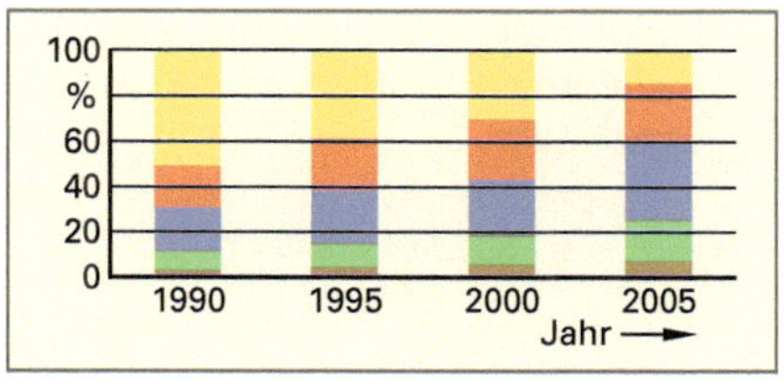

Bild 2: Darstellung von Anteilen in den Säulen eines Säulendiagramms

Tabelle 1: Kreisdiagramm

Kreisdiagramm	
Einsatz	**Beispiel mit Darstellung**
Das Kreisdiagramm zeigt die Anteile einer Gesamtheit. Es zeigt keine Entwicklung, sondern ist eine Momentaufnahme Die Summe der Anteile, der gesamte Kreis, entspricht immer 100 %.	Anteile der verschiedenen Materialien, die der Malerbetrieb XY im Jahre 2010 verbraucht hat.

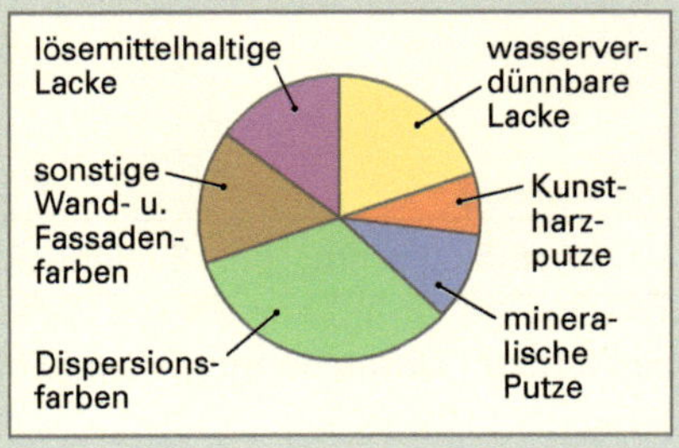

Erstellung eines Kreisdiagramms (Bild 1):

1. In gewünschter Größe ist ein Kreis zu ziehen.
2. Es folgt die Umrechnung der Anteile der Tortenstücke in Winkelgrade.
   Beispiel: 100 % = 360°
   1 % = 3,6°
   z. B. Anteil 20 % : 20 x 3,6° = 72°
   z. B. Anteil 1/5 : 360° : 5 = 72°
3. Die Winkelgrade werden von der Kreismitte aus angetragen, z. B. mit dem Geo-Dreieck.

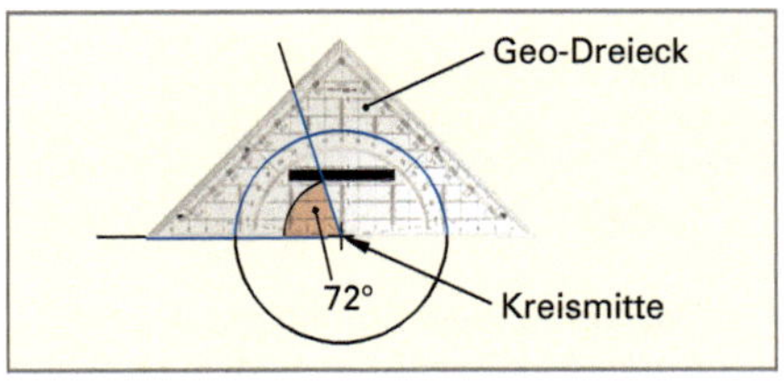

Bild 1: Antragen der Kreisteile des Kreisdiagramms

Tabelle 2: Organigramm

Organigramm	
Einsatz	**Beispiel mit Darstellung**
Zeigt Ordnungen und Strukturen. Eignet sich gut zum Sortieren und zur Schaffung eines Überblicks. Der Aufbau kann erfolgen • von oben nach unten • von unten nach oben • von links nach rechts	Es ist das Organigramm eines Malerbetriebes zu erstellen. Der Meister leitet den Betrieb und ist für alle Arbeiten in der Werkstatt zuständig mit 3 Gesellen, einem Hilfsarbeiter und 2 Auszubildenden. Das Büro wird von der Ehefrau des Meisters geführt.

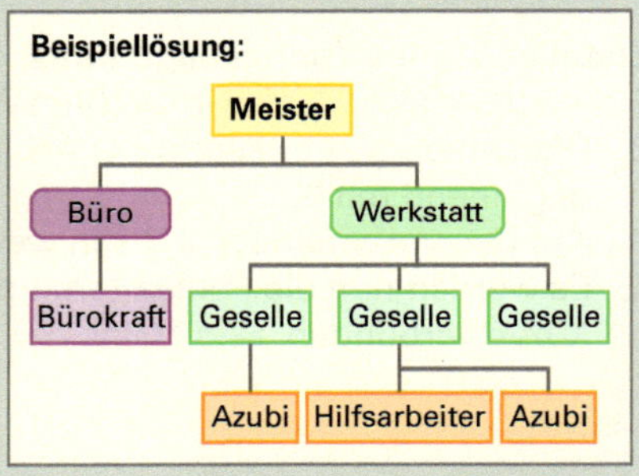

Erstellung eines Organigramms (Bild 2):

1. Struktur skizzenhaft nach Über- und Unterordnungen entwickeln und optimieren.
2. Organigramm sauber erstellen. Entscheidende Felder oder Felder mit anderer Bedeutung können mit anderen Formen oder in Farben abgesetzt werden.

3. Linien stellen Beziehungen her. Verläuft die Beziehung nur in eine Richtung, so werden Pfeile verwendet.

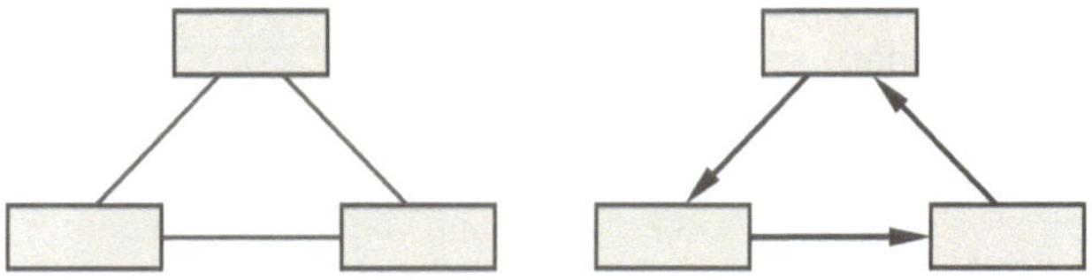

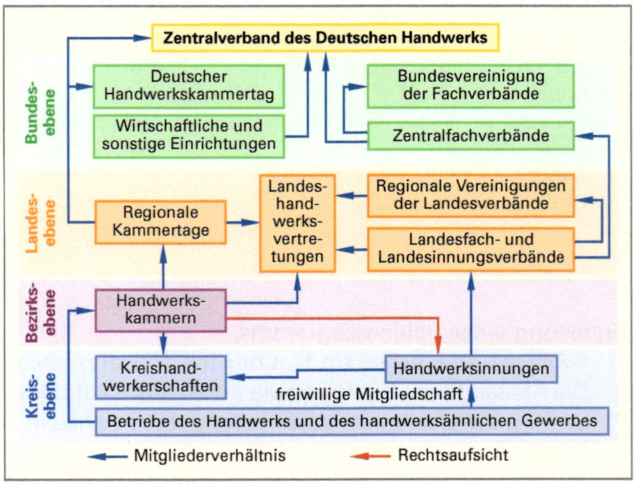

Bild 2: Organigramm-Beispiel: Zentralverband des Deutschen Handwerks

3.2 Tabellen

Tabelle 1: Tabelle

Tabelle

Einsatz	Beispiel mit Darstellung
Es ist möglich, in ein Gitter, oder auch Raster, aus Zeilen und Spalten die verschiedensten Dinge aufzulisten. Eine Tabelle ist dabei ähnlich einer Liste. Eine Tabelle ist eine verbesserte grafische Auflistung von Dingen. In Tabellen können Zahlen, Begriffe aber auch Ungewöhnliches, z. B. Farben **(Bild 3)**, erfasst werden.	Tabelle über die Beständigkeit von Lacken bei Einwirkung von ausgewählten Stoffen.

Beständigkeit bei Einwirkzeit/Materialeigenschaften	NC-Lack	Wasserlack, unvernetzt	SH-Einkomponenten Schichtlack	Wasserlack, selbstvernetzend	Wasserlack, selbstvernetzend	Zweikomponenten-Wasserlack
Wasser, 16 Std.	3	3	0	0	0	0
Alkohol 50 %, 1 Std.	3	3	1	0	0	0
PVC-Weichmacher, 16 Std.	5	5	0	0	0	0
Fette, Öle, 16 Std.	2 bis 3	2 bis 3	0	0	0	0
Aceton, 10 Sek.	5	5	3	2 bis 3	1	1
Kaffee, Tee, 16 Std.	3	3	0	0	0	0

Legende
0 = Keine sichtbare Veränderung
1 = Eben erkennbare Änderung in Glanz oder Farbe
2 = Leichte Veränderung in Glanz oder Farbe; die Struktur der Prüffläche ist nicht verändert
3 = Starke Markierungen sichtbar; die Struktur der Prüffläche ist jedoch weitgehend unbeschädigt

Erstellung einer Tabelle:

1. Es ist zu überlegen, welche Darstellungsform sich am besten eignet, siehe Beispiele **(Bild 1 und 2)**.
2. Tabelle erstellen, Einteilung über ein Computerprogramm möglich.
3. Die Tabelle wird mit einer Erklärung versehen, aus der die gewählte Systematik erfassbar ist, z. B. alphabetische Reihenfolge beim Inhaltsverzeichnis, Eigenschaften bei Vergleich von Werkstoffen oder Tage bei einem Stundenplan.

RAL 1000	Pantone 4525 C	
RAL 1001	Pantone 7502 C	HKS 73 K (60 %)
RAL 1002	Pantone 466 C	HKS 73 K (70 %)
RAL 1003	Pantone 7408 C	HKS 5 K
RAL 1004	Pantone 124 C	
RAL 1005	Pantone 117 C	
RAL 1006		HKS 71 K
RAL 1007	Pantone 137 C	HKS 7 K (80 %)
RAL 1011	Pantone 729 C	HKS 73 K
RAL 1012	Pantone 110 C	
RAL 1013	Pantone 7534 C	HKS 73 K (20 %)
RAL 1014	Pantone 7501 C	HKS 72 K (40 %)
RAL 1015	Pantone 4685 C	HKS 72 K (20 %)

Bild 1: Tabellenbeispiel Farbtabelle

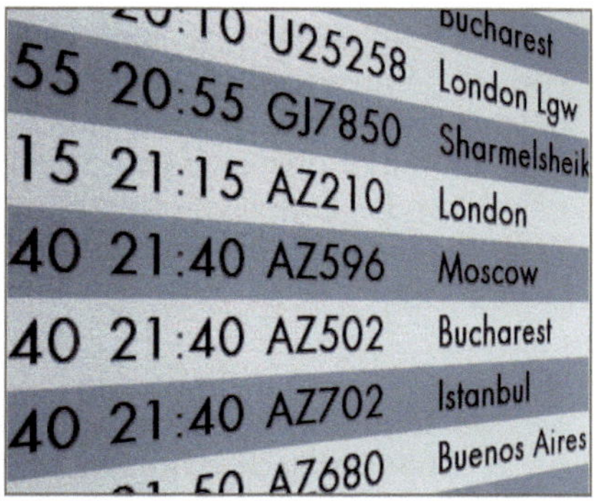

Bild 2: Tabellenbeispiel Flugplan

Je klarer die Systematik aus der Tabelle erkennbar ist, umso besser ist ihre Aussagekraft.

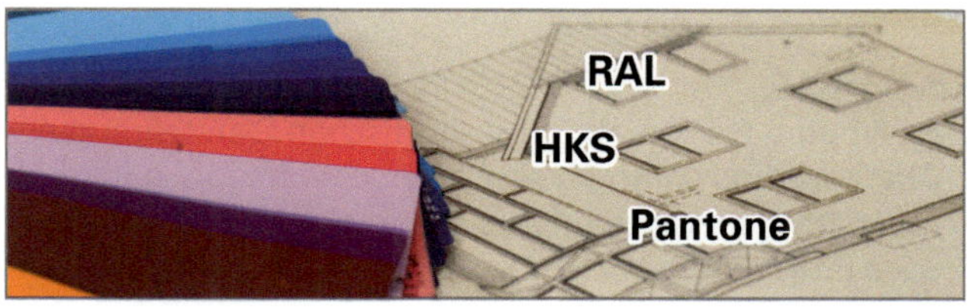

Bild 3: Farbtabellen

Präsentation mit grafischen Darstellungen

Sind die Tabelle oder das Diagramm richtig erstellt worden, so sprechen diese für sich selbst **(Bild 4)**. Der Vortragende hat dabei folgende Aufgaben:

- Er erklärt, warum er gerade diese Art der Darstellung gewählt hat.
- Er weist auf Unterteilungen, Zahlen und Größen und Zusammenhänge hin, die eine Erklärung benötigen. Dafür braucht er einen Zeigestab.
- Er zieht aus der Darstellung Schlussfolgerungen.

Für den Vortragenden ergeben sich Vorteile:

- Zum gesprochenen Wort kommt das Bild anschaulich dazu.
- Er muss nicht alle Zahlen und Größen im Kopf haben, da diese im Diagramm oder in der Tabelle stehen.
- Die grafische Darstellung kann längere Zeit auf den Betrachter einwirken. Er kann sich länger damit beschäftigen als mit dem gesprochenen Wort.

Mögliche Fehlerquellen sind eine zu kleine oder zu unsaubere Darstellung.

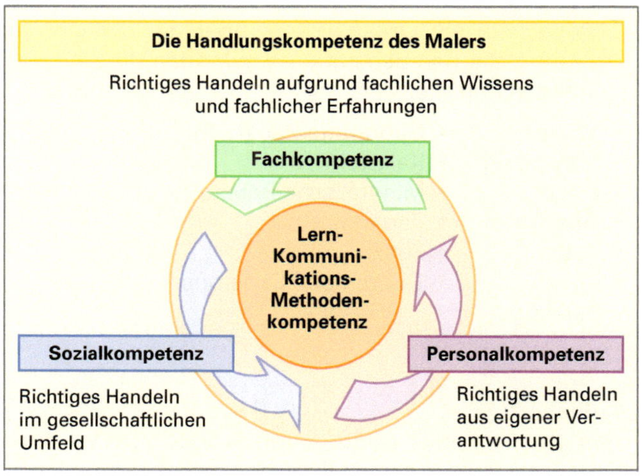

Bild 4: Übersichtliche, gut lesbare und gut gestaltete Folie einer Präsentation

3.3 Aufgaben

Aufgabe 1:
In der Liste/Tabelle des Inhaltsverzeichnisses sind die folgenden Begriffe zu suchen: Dreisatz, Maßstab, Kalkulation, Dichte, Maschinenkosten. Geben Sie die Seiten an, auf denen Sie dazu Informationen nachlesen können.

Aufgabe 2:
Von einem Lack wird die Auslaufzeit zur Viskositätseinstellung mit dem DIN-Becher gemessen. Dabei wird bei jeder Messung die Temperatur erhöht, um zu sehen, wie der Zusammenhang zwischen Viskosität und Temperatur des Lackes ist.

a) Die gemessenen Ergebnisse (Tabelle 1) liegen vor und sollen grafisch in einem Kurvendiagramm dargestellt werden.
b) Bei welcher Temperatur besitzt dieser Lack die Auslaufzeit von 40 s? Ermitteln Sie das Ergebnis aus Ihrem Kurvendiagramm.

Tabelle 1: Wertetabelle zur Aufgabe 2

Temperatur in °C	10	20	30	40	50	60	70	80
Auslaufzeit aus dem DIN-Becher in s	90	50	38	30	25	23	21	20

Aufgabe 3:
In einem freistehenden Wohnhaus wird der Energieverlust gemessen. Der Energieverlust beträgt über die Wände 30 %, über das Dach 25 %, über den Keller 10 % und über die Fenster 15 %. Die restliche Energie geht über das Lüften verloren.
Erstellen Sie ein Kreisdiagramm.

Aufgabe 4:
Werten Sie die Tabelle 2 aus.

a) Welcher Decklack schneidet im Durchschnitt am Besten ab?
b) Welches Bindemittel besitzt die beste Elastizität?

Tabelle 2: Wertetabelle zur Aufgabe 4

	Decklack-System				
Eigenschaften	Standard Polyester	Polyurethan	HDP	PVDF	PVC Plastisol
Farbtonvielfalt	+++	+++	++	+	+
Glanzgradbereich	+++	+++	+++	0	+
Elastizität	+	++	++	++	+++
Bewitterungsbeständigkeit	+	+	++	+++	+
Korrosionsbeständigkeit	++	++	++	++	+++
Preisniveau	+++	++	+	0	+

+++ = sehr gut ++ = gut + = ausgewogen 0 = eingeschränkt

Aufgabe 5:
Es ist eine Präsentation mit grafischen Darstellungen über die Entrostungsverfahren zu erstellen mit der Einteilung in mechanische, thermische und chemische Entrostungsverfahren.

Aufgabe 6:
Erstellen Sie ein Organigramm über die Einteilung von mineralischen Baustoffen. Verwenden Sie die folgenden Begriffe:

- Marmor
- Naturstein
- Ziegel
- Granit
- Beton
- Klinker
- Kalkputz
- Gebrannte Baustoffe
- Kalkstein
- Mineralische Baustoffe
- Zementputz
- Putze
- Gebundene Baustoffe

Aufgabe 7:
Das obenstehende Kreisdiagramm (Bild 1) zeigt die Verteilung von Farben an Fassaden.

a) Überwiegen eher helle oder dunkle Farben?

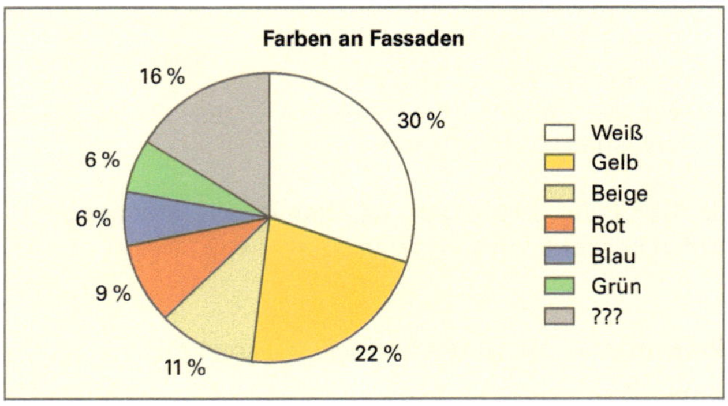

Bild 1: Diagramm zu Aufgabe 7

b) Warum lässt sich aus diesen Angaben nicht auf die tatsächliche Farbe (Farbton, Helligkeit, Sättigung) schließen?
c) Was versteht man unter ??? im Diagramm mit einem Anteil von 16 %?

Aufgabe 8:
Wählen Sie die geeignete Art der visuellen Darstellung für die folgenden Zulassungszahlen zu den beliebtesten Autofarben 2009 (Neuzulassungen).

1 238 013	Grau/Silber	519 470	Blau
347 928	Rot	62 360	Grün
86 852	Orange	373 135	Weiß
1 050 188	Schwarz	67 105	Braun
82 136	Gelb	29 098	Sonstige
10 890	Lila/Violett		

4.1 Verhältnisrechnung mit dem einfachen Dreisatz

Häufig stehen zwei Zahlen in einem Verhältnis zueinander:

- Anzahl von Farbeimern im Verhältnis zum Preis
- Anzahl von Arbeitern im Verhältnis zum Zeitaufwand

Ist eine Aussage bekannt (z. B.: für eine Beschichtung einer Fläche von 75,00 m² wurden 12,500 l Farbe verbraucht), so kann über den sogenannten Mittelsatz („Wie viel Farbe wurde für 1,00 m² verbraucht?") ein neuer Schluss gezogen werden („Für 120,00 m² werden ... m² verbraucht." **(Übersicht 1)**.

Zahlen, die Mengenangaben, Zeiten, Verbrauch, Arbeitsaufwand ... in Verhältnis zu weiteren Zahlenangaben setzen, können in einem geraden oder in einem ungeraden Verhältnis zueinander stehen **(Tabelle 1)**. Ist das Verhältnis geklärt, kann über einen Dreisatz (in drei Schritten zum Ziel) das Ergebnis errechnet werden:

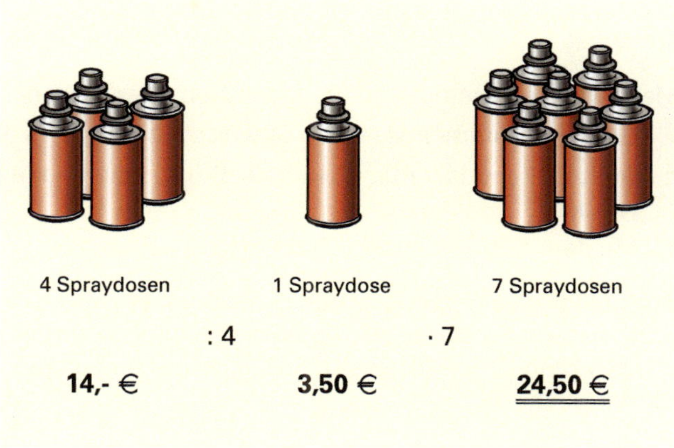

Übersicht 1: Prinzip des Dreisatzrechnens

Tabelle 1: Verhältnisrechnung mit dem einfachen Dreisatz

Vorüberlegung	**Was für ein Verhältnis liegt vor?** Bevor man sich an das Ausrechnen von Dreisatzaufgaben macht, muss man überlegen, ob es sich um eine proportionale Zuordnung handelt oder nicht. Man spricht von einem einfachen oder umgekehrten Verhältnis.	
	Einfaches Verhältnis	**Umgekehrtes Verhältnis**
	Ein gerades Verhältnis liegt immer dann vor, wenn beide Werte gleichzeitig zunehmen oder abnehmen. Bei geradem Verhältnis verläuft die Linie im Diagramm stets gerade aufwärts.	Entwickeln sich beide Werte gegenläufig (je mehr, umso weniger – je weniger, umso mehr), so spricht man von einem ungeraden Verhältnis. Bei ungeradem Verhältnis verläuft die Linie im Diagramm stets abwärts.
	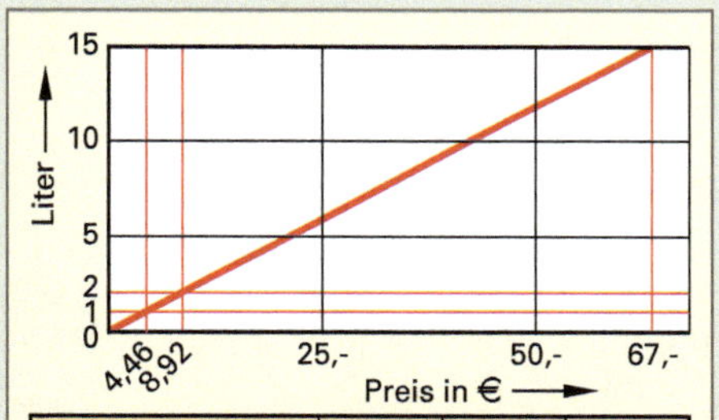 Liter: 1 / 2 / 15 Preis in €: 4,46 / 8,92 / 67,-	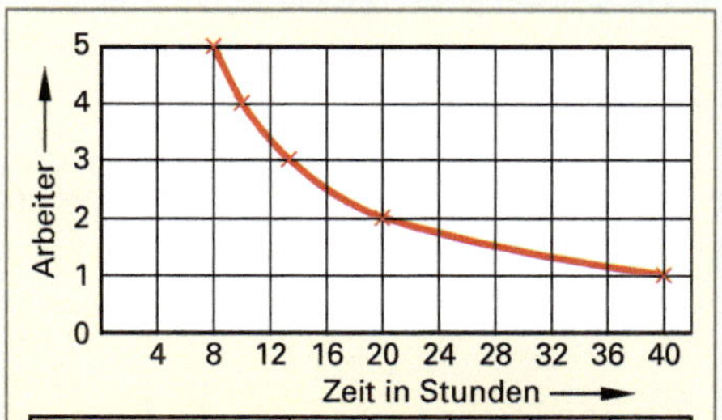 Arbeiter: 1 / 2 / 3 / 4 / 15 Zeit in Stunden: 40 / 20 / 13,3 / 10 / 8
Beispiele aus dem Malerhandwerk	**Mehr** Arbeitszeit – **mehr** Lohn **Weniger** m² – **weniger** Verbrauch	**Mehr** Arbeiter – **weniger** Zeitaufwand
Beispielaufgabe	15,00 l Dispersionsfarbe kosten 67,00 €, wie viel kosten 62,00 l?	5 Gesellen benötigen für eine Wandbeschichtung 8 Stunden, wie viel brauchen 2 Gesellen für die gleiche Arbeit?
1.Schritt (Aussagesatz)	15,00 l kosten 67,- €	5 Gesellen ≙ 8 Stunden
2. Schritt (Mittelsatz)	1,00 l kostet $\frac{67,- €}{15} = 4,46$ €	1 Geselle ≙ 5 · 8 Stunden = 40 Stunden
3. Schritt (Schlusssatz)	62,00 l kosten $\frac{67,- €}{15} \cdot 62 = 276,93$ €	2 Gesellen ≙ $\frac{40 \text{ Stunden}}{2} = 20$ Stunden

4.2 Verhältnisrechnung mit dem zusammengesetzten Dreisatz

Bei einem zusammengesetzten Dreisatz sind mehr als drei Größen bekannt. Eine unbekannte Größe wird daraus errechnet.

Man nutzt bei einem zusammengesetzten Dreisatz dabei den gleichen Lösungsweg wie beim einfachen Dreisatz:

- Bei der zusammengesetzten Dreisatzrechnung wird als erstes der Bedingungssatz aufgestellt.
- Anschließend löst man Schritt für Schritt eine Größe nach der anderen auf, indem mehrere Mittelsätze eingefügt werden.
- Mit dem Schlusssatz errechnet man das Ergebnis.

Auch beim zusammengesetzten Dreisatz muss zunächst das Verhältnis (gerades oder ungerades Verhältnis, bzw. proportionales oder antiproportionales Verhältnis) geklärt werden, bevor über einen Dreisatz das Ergebnis errechnet werden kann. Oft mischen sich auch gerades und ungerades Verhältnis, sodass von Schritt zu Schritt überlegt werden muss (**Tabelle 1**).

Tabelle 1: Verhältnisrechnung mit dem zusammengesetzten Dreisatz

Vorüberlegungen	Was für ein Verhältnis liegt vor?
Beispielaufgabe	3 Gesellen verarbeiten in 52 Stunden 195 Liter Dispersionsfassadenfarbe. Wie viel Liter Dispersionsfassadenfarbe werden von 5 Gesellen in 32 Stunden verarbeitet?
1. Schritt (Aussagesatz)	**3 Gesellen ≙ 52 Stunden ≙ 195 Liter**
2. Schritt (Mittelsatz)	: 3 → **1 Geselle ≙ 52 Stunden ≙ 65 Liter** ← : 3
	· 5 → **5 Gesellen ≙ 52 Stunden ≙ 325 Liter** ← · 5
	5 Gesellen ≙ 1 Stunde ≙ 6,25 Liter (: 52)
3. Schritt (Schlusssatz)	**5 Gesellen ≙ 32 Stunden ≙ 200 Liter** (· 32)

4.3 Prozentrechnung

Die Prozentrechnung benötigt der Maler und Lackierer im beruflichen sowie im privaten Leben. Lohnabzüge, Überstunden, Lohnerhöhungen, Wahlergebnisse, Zinsen, Sonderangebote usw. werden prozentual angegeben (Bild 1).

Die Prozentrechnung ist eine Verhältnisrechnung.

Das Wort **„Prozent"** (lateinisch *pro centum* = von Hundert) ist nur ein anderes Wort für einen Bruch:

$$100\,\% \quad \frac{100}{100} = \frac{1}{1} = 1$$

Kürzt man den Bruch, so ergibt sich die Zahl 1. Um das Wort nicht immer ausschreiben zu müssen, schreibt man sehr häufig das Zeichen für Prozent: %.

Bild 1: Prozentangaben im täglichen Leben

Prozentangaben bedeuten immer den Bezug zu 100. Da sich nicht jeder Wert in Wirklichkeit auf 100 bezieht, muss mit dem Prozentrechnen der Bezug zu 100 erst errechnet werden. Ein Preisnachlass von 3,90 € auf 60,00 € ist erst mit dem Preisnachlass von 4,80 € auf 70,00 € vergleichbar, wenn in beiden Fällen der Nachlass in Prozent, bezogen auf 100,00 €, vorliegt (Übersicht 1).

Beispiel:

Von **40,00 €**	sind **10,00 €** genau	**25 %**
Grundwert *g* Der Wert auf den man sich bezieht.	**Prozentwert *w*** Teil des Grundwertes, der dem Prozentsatz entspricht.	**Prozentsatz *p*** Anzahl der Hundertstel = %

Bild 2: Beispiel mit Prozentangaben

Berechnung von Grundwert, Prozentwert und Prozentsatz an Beispielen:

Grundwert: Auf eine Rechnung bekommt man 12 % Rabatt = 36,00 €. Wie hoch ist der Rechnungsbetrag ohne Rabatt?

12 % | 1 % | 100 %

$$\frac{36{,}00\,€ \cdot 100\,\%}{12\,\%} = \underline{\underline{\mathbf{300{,}00\,€}}}$$

Prozentwert: Laut Merkblatt müssen einem Lack vor der Verarbeitung 5 % Verdünnung zugegeben werden. Wie viel Liter Verdünnung brauchen Sie für 65 l Lack?

100 % | 1 % | 5 %

$$\frac{65\,l \cdot 5\,\%}{100\,\%} = \underline{\underline{\mathbf{3{,}25\,l}}}$$

Prozentsatz: Der Preis eines Anstrichstoffes ist von 20,65 € auf 21,27 € erhöht worden. Wie viel Prozent beträgt die Preissteigerung?

20,65 € | 1,00 € | 0,62 €

$$\frac{100\,\% \cdot 0{,}62\,€}{20{,}65\,€} = \underline{\underline{\mathbf{3\,\%}}}$$

Übersicht 1: Prozentrechnung

4.4 Vermehrter und verminderter Grundwert

In üblichen Prozentaufgaben wird von 100 % ausgegangen. In der Praxis kommt es jedoch oft vor, dass der Grundwert (100 %) um einen prozentualen Anteil vermehrt bzw. vermindert wird. Häufig ist dann nur dieser vermehrte bzw. verminderte Grundwert (Endwert) bekannt. Aus ihm kann mit der Angabe des Prozentsatzes, um den vermehrt bzw. vermindert wurde, der Grundwert berechnet werden.

Dieser vermehrte bzw. verminderte Grundwert stellt sozusagen den Prozentwert für 100 % + p % bzw. 100 % – p % dar. Aufgabenbeispiele lauten wie folgt: „Vor/nach einem Abzug von ...“ „Vor/nach einer Preiserhöhung von ...“, so ist nicht von 100 % als Grundwert auszugehen, sondern von dem vermehrten oder verminderten Grundwert (**Übersicht 1**).

Vermehrter Grundwert	Verminderter Grundwert
Bei • Gewinnabrechnungen, • Rechnungsbeträgen mit Mehrwertsteuer oder • bei Zuschlägen rechnet man mit dem vermehrten Grundwert.	Bei • Verlustrechnungen, • Preisminderung, • Skonto oder • Rabatt rechnet man mit dem verminderten Grundwert.
vermehrter Grundwert = absoluter Grundwert + Prozentwert	verminderter Grundwert = absoluter Grundwert – Prozentwert
$G+ = G + W$	$G- = G - W$
Aufgabe	**Aufgabe**
Ein Malerbetrieb zahlt im Monat eine Müllpauschale an den Entsorgungsbetrieb in Höhe von 350,00 €. Der Entsorgungsbetrieb erhöht die Pauschale um 3 %. Wie hoch sind nun die monatlichen Müllgebühren?	Ein Malerbetrieb erhält von seinem Lieferanten eine Rechnung in Höhe von 928,70 €. Der Betrieb erhält aufgrund von Lieferschwierigkeiten des Lieferanten eine Gutschrift von 6 %. Wie hoch ist nun die Rechnung?
Rechenweg	**Rechenweg**
Gegeben: $G = 350{,}00$ €, $p = 3$ % Gesucht: W in € $W = \frac{G \cdot p}{100} = \frac{350{,}00\text{ €} \cdot 3}{100} = \mathbf{10{,}50}$ **€** 350,00 € + 10,50 € = **360,50 €**	Gegeben: $G = 928{,}70$ €, $p = 6$ % Gesucht: W in € $W = \frac{G \cdot p}{100} = \frac{928{,}70\text{ €} \cdot 6}{100} = \mathbf{55{,}72}$ **€** 928,70 € – 55,72 € = **872,98 €**
Eingabe in den Taschenrechner	**Eingabe in den Taschenrechner**
350 · 1,03 = 360,5	**928,70 : 100 · 94 = 872,978**
Antwort	**Antwort**
350,00 € · 1,03 = 360,50 €	$\frac{928{,}70\text{ €}}{100} \cdot 94 = 872{,}98$ **€**

Übersicht 1: Vermehrter und verminderter Grundwert

Die Eingabe in den Taschenrechner führt oft zu schnellen, leider nicht immer zu richtigen Ergebnissen:
Wer den Rechenweg falsch einschätzt, kommt auch mit dem Taschenrechner nicht weiter!

4.5 Rabatt, Skonto, Mehrwertsteuer (Umsatzsteuer)

Beim Einkauf im Malerfachhandel liegen sogenannte Listenpreise aus. Diese sind nicht identisch mit dem zu zahlenden Preis. In diesen Preisen sind Rabatt, Skonto und Mehrwertsteuer nicht enthalten.

Wie und in welcher Reihenfolge werden Rabatt, Skonto und Mehrwertsteuer berechnet?

Zuerst wird vom Listenpreis der **Rabatt** abgezogen, denn Rabatte für Treue, Mengen usw. liegen in der Entscheidung des Händlers.

Auf den neuen Preis wird die **Mehrwertsteuer** aufgeschlagen, das Ergebnis ist der Rechnungsbetrag.

Bei Barzahlung einer Ware innerhalb einer kurzen Frist (bei Barzahlung oder raschem Bezahlen innerhalb von 7 Tagen) wird häufig 2 % bis 3 % **Skonto** gewährt. Das Wort stammt aus dem Italienischen und bedeutet „Abzug". Wird vom Händler Skonto angeboten, so liegt es am Kunden, ob er dieses Angebot annimmt. Der Skontoabzug erfolgt somit vom Rechnungspreis **(Tabelle 1)**.

Tabelle 1: Rechenschritte vom Listen- bis zum Überweisungsbetrag

Posten	Anteil	Betrag
Listenpreis	100 %	568,00 €
– Rabatt	z. B. 10 %	56,80 €
= Angebotspreis (Netto)	neu 100 %	511,20 €
+ Umsatzsteuer	19 %	97,13 €
= Rechnungspreis (Brutto)	neu 100 %	608,33 €
– Skonto	z. B. 3 %	18,25 €
Überweisungsbetrag		**590,08 €**

4.6 Konto

Konto (von lat. *computus*, „Berechnung") ist eine tabellarische Struktur im Zahlungsverkehr.

Das Konto wird durch eine **Kontonummer** identifiziert und trägt fast immer zusätzlich eine prägnante Bezeichnung (z. B. **Girokonto**). Im internationalen Zahlungsverkehr heißt die Kontonummer **IBAN**.

Das Konto ist zumeist einer Bank zugehörig, die durch eine Bankleitzahl (**BLZ**) identifiziert werden kann. Im internationalen Zahlungsverkehr heißt die Bankleitzahl **BIC**.

Auf dem Konto werden Geldbeträge tabellarisch als Zahlen aufgeführt. Zur Übersicht über den aktuellen Kontostand gibt es Kontoauszüge **(Bild 1)**:

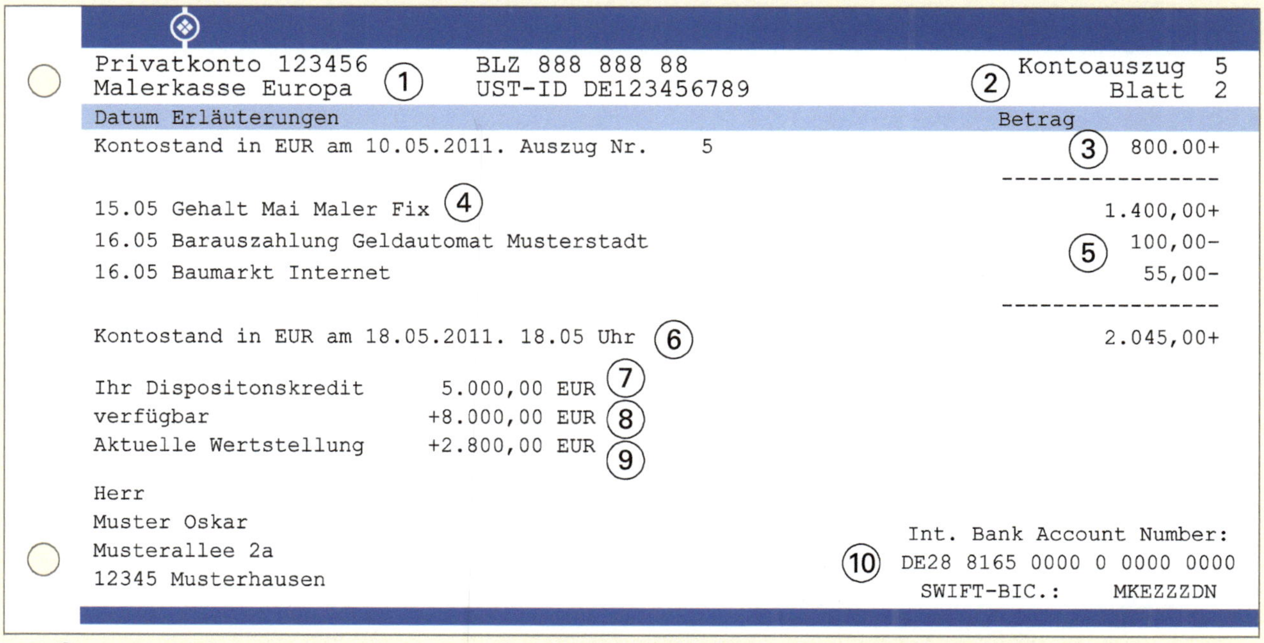
Privatkonto 123456 (1) BLZ 888 888 88 (2) Kontoauszug 5
Malerkasse Europa UST-ID DE123456789 Blatt 2

Datum Erläuterungen	Betrag
Kontostand in EUR am 10.05.2011. Auszug Nr. 5	(3) 800.00+
15.05 Gehalt Mai Maler Fix (4)	1.400,00+
16.05 Barauszahlung Geldautomat Musterstadt	(5) 100,00–
16.05 Baumarkt Internet	55,00–
Kontostand in EUR am 18.05.2011. 18.05 Uhr (6)	2.045,00+

Ihr Dispositonskredit 5.000,00 EUR (7)
verfügbar +8.000,00 EUR (8)
Aktuelle Wertstellung +2.800,00 EUR (9)

Herr
Muster Oskar
Musterallee 2a
12345 Musterhausen

Int. Bank Account Number:
(10) DE28 8165 0000 0 0000 0000
SWIFT-BIC.: MKEZZZDN

(1) Kontomodell und Kontonummer
(2) Auszugs- und Blattnummer
(3) Alter Kontostand
(4) Erläuterung der Umsätze
(5) Gutschriften+ / Belastungen –
(6) Neuer Kontostand
(7) Dispositionskredit, aktueller Kreditrahmen
(8) Verfügbarkeit
(9) Wertstellung
(10) „International Bank Account Number" (IBAN) + SWIFT-BIC

Bild 1: Kontoauszug

4.7 Kredite und Zinsberechnung

Ein **Kredit** (lat. credere „glauben" und creditum „das auf Treu und Glauben Anvertraute") ist die Gebrauchsüberlassung von Geld oder Sachen (Warenkredit) auf Zeit.

Beispiel: Will eine Familie ein Haus bauen lassen, so muss sie eine so ungeheuer große Summe dafür zahlen, dass sie zumeist auf einen Kredit angewiesen ist, den sie dann über Jahrzehnte abzahlen muss.

Leiht die Bank diesen Geldbetrag, so muss der Kreditnehmer als eine Art Leihgebühr Zinsen an die Bank bezahlen. **Zinsen** sind Vergütungen, die vom Schuldner an den Gläubiger für einen geliehenen Geldbetrag (Kredit) zu leisten sind.

Das Zinsrechnen ist Prozentrechnen, bei dem als weitere Größe die Zeit hinzukommt. Die Berechnung von Zinsen *(Z)*, Zinssatz *(p)*, Kapital *(K)* und Zeit *(t)* erfolgt durch verschiedene Formeln, die jeweils entsprechend umgestellt werden. Drei Größen müssen jeweils bekannt sein, um die vierte Größe berechnen zu können.

Die Zinsen und die damit verbundenen Zinssätze beziehen sich auf eine bestimmte Laufzeit. In der Regel ist die Berechnungsgrundlage ein Jahr. Kürzere Laufzeiten wie Tage und Monate oder längere Zeiten von mehreren Jahren werden mit der tatsächlichen Laufzeit berechnet **(Übersicht 1)**.

1 Jahr	=	12 Monate	=	360 Tage
1/12 Jahr	=	**1 Monat**	=	30 Tage
1/360 Jahr	=	1/30 Monat	=	**1 Tag**

Übersicht 1: Laufzeiten

Formeln zur Berechnung **(Übersicht 2)**:

Berechnung der Zinsen	**Berechnung des Kapitals**
Zins $= \dfrac{\text{Kapital} \cdot \text{Zinssatz}}{100\ \%}$	Kapital $= \dfrac{\text{Zins} \cdot 100\ \%}{\text{Zinssatz}}$
$Z = \dfrac{K \cdot p}{100\ \%}$	$K = \dfrac{Z \cdot 100\ \%}{p}$
Beispielaufgabe: Wie viel Zinsen erbringt ein Kapital von 5 000,00 € bei einem Zinssatz von 4 % in zwei Jahren? $Z = \dfrac{5\,000{,}00\ € \cdot 4\ \% \cdot 2}{100\ \%}$ Der Zinsertrag in zwei Jahren beträgt 400,00 €. Zinseszinsen werden nicht berücksichtigt.	**Beispielaufgabe:** Welches Kapital erbringt bei einem Zinssatz von 4 % in 12 Monaten 220,00 € an Zinsen? $K = \dfrac{220{,}00\ € \cdot 100\ \%}{4\ \%}$ Es handelt sich um ein Kapital von 5 500,00 €.
Berechnung des Zinssatzes	**Berechnung der Laufzeit**
Zinssatz $= \dfrac{\text{Zins} \cdot 100\ \%}{\text{Kapital}}$	Laufzeit $= \dfrac{\text{Zins} \cdot 100\ \%}{\text{Kapital} \cdot \text{Zinssatz}}$
$p = \dfrac{Z \cdot 100\ \%}{K}$	$T = \dfrac{Z \cdot 100\ \%}{K \cdot p}$
Beispielaufgabe: Eine Geldanlage von 30 000,00 € bringt in einem Jahr 1 155,00 € Zinsen. Wie hoch ist der Zinssatz? $p = \dfrac{1\,155{,}00\ € \cdot 100\ \%}{30\,000{,}00\ € \cdot 1}$ Der Zinssatz beträgt 3,85 %.	**Beispielaufgabe:** In welcher Zeit erhält man bei einem Kapital von 2 000,00 € und einem Zinssatz von 3,5 % 70,00 € Zinsen? $T = \dfrac{70{,}00\ € \cdot 100\ \%}{2\,000{,}00\ € \cdot 3{,}5\ \%}$ Die Laufzeit für einen Zinsertrag von 70,00 € beträgt ein Jahr.

Übersicht 2: Formeln zur Berechnung von Zinsen, Zinssätzen, Kapital und Laufzeiten

4.8 Aufgaben

Aufgabe 1 Berechnen Sie die fehlenden Größen!

Grundwert	Prozentsatz	Prozentwert
9,800 l		3,200 l
750,000 g	8,7	
	19	76,- €
300 µm	35	

Aufgabe 2

Ein Geselle benötigt für die Beschichtung einer Fläche von 15,00 m² 89 Minuten. Wie hoch ist sein Zeitaufwand in Stunden und Minuten für die Beschichtung folgender Flächen?

a) 74,00 m² b) 136,15 m² c) 55,25 m²

Aufgabe 3

Nach einer Preiserhöhung um 4 % kostet der Eimer Innenwandfarbe 21,99 €.
Ermitteln Sie den ursprünglichen Preis!

Aufgabe 4

5 Gesellen beschichten eine Fassadenfläche von 146,85 m² in 6,7 Stunden. Welche Zeit benötigen:

a) 3 Gesellen für 105,00 m²
b) 6 Gesellen für 237,00 m²
c) 2 Gesellen für 89,00 m²?

Aufgabe 5

Ein Geselle erhält für 8 Arbeitsstunden einen Lohn von 91,36 €. Wie hoch ist sein Lohn bei

a) 10 Stunden b) 103 Stunden c) 40 Stunden
d) 168 Stunden e) 17,5 Stunden f) 112 Stunden

Aufgabe 6

3 Gesellen verdienen in 8 Arbeitsstunden (1 Tag) 725,56 €. Wie viel verdienen:

a) 5 Gesellen in 2 Tagen
b) 8 Gesellen in 14 Tagen
c) 6 Gesellen in 25 Tagen?

Aufgabe 7

Mischungsverhältnisse eines Farbtons finden sich oft auf der Rückseite von Farbtonkarten:

Farbton Ginster: 50 ml Abtönkonzentrat auf 1 l Wandfarbe Weiß

Wie viel Abtönkonzentrat wird benötigt, wenn man 125 Liter Farbe im Farbton Ginster benötigt?

Aufgabe 8

Zum Streichen einer 6,00 m langen Wand braucht man 5,5 l Dispersionsfarbe. Wie viel Liter Farbe werden für weitere 16,00 m Wand benötigt?

Aufgabe 9

Für das Verputzen einer Fassade plant der Meister für 5 Arbeiter 12 Stunden ein. Wie viel Zeit muss er einplanen, wenn 2 Arbeiter ausfallen?

Aufgabe 10

Wie viel kosten 11 Rollen Tapete, wenn Sie für 25 Rollen 875,- € bezahlen?

Aufgabe 11

Eine 0,750 l-Dose Lasur kostet 4,20 €. Wie viel zahlen Sie bei einem Lasurbedarf von 16.000 l?

Aufgabe 12

Für einen Betriebsausflug mieten 6 Arbeiter einen Kleinbus zu einem Festpreis. Jeder muss 20,00 € bezahlen. Wie viel € muss jeder bezahlen, wenn noch 2 Arbeiter mitfahren?

Aufgabe 13

Der Inhalt von 3 Kanistern mit je 2,5 Litern Testbenzin soll auf kleinere Behälter mit je 0,7 l Volumen verteilt werden? Wie viele kleinere Behälter werden benötigt?

Aufgabe 14 Zinsberechnung

Berechnen Sie die Jahreszinsen für folgende Beträge, wenn der Zinssatz 3,5 % beträgt!

a) 650,00 € b) 5 840,00 €

c) 285,00 € d) 13 000,00 €

Berechnen Sie die Jahreszinsen, die ein Kapital von 4600,00 € bei folgenden Zinssätzen erbringen würde!

a) 3,0 % c) 3,8 % e) 3,5 %

b) 3,2 % d) 4,0 % f) 3,6 %

Aufgabe 15 Berechnung des Kapitals

Wie hoch ist das Kapital?

a) Ein Zinssatz von 3,2 % erbringt nach 9 Monaten 153,60 € Zinsen.

b) Ein Zinssatz von 3,6 % erbringt nach 5 Jahren 450,00 € Zinsen.

Berechnen Sie das Kapital nach folgenden Angaben!

	Zinssatz	Zinsen	Laufzeit
a)	3,8 %	197,60 €	1 Jahr
b)	4,6 %	18 595,50 €	5 1/4 Jahre

Aufgabe 16 Zinssatzberechnung

Berechnen Sie den Zinssatz bei folgenden Bedingungen!

a) 4 200,00 € mit 115,50 € Zinsen in 1 Jahr

b) 860,00 € mit 16,13 € mit Zinsen in 1 1/2 Jahren

c) 1 860,00 € mit 13,95 € Zinsen in 9 Monaten

Aufgabe 17 Laufzeitberechnung

Für 5 000,00 € werden bei einem Zinssatz von 4 % folgende Zinsen gezahlt:

a) 200,00 € d) 1 050,00 €

b) 300,00 € e) 680,00 €

c) 1 000,00 € f) 1 120,00 €

Wie lang war die jeweilige Laufzeit?

Aufgabe 18

Firma Geier gewährt auf alle Waren wegen Geschäftsaufgabe 15 % Rabatt und 2 % Skonto bei Barzahlung innerhalb von 2 Wochen. Mehrwertsteuer: 19 %.

Wie groß ist der Unterschied im Überweisungsbetrag, wenn sie nach 1 Woche oder 3 Wochen zahlen, bei einem Listenpreis Ihrer bestellten Ware von 3.600,- €.

Aufgabe 19

Ein Airlessgerät wird zu einem Nettopreis von 2 600,- € angeboten, nachdem 15 % des Listenpreises nachgelassen wurden.

a) Wie hoch war der Listenpreis?

b) Das gleiche Gerät bietet ein anderer Händler zu einem Nettopreis von 2 400,- € an. Um wie viel % ist dieser Händler preiswerter?

Aufgabe 20

Lehrling Felix hat am 1. Januar 2011 auf seinem Sparkonto einen Betrag von 1 925,- €, die zu 4 % angelegt sind. Für den Kauf eines Motorrades benötigt er jedoch 2 000,- €. An welchem Tag ist der Betrag von 2 000,- € durch Zinsgewinn erreicht?

Aufgabe 21

Der neue Firmenwagen kostet 26 830,- €. Die Firma setzt 12 400,- € Eigenkapital ein und finanziert den Rest auf 3 Jahre mit 9,5 % Jahreszins.

a) Wie hoch ist das Darlehen bei einer Bearbeitungshsgebühr von 2 %?

b) Wie hoch sind die monatlichen Raten?

Aufgabe 22

Meister Schurich hat zu Jahresbeginn ein Sparguthaben von 2 800,- €. Am 28. März des gleichen Jahres hebt er 1 300,- € von seinem Konto ab, am 18. August zahlt es 800,- € ein. Wie hoch ist sein Guthaben am Jahresende, wenn das Sparguthaben mit 2,5 % verzinst wird?

5.1 Mischungsrechnen

In der Malerpraxis werden nicht nur verarbeitungsfertige Materialien eingesetzt. Mehrkomponentenmaterialien oder auch Farbtöne müssen in einem bestimmten Verhältnis gemischt werden. Das Mischen kann in Form von Volumenanteilen, Massenanteilen oder Prozentanteilen erfolgen.

Beispielaufgabe: Anmischen eines 2-Komponenten-Lackes nach Volumenanteilen

9 Liter spritzfähiger Epoxidharzlack sollen aus

- 3 Teilen Stammlack
- 2 Teilen Verdünnung und
- 1 Teil Härter

hergestellt werden.

Wie hoch ist der Anteil der jeweiligen Stoffvolumina?

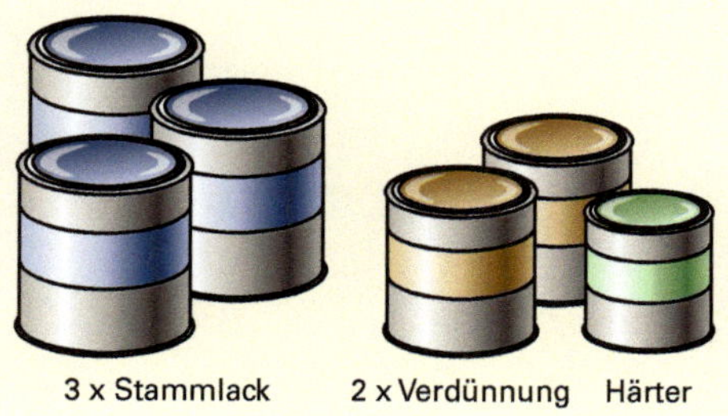

Vorüberlegung (Addition der Einzelteile)

1 Volumenteil Härter
\+ 2 Volumenteile Verdünnung
\+ 3 Volumenteile Stammlack
= 6 Volumenteile insgesamt

Ermittlung des Multiplikators

6 Volumenteile	= 9,000 l	
1 Volumenteil	= $\frac{9{,}000\ \text{l}}{6}$	= 1,500 l

Berechnung der Volumenanteile

1 Volumenteil	= 1,500 l · 1	= 1,500 l
2 Volumenteile	= 1,500 l · 2	= 3,000 l
3 Volumenteile	= 1,500 l · 3	= 4,500 l
6 Volumenteile	= 1,500 l · 6	= 9,000 l

Antwort

- Stammlack (3 Volumenteile) = 4,500 l
- Verdünnung (2 Volumenteile) = 3,000 l
- Härter (1 Volumenteil) = 1,500 l

Werden unterschiedliche Materialien mit ihren unterschiedlichen Preisen gemischt, so ist der Kilo- bzw. Literpreis oder der Gesamtpreis der Mischung zu errechnen. Neben dem Mischungsverhältnis muss auch der Einzelpreis der Materialien bekannt sein.

Beispielaufgabe: Anmischen eines 2-Komponenten-Lackes mit Preisberechnung

Ein 2K Epoxilack (Stammlack) wird mit Härter im Verhältnis 2 :1 gemischt.

1 Liter Stammlack kostet 19,35 € und ein Liter Härter kostet 15,25 €.

a) Wie viel Liter 2K- Epoxilack kann man aus 5,000 Litern Stammlack herstellen?

b) Wie viel kostet der verarbeitungsfertige Epoxilack insgesamt?

a) Vorüberlegung (Addition der Einzelteile)

+ 2 Volumenteile Stammlack	= 5,000 l	= 5,000 l
+ 1 Volumenteil Härter	= $\frac{5{,}000\ \text{l}}{2}$	= 2,500 l
= 3 Volumenteile insgesamt		= 7,500 l

Ermittlung des Multiplikators

3 Volumenteile	= 7,500 l	
1 Volumenteil	= $\frac{7{,}500\ \text{l}}{3}$	= 2,500 l

Berechnung der Volumenanteile

1 Volumenteil	= 2,500 l · 1	= 2,500 l
2 Volumenteile	= 2,500 l · 2	= 5,000 l
3 Volumenteile	= 2,500 l · 3	= 7,500 l

b) Antwort

• Stammlack (2 Volumenteile)	= 5,000 l · 19,35 €/l =	96,75 €
• Härter (1 Volumenteil)	= 2,500 l · 15,25 €/l =	38,13 €
		134,88 €

Mischungsrechnen mit Prozentanteilen

Bei der Mischung unterschiedlicher Materialien mit unterschiedlichen Preisen kann ein Stoff auch prozentual angegeben werden. Ein Blick ins Technische Merkblatt des Produktes gibt die benötigten Informationen (**Übersicht 1**).

Technisches Merkblatt (Auszug) 2K-Aqua-Epoxi-Primer (Haftvermittelnde Grundierung)	
Produktbeschreibung	Wasserverdünnbarer, zweikomponentiger Haftgrund. Epoxidharzbasis. EU-Grenzwert für dieses Produkt (Kategorie Aj): **140 g/l VOC**. Dieses Produkt enthält max. 50 g/l VOC.
Einsatzmöglichkeiten	Haftvermittler für Beschichtungen im Außen- und Innenbereich, z. B. auf Zink, verzinktem Stahl, Aluminium und 2K-Beschichtungen. Kann mit Alkyd-, Acryl-, Epoxid-, Polyurethan-, Polymerisatharzlacken usw. beschichtet werden.
Hinweise zur Verarbeitung	Stammlack und Härter werden getrennt geliefert. Der Ansatz entspricht dem **Mischungsverhältnis 4:1** Haftgrund LM EP: Härter MS **Verdünnen mit Wasser maximal 5 %.** Nicht unter 5° C verarbeiten. Topfzeit ca. 1,5 Stunden. Klebfrei nach 5 Stunden, überarbeitbar nach 12 Stunden. Die Sicherheitshinweise auf dem Gebinde und im Sicherheitsdatenblatt sind zu beachten.
Verbrauch	Ca. 140 ml/m²
Lieferform	In Gebinden zu 500 ml, 1 l und 3 l (inklusive Härter)

Übersicht 1: Technisches Merkblatt (Auszug) einer 2-komponentigen Grundierung, der zum Verdünnen Wasser zugegeben werden kann

Die Berechnung erfolgt wie in den vorhergehenden Beispielen und wird dann erweitert.

Beispielaufgabe: Anmischen eines 2-Komponenten-Lackes mit Preisberechnung

Ein 2K Aqua Epoxy-Primer wird mit Härter im Verhältnis 4:1 gemischt.

Um die Mischung spritzfertig einzustellen, wird er mit 5 % Verdünnung gemischt.

1 Liter Stammlack kostet 19,35 € und ein Liter Härter kostet 15,25 €.

Die Verdünnung des Lackes mit Wasser muss preislich nicht berücksichtigt werden.

a) Wie viel Liter 2K-Epoxilack kann man aus 5,000 Litern Stammlack herstellen?

b) Wie viel kostet der verarbeitungsfertige Epoxilack insgesamt?

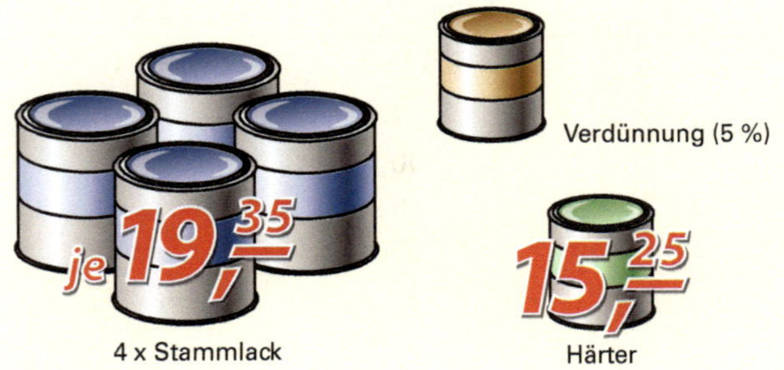

a) Vorüberlegung (Addition der Einzelteile)

+ 4 Volumenteile Stammlack
+ 1 Volumenteil Härter

= 5 Volumenteile insgesamt
+ 5 % Verdünnung (5/100 VT) = 0,25 VT
= 5,25 Volumenteile fertige Mischung

Berechnung der Volumenanteile

+ 4 Volumenteile Stammlack	= 5,000 l	= 5,000 l
+ 1 Volumenteil Härter	= $\frac{5,000\ l}{4}$	= 1,250 l
= 5 Volumenteile insgesamt		= 6,250 l
+ 5 % Verdünnung (· 0,05)		= 0,313
		= 6,653 l

b) Antwort

- Stammlack (4 Volumenteile) = 5,000 l · 19,35 €/l = 96,75 €
- Härter (1 Volumenteil) = 1,250 l · 15,25 €/l = 19,06 €
- Verdünnung (Wasser) 0,00 €

115,81 €

5.2 Verbrauch und Ergiebigkeit

Der **Verbrauch** gibt die Menge des Materials (Liter, Kilogramm) an, die für einen Quadratmeter gebraucht wird.

$$\text{Verbrauch} = \frac{1}{\text{Ergiebigkeit}}$$

Der Verbrauch ist der Kehrwert der Ergiebigkeit.

Die **Ergiebigkeit** gibt die Fläche an, die mit der Menge von einem Liter oder einem Kilogramm des Materials beschichtet werden kann (Übersicht 2).

$$\text{Ergiebigkeit} = \frac{1}{\text{Verbrauch}}$$

Die Ergiebigkeit ist der Kehrwert des Verbrauchs.

Errechnung des mittleren Verbrauchs:

Ein Blick ins Technische Merkblatt des Produktes gibt die benötigten Informationen über den Materialverbrauch, der in vielen Fällen nur überschlagsmäßig berechnet werden kann, da der Untergrund, auf den die Beschichtung aufgetragen wird, schwach oder stark saugen kann (Übersicht 1).

Technisches Merkblatt (Auszug) Rostschutzgrundierung	
Produktbeschreibung	Rost passivierende lösemittelhaltige Alkydharzgrundierung ... EU-Grenzwert für dieses Produkt (Kategorie A/h): 750 g/l VOC. Dieses Produkt enthält max. 500 g/l VOC
Einsatzmöglichkeiten	Grundierung auf Eisenmetallen innen und außen ...
Hinweise zur Verarbeitung	Verdünnen zum Streichen und Rollen ...
Verbrauch	**Ca. 90 – 110 ml/m²** bzw. **110-130 g/m² je Anstrich**
Ergiebigkeit	**9 - 11 m²/l**
Lieferform	In Gebinden zu 500 ml, 1 l und 3 l

Übersicht 1: Technisches Merkblatt (Auszug) mit Verbrauchsangabe

Der mittlere Verbrauch wird wie folgt errechnet:

$$\frac{\text{Höchster angegebener Verbrauchswert} + \text{Niedrigster angegebener Verbrauchswert}}{2} = \frac{110 + 90}{2}\ \text{ml} = 100\ \text{ml}$$

Errechnung von Verbrauch und Ergiebigkeit:

Verbrauch eines Anstrichstoffes	Ergiebigkeit eines Anstrichstoffes
Der Verbrauch eines Materials bezeichnet die Menge des Materials, die für 1 m² benötigt wird. Der Verbrauch ist auf der Verpackung des Materials oder auf dem Technischen Merkblatt angegeben.	Ergiebigkeit eines Materials bezeichnet die Fläche, die mit 1 Liter des Materials beschichtet werden kann. Angaben zur Ergiebigkeit finden sich ebenfalls auf der Verpackung oder im Technischen Merkblatt.
Beispiel: Angabe im Technischen Merkblatt (Übersicht 1): **Verbrauch: 90 - 110 ml/m².** Wie viel Rostschutzgrundierung ist für die Beschichtung einer Fläche von 25 m² notwendig?	**Beispiel:** Angabe im Technischen Merkblatt (Übersicht 1): **Ergiebigkeit: 9 - 11 m²/l** Es sind 152,00 m² zu beschichten. Dafür muss die Grundierung bestellt werden. Wie viele Gebinde müssen bestellt werden? (500 ml, 1 l oder 3 l Gebinde)
Berechnung: 100 ml/m² · 25 m² = 2500 ml = <u>2,500 l</u>	**Berechnung:** 152,00 m² : **10 m²/l** = 15,200 l Es werden 5 · 3 l Gebinde = 15,00 l und 1 · 0,500 l Gebinde = 0,500 l benötigt. 15,500 l

Übersicht 2: Berechnung des Verbrauchs und der Ergiebigkeit

5.3 Nassschichtdicke, Trockenschichtdicke, Festkörpergehalt

Nassschichtdicke: Dies ist die Dicke des Anstrichstoffauftrages unmittelbar nach der Applikation ohne Verdunstung des Lösemittels. Sie wird in µm angegeben. Die Nassschichtdicke in µm entspricht der aufgetragenen Verbrauchsmenge in ml/m². 200 ml/m² entsprechen 200 µm.

Trockenschichtdicke: Dies ist die Dicke des auf dem Untergrund verbleibenden Anstrichstoffes nach Verdunstung des Lösemittels und Erhärtung des Bindemittels. Sie wird in µm angegeben (Übersicht 1).

Bei einem Festkörpergehalt von 60 % verdunsten 40 % flüchtige Anteile aus der Nassschicht. Bei lösemittelhaltigen Werkstoffen entspricht das dem VOC-Anteil. Somit beträgt die Trockenschichtdicke für o. g. Beispiel 200 µm : 100 % · 60 % = 120 µm.

Bei wasserbasierten Anstrichstoffen besteht der flüchtige Anteil aus den VOC und dem verdunstenden Wasseranteil. Somit lässt sich z. B. bei Dispersionslacken aus der VOC-Angabe nicht auf den Festkörpergehalt schließen.

Der **Festkörpergehalt** eines Anstrichstoffes gibt an, wie viel Stoff nach der Trocknung auf der Fläche bleibt (Pigment, Bindemittel und Zusatzstoffe).

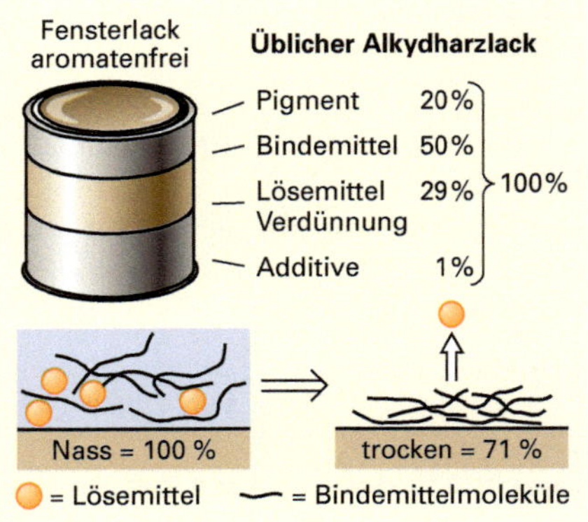

Übersicht 1: Nassschichtdicke und Trockenschichtdicke

Im Technischen Merkblatt findet sich eine Angabe über den sogenannten VOC-Gehalt *(volatile organic compounds* = organische Lösemittel). Der Festkörpergehalt kann oft aus den Angaben des Technischen Merkblattes errechnet werden, vom Festkörpergehalt kann dann wiederum auf die Trockenschichtdicke gerechnet werden (Übersicht 2).

Berechnung des Festkörpergehaltes eines Lackes mit Lösemitteln

Technisches Merkblatt (Auszug) Epoxidharzgrundierung, lösemittelbasiert	
Produktbeschreibung	Lösemittelhaltiger zweikomponentiger Haftgrund auf Epoxidharzbasis. EU-Grenzwert für dieses Produkt (Kategorie Aj): **500 g/l VOC.** Dieses Produkt enthält max. **500 g/l VOC**. Dichte ca. **1,36 g/cm³**
Verbrauch	Ca. 120 ml/m²
Lieferform	In Gebinden zu 500 ml, **1 l** und 3 l (inklusive Härter)

Übersicht 2: VOC – Gehalt eines Lösemittelhaltigen Lackes

Da die Lösemittel verdunsten, ergibt sich der Festkörpergehalt aus folgender Berechnung:

	verarbeitungsfähiger Lack in der Dose (1,000 l)	= 1,360 kg/l	= 100 % Nassschichtdicke
–	**VOC** die bei der Trocknung verdunsten (0,500 kg/l)	= 0,500 kg/l	= 36,61 % Lösemittel
=	**Festkörpergehalt**	0,860 kg	= 63,39 % Trockenschichtdicke

Berechnung des Festkörpergehaltes eines Wasserlackes

Problematisch ist dagegen die Berechnung des Festkörpergehaltes und der Trockenschichtdicke eines „Wasserlackes“: Im Technischen Merkblatt ist in der Regel nur der VOC-Gehalt aufgeführt, nicht jedoch der Anteil an Wasser, welches ja ebenfals verdunstet (Übersicht 3).

Technisches Merkblatt (Auszug) Wasser-Lack	
Produktbeschreibung	Einkomponentiger Speziallack. EU-Grenzwert für dieses Produkt (Kategorie Ai): **140 g/l VOC.** Dieses Produkt enthält max. **140 g/l VOC**. Dichte ca. **1,36 g/cm³**
Verbrauch	Ca. 120 ml/m²
Lieferform	In Gebinden zu 500 ml, **1 l** und 3 l (inklusive Härter)

Übersicht 3: VOC - Gehalt eines Wasserlackes, es fehlt die Angabe über den Wasseranteil

Die Berechnung von Festkörpergehalt und Nassschichtdicke kann nicht zu Ende durchgeführt werden:

	Verarbeitungsfähiger Lack in der Dose (1,000 l – Gebinde)	= 1,360 kg/l	= 100 % Nassschichtdicke
–	VOC, die bei der Trocknung verdunsten (0,500 kg/l)	= 0,140 kg/l	= 9,1 % Lösemittel
=		1,220 kg/l	= 90,90 %
–	**Wasser**, das bei der Trocknung verdunstet	= **x** kg/l	= x % Wasser
=	**Festkörpergehalt**	**x** kg/l	= **x** % Trockenschichtdicke

Tabelle 1 zeigt die Grenzwerte für den VOC-Höchstgehalt von Farben und Lacken zur Beschichtung von Gebäuden, dekorativen Bauelementen und Bauteilen zu dekorativen, funktionalen oder schützenden Zwecken.

Tabelle 1: VOC Höchstwerte g/l Stufe II ab 1.1.2010 Wb = wasserbasiert, Lb = lösemittelbasiert

	Produktkategorie	VOC g/l *	
		Wb	Lb
a	Matte Beschichtungsstoffe (Glanzmaßzahl von ≤ 25 Einheiten im 60° Messwinkel) für Innenwände und -decken	30	30
b	Glänzende Beschichtungsstoffe (Glanzmaßzahl von > 25 Einheiten im 60° Messwinkel) für Innenwände und -decken	100	100
c	Beschichtungsstoffe für Außenwände aus mineralischen Baustoffen (Mauerwerk, Backsteinwände oder Gipswände)	40	430
d	Beschichtungsstoffe für Holz-, Metall- oder Kunststoffe für Gebäude, ihre Bauteile und dekorativen Bauelemente (innen und außen, auch Untergrundfarben und Zwischenbeschichtungen).	130	300
e	Klarlacke und Lasuren für Gebäude, ihre Bauteile und dekorative Bauelemente (innen und außen, transparente oder halbtransparente Beschichtungsstoffe auf Holz, Metallen und Kunststoffen, deckende Holzbeizen einschließlich sog. deckender Lasuren)	130	400
f	Minimal filmbildende Lasuren (Holzbeizen, durchschnittliche Dicke < 5 µm)	130	700
g	Absperrende Grundbeschichtungsstoffe (Grundierungen mit Versiegelungs- und/oder Verblockungseigenschaften für Holz oder Wände und Decken)	30	350
h	Verfestigende Grundbeschichtungsstoffe (Bindende Grundierungen zur Stabilisierung loser Substratpartikel oder zur Übertragung hydrophober Eigenschaften und/oder zum Schutz des Holzes vor Blaufärbung).	30	750
i	Einkomponenten-Speziallacke (Grundierungen und Decklacke für Kunststoffe, Grundierungsbeschichtungen für Eisensubstrate, Grundierungsbeschichtungen für reaktive Metalle wie Zink und Aluminium, Rostschutzanstriche, Bodenbeschichtungen, einschließlich für Holz- und Zementböden, Graffitischutz, Beschichtungen mit flammhemmender Wirkung und Beschichtungen für die Einhaltung von Hygienenormen).	140	500
j	Zweikomponenten-Speziallacke	140	500
k	Multicolorbeschichtungsstoffe (Beschichtungsstoffe zur Erzielung eines Zwei- oder Mehrfarbeneffekts direkt bei der ersten Anwendung).	100	100
l	Beschichtungsstoffe für Dekorationseffekte	200	200

Berechnung der Nass- und Trockenschichtdicke

Werden bestimmte Mindestanforderungen an Anstrichsysteme bezüglich der Schichtdicke gestellt (insbesondere Brandschutzbeschichtungen und Korrosionsschutzbeschichtungen), werden im Technischen Merkblatt die Nassschichtdicke und die Trockenschichtdicke angegeben. Finden sich diese Angaben, wird die Trockenschichtdicke in µm wie folgt berechnet (**Übersicht 1**).

Nassschichtdicke	Trockenschichtdicke
Jeder Beschichtungsstoff besteht aus Bindemittel, Pigment, Lösemittel und Zusatzstoffen, alles zusammengerechnet bedeutet das: 100 % Nassschichtdicke.	Den trockenen Anstrichfilm bilden jedoch nur z. B. 60 % Festkörper, da das Lösemittel (die restlichen 40 %), während der Trocknung verdunstet. 60 % Nassschichtdicke.
Folglich ist die Nassschicht immer größer als die Trockenschicht. Sie wird in µm (sprich Mikrometern) gemessen. 1 µm = 1/1 000 mm.	
Beispiel: Laut Angabe verfügt ein Alkydharzlack über einen Festkörper von 60 %. Am Objekt wird eine Nassschicht von 90 µm gemessen. Wie dick ist die Trockenschicht? Nassschicht = 100 % = 90 µm Festkörper = 60 % Trockenschicht = 60 % von 90 µm = **54 µm**	**Beispiel:** Die Trockenschichtdicke einer Beschichtung ist mit 50 µm vorgeschrieben. Für 12 m^2 werden 600 ml verbraucht. Der Festkörper des Lackes beträgt 60 %. Wurde die geforderte Schichtdicke eingehalten? 600 ml : 12 m^2 = 50 ml/m^2 (nass) 60 % von 50 ml = 30 ml/m^2 (trocken) = **30 µm** Trockenschichtdicke Das Material wurde in zu geringer Schichtdicke aufgetragen.

Übersicht 1: Materialberechnung

5.4 Aufgaben

Aufgabe 1 7 Liter 2K-Lackfarbe sollen laut Technischem Merkblatt wie folgt gemischt werden: 8 Teile Stammlack, 4 Teile Härter und 1 Teil Verdünnung. Wie viel Liter werden von den einzelnen Teilen benötigt?

Aufgabe 2

Eine Mischtabelle zeigt folgende Rezeptur für 1 Liter Silikonharzfarbe:

99,20 Volumenteile Weiß
0,50 Volumenteile Oxidbraun
0,30 Volumenteile Kobaltblau

Wie viel Liter der einzelnen Stoffmengen werden für 7,5 Liter fertige Silikonharzfarbe benötigt?

Aufgabe 3

Ein 2K-Polyurethanharzlackfarbe ist im Verhältnis 3:1 mit Härter gemischt. Für die Applikation mit der Spritzpistole sollen 0,9 Teile Verdünnung zugesetzt werden.

1 Liter Stammlack kostet 16,45 €.
1 Liter Härter kostet 9,35 €.
1 Liter Verdünnung kostet 4,75 €.

Berechnen Sie den Materialbedarf je Stoffmenge und den Literpreis für 1,5 Liter spritzfertige Polyurethanharzlackfarbe!

Aufgabe 4 Eine Wandfläche mit den Maßen 5,87 m x 2,45 m soll mit Innenwandfarbe beschichtet werden. Der Verbrauch liegt bei 120 ml/m². Ein Liter kostet 3,45 €.

a) Wie viel Liter Innenwandfarbe werden benötigt?

b) Wie hoch sind die Kosten?

Aufgabe 5 Für einen Beschichtungsstoff wird ein Verbrauch von 80 ml/m² angegeben. Wie viel Liter Beschichtungsstoff benötigt man für 68 m²?

Aufgabe 6 Auf ein Holzfenster wurde Alkydharzlackfarbe mit einem Festkörpergehalt von 68 % aufgetragen. Die Nassschichtdicke beträgt 125 µm. Ermitteln Sie die Trockenschichtdicke!

Aufgabe 7 Bei der Applikation einer Brandschutzbeschichtung wird eine Trockenschichtdicke von 320 µm gefordert. Wie hoch muss die Nassschichtdicke sein, wenn 32 % des Beschichtungsstoffes flüchtig sind?

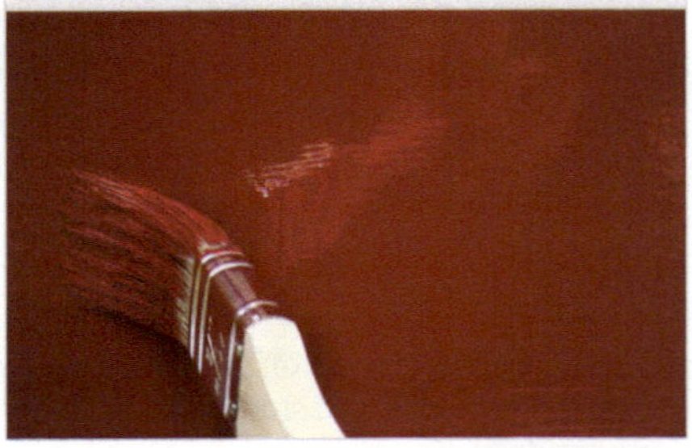

Aufgabe 8

5 Türen mit einer Gesamtfläche von 9,75 m² sollen lackiert werden. Die Lackfarbe hat eine Ergiebigkeit von 13 m²/l. Wie viel Liter Lackfarbe werden benötigt?

Die Berechnung von Flächen ist für den Maler und Lackierer von grundlegender Bedeutung. Da Gebäude und Räume heute aus funktionellen Gründen meist rechteckige Flächen oder andere einfache geometrische Grundformen wie Dreiecke oder Kreise aufweisen, ist die Berechnung meist unproblematisch.

6.1 Viereckige Flächen

Viereckige Flächen tauchen im Maleralltag als Quadrate, Rechtecke, Parallelogramme, Rauten und Trapeze auf. Diese Grundformen werden wie folgt berechnet (**Übersicht 1 und 2**):

Bei einem **Quadrat** sind alle Seiten gleich lang und verlaufen parallel. Die Seiten stehen rechtwinklig zueinander

$A = a \cdot a = a^2$
$U = a + a + a + a = 4 \cdot a$

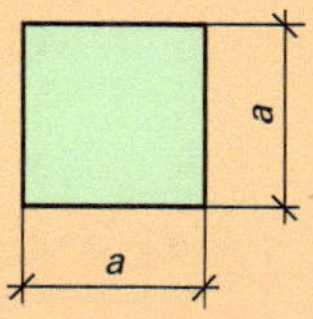

Beispiel:
Berechnen Sie die Fläche und den Umfang eines quadratischen Fußbodens mit einer Seitenlänge von 3,10 m!

$A = 3{,}10\ m \cdot 3{,}10\ m = 9{,}61\ m^2$
$U = 4 \cdot 3{,}10\ m = 12{,}40\ m$

Ein **Parallelogramm** ist ein verschobenes Rechteck. Die gegenüberliegenden Seiten und Winkel sind jeweils gleich groß.

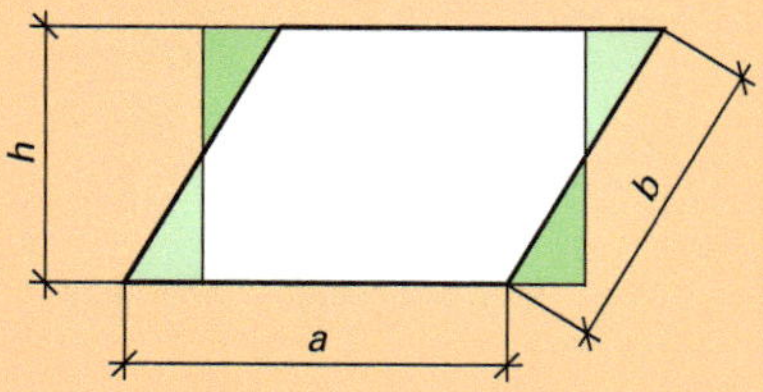

$A = a \cdot h$
$U = (a + b) \cdot 2$

Beispiel:
Eine Tafel ($a = 85$ cm, $b = 54$ cm, $h = 42$ cm) hat die Form eines Parallelogramms.
Die Fläche und der Umfang sind zu berechnen.

$A = 0{,}85\ m \cdot 0{,}42\ m = \underline{\mathbf{0{,}36\ m^2}}$
$U = (0{,}85\ m + 0{,}54\ m) \cdot 2 = \underline{\mathbf{2{,}78\ m}}$

Die Fläche beträgt 0,36 m² und der Umfang 2,78 m

Das **Rechteck** hat jeweils 2 gleich lange und parallel verlaufende Seiten.

$A = a \cdot b$
$U = (a + b) \cdot 2$

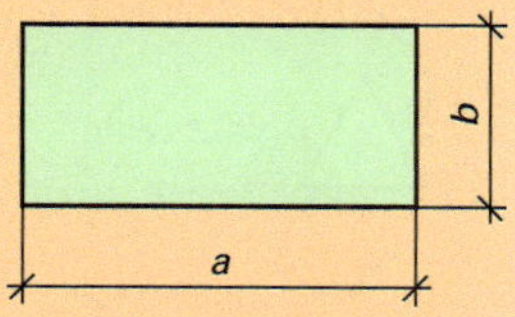

Beispiel:
Eine Wand ist 4,10 m breit und 2,45 m hoch. Berechnen Sie die Fläche und den Umfang!

$A = 4{,}10\ m \cdot 2{,}45\ m = 10{,}05\ m^2$
$U = (4{,}10\ m + 2{,}45\ m) \cdot 2 = 13{,}10\ m$

Übersicht 1: Berechnung von Quadraten, Parallellogrammen und Rechtecken
A = Aufmaß, Flächenberechnung U = Umfang der Form

Die Raute
Eine Raute ist ein „verschobenes" Quadrat. Alle Seiten sind gleich lang. Die gegenüberliegenden Winkel sind gleich groß, betragen aber nicht 90°.
Die Höhe steht rechtwinklig auf der Grundlinie.

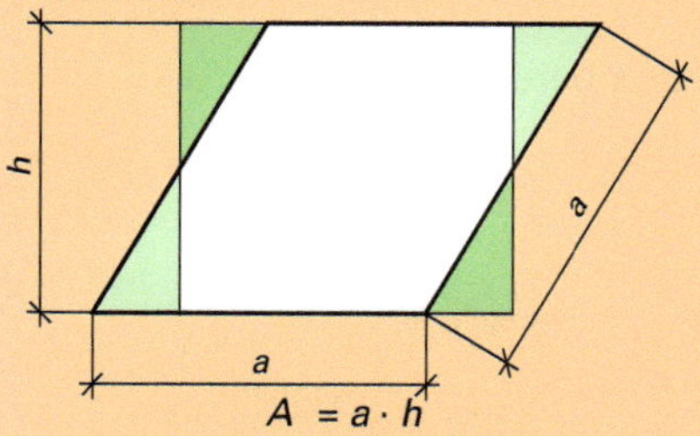

$A = a \cdot h$
$U = a \cdot 4$

Beispiel:
Bei einer rautenartigen Werbefläche in (a = 55 cm und h = 48 cm) sind Fläche und Umfang zu berechnen.

$A = 0{,}55\ m \cdot 0{,}48\ m = \underline{\mathbf{0{,}26\ m^2}}$
$U = 0{,}55\ m \cdot 4 = \underline{\mathbf{2{,}20\ m}}$

Die Fläche beträgt 0,26 m² und der Umfang 2,20 m.

Das Trapez
Das Trapez ist ein Viereck, bei dem zwei gegenüberliegende Seiten parallel zueinander verlaufen.
Der Flächeninhalt wird berechnet, indem die mittlere Länge der parallelen Seiten ermittelt wird. Diese wird mit der Höhe des Trapezes multipliziert.

Der Umfang ergibt sich aus der Summe aller Seitenlängen.

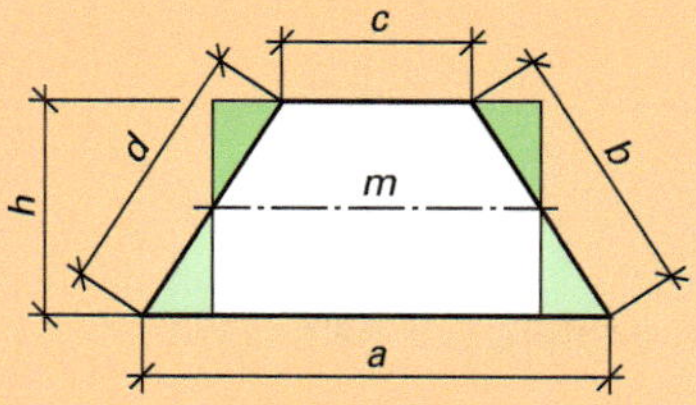

$$A = \frac{(a + c)}{2} \cdot h$$
$$U = a + b + c + d$$

Beispiel:
Bei folgendem Trapez sollen die Fläche und der Umfang berechnet werden.
($a = 2{,}00$ m, $b = 3{,}02$ m, $c = 1{,}20$ m, $d = 3{,}10$ m und $h = 3{,}00$ m)

$$A = \frac{(2{,}00\ m + 1{,}20\ m)}{2} \cdot 3{,}00\ m = \mathbf{4{,}80\ m^2}$$
$$U = 2{,}00\ m + 3{,}02\ m + 1{,}20\ m + 3{,}10\ m = \mathbf{9{,}32\ m}$$

Die Trapezfläche beträgt 4,80 m² und der Umfang 9,32 m.

Übersicht 2: Berechnung von Rauten und Trapezen

6.2 Dreieckige Flächen

Das Dreieck wird gebildet durch drei Seiten und drei Winkel. Ein Dreieck ist in seiner Fläche immer die Hälfte eines Quadrates, Rechteckes, einer Raute oder eines Parallelogramms (Bild 1).

Das Dreieck (gleichschenkelig, gleichseitig, ungleichseitig, spitzwinklig, rechtwinklig oder stumpfwinklig) wird gebildet durch drei Seiten und drei Winkel.

Unterscheidung nach Seiten

gleichschenklig	2 Seiten gleich lang
gleichseitig	3 Seiten gleich lang
ungleichseitig	3 Seiten verschieden lang

Unterscheidung nach Winkeln

spitzwinklig	alle Winkel < 90°
rechtwinklig	ein Winkel = 90°
stumpfwinklig	ein Winkel > 90°

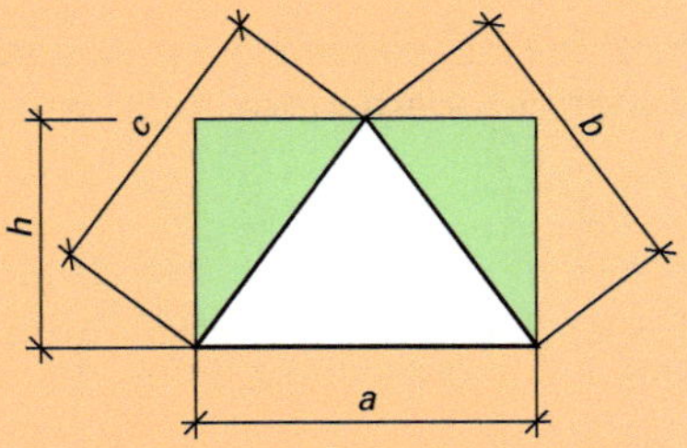

$$A = \frac{a \cdot h}{2}$$

$$U = a + b + c$$

Beispiel

Die Fläche und der Umfang eines dreieckigen Werbeschildes sollen berechnet werden. ($a = 3{,}00$ m, $b = 4{,}50$ m, $c = 5{,}60$ m, $h = 4{,}00$ m)

$$A = \frac{3{,}00\ \text{m} \cdot 4{,}00\ \text{m}}{2} = \mathbf{6{,}00\ m^2}$$

$$U = 3{,}00\ \text{m} + 4{,}50\ \text{m} + 5{,}60\ \text{m} = \mathbf{13{,}10\ m}$$

Die Fläche beträgt 6,00 m² und der Umfang 13,10 m.

Bild 1: Berechnung von Dreiecken

Fehlt für die Berechnung eines rechtwinkligen Dreiecks das Maß einer Seitenlänge, so wendet man den Lehrsatz des Pythagoras an: In einem rechtwinkligen Dreieck ist das Quadrat über der Hypotenuse gleich der Summe der Quadrate über den Katheten (Übersicht 1).

Satz des Phythagoras:

$c^2 = a^2 + b^2 \rightarrow$ Seitenlänge c $= \sqrt{a^2 + b^2}$

Daraus folgt für die Katheten:

$a^2 = c^2 - b^2 \rightarrow$ Seitenlänge a $= \sqrt{c^2 - b^2}$

$b^2 = c^2 - a^2 \rightarrow$ Seitenlänge b $= \sqrt{c^2 - a^2}$

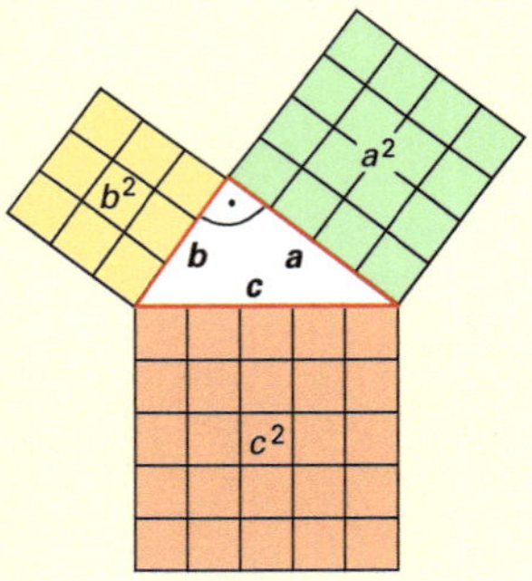

c = Hypotenuse
a, b = Katheten

Übersicht 1: Berechnung von Dreiecken

Über weitere Formeln lassen sich Steigung, Neigung und Gefälle bei einem Dreieck berechnen (Übersicht 2).

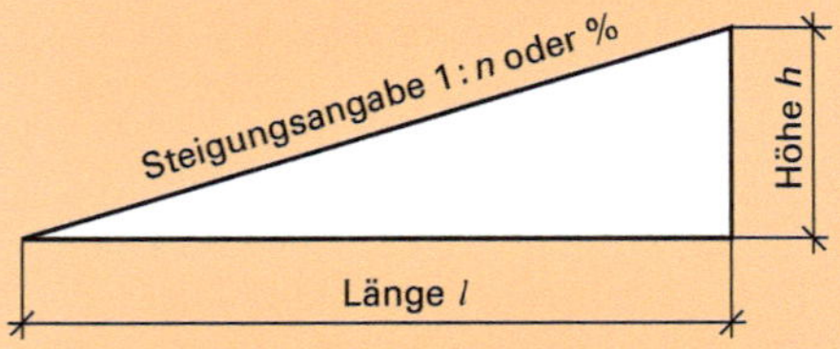

Steigung allgemein

Steigungsverhältnis $s_V = \frac{\text{Höhe } h}{\text{Länge } l}$

Steigung als Verhältnis 1 : *n*

Verhältniszahl $n = \frac{\text{Länge } l}{\text{Höhe } h}$

Steigung in %

Prozentsatz $p = \frac{\text{Höhe } h}{\text{Länge } l} \cdot 100\,\%$

Höhe $h = \frac{\text{Prozentsatz} \cdot \text{Länge } l}{100\,\%}$

Länge $l = \frac{\text{Höhe} \cdot 100\,\%}{\text{Prozentsatz } p}$

Übersicht 2: Berechnung von Steigung, Neigung und Gefälle

6.3 Vieleckige Flächen

Häufig müssen Flächen berechnet werden, die sich aus verschiedenen geometrischen Formen zusammensetzen. Zum Berechnen dieser Flächen gibt es zumeist mehrere Möglichkeiten der Zerteilung in berechenbare Flächen: Entweder wird die Fläche aus Einzelflächen zusammengesetzt, oder es wird eine größere Fläche berechnet, von der wiederum eine Fläche, die zuviel berechnet wurde, von ihr abgezogen wird (Übersicht 1).

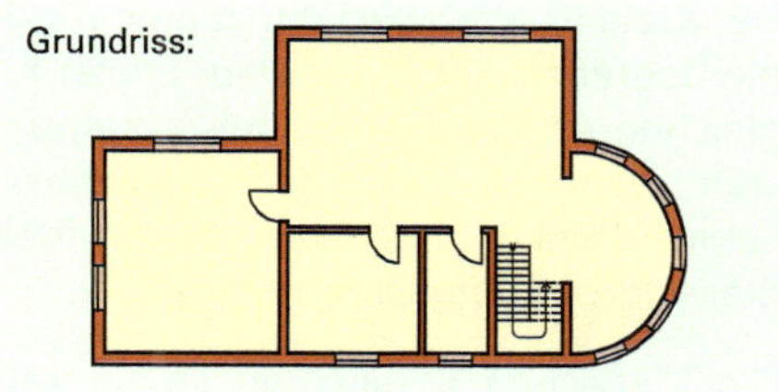

a)	b)	c)
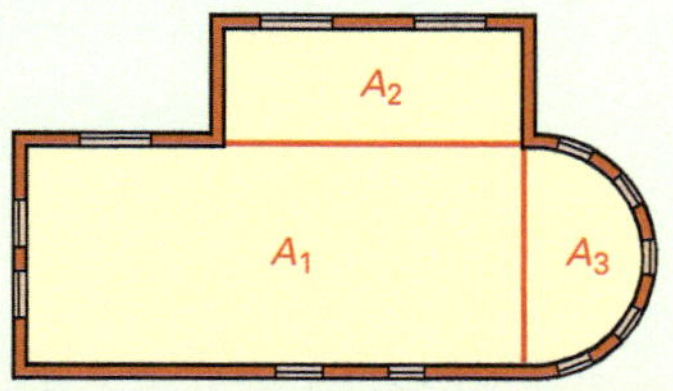	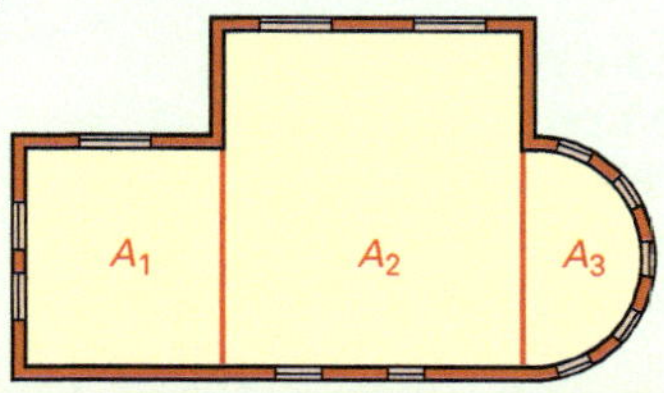	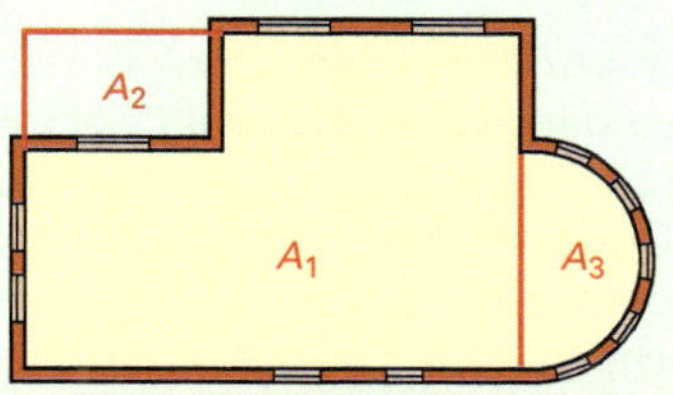
Fläche A_2 (Rechteck)	Fläche A_1 (Rechteck)	Fläche A_1 (großes Rechteck)
+ Fläche A_1 (Rechteck)	+ Fläche A_2 (Quadrat)	– Fläche A_2 (Rechteck)
+ Fläche A_3 (Halbkreis)	+ Fläche A_3 (Halbkreis)	+ Fläche A_3 (Halbkreis)

Übersicht 1: Verschiedene Möglichkeiten der Zerlegung eines Grundrisses

Komplizierte Flächen müssen zuerst in berechenbare geometrische Grundformen zerlegt werden. Dabei ist die Teilung zu wählen, nach der möglichst wenig Teilflächen entstehen (Übersicht 2).

Bauplatz mit drei geplanten Häusern

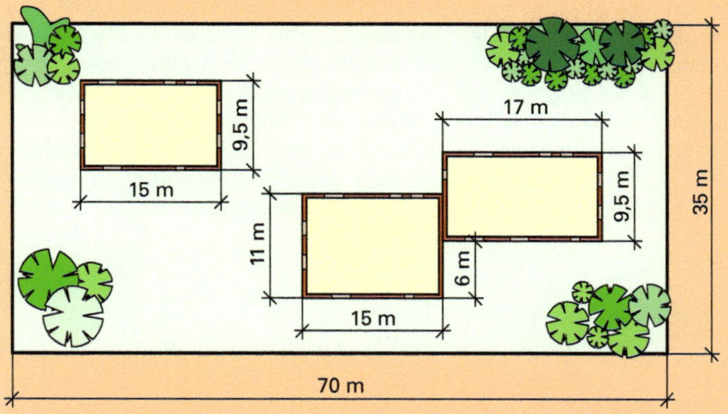

Grundstücksform eines Bauplatzes

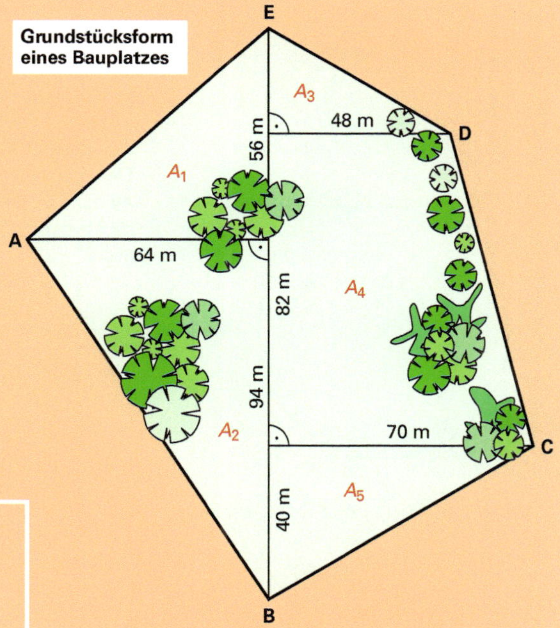

Berechnungen der Vierecksfamilie

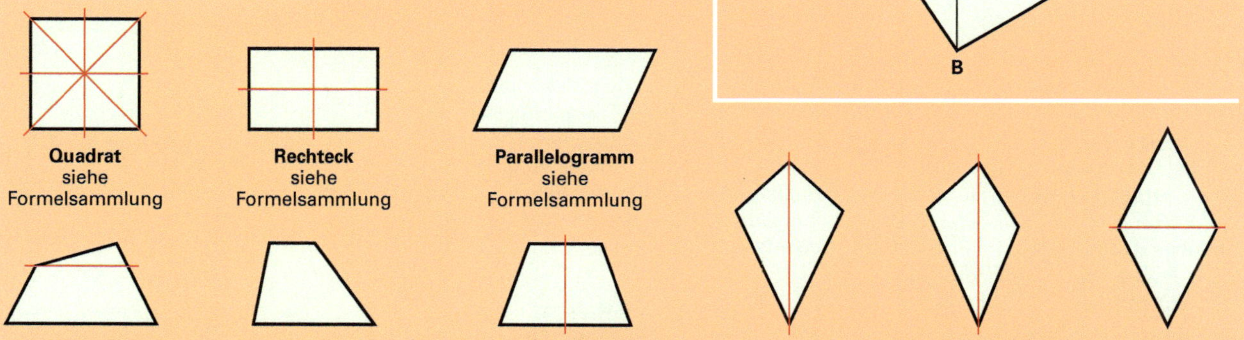

Quadrat siehe Formelsammlung

Rechteck siehe Formelsammlung

Parallelogramm siehe Formelsammlung

Viereck Trapez und Dreieck

Trapez siehe Formelsammlung

gleichschenkliges Trapez siehe Formelsammlung

Drachen zwei gleichgroße Dreiecke

schiefer Drachen zwei Dreiecke

Raute zwei gleichgroße Dreiecke

Übersicht 2: Zerlegung von Flächen

6.4 Runde Flächen

Der Kreis (**Bild 1**) wird durch eine runde, geschlossene Linie begrenzt. Alle Punkte auf dieser Kreislinie haben den gleichen Abstand zum Kreismittelpunkt (M). Diesen Abstand nennt man den Radius (*r*). Verbindet man zwei beliebige Punkte durch den Kreismittelpunkt, nennt man diese Verbindung Durchmesser (*d*).

Die Menschen versuchten schon seit früher Zeit, dem Phänomen der Kreisberechnung näher zu kommen (Umfänge von Rädern, Säulen, Volumina von Fässern).

Schon vor Jahrtausenden hat man brauchbare Werte für die so genannte „Kreiszahl" gefunden. Die Kreiszahl ist die Zahl, die angibt, welchen Umfang ein Kreis hat, wenn der Durchmesser 1 ist. Diese Kreiszahl bezeichnet man mit dem griechischen Buchstaben π. Er wird Pi ausgesprochen.

π ist eine irrationale Zahl, ihre Darstellung lässt sich in keinem Stellenwertsystem vollständig angeben: Die Darstellung ist unendlich lang und nicht periodisch.

π = 3,1415926535 8979323846 2643383279 5028841971 6939937510 5820974944 5923078164 ...

Für die meisten Berechnungen reichen die ersten beiden Nachkommastellen jedoch aus: π = 3,14. Umfang und Fläche von Kreis, Halbkreis und Viertelkreis werden wie folgt berechnet (**Übersicht 1**):

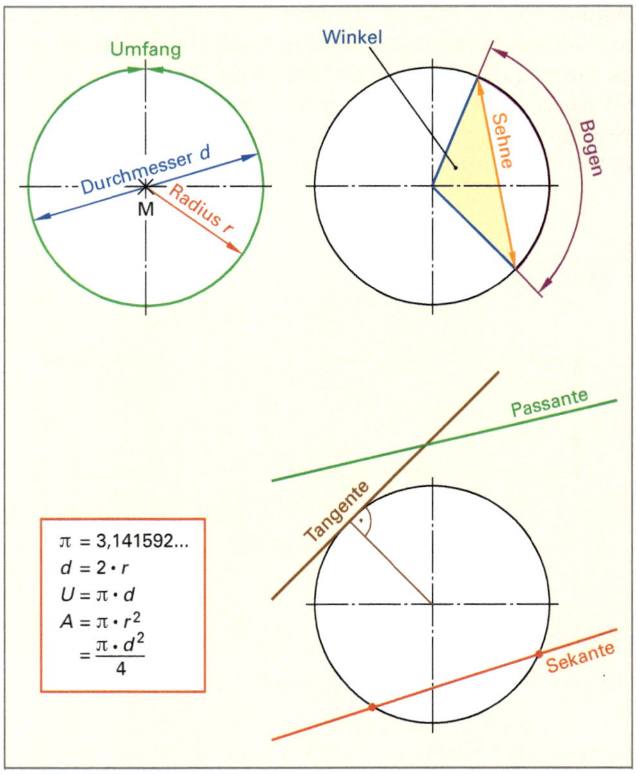

Bild 1: Kreis

Kreis

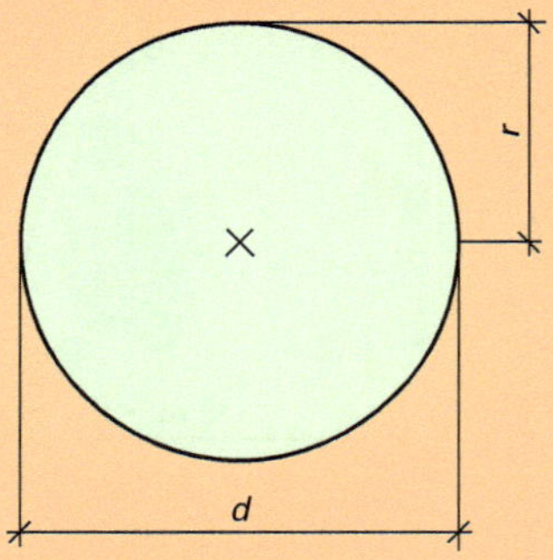

$$A = r \cdot r \cdot \pi = \frac{d \cdot d}{4} \cdot \pi$$

$$U = 2r \cdot \pi = d \cdot \pi$$

Den Radius errechnet man durch das Teilen des Durchmessers. Bei ungeraden Zahlen ergibt sich als dritte Dezimale eine 5. Rundet man auf zwei Stellen, kommt es zu Differenzen im Ergebnis.
In der Praxis erweist sich deshalb das Rechnen mit dem Durchmesser als günstiger.

Halbkreis

Wird durch den Mittelpunkt eines Kreises eine Gerade gezeichnet, so entstehen zwei Halbkreise.
Der Flächeninhalt und die Bogenlänge eines Halbkreises entsprechen der Hälfte der entsprechenden Werte für den Vollkreis.

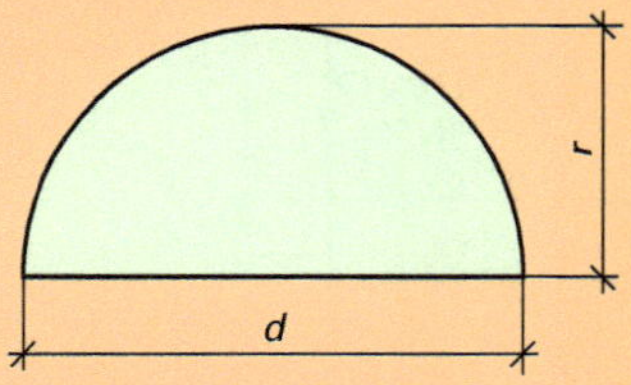

$$A = r \cdot r \cdot \pi \cdot \frac{1}{2} = \frac{d \cdot d}{4} \cdot \pi \cdot \frac{1}{2}$$

Für den Flächeninhalt des Halbkreises verwendet man die Formel der Kreisfläche und dividiert durch zwei.
Zum Berechnen der **Bogenlänge *(b)*** des Halbkreises verwendet man die Umfangsformel des Kreises und dividiert ebenfalls durch zwei.

$$b = 2r \cdot \pi \cdot \frac{1}{2} = d \cdot \pi \cdot \frac{1}{2}$$

$$U = d \cdot \pi \cdot \frac{1}{2} + d$$

Viertelkreis

Der Viertelkreis ist die Hälfte eines Halbkreises. Somit beträgt die Fläche eines Viertelkreises ein Viertel der ganzen Kreisfläche und der Kreisbogen ein Viertel des Kreisumfanges.
Berechnet man den Umfang des Viertelkreises muss man zum Kreisbogen zweimal den Radius hinzurechnen.

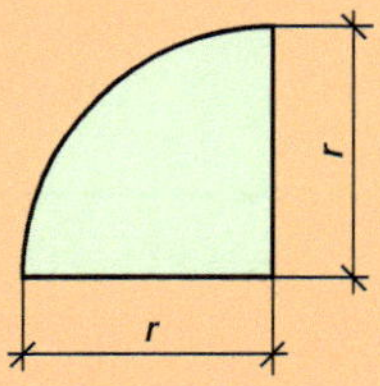

$$A = r \cdot r \cdot \pi \cdot \frac{1}{4} = \frac{d \cdot d}{4} \cdot \pi \cdot \frac{1}{4}$$

$$b = 2r \cdot \pi \cdot \frac{1}{4} = d \cdot \pi \cdot \frac{1}{4}$$

$$U = 2r \cdot \pi \cdot \frac{1}{4} + 2r = d \cdot \pi \cdot \frac{1}{4} + d$$

Übersicht 1: Berechnung von Kreis, Halbkreis und Viertelkreis

Kreisring	Kreisabschnitt	Kreisausschnitt
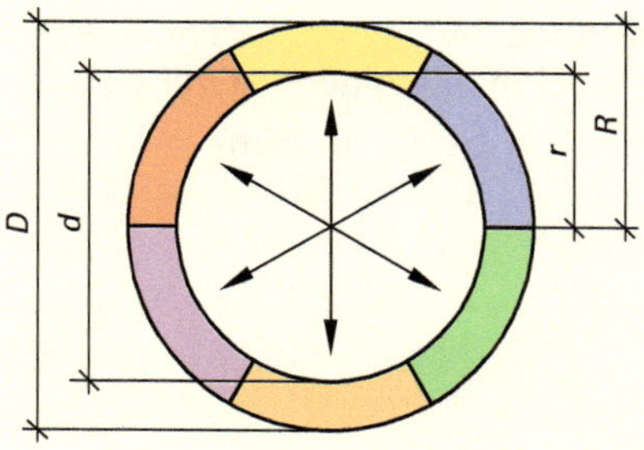	Kreissegment 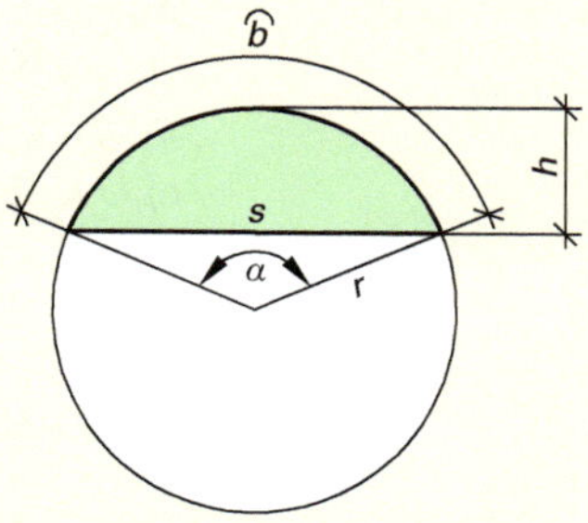	Kreissektor 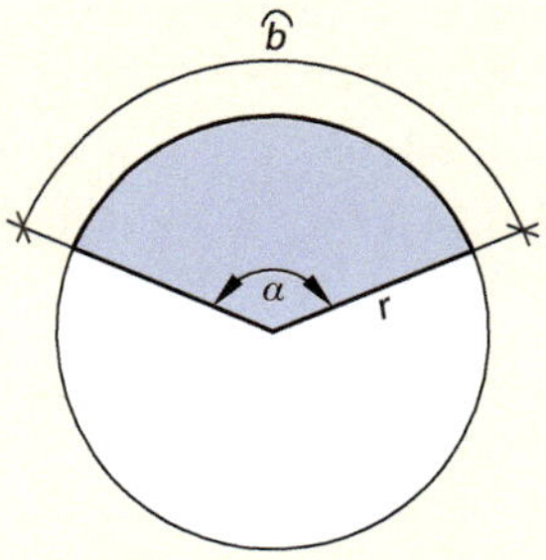
Der Flächeninhalt ergibt sich, indem die innere kleinere Kreisfläche von der größeren Kreisfläche subtrahiert wird. $A = (R^2 - r^2) \cdot \pi$ $= \frac{1}{4} (D^2 - d^2) \cdot \pi$ Der Umfang des Kreisringes errechnet sich aus der Summe des äußeren und des inneren Kreisumfanges. $U = (2R \cdot \pi) + (2r \cdot \pi)$ $= (D + d) \cdot \pi$	$A = \pi \cdot r^2 \cdot \frac{\alpha}{360°} - \frac{s(r-h)}{2}$ Für die handwerkliche Berechnung ist die folgende Annäherungsformel ausreichend: $A = \frac{2}{3} \cdot h \cdot s$ $\widehat{b} = \frac{2 \cdot r \cdot \pi \cdot \alpha}{360°}$ $U = s + \widehat{b}$	$A = \pi \cdot r^2 \cdot \frac{\alpha}{360°}$ $\widehat{b} = \frac{2 \cdot r \cdot \pi \cdot \alpha}{360°}$ $U = 2 \cdot r + \widehat{b}$

Übersicht 1: Berechnung von Kreisring, Kreisabschnitt und Kreisausschnitt

6.5 Krummlinige Flächen

Ellipse	Korbbogen
Als Ellipse bezeichnet man die Schnittkurve eines Kreiskegels mit einer Ebene, dabei darf die Schnittkurve nicht die Grundfläche des Kegels schneiden. Elliptische Flächen begegnen uns bei Öffnungen und Decken, aber auch als halbe Ellipse bei Durchgängen oder bei Rundbogenabschlüssen an Fenstern und Türen.	Korbbogen begegnen uns in Form von Öffnungen und Rundbogenabschlüssen. Der Korbbogen setzt sich aus Kreisbogen zusammen, die ohne Knick ineinander übergehen. In der Praxis ist auch hier oftmals die Berechnung der Fläche erforderlich. Liegen Leibungen vor, dann muss auch der Umfang berechnet werden.
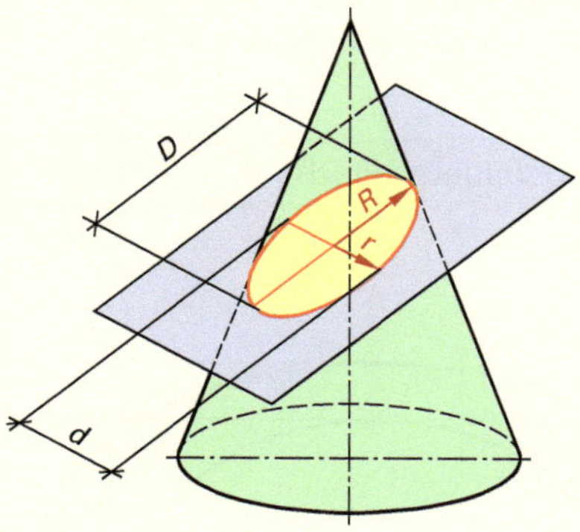	
$A = R \cdot r \cdot \pi$ $= \frac{1}{4} \cdot D \cdot d \cdot \pi$ $U = (R + r) \cdot \pi$ $= \frac{1}{2} \cdot (D + d) \cdot \pi$	Der Korbbogen ähnelt stark der Ellipse. Man verwendet deshalb für die Berechnung der Fläche und des Umfangs die Formeln der Ellipse. Bei Rundbogenabschlüssen an Brücken, Durchfahrten, Fenstern usw. teilt man die errechneten Werte durch 2, da es sich nur um Hälften handelt. $A = \frac{R \cdot r \cdot \pi}{2}$ $= \frac{D \cdot d \cdot \pi}{8}$

Übersicht 2: Berechnung von Ellipsen und Korbbögen

6.6 Aufgaben

Aufgabe 1 Berechnen Sie die Längen der Quadratseiten für folgende Flächeninhalte:

a) $A = 11{,}56\ \text{m}^2$ b) $A = 576{,}00\ \text{m}^2$

c) $A = 0{,}34\ \text{m}^2$ d) $A = 1{,}56\ \text{m}^2$

Aufgabe 2 Berechnen Sie den Flächeninhalt eines Quadrates, wenn der Umfang folgende Größen hat:

a) $U = 5{,}00$ m b) $U = 10{,}08$ m

c) $U = 18{,}24$ m d) $U = 1{,}08$ m

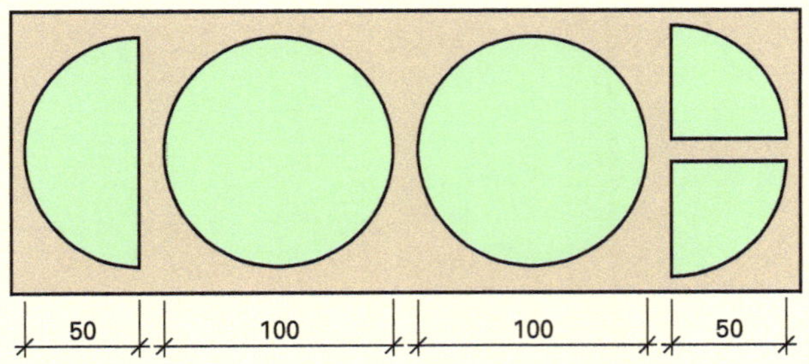

Aufgabe 3 Auf einer Platte wurden folgende Konstruktionen aufgezeichnet. Berechnen Sie die zu lackierenden Flächen. Berechnen Sie außerdem die zum Abkleben erforderliche Menge an Klebeband (in m)!

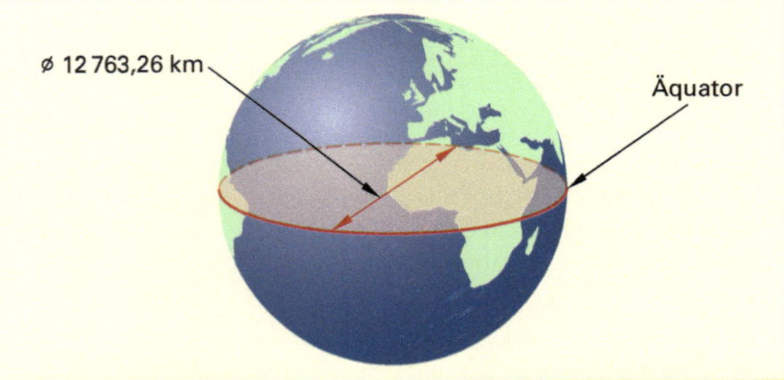

Aufgabe 4 Die Erde hat am Äquator einen Durchmesser von 12 763,26 km. Wie lang ist der Äquator? Berechnen Sie die Querschnittsfläche der Erde, würde man sie am Äquator aufschneiden.

Aufgabe 5 Berechnen Sie die Fläche der abgebildeten quadratischen Toreinfahrt!

Aufgabe 6 Ein Rundfenster hat einen Durchmesser von 1,20 m. Dieses Fenster soll eine farbig abgesetzte Leibung erhalten. Berechnen Sie die Leibungsfläche bei einer Leibungstiefe von 20 cm!

Aufgabe 7 Berechnen Sie die Flächeninhalte und den Umfang der abgebildeten Flächen!

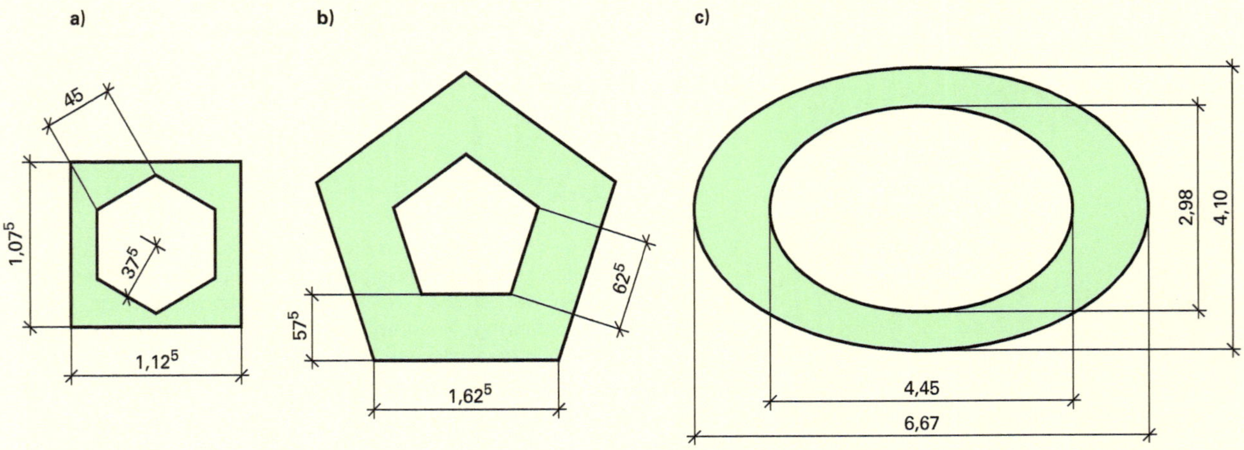

Hinweis: Die hochgestellten Ziffern sind mm-Angaben.

Aufgabe 8 Berechnen Sie die Flächeninhalte und den Umfang der abgebildeten Flächen!

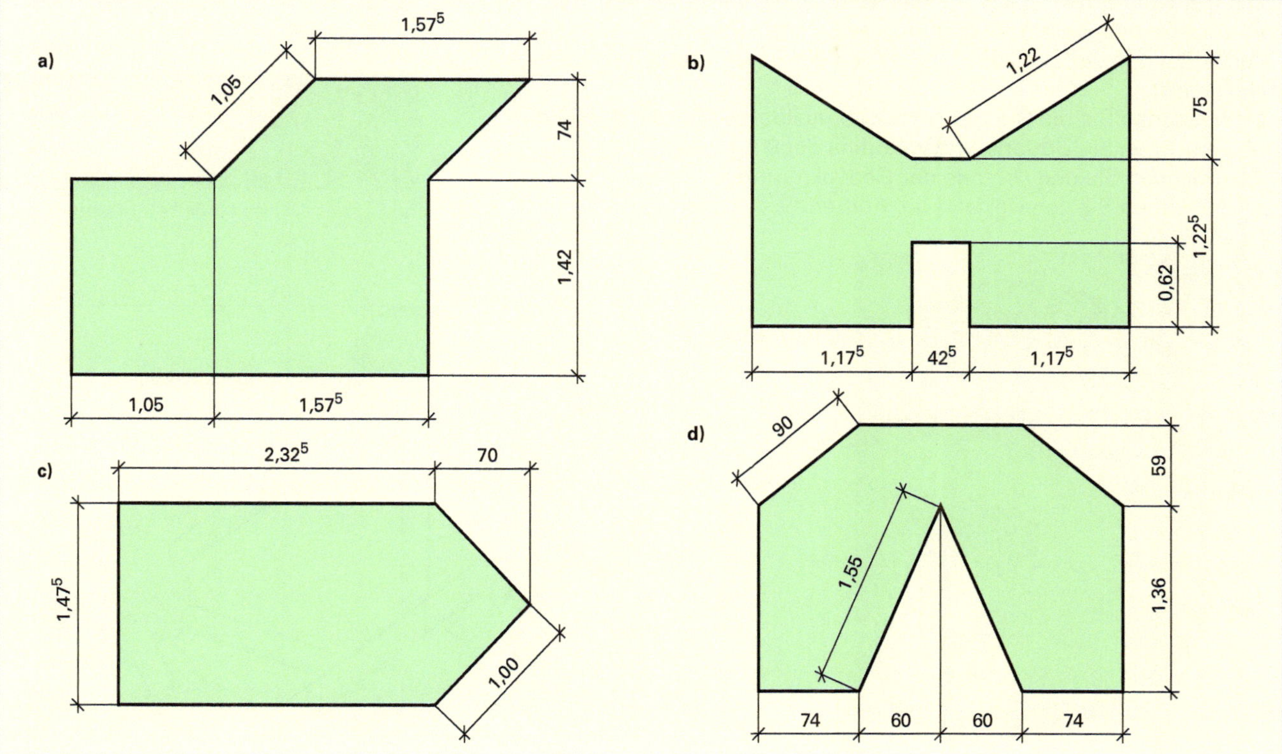

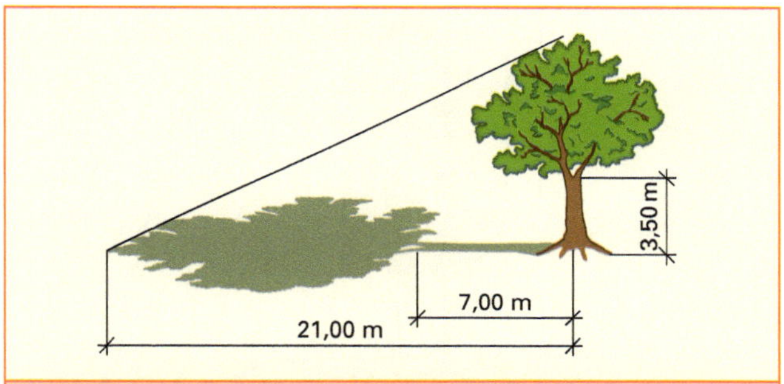

Aufgabe 9 Wie hoch ist der Baum?

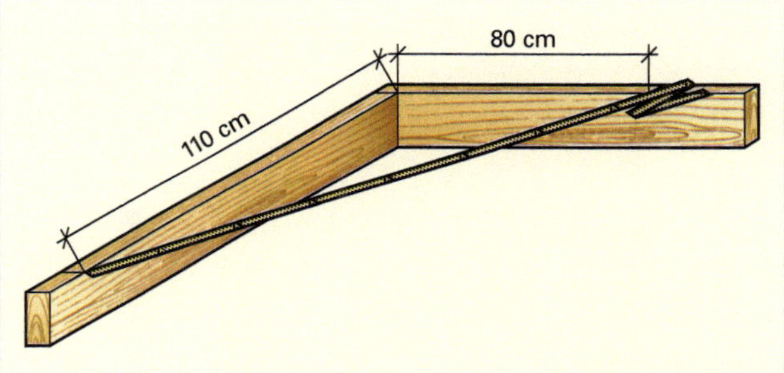

Aufgabe 10 Ein Tischler misst an zwei Leisten 0,80 m und 1,10 m ab. Wie weit sind die Markierungen voneinander entfernt, wenn die Leisten rechtwinkelig zueinander liegen?

Aufgabe 11 Wie hoch ist eine aufgebaute Stehleiter, wenn die beiden unteren Auflagepunkte im ausgeklappten Zustand 1,40 m voneinander entfernt sind. Leiterhöhe im zusammengeklappten Zustand: 3,00 m.

Aufgabe 12 Wie hoch darf der Schrank sein, damit man ihn noch aufstellen kann?

Aufgabe 13 Das Atomium in Brüssel stellt anhand von neun Atomen eine Eisen-Kristall-Struktur in 165-milliardenfacher Vergrößerung dar. Das Atomium war anfangs mit Aluminiumplatten überzogen **(Bild 1)**, die Aluminiumverkleidungen wurden 2004 im Rahmen der Renovierung durch Edelstahlbleche ersetzt.

a) Berechnen Sie die Oberfläche der abgebildeten Aluminiumplatte.
b) Berechnen Sie Umfang und Volumina der 9 Kugeln.
c) Errechnen Sie den Umfang der Gedenkmünze.
d) Berechnen Sie den Umfang der Röhren.

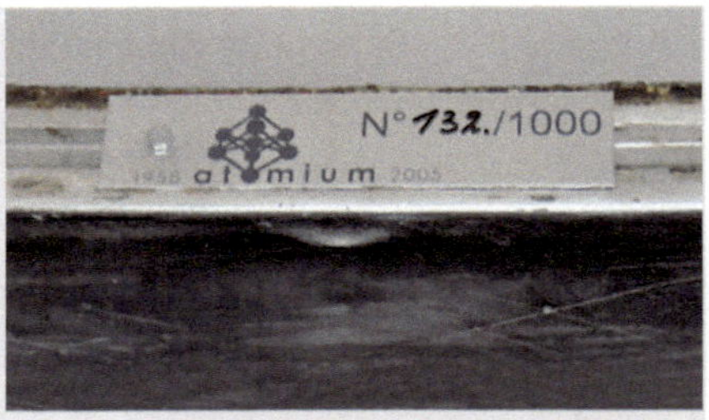

Bild 1: Kennschild einer Aluminiumplatte

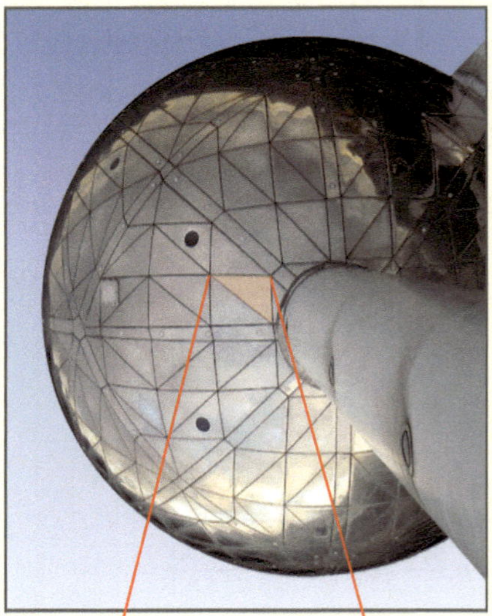

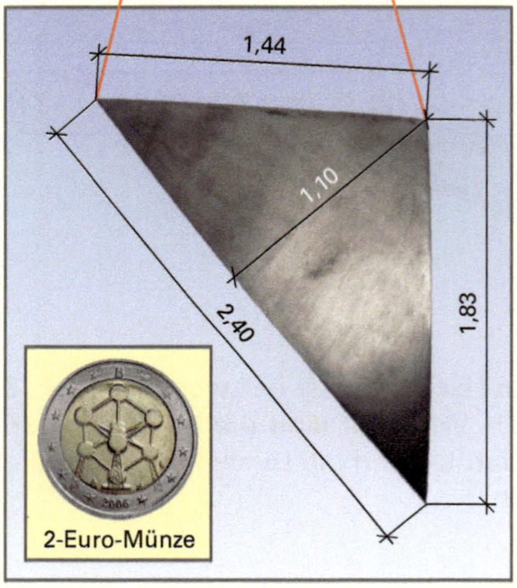

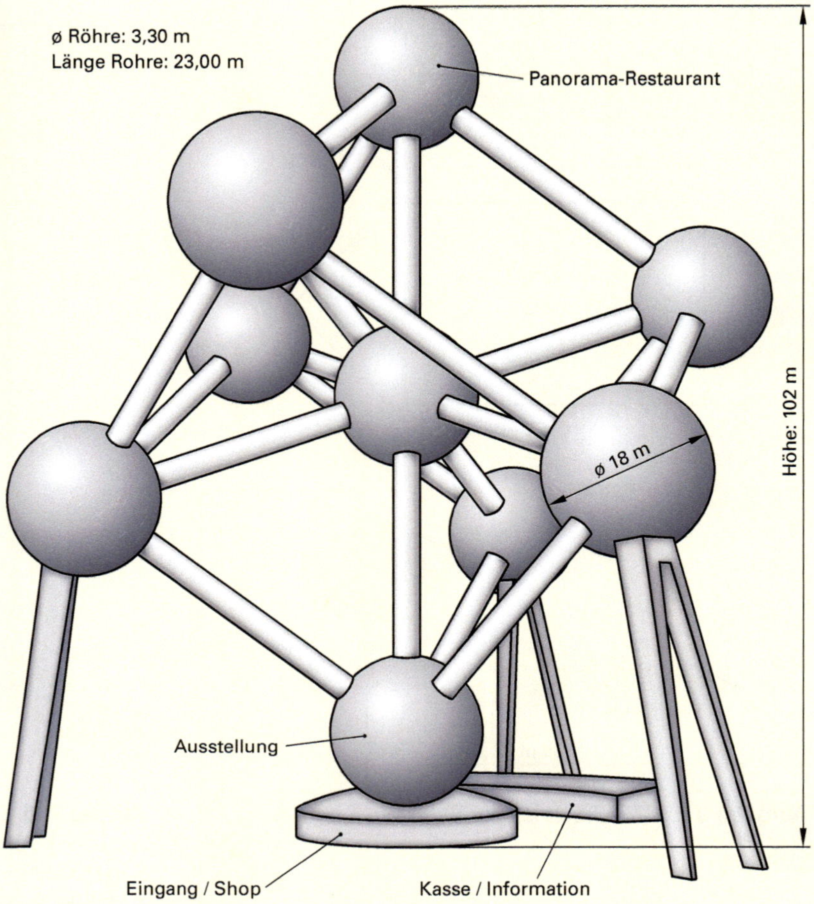

Aufgabe 14 Berechnen Sie die Flächeninhalte und den Umfang der abgebildeten Flächen!

a)

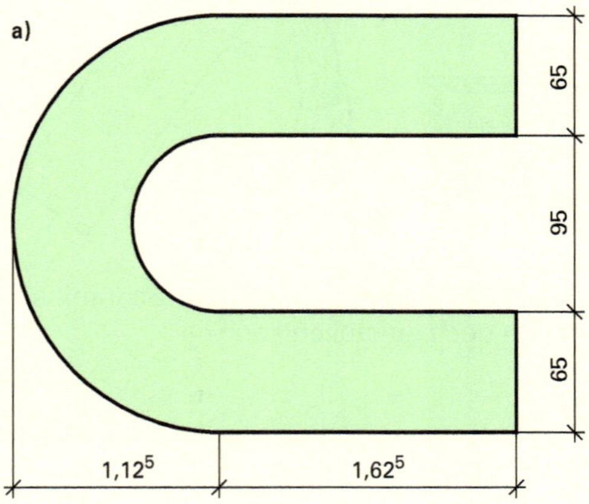

b)

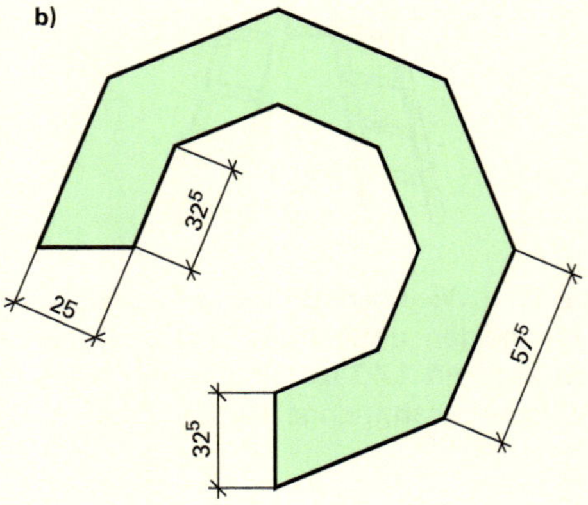

7.1 Gerade Körper

Bei einem **geraden Körper** steht die Mantelfläche senkrecht zur Grundfläche, dabei sind alle Querschnitte, die parallel zur Grundfläche liegen gleich. Die Grundfläche kann verschiedene Flächenformen haben, die unterschiedliche Körper bilden **(Übersicht 1)**.

Der Würfel	**Abbildung/Berechnung**
Seitenflächen, Grund- und Deckfläche sind gleichgroße Quadrate, die in einem Winkel von 90° zueinander stehen. Die Höhe entspricht der Seitenlänge. Die Oberfläche ist die Summe aus 6 gleichgroßen Quadraten.	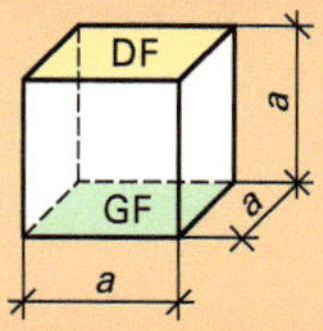 $A = a \cdot a = a^2$ $M = (a + a) \cdot 2 \cdot a = 4a^2$ $O = 4a^2 + a \cdot a + a \cdot a$ $O = 6a^2$
Die quadratische Säule	**Abbildung/Berechnung**
Bei einer quadratischen Säule sind die Seitenflächen des Mantels 4 gleichgroße Rechtecke und Grund- und Deckfläche zwei deckungsgleiche Quadrate.	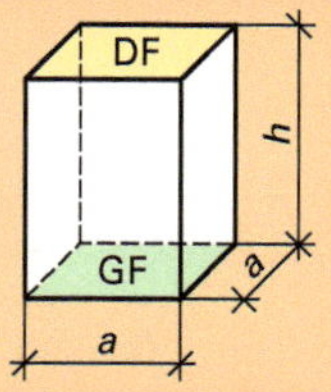 $A = a \cdot a = a^2$ $M = (a + a) \cdot 2 \cdot h$ $M = 4 \cdot a \cdot h$ $O = 4 \cdot a \cdot h + a \cdot a + a \cdot a$ $O = 4 \cdot a \cdot h + 2a^2$
Die rechteckige Säule	**Abbildung/Berechnung**
Bei einer rechteckigen Säule sind die Grund- und Deckfläche und die jeweils gegenüberliegenden Seitenflächen des Mantels gleichgroße Rechtecke.	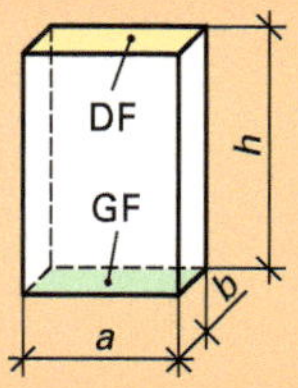 $A = a \cdot b$ $M = (a + b) \cdot 2 \cdot h$ $O = (a + b) \cdot 2 \cdot h + a \cdot b \cdot 2$
Die dreieckige Säule (Prisma)	**Abbildung/Berechnung**
Grund- und Deckfläche haben bei einer dreieckigen Säule eine Dreieckform. Der Mantel setzt sich aus drei Rechteckflächen zusammen.	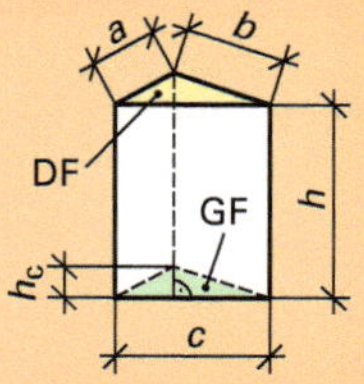 $A = \frac{c \cdot h_c}{2}$ $M = (a + b + c) \cdot h$ $O = (a + b + c) \cdot h + \frac{c \cdot h_c}{2} \cdot 2$
Die runde Säule (Zylinder)	**Abbildung/Berechnung**
Die Grund- und Deckfläche einer runden Säule sind gleichgroße Kreisflächen. Der Mantel ergibt in der Abwicklung ein Rechteck, dessen Breite dem Umfang der Grund- und Deckfläche entspricht.	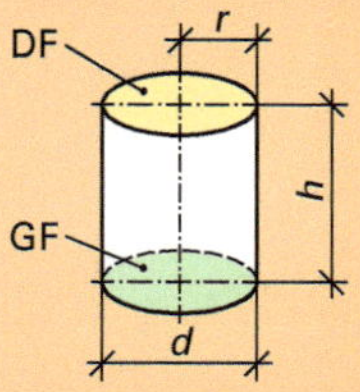 $A = \pi \cdot r^2 = \frac{\pi \cdot d^2}{4}$ $M = d \cdot \pi \cdot h$ $O = d \cdot \pi \cdot h + \frac{\pi \cdot d^2}{4} \cdot 2$
Der Hohlzylinder	**Abbildung/Berechnung**
Die Grund- und Deckfläche eines Hohlzylinders sind Kreisringe. Dadurch entstehen ein innerer und ein äußerer Mantel. Die Mantelflächen ergeben in der Abwicklung Rechtecke.	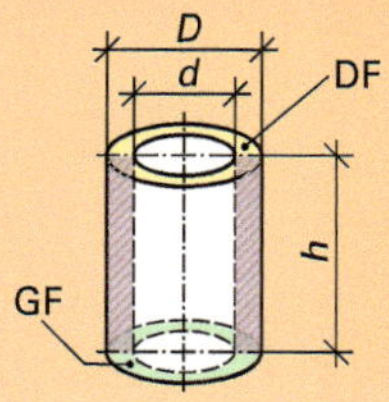 $A = \frac{\pi (D^2 - d^2)}{4}$ $M = (D \cdot \pi + d \cdot \pi) \cdot h$ $O = (D \cdot \pi + d \cdot \pi) \cdot h + \frac{\pi (D^2 - d^2)}{4} \cdot 2$

a, b, c	- Seiten	*D*	- Außendurchmesser	*O*	- Oberfläche
h	- Körperhöhe	*M*	- Mantel	*A*	- Fläche
r	- Radius	h_c	- Höhe Dreieck	*GF*	- Grundfläche
d	- Durchmesser/Innendurchmesser			*DF*	- Deckfläche

Übersicht 1: Gerade Körper

7.2 Spitze Körper

Bei einem **spitzen Körper** verläuft die Grundfläche über eine Mittelsenkrechte immer kleiner werdend nach oben und endet in einer Spitze. Man unterscheidet dabei quadratische, rechteckige, dreieckige und runde Grundflächen, die unterschiedliche spitze Körper bilden (**Übersicht 1**).

Die quadratische Pyramide	**Abbildung/Berechnung**
Die Seitenflächen der Pyramide sind Dreiecke. Die Grundfläche ist ein Quadrat. Dabei bildet eine Seitenlänge der Grundfläche auch die Grundlinie des Dreieckes.	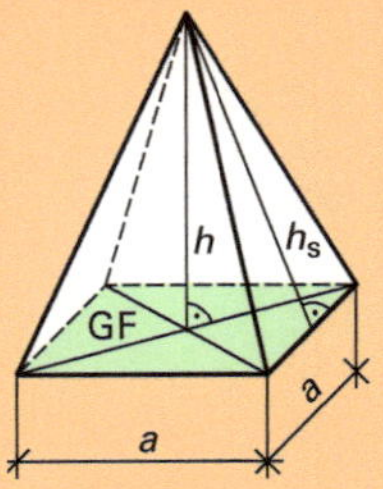 $GF = a \cdot a = a^2$ $M = \frac{a \cdot h_s}{2} \cdot 4$ $O = \frac{a \cdot h_s}{2} \cdot 4 + a^2$
Die rechteckige Pyramide	**Abbildung/Berechnung**
Die rechteckige Pyramide hat eine rechteckige Grundfläche und je zwei gleichgroße dreieckige Seitenflächen.	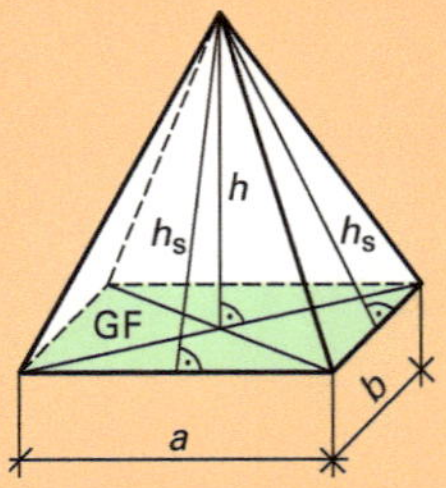 $GF = a \cdot b$ $M = \left(\frac{a \cdot h_s}{2} + \frac{b \cdot h_s}{2}\right) \cdot 2$ $M = a \cdot h_s + b \cdot h_s$ $O = (a \cdot h_s) + (b \cdot h_s) + (a \cdot b)$
Die dreieckige Pyramide	**Abbildung/Berechnung**
Die dreieckige Pyramide hat eine dreieckige Grundfläche und 3 gleichgroße dreieckige Seitenflächen. Beim Tetraeder sind Grund- und Seitenflächen gleichgroß.	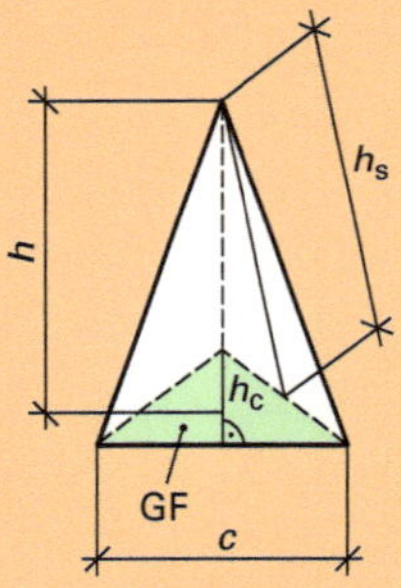 $GF = \frac{c \cdot h_c}{2}$ $M = \frac{c \cdot h_s}{2} \cdot 3$ $O = \frac{c \cdot h_s}{2} \cdot 3 + \frac{c \cdot h_c}{2}$
Der Kegel	**Abbildung/Berechnung**
Der Kegel hat eine runde Grundfläche. Abgewickelt ergibt der Mantel einen Kreisausschnitt.	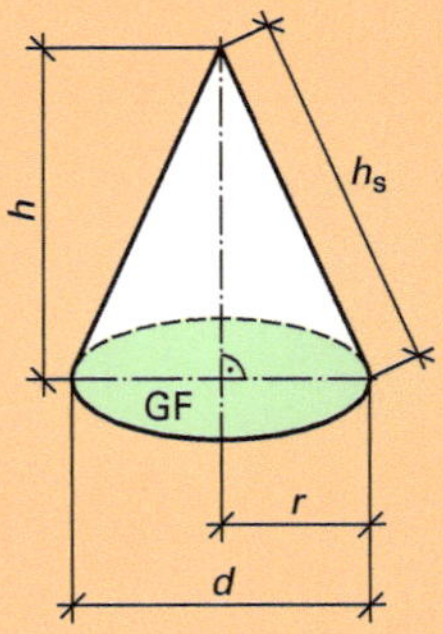 $GF = r^2 \cdot \pi = \frac{\pi \cdot d^2}{4}$ $M = \frac{d \cdot \pi \cdot h_s}{2}$ $O = \frac{d \cdot \pi \cdot h_s}{2} + \frac{\pi \cdot d^2}{4}$

GF - Grundfläche	**r - Radius**	**h_c - Höhe Dreieck Grundfläche**
M - Mantelfläche	**d - Durchmesser**	**h_s - Höhe Seitenfläche**
O - Oberfläche	**a, b, c - Seiten der Grundfläche**	

Übersicht 1: Spitze Körper

7.3 Stumpfe Körper

Stumpfe Körper sind Körper, bei denen die Spitze parallel zur Grundfläche abgeschnitten erscheint. Somit ergibt sich eine Deckfläche, die die gleiche, aber verkleinerte Form der Grundfläche hat. Die Seitenflächen haben Trapezform oder sind Kreisringausschnitte **(Übersicht 1)**.

Der Pyramidenstumpf mit quadratischer Grundfläche

Berechnung der Grund- und Deckfläche:

$A_1 = a^2$ $\qquad$ $A_2 = a_1^2$

Berechnung der Mantelfläche:

$$M = \frac{(a + a_1)}{2} \cdot h_s \cdot 4$$

Berechnung der Oberfläche:

$$O = \frac{(a + a_1)}{2} \cdot h_s \cdot 4 + a^2 + a_1^2$$

Abbildung

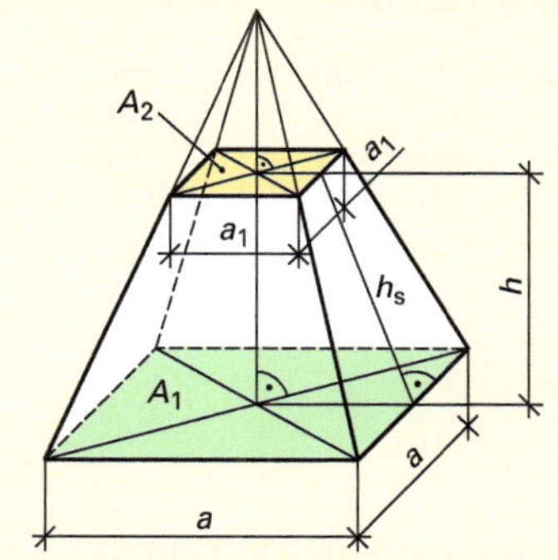

Der Pyramidenstumpf mit rechteckiger Grundfläche

Berechnung der Grund- und Deckfläche:

$A_1 = a \cdot b$ $\qquad$ $A_2 = a_1 \cdot b_1$

Berechnung der Mantelfläche:

$$M = \left(\frac{a + a_1}{2} + \frac{b + b_1}{2}\right) \cdot h_s \cdot 2$$

Berechnung der Oberfläche:

$$O = \left(\frac{a + a_1}{2} + \frac{b + b_1}{2}\right) \cdot h_s \cdot 2 + (a \cdot b) + (a_1 \cdot b_1)$$

Abbildung

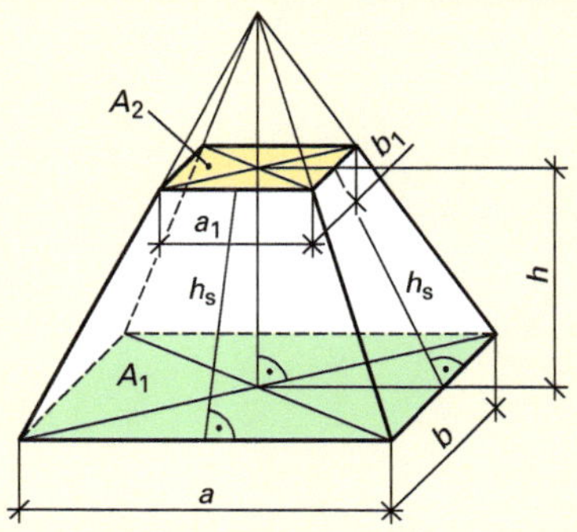

Der Pyramidenstumpf mit dreieckiger Grundfläche

Berechnung der Grund- und Deckfläche:

$A_1 = \frac{c \cdot hc}{2}$ $\qquad$ $A_2 = \frac{c_1 \cdot hc_1}{2}$

Berechnung der Mantelfläche:

$$M = \left(\frac{a + a_1}{2} + \frac{b + b_1}{2} + \frac{c + c_1}{2}\right) \cdot h_s$$

Berechnung der Oberfläche:

$$O = \left(\frac{a + a_1}{2} + \frac{b + b_1}{2} + \frac{c + c_1}{2}\right) \cdot h_s + \frac{c \cdot hc}{2} + \frac{c_1 \cdot hc_1}{2}$$

Abbildung

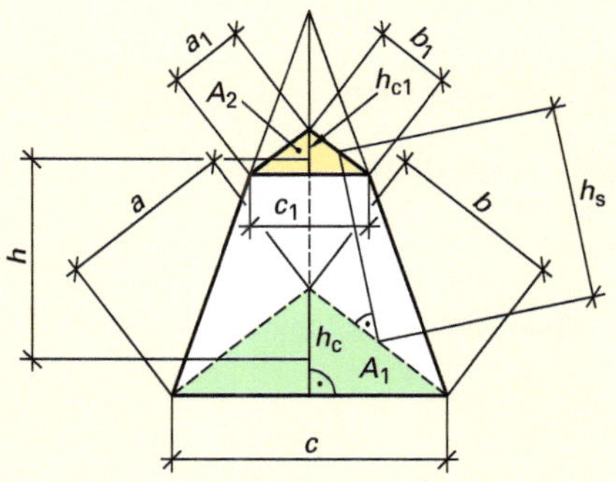

Der Kegelstumpf

Berechnung der Grund- und Deckfläche:

$A_1 = \frac{\pi \cdot d^2}{4}$ $\qquad$ $A_2 = \frac{\pi \cdot d_1^2}{4}$

Berechnung der Mantelfläche:

$$M = \frac{(d + d_1)}{2} \cdot \pi \cdot h_s$$

Berechnung der Oberfläche:

$$O = \frac{(d + d_1)}{2} \cdot \pi \cdot h_s + \frac{\pi \cdot d^2}{4} + \frac{\pi \cdot d_1^2}{4}$$

Abbildung

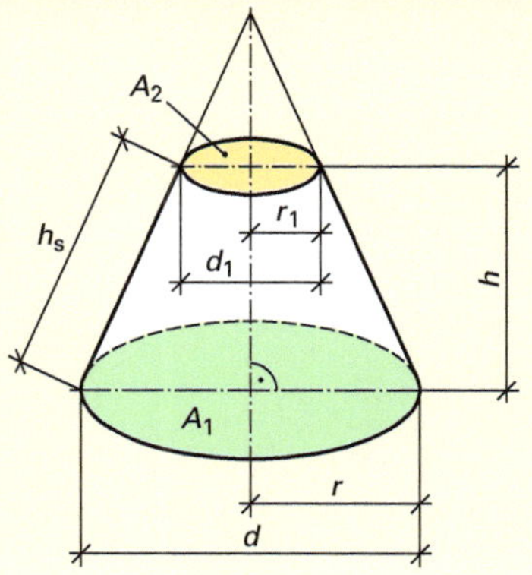

Übersicht 1: Stumpfe Körper

7.4 Runde Körper

Die Kugel ist ein allseitig und regelmäßig gekrümmter Körper. Eine Kugel entsteht, wenn ein Halbkreis um seinen dazugehörigen Durchmesser gedreht wird. Alle Punkte auf der Oberfläche der Kugel sind gleich weit vom Mittelpunkt entfernt. Oberfläche und Mantelfläche sind identisch. Wird die Kugel durch eine Schnittebene, die durch den Mittelpunkt geht, zerlegt, entsteht eine **Halbkugel** (Übersicht 1).

Die Kugel | **Abbildung**

Oberfläche = Flächeninhalt der Kreisfläche · 4

$$O = \frac{\pi \cdot d^2}{4} \cdot 4 = \pi \cdot d^2$$

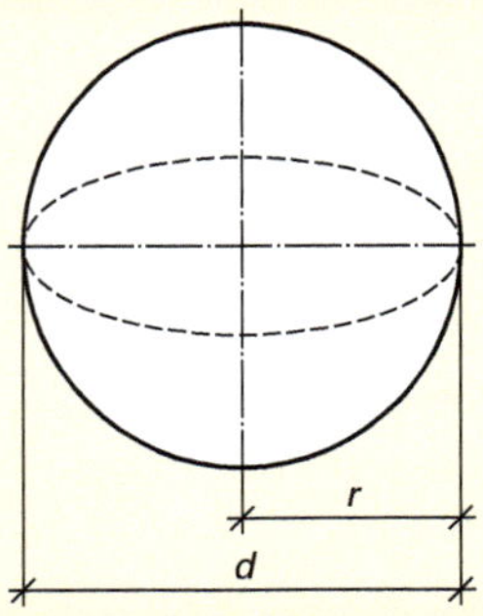

Die Halbkugel | **Abbildung**

Mantelfläche = Kugeloberfläche : 2

$$M = \frac{\pi \cdot d^2}{2}$$

Oberfläche = Mantelfläche + Schnittebene

$$O = \frac{\pi \cdot d^2}{2} + \frac{\pi \cdot d^2}{4}$$

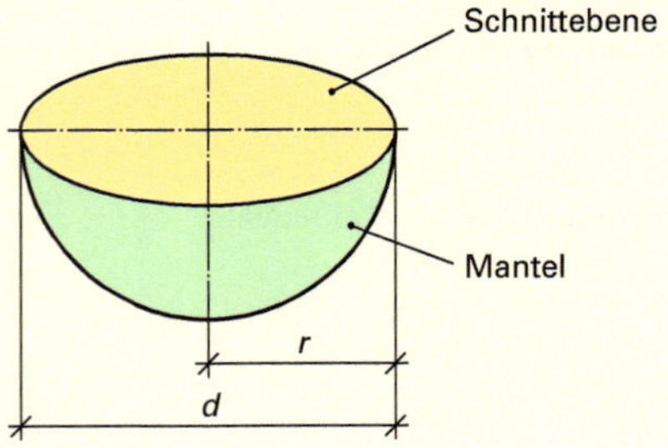

Übersicht 1: Kugel und Halbkugel

Wird eine Kugel durch eine Schnittebene zerlegt, entstehen zwei **Kugelsegmente**. Verläuft die Schnittebene nicht durch den Mittelpunkt, sondern im Bereich des Radius und ist der Mittelpunktswinkel größer oder kleiner 180°, so entsteht ein **Kugelabschnitt**. Zerschneidet man eine Kugel in zwei zueinander parallel liegende Ebenen, entsteht die **Kugelschicht** (Übersicht 2).

Der Kugelabschnitt (Kugelkappe) | **Abbildung**

Mantelfläche = Kugelkappe

$$M = d \cdot \pi \cdot h$$

Oberfläche = Mantelfläche + Schnittebene

$$O = d \cdot \pi \cdot h + \frac{d_1^2 \cdot \pi}{4}$$

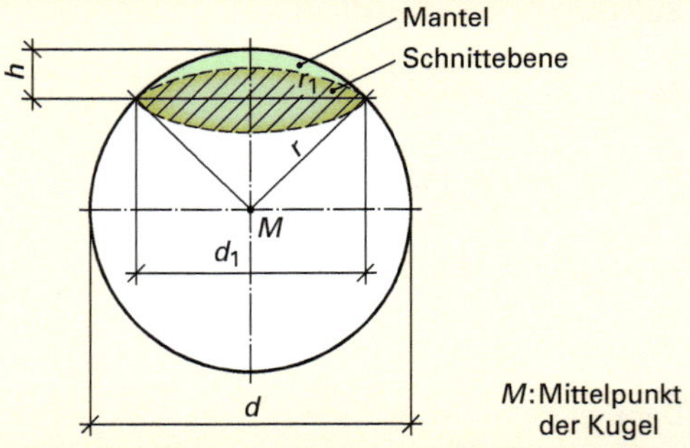

Die Kugelschicht (Kugelzone) | **Abbildung**

Mantelfläche = Kugelzone

$$M = d \cdot \pi \cdot h$$

Oberfläche =
Mantelfläche + obere Schnittebene + untere Schnittebene

$$O = d \cdot \pi \cdot h + \left(\frac{d_1^2}{4} + \frac{d_2^2}{4}\right) \cdot \pi$$

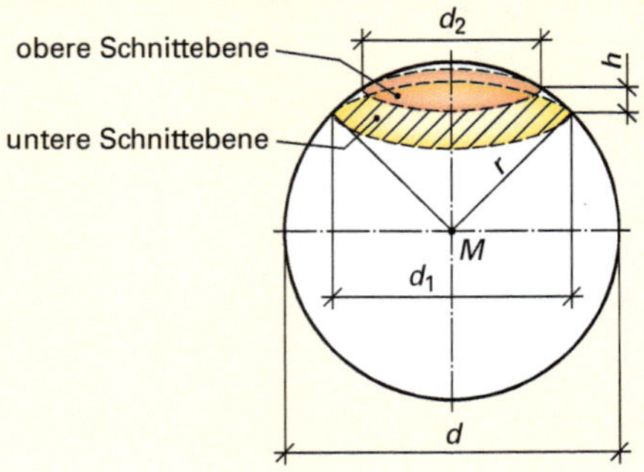

Übersicht 2: Kugelabschnitt und Kugelschicht

7.5 Aufgaben

Aufgabe 1 Berechnen Sie die fehlenden Größen!

	Zylinder		Kegel		Kugel	
Durchmesser	0,013 m	0,25 m	1,5 dm	0,12 m	1,10 m	
Seitenhöhe	15 m		20 cm			
Mantelfläche		0,51 m²		0,16 m²		
Oberfläche						2,27 m²

Aufgabe 2

Von einem Quader soll die Oberfläche ohne Grundfläche lackiert werden. Zusätzlich erhält die Deckfläche eine Gestaltung mithilfe der Wickeltechnik. Berechnen Sie die zu lackierende Fläche und die Deckfläche!

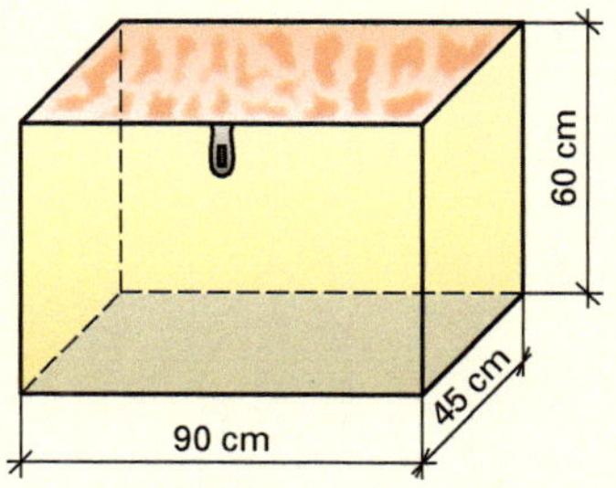

Aufgabe 3

Eine quadratische Holzpyramide soll durch Entfernen der Spitze zu einem Blumenständer umfunktioniert werden. Die ursprüngliche Seitenhöhe der Pyramide von 90 cm soll auf 60 cm gekürzt werden. Wie groß ist nun die Oberfläche, die nach dem Entfernen der Spitze lackiert werden soll?

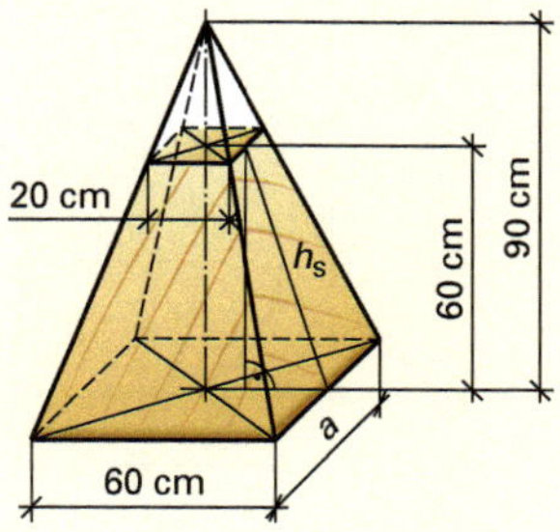

Aufgabe 4

Im Bild ist eine zusammengesetzte Fläche dargestellt. Dreht man diese Fläche um ihre Symmetrieachse, entsteht ein Rotationskörper. Dieser Rotationskörper wird im Spielzimmer eines Kindergartens genutzt als Unterbau für Stehaufmännchen. Er besteht aus Holz und soll einen neuen Anstrich erhalten. Berechnen Sie die Oberfläche von 5 Stehaufmännchen der gleichen Größe!

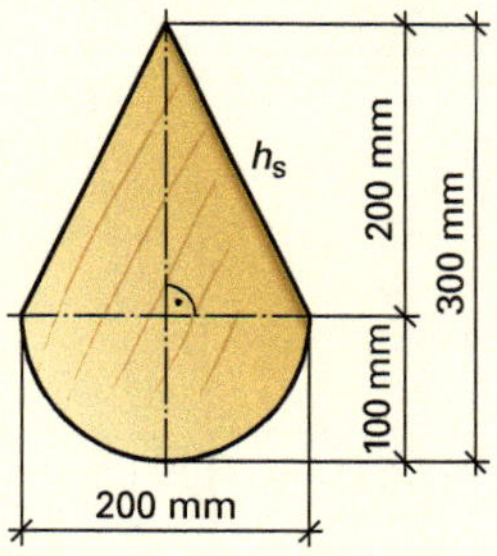

Aufgabe 5

Ein altes Eichenholzfass soll für Ausstellungszwecke gereinigt und repariert werden und eine neue Beschichtung erhalten. Berechnen Sie die Oberfläche des Fasses! Berechnen Sie die Beschichtungsfläche der Stahlringe!

Fasshöhe:	68 cm
ø Kantenbereich:	48 cm
ø Fassmitte:	58 cm
Breite Stahlringe:	5 cm
ø 2. Stahlring:	52 cm
ø 1. Stahlring:	48 cm

7.5 Aufgaben

Aufgabe 6 Berechnen Sie die Mantelfläche und/oder die Oberfläche folgender Körper!

a)

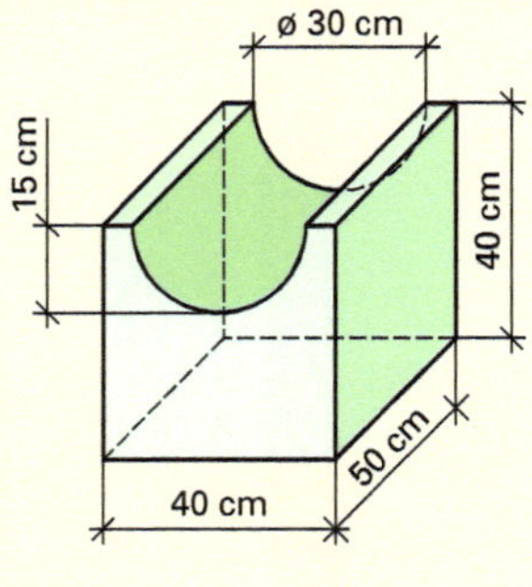

b)

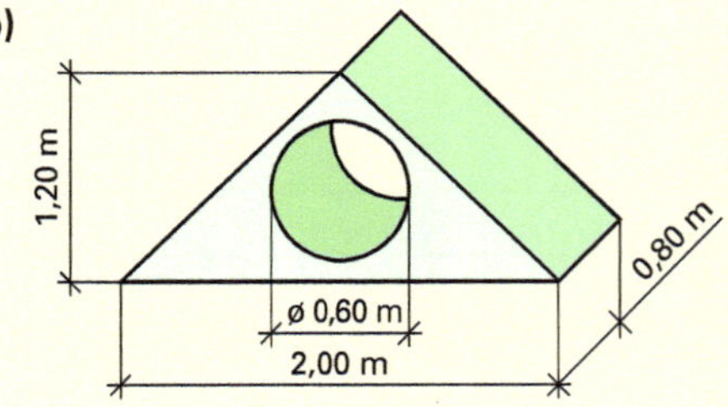

c)

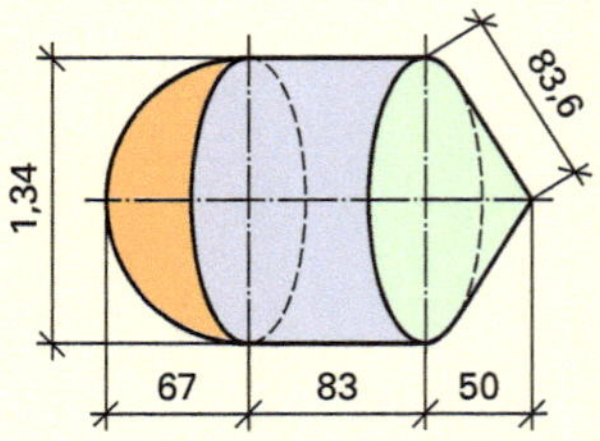

d)

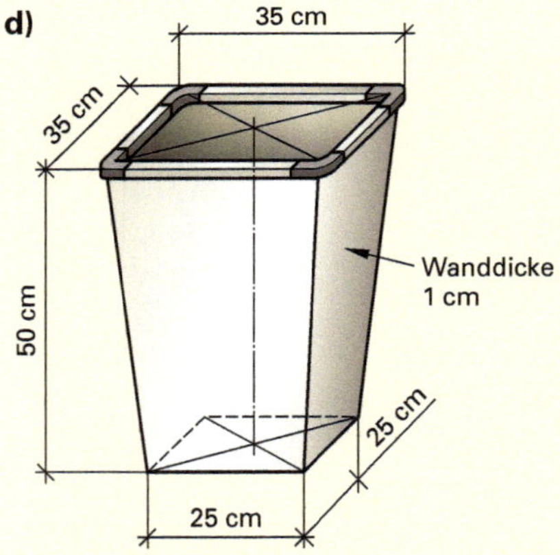

e)

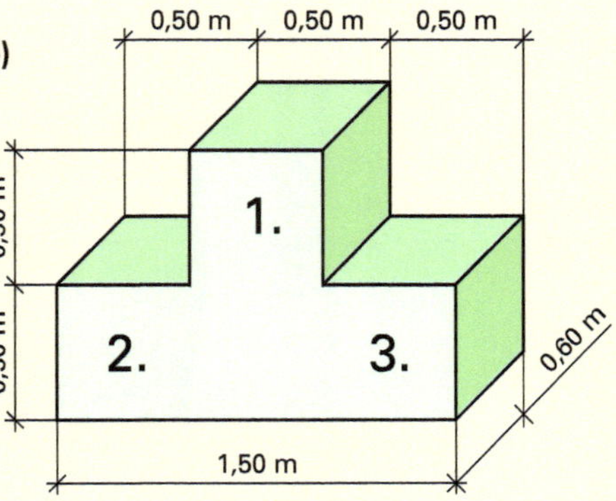

f)

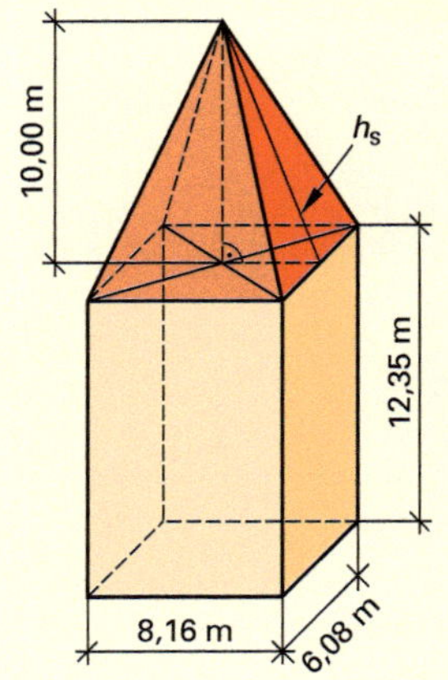

g)

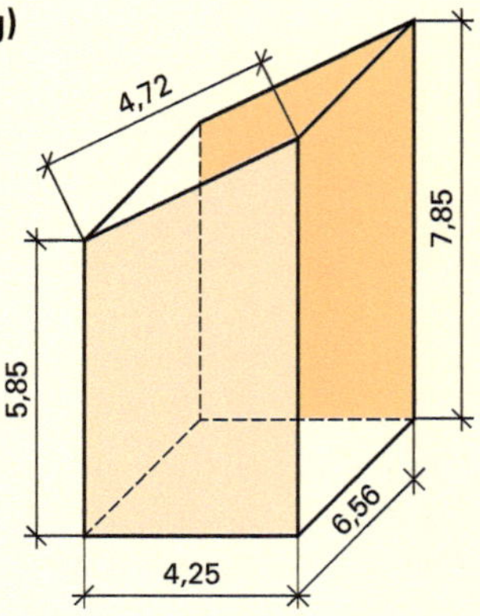

h)

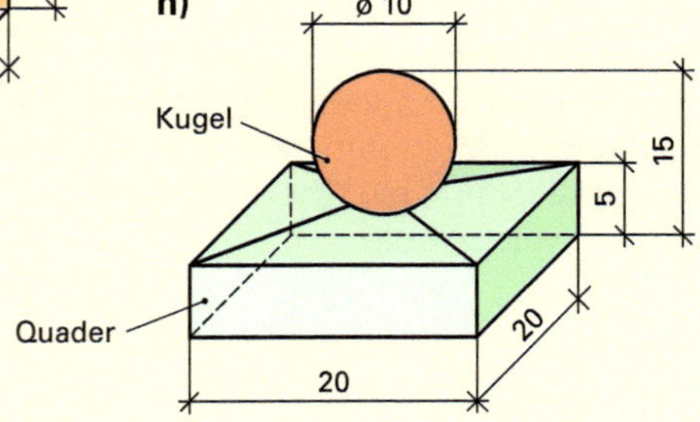

i)

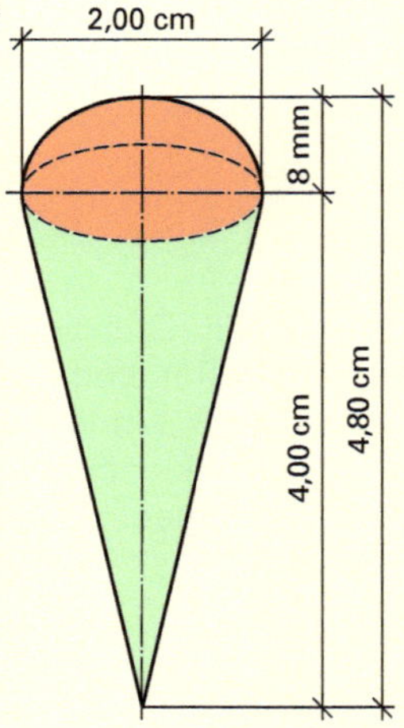

j)

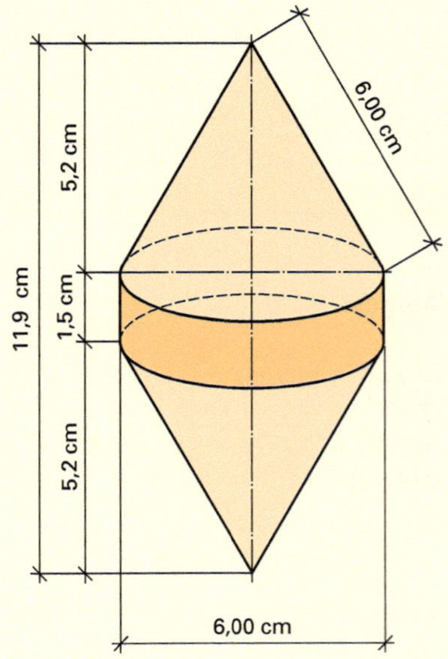

8.1 Dichte, Masse und Volumen

Für Materialberechnungen müssen Dichte, Masse und Volumen bekannt sein oder errechnet werden (Übersicht 1):

Dichte	Masse	Volumen
Die Dichte ist das Verhältnis von Masse und Volumen. Sie ist eine abgeleitete Größe. **Formelzeichen:** ϱ (Rho) **Einheit:** $\frac{kg}{dm^3}, \frac{kg}{l}, \frac{g}{cm^3}, \frac{g}{ml}$ **Formel:** $\varrho = \frac{m}{V}$	Die Masse ist die Stoffmenge eines Körpers. Sie kann durch wiegen ermittelt werden. Sie ist eine Basisgröße. **Formelzeichen:** m **Einheit:** kg, g, mg, t **Formel:** $m = \varrho \cdot V$	Das Volumen ist der Rauminhalt eines Körpers. Es wird durch Berechnung ermittelt. **Formelzeichen:** V **Einheit:** l, ml, dm^3, m^3 **Formel:** $V = \frac{m}{\varrho}$
Beispielaufgabe: Ein Eimer ist mit 15 Liter Farbe gefüllt. Er hat ein Bruttogewicht von 18,000 kg. Der leere Eimer wiegt 320 g. Wie hoch ist die Dichte des Beschichtungsstoffes? $\varrho = \frac{18{,}000\ kg - 0{,}320\ kg}{15{,}000\ l}$ $\varrho = 1{,}18\ kg/l$	**Beispielaufgabe:** Wie schwer ist ein breiter I-Träger (I PB 100) mit einer Länge von 2,64 m, einer Querschnittsfläche von 2800 mm^2 und einer Dichte von 7,85 kg/dm^3? $V = 0{,}28\ dm^2 \cdot 26{,}40\ dm$ $V = 7{,}392\ dm^3$ $m = 7{,}85\ kg/dm^3 \cdot 7{,}392\ dm^3$ $m = 58{,}027\ kg$	**Beispielaufgabe:** Ein Beschichtungsstoff hat eine Dichte von 1,36 kg/dm^3. Wie groß muss das Fassungsvermögen eines Farbeimers sein, wenn 6,7 kg Beschichtungsstoff umgefüllt werden müssen? $V = \frac{6{,}7\ kg \cdot dm^3}{1{,}36\ kg} = 4{,}926\ dm^3$

Übersicht 1: Dichte, Masse und Volumen

Umrechnung von Liter und Kilogramm

Beschichtungsmaterial wird entweder in Kilogramm oder in Liter angeboten. Bei Preisvergleichen, Materialkostenermittlungen und Materialeinkäufen ist deshalb eine Umrechnung vom Literpreis in den Kilogrammpreis oder umgekehrt erforderlich (Übersicht 2). Dafür muss die Dichte des Materials bekannt sein. Die Dichte können Sie aus den Technischen Merkblättern entnehmen.

Technisches Merkblatt (Auszug) Epoxidharzgrundierung, lösemittelbasiert	
Produktbeschreibung	lösemittelhaltiger zweikomponentiger Haftgrund auf Epoxidharzbasis. EU-Grenzwert für dieses Produkt (Kategorie Aj): 500 g/l VOC. Dieses Produkt enthält max 500 g/l VOC. Dichte ca. 1,35 g/cm^3
Verbrauch	Ca. 120 ml/m^2
Lieferform	In Gebinden zu 500 ml, 1 l und 3 l (inklusive Härter)

Literpreis	Kilogrammpreis
Literpreis = Kilogrammpreis · Dichte	**Kilogrammpreis =** $\frac{\textbf{Literpreis}}{\textbf{Dichte}}$
Beispielaufgabe: Ein Kilogramm 2K- Epoxidharzlackfarbe mit einer Dichte von 1,35 kg/dm^3 kostet 16,35 €. Wie hoch ist der Literpreis? Literpreis = 16,35 € · 1,35 kg/dm^3 = 22,07 €	**Beispielaufgabe:** 1 Liter Grundierfarbe mit einer Dichte von 1,5 kg/dm^3 kostet 6,65 €. Wie teuer ist 1 Kilogramm? Kilogrammpreis = $\frac{6{,}65\ € \cdot dm^3}{1{,}5\ kg} = 4{,}43\ €$

Übersicht 2: Umrechnung von Liter- und Kilogrammpreisen

8.2 Gerade Körper

Bei geraden Körpern errechnet sich das Volumen aus dem Produkt der Grundfläche (z. B. Quadrat, Rechteck, Dreieck, Kreis, Kreisring) mit der Höhe des Körpers. Die Maßeinheit ist entweder m³, dm³, cm³, mm³, l, ml oder cl. Das Volumen wird mit drei Stellen nach dem Komma angegeben (Übersicht 1).

Der Würfel

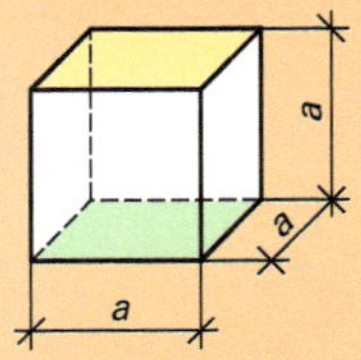

$V = a \cdot a \cdot a = a^3$

Beispielaufgabe

Wie viel dm³ Luft befinden sich in einem Würfel mit einer Seitenlänge von 2,34 m?

$V = (2{,}34\ m)^3 = 12{,}813\ m^3$

$V = 12813\ dm^3$

Die quadratische Säule

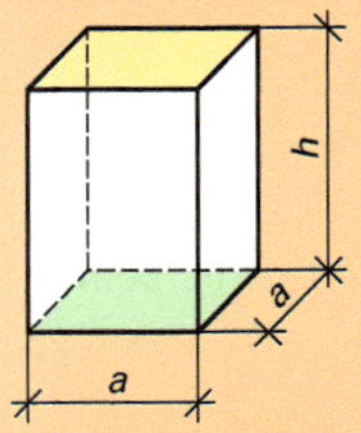

$V = a \cdot a \cdot h = a^2 \cdot h$

Beispielaufgabe

Berechnen Sie das Volumen einer quadratischen Säule bei einer Seitenlänge von 1,38 m und einer Höhe von 1,14 m!

$V = (1{,}38\ m)^2 \cdot 1{,}14\ m$

$V = 2{,}171\ m^3$

Die rechteckige Säule

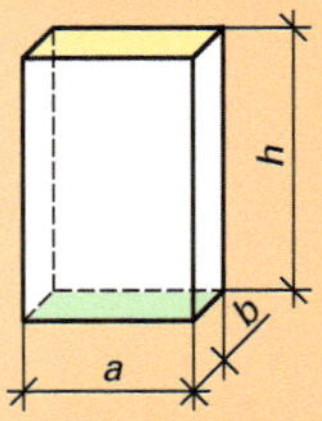

$V = a \cdot b \cdot h$

Beispielaufgabe

Eine rechteckige Säule mit den Maßen a = 0,85 m, b = 0,45 m und h = 0,70 m soll mit Wasser gefüllt werden. Wie viel Liter Wasser gehen hinein?

$V = 0{,}85\ m \cdot 0{,}45\ m \cdot 0{,}70\ m$

$V = 0{,}268\ m^3 = 268\ l$

Die dreieckige Säule (Prisma)

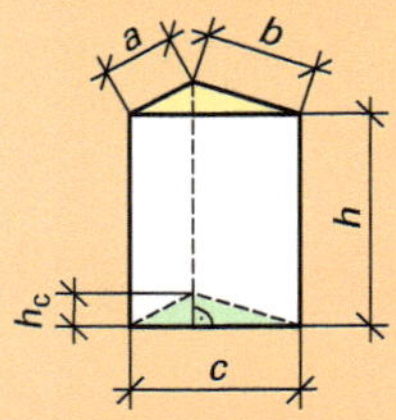

$V = \frac{c \cdot h_c}{2} \cdot h$

Beispielaufgabe

Berechnen Sie das Volumen von einem Prisma mit den Maßen c = 0,75 m, h_c = 0,45 m und h = 1,15 m!

$V = \frac{0{,}75\ m \cdot 0{,}45\ m}{2} \cdot 1{,}15\ m$

$V = 0{,}194\ m^3$

Die runde Säule (Zylinder)

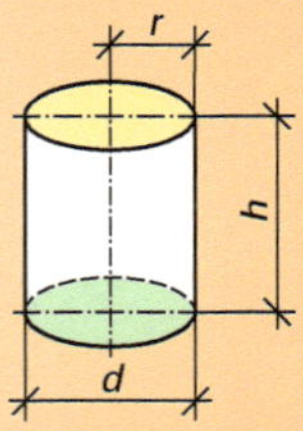

$V = \frac{d^2 \cdot \pi}{4} \cdot h$

Beispielaufgabe

Ein Messzylinder aus Glas ist 30 cm hoch und hat einen Durchmesser von 5 cm. Wie viel Liter Flüssigkeit fasst der Zylinder?

$V = \frac{(5\ cm)^2 \cdot 3{,}14}{4} \cdot 30\ cm = 588{,}75\ cm^3$

$V = 0{,}589\ l$

Der Hohlzylinder

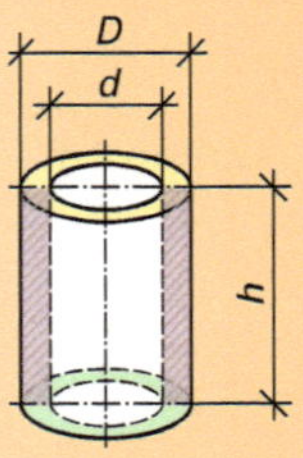

$V = \left(\frac{D^2}{4} - \frac{d^2}{4}\right) \cdot \pi \cdot h$

Beispielaufgabe

Eine Stahlrohrleitung hat einen äußeren Durchmesser von 88,9 mm und einen inneren Durchmesser von 84,9 mm. Wie groß ist das Volumen bei 20 m Rohrlänge in m³?

$V = \left(\frac{(88{,}9\ mm)^2}{4} - \frac{(84{,}9\ mm)^2}{4}\right) \cdot 3{,}14 \cdot 20\ 000\ mm$

$V = 10\ 914\ 640\ mm^3 = 0{,}011\ m^3$

Übersicht 1: Gerade Körper

8.3 Spitze und stumpfe Körper

Bei **spitzen Körpern** entspricht das Volumen einem Drittel des Produktes aus Grundfläche und Höhe.
Bei **stumpfen Körpern** erhält man das Volumen, indem man aus der Summe der Grund- und Deckfläche eine Mittelfläche bildet und diese mit der Körperhöhe multipliziert (Übersicht 1).

Die quadratische Pyramide

$$V = \frac{a \cdot a \cdot h}{3} = \frac{a^2 \cdot h}{3}$$

Beispielaufgabe:

Geg.: $a = 0{,}33$ m, $h = 0{,}76$ m

$$V = \frac{(0{,}33\,\text{m})^2 \cdot 0{,}76\,\text{m}}{3} =$$

$\underline{\underline{V = 0{,}028\ \text{m}^3}}$

Abbildung

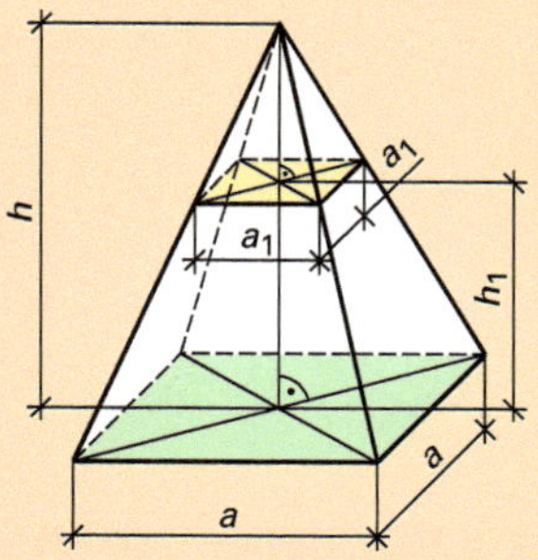

Der quadratische Pyramidenstumpf

$$V = \frac{h_1}{3} \cdot (a^2 + a \cdot a_1 + a_1^2)$$

Beispielaufgabe:

Geg.: $a = 0{,}50$ m, $h_1 = 0{,}65$ m, $a_1 = 0{,}43$ m

$$V = \frac{0{,}65\ \text{m}}{3} \cdot [(0{,}50\ \text{m})^2 + (0{,}50\ \text{m} \cdot 0{,}43\ \text{m}) + (0{,}43\ \text{m})^2] =$$

$\underline{\underline{V = 0{,}141\ \text{m}^3}}$

Die rechteckige Pyramide

$$V = \frac{a \cdot b \cdot h}{3}$$

Beispielaufgabe:

Geg.: $a = 0{,}45$ m, $b = 0{,}35$ m, $h = 1{,}10$ m

$$V = \frac{0{,}45\ \text{m} \cdot 0{,}35\ \text{m} \cdot 1{,}10\ \text{m}}{3} =$$

$\underline{\underline{V = 0{,}058\ \text{m}^3}}$

Abbildung

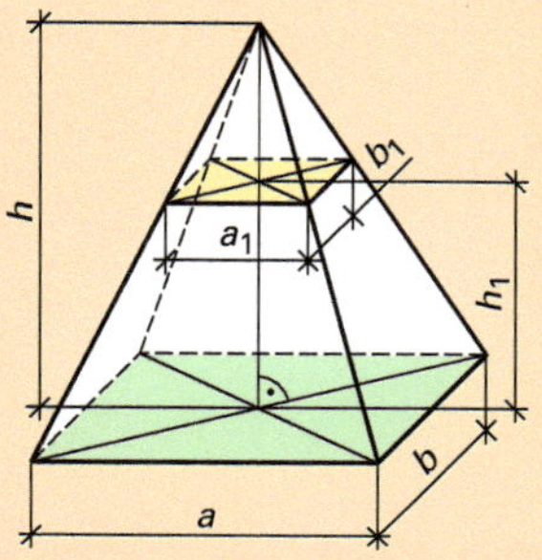

Der rechteckige Pyramidenstumpf

$$V = \frac{(a \cdot b) + (a_1 \cdot b_1)}{2} \cdot h_1$$

Beispielaufgabe:

Geg.: $a = 0{,}62$ m, $b = 0{,}42$ m, $a_1 = 0{,}31$ m, $b_1 = 0{,}21$ m, $h_1 = 0{,}46$ m

$$V = \frac{(0{,}62\ \text{m} \cdot 0{,}42\ \text{m}) + (0{,}31\ \text{m} \cdot 0{,}21\ \text{m})}{2} \cdot 0{,}46\ \text{m}$$

$\underline{\underline{V = 0{,}075\ \text{m}^3}}$

Die dreieckige Pyramide

$$V = \frac{c \cdot h_c \cdot h}{6}$$

Beispielaufgabe:

Geg.: $c = 0{,}73$ m, $h_c = 0{,}56$ m, $h = 1{,}26$ m

$$V = \frac{0{,}73\ \text{m} \cdot 0{,}56\ \text{m} \cdot 1{,}26\ \text{m}}{6} =$$

$\underline{\underline{V = 0{,}086\ \text{m}^3}}$

Abbildung

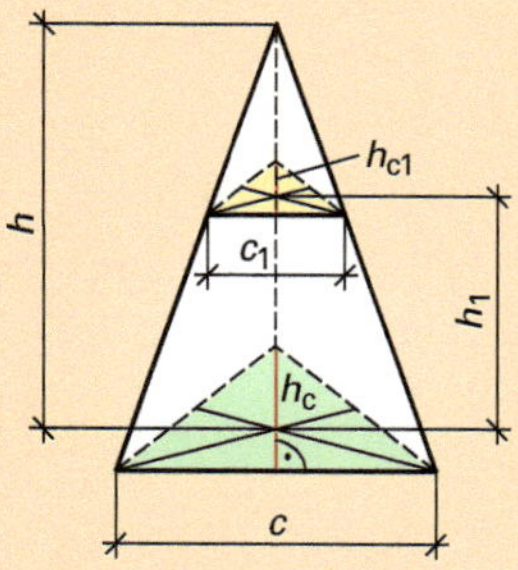

Der dreieckige Pyramidenstumpf

$$V = \frac{(c \cdot h_c) + (c_1 \cdot h_{c1})}{4} \cdot h_1$$

Beispielaufgabe:

Geg.: $c = 0{,}73$ m, $c_1 = 0{,}46$ m, $h_c = 0{,}56$ m, $h_1 = 0{,}47$ m, $h_{c1} = 0{,}35$ m

$$V = \frac{(0{,}73\ \text{m} \cdot 0{,}56\ \text{m}) + (0{,}46\ \text{m} \cdot 0{,}35\ \text{m})}{4} \cdot 0{,}47\ \text{m}$$

$\underline{\underline{V = 0{,}067\ \text{m}^3}}$

Der Kegel

$$V = \frac{d \cdot d \cdot \pi}{4} \cdot \frac{h}{3} = \frac{d^2 \cdot \pi \cdot h}{12}$$

Beispielaufgabe:

Geg.: $d = 28$ cm, $h = 38$ cm

$$V = \frac{(28\ \text{cm})^2 \cdot 3{,}14 \cdot 38\ \text{cm}}{12} =$$

$\underline{\underline{V = 7795{,}573\ \text{cm}^3}}$

Abbildung

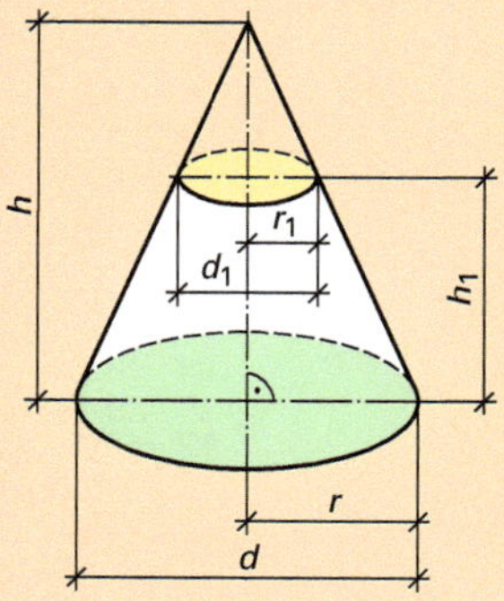

Der Kegelstumpf

$$V = \left(\frac{d \cdot d}{4} + \frac{d_1 \cdot d_1}{4}\right) \cdot \pi \cdot \frac{h_1}{2} = \frac{(d^2 + d_1^2) \cdot \pi \cdot h_1}{8}$$

Beispielaufgabe:

Geg.: $d = 14$ dm, $h_1 = 37$ dm, $d_1 = 6$ dm

$$V = \frac{[(14\ \text{dm})^2 + (6\ \text{dm})^2] \cdot 3{,}14 \cdot 37\ \text{dm}}{8} =$$

$\underline{\underline{V = 3\,369{,}22\ \text{dm}^3}}$

Übersicht 1: Spitze und stumpfe Körper

8.4 Runde Körper

Die Kugel

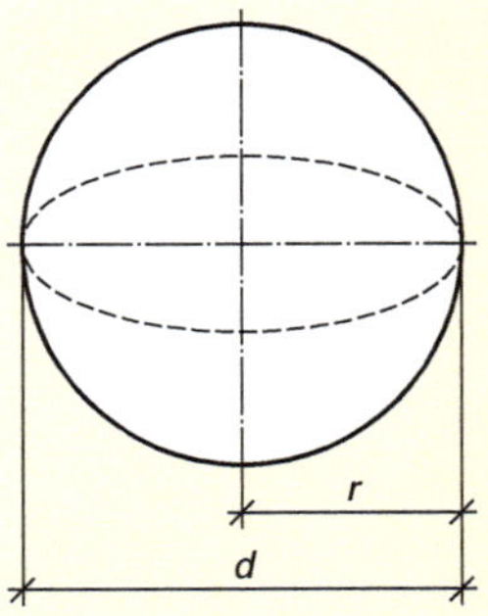

$$V = \frac{\pi \cdot d^3}{6}$$

$$V = \frac{4 \cdot \pi \cdot r^3}{3}$$

Beispielaufgabe

Eine Kugel hat einen Durchmesser von 1,25 m. Wie groß ist das Fassungsvermögen?

$$V = \frac{3{,}14 \cdot (1{,}25\ \text{m})^3}{6} = \underline{\underline{1{,}022\ \text{m}^3}}$$

Die Halbkugel

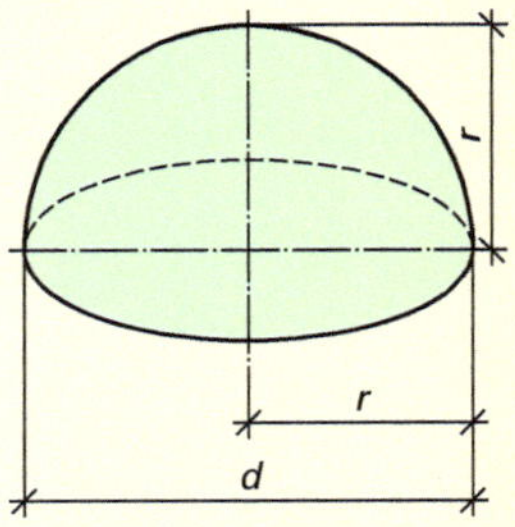

$$V = \frac{\pi \cdot d^3}{12}$$

$$V = \frac{2 \cdot \pi \cdot r^3}{3}$$

Beispielaufgabe

Eine Halbkugel hat einen Radius von 74 cm. Wie groß ist das Volumen in Liter?

$$V = \frac{2 \cdot 3{,}14 \cdot (74\ \text{cm})^3}{3} = 848\,268{,}907\ \text{cm}^3 =$$

$$\underline{\underline{V = 848{,}269\ \text{l}}}$$

Der Kugelabschnitt (Kugelsegment)

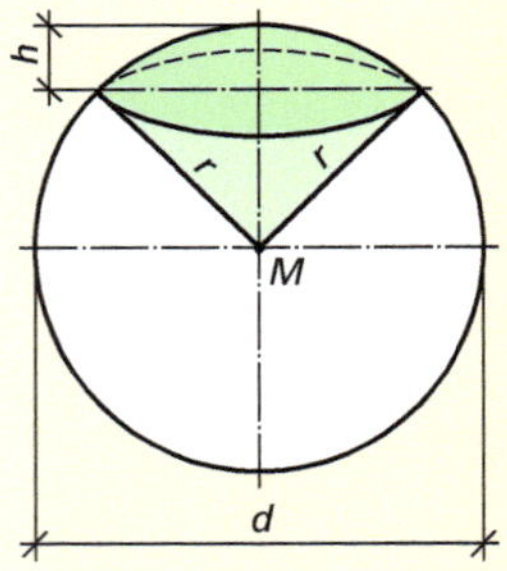

$$V = \frac{\pi \cdot h^2}{3} \cdot (3r - h)$$

Beispielaufgabe

Bei einem Kugelabschnitt sind folgende Werte bekannt:
$d = 1{,}36$ m, $h = 0{,}34$ m

gesucht: Volumen in Liter

$$V = \frac{3{,}14 \cdot (0{,}34\ \text{m})^2}{3} \cdot (3 \cdot 0{,}68\ \text{m} - 0{,}34\ \text{m})$$

$$V = 0{,}206\ \text{m}^3 = \underline{\underline{206\ \text{l}}}$$

Die Kugelschicht

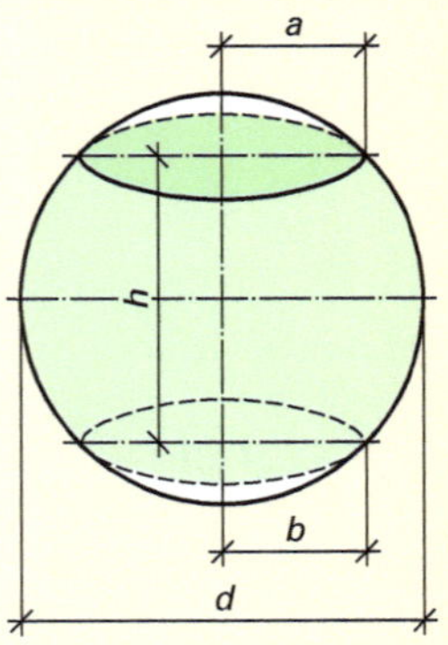

$$V = \frac{\pi \cdot h}{6} \cdot (3b^2 + 3a^2 + h^2)$$

Beispielaufgabe

Eine Kugelschicht hat folgende Werte:
$a = 2$ m, $b = 2$ m, $h = 4$ m, $d = 6$ m

gesucht: Volumen in m³

$$V = \frac{3{,}14 \cdot 4\ \text{m}}{6} \cdot [3 \cdot (2\ \text{m})^2 + 3 \cdot (2\ \text{m})^2 + (4\ \text{m})^2]$$

$$\underline{\underline{V = 83{,}733\ \text{m}^3}}$$

Übersicht 1: Runde Körper

8.5 Aufgaben

Aufgabe 1

20 Stück Winkelstahl nach DIN EN 10056-1 mit den Maßen 50 mm x 50 mm x 4 mm und einer Länge von 1,50 m sollen auf die Baustelle transportiert werden.
Wie viel kg wiegen die Stahlträger?

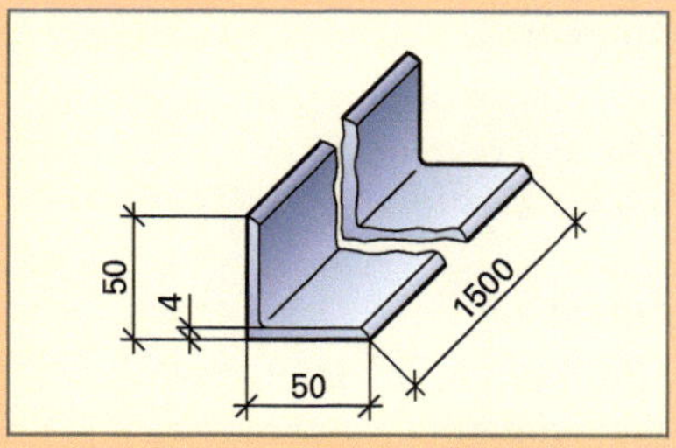

Aufgabe 2

5 Rundsäulen mit einem Durchmesser von 0,35 m und einer Höhe von 5,20 m sollen mit Reibeputz versehen werden. Der Verbrauch liegt bei 2,2 kg/m². In einem Eimer befinden sich 25 kg.
Welche Masse an Reibeputz muss auf die Baustelle transportiert werden? Runden Sie auf volle Eimer auf!

Aufgabe 3

Ein Fass mit einem Durchmesser von 0,40 m und einer Höhe von 0,80 m ist noch zu 2/3 mit Nitroverdünnung gefüllt.
Berechnen Sie den noch vorhandenen Inhalt!

Aufgabe 4

Eine quadratische Pyramide hat eine Höhe von 12 m und eine Seitenhöhe von 16 m. Berechnen Sie das Volumen der Pyramide! Wird die Grundfläche nicht verändert und das Volumen um 1/4 verringert, so erhält man eine neue Höhe. Berechnen Sie die neue Höhe!

Aufgabe 5

Ein Betonschacht hat die Form eines Hohlzylinders.
Wie viel m³ Beton sind erforderlich, um einen zweiten deckungsgleichen Betonschacht herzustellen?

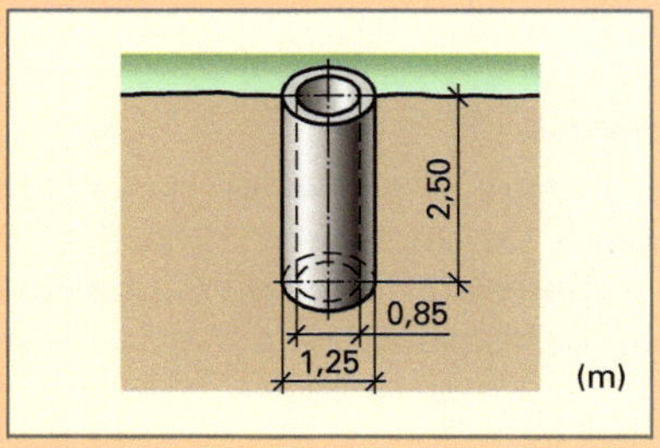

Aufgabe 6

Eine Farbwanne hat die Form eines Troges mit trapezförmigen Seitenflächen.
Berechnen Sie das Volumen der Farbwanne! Wie groß ist das Volumen bei einer Füllhöhe von 30 cm?

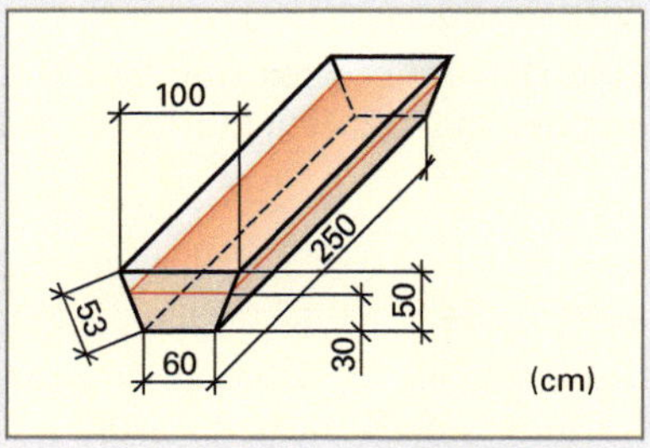

Aufgabe 7

Wie viel dm³ Fassungsvermögen haben ein Zylinder, ein Kegel und eine Kugel bei gleicher Höhe (h = 10 cm) und gleichem Durchmesser (d = 10 cm)?

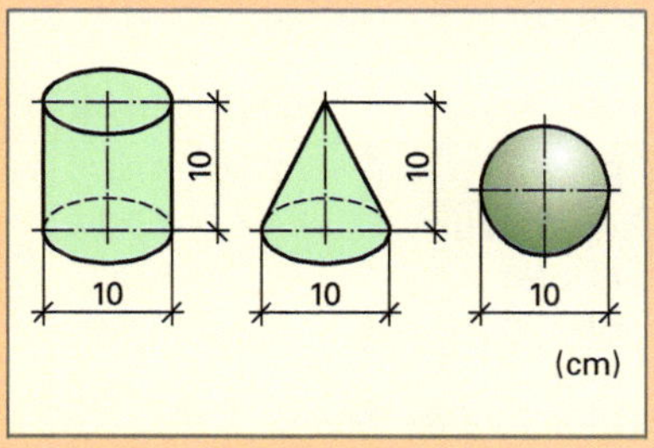

8.5 Aufgaben

Aufgabe 8

Ein Wasserbassin von 15,20 m Länge, 5,10 m Breite und einer Tiefe von 2,10 m soll zu 3/4 mit Wasser gefüllt werden. Wie viel Liter Wasser sind dann im Bassin?

Aufgabe 9

Eine Kuppel in Halbkugelform hat einen Durchmesser von 7,65 m. Diese Kuppel sitzt auf einem quadratischen Haus mit einer Seitenlänge von 8,15 m und einer Seitenhöhe von 6,35 m.
Berechnen Sie das Volumen des Gebäudes!

Aufgabe 10

Ein Müllcontainer eines Malerbetriebes soll an einer Baustelle die Abfälle aufnehmen. Ermitteln Sie das Fassungsvermögen des bereitgestellten Containers!

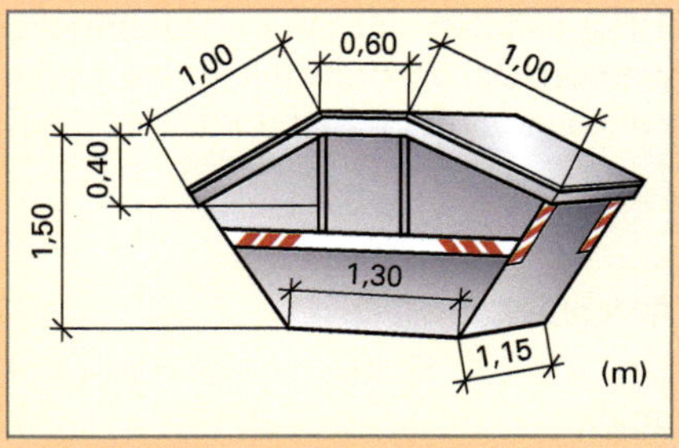

Aufgabe 11

Ein Heizöltank soll von außen eine Beschichtung erhalten und nach der Beschichtung mit Heizöl gefüllt werden.

a) Wie groß ist die zu beschichtende Fläche?
b) Wie viel Liter Heizöl fasst der Behälter, wenn er zu 90 % mit Heizöl gefüllt werden kann?
c) Was kostet die gesamte Füllung, wenn Sie für 1 Liter Heizöl 73 Cent bezahlen müssen?

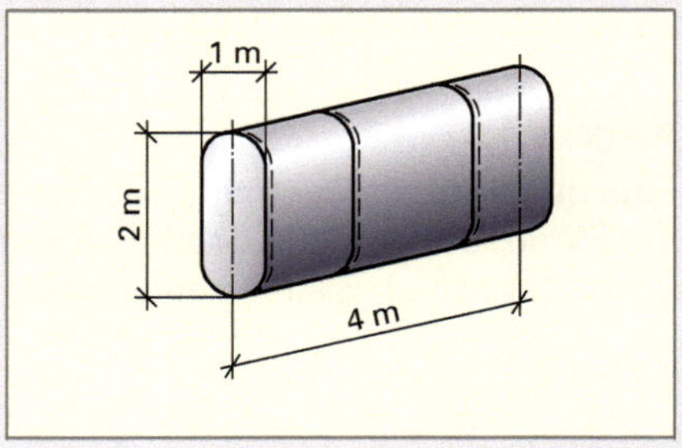

Aufgabe 12

Die Walze eines Mahlwerkes hat die Form eines Kegelstumpfes. Der große Durchmesser beträgt 1,20 m und der kleine Durchmesser 0,75 m. Die Höhe der Walze misst 0,70 m.

a) Berechnen Sie das Volumen der Walze!
b) Berechnen Sie die Masse der Walze, wenn die Walze aus Stahl ist!

Aufgabe 13

Eine Dekorationsball mit Werbeaufschrift hat einem Durchmesser von 1,30 m und schwimmt im Wasserbecken einer Firma. Der Ball taucht 14 cm ins Wasser ein. Welches Wasservolumen verdrängt er?

Aufgabe 14

In ein Gefäß in Form einer rechteckigen Säule ist eine kegelförmige Öffnung hineingearbeitet worden.
Wie groß ist das verbleibende Volumen des Gefäßes?
Wie schwer ist das Gefäß, wenn es aus Aluminium besteht?

Element	Dichte in kg/dm³
Eisen	7,87
Aluminium	2,70
Kupfer	8,96
Blei	11,34
Zink	7,14

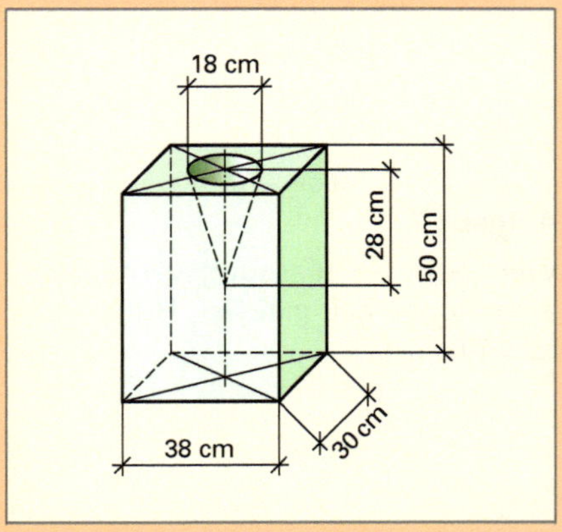

9.1 Linienarten in Bauzeichnungen

Bauzeichnungen enthalten Informationen für Auftraggeber (Bauherren) und Bauarbeiter zum Errichten der von Architekten und Bauingenieuren entworfenen Bauobjekte. Sie werden als Grundriss, also einem waagerechten Schnitt durch das geplantes Gebäude, als senkrechter Schnitt sowie als Ansicht angeboten. Ansichten aller Seiten eines Gebäudes nennt man Abwicklungen. Auch räumliche Darstellungen sind gebräuchlich.

Während Grundrisse und senkrechte Schnitte mit Maßen versehen werden, gibt man Ansichten, Abwicklungen und räumliche Darstellungen maßstabgetreu, jedoch ohne Maße an. Diese Darstellungen sollen vor allem zeigen, wie ein geplantes Gebäude zu anderen Gebäuden passt oder in der Landschaft wirkt. Dazu sind auch farbige Darstellungen gebräuchlich.

Für den Maler und Lackierer dienen Bauzeichnungen in erster Linie zum Abrechnen geleisteter Arbeiten, wenn es sich um Erstbeschichtungen oder Umbauten handelt. Für Renovierungsarbeiten werden sie nicht benötigt, da vor Ort aufgemessen wird. Unter Umständen fertigt man zur Verdeutlichung bestimmter Aufmaße nach den Regeln der exakt dargestellten Bauzeichnungen Bauteilskizzen frei Hand an und bemaßt diese.

Zum Zeichnen selbst muss man Linienarten, Bemaßungsarten und Darstellungsarten von Bauteilen sowie die gebräuchlichsten Maßstäbe kennen (Übersicht 1):

Linienarten:

Für das Anfertigen von Bauzeichnungen sind bestimmte Linienarten zu benutzen. Sie sind durch die DIN ISO 128-20 festgelegt.

Linie	Darstellung	Verwendung
Volllinie dick	————————	Sichtbare Kanten
Volllinie dünn	————————	Maßlinien
Strichlinie dünn	- - - - - - - - -	Verdeckte Kanten

In Bild 1 ist ihre Anwendung und Bezeichnung zu sehen.

Maßangaben

Maßangaben sind normalerweise immer Breitenmaße, und sie stehen immer über einer Maßlinie.

- Maße kleiner als 1 Meter gibt man ohne Dezimalstellen in Zentimeter (cm) an: 8; 99, usw.
- Maße ab 1 Meter (m) gibt man mit zwei Dezimalstellen nach dem Komma an: 1,00; 2,00; 2,15; 17,50.
- 5 mm werden als Hochzahl geschrieben: 88^5 ; $1{,}20^5$.

Das Schreiben von Maßeinheiten entfällt aufgrund dieser Festlegung.

Öffnungsmaße (Bild 2):

- Öffnungsbreiten stehen über der Maßlinie
- Höhenmaße werden unter die Maßlinie geschrieben.

Hinweis: Öffnungen können außer in der Darstellung auf den zum Mauerwerk parallel verlaufenden Maßlinien auch als Achsmaß angegeben werden.

Schreibweise der Maßzahlen:

Maßzahlen stehen normalerweise in der Mitte zwischen den Maßhilfslinien, aus Platzgründen manchmal auch seitlich daneben. Sie werden in Normschrift geschrieben und sollen auf dem Zeichenblatt immer von der Unterkante aus lesbar sein.

Seitlich geschriebene Maße müssen wieder von unten lesbar sein, wenn man die Zeichnung nach rechts dreht (Bild 3).

Ausnahmeregelungen:

- In älteren Zeichnungen können Maße auch in Millimetern vorkommen.
- Maßbegrenzungen können auch als Kreise oder Punkte erfolgen (Bild 4).
- Pfeile sind nur bei Radiuslängen gestattet.

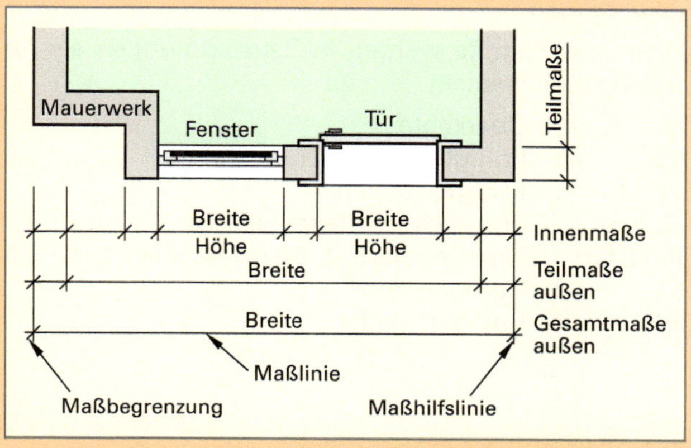

Bild 1: Linien und Bemaßungen von Bauzeichnungen

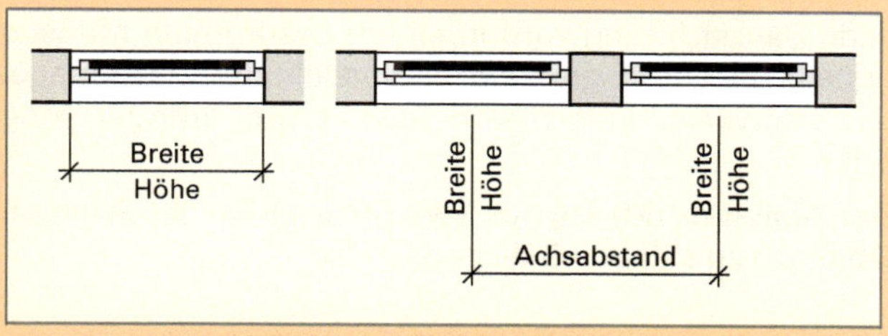

Bild 2: Bemaßungsarten bei Öffnungen

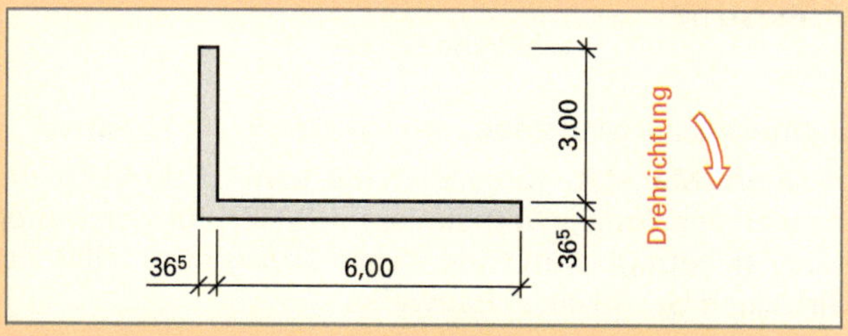

Bild 3: Schreibrichtung der Maße

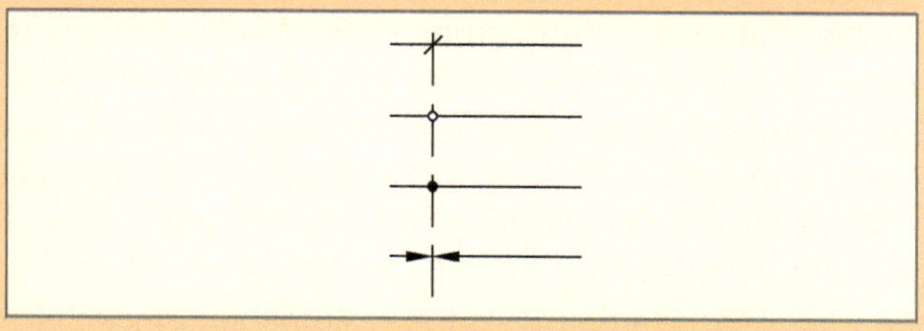

Bild 4: Maßbegrenzungsvarianten

Übersicht 1: Linien und Symbole in Bauzeichnungen

9.2 Symbolik in Bauzeichnungen

Mauerwerk wird je nach Maßstab und Baustoff unterschiedlich dargestellt. Neben der Einrahmung durch die dicke Volllinie wird die Innenfläche schräg mit dünnen Volllinien im Winkel von 45° schraffiert. Farbige Füllungen sind auch möglich. Meist lässt man sie aus Gründen rationellen Zeichnens jedoch leer (**Bild 1**).

Öffnungen stellt man in kleinen Maßstäben bei Grundrissen mit Viertelkreisen oder Dreiecken dar. Dabei ist auch die Öffnungsrichtung zu erkennen. Das ist vor allem bei Türen wichtig (**Bild 2**). Man spricht von Linkstüren (nach links öffnend) und Rechtstüren (nach rechts öffnend). Basis ist die Lage des Scharniers bzw. des Türbands an der größten Ausdehnung des Türblatts. Demzufolge besitzt eine Linkstür auf der Seite ihrer größten Ausdehnung ein Türband.

Abkürzungen

Bestimmte Begriffe werden in Bauzeichnungen als Abkürzungen verwendet (**Bild 3**):

OK	:	Oberkante
RFB	:	Rohfußboden
FFB	:	Fertigfußboden
EG, KG	:	Erdgeschoss, Kellergeschoss
OG, 1. OG	:	Obergeschoss, 1. Obergeschoss
DG	:	Dachgeschoss
BRH	:	Brüstungshöhe

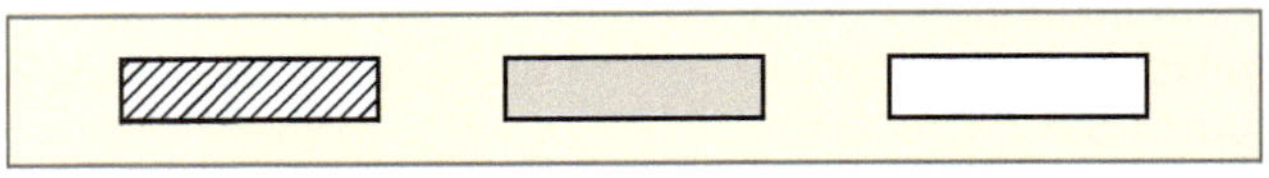

Bild 1: Mauerwerksdarstellungen

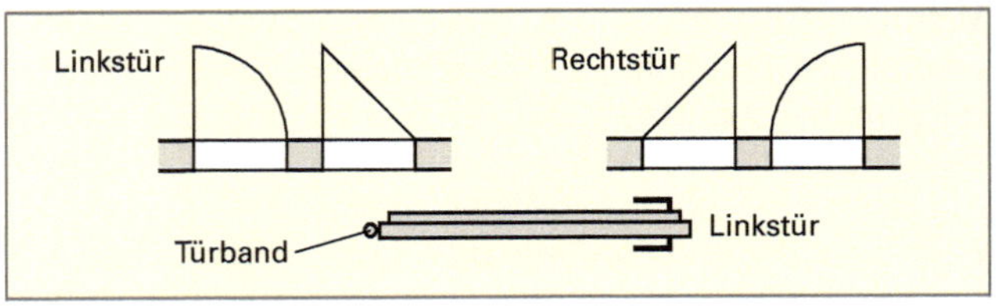

Bild 2: Türdarstellungen

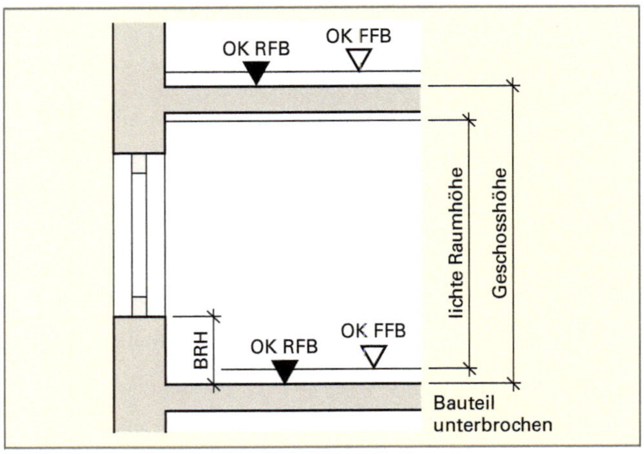

Bild 3: Senkrechter Gebäudeteilschnitt

9.3 Maßstäbe in Bauzeichnungen

Jede Bauzeichnung wird in einem bestimmten Maßstab erstellt. In der Regel sind es verkleinerte Zeichnungen des Bauwerks. Jedoch sind auch Vergrößerungen möglich.

Der Maßstab (M) ist das Verhältnis eines gezeichneten Objektes zu seiner wirklichen Größe.

Als allgemeingültige Formel schreibt man

$$\textbf{Maßstab (M)} = \frac{\textbf{Zeichnungsgröße}}{\textbf{wirkliche Größe}}$$

Gebräuchliche Maßstäbe sind in **Übersicht 1** zu sehen.

In einem Maßstab von z. B. 1/100 bzw. 1:100 heißt der Nenner des Bruchs Verhältniszahl (VHZ). Im genannten Beispiel beträgt damit die Zeichnungsgröße 1/100 der wirklichen Größe eines Bauwerks.

Lautet die Maßeinheit des Maßstabs Zentimeter (cm), entspricht 1 cm Zeichnungsgröße 100 cm des Bauwerks. Da bei Bauzeichnungen immer die Maßeinheiten cm bzw. m benutzt werden, gibt man diese nicht extra an.

Bei Vergrößerungen von sehr kleinen Objekten sind Werte von z. B. 2:1 oder 10:1 möglich. Der Maßstab M 10:1 stellt ein kleines Objekt also 10 mal größer dar als es in der Wirklichkeit, angeben mit der Zahl 1, ist.

Die Maßstäbe werden damit den Aufgaben einer Zeichnung angepasst und müssen entsprechend errechnet werden. Ziel sind gängige Werte mit dem Verhältnis 1:x bzw. x:1 (**Übersicht 1**).

Bauzeichnungen dienen im Maßstab

M 1:2 bis 1:10 als Detailzeichnungen,

bei M 1:20, 1:50, oder 1:100 für Bauausführungen,

bei M 1:500 und kleiner z. B. für Lagepläne eines geplanten Gebäudes im vorgesehenen Baugelände.

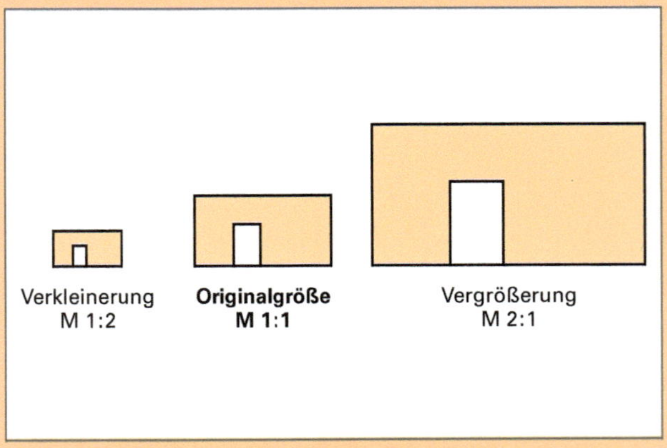

Übersicht 1: Gebräuchliche Maßstäbe

Mithilfe der Maßstabformel sind verschiedene Berechnungen möglich:

Beispielaufgabe: **Ein Innenraum von 5,45 m · 4,46 m nebst umlaufendem Mauerwerk von 24 cm soll in einer Grundrisszeichnung auf einem DIN A4-Zeichenblatt dargestellt werden.**

Das Zeichenblatt besitzt eine Größe von 21 cm · 29,7 cm, aber von den Maßen muss ein Zeichnungsrand von 1 cm und eine Heftrandkante von 2 cm abgezogen werden. Somit steht nur eine Arbeitsfläche von 18 cm · 27,7 cm zur Verfügung.

Die Zeichnung sollte zusätzlich wegen der Maßlinien und aus optischen Gründen jeweils noch 3 cm kleiner sein.

Somit kann die Zeichnung höchstens 12 cm · 22 cm groß werden.

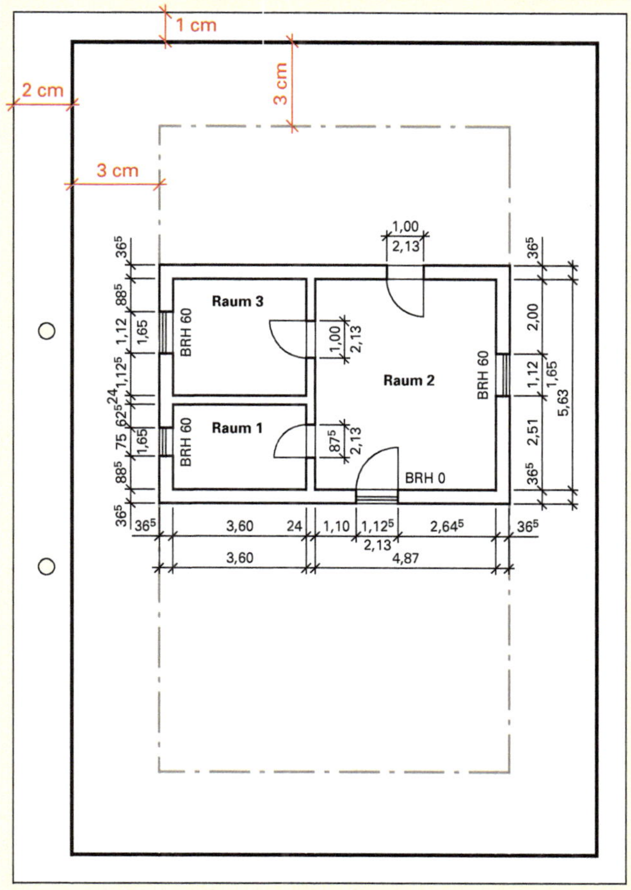

Rechnung:

Die gesamte Objektbreite in wirklicher Größe beträgt: 5,45 m + 0,24 m + 0,24 m = 5,93 m = 593 cm
Die Objektlänge beträgt: 4,46 m + 0,24 m + 0,24 m = 4,94 m = 494 cm

Um den Maßstab zu ermitteln, muss man die Zeichnungsgröße (hier 12 cm) durch die wirkliche Größe (hier: Raumbreite) dividieren.

$$\mathbf{M} = \frac{1}{\text{Verhältniszahl (VHZ)}} = \frac{\text{Zeichnungsgröße}}{\text{wirkliche Raumbreite}} \qquad \mathbf{M} = \frac{12\text{ cm}}{593\text{ cm}} \qquad \mathbf{M} = \frac{1}{49{,}41}$$

Das Ergebnis wird gerundet auf $\frac{1}{50}$

Der Maßstab beträgt demzufolge **M 1:50**

Um den Maßstab von M 1:50 zu errechnen, muss man die obige Formel entsprechend nach VHZ umstellen:

Verhältniszahl (VHZ) · Zeichnungsgröße = 1 · wirkliche Raumbreite

$$\text{Verhältniszahl (VHZ)} = \frac{\text{wirkliche Raumbreite}}{\text{Zeichnungsgröße}} \qquad \left(\text{VHZ} = \frac{593\text{ cm}}{12\text{ cm}} = 49{,}41\right)$$

Um den Maßstab zu nennen, schreibt man die errechnete Verhältniszahl, wie oben beschrieben, nach dem Runden in den Nenner eines Bruchs mit dem Zähler 1.

9.4 Bauausführung

Ein Bauherr besitzt bestimmte Vorstellungen von seinem zu errichtenden Wohngebäude und gibt diese einem Architekten an: Familiengröße, Anzahl der Räume, Keller, Ziegeldach, Anzahl der Etagen des Gebäudes, Nebengelass für Pkw usw. sowie die Lage des Objekts in dem geplanten Wohngebiet.

Bauentwurf: Der Architekt bietet Entwürfe, darunter eine skizzenhafte Gesamtansicht an, die per PC oder frei Hand erarbeitet wurde und in das Baugebiet eingepasst sein sollte (Bild 1). Eine farbige Darstellung ist am wirkungsvollsten.

In einem Gebiet mit traditionellem Baustil einer bestimmten Epoche oder Gegend wirkt es meist fremdartig, Gebäude mit Dachformen oder Stilelementen anzubieten, die dort nicht anzutreffen sind: Gebäude mit Schilfdächern sind landschaftstypisch für norddeutsche Gebiete, Flachdächer stören in Gebieten mit Ziegeldächern usw. Aus diesem Grund sind Baugenehmigungen des zuständigen Bauamtes einzuholen.

Bild 1: Gebäudeansicht, Entwurf

Es folgen Katasterauszug, Lagepläne und Bauausführungszeichnungen (Übersicht 1).

Katasterauszug

Beim zuständigen Vermessungsamt des Wohnortes wird ein Katasterauszug beantragt, der für die Einfügung des neuen Gebäudes von Bedeutung ist. **Bild 2** zeigt ein Muster.

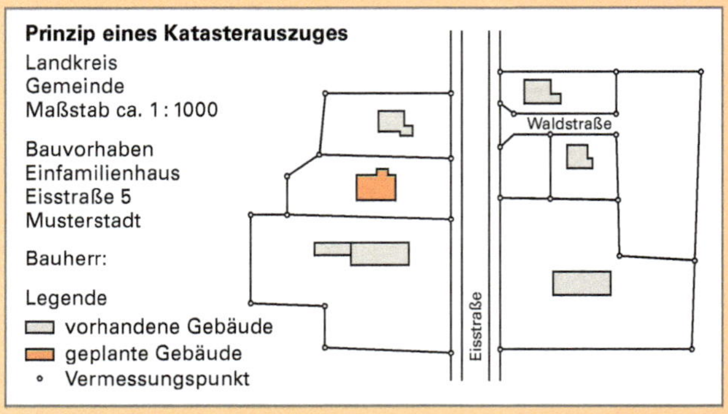

Bild 2: Muster eines Katasterauszugs

Lagepläne

Aus Umweltgründen wird der Baumbestand dokumentiert, um abzuklären, welche Veränderungen erfolgen und welche Auflagen zur Neupflanzung zu beachten sind **(Bild 3)**. Weiterhin werden Lagepläne für Elektro-, Trinkwasser- und Abwasserleitungen sowie Medienanschlüsse erstellt.

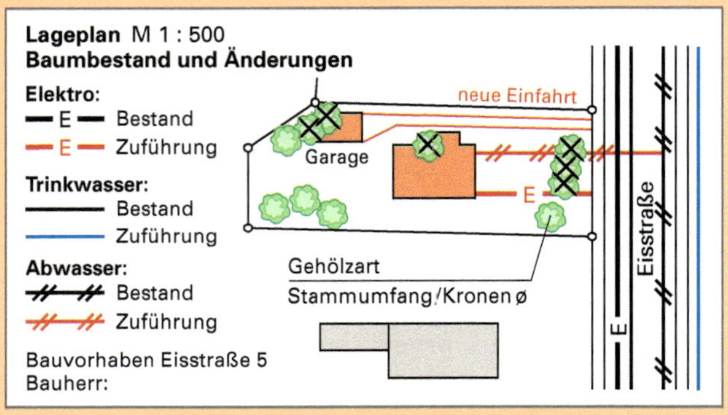

Bild 3: Lageplan Baumbestand/Erschließung Wasser/Elektro

Nach entsprechender Zustimmung sind Kostenvorschläge, Kredite und Bauzeiten abzuklären. Basis sind mindestens folgende vom Architekten vorbereitete Zeichnungen.

Bauausführungszeichnungen

Dazu gehören **Grundrisse** für Keller-, Erdgeschoss, Obergeschosse und Dachgeschoss, **Senkrechte Gebäudeschnitte** und **Außenansichten** (möglichst schon farbig).

In Grundrissen **(Bild 4)** sind Mauern, Fenster, Türen mit ihrer jeweiligen Öffnungsrichtung und die Treppe zu sehen. Zusätzlich findet man Informationen über die Größe der Räume in m², den Umfang in m sowie ihre Nutzungsart. Oftmals werden auch Einrichtungsgegenstände mit abgebildet.

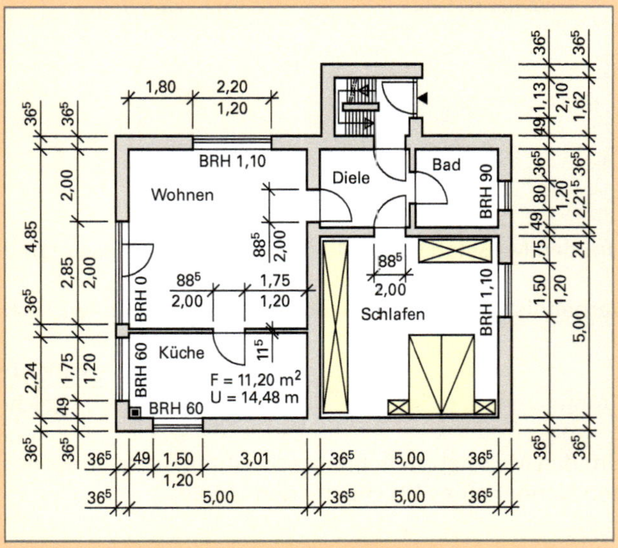

Bild 4: Grundriss Erdgeschoss

Übersicht 1: Katasterauszug, Lagepläne und Bauausführungszeichnungen

Der **senkrechte Schnitt** in Bild 1 zeigt die Wandausführungen, die Fensteröffnungen und ihre Brüstungshöhen sowie die Türen. Auch Fußboden- und Deckenausführungen sind eingetragen.

Als wichtige Maße sind die Maße der Oberkante des Fertigfußbodens (OFF) im Kellergeschoss (KG), Obergeschoss (OG) und Dachgeschoss (DG) zu sehen, die zur Berechnung der Wandflächen von Bedeutung sind und im Grundriss nicht zu finden sind.

Als letzte Maßnahme ist mit allen Unterlagen die **Baugenehmigung** zu beantragen (Bild 2).

Baustellenschild

Aktenzeichen
Antragssteller (Bauherr)

Vorhaben: Neubau Wohnhaus

Lage des Grundstücks

Entwurfsverfasser

Unternehmer für den Rohbau

Baugenehmigung erteilt:

Bild 2: Baugenehmigung

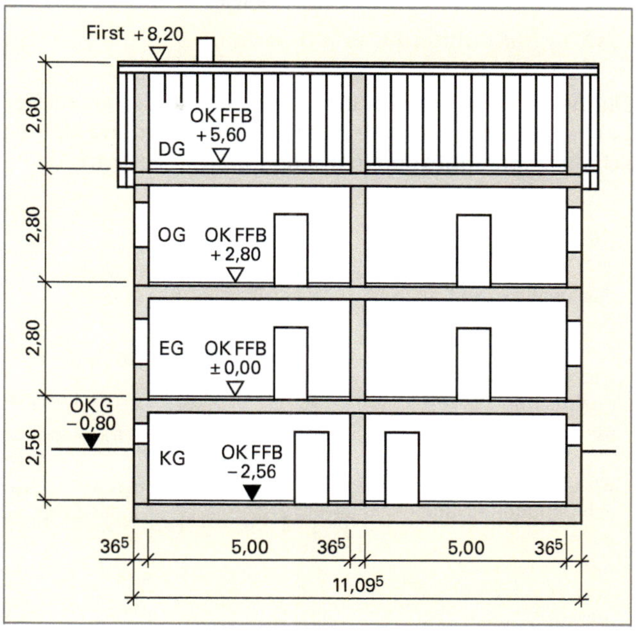

Bild 1: Senkrechter Längsschnitt

Nach der Genehmigung des Baues kann die Bauausführung erfolgen, wozu die Aufträge an entsprechende Baugewerke einer oder mehrerer Firmen übergeben werden. An folgenden Beispielbildern ist das Prinzip des Bauablaufs an einem Wohnhaus dargestellt (Übersicht 1):

a) Baugrube mit Schnurbock zum Einmessen.

b) Bauplatte Kellerbereich.

c) Kellerbereich mit Kalksandsteinmauerwerk.

d) Dämmung im Kellerbereich.

e) EG- und OG-Mauerwerk.

f) Holzkonstruktion im Dach.

g) Dämmung im Dachbereich mit Vorbereitung zur Ziegeleindeckung.

h) Innenausbau mit Stromleitungen und Steckdosen. Zu beachten ist die senkrechte Leitungsverlegung.

i) Innenausbau mit Malerarbeit, Heizung und Fußbodenbelag (Parkett).

a)

b)

c)

d)

e)

f)

g)

h)

i)

Übersicht 1: Bauablauf

9.5 Fassaden und Dachformen

Die Bezeichnung der Bauteile eines Gebäudes ist zur Verständigung der am Bau tätigen Mitarbeiter zum Auftraggeber notwendig. Wichtige Namen zur Benennung von Bauteilen an Fassaden sind in **Übersicht 1** abgebildet (Landschaftlich bedingt können andere Begriffe vorkommen):

Hinweis:

Gesimse werden nach ihrem Vorkommen am Gebäude als Dachgesims, Gurtgesims und Sockelgesims bezeichnet.

Bossen sind eigentlich behauene Natursteine.
Sie können aber auch durch Putzmörtel imitiert sein.

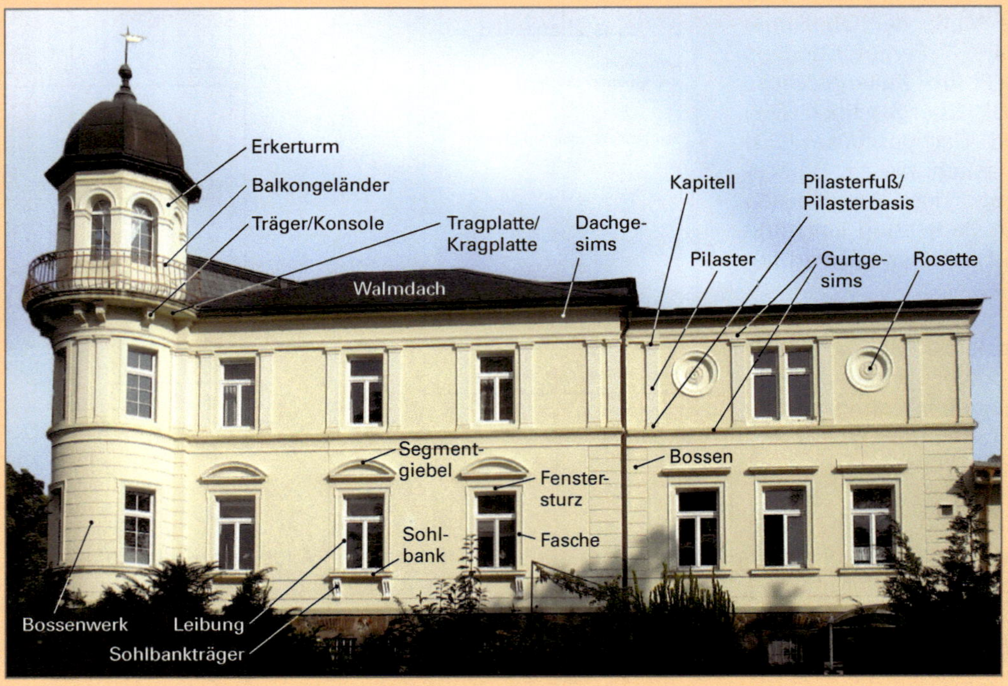

Übersicht 1: Bauteile an Fassaden

Im Normalfall ist die Hauptfassade eines Gebäudes rechteckig, seltener quadratisch, trapez- oder dreieckförmig oder rund.

Die Grundrissform hat Auswirkungen auf die Dachgestaltung. Da die Dachform eines Gebäudes seinen Gesamteindruck stark mitbestimmt, sind die verschiedensten Varianten entwickelt worden. Waagerechte Dächer sind bei kleineren Gebäuden in südlicheren Gebieten anzutreffen oder sie schließen mehrstöckige Wohn-, Verwaltungs- oder Industriegebäude ab. In schneereichen Gegenden sind schräge Dächer üblich.

Die einfachste Variante der schrägen Dachformen ist das Pultdach. Danach folgen Formen wie Satteldach, Walmdach (im Bild mit Fledermausgauben), Krüppelwalmdach, Mansardendach, Zeltdach usw. **(Übersicht 2)**.

Flachdachgebäude
Pultdachgebäude
Satteldachgebäude
Walmdachgebäude
Krüppelwalmdachgebäude
Mansardendachgebäude
Zeltdachgebäude

Übersicht 2: Dachformen

9.6 Türen und Tore

Türen sind Eingangsbereiche für Innenräume und Gebäude. Eingänge zu Grundstücken nennt man Tore. Türen bzw. Türblätter sind am Mauerwerk an Rahmen aus Holz oder Stahl (Stahlzargen) angebracht, Tore an Bändern aus Stahl.

Die Rahmen sollen im Innenbereich dicht schließen. Dies erfolgt in einfachster Weise bei Blendrahmentüren durch den auf der Wand einseitig aufliegenden Blendrahmen. Dadurch ist auf der Gegenseite das Mauerwerk bzw. der Putz sichtbar.

Eine Futtertür (oder Tür mit Futter und Bekleidung) besitzt zwei Blendrahmen (innen und außen). Deren Zwischenraum am Mauer- stumpf verdeckt ein zwischengesetztes Futter. Das Türblatt kann jedoch auch an einem umlaufenden Rahmen aus Holz (Stockrahmen) oder Stahl am Mauerwerk ohne Anschlag befestigt sein. Man nennt diese Türen Zargentüren.

Die Türblätter sind in einfachster Ausführung eben (glatt), durch aufgesetzte Hölzer oder Füllungen (Einfüllungs-, Zweifüllungs- oder Mehrfüllungstüren) können sie dekorativer gestaltet sein. Auch Dekorglas dient neben der eventuell gewünschten Lichtdurchlässigkeit demselben Zweck (Glastüren). Die normale Tür ist rechteckig. Besondere Türen können auch mit Bogenformen abschließen. Je nach Öffnungsart unterscheidet man die normalen Drehtüren von Schiebetüren und Pendeltüren (**Übersicht 1**).

Blendrahmentür

Futtertür

Zargentür

Türen mit besonderem Dekor

Zargentüren:
links mit Stahlblockzarge, rechts mit Umfassungszarge aus Stahl

Begriffe an einer Futtertür

Übersicht 1: Türen

9.7 Fenster

Fenster sind Raumöffnungen in Wänden und/oder Dächern. Sie bestehen aus dem Rahmen und den an Scharnieren eingehängten Flügeln. Man unterscheidet Fenster nach ihrer Bauweise und den eingesetzten Baumaterialien, nach der Art des Öffnens sowie nach Anzahl ihrer Flügel.

Entsprechend ihrer Bauweise unterscheidet man nach ihrer historischen Entstehung Blendrahmenfenster, Kastenfenster und Verbundfenster von den heutigen Kunststofffenstern. Sie werden auch als Thermofenster und Isolierglasfenster bezeichnet (**Übersicht 1**).

Blendrahmenfenster

Kastenfenster

Verbundfenster

Kunststofffenster

Metallfenster (Bleiverglasung)

Übersicht 1: Entwicklungsstufen von Fenstern

Weil durch Fenster ein größerer Wärmeaustausch als durch angrenzendes Mauerwerk stattfindet, wurden verschiedene Fensterarten mit mehr als einer Scheibe entwickelt. Die zwischen den Scheiben stehende Luft sollte diesen Austausch minimieren. Ursprünglich waren dies Blendrahmenfenster mit vorgehängten Winterfenstern, die nur nach außen geöffnet wurden.

Die Weiterentwicklungen waren Kastenfenster, in denen man den Rahmen zum relativ breiten (tiefen) Kasten umbaute. Tiefe Kästen ermöglichten das Unterbringen von Blumen, wodurch der Begriff Blumenfenster entstand.

Bei Verbundfenstern hatte man die Kastentiefe dann wieder auf ein Minimum verkürzt. Beide Flügel wurden miteinander verschraubt. Die Scharniere zum Aufhängen befanden sich an nur einem Flügel.

Um 1970 entstanden aus den Blendrahmenfenstern die Vorläufer der heutigen Kunststofffenster mit zwei oder drei Scheiben in einem Flügel, deren Zwischenräume luftleer gepumpt waren. Das ursprünglich benutzte Holz wurde zwecks besserem Witterungsschutz mit Kunststoff überzogen. Im nächsten Schritt wurde nur mit PVC als Baustoff gearbeitet. Man entwickelte Fensterprofile mit hohlraumartigen Luftkammern. Eingearbeitete Stahlwinkel brachten die notwendige Stabilität (**Übersicht 2**).

Aus ökologischen Gründen werden neuerdings wieder Holzfenster aus Lärchen- und Fichtenholz mit industriemäßig ausgeführten Dickschichtlasuren (farblos und farbig) angeboten.

Blendrahmenfenster mit Winterfenster

Kastenfenster

Kunststoffummanteltes Holzfenster

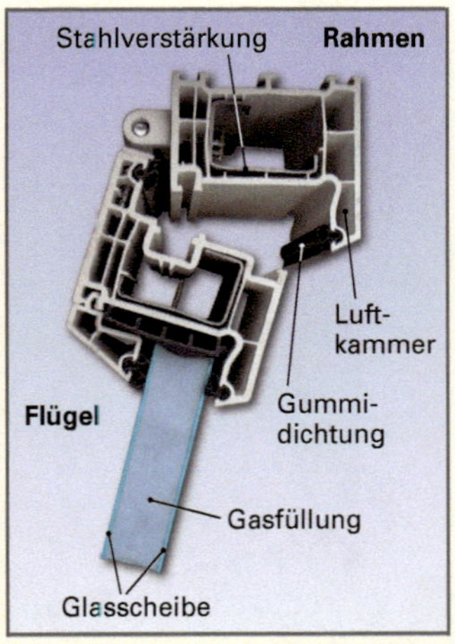

Kunststofffenster mit Blick auf die Luftkammern im waagerechten Schnitt

Übersicht 2: Bauweise von Fenstern

Fenster können nach der Öffnungsart unterschieden werden (Übersicht 1):

Im Normalfall werden Fensterflügel beim Öffnen gedreht, in der Regel nach innen, seltener nach außen. Sie können jedoch auch gekippt (nach innen) und aufgeklappt (nach außen) werden.

Dreh-Kippflügelfenster

Nach außen öffnendes Drehflügelfenster. Es ist ein Winterfenster, das vor das im Sommer ausreichende Blendrahmenfenster gehängt wurde.

Nach außen öffnendes Drehflügelfenster

Eine besondere Öffnungsart ist das Schwingflügelfenster. Im Bild ist es durch Kreuzsprossen unterteilt.

Schwingflügelfenster

Feststehende Fenster gibt es in Kirchen, Industriegebäuden, Kaufhäusern (Schaufenster) und anderen Großobjekten. Ihre malermäßige Behandlung ist nur von außen möglich.

Feststehendes Fenster

Übersicht 1: Öffnungsarten von Fenstern

Fenster können nach der Anzahl der Fensterflügel und weiteren Merkmalen unterteilt werden:

Wenn Fenster nur einen Flügel (**Einflügelfenster**) zum Öffnen besitzen, reichen sie dadurch relativ weit in den Innenraum.

Zur Nutzung sind bei gleicher Raumöffnung **Zweiflügelfenster** praktischer.

Größere Fenster werden drei- oder mehrfach unterteilt (**Mehrflügelfenster**). Bei Mehrflügelfenstern wird zum Anschlag der Flügel noch ein senkrechtes Holz eingebaut, der Pfosten oder das Setzholz.

Manch große Fenster erhalten noch waagerechte Querhölzer, sog. **Kämpfer**. Ist der Kämpfer oben angebracht, heißt das Fenster darüber **Oberlichtfenster**. Ist er unten eingebaut, bezeichnet man die Fenster darunter mit dem wenig gebräuchlichen Begriff **Unterlichtfenster**.

Die Scheiben von Fenstern können zusätzlich durch **Sprossen** unterteilt sein. Die Sprosseneinteilung ist darauf zurückzuführen, dass es früher technologisch schwierig war, großflächige Scheiben zu erzeugen. Es gibt Fenster mit waagerechten, senkrechten Sprossen oder sich kreuzenden Sprossen (Kreuzsprossenfenster) (Übersicht 2):

Einflügelfenster

Kastenfenster mit Kämpfer und Oberlicht

Mehrflügelfenster mit Kämpfer, Unterlichtfenstern und Setzholz (Pfosten)

Blendrahmenfenster mit waagerechten Sprossen

Blendrahmenfenster, zweiflüglig mit Kreuzsprossen

Übersicht 2: Fensterunterteilungen

Formen von Fenstern

Nicht in allen Fällen sind Fenster in rechteckigen Formen anzutreffen. In Gebäuden mit gehobenem Standard wie z. B. in Villen wurden sie oben nicht mit einem waagerechten Abschluss versehen, sondern mit den unterschiedlichsten Bogenarten. Oft sind sie für verschiedene Baustilepochen ein wesentliches Erkennungszeichen (**Übersicht 1**).

Rundbogenfenster (Fenstertür)

Korbbogenfenster

Segmentbogenfenster

Vorhangbogenfenster

Übersicht 1: Fensterformen

9.8 Fensterläden

Fensterläden dienten früher als Abschluss von Fenstern im Außenbereich, im Erdgeschoss vor allem aus Sicherheitsgründen. Sie wurden und werden auch in oberen Etagen eingesetzt, einerseits zum Wetter- und Sonnenschutz, andererseits als Baudekor. Darauf weisen die verschiedenen Bauarten und Farbgestaltungen hin (**Übersicht 2**).

Bei der Paneelkonstruktion werden Bretter nebeneinander gesetzt und durch waagerechte Hölzer verbunden. Durch die Nut- und Federkonstruktion erhalten die Läden bessere Wasserundurchlässigkeit.

Um einen bestimmten Lichteinwurf für den Innenraum bzw. auch bessere Luftzirkulation zu ermöglichen, wurden die waagerechten Holzbrettchen schräg nach oben und außen öffnend eingesetzt. Diese konnte feststehend oder in ihrer waagerechten Achse beweglich gebaut sein. Ihren Namen Jalousiekonstruktion erhielten sie in Anlehnung an die Rollläden zum Außenabschluss von Fenstern.

Paneelkonstruktion

Jalousiekonstruktion, feststehend

Rahmen- und Jalousiekonstruktion

Übersicht 2: Fensterläden

9.9 Aufgaben

Aufgabe 1

Skizzieren Sie auf Rechenpapier einen Grundriss und einen senkrechten Schnitt wie in nebenstehendem Bild.

a) Tragen Sie in den Grundriss bei Tür 1 eine Rechtstür und bei Tür 2 eine Linkstür ein. Beide sollen nach innen öffnen.

b) In dem senkrechten Schnitt skizzieren Sie mit den gebräuchlichen Abkürzungen die Brüstungshöhe und die Fensterhöhe an entsprechende Maßlinien.

c) Tragen Sie in den senkrechten Schnitt die Maßbegriffe mit Kurzbezeichnungen für Raumhöhe sowie die Oberkante des Fußbodens ein!

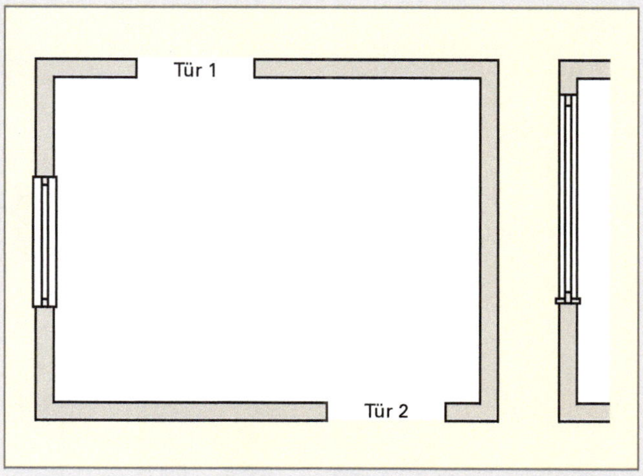

Aufgabe 2

Skizzieren Sie auf Rechenpapier einen Grundriss wie in nebenstehendem Bild im Maßstab 1:50 nach den dort angegebenen wirklichen Maßen und den notwendigen Maßlinien.

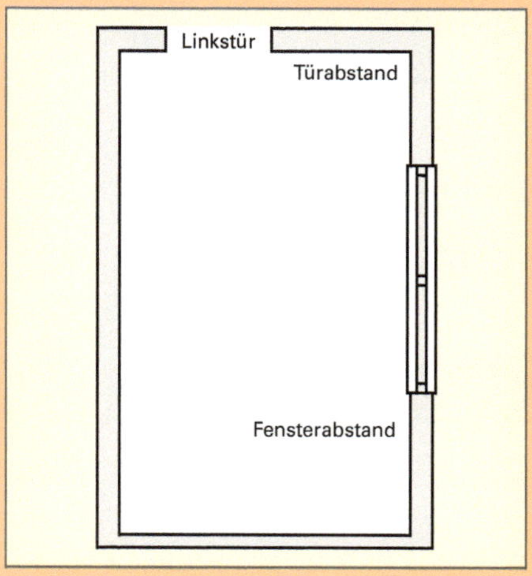

Einzutragende Maße und Symbole:

- Innenmaße: Raumbreite 4,26
- Raumlänge: 3,00
- Türmaße: 88^5 x 2,01
- Fenstermaße: 1,50 x 1,20
- Fensterabstände: 1,51
- Mauermaße: 24 und 11^5
- Gesamtmaße: sind auszurechnen, fehlende Teilmaße errechnen
- Türöffnungsrichtung
- Türabstand: 2,00

Aufgabe 3 Benennen Sie von nachfolgenden Bildern die Fachausdrücke an den abgebildeten bzw. mit Zahlen versehenen Objekten!

a)

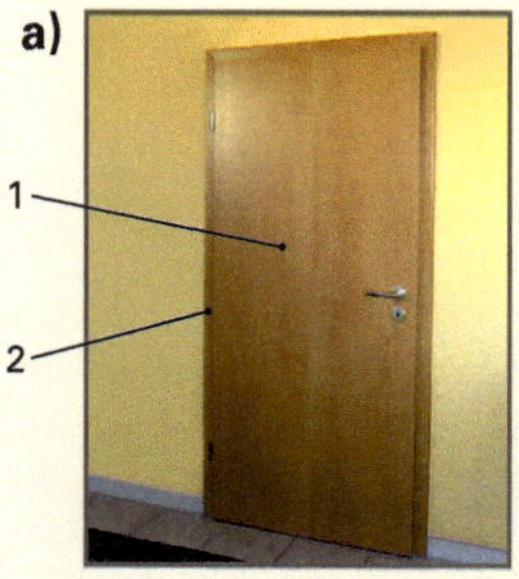

b)

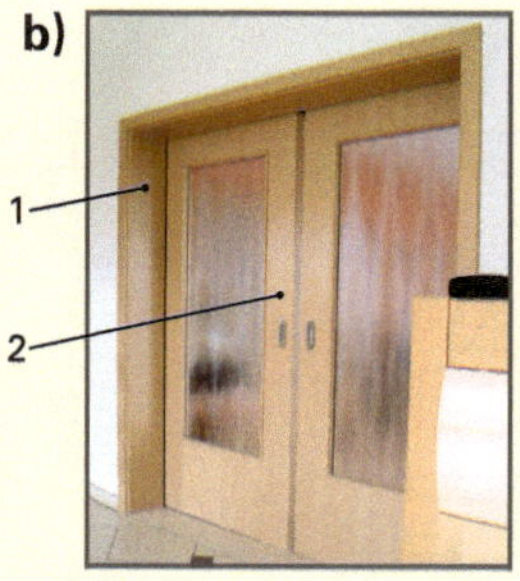

c)

d)

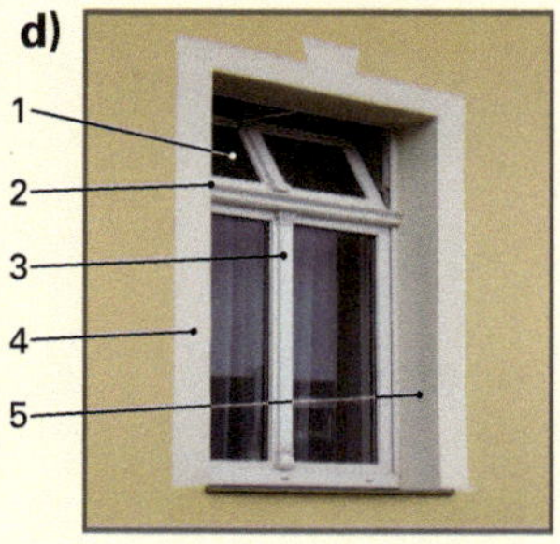

e)

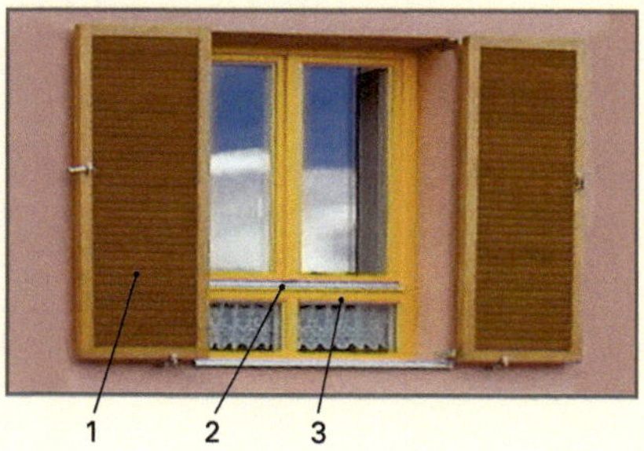

f)

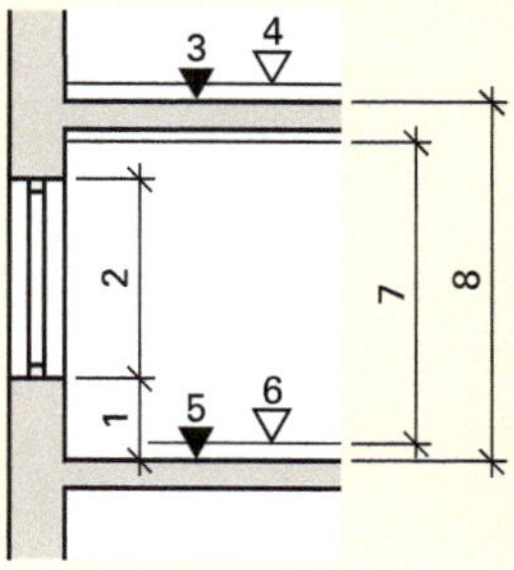

Senkrechter Gebäudeteilschnitt

g)

Aufgabe 4 Bezeichnen Sie an folgendem Bild die durch Zahlen gekennzeichneten Bauteile!

Aufgabe 5 Welche Maße besitzen folgende Objekte aus nachfolgender Zeichnung in Metern?

Raum	1	2	3
Raumbreite			
Raumlänge			
Raumhöhe			
Fensterbreite			
Fensterhöhe			
Brüstungshöhe			
Fenstertürbreite	X		X
Türbreite			
Türhöhe			

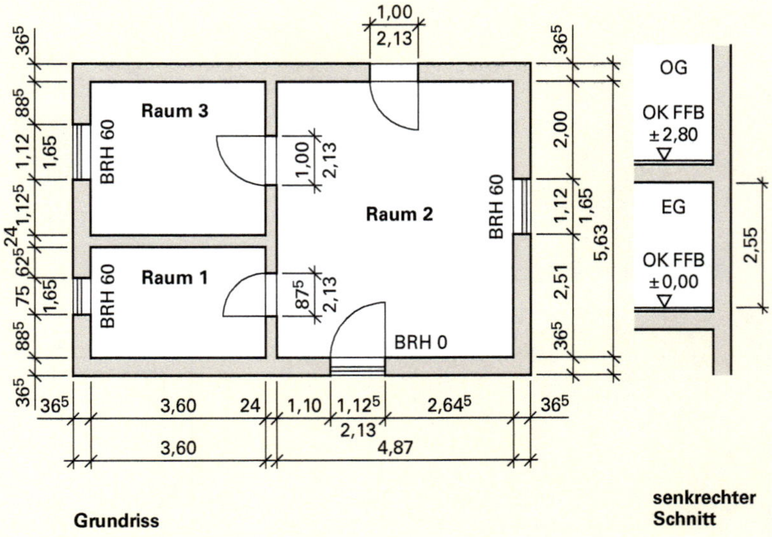

Auftraggeber (Kunde) und Auftragnehmer (der Maler) müssen sich einig sein, welche Leistungen erbracht werden sollen und in welcher Qualität dies erfolgen soll. Dazu dient eine Leistungsbeschreibung. Leistungsbeschreibungen dienen also einer genaueren Definition, was ausgeführt werden soll.

Anhand der Leistungsbeschreibung kann dann ein Angebot mit einem Angebots-Preis versehen werden. Die abschließende Rechnung basiert ebenfalls auf dieser Leistungsbeschreibung.

Beispiel (Bild 1): Rechnung einer Eisdiele.

- Die Eisdiele hat ihre Produkte nach Positionen in ihrer Kasse eingespeichert.
- Die detaillierten Leistungsbeschreibungen der Produkte, die die Eisdiele anbietet, finden sich auf Tafeln in der Eisdiele (nicht auf der Rechnung): Geschmack, Zutaten.
- Stückzahlen, Artikelbezeichnungen, Einzel- und Gesamtpreise sind tabellarisch geordnet.
- Auf der Rechnung finden sich Ort des Einkaufs, Datum, Uhrzeit, die Gebindegrößen (z. B. Kugeln) usw.
- Die Mehrwertsteuer ist ausgewiesen.

Eiscafe Bella Nada
Stromboli 313
59872 Meschede

RECHNUNG

Tisch 12 20.04.11 16:35 SAM

Anz. Artikel	Preis	Summe
1x Eiscafe	3,40	3,40
2x Espresso	1,80	3,60
1x Erdbeer Becher	5,00	5,00
1x Bananen Split	3,90	4,40
_1x Sahne	0,50	
1x Vier Kugeln	0,80	3,20
_1x Schokolade		
_1x Vanille		
_1x Himbeere		
_1x Zitrone		
inkl. 19,0 % MwSt.	=	3,72
GESAMT		**19,60**

Grazie

Bild 1: Rechnung einer Eisdiele

10.1 Ordnungsprinzipien

Nur die konsequente Einhaltung von Ordnung, Sauberkeit und Übersichtlichkeit befähigt zum ökonomischen Arbeiten beim Aufmaß und bei der Abrechnung von Malerarbeiten. Das Aufmaß (selbst gemessen oder aus der Bauzeichnung übernommen) wird auf ein Aufmaßblatt übertragen, dabei sind folgende Ordnungsprinzipien zu beachten:

- Sauberkeit und Übersichtlichkeit des Arbeitsplatzes und des Arbeitsblattes
- Zahlen und mathematische Symbole in sauber, eindeutiger und klar erkennbarer Schrift schreiben
- Eindeutige und übersichtliche Aufteilung der Arbeitsblätter bei der Maßaufnahme, der Aufmaßniederschrift, den Lösungen der Aufgaben und der Erfassung der Lösungen bei komplexen Abrechnungen in tabellarischer Form

Es gibt mehrere Möglichkeiten der Aufmaßschreibung (die die Grundlage einer Berechnung von Bauleistungen ist). Im Malerhandwerk ist ein Aufmaßformular zum Zusammentragen der Daten üblich (Übersicht 1).

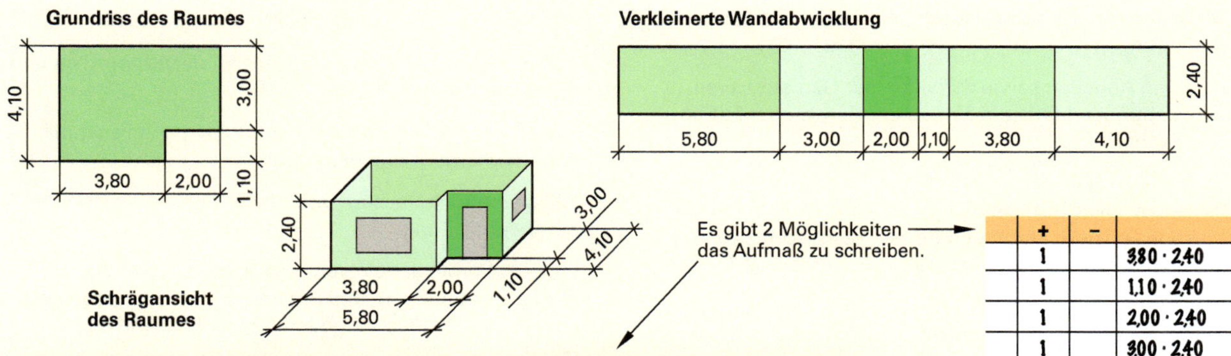

+	–	
1		3,80 · 2,40
1		1,10 · 2,40
1		2,00 · 2,40
1		3,00 · 2,40
1		5,80 · 2,40
1		4,10 · 2,40
		+ Messgehalt etc.

Pos	Bezeichnung	Stückzahl +	Stückzahl –	Abmessungen/Berechnung Länge Breite Höhe	Messgehalt	Abzug	Reiner Messgehalt
1	Wände	1		(3,80 + 1,10 + 2,00 + 3,00 + 5,80 +			
				4,10) · 2,40	47,52		47,52 m²

Übersicht 1: Ordnungsprinzipien beim Aufmaßschreiben im Malerhandwerk

10.2 Nebenleistungen und besondere Leistungen

Bietet ein Malerbetrieb eine Leistung an, so schreibt er nicht alle Leistungen, die er ausführt, auf. Einige Leistungen sind im Preis der Ausführungen inbegriffen (Nebenleistungen). Einige aufwendigere Arbeiten, die er ausführt, damit sein Werk gelingt, schreibt er dagegen gesondert auf, da sie vom Kunden auch bezahlt werden müssen (Sonderleistungen).

Nebenleistungen werden in der Leistungsbeschreibung nicht gesondert erwähnt und auch nicht extra bezahlt. Der Maler und Lackierer führt nach VOB / C DIN 18 363 folgende Arbeiten als Nebenleistungen aus (**Übersicht 1**):

Nebenleistungen	
• Auf- und Abbauen sowie Vorhalten der Gerüste, deren Arbeitsbühnen nicht höher als 2 m über Gelände oder Fußboden liegen. • Maßnahmen zum Schutz von Bauteilen, z. B. von Fußböden, Treppen, Türen, Fenstern sowie von Einrichtungsgegenständen vor Verunreinigungen und Beschädigungen während der Arbeiten durch loses Abdecken, Abhängen oder Umwickeln einschließlich anschließender Beseitigung der Schutzmaßnahmen. • Aus- und Einhängen der Türen, Fenster, Fensterläden und dergleichen zur Bearbeitung sowie Kennzeichnung dieser Bauteile	• Reinigen des Untergrundes (leichte bis normale Verschmutzungen, die nicht extra erwähnt oder besonders behandelt werden müssen). • Ausbessern von einzelnen kleinen Schäden in der Altbeschichtung und im Untergrund. • Schleifen von Holzflächen, mineralischen Untergründen und Metallflächen zwischen den einzelnen Beschichtungen sowie Feinreinigen der zu beschichtenden Flächen. • Vorlegen vorgefertigter Oberflächen- und Farbmuster. Ansetzen von 3 Farbmustern, jeweils bis zu 1 m² Größe. • Entfernen und Wiederanbringen von Schalter- und Steckdosenabdeckungen.

Übersicht 1: Nebenleistungen bei Maler- und Lackierarbeiten nach VOB 18 363 (Auswahl)

Besondere Leistungen werden in der Leistungsbeschreibung gesondert erwähnt und auch extra bezahlt. Der Maler und Lackierer kann diese Bezahlungen allerdings nur dann verlangen, wenn er sie vor Beginn der Arbeiten erkennt, erwähnt, darauf aufmerksam macht und diese in der Leistungsbeschreibung dann auch gesondert erwähnt (**Übersicht 2**):

Besondere Leistungen	
• Ausbessern von umfangreichen Schäden in der Altbeschichtung und im Untergrund. Vorbehandeln ungeeigneter Untergründe. Reinigen des Untergrundes von grober Verschmutzung, z. B. Gipsreste, Mörtelreste, Farbreste, soweit die Verschmutzung nicht durch den Auftragnehmer verursacht wurde. • Vorhalten von Aufenthalts- und Lagerräumen, wenn der Auftraggeber Räume, die leicht verschließbar gemacht werden können, nicht zur Verfügung stellt. • Maßnahmen zum Schutz vor ungeeigneten klimatischen Bedingungen. • Auf- und Abbauen sowie Vorhalten der Gerüste, deren Arbeitsbühnen höher als 2 m über Gelände oder Fußboden liegen. • Besondere Maßnahmen zum Schutz von Bau- und Anlagenteilen sowie Einrichtungsgegenständen, z. B. Abkleben von Fenstern, Türen und Böden, Staubschutzwände, Gerüstbekleidungen, Schutzanstriche, Notdächer, Auslegen von Hartfaserplatten und Bautenschutzfolien. • Entfernen alter Beschichtungen sowie vorhandener Wand- und Deckenbekleidungen.	• Entfetten und Entrosten sowie Entfernen von Walzhaut und Zunder. • Mattschleifen von Untergründen und Altbeschichtungen. • Überbrücken von Putz- und Betonrissen mit Armierungsgeweben. • Ziehen von Abschlussstrichen, Schablonieren und Anbringen von Abschlussborten. • Absetzen von Beschlagteilen in einem besonderen Farbton sowie mehrfarbiges Absetzen eines Bauteiles. • Aus- und Einbauen sowie Abkleben von Dichtprofilen und Beschlagteilen. • Transportieren von Türen, Fensterflügeln und Fensterläden, Heizkörpern und dergleichen. • Füllen von Ankerlöchern und Angleichen an die Oberflächenbeschichtung. • Biozides Vorbehandeln von organischem Bewuchs und Entfernen von Algen- und Pilzbefall sowie Leistungen zum Schutz der Oberflächen gegen Algen-, Pilz- und Insektenbefall. • Herstellen und Anbringen von Mustern, soweit diese Leistungen über Nebenleistungen (s.o.) hinausgehen.

Übersicht 2: Besondere Leistungen bei Maler- und Lackierarbeiten nach VOB 18 363 (Auswahl)

10.3 Beispiel einer Leistungsbeschreibung

Aufträge können zwar auch mündlich vereinbart werden („Streich doch mal mein Haus!"), dieser Vorgang ist jedoch unprofessionell und allenfalls im Bereich der Privatkundschaft üblich. Kommt es bei solchen unklar definierten Aufträgen zu Unstimmigkeiten über Qualität, Ausführung und Kosten, so ist ein Rechtsstreit vorprogrammiert, der die Freundschaft stark beansprucht.

In der Regel werden Qualität, Ausführung und Kosten vor der Ausführung eines Auftrags vereinbart. Diese Vereinbarung kommt in der Leistungsbeschreibung zum Ausdruck (**Übersicht 1**).

Pos. 1 Beschichtung der Wände mit Dispersionsfarben, Glanzgrad matt, waschbeständig gemäß DIN 53778, Farbton laut Herstellerangabe, Grundbeschichtung mit Dispersionsfarbe, Schlussbeschichtung mit Dispersionsfarbe.

Übersicht 1: Dieser Raum soll gestrichen werden. Der Maler erstellt eine Leistungsbeschreibung

Eine Leistungsbeschreibung besteht aus

1. **Gesamtleistung:** Stichwortartig wird die vereinbarte Gesamtleistung beschrieben.
2. **Einzelleistungen:** Die Einzelleistungen sind der Gesamtleistung untergeordnet, können aber auch alleine stehen. Hier werden die Leistungen näher beschrieben, sodass eine detailliertere Abfolge der Leistungen erkennbar ist.

Die Leistungen sind nach **Positionen** geordnet: Gleichartige Leistungen können zusammengefasst werden, verschiedenartige Leistungen oder behandelte Bauteile werden nach Positionen getrennt.

Nur die wichtigsten Aspekte werden aufgeführt, einige kurz gefasste Formulierungen beziehen sich jedoch auf nationale Standards (**Übersicht 2**), Qualitäten, Neben- oder Sonderleistungen.

Beschichtungstechnik: Die pauschale Beschreibung „Beschichtung der Wände" wird in dem Beispiel näher erläutert, denn die Beschichtung hat den vereinbarten Qualitätsstandards zu genügen (nach VOB, den Technischen Merkblättern und dem Stand der Technik). Es erfolgt so eine Beschichtung in 2 Arbeitsgängen, der Grund- und der Zwischenbeschichtung. Die VOB/C 18363 schreibt folgende Standards vor:	• 3.1.4: „Die Oberflächen müssen ... gleichmäßig ohne Ansätze und Streifen erscheinen." • 3.1.10: „Alle Anschlüsse ... sind scharf zu begrenzen." • 3.2.1: „Es ist eine Grund- und eine Schlussbeschichtung auszuführen."
Qualität: Darüber hinaus sollte in der Leistungsbeschreibung auch berücksichtigt werden, wie genau der Anstrich zu erstellen ist und worauf, denn je genauer formuliert wird, desto genauer kann die Kalkulation erfolgen. Angaben, die ebenfalls in der Leistungsbeschreibung festgelegt werden sollten:	• Beschaffenheit des Untergrundes (glatt, rau, stark rau) • Farbton (weiß oder leichtgetönt, mittelgetönt, Vollton oder sattgetönt, Spezialfarbton) • Glanzgrad (matt, glänzend, hochglänzend, seidenglänzend oder seidenmatt) • Beständigkeit (scheuerbeständig, waschbeständig, wetterbeständig)
Nebenleistungen werden in der Leistungsbeschreibung nicht extra erwähnt. So wird bei einer Beschichtung einer Wand davon ausgegangen, dass z. B. folgende Leistungen inklusive sind:	• Abdecken von Fußböden und Treppen • Entfernen und Wiederanbringen von Steckdosen • Ausbessern von kleinen Schäden im Untergrund • Auf- und Abbau von Gerüsten (< 2,00 m)
Von den Eckdaten der zu beschichtenden Fläche hängt weiterhin ab, inwieweit **Sonderleistungen** zu vereinbaren sind. Diese Sonderleistungen erscheinen als Extraposition in der Leistungsbeschreibung und könnten extra berechnet werden (evtl. als Pauschalpreis).	• Ausbessern von umfangreichen Schäden • Abkleben • Schablonieren • Mehrfarbiges Absetzen von Bauteilen • Biozides Vorbehandeln von Flächen (im Innenbereich nicht üblich

Übersicht 2: Inhalte einer Leistungsbeschreibung

10.4 Aufgaben

Aufgabe 1

Schäden an einer Hausfassade.

Erstellen Sie eine Leistungsbeschreibung mit Angaben zur Schadensbehebung und Neubeschichtung mit Angaben zur Beanspruchung, Farbton, Glanzgrad, Bindemittelbasis ...!

Aufgabe 2

Ein Wohnzimmer soll tapeziert werden.

Erstellen Sie eine Leistungsbeschreibung mit Angaben zur Tapezierung der Wand- und Deckenflächen und anschließender Beschichtung (Raufaser, anschließende Beschichtung mit Dispersionsfarbe)!

Aufgabe 3

Graffiti-Schäden an einem Geschäft.

Wie würden sie diese Fassade ausbessern und gestalten?

Der neue Mieter des Ladenlokals möchte hier ein Geschäft für Computerspiele eröffnen.

Fertigen Sie eine Skizze der Fassade an, erstellen Sie einen Farbentwurf.

Erstellen Sie eine Leistungsbeschreibung für die Ausbesserung und Umgestaltung der Fassade!

Aufgabe 4

Suchen Sie sich ein geeignetes Gebäude in der Umgebung der Schule oder einen Gebäudeteil ihrer Schule, an dem eine Malerarbeit ausgeführt werden müsste (oder könnte). Erstellen Sie anhand ihrer Beobachtungen und den Technischen Merkblättern (am Ende dieses Buches) eine Leistungsbeschreibung!

11.1 Die VOB als Rechtsgrundlage

VOB ist die Abkürzung für „Vergabe- und Vertragsordnung für Bauleistungen“ (vor 2002 hieß VOB „Verdingungsordnung für Bauleistungen“). Hinter diesem Regelwerk der VOB steht der „Deutsche Vergabe- und Vertragsausschuss für Bauleistungen“ **(DVA)**, der Grundsätze für die Vergabe und Abwicklung von Bauleistungen erarbeitet.

Der DVA veröffentlicht diese Regelungen regelmäßig in aktualisierter Fassung, die Baugewerke kennen und verwenden die VOB. Wird die „VOB“ in einen Bauvertrag einbezogen, so gelten ihre Klauseln als allgemeine Geschäftsbedingungen:

- Die VOB kann als Regelwerk bei öffentlichen und gewerblichen Aufträgen vereinbart werden, für private Kundenaufträge gilt sie nicht mehr, d. h., sie ist nicht mehr verbindlich.
- Die VOB als Regelwerk muss vorher unter den Vertragsparteien vereinbart werden, dann gilt sie als verbindlich.
- Die bislang letzte Fassung wurde im Jahr 2009 **(Bild 1)** veröffentlicht, um die Vorschriften an EU-Richtlinien anzupassen.

Bild 1: Die VOB in Buchform

Die VOB ist ein dreiteiliges Regelwerk (**Übersicht 1**):

VOB / A

Als Bauleistungen bezeichnet man jede Art von Arbeiten, durch die eine bauliche Anlage hergestellt, instand gehalten, geändert oder beseitigt wird (DIN 1960). Unterschiedliche Arten der Vergabe von Bauleistungen können laut VOB zur Anwendung kommen:

- Öffentliche Ausschreibung: Bei dieser Form werden Bauleistungen im vorgeschriebenen Verfahren nach öffentlicher Aufforderung einer unbeschränkten Zahl von Unternehmern zur Einreichung von Angeboten vergeben.
- Beschränkte Ausschreibung: Bei dieser Form werden Bauleistungen im vorgeschriebenen Verfahren nach Aufforderung einer beschränkten Zahl von Unternehmern zur Einreichung von Angeboten vergeben.
- Freihändige Vergabe: Eine freihändige Vergabe von Bauleistungen erfolgt ohne ein förmliches Verfahren, wenn eine öffentliche oder beschränkte Ausschreibung nicht zweckmäßig ist.

Zusammenfassend kann festgestellt werden, dass in diesem Teil A der VOB alle Bedingungen festgelegt sind, die den Wettbewerb fördern. Das beinhaltet, dass Aufträge für Bauleistungen zu angemessenen Preisen an zuverlässige und fachkundige Unternehmen vergeben werden können.

VOB / B

Die VOB/B regelt allgemeine Geschäftsbedingungen, die das Werkvertragsrecht des BGB (Bürgerliches Gesetzbuch) um bauspezifisch notwendige Bedingungen ergänzen. Sie enthalten einen ausgewogenen Interessenausgleich der Rechte und Pflichten der Auftraggeber und Auftragnehmer:

- Art und der Umfang der Leistungen
- Vergütung
- Ausführung und die Ausführungsfristen
- Kündigung durch den Auftraggeber
- Kündigung durch den Auftragnehmer
- Vertragsstrafen
- Gewährleistung
- Abrechnung
- Zahlung
- andere Bedingungen, z. B. bezüglich der Eigenschaften von Materialien und Bauteilen

VOB / C

Die VOB Teil C enthält Regelungen für die Ausführungen von Bauleistungen einzelner Gewerke, so auch für die Maler- und Lackierarbeiten, Trockenbauarbeiten etc. In folgenden Ausführungen werden Kriterien dargestellt:

- Aufstellen einer Leistungsbeschreibung
- Geltungsbereich
- Werkstoffe und Bauteile
- Ausführung
- Nebenleistungen und besonderen Leistungen
- Abrechnung in den einzelnen Baugewerken.

Übersicht 1: Inhalte der 3 großen „Teile“ der VOB: Teil A, B und C

In der VOB/C finden sich u. a. „Grundregeln" für folgende Baugewerke, die im Maler- und Lackiererhandwerk eine größere Rolle spielen (Übersicht 1):

- DIN 18 299 Allgemeine Regelungen für Bauarbeiten aller Art
- DIN 18 340 Trockenbauarbeiten
- DIN 18 345 Wärmedämmverbundsysteme
- DIN 18 349 Betonerhaltungsarbeiten
- DIN 18 350 Putz- und Stuckarbeiten
- DIN 18 353 Estricharbeiten
- DIN 18 356 Parkettarbeiten
- DIN 18 363 Maler- und Lackierarbeiten – Beschichtungen
- DIN 18 364 Korrosionsschutzarbeiten an Stahlbauten
- DIN 18 365 Bodenbelagarbeiten
- DIN 18 366 Tapezierarbeiten
- DIN 18 451 Gerüstarbeiten

Übersicht 1: DIN Normen der VOB/C, die insbesondere für Maler und Lackierer von Bedeutung sind (Auswahl)

Die *DIN 18 363 Maler- und Lackierarbeiten – Beschichtungen* ist diejenige Norm, die die Maler- und Lackierbetriebe auf jeden Fall kennen sollten. Da Maler- und Lackierbetriebe allerdings ein weitaus größeres Arbeitsspektrum ha- ben, sollten sie auch die anderen Normen der VOB/C kennen. Die Normen sind meist kurz und bündig gehalten, sie sind nicht erklärt. Deshalb gehört zur Interpretation der VOB einige Erfahrung, die Abschnitte zur Aufmaßerstellung und Abrechnung werden deshalb auf den folgenden Seiten erklärt. Die *DIN 18 363 Maler- und Lackierarbeiten – Beschichtungen* wird in folgende Kapiteleinteilungen gegliedert (Übersicht 2):

Kapitel		Unterkapitel	
0	Hinweise für das Aufstellen einer Leistungsbeschreibung	0.1 0.2 0.3 0.4	Angaben zur Baustelle Angaben zur Ausführung Einzelangaben bei Abweichungen von den ATV Abrechnungseinheiten
1	Geltungsbereich		
2	Stoffe, Bauteile	2.1 2.2 2.3 2.4 2.5 2.6 2.7 2.8	Stoffe zur Untergrundvorbereitung Grundbeschichtungsstoffe Spachtel- und Ausgleichsmassen Beschichtungsstoffe Markierungs-Beschichtungsstoffe Armierungsstoffe Stoffe für das Belegen mit Blattmetallen Dichtstoffe
3	Ausführung	3.1 3.2 3.3 3.4	Allgemeines Erstbeschichtungen Besondere Bechichtungsverfahren Überholungsbeschichtungen
4	Nebenleistungen, Besondere Leistungen	4.1 4.2	Nebenleistungen Besondere Leistungen
5	Abrechnung	5.1 5.2	Allgemeines Es werden abgezogen

Übersicht 2: Kapiteleinteilung der DIN 18363 Maler- und Lackierarbeiten – Beschichtungen. Die für die Aufmaßerstellung und Abrechnung wichtigen Kapitel sind rot markiert.

11.2 Aufmaßschreiben mit dem Formblatt

Es ist eine Forderung der VOB, dass alle am Auftrag Beteiligten (Auftragnehmer, Auftraggeber, Architekt und an- dere) jederzeit die Berechnungen des Malers und Lackierers nachprüfen können. Darum muss sich dieser an eine bestimmte Schreibweise seiner Berechnungen halten. Alle Aufmaßformulare sind im Aufbau gleich. Jede Zeile muss nach den Aufmaßregeln geschrieben werden, um Fehler zu vermeiden (Übersicht 3).

Position	Bezeichnung	Stückzahl +	Stückzahl –	Abmessungen/Berechnung Länge Breite Höhe	Messgehalt	Abzug	Reiner Messgehalt
Pos. 1	Türen lackieren	5		1,00 · 2,00 · 2	20,00		20,00 m²
	Benennung der Arbeit, zu der die Fläche berechnet wird.	Eintrag der direkten Stückzahl, d. h. der Anzahl der Objekte. Unter Minus (–) sind Abzüge zu schreiben. Diese Zahl geht in die Berechnung mit ein.		Eintrag der am Objekt gemessenen oder dem Plan entnommenen Maße und der indirekten Stückzahl, d. h. der Flächenanzahl eines Objektes.	Zwischenergebnisse zu + und – Zu jeder Zeile eine Zwischenergebnis. addieren	addieren subtrahieren	Endergebnis zur Position in m, m². In dieser Spalte erscheint pro Position nur eine Angabe.

Übersicht 3: Schreibweise mit dem Formblatt

11.3 Abrechnungseinheiten bei Maler- und Lackierarbeiten

Die VOB/C - DIN 18363 sieht jeweils getrennt nach Bauart und Maßen folgende Abrechnungseinheiten vor (die in den Leistungsverzeichnissen zu verwenden sind):

- Flächenmaß (m^2)
- Längenmaß (m)
- Anzahl (Stück)
- Masse (kg, t, l)

Abrechnung nach Fläche

Nach Flächenmaß hat der Auftraggeber diejenigen Leistungen auszuschreiben und abzurechnen, die vorwiegend flächenorientiert sind (**Übersicht 1**):

- Decken, Wände, Böden und Bekleidungen bei Flächen über 2,5 m^2 Einzelgröße
- Pfeiler, Lisenen, Stützen, Unterzüge, Vorlagen, Gesimse, Untersichten von Dachüberständen, Pilaster etc., > 1 m Breite je Ansichtenfläche aufweisen
- Treppenuntersichten
- Trapezbleche, Wellbleche, Blechdächer u. Ä.
- Stahlprofile und Rohre von mehr als 90 cm Umfang
- Holzschalungen

Boden, Wand, Decke

Pfeiler > 1 m^2

Graffitientfernung

Bauteile > 1 m^2

Bodenflächen

Dachflächen

Fenster und Fensterläden

Übersicht 1: Flächenorientierte Bauteile

Vorwiegend flächenorientierte Bauteile wie Wände, Decken oder Fassaden werden nach Bauteil getrennt nach m^2 aufgeführt:

Pos	Bezeichnung	+	–	Abmessungen	Messgehalt	Abzug	Reiner Messgehalt	Einheit
1	Decke	1		...	...		...	m^2
2	Wand	1		...	...		...	m^2

Abrechnung nach Länge

Getrennt nach Bauart und Maßen sind folgende Leistungen nach Längenmaß auszuschreiben und abzurechnen (Übersicht 1):

- Leibungen, Treppenwangen, Leisten
- Pfeiler, Lisenen, Stützen, Unterzüge, Vorlagen, Gesimse, Untersichten von Dachüberständen, Pilaster etc., wenn sie eine Breite unter 1 m je Ansichtsfläche aufweisen.
- Sparren
- Stahlprofile und Rohre bis 90 cm Umfang
- Eckprofile, Gewebewinkel, Fugenprofile
- Rollladenführungsschinen, Ausstellgestänge, Anschlagschienen
- Dachrinnen, Fallrohre, Kehlen, Schneefanggitter
- Markierungen
- Faschen, Umrahmungen, Abschlussstriche, Eckverbände, Farbabgrenzungen
- Deckenbalken, Fachwerke u. Ä. aus Holz und Beton (wenn nicht breiter als 30 cm)

Pfeiler und Stützen

Fachwerkbalken

Pfeiler und Stützen

Leibungen

Fallrohre

Übersicht 1: Längenorientierte Bauteile

Pos	Bezeichnung	+	–	Abmessungen	Messgehalt	Abzug	Reiner Messgehalt	Einheit
1	Leibungen	1		...	...		...	m²

Abrechnung nach Stückzahl

Nach Stückzahl werden solche Bauteile ausgeschrieben und abgerechnet, die jeweils für sich betrachtet bzw. auch allein behandelt werden können (Übersicht 1):

- Türen, Tore, Zargen
- Fenster, Rollläden, Fensterläden
- Gitter, Roste, Rahmen
- Heizkörper, Heizkörperkonsolen und Halterungen
- Motoren, Armaturen
- Richtungspfeile, Buchstaben u. ä.
- Behandlung von Gerüstankerlöchern
- Decken, Wände, Böden und Bekleidungen bei Flächen bis 2,5 m^2 Einzelgröße

Schilder

Fenster

Fahrbahnmarkierungen

Schriften

Vergoldungen

kompliziert aufzumessende Bauteile

Übersicht 1: Bauteile, die nach ihrer Anzahl abgerechnet werden

Nach Stückzahl abzurechnende Bauteile müssen nicht aufgemessen werden, für diese Bauteile wird ein Pauschalpreis vereinbart. Das Vermessen dieser Bauteile geschieht nur unter dem Aspekt, dass der Malerbetrieb sich einen ungefähren Eindruck über den Aufwand an Material- und Lohnkosten verschafft.

Flächenorientierte Bauteile, die sowohl nach Fläche oder nach Stückzahl abgerechnet werden können

Einige Bauteile können der einen oder anderen Gruppe von Bauteilen zugeordnet werden, so z. B.:

- Heizkörper
- Gitter, Geländer, Roste, Zäune und Einfriedungen
- Fenster, Türen, Tore und Zargen (Bild 1)

Abrechnung nach Masse

Einige Materialien für Oberflächenbehandlungen werden nach verbrauchter Masse ausgeschrieben und abgerechnet, wie z. B. Silikon- und Kieselsäureester-Imprägnierungsmittel. Je nach (stark oder schwach saugendem) Untergrund ergibt sich ein unterschiedlich hoher Verbrauch an relativ teurem Anstrichstoff.

Bild 1: Bauteile, die nach Fläche oder Stückzahl abgerechnet werden können

11.4 Allgemeine Aufmaßregeln

Für die Form der Rechenansätze gibt es keine Vorschriften, aber die Forderung nach Prüfbarkeit und Übersichtlichkeit beschränken die Möglichkeiten der Darstellung. Allgemein lassen sich folgende Regeln zusammenfassen, nach denen das Aufmaß geschrieben wird. Diese Regeln werden in den einzelnen Kapiteln wiederholt und an Beispielen veranschaulicht.

Regel 1: Nur vorhandene Maße werden geschrieben.

Das sind diejenigen Abmessungen, die als Begrenzung oder Höhe einer Fläche aus der Zeichnung entnommen oder am Objekt gemessen werden können.

Oberstes Prinzip des Aufmaßschreibens ist neben der rechnerischen Richtigkeit vor allem auch die Prüfbarkeit und damit die Möglichkeit, das Geschriebene in der Zeichnung oder am Objekt wiederzufinden.

Deshalb sollen z. B. kleine Einzelmaße nicht im Kopf addiert und als Summe geschrieben werden.

Bild 1: Richtige Schreibweise: (3,00 + 0,24 + 1,50) · 2,60

Falsch ist folgende Schreibweise: 4,74 · 2,60

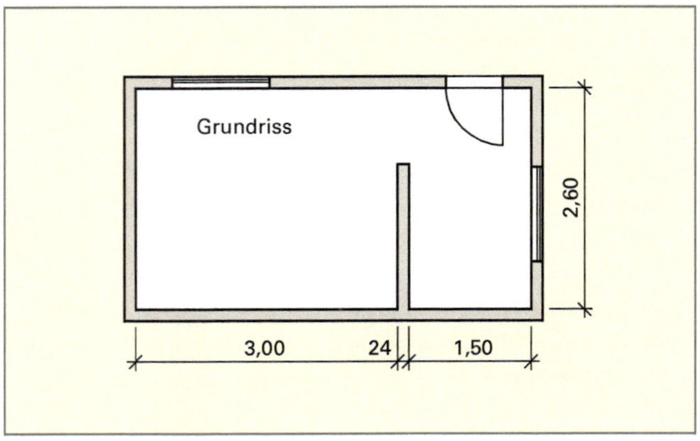

Bild 1: Grundriss mit Bemaßung

Regel 2: Der Maler und Lackierer rechnet immer in der Einheit Meter (m).

Im Aufmaßansatz kann daher auf die Bezeichnung „m" verzichtet werden, wenn dies nicht zu Irrtümern führt.

Bild 2: Einige Maße (70, 35, 8) sind in der Einheit cm, andere Maße (1,00 und 2,00) in der Einheit m geschrieben. Der logische Verstand erkennt dieses.

Als Sonderfälle bezeichnet man in der Praxis Situationen, bei denen als Maßzahl Näherungswerte verwendet werden. Sie müssen aber besonders gekennzeichnet werden. An die Stelle der Genauigkeit tritt hier das Bestreben, mit dem geringsten Aufwand einen angemessenen Grad der Annäherung zu erreichen (z. B. bei Segmentbögen).

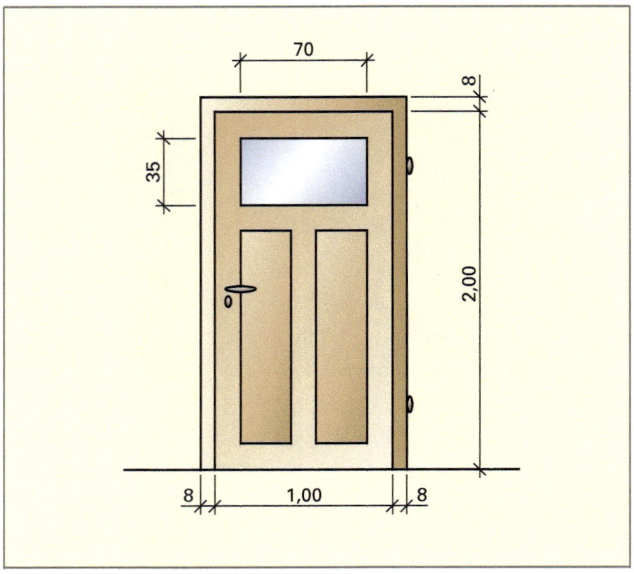

Bild 2: Tür mit Bemaßung

Regel 3: Sind liegende Flächen Raumbegrenzungen (z. B. Decke, Fußboden), wird das Maß der Straßenseite (Fensterseite) zuerst geschrieben.

Da der Begriff „Straßenseite (Fensterseite)" nicht in jedem Raum eindeutig auszulegen ist, werden im Zweifelsfall die Maße, die parallel zur Hauptachse des Gebäudes liegen, oder auch die, die man dafür hält, zuerst geschrieben. Diese einmal gewählte Richtung gilt dann für alle Räume.

Regel 4: Raumfolgen (z. B. Wohnungen, Stockwerke) werden an der Eingangstür links beginnend im Uhrzeigersinn aufgeführt.

In Zweifelsfällen können Reihenfolge und Bedeutung durch kleine Skizzen präzisiert werden.

Bild 3: Die Räume sind im Uhrzeigersinn, beginnend beim Eingangsbereich, durchnummeriert.

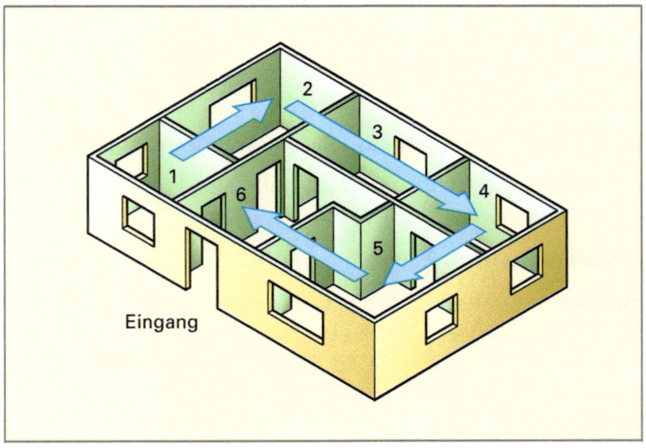

Bild 3: Räume einer Wohnung

Regel 5: Aufmaßreihenfolge bei liegenden und stehenden Flächen

Sind liegende Flächen keine Begrenzungen eines Raumes (z. B. Tischplatten, Balkonuntersichten, Treppenläufe, Dachüberstände), schreibt man die Länge, also das größere Maß, zuerst (**Bild 1**).

Tischplatte: 1,85 · 0,75

Bei stehenden Flächen (z. B. Wände, Fenster, Türen usw.) schreibt man zuerst die Breite und dann die Höhe des zu messenden Bauteils.

Tür: 0,80 · 1,95

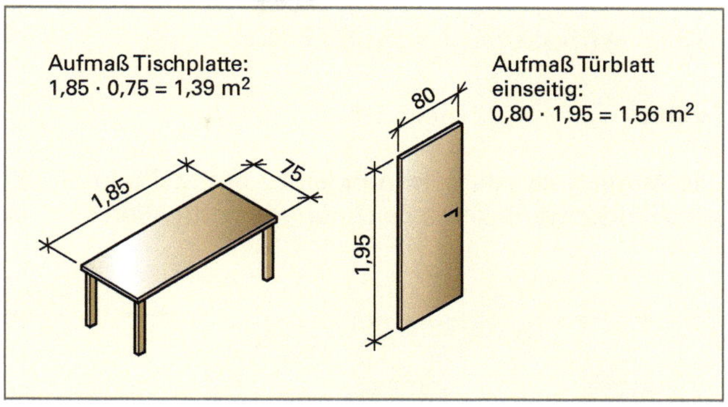

Bild 1: Liegende und stehende Flächen

Regel 6: Auf- und Abrunden

Die Maße werden allgemein in Meter (m) und mit zwei Dezimalstellen geschrieben (z. B. 5,00 m oder 0,15 m). Zwei Stellen nach dem Komma sind gewerbeüblich und im Ergebnis ausreichend.

Halbe Zentimeter werden in Zeichnungen hochgestellt geschrieben (36^5), sie werden in der Praxis aufgerundet. Die Ergebnisse werden ebenfalls auf zwei Stellen nach dem Komma auf- oder abgerundet.

Bild 2: 36^5 = 0,37 m

Für das Runden gilt: Bei 0 bis 4 nach der Rundungsstelle wird abgerundet. Bei 5 bis 9 nach der Rundungsstelle wird aufgerundet.

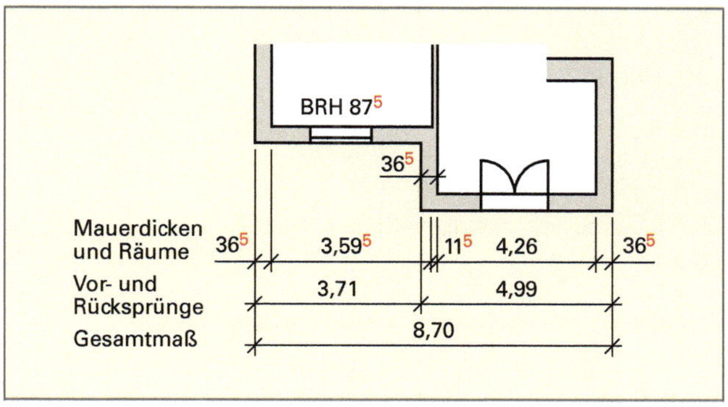

Bild 2: Millimetermaße in der Bemaßung eines Grundrisses

Regel 7: Stückzahlen und Seitenzahlen

Die Stückzahl (Anzahl) gleichartiger Teile wird vor die Abmessung geschrieben.

Beispiel 1: 20 Türen, Beschichtung nur von außen, Maße : 2,10 · 1,10

Pos	Bezeichnung	+	–	Abmessungen	Messgehalt	Abzug	Reiner Messgehalt	Einheit
1	Tür	**20**		2,10 · 1,10	46,20		**46,20**	m²

Die Zahl der Anstrichseiten wird hinten die Abmessung geschrieben. Die Zahl ist kein Maß, sie wird deshalb ohne Komma geschrieben.

Beispiel 2: 20 Türen, beidseitig, Maße 2,10 · 1,10

Pos	Bezeichnung	+	–	Abmessungen	Messgehalt	Abzug	Reiner Messgehalt	Einheit
1	Tür	20		2,10 · 1,10 · **2**	92,40		**92,40**	m²

Regel 8: Abzüge und Zuzüge

Abzüge und Zuzüge müssen eindeutig als solche gekennzeichnet sein. Sie erscheinen im Aufmaßformular in einer eigenen Zeile.

Beispiel 3: Aufmaß einer Wandfläche mit verschiedenen Zu- und Abzügen

Pos	Bezeichnung	+	–	Abmessungen	Messgehalt	Abzug	Reiner Messgehalt	Einheit
1	Wand	1		12,00 · 2,50	30,00			
	Nische	2		2,40 · 1,00	4,80			
	Fenster		2	2,30 · 1,20		5,52		
	Tür		1	2,10 · 1,30		2,73		
							26,55	m²

11.5 Aufmaßregeln nach VOB/C

Aufmaß

Das Aufmaß ist aus Zeichnungen zu ermitteln. In den Fällen, in denen die Leistung nicht diesen Zeichnungen entspricht oder wenn keine Zeichnungen vorhanden sind, ist die Leistung durch ein örtliches Aufmaß zu ermitteln.

Aufmaß vor Ort

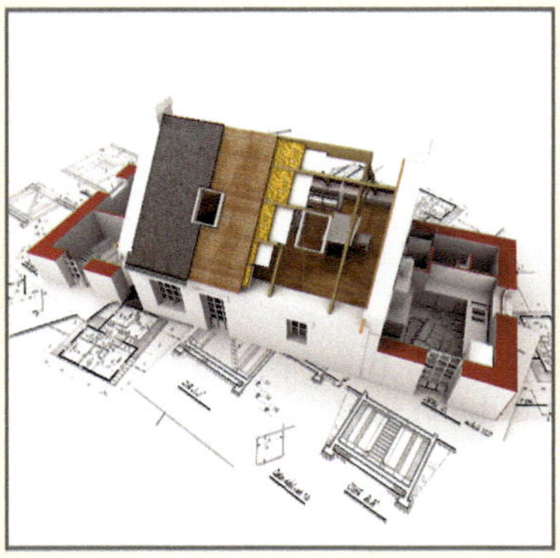

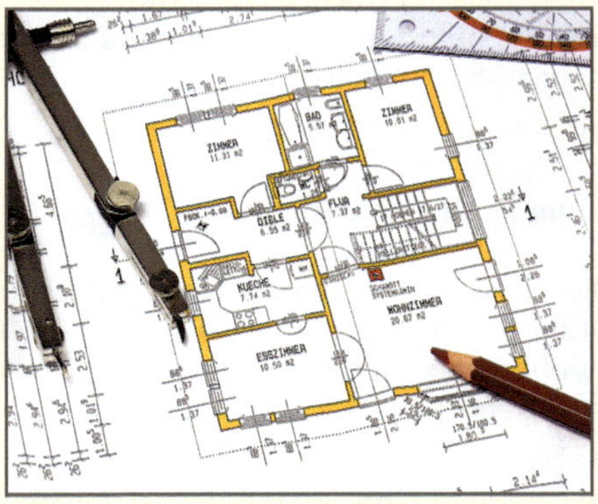

Aufmaß nach Zeichnung

Übersicht 1: Aufmaß nach Zeichnung oder vor Ort

Ermittlung unklarer Maße bei komplex zu berechnenden Bauteilen

- Bei der Ermittlung der Maße ist bei komplexen Flächen (Treppenwangen, Eckverbänden) das kleinste umschriebene Rechteck zugrunde zu legen.
- Bei der Ermittlung der Maße von Gesimsen, Umrahmungen, Faschen und ähnlichen Gebilden wird das jeweils größte abgewickelte Bauteilmaß zugrunde gelegt.
- Dachrinnen werden am Wulst, Fallrohre im Außenbogen gemessen.
- Fenstergitter, Scherengitter, Rollgitter, Roste, Zäune, Einfriedungen und Stabgeländer werden einseitig gemessen.
- Rohrgeländer werden nach Länge der Rohre und deren Durchmesser berechnet.

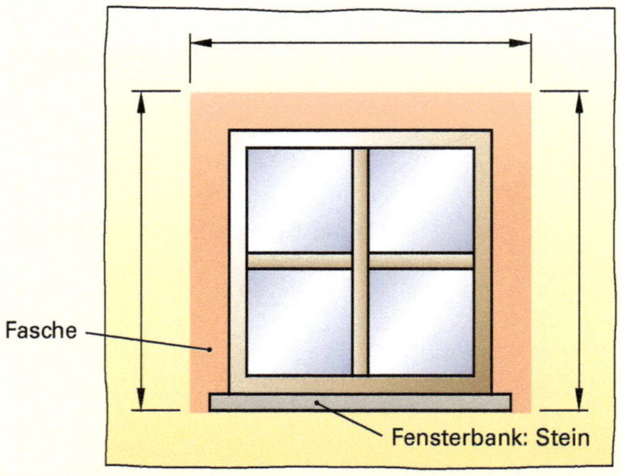

Bei Faschen wird das größte abgewinkelte Bauteilmaß (hier: außen) gemessen

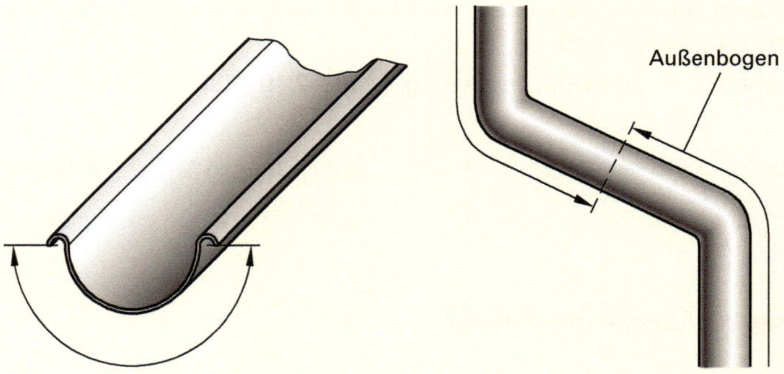

Dachrinnen werden außen gemessen und Fallrohre im jeweiligen Außenbogen

Übersicht 2: Komplex zu berechnende Bauteile

Ermittlung der Maße bei Norm-Bauteilen

- Profile, Heizkörper, Trapezprofile, Wellbleche und dergleichen werden nach abgewickelter Fläche oder, soweit vorhanden, nach Tabellen abgerechnet.
- Bei Rohrleitungen werden Schieber, Flanschen und dergleichen übermessen und gesondert gerechnet.

Die VOB ergänzt die allgemeinen Regeln durch einige Besonderheiten, die das Aufmessen vereinfachen sollen. Privatkunden sind diese Regeln u. U. jedoch schwer zu vermitteln, da einige Regeln die mathematischen Größen scheinbar zum Vorteil des Malers und Lackierer verschieben.

Öffnungen, Aussparungen und Nischen

Öffnungen, Aussparungen und Nischen werden nach der VOB/C gesondert behandelt (zumindest mathematisch). Kleinere Aussparungen werden übermessen, erst größere Aussparungen werden mathematisch berücksichtigt. Mit Aussparungen sind die in **Übersicht 1** aufgeführten Fälle gemeint:

<table>
<tr><th colspan="3">Aussparungen</th><th>Leibungen</th></tr>
<tr><td colspan="3">Aussparungen sind Flächen, die anders als die umgebenden Flächen behandelt werden.
Besondere Aussparungen sind:</td><td rowspan="3">Leibungen sind die Begrenzungsflächen von Öffnungen und Nischen. Leibungen können gesondert abgerechnet werden (als eigene Position, dann können sie auch als laufende Meter behandelt werden).</td></tr>
<tr><th>Öffnungen</th><th>Nischen</th><th>Unterbrechungen</th></tr>
<tr><td>Öffnungen sind konstruktionsbedingte Durchbrüche in Decken, Wänden oder Fußböden: Türen, Fenster, Durchgänge, Lichtkuppeln.</td><td>Nischen sind Vertiefungen in Wänden, Decken und Fußböden, die das entsprechende Bauteil jedoch nicht vollständig durchdringen, wie z. B. eine Heizkörpernische.</td><td>Unterbrechungen sind durchgängige Aussparungen. Sie entstehen durch ein anderes Bauteil, das nicht, oder anders als der Rest der Fläche behandelt wird, wie z. B. Unterzüge, Vorlagen, Friese, Fachwerkteile und Stützen.</td></tr>
<tr><td colspan="3">Aussparungen werden in folgenden Fällen übermessen
(d. h., es wird so getan, als gäbe es diese Aussparungen nicht):</td><td></td></tr>
<tr><td colspan="3">• Aussparungen, Öffnungen und Nischen bis zu einer Einzelgröße von 2,50 m² mit und ohne Leibung in Decken- und Wandflächen, Decken- und Wandbekleidungen, Vorsatzschalen und Dämmungen und Außenwandbekleidungen.
• Aussparungen bis zu einer Einzelgröße von 0,50 m² in Bodenflächen.
• Gesimse, Umrahmungen und Faschen bis 30 cm Einzelbreite an Füllungen, Öffnungen und Nischen, Rahmen, Riegeln, Ständern, Deckenbalken, Vorlagen und Fachwerkteilen aus Holz, Beton oder Metall.
• Bestehende Fuß- und Sockelleisten werden bei der Flächenermittlung übermessen, sofern ihre Höhe 10 cm nicht überschreitet. Als Höhe der Fuß- oder Sockelleiste gilt dabei die sichtbare Höhe und nicht der Abstand der Oberkante der Leiste von der Rohdeckenoberfläche, d. h. dem begrenzenden Bauteil.
• Gesimse, Lisenen, Eckverbände, Umrahmungen und Faschen von Füllungen oder Öffnungen werden unabhängig davon, ob sie behandelt werden, beim Ermitteln der Fläche übermessen.</td><td>Leibungen werden getrennt berechnet.</td></tr>
</table>

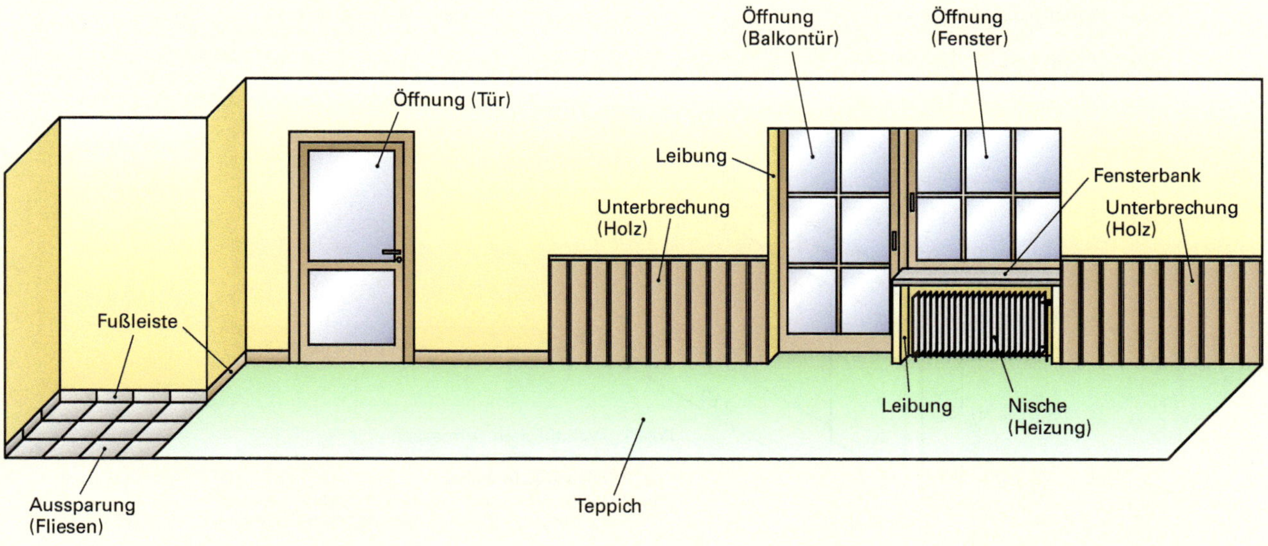

Übersicht 1: Öffnungen, Aussparungen, Nischen und Leibungen

Berechnungen von Nischen

- Die Rückflächen von Nischen sowie Leibungen werden immer gesondert, d. h. zusätzlich berechnet. Die Größe der Nische spielt hierbei keine Rolle. Dies gilt auch dann, wenn die Rückfläche der Nische in der gleichen Weise wie die umgebende Fläche behandelt wird. Damit ergibt sich im günstigsten Fall eine doppelte Vergütung für die Nischenrückfläche, wenn sie in der gleichen Weise behandelt und wegen ihrer Größe bei der Flächenermittlung übermessen wird (**Übersicht 1**).
- Leibungen sind gesondert zu berechnen.

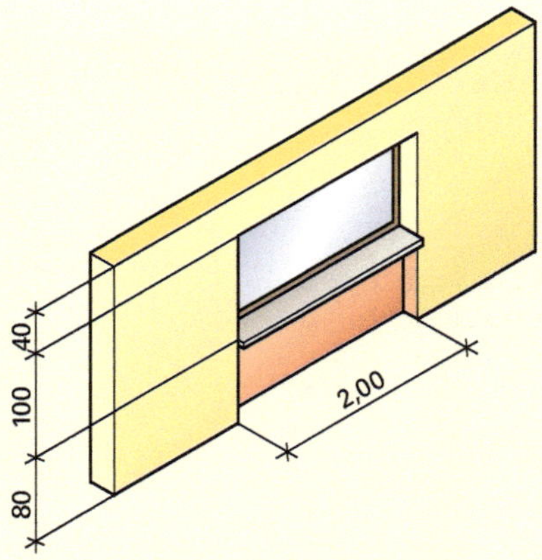

Pos. 1 Wandflächen aufmessen
Fenster übermessen (kleiner 2,50 m²)
Nische übermessen (kleiner 2,50 m²)
Pos. 2 Nische aufmessen
Pos. 3 Leibungen (nach Länge in m)

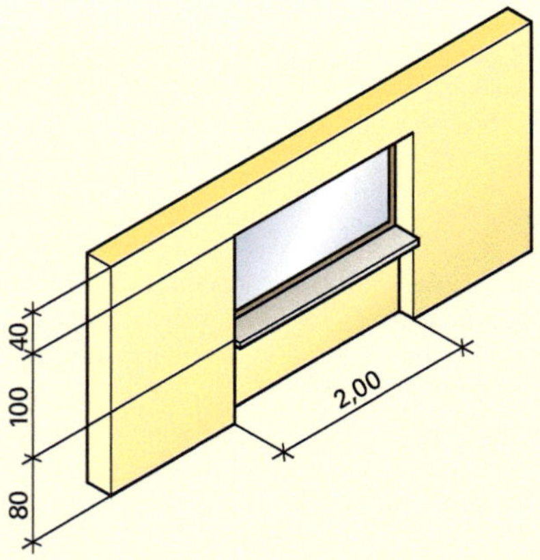

Pos. 1 Wandflächen aufmessen
Fenster übermessen (kleiner 2,50 m²)
Nische übermessen (kleiner 2,50 m²)
Pos. 2 Nische aufmessen
Pos. 3 Leibungen (nach Länge in m)

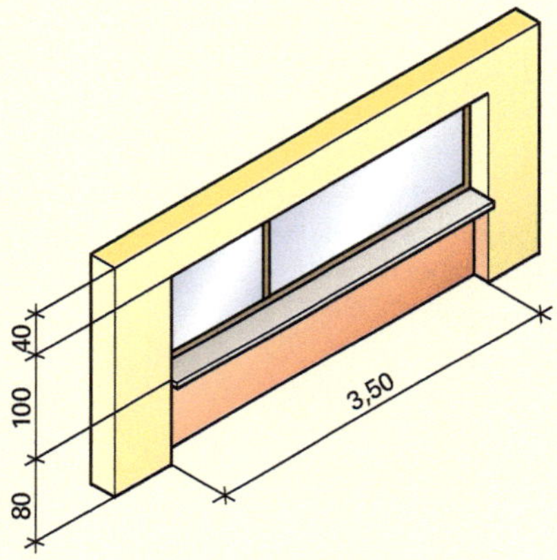

Pos. 1 Wandflächen aufmessen
Fenster abziehen (größer 2,50 m²)
Nische abziehen (größer 2,50 m²)
Pos. 2 Nische aufmessen
Pos. 3 Leibungen (nach Länge in m)

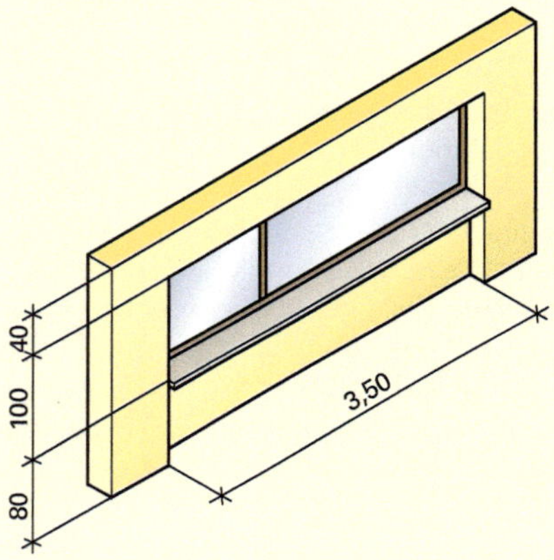

Pos. 1 Wandflächen aufmessen
Fenster abziehen (größer 2,50 m²)
Nische abziehen (größer 2,50 m²)
Pos. 2 Nische aufmessen
Pos. 3 Leibungen (nach Länge in m)

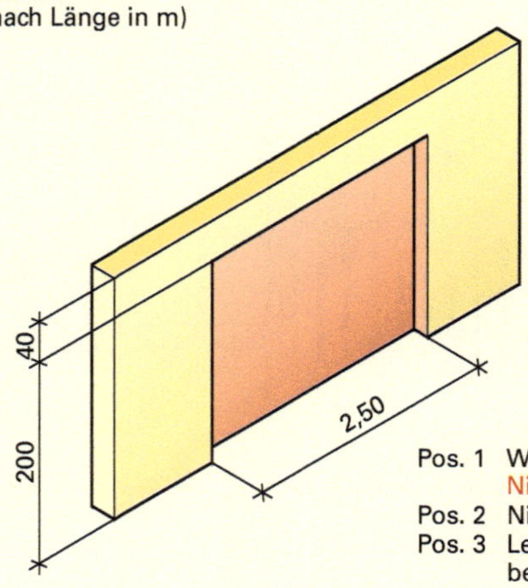

Pos. 1 Wandflächen aufmessen
Nische abziehen (größer 2,50 m²)
Pos. 2 Nische aufmessen
Pos. 3 Leibungen (nach Länge in m) oder nach Fläche (m²) bei tiefen Leibungen, die als Fläche gelten

Übersicht 1: Mathematische Behandlung von Nischen nach VOB/C

Berechnungen von Öffnungen

- Werden Vorlagen usw. anders als die Wand bearbeitet, sind sie nach Abwicklung und Höhe gesondert abzurechnen.
- Bei überwölbten Räumen wird die Höhe der Wand bis zum Gewölbeanschnitt, bei Schildwänden bis 2/3 des Gewölbestichs gerechnet.
- Zusammenhängende oder über Eck reichende Öffnungen, Nischen und Aussparungen sind immer getrennt zu betrachten und werden erst ab einer Einzelgröße von über 2,50 m² abgezogen (**Übersicht 1**).

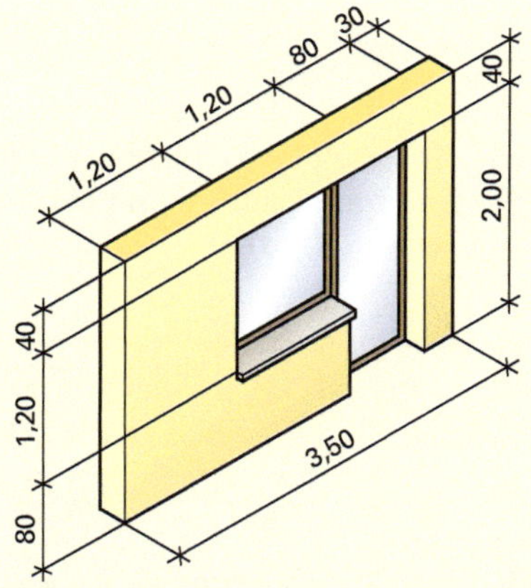

Fenster und Tür sind eine Konstruktionseinheit und werden daher zusammen berechnet. Sind sie beide zusammen größer als 2,50 m², wird die Fläche von der Wandfläche abgezogen.

Pos. 1 Wandfläche
- Konstruktionseinheit

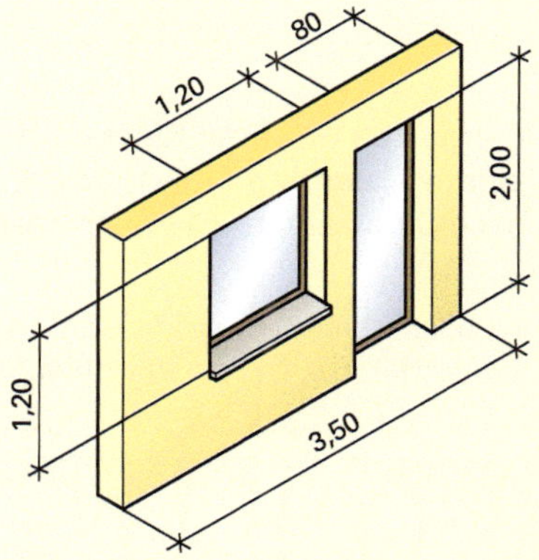

Fenster und Türen gelten hier als getrennte Öffnungen, werden also getrennt berechnet! Im Extremfall werden Fenster und Tür beide übermessen!

Pos. 1 Wandfläche
Fenster wird übermessen
Tür wird übermessen

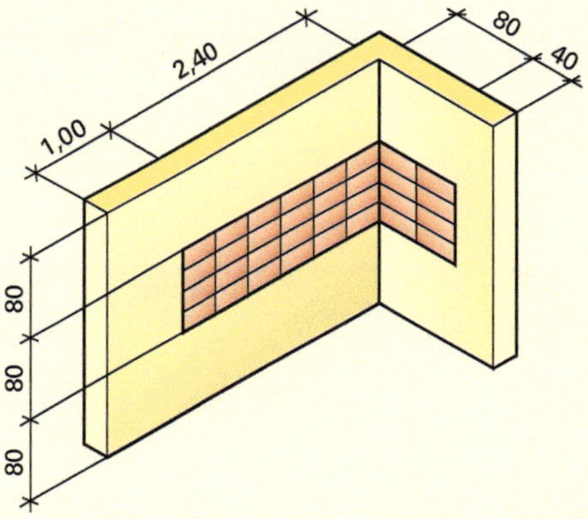

Die beiden Wände werden jede für sich gerechnet, das gilt anteilig auch für den Fliesenspiegel.

Pos. 1 Wandfläche 1
Fliesenspiegel wird übermessen, da kleiner 2,50 m²
Pos. 2 Wandfläche 2
Fliesenspiegel wird übermessen, da kleiner 2,50 m²

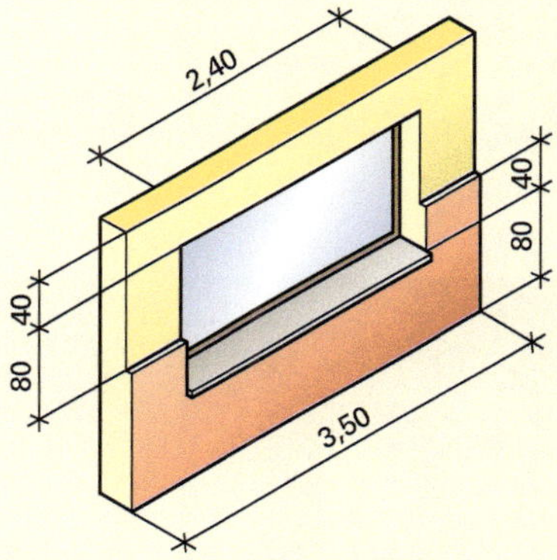

Pos. 1 Sockel
der untere Fensterteil wird anteilig übermessen
Pos. 2 Wandfläche
der obere Fensterteil wird anteilig übermessen

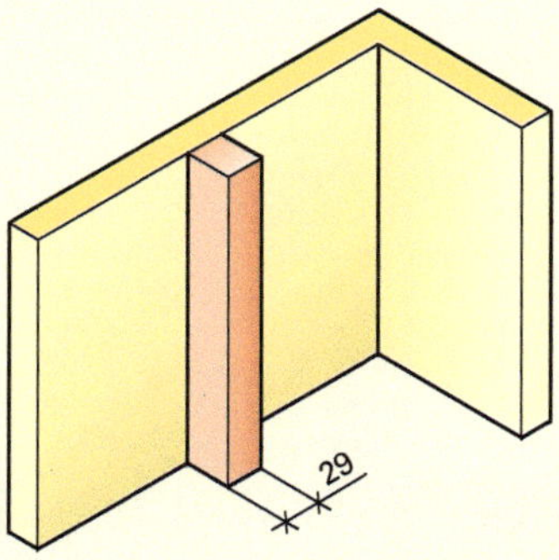

Unterbrechungen durch Bauteile mit Einzelbreite bis 30 cm werden übermessen

Pos. 1 Wandfläche
Vorlage wird übermessen

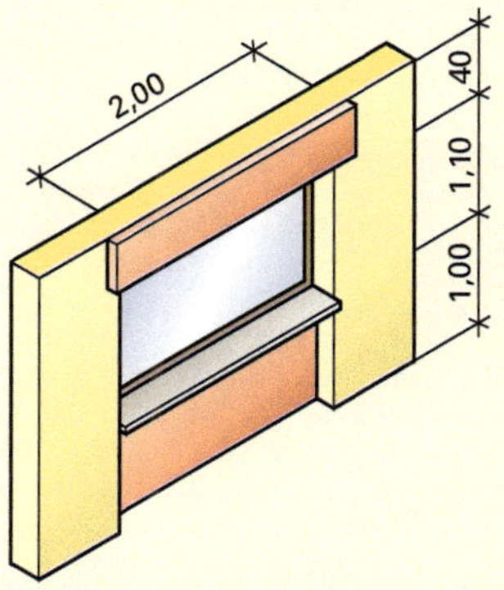

Unmittelbar zusammenhängende, verschiedenartige Aussparungen werden getrennt gerechnet:
Jalousienkasten, Fenster und Nische werden also nicht zusammengerechnet bei der Ermittlung der abzuziehenden Fläche

Pos. 1 Wandfläche
Jalousienkasten wird übermessen
Fenster wird übermessen
Nische wird übermessen
Pos. 2 Nische

Übersicht 1: Mathematische Behandlung von Öffnungen nach VOB/C

11.6 Aufgaben

Aufgabe 1 Suchen Sie in der aktuellen Fassung der VOB die DIN 18299. Diese DIN ist allen weiteren DIN-Normen vorangestellt. Welche Vereinbarungen finden sich dort?

Aufgabe 2 Suchen Sie in der aktuellen Fassung der VOB die Aufmaßregeln für Maler- und Lackierarbeiten (DIN 18 363). Welche benachbarten Normen finden Sie?

Aufgabe 3 Betrachten Sie ihren Klassenraum in der Schule und listen sie alle möglichen Objekte auf, die von einem Malerbetrieb beschichtet werden können. Sortieren Sie die unterschiedlichen Bauteile nach Stückzahl, Länge oder Fläche.

Aufgabe 4 Benennen Sie in den Bildbeispielen alle Öffnungen, Aussparungen, Nischen und Leibungen.

a)

b)

c)

d)

e)

f)

g)

h)

Aufgabe 5 Betrachten Sie ihren Klassenraum und benennen Sie alle Öffnungen, Aussparungen, Nischen und Leibungen.

Deckenflächen sind Bauteile, die Räume vertikal (nach oben hin) begrenzen. Das Aufmaß kann sowohl direkt am Objekt als auch aus einer Zeichnung (falls vorhanden) genommen werden.

Für die Berechnung gelten die im Folgenden dargestellten Aufmaßregeln:

- **Deckenflächen müssen im Aufmaß und in der Abrechnung als selbstständige Position behandelt werden.** Der Ermittlung der Leistung – gleichgültig, ob sie nach Zeichnung oder nach Aufmaß erfolgt – sind die Maße der behandelten Flächen zugrunde zu legen.
- **Deckenflächen werden nach Fläche in Quadratmetern (m²) berechnet.**
- **Der Berechnung von Deckenflächen sind die Formeln für die Flächenberechnung zugrunde zu legen.**
- **Wenn Deckenflächen durch Öffnungen oder Aussparungen durchbrochen werden, gelten besondere Regeln**: Je nachdem, ob die Öffnungen größer oder kleiner als 2,50 m² sind oder die Anstrichfläche, z. B. durch Deckenbalken, unterbrochen wird, werden sie abgezogen oder berechnet (**Übersicht 1**).

- Öffnungen oder Aussparungen unter 2,50 m² Einzelgröße werden übermessen (d. h., es wird beim Aufmaß so gerechnet, als wären sie ebenfalls beschichtet worden, da diese Öffnungen erheblichen Mehraufwand bei der Bearbeitung verursachen als bei einer durchgehenden Fläche).
- Aussparungen über 2,50 m² Einzelgröße werden abgezogen (also nicht berechnet). Leibungen werden zum Aufmaß zugefügt in m. Die Tiefe ist mit anzugeben, um weitere Berechnungen zu ermöglichen.
- Unterbrechungen der zu beschichtenden Fläche durch Bauteile mit einer Einzelbreite über 30 cm werden abgezogen (wie z. B. bei Deckenbalken).
- Unterbrechungen unter 30 cm Einzelbreite werden übermessen (also nicht berechnet).

Übersicht 1: Besonderheiten beim Aufmaß von Deckenflächen

12.1 Einfache Deckenflächen

Beispielaufgabe: Aufmaß einer Decke

Die Deckenfläche im Bild ist sehr einfach zu berechnen:

- Der Grundriss der Decke ist rechteckig
- Es sind keine Unterbrechungen oder Öffnungen in der Deckenfläche vorhanden, die abgezogen werden müssen.

Das Aufmaß lautet:

Breite · Länge = Gesamtfläche in m²

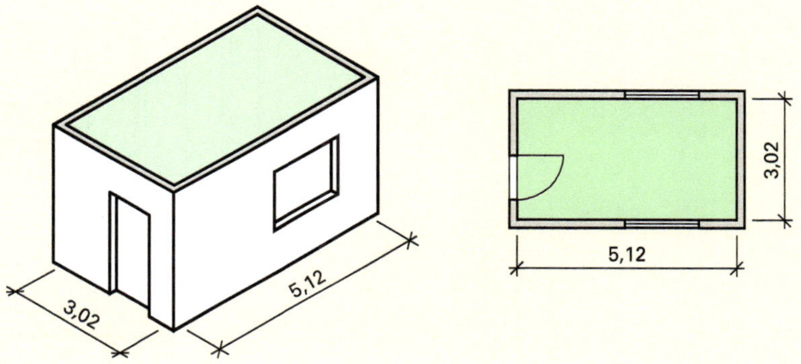

Pos	Bezeichnung	+	–	Abmessungen	Messgehalt	Abzug	Reiner Messgehalt	Einheit
1	Decke	1		5,12 · 3,02	15,46		**15,46**	m²

Im Folgenden werden einige mögliche Formen von Deckenflächen dargestellt. Für alle diese dargestellten Formen gelten die Regeln der normalen Flächenberechnung. Deshalb sollen diese gezeigten Flächen auch nur als Beispiel für eine Vielzahl von Möglichkeiten in der Praxis dienen (**Tabelle 1**).

Tabelle 1: Beispiele für verschiedene Formen von Deckenflächen

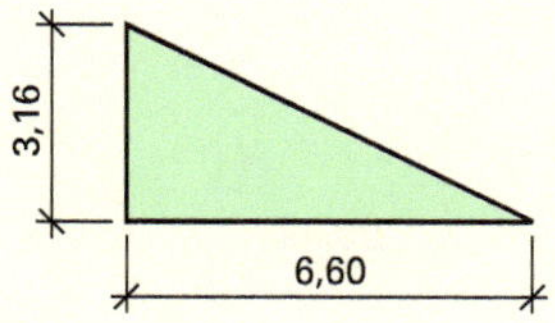	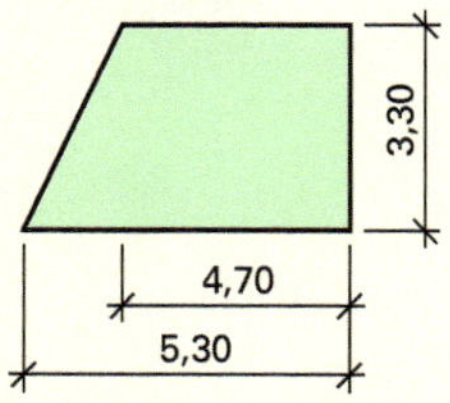	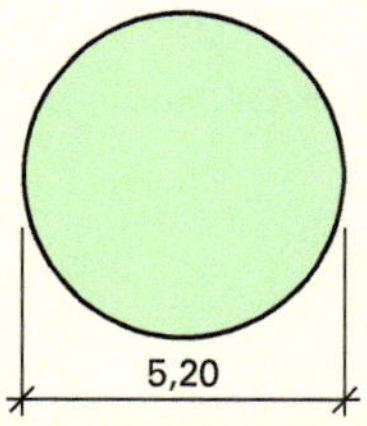
Deckenfläche (Dreieck)	**Deckenfläche (Trapez)**	**Deckenfläche (Kreis)**
$A = \frac{a \cdot h}{2}$	$A = \frac{(a + c)}{2} \cdot h$	$A = \frac{d \cdot d}{4} \cdot \pi$
$A = \frac{6{,}60 \cdot 3{,}16}{2}$	$A = \frac{(5{,}30 + 4{,}70)}{2} \cdot 3{,}30$	$A = \frac{5{,}20 \cdot 5{,}20}{4} \cdot \pi$

12.2 Deckenflächen aus zusammengesetzten Flächen

Zusammengesetzte Flächen müssen zur Berechnung in Einzelflächen zerlegt und addiert werden. Es wird empfohlen, die Elementarflächen zur Verbesserung der Übersichtlichkeit in den Maßansätzen nicht als Maßkette, sondern untereinander zu schreiben.

Beispielaufgabe: Verschiedene Berechnungsmöglichkeiten bei zusammengesetzten Flächen

Die Deckenfläche im Wohnzimmer des Hauses ist zu berechnen.

Welche Lösungsvarianten sind möglich und welche sollte angewendet werden?

Alle 3 Möglichkeiten, die unten aufgeführt sind, führen zum korrekten Ergebnis. Es sollte die Möglichkeit gewählt werden, die am einfachsten zu berechnen ist und dem Kunden diejenige Möglichkeit, die er am besten nachvollziehen kann.

Wichtig:
Durch das Runden der Maßzahlen unterscheiden sich die End-ergebnisse leicht.

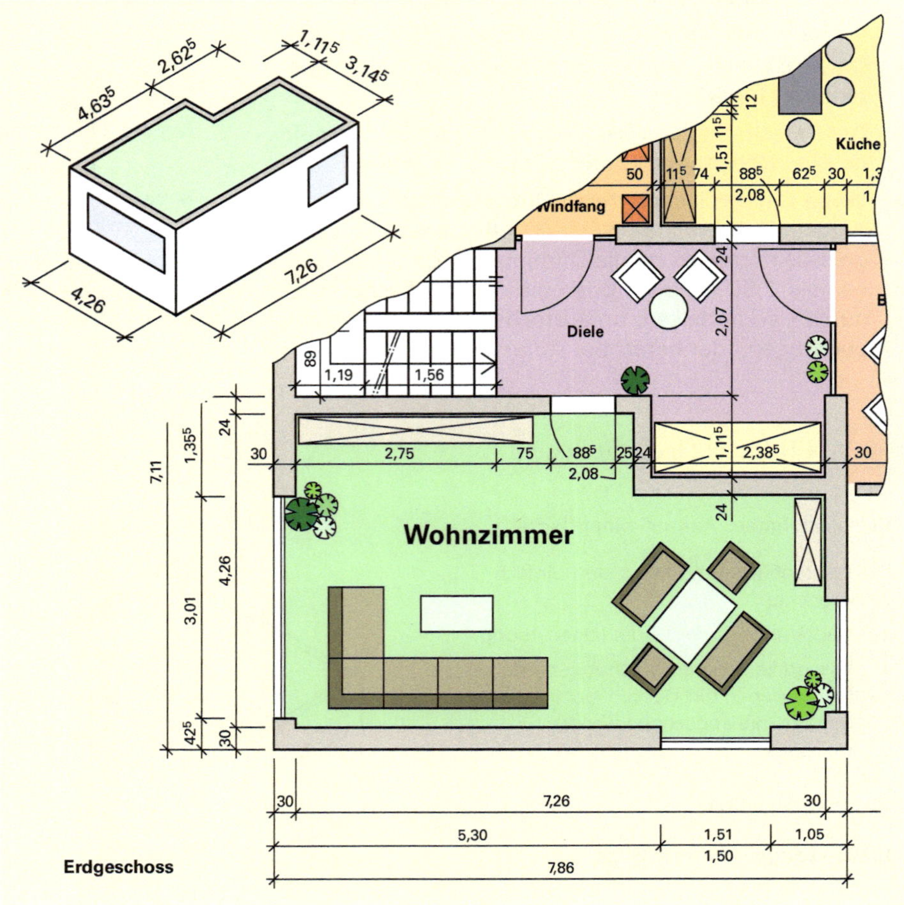

Berechnung mit dem Aufmaßblatt:

Pos	Bezeichnung	+	–	Abmessungen	Messgehalt	Abzug	Reiner Messgehalt	Einheit
1	Decke, Wohnzimmer	1		7,26 · 3,15	22,87			
		1		1,12 · 4,64	5,20			
							28,07	m²

oder

Pos	Bezeichnung	+	–	Abmessungen	Messgehalt	Abzug	Reiner Messgehalt	Einheit
1	Decke, Wohnzimmer	1		4,26 · 4,64	19,77			
		1		2,63 · 3,14	8,26			
							28,03	m²

oder

Pos	Bezeichnung	+	–	Abmessungen	Messgehalt	Abzug	Reiner Messgehalt	Einheit
1	Decke, Wohnzimmer	1		7,26 · 4,26	30,93			
			1	1,12 · 2,63		2,95		
							27,98	m²

12.3 Deckenflächen mit Unterzügen und schräge Deckenflächen

Unterzüge sind waagerechte, verputzte oder unverputzte Balken oder Träger, die unter weitgespannten Decken liegen. Unterzüge werden in der Abwicklung gerechnet, d. h., Umfang mal Länge und die Seitenflächen werden zur durchgemessenen Decke hinzugerechnet. In gleicher Weise werden z. B. Stahlbetonrippen und vergleichbare Konstruktionen abgewickelt.

Werden Unterzüge gleichfarbig wie die Decke behandelt, ist der waagerechte Teil des Unterzuges bei der Deckenfläche enthalten. Es müssen nur noch die Seitenflächen hinzugefügt werden.

Beispielaufgabe: Decke mit Querunterzügen, die gleichfarbig wie die Decke behandelt werden

Das Aufmaß lautet:

Breite · Länge
\+ Länge · Seitenhöhe · 6
= Gesamtfläche in m^2

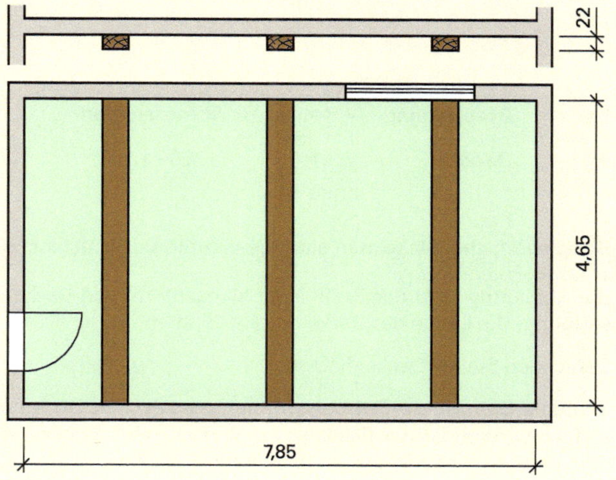

Pos	Bezeichnung	+	–	Abmessungen	Messgehalt	Abzug	Reiner Messgehalt	Einheit
1	Decke	1		4,65 · 7,85	36,50			
	Unterzüge	6		4,65 · 0,22	6,14			
							42,64	m^2

Schräge Decken, Dachuntersichten und Untersichten der Treppenläufe sind in Schrägrichtung zu messen. Das Aufmaß lautet: Breite · Länge der Deckenschräge = Gesamtfläche in m^2

Beispielaufgabe: Decke, schräg

Berechnen Sie die Deckenfläche des Mansardenraumes im nebenstehenden Bild!

Die Länge des dargestellten Raumes beträgt 9,20 m.

Achtung: Wird nicht die Schräge der Decke gemessen, sondern das Maß aus dem Grundriss genommen, ergibt sich nicht das tatsächliche Maß. Kann die Schräge nicht vor Ort aufgemessen werden, bleibt die Möglichkeit, das Maß der Schräge über den Satz des Pythagoras zu ermitteln.

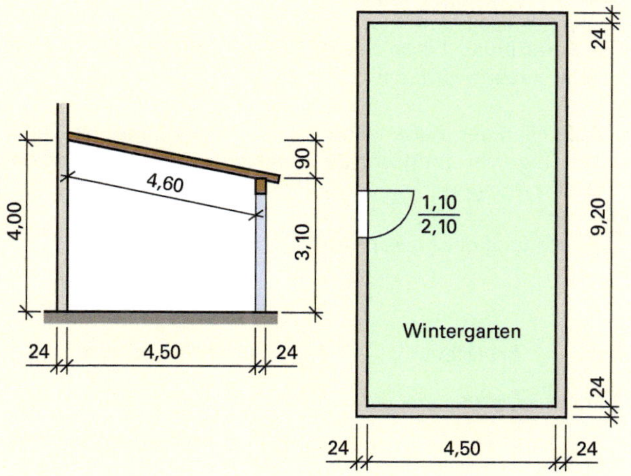

Pos	Bezeichnung	+	–	Abmessungen	Messgehalt	Abzug	Reiner Messgehalt	Einheit
1	Decke	1		9,20 · 4,60	42,32		42,32	m^2

12.4 Besondere Deckenformen, Öffnungen und Aussparungen

Gewölbte Decken bis zu einer Stichhöhe von 1/6 der Spannweite sind in ihrer ebenen Fläche zu messen, solche mit größerer Stichhöhe in der Abwicklung.

Beispielaufgabe: Berechnen einer gewölbten Deckenfläche mit einer Stichhöhe kleiner 1/6 der Spannweite

Die Anstrichfläche der gewölbten Decke ist zu berechnen. Die Länge der Decke beträgt 12,20 m.

Beachten Sie, dass die Stichhöhe weniger als 1/6 der Spannweite beträgt!

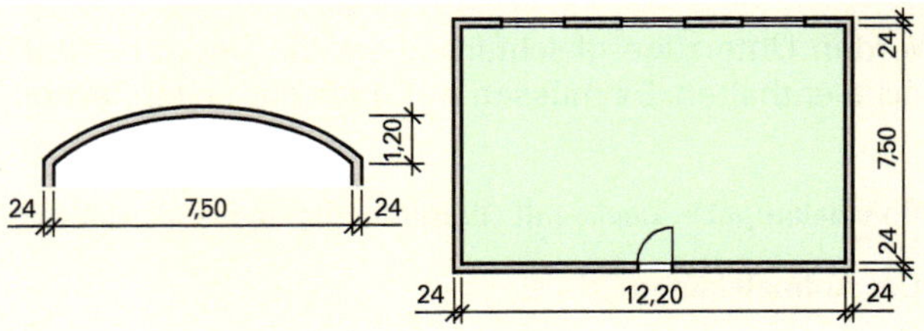

Pos	Bezeichnung	+	–	Abmessungen	Messgehalt	Abzug	Reiner Messgehalt	Einheit
1	Decke	1		7,50 · 12,20	91,50		**91,50**	m²

Beispielaufgabe: Berechnen einer gewölbten Deckenfläche mit einer Stichhöhe größer 1/6 der Spannweite

Die Abbildung zeigt das Profil einer ellipsenförmigen Deckenwölbung. Die Länge der Decke beträgt 15,00 m.

Berechnen Sie die Deckenfläche!

Achtung: Da nach der Formelsammlung eine volle Ellipse berechnet wird, muss das Ergebnis am Ende durch 2 geteilt werden, da es sich hier ja nur um eine halbe Ellipse handelt.

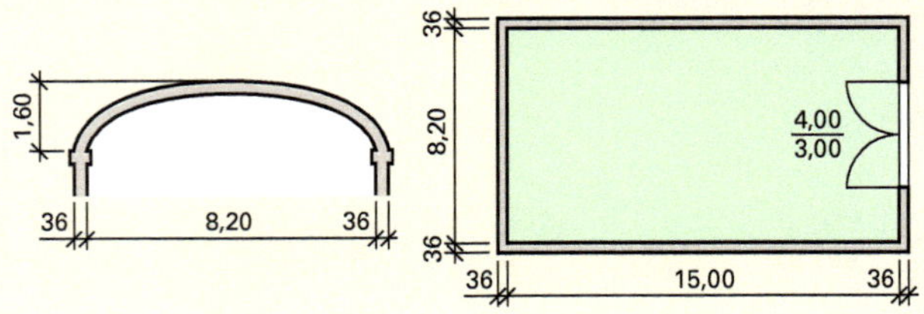

Pos	Bezeichnung	+	–	Abmessungen	Messgehalt	Abzug	Reiner Messgehalt	Einheit
1	Decke	1		$\frac{(8{,}20 + 3{,}20)}{2} \cdot 3{,}14 \cdot 15{,}00 : 2$	134,24		**134,24**	m²

Aussparungen oder Öffnungen, z. B. Schornstein- oder Pfeilerdurchgänge, Treppenöffnungen oder Glasoberlichter u.ä. werden bis zu einer Einzelgröße von 2,50 m² in lfm. übermessen, größere sind abzuziehen. Sollten Öffnungen größer als 2,50 m² sein, dann sind vorhandene und zu beschichtende Leibungen aufzumessen und zum Gesamtmaß der zu behandelnden Fläche hinzuzurechnen.

Beispielaufgabe: Deckenfläche mit Oberlicht

Eine Deckenfläche mit Oberlicht ist zu berechnen. Die Beschichtung erfolgt mit Raufaser.

Die Berechnung beschichteter Deckenflächen verläuft in folgenden Arbeitsschritten:

1. Aufstellen der Maßansätze für die Deckenhauptfläche, für Leibungen als mögliche Zu- und Abzüge entsprechend den Bestimmungen.
2. Errechnung der Maßansätze.

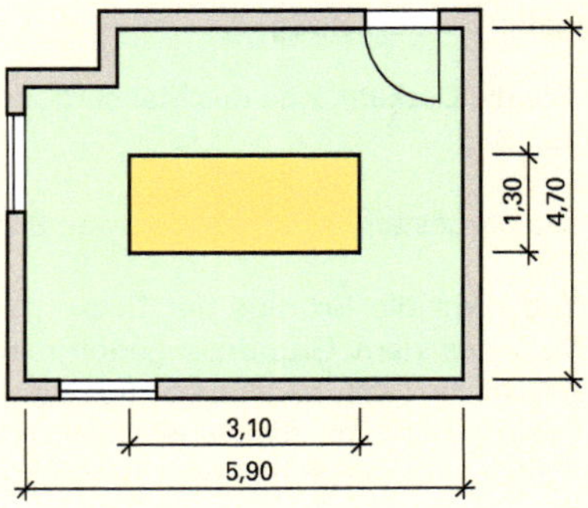

Pos	Bezeichnung	+	–	Abmessungen	Messgehalt	Abzug	Reiner Messgehalt	Einheit
1	Decke	1		5,90 · 4,70	27,73			
			1	3,10 · 1,30		4,03		
							23,70	**m²**

Begründung für das Aufmaß: Die Öffnung für die Oberlichter ist größer als 2,50 m² und wird daher von der Deckenfläche abgezogen. Da keine Leibungen ausgewiesen sind, werden keine Maße (für etwaige Leibungen der Oberlichterkonstruktion) hinzugerechnet.

12.5 Aufgaben

Aufgabe 1 Die Deckenflächen der Räume einer Wohnung sind zu berechnen.

Pos 1: Beschichten aller Deckenflächen im Erdgeschoss mit einer hochwaschbeständigen Dispersionsfarbe, weiß, seidenmatt (siehe Technisches Merkblatt)

Pos 2: Beschichten der Decke des Balkons mit Silikonharzfarbe, weiß (siehe Technisches Merkblatt)

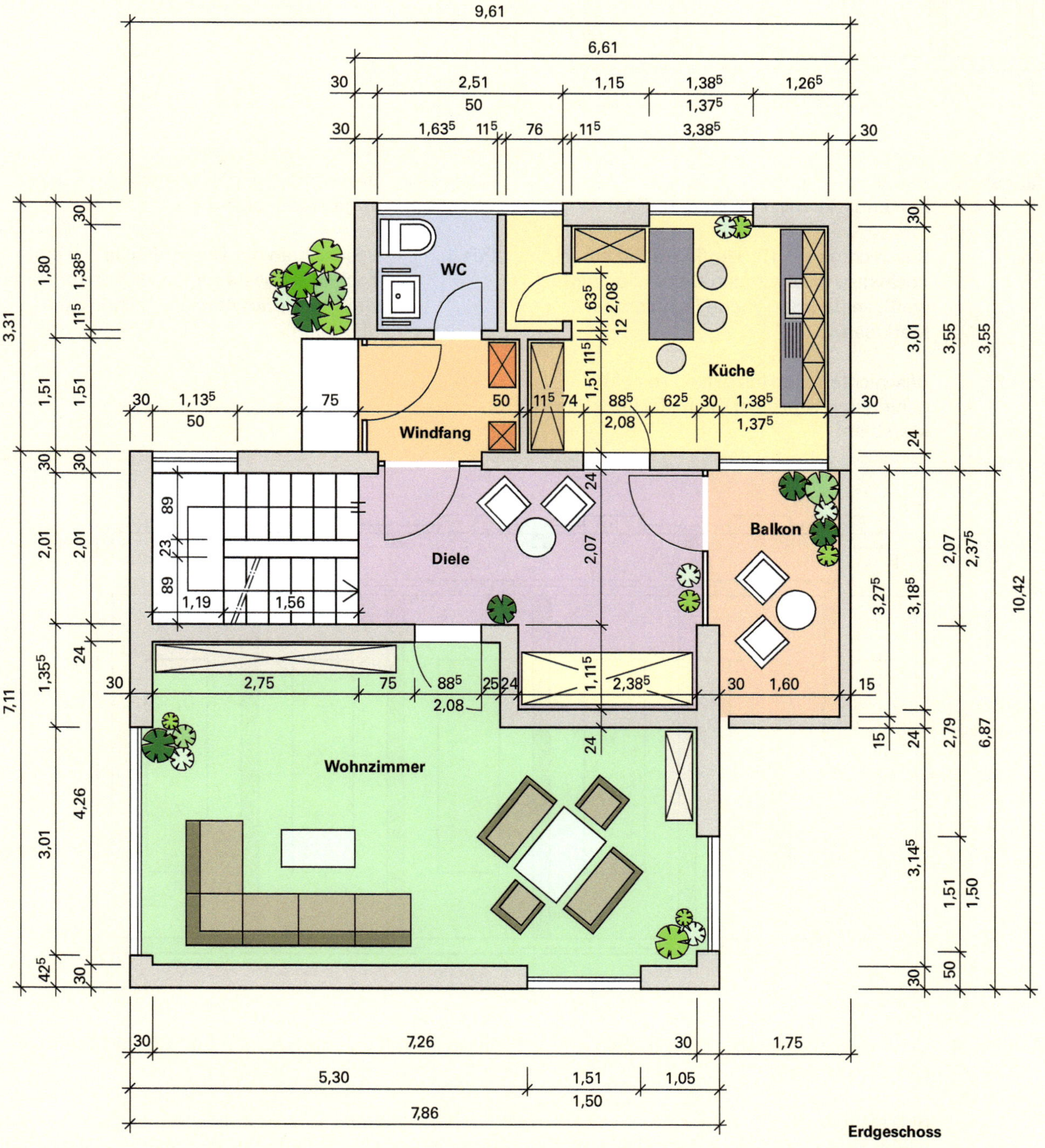

Schreiben Sie das Aufmaß in eine Aufmaßtabelle und achten Sie auf eine ordentliche, nachvollziehbare Berechnung.

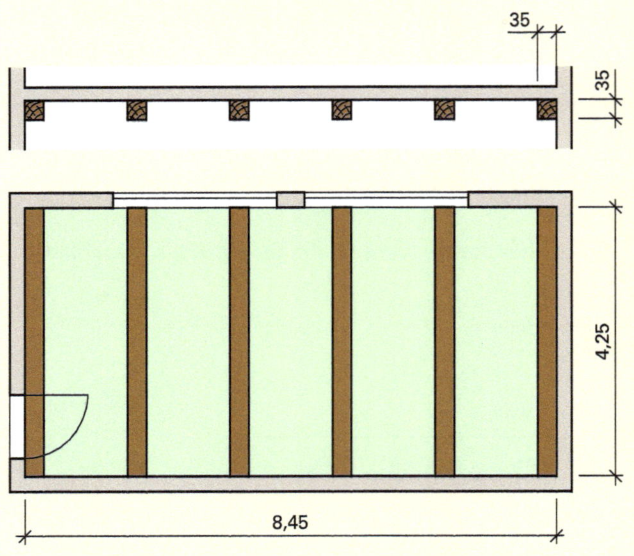

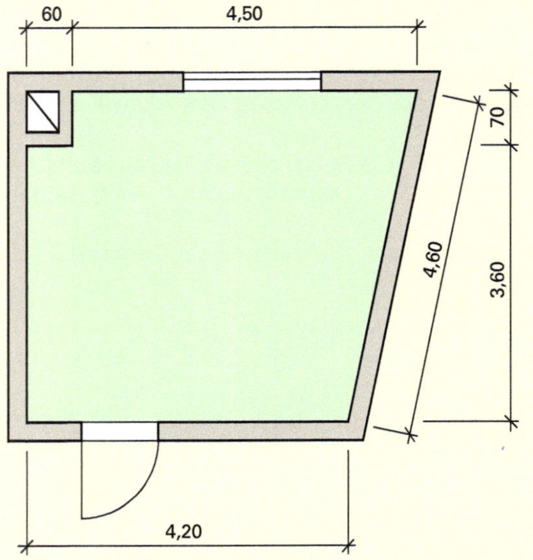

Aufgabe 2 Berechnen Sie die Anstrichfläche der Balkendecke nach folgendem Bild!

Pos 1: Beschichten der Deckenfläche mit einer hochwaschbeständigen Dispersionsfarbe, weiß, seidenmatt (siehe Technisches Merkblatt).

Pos 2: Beschichten der Holzbalken mit einer geeigneten Holzlasur (siehe Technisches Merkblatt).

Aufgabe 3 Berechnen Sie die Anstrichfläche der abgebildeten Decke.

Pos 1: Beschichten der Deckenfläche mit einer hochwaschbeständigen Dispersionsfarbe, weiß, seidenmatt (siehe Technisches Merkblatt).

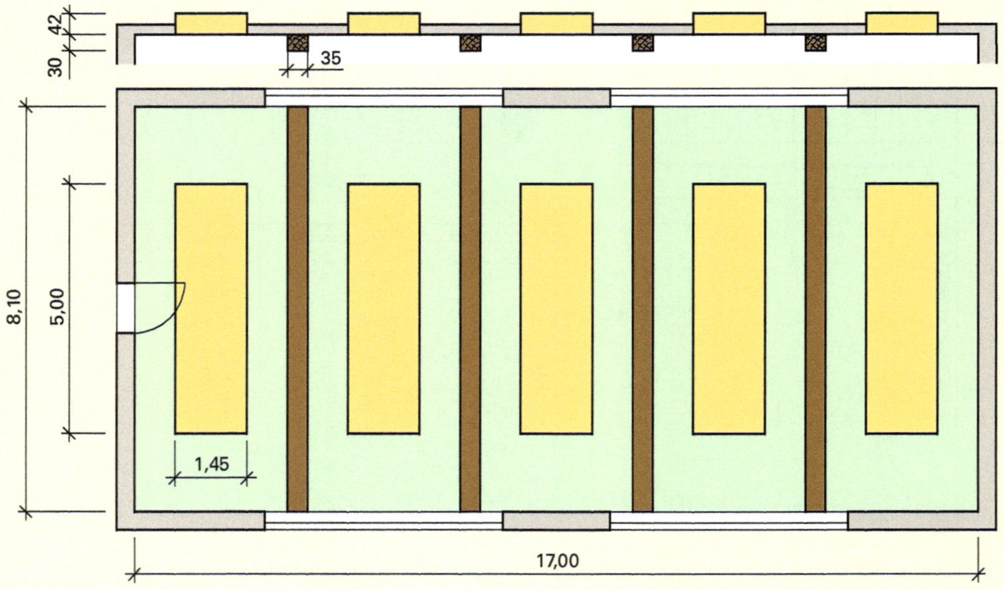

Aufgabe 4 Die Deckenfläche eines großen Zeichen- und Malsaales mit Querunterzügen und Oberlichtöffnungen ist zu berechnen.

Pos 1: Beschichten der Deckenfläche mit einer hochwaschbeständigen Dispersionsfarbe, weiß, seidenmatt (siehe Technisches Merkblatt). Die Unterzüge werden ebenfalls mit dem gleichen Material beschichtet.

Pos 2: Beschichten der Leibungen der Oberlichter mit einer hochwaschbeständigen Dispersionsfarbe, Farbton hellbeige, seidenmatt (siehe Technisches Merkblatt).

13.1 Aufmaßregeln für Wandflächen

Unterbrechungen im Anstrich verringern die Abrechnungsfläche. Weil sie aber bei kleinster Abmessung den Arbeitsaufwand nicht vermindern, werden sie erst ab einer bestimmten Größe abgezogen. Die kleineren Öffnungen werden übermessen, d. h., diese Öffnungen werden nicht abgezogen und eventuell vorhandene Leibungen nicht hinzugerechnet.

Für die Berechnung von Wandflächen gelten die im Folgenden dargestellten Aufmaßregeln **(Übersicht 1)**:

Berechnungen

Wandflächen müssen gegenüber Deckenflächen im Aufmaß und in der Abrechnung als selbstständige Position behandelt werden.

Wandflächen werden nach Fläche in Quadratmetern (m²) berechnet.

Der Ermittlung der Leistung – gleichgültig, ob sie nach Zeichnung oder nach Aufmaß erfolgt – sind die Maße der behandelten Flächen zugrunde zu legen.

Die Breite einer Wand, ihre Grundlinie, entspricht dem Abstand der beiden Begrenzungswände. Sie endet dort, wo das Metermaß einen natürlichen Anschlag hat. Schornsteine in einer Ecke brauchen nicht besonders erwähnt zu werden, wenn ihre Anstrichfläche mit der bedeckten Fläche übereinstimmt.

Übermessungen

- Aussparungen, Öffnungen und Nischen bis zu einer Einzelgröße von **2,50 m²** mit und ohne Leibung, Decken- und Wandflächen, Decken- und Wandbekleidungen, Vorsatzschalen, Dämmungen und Außenwandbekleidungen
- Gesimse, Umrahmungen und Faschen bis **30 cm** Einzelbreite an Füllungen, Öffnungen und Nischen, Rahmen, Riegel, Ständer, Deckenbalken, Vorlagen und Fachwerksteile aus Holz, Beton oder Metall
- Fußleisten, Sockelleisten und dergleichen bis **10 cm** Höhe.
- Gesimse, Lisenen, Eckverbände, Umrahmungen und Faschen von Füllungen oder Öffnungen werden unabhängig davon, ob sie behandelt werden, beim Ermitteln der Fläche übermessen.

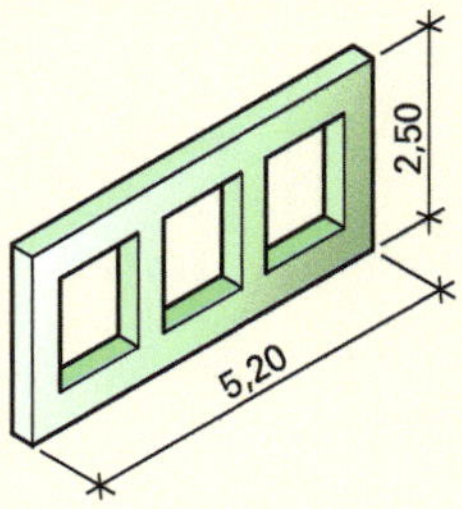

Aufmaß der Wandfläche mit drei Fenstern je 1,20 m · 1,50 m

Aufmaß:
5,20 · 2,50 = **13,00 m²**

Jedes Fenster ist kleiner als 2,50 m², deshalb werden alle 3 Fenster übermessen.

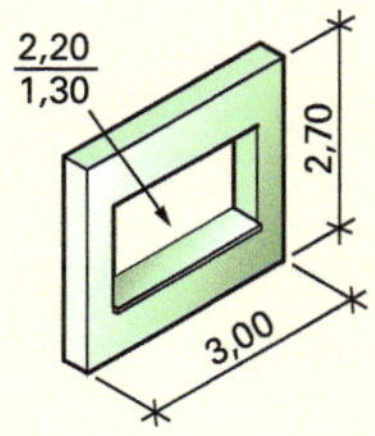

Aufmaß der Wandfläche mit Schaufenster, Fensterbrett und Leibung

Leibungstiefe: 0,20 m

Aufmaß Wandfläche:
3,00 · 2,70 – 2,20 · 1,30 = **5,24 m²**

Aufmaß Leibungen:
1,30 + 2,20 + 1,30 = **4,80 m**

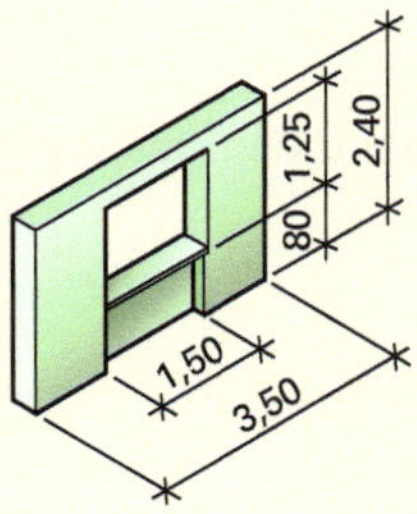

Aufmaß der Wandfläche mit bearbeiteter Nische.
Die Fensterleibung wird nicht bearbeitet.

Leibungstiefe: 0,20 m

Aufmaß Wandfläche:
3,50 · 2,40 = **8,40 m²**

Aufmaß Fensterleibungen:
entfällt, da diese nicht bearbeitet werden

Aufmaß Nische:
1,50 · 0,80 = **1,20 m²**

Aufmaß Nischenleibungen:
0,80 + 0,80 = **1,60 m**

Abzüge

- Aussparungen, Öffnungen und Nischen über **2,50 m²** Einzelgröße werden abgezogen.
- Unterbrechungen der zu beschichtenden Fläche durch Bauteile wie Fachwerkteile, Stützen, Unterzüge oder Vorlagen mit einer Einzelbreite über **30 cm** werden abgezogen.
- Bei der Abrechnung nach Längenmaß werden Unterbrechungen über **1,00 m** Einzellänge abgezogen.

Gesonderte Berechnungen

- Werden Vorlagen usw. anders als die Wand bearbeitet, sind sie nach Abwicklung und Höhe gesondert abzurechnen.
- Bei überwölbten Räumen wird die Höhe der Wand bis zum Gewölbeanschnitt, bei Schildwänden bis 2/3 des Gewölbestichs gerechnet.
- Rückflächen von Nischen werden unabhängig von ihrer Einzelgröße gesondert berechnet. Nischen sind keine Öffnungen. Sie werden beim Aufmaß und bei der Abrechnung nur als solche behandelt.
- Leibungen sind gesondert in lfm. zu berechnen, wenn sie Öffnungen von über 250 m² begrenzen.
- Zusammenhängende oder über Eck reichende Öffnungen, Nischen und Aussparungen sind immer getrennt zu betrachten und werden erst ab einer Einzelgröße von über 2,50 m² abgezogen.

Übersicht 1: Aufmaßregeln für Wandflächen

13.2 Abwicklung von Wandflächen

Bei Wandflächen eines Innenraumes, die ein gemeinsames Höhenmaß haben, wird der Umfang des Raumes abgewickelt und mit der Wandhöhe multipliziert. Die rechnerische Raumabwicklung erfolgt entsprechend der Flächenformel des Raumgrundrisses.

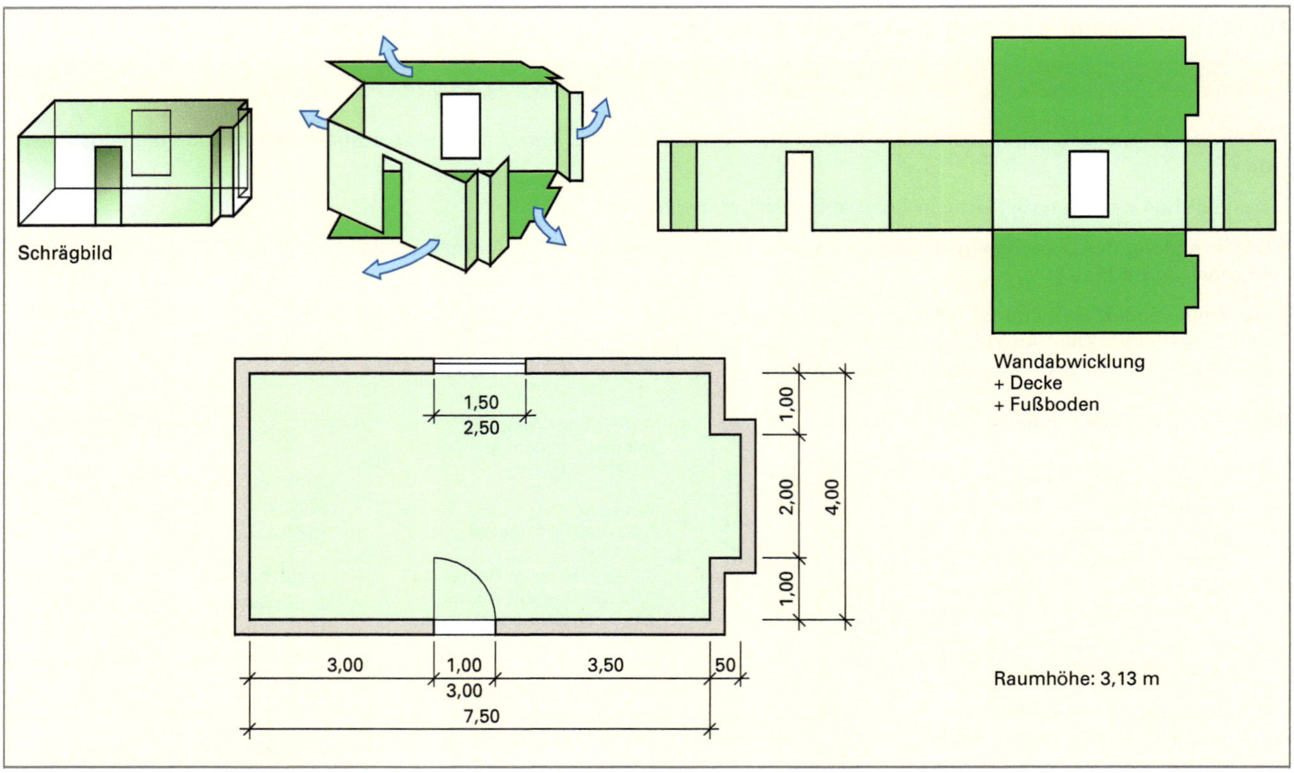

Bild 1: Abwicklung von Wandflächen

Die Berechnung der Wandflächen verläuft in folgenden Arbeitsschritten:

1. Aufstellen der Maßansätze
   a) gesamte Wandfläche ohne Beachtung möglicher Zu- oder Abzüge
   b) eventuelle Zuzüge entsprechend den Bestimmungen
   c) etwaige Abzüge entsprechend den Bestimmungen
2. Errechnung der Maßansätze

Beispielaufgabe: Berechnen Sie die Wandflächen des Raumes (Bild 1):

Pos 1: Beschichten der Wandfläche mit Dispersionsfarbe, weiß, seidenmatt

Pos 2: Beschichten der Fensterleibungen mit Dispersionsfarbe, Farbton hellgrau, seidenmatt

Begründung für das Aufmaß:

Pos	Bezeichnung	+	–	Abmessungen	Messgehalt	Abzug	Reiner Messgehalt	Einheit
1	Wandfläche	1		(4,00 + 7,50 + 1,00 + 0,50 + 2,00				
				+ 0,50 + 1,00 + 7,50) · 3,13	75,12			
	Fenster		1	1,50 · 2,50		3,75		
	Tür		1	1,00 · 3,00		3,00		
							68,37	m²
2	Fenster-Leibungen	1		2,50 + 1,50 + 2,50	6,50		6,50	m

13.3 Aufmaß mehrerer Räume

Bei einzelnen Räumen wird das Maß der Straßenseite (Fensterseite) zuerst geschrieben. Beim Aufmaß mehrerer Räume wird links von der Eingangstüre begonnen und die Räume werden im Uhrzeigersinn nacheinander aufgemessen. Der Flur wird zuletzt aufgemessen. In mehrgeschossigen Gebäuden beginnt man im obersten Stockwerk mit dem Aufmaß.

Beispielaufgabe: Aufmaß der Wandflächen mehrerer Räume

Pos 1: Beschichten der Wandflächen aller Räume mit Dispersionsfarbe, weiß, seidenmatt

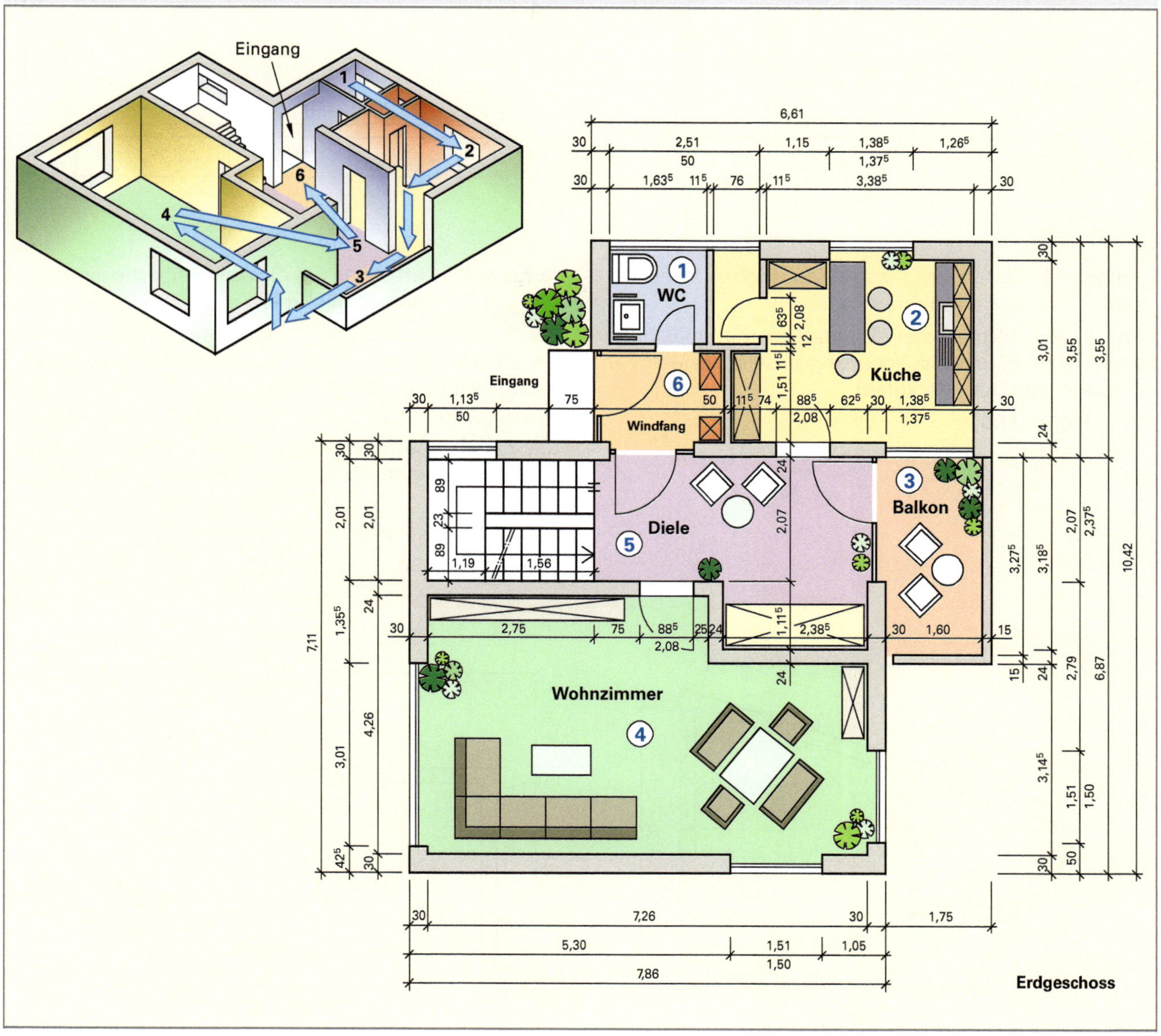

Die Wohnung wird wie folgt aufgemessen (Die Leibungen bleiben in diesem Beispiel unberücksichtigt, um mehr Übersichtlichkeit zu schaffen):

Pos	Bezeichnung	+	–	Abmessungen	Messgehalt	Abzug	Reiner Messgehalt	Einheit
1	Wandflächen			...				
1.1	Raum 1			...				
1.2	Raum 2			...				
	Fenster		1	...			...	m²
1.3	...			...			...	m²

13.4 Aufgaben

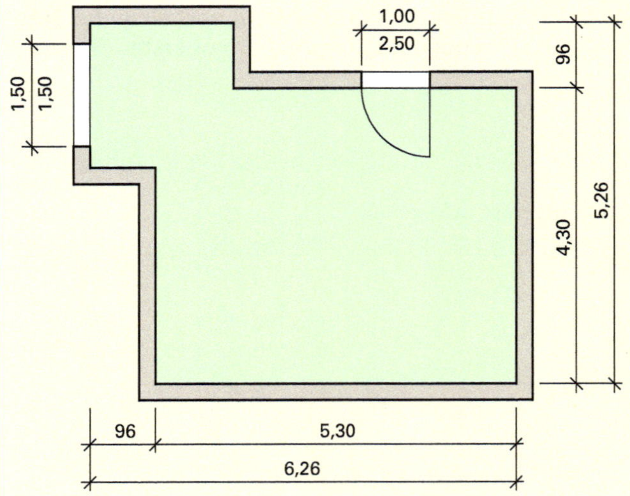

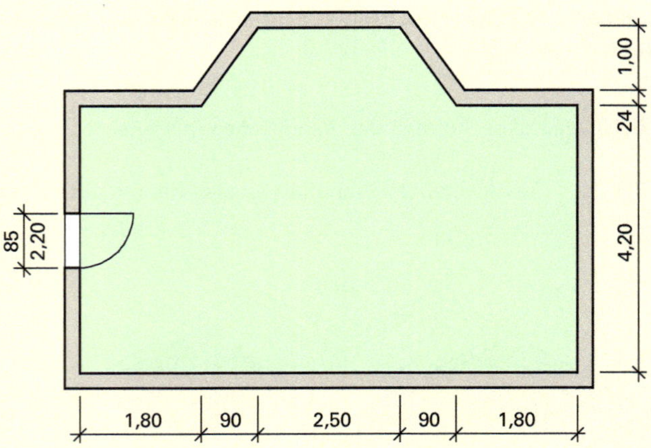

Aufgabe 1 Berechnen Sie die Wandflächen eines Jugendklubraumes!

Pos 1: Beschichten der Wandflächen mit einer hochwaschbeständigen Dispersionsfarbe, weiß, seidenmatt (siehe Technisches Merkblatt).

Wandhöhe: 3,00 m

Aufgabe 2 Berechnen Sie die Anstrichfläche eines Raumes mit Erker!

Pos 1: Beschichten der Wandflächen mit einer hochwaschbeständigen Dispersionsfarbe, weiß, seidenmatt (siehe Technisches Merkblatt).

Beachten Sie: Die Längen der schrägen Seitenwände des Erkers sind nicht aufgemessen worden. Sie müssen diese Längen nach dem Lehrsatz des Pythagoras ermitteln!

Fußleistenhöhe: 0,05 m

Wandhöhe: 2,30 m

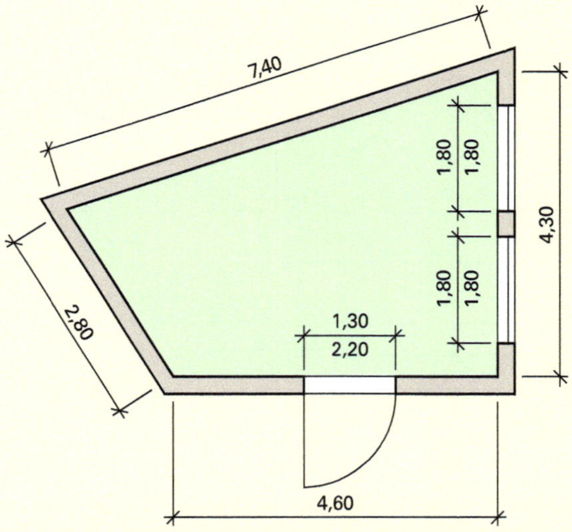

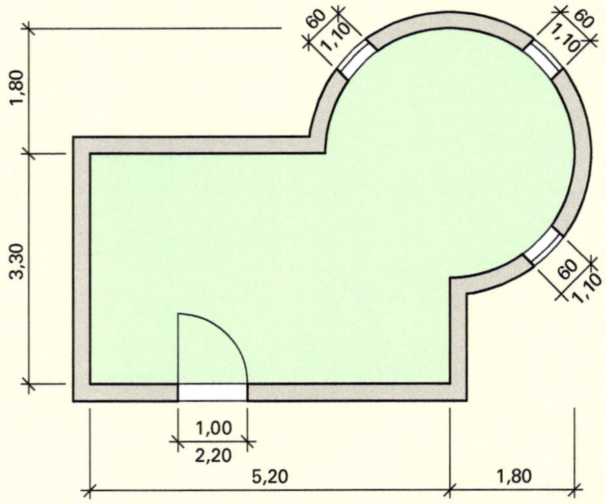

Aufgabe 3 Berechnen Sie nach der abgebildeten Grundrissskizze die beschichteten Wandflächen ohne Öffnungen!

Beachten Sie die unterschiedlichen Wandlängen!

Wandhöhe: 2,60 m

Aufgabe 4 Berechnen Sie die Wandflächen eines Raumes mit rundem Erker.

Pos 1: Beschichten der Wandflächen mit einer hochwaschbeständigen Dispersionsfarbe, weiß, seidenmatt (siehe Technisches Merkblatt).

Wandhöhe: 2,75 m

14.1 Berechnung von Decken, Wänden und Untersichten

Treppenhäuser sind hohe, schachtartige Räume, die meist auf einer rechteckigen Grundform aufgebaut sind. In diesem Schacht befinden sich Treppenläufe und Podeste (**Übersicht 2**). Meist ist ein Teil der oberen Abschlussdecke durch das fallende Dach schräg.

Für die Berechnung gelten die im Folgenden dargestellten Aufmaßregeln (**Übersicht 1**):

Unterschiedliche Bauteile müssen im Aufmaß und in der Abrechnung als selbstständige Position behandelt werden.

Die Berechnung eines Treppenhauses verläuft in folgenden Arbeitsschritten:

- Aufstellen der Maßansätze der Deckenflächen
  - Treppenhausdecke
  - Podestuntersichten
  - Treppenuntersichten
- Aufstellen der Maßansätze der Wandflächen einschließlich der Ansätze für mögliche Zu- und Abzüge entsprechend den Bestimmungen

Öffnungen oder Aussparungen unter 2,50 m² Einzelgröße werden übermessen.

Aussparungen über 2,50 m² Einzelgröße werden abgezogen (also nicht berechnet).

Zur Vereinfachung der Abrechnung werden in Treppenhäusern die Wände in ihrer gesamten Höhe ohne Berücksichtigung begrenzender Bauteile, wie einbindende Podeste und Treppenläufe, gemessen. Diese Vereinfachung ist mit dem Auftraggeber zu vereinbaren.

Beachten Sie, dass die Treppenuntersichten und eventuell die Treppenhausdecke in Schrägrichtung gemessen werden.

Bei gewendelten Treppen ist für die Treppenuntersicht ein ausgemitteltes Maß anzuwenden.

Bei Treppenuntersichten und Podestdecken ist die Anzahl der jeweiligen Flächen in den Ansatz einzubeziehen. Unverputzte oder unverkleidete Treppenuntersichten, bei denen die Setz- und Trittstufen sichtbar sind, werden in der Abwicklung gemessen.

Übersicht 1: Besonderheiten beim Aufmaß von Treppenhäusern

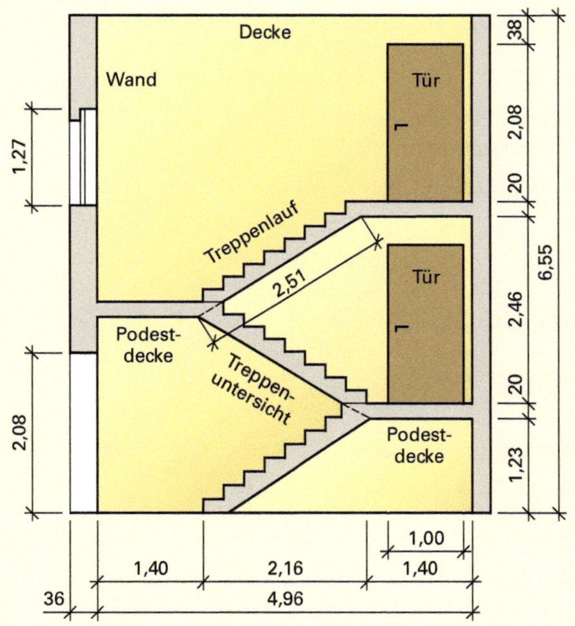

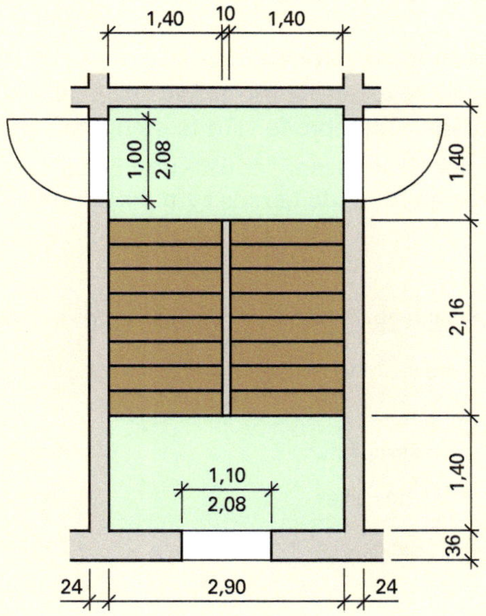

Übersicht 2: Bezeichnungen und Bemaßungen der Bauteile eines Treppenhauses

Beispielaufgabe: Aufmaß des Treppenhauses (Übersicht 2)

Pos	Bezeichnung	+	–	Abmessungen	Messgehalt	Abzug	Reiner Messgehalt	Einheit
1	Deckenflächen	1		2,90 · 4,96	14,38			
	Treppenuntersichten	3		2,51 · 1,40	10,54			
	Podeste	3		1,40 · 2,90	12,18			
							37,10	m²
	Wandflächen	1		(2,90 + 4,96) · 2 · 6,55	102,97		102,97	m²

14.2 Berechnung von Treppen und Wangen

Nach den Grundrissformen unterscheidet man verschiedene Treppenarten. Für die Anstrich- und Belagsarbeiten von Treppen muss man die Teile einer Treppe kennen (**Übersicht 1**).

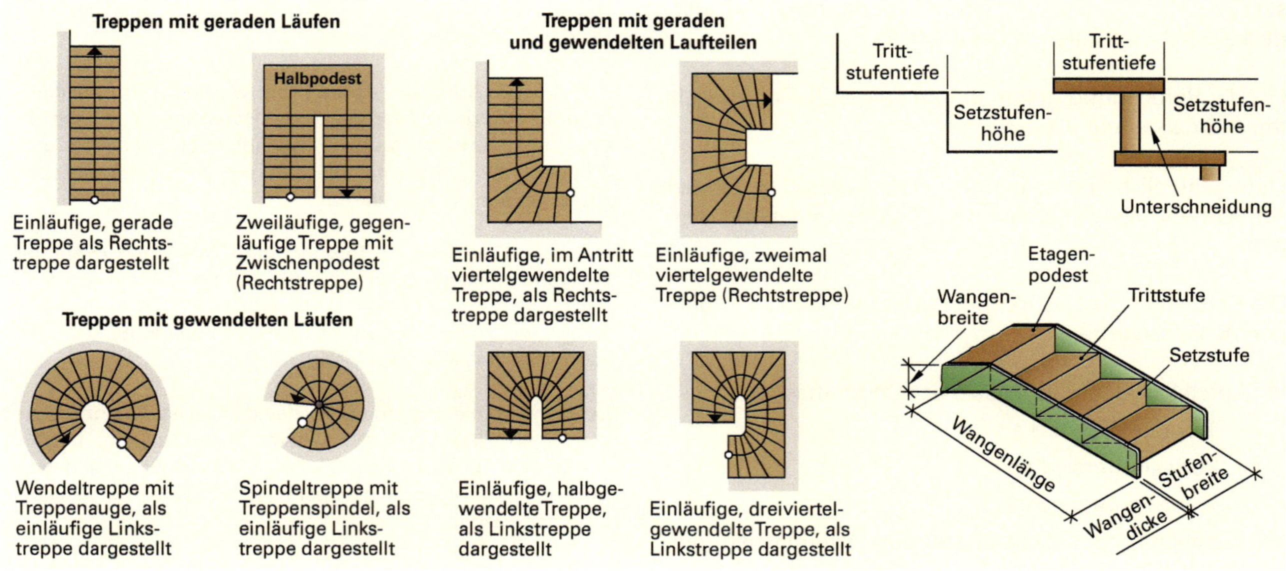

Übersicht 1: Treppen

Die Art der Treppen wirkt sich bei der Berechnung nur insofern aus, als dass bei gewendelten Treppenläufen ein Mittelwert festgestellt werden muss. Die Länge des Treppenlaufes wird dazu in der Mittellinie (Lauflinie) gemessen und für die Breite der Stufen, da diese im gewendelten Bereich breiter sind, ein Durchschnittswert ermittelt.

Berechnung von Teppen

- In der Abwicklung der Stufen sind alle Teilflächen zu erfassen. Einfacher ist die Abrechnung nach Stückzahl der Stufen: Stufenbreite · (Trittstufentiefe + Setzstufenhöhe + Unterschneidung).
- In der Gesamtzahl der Tritt- und Setzstufen muss immer eine Setzstufe mehr als eine Trittstufe erscheinen, da die oberste Trittstufe bereits zum Podest gehört.

Beispielaufgabe: Berechnen Sie eine Treppe entsprechend den folgenden Angaben!

Stufenbreite: 1,20 m, Trittstufe: 0,28 m, Setzstufe: 0,15 m, Stufenanzahl: 10 Stück

Pos	Bezeichnung	+	–	Abmessungen	Messgehalt	Abzug	Reiner Messgehalt	Einheit
1	Trittstufen	9		1,20 · 0,28	3,02			
	Setzstufen	10		1,20 · 0,15	1,80		<u>4,82</u>	m²

Für die Berechnung von Treppenwangen gilt:

- Treppenwangen sind nach Fläche in Quadratmetern (m²) zu berechnen = Länge · Breite. Die Wangenbreite ist die größte Breite senkrecht zur Länge. Hinzu kommt die Fläche der Wangendicke.
- Treppenwangen werden in ihrer größten Breite senkrecht zur Länge gemessen. Hinzu kommen die Wangendicken, d. h. die Materialstärke der Treppenwange. Die schräg liegenden Wangen mit ihren senkrechten Abschlüssen sind Parallelogramme.

Beispielaufgabe: Berechnen Sie eine Treppenwange nach folgenden Angaben!

Breite der Wange: 0,24 m, Länge der Wange: 2,00 m, Materialstärke: 0,05 m, Beschichtung beidseitig

Pos	Bezeichnung	+	–	Abmessungen	Messgehalt	Abzug	Reiner Messgehalt	Einheit
1	Treppenwange	1		2,00 • (0,24 + 0,05) · 2	**1,16**		<u>**1,16**</u>	m²

14.3 Aufgaben

Aufgabe 1 Das Treppenhaus soll renoviert werden. Berechnen Sie die Flächen!

Pos 1: Die Treppenhauswände erhalten einen Kunststoffreibeputz.

Pos 2: Alle Decken und Treppenuntersichten werden mit einer waschbeständigen Dispersionsfarbe beschichtet (siehe Technisches Merkblatt): Höchste Qualitätsstufe, seidenmatt, Farbe: „Eierschale-weiß"

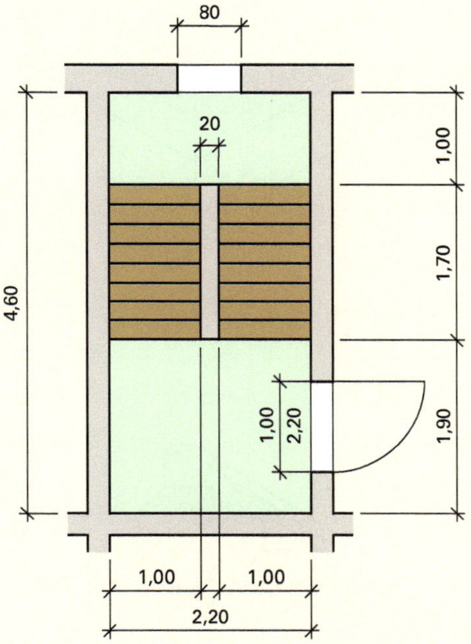

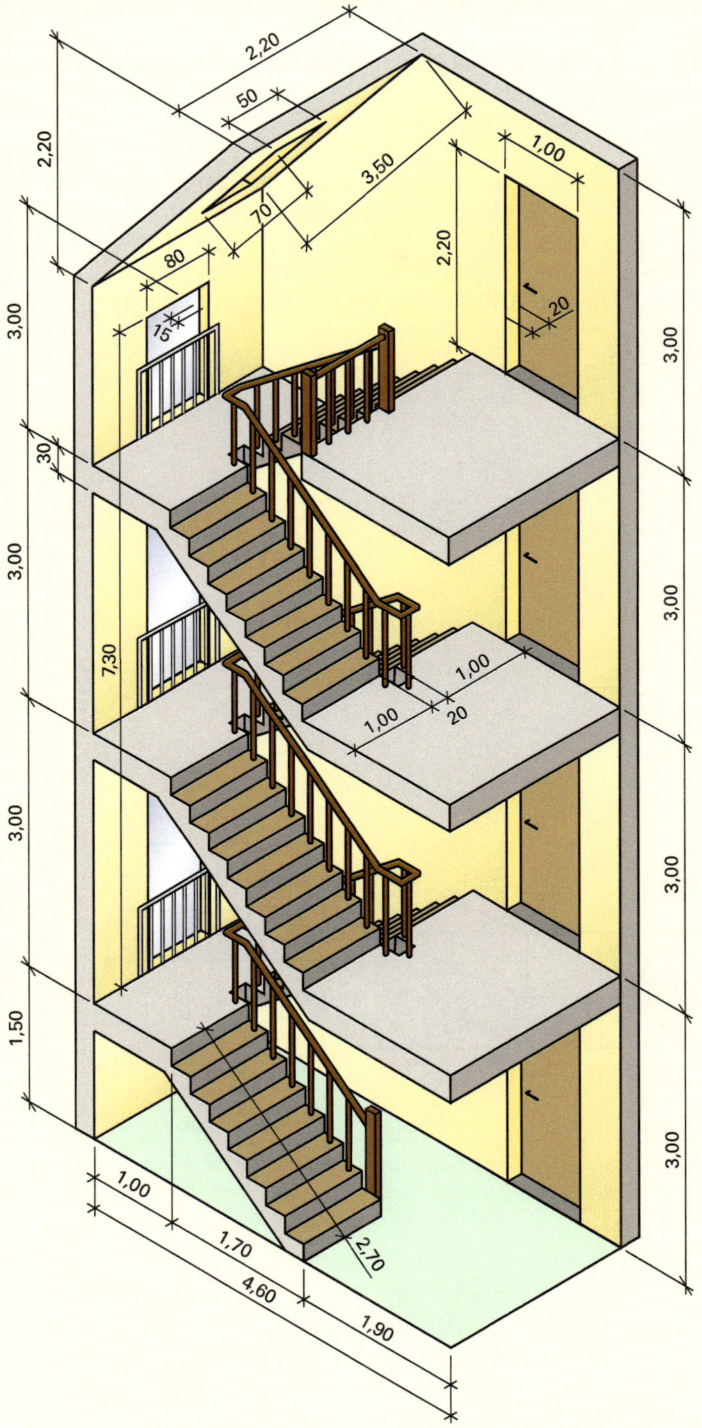

Aufgabe 2: Treppenläufe und Podeste der im Bild dargestellten Treppe sollen mit textilem Belag ausgelegt werden.

Die Setzstufenhöhe beträgt 0,14 m und die Trittstufentiefe 0,24 m.

Berechnen Sie:

a) den Belag für die Setz- und die Trittstufen (+ 5 % Verschnitt),

b) wie viel Belag für die Podeste erforderlich ist, wenn mit 4 % Verschnitt zu rechnen ist,

c) wie viel Meter Treppenstoßkanten für die Trittkanten gebraucht werden!

Hinweis: Eine Treppenstoßstange hat eine Länge von 3,00 m, und es ist auf volle Stangen aufzurunden.

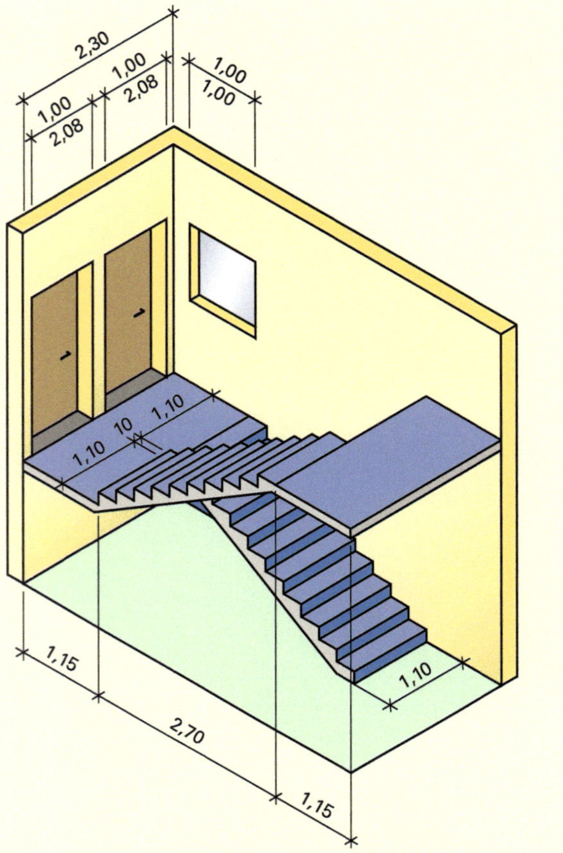

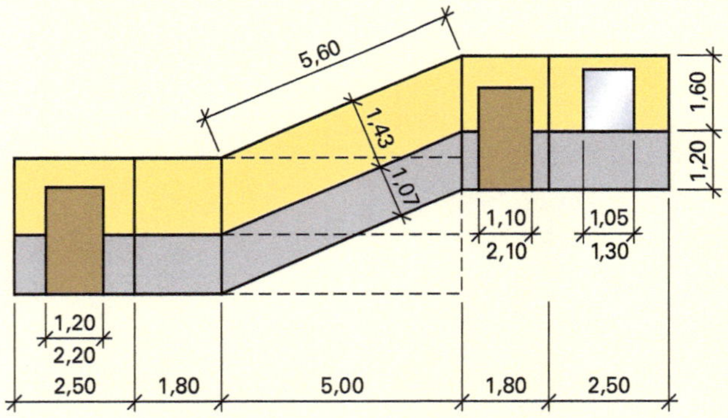

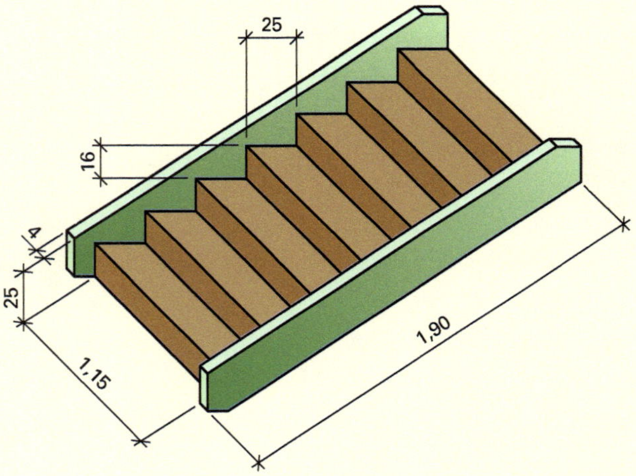

Aufgabe 3: Berechnen Sie die abgebildeten Treppenhauswände mit Sockel (den Sockel getrennt berechnen, da er andersfarbig beschichtet werden soll)!

Aufgabe 4: Berechnen Sie die Anstrichfläche der Treppenstufen und die Anstrichfläche der andersfarbig beschichteten Wangen!

15.1 Aufmaß von Fenstern

Das Aufmaß und die Berechnung der Fenstergrößen sind Voraussetzung für das Ermitteln des Materialverbrauchs, der zu erwartenden Arbeitszeit und der Preise für ein Angebot bzw. die geleistete Malerarbeit. Beim Erstellen des Maßansatzes ist zu beachten, dass bei Neubauten in den Fensteröffnungen sehr selten noch Fensteranschläge vorhanden sind. Früher waren sie eine Selbstverständlichkeit. Normalerweise befanden sich diese Vorsprünge außen.

Durch diese unterschiedliche Mauerendungen (Übersicht 1) sind unterschiedliche Fenstermaße im Außen- und Innenbereich entstanden, die einen komplizierteren Maßansatz bewirken.

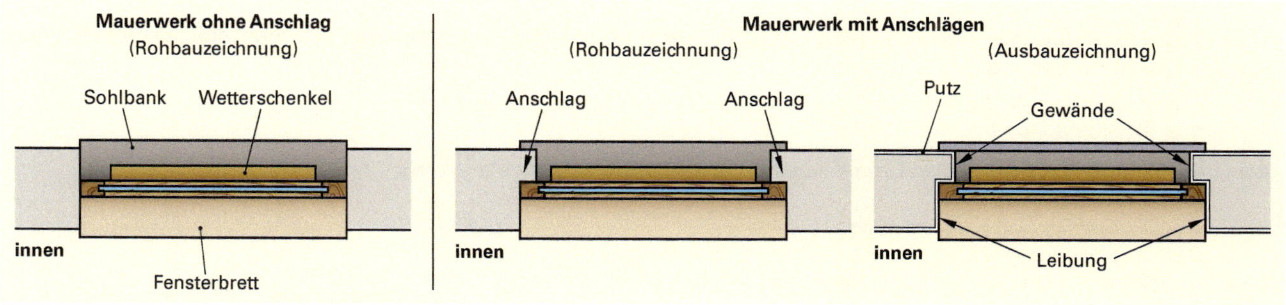

Übersicht 1: Einbindung von Fenstern an das Mauerwerk

Das Aufmaß von Fenstern geschieht nach folgenden Vorschriften:

- Fenster werden nach Anzahl ausgeschrieben und je nach Arbeitsaufwand abgerechnet. Entweder ermittelt man ihre Anstrichflächen, oder es erfolgt die Abrechnung nach Stückzahlen. Jedoch basiert sie logischerweise auch auf der Anstrichfläche.
- Bei der Flächenermittlung werden Verglasungen und Falze übermessen.
- Die Flächenberechnung erfolgt normalerweise je Seite, d. h., jede Bauteilseite wird für sich berechnet. Dabei wird grundsätzlich das Maß der zu behandelnden Fläche in m² berechnet.
- Unterscheiden sich mehrseitige behandelte Fenster in Breite oder Höhe um weniger als 5 cm, dienen als Aufmaßbasis die Innenmaße, deren Flächengröße mit der Seitenzahl multipliziert wird.
- Die Seitenzahlen stehen hinter dem Flächenaufmaß.
- Ein im Innenraum befindliches und beschichtetes Fensterbrett ist dem Ansatz zuzufügen.

Da sich Fenster in ihrer Bauweise durch mehrere Flügel, einen vorhandenen senkrechten Pfosten, einen Kämpfer oder durch Sprossen stark unterscheiden, wurden entsprechend des notwendigen Aufwands an Material und Arbeitszeit prozentuale Zuschläge bzw. Abschläge sinnvoll, die auf einem einfachen Fenster basieren (Übersicht 2). Sie sollen bei der Berechnung jedoch nicht die ermittelte Flächengröße ändern, sondern werden beim Ermitteln des Materialverbrauchs, des Zeitaufwands oder Preises zugefügt. Für Metallfenster gelten andere Zuschläge.

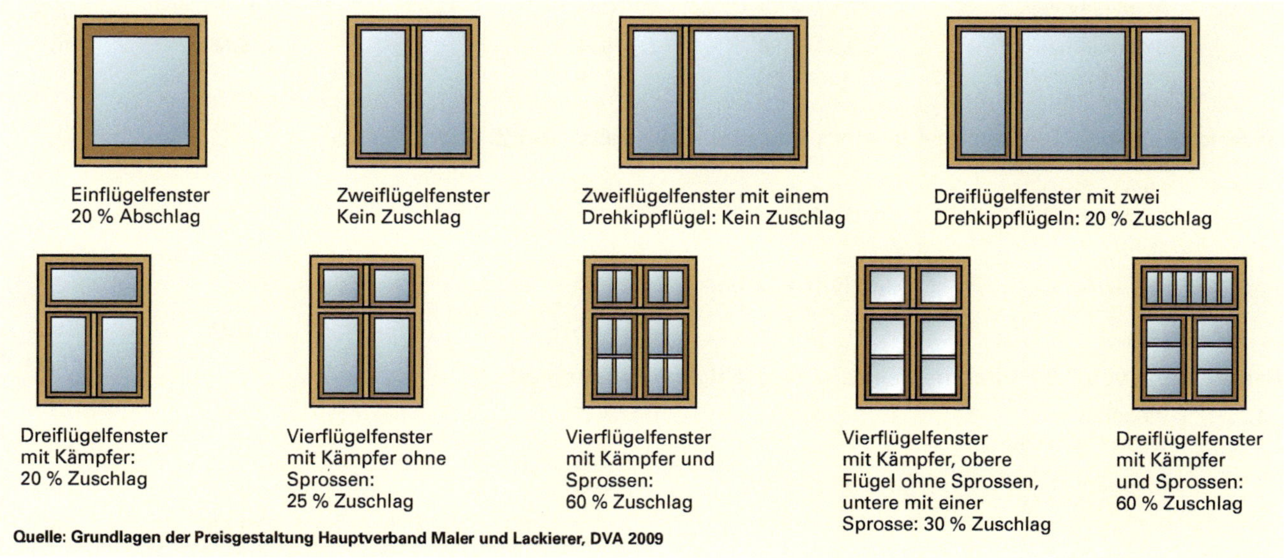

Quelle: Grundlagen der Preisgestaltung Hauptverband Maler und Lackierer, DVA 2009

Übersicht 2: Zuschläge für Holzfenster (Auswahl)

15.2 Musteransätze für Fenster

Beim Aufmaß von Fenstern muss mit dem Auftraggeber Einigung über die Art des Aufmaßes (also nach Stück oder nach Fläche) und die Behandlung der Fenster erzielt werden.

Während bei der Berechnung nach gemessenen Werten am Fenster wegen der Prüfbarkeit Genauigkeit zu herrschen hat, sind bei der Abrechnung nach Stückzahl keine Maßangaben notwendig. Natürlich ist eine Vermessung trotzdem für den Materialverbrauch und den Preis sinnvoll. Diese kann jedoch mit gerundeten Zahlenwerten erfolgen, weil der Preis letztlich Verhandlungssache ist.

Fenster können je nach Auftragslage unterschiedlich behandelt werden:

- Nur von außen, weil nach zwei Jahren Standzeit meist schon Schäden am Wetterschenkel feststellbar sind.
- Ein einseitiger Innenanstrich ist dann sinnvoll, wenn eine Schönheitsreparatur erfolgen soll. Dabei wird das Fensterbrett mitbehandelt.
- Ansonsten kommt ein beiderseitiger Anstrich mit Fensterbrett infrage.

Beispielaufgabe: 3 Rechteckige Blendrahmenfenster in einem anschlaglosen Mauerwerk (Bild 1)

Ansätze in mathematischer Form für drei Fenster:

Auftrag 1: Drei Blendrahmenfenster einseitig, außen:

Anstrichfläche $A_{Fenster}$ = Anzahl · b_F · h_F · Seitenzahl

$A_F = 3 \cdot 1{,}14 \cdot 1{,}66$

Auftrag 2: Drei Blendrahmenfenster innenseitig mit Fensterbrett

Für den **Maßansatz eines gestrichenen Fensterbretts** benötigt man die Breite (größte seitliche Ausdehung) und die Abwicklung des Bretts, d.h. die Tiefe, der man noch die Dicke des Bretts hinzufügen muss.

Der Maßansatz eines Fensterbretts lautet demzufolge:

$A_{Fensterbrett} = b_{Brett} \cdot (t_{Brett} + d_{Brett})$

$A_{Fb} = 1{,}18 \cdot (0{,}12 + 0{,}03)$

Für 3 Blendrahmenfenster innenseitig mit Brett lautet demzufolge der Gesamtansatz:

$A_F = 3 \cdot [1{,}14 \cdot 1{,}66 + 1{,}18 \cdot (0{,}12 + 0{,}03)]$

Auftrag 3: Drei Blendrahmenfenster beiderseitig mit Brett

$A_F = 3 \cdot [(1{,}14 \cdot 1{,}66 \cdot 2 + 1{,}18 \cdot (0{,}12 + 0{,}03)]$

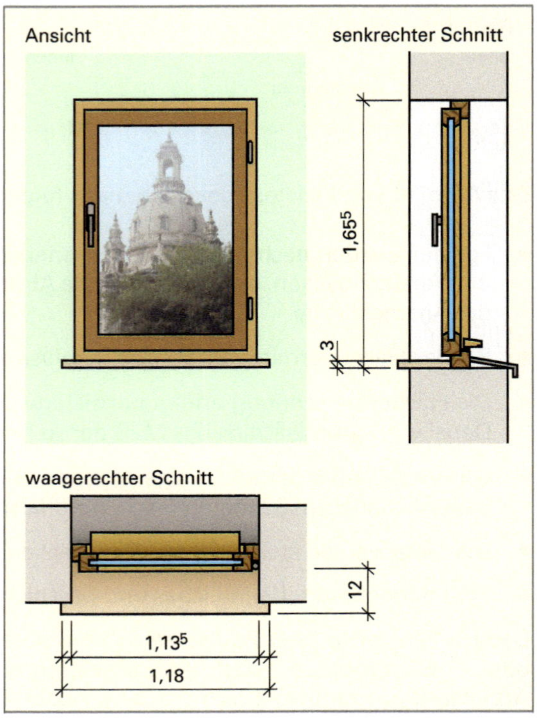

Bild 1: Blendrahmenfenster in Ansicht, waagerechtem und senkrechtem Schnitt

Berechnung mit dem Aufmaßblatt:
Beschichtung von **3** Blendrahmenfenstern **einseitig außen:**

Pos	Bezeichnung	+	–	Abmessungen	Messgehalt	Abzug	Reiner Messgehalt	Einheit
1	Blendrahmen-fenster einseitig, außen	3		1,14 · 1,66	5,68		**5,68**	m²

Beschichtung von **3** Blendrahmenfenstern **innenseitig mit Fensterbrett:**

Pos	Bezeichnung	+	–	Abmessungen	Messgehalt	Abzug	Reiner Messgehalt	Einheit
1	Blendrahmen-fenster innen-seitig	3		1,14 · 1,66	5,68			
	Fensterbretter	3		1,18 · (0,12 + 0,03)	0,53			
							6,21	m²

Beschichtung von **3** Blendrahmenfenstern **beidseitig mit Fensterbrett:**

Pos	Bezeichnung	+	–	Abmessungen	Messgehalt	Abzug	Reiner Messgehalt	Einheit
1	Blendrahmen-fenster beidseitig	3		1,14 · 1,66 · 2	11,35			
	Fensterbrett	3		1,18 · (0,12 + 0,03)	0,53			
							11,88	m²

Das jeweilige Ergebnis kann nun für eine Preiskalkulation genutzt werden.

Maßansätze für Verbundfenster in einem anschlaglosen Mauerwerk

Verbundfenster können je nach Auftragslage unterschiedlich behandelt werden:

- Nur von außen, weil nach zwei Jahren Standzeit meist schon Schäden am Wetterschenkel feststellbar sind.
- Ein einseitiger Innenanstrich ist dann sinnvoll, wenn die Innenbereiche der beiden verschraubten Flügel keine Schäden aufweisen.
- Weisen die Innenbereiche Schäden auf, kommt ein dreiseitiger Anstrich mit Fensterbrett infrage.
- Als letzte Möglichkeit gibt es den vierseitigen Anstrich.

Beispielaufgabe: 6 Verbundfenster in einem anschlaglosen Mauerwerk (Bild 1)

Ansätze in mathematischer Form:

Der einfachste Maßansatz hat folgende Form:

Anstrichfläche $A_{Fenster}$ = Anzahl • b_F • h_F • Seitenzahl

Auftrag 1: 6 Verbundfenster einseitig außen:

$A_F = 6 \cdot 1{,}26 \cdot 1{,}76$

Auftrag 2: 6 Verbundfenster einseitig innen, mit Brett:

Hinweis: Durch das Addieren der Tiefe und der Dicke des Fensterbretts sind eckige Klammern notwendig.

$A_F = 6 \cdot [1{,}26 \cdot 1{,}76 + 1{,}29 \cdot (0{,}16 + 0{,}03)]$

Auftrag 3: 6 Verbundfenster dreiseitig mit Brett:

(Die Tiefenmaße des Fensterbretts wurden wegen der Üblichkeit zusammengefasst).

$A_F = 6 \cdot (1{,}26 \cdot 1{,}76 \cdot 3 + 1{,}29 \cdot 0{,}19)$

Auftrag 4: 6 Verbundfenster vierseitig mit Brett:

$A_F = 6 \cdot (1{,}26 \cdot 1{,}76 \cdot 4 + 1{,}29 \cdot 0{,}19)$

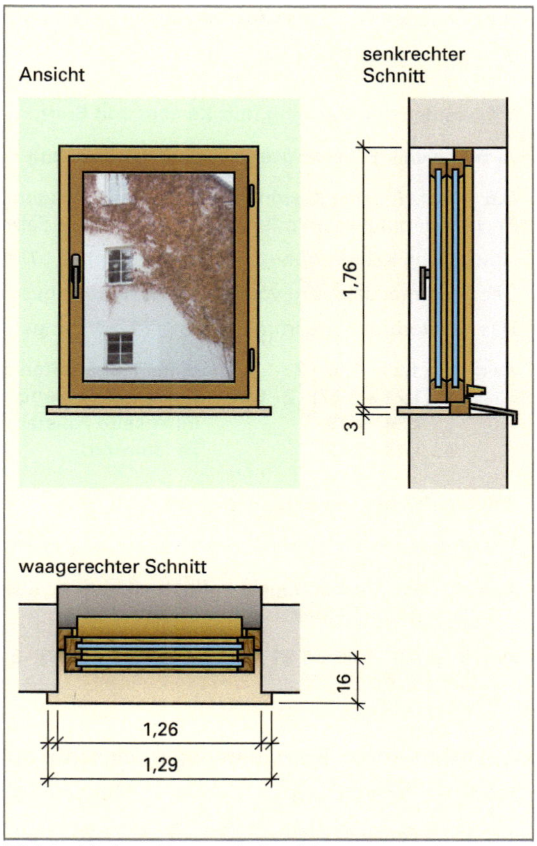

Bild 1: Verbundfenster in Ansicht, waagerechtem und senkrechten Schnitt

Berechnung mit dem Aufmaßblatt:

Beschichtung von **6** Verbundfenstern **einseitig außen:**

Pos	Bezeichnung	+	–	Abmessungen	Messgehalt	Abzug	Reiner Messgehalt	Einheit
1	Verbundfenster einseitig, außen	6		1,26 · 1,76	13,31		**13,31**	m²

Beschichtung von **6** Verbundfenstern **innenseitig mit Fensterbrett:**

Pos	Bezeichnung	+	–	Abmessungen	Messgehalt	Abzug	Reiner Messgehalt	Einheit
1	Verbundfenster innenseitig	6		1,26 · 1,76	13,31			
	Fensterbretter	6		1,29 · (0,16 + 0,03)	1,47			
							14,78	m²

Beschichtung von **6** Verbundfenstern **dreiseitig mit Fensterbrett:**

Pos	Bezeichnung	+	–	Abmessungen	Messgehalt	Abzug	Reiner Messgehalt	Einheit
1	Verbundfenster dreiseitig	6		1,26 · 1,76 · 3	39,92			
	Fensterbretter	6		1,29 · (0,16 + 0,03)	1,47			
							41,39	m²

Beschichtung von **6** Verbundfenstern **vierseitig mit Fensterbrett:**

Pos	Bezeichnung	+	–	Abmessungen	Messgehalt	Abzug	Reiner Messgehalt	Einheit
1	Verbundfenster vierseitig	6		1,26 · 1,76 · 4	53,22			
	Fensterbretter	6		1,29 · (0,16 + 0,03)	1,47			
							54,69	m²

Maßansätze für Kastenfenster in einem Mauerwerk mit Anschlag

Kastenfenster sind ältere Fenster. Sie sind mit Sicherheit in Mauerwerk mit Anschlag anzutreffen.

Beispielaufgabe: 8 Kastenfenster in einem Mauerwerk mit Anschlag (einseitig außen, innen, dreiseitig, vierseitig) (Bild 1)

8 Kastenfenster einseitig außen:

$A_F = 8 \cdot 1{,}26 \cdot 1{,}69$

8 Kastenfenster einseitig innen, mit Brett:

Aufgrund des Fensterbretts sind wieder eckige Klammern nötig.

$A_F = 8 \cdot [(1{,}38 \cdot 1{,}73 + 1{,}43 \cdot (0{,}10 + 0{,}03)]$

8 Kastenfenster dreiseitig (mit Kasten) und Brett:

A_F **= Anzahl · (Fensterflächen + Kastenabwicklung + Brett)**

Der Ansatz für den Kasten lautet: innere Abwicklung (Umfangsformel Rechteck) multipliziert mit der Kastentiefe ohne Falze.

Abwicklung Kasten Abw_{Ka} = (Breite + Höhe) · 2 · $Tiefe_{Ka}$

Der Gesamtansatz wird von **außen nach innen** geschrieben.

Das Fensterbrett wird immer als letzte Fläche angegeben.

$A_F = 8 \cdot [1{,}21 \cdot 1{,}67 \cdot 2$	**beide Flügelseiten des Kastens innen**
$+ (1{,}21 + 1{,}67) \cdot 2 \cdot 0{,}08$	**Kastenabwicklung**
$+ 1{,}38 \cdot 1{,}73$	**Innenseite Fenster**
$+ 1{,}43 \cdot 0{,}13]$	**Fensterbrett**

8 Kastenfenster vierseitig mit Brett:

Der Maßansatz kann von außen nach innen geschrieben werden.

A_F **= Anzahl (Außenflügel + Kastenflügel + Kastenabwicklung + Innenflügel + Brett)**

$A_F = 8 \cdot [1{,}26 \cdot 1{,}69 + 1{,}21 \cdot 1{,}67 \cdot 2 + (1{,}21 + 1{,}67) \cdot 2 \cdot 0{,}08 + 1{,}38 \cdot 1{,}73 + 1{,}43 \cdot 0{,}13]$

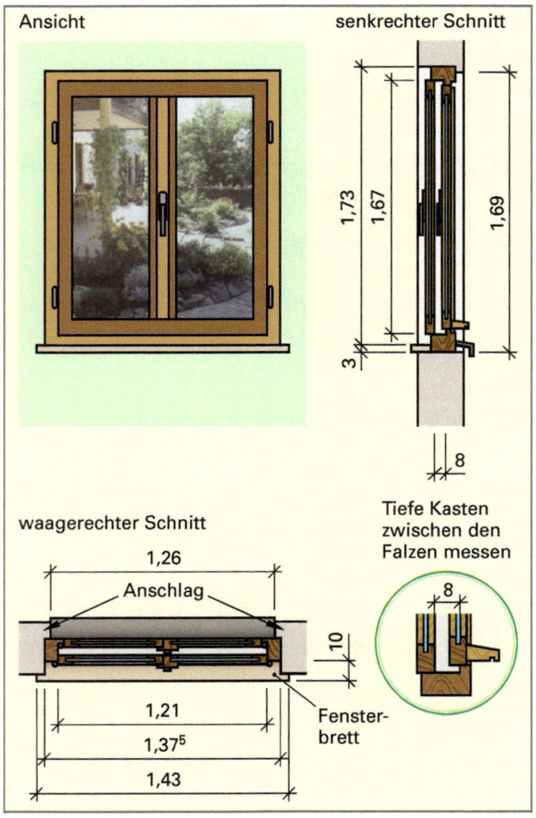

Bild 1: Kastenfenster in Ansicht, waagerechtem und senkrechtem Schnitt

Beschichtung von **8** Kastenfenstern **einseitig außen:**

Pos	Bezeichnung	+	–	Abmessungen	Messgehalt	Abzug	Reiner Messgehalt	Einheit
1	Fenster einseitig, außen	8		1,26 · 1,69	17,04		**17,04**	m²

Beschichtung von **8** Kastenfenstern **innenseitig mit Fensterbrett:**

Pos	Bezeichnung	+	–	Abmessungen	Messgehalt	Abzug	Reiner Messgehalt	Einheit
1	Fenster innens.	8		1,38 · 1,73	19,10			
	Fensterbretter	8		1,43 · (0,10 + 0,03)	1,49			
							20,92	m²

Beschichtung von **8** Kastenfenstern **dreiseitig mit Fensterbrett:**

Pos	Bezeichnung	+	–	Abmessungen	Messgehalt	Abzug	Reiner Messgehalt	Einheit
1	Kastenflügel	16		1,21 · 1,67	32,33			
	Kastenabwickl.	8		(1,21 + 1,67) · 2 · 0,08	3,69			
	Innenflügel	8		1,38 · 1,73	19,10			
	Fensterbrett	8		1,43 · (0,10 + 0,03)	1,49			
							56,61	m²

Beschichtung von **8** Kastenfenstern **vierseitig mit Fensterbrett:**

Pos	Bezeichnung	+	–	Abmessungen	Messgehalt	Abzug	Reiner Messgehalt	Einheit
1	Außenflügel	8		1,26 · 1,69	17,04			
	Kastenflügel	16		1,21 · 1,67	32,33			
	Kastenabwickl.	8		(1,21 + 1,67) · 2 · 0,08	3,69			
	Innenflügel	8		1,38 · 1,73	19,10			
	Fensterbrett	8		1,43 · (0,10 + 0,03)	1,49			
							73,65	m²

Maßansätze für komplizierte Fensterformen

Nicht in allen Fällen sind Fenster in rechteckigen Formen anzutreffen. In Gebäuden mit gehobenem Standard, wie z. B. in Villen, wurden sie oben nicht mit einem waagerechten Abschluss, sondern mit den unterschiedlichsten Bogenarten versehen.

Die Teilansätze können von außen nach innen geschrieben werden. Um Verwechslungen mit der Maßeinheit m² zu vermeiden, sollte im Ansatz das Zeichen π gesetzt werden. Die Ausrechnung erfolgt durch Multiplizieren mit 3,14.

Beispielaufgabe: 5 Kastenfenster mit Rundbogen, Beschichtung allseitig mit Fensterbrett

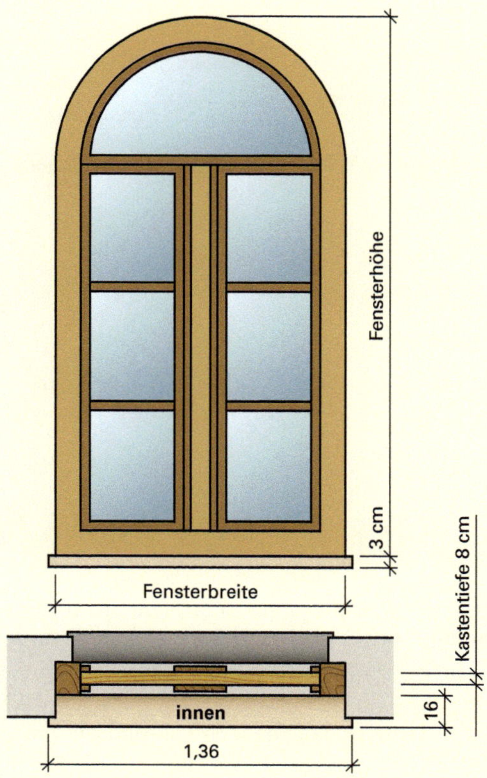

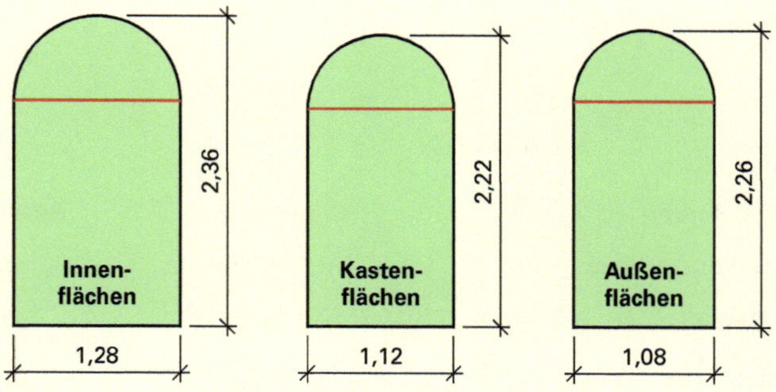

Teilflächen des Kastenfensters

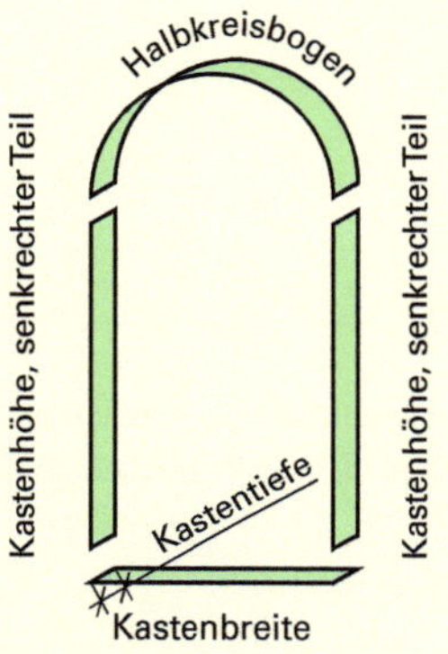

Begriffe zur Berechnung der Kastenmaße

Maße des rechteckigen Fensterteils

Da die Höhe des rechteckigen Fensterteils im Übergang zur Rundung des Bogens nicht exakt gemessen werden kann, muss man sie vom Durchmesser des Halbkreises *r* ableiten:

$h_{Halbkreis}$ = Radius r = Fensterbreite : 2

$h_{Rechteck}$ = h_{gesamt} – Fensterbreite : 2

Rechteckhöhe außen: 2,26 – 0,54 = 1,72

Rechteckhöhe innen: 2,36 – 0,64 = 1,72

Kastenhöhe (Rechteck): 2,22 – 0,56 = 1,66

Beschichtung von 5 Rundbogenfenstern allseitig mit Fensterbrett

Pos	Bezeichnung	+	–	Abmessungen	Messgehalt	Abzug	Reiner Messgehalt	Einheit
1	5 Kastenfenster, allseitig							
	Außenflügel (Rechteck)	5		$1{,}08 \cdot 1{,}72$	9,29			
	Außenflügel (Halbkreis)	5		$\frac{1{,}08 \cdot 1{,}08 \cdot 3{,}14}{4 \cdot 2}$	2,29			
	Kastenflügel (Rechteck)	10		$1{,}12 \cdot 1{,}66$	18,59			
	Kastenflügel (Halbkreis)	10		$\frac{1{,}12 \cdot 1{,}12 \cdot 3{,}14}{4 \cdot 2}$	4,92			
	Kastenabwicklung	5		$\left(1{,}12 + 1{,}66 \cdot 2 + \frac{1{,}12 \cdot 3{,}14}{2}\right) \cdot 0{,}08$	2,48			
	Innenflügel (Rechteck)	5		$1{,}28 \cdot 1{,}72$	11,01			
	Innenflügel (Halbkreis)	5		$\frac{1{,}28 \cdot 1{,}28 \cdot 3{,}14}{4 \cdot 2}$	3,22			
	Fensterbrett	5		$1{,}36 \cdot (0{,}16 + 0{,}03)$	1,29			
							53,09	**m²**

Beispielaufgabe: 2 Fenstertüren mit Vorhangbogen, beidseitig (Blendrahmenfenster in einer historischen Sommervillenanlage)

Die Fenstertüren bestehen aus zwei Teilflächen, dem unteren Rechteck und dem darüber befindlichen Vorhangbogen (Bild 1).

Da es keine direkte Formel für diese Bogenberechnung gibt, ist die Abrechnung nach Stückzahl zu empfehlen.

Basis für Materialverbrauch und Kosten ist natürlich eine Flächenberechnung. Die Fläche des „Bogenbereichs" könnte durch eine Dreieckform berechnet werden.

Da die Innen- und Außenmaße sich im Rechteckbereich um mehr als 5 cm in der Breite unterscheiden, sind zwei Teilansätze nötig.

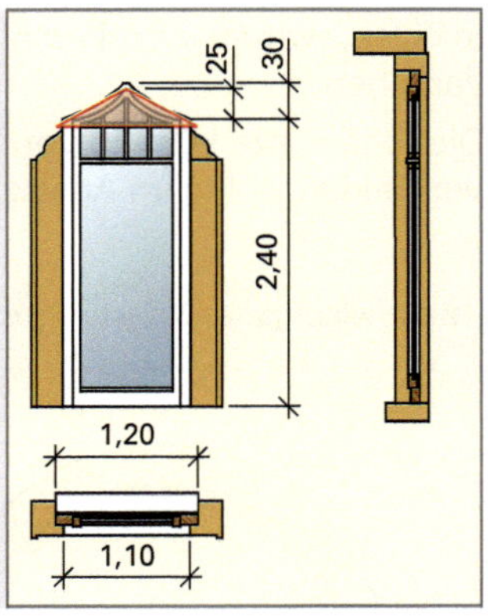

Bild 1: Fenstertür mit Vorhangbogen

Pos	Bezeichnung	+	–	Abmessungen	Messgehalt	Abzug	Reiner Messgehalt	Einheit
1	Äußeres Rechteck	2		1,10 · 2,40	5,28			
	Äußeres Dreieck	2		1,10 · 0,25 : 2	0,28			
	Inneres Rechteck	2		1,20 · 2,40	5,76			
	Inneres Dreieck	2		1,20 · 0,30 : 2	0,36			
							11,68	m²

15.3 Aufmaß von Fensterläden

Fensterläden dienten früher als Abschluss von Fenstern im Außenbereich, im Erdgeschoss vor allem aus Sicherheitsgründen. Sie wurden und werden auch in oberen Etagen eingesetzt, einerseits zum Wetter- und Sonnenschutz, andererseits als Baudekor.

- Das Aufmaß erfolgt wie bei Fenstern entweder nach Quadratmetern oder nach Stückzahl. Natürlich basiert letztere Methode auch auf der Größe der Fensterläden.
- Für Fenster mit mehreren Läden wird nicht jeder Laden einzeln aufgemessen, sondern in der Breite ein Gesamtmaß ermittelt. Man spricht von einer Fensterladengarnitur.
- Mehraufwand kann durch Zuschläge ausgeglichen werden (Übersicht 1).

- Der aus der Bauart resultierende Mehraufwand kann wie bei Fenstern mit Zuschlägen von bis zu 10 % berücksichtigt werden.
- Wegen Zwei- und Mehrfarbigkeit sind Zuschläge ab 10 % möglich.
- Werden Beschläge andersfarbig behandelt, rechnet man sie nach Stückzahl ab.

Übersicht 1: Besonderheiten beim Aufmaß von Fensterläden

Beispielaufgabe: 3 Fensterläden mit feststehender Jalousienkonstruktion (Bild 2)

Die Breite der Flügel wird im Ansatz zusammengefasst.
A = 3 (0,50 + 0,50) · 2 · 1,20

Erweiterung der Aufgabe: Ermitteln Sie die Arbeitszeit für eine Wiederholungsbeschichtung mit zweimal Alkydharzlackfarbe einschließlich der Schleifarbeiten von insgesamt 19 Minuten pro m²!

Für eine zweifarbige Arbeit ist bei weiteren Berechnungen ein Zuschlag von 10 % möglich.

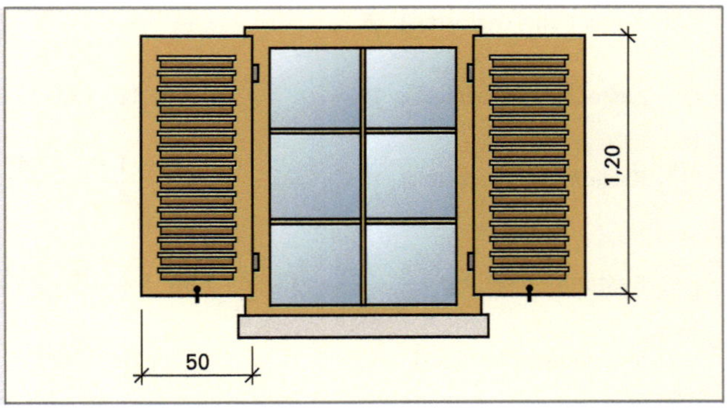

Bild 2: Fensterladen mit Bemaßung

Pos	Bezeichnung	+	–	Abmessungen	Messgehalt	Abzug	Reiner Messgehalt	Einheit
1	3 Fensterläden, beidseitig	3		(0,50 + 0,50) · 1,20 · 2	7,20		7,20	m²

15.4 Aufmaß von Türen

Türen bestehen als Raumöffnungen aus dem Rahmen und der an Scharnieren eingehängten Tür (bzw. dem Türblatt).

Türen werden nach

- **Anzahl** (wobei ein angemessener Preis pro Stück vereinbart wird)

oder

- nach **Fläche** (die Flächenberechnung erfolgt normalerweise je Seite, d. h., jede Bauteilseite wird für sich berechnet, die Seitenzahlen stehen hinter dem Flächenaufmaß) abgerechnet.

Auch beim Aufmaß von Türen werden einige Bauteile übermessen, Mehraufwand kann durch Zuschläge ausgeglichen werden (Übersicht 1).

- Fenstertüren zählt man zu Fenstern.
- Falze übermisst man grundsätzlich.
- Glasfüllungen und durch Aufdoppelungen (Füllungen, Riegel, Stoßkanten) des Türblatts entstandene Profile sind ebenfalls zu übermessen.
- Damit sind wie bei den Fenstern die Aufmaße der Beschichtungsflächen von Türen nicht flächengetreu.
- Der Materialverbrauch beruht auf Erfahrungswerten. Zuschläge sind für Zeit und Kosten möglich. Bei leicht bis stark getönten Anstrichen sind es 5 % bis 30 %, bei unterschiedlicher Farbigkeit 10 % bis 40 %.
- Die Zuschläge werden wie bei den Fenstern nicht auf die Flächengröße angewendet!

Übersicht 1: Besonderheiten beim Aufmaß von Türen

Aufmaß von Blendrahmentüren nach Fläche

Blendrahmentüren berechnet man nach obiger Information demzufolge getrennt nach Innen- und Außenseite. Dabei können Türblatt und sichtbarer Rahmen vereinfacht gemessen bzw. übermessen werden.

Beispielaufgabe: Maßansätze für 3 Blendrahmentüren (Bild 1)

Aufmaß der Tür außen:

Man misst Türblatt und Blendrahmen in ihrer Gesamtbreite und Gesamthöhe.

Aufmaß der Tür innen:

Man misst die lichte Breite und Höhe der Türöffnung.

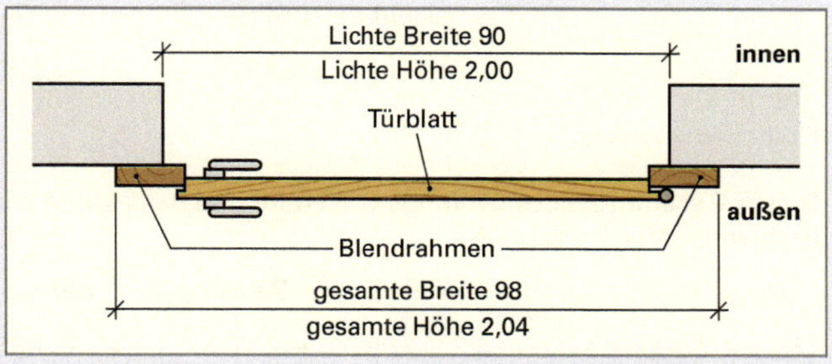

Bild 1: Blendrahmentür mit Maßbegriffen und Abmessungen

Ansätze in mathematischer Form

außen: $\mathbf{A_T = Anzahl \cdot gesamte\ Breite \cdot gesamte\ Höhe}$

$A_T = 3 \cdot 0{,}98 \cdot 2{,}04 = \underline{6{,}00\ m^2}$

innen: $\mathbf{A_T = Anzahl \cdot lichte\ Breite \cdot lichte\ Höhe}$

$A_T = 3 \cdot 0{,}90 \cdot 2{,}00 = \underline{5{,}40\ m^2}$

beidseitig: $A_T = 3 \cdot [(0{,}90 \cdot 2{,}00) + (0{,}98 \cdot 2{,}04)] = \underline{11{,}40\ m^2}$

Ansätze in Tabellenform

Beschichtung von 3 Blendrahmentüren, außen:

Pos	Bezeichnung	+	–	Abmessungen	Messgehalt	Abzug	Reiner Messgehalt	Einheit
1	Blendrahmentür, außen	3		0,98 · 2,04	6,00		6,00	m²

Beschichtung von 3 Blendrahmentüren, innen:

1	Blendrahmentür, innenseitig	3		0,90 · 2,00	5,40		5,40	m²

Beschichtung von 3 Blendrahmentüren, beidseitig:

1	Blendrahmentür beidseitig	3		0,98 · 2,04	6,00			
		3		0,90 · 2,00	5,40			
							<u>11,40</u>	m²

Türen mit Futter und Bekleidung unterteilt man beim Aufmaß in Türblatt und die behandelte Fläche von Futter und Bekleidung.

Beispielaufgabe: Maßansätze für 3 Türen mit Futter und Bekleidung (Bild 1)

Hinweise zum mathematischen Ansatz mehrerer (3) beidseitig behandelter Türen

$A_{\text{Tür mit Futter und Bekleidung}} = \text{Anzahl} \cdot (A_{\text{Tbl.}} \cdot 2 + A_{\text{Fu. und Bkl.}})$

Zur Berechnung des Türblatts multipliziert man die größte Breite mit der größten Höhe, bei beiderseitigem Anstrich multipliziert man nochmals mit 2. Die Dicke des Türblatts wird als Abwicklung zum Türblatt zugefügt, wenn sie 60 mm übersteigt.

$A_{\text{Türblatt (beiderseitig)}} = b_{\text{Tbl}} \cdot h_{\text{Tbl}} \cdot 2$

$A_{\text{Türblatt (beiderseitig)}} = 0{,}82 \cdot 1{,}98 \cdot 2 = \mathbf{3{,}25\ m^2}$

Die **Fläche von Futter und Bekleidung** wird berechnet, indem man den abgewickelten Umfang von Futter und Bekleidung mit dem größten Türblattumfang multipliziert.

$A_{\text{Futter und Bekleidung}} = U_{\text{Futter und Bekleidung}} \cdot U_{\text{Türblatt}}$

Die Umfänge ermittelt man aus Einzelmaßen.

$U_{\text{Futter und Bekleidung}}$	= Bekleidungsdicke	0,02
	+ Bekleidungsbreite	+ 0,07
	+ Futtertiefe (mit Falzen)	+ 0,16
	+ Bekleidungsbreite	+ 0,07
	+ Bekleidungsdicke	+ 0,02
$U_{\text{Futter und Bekleidung}}$	**= 0,34 m**	

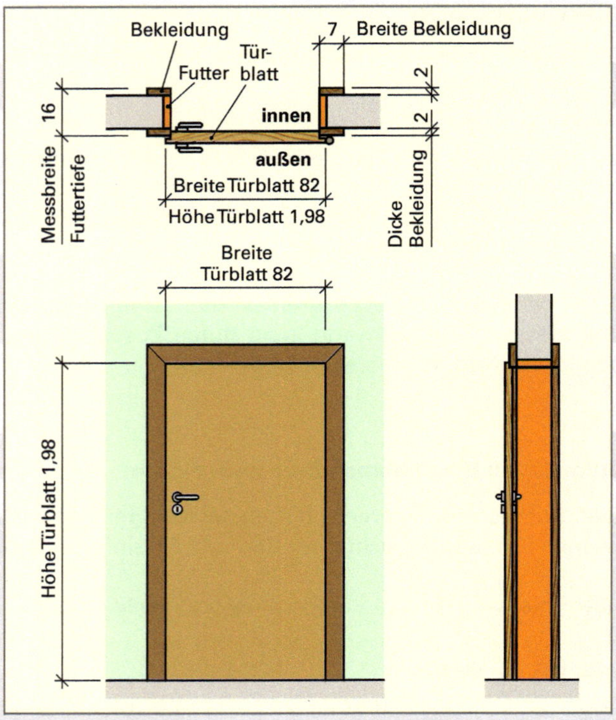

Bild 1: Maße und Begriffe für Türen mit Futter und Bekleidung

Dieses Gesamtmaß des Umfangs von Futter und Bekleidung wird zur Verkürzung des Maßansatzes als Zusammenfassung von Fachleuten meist akzeptiert.

$U_{\text{Türblatt}} = \textit{Höhe}_{\text{Türblatt}} + \textit{Breite}_{\text{Türblatt}} + \textit{Höhe}_{\text{Türblatt}} = \textit{Breite}_{\text{Türblatt}} + 2 \cdot \textit{Höhe}_{\text{Türblatt}}$

$U_{\text{Türblatt}} = 1{,}98 + 0{,}82 + 1{,}98 = 0{,}82 + 2 \cdot 1{,}98 = \mathbf{4{,}78\ m}$

Diese Teilmaße werden zur besseren Prüfbarkeit nicht zusammengefasst.

Damit entsteht folgender Gesamtmaßansatz für Futter und Bekleidung

$A_{\text{Futter und Bekleidung}} = 0{,}34 \cdot (0{,}82 + 2 \cdot 1{,}98) = \mathbf{1{,}63\ m^2}$

Der vollständige Maßansatz für 3 Türen mit Futter und Bekleidung lautet unter Einsatz von eckigen Klammern

$A_{\text{Tür mit Futter und Bekleidung}} = 3 \cdot [\,0{,}82 \cdot 1{,}98 \cdot 2 + (0{,}02 + 0{,}07 + 0{,}16 + 0{,}07 + 0{,}02) \cdot (1{,}98 + 0{,}82 + 1{,}98)]$

$= 3 \cdot [\,0{,}82 \cdot 1{,}98 \cdot 2 + 0{,}34 \cdot (4{,}78)\,]$

$= 3 \cdot (\;3{,}25 + 1{,}63\;)$

$A_{\text{Tür mit Futter und Bekleidung}} = \mathbf{14{,}64\ m^2}$

Die beiderseitig gestrichenen 3 Türen besitzen eine Anstrichfläche von 14,64 m².

Beschichtung von **3 Türen beidseitig mit Bekleidung in ausführlichem Ansatz:**

Pos	Bezeichnung	+	–	Abmessungen	Messgehalt	Abzug	Reiner Messgehalt	Einheit
1	3 Türen mit Futter Bekleidung, beidseitig							
	Türblatt beidseitig	3		0,82 · 1,98 · 2	9,74			
	Bekleidung (allseitig in Einzelmaßen)	3		(0,02 + 0,07 + 0,16 + 0,07 + 0,02) · (1,98 + 0,82 + 1,98)	4,88		**14,62**	m²

Beispielaufgabe: 3 Türen außenseitig mit Futter und Bekleidung

Die Tür sieht im Prinzip wie eine Blendrahmentür aus. Man berechnet ihre Fläche aber so:

$A_{\text{Türblatt und Bekleidung}}$ = Anzahl · ($A_{\text{Türblatt einseitg}}$ + $A_{\text{Futter und Bekleidung}}$)

Berechnung des Türblatts außenseitig bzw. einseitig

$A_{\text{Türblatt}}$ = Breite · Höhe = 0,82 · 1,98

Berechnung der Bekleidung: Der Umfang der sichtbaren Bekleidung wird in dieser Variante nur aus den Teilmaßen von Bekleidungdicke und Bekleidungsbreite ermittelt, die man mit dem Türblattumfang multipliziert.

$U_{\text{Bekleidung}}$ = Bekleidungsdicke + Bekleidungsbreite = 0,02 + 0,07

$U_{\text{Türblatt}}$ = größte Türbreite + 2 · Türhöhe = 1,98 + 0,82 + 1,98 = (**Variante:** 0,82 + 2 · 1,98)

$A_{\text{Bekleidung}}$ = $U_{\text{Bekleidung}}$ · $U_{\text{Türblatt}}$

$A_{\text{Bekleidung}}$ = (0,02 + 0,07) · (0,82 + 2 · 1,98)

Die Gesamtfläche von 3 Türen mit Bekleidung errechnet man demzufolge so:

$A_{\text{Tür mit Bekleidung}}$ = 3 · [0,82 · 1,98 + (0,02 + 0,07) · (0,82 + 2 · 1,98)]

$A_{\text{Tür mit Bekleidung}}$ = 6,16 m²

Die außenseitig gestrichenen 3 Türen besitzen eine Anstrichfläche von 6,16 m².

Beschichtung von 3 Türen außenseitig mit Futter und Bekleidung:

Pos	Bezeichnung	+	–	Abmessungen	Messgehalt	Abzug	Reiner Messgehalt	Einheit
1	3 Türen außenseit. mit sichtbarer Bekleidung							
	Türblatt außen	3		0,82 · 1,98	4,87			
	Bekleidung (außen)	3		(0,02 + 0,07) · (1,98 + 0,82 + 1,98)	1,29			
							6,16	m²

Beispielaufgabe: 3 Türen innenseitig (futterseitig) mit Futter und Bekleidung

Die Fläche wird wieder nach folgendem Ansatz berechnet:

$A_{\text{Tür}}$ = Anzahl · (Türblatt einseitig/innen + Umfang$_{\text{Futter und Bekleidung}}$ · Türblattumfang)

Türblatt einseitig: $A_{\text{Türblatt}}$ = 0,82 · 1,98

Fläche der Bekleidung:

$U_{\text{Futter und Bekleidung}}$ **= Bekleidungsdicke + Bekleidungsbreite + Futtertiefe** = 0,02 + 0,07 + 0,16

$U_{\text{Türblatt}}$ **= größte Türbreite + 2 · Türhöhe** = 0,82 + 2 · 1,98

$A_{\text{Futter und Bekleidung}}$ **= $U_{\text{Futter und Bekleidung}}$ · $U_{\text{Türblatt}}$** = (0,02 + 0,07 + 0,16) · (0,82 + 2 · 1,98)

Der vollständige Maßansatz lautet unter Einsatz von eckigen Klammern demzufolge

$A_{\text{Tür mit Futter und Bekleidung}}$ = 3 · [0,82 · 1,98 + (0,02 + 0,07 + 0,16) · (0,82 + 2 · 1,98)] = **8,46 m²**

Die innenseitig gestrichenen 3 Türen besitzen eine Anstrichfläche von 8,46 m².

Beschichtung von 3 Türen innenseitig, futterseitig:

Pos	Bezeichnung	+	–	Abmessungen	Messgehalt	Abzug	Reiner Messgehalt	Einheit
1	3 Türen futterseitig							
	Türblatt innen	3		0,82 · 1,98	4,87			
	Sichtbare Bekleidung (innen)	3		(0,02 + 0,07 + 0,16) · (1,98 + 0,82 + 1,98)	3,59			
							8,46	m²

Aufmaß von Blockrahmen- und Zargentüren

Türen dieser Art sind an Rahmen aus Holz, Bandstahl oder Stahlprofilen befestigt. Stahlrahmen sind gegenüber Holztürrahmen relativ schmal, manchmal nur 2 cm bis 3 cm breit, oft einschließlich der Falze. Um hier nicht Extramessungen für Türblatt und Zarge durchzuführen, übermisst man das Türblatt bis zum Ende der Zarge. Da dies nicht immer die lichten Öffnungsmaße sind, benutzt man den Begriff Bauteilbegrenzung.

Als Aufmaßregeln sind gebräuchlich:

- Zargentüren werden in ihrer lichten Breite und Höhe gemessen, das sind ihre Mauerwerksbegrenzungen.
- Sind auf der gegenüberliegenden Seite (wie bei Blendrahmentüren und bei Maueranschlägen) andere Größen von mehr als 5 cm vorhanden, ist dort ein zweites Aufmaß notwendig.

In folgenden Aufmaßvorschlägen sind Maßansätze für die Beschichtung von einer Tür in anschlaglosem Mauerwerk in zwei Beschichtungsvarianten (außen und innen) zu sehen. Die Maße wurden vor Ort genommen (Übersicht 1).

Aufmaß einer Holzzargentür

1. **Einseitig außen:** $A = 1{,}14 \cdot 1{,}97 = \mathbf{2{,}25\ m^2}$
2. **Einseitig innen:** **Aufgrund der Zargendicke > 5 cm ist die Zarge mitzuberechnen.**
   $A = 1{,}14 \cdot 1{,}97 + 0{,}07 \cdot (1{,}14 + 2 \cdot 1{,}97) = \mathbf{2{,}60\ m^2}$
2. **Beiderseitig:** $A = 1{,}14 \cdot 1{,}97 \cdot 2 + 0{,}07 \cdot (1{,}14 + 2 \cdot 1{,}97)$
   $A = \mathbf{4{,}85\ m^2}$

Holzzargentür in anschlaglosem Mauerwerk

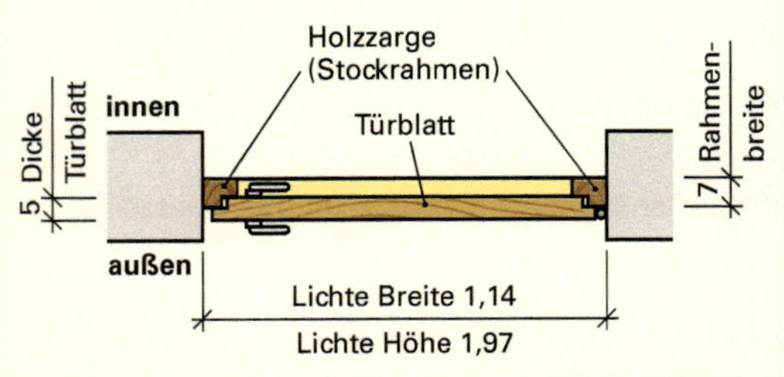

Aufmaß einer Stahlzargentür

1. **Einseitig, außen:** $A = 0{,}99 \cdot 1{,}99 = \mathbf{1{,}97\ m^2}$
2. **Einseitig, innen:** $A = 0{,}95 \cdot 1{,}97 = \mathbf{1{,}87\ m^2}$
3. **Beiderseitig:** $A = 0{,}95 \cdot 1{,}97 + 0{,}99 \cdot 1{,}99 = \mathbf{3{,}84\ m^2}$
4. **Bei einem tieferen Rahmen (z. B. von 6 cm) lautet der Ansatz für beiderseitigen Anstrich:**
   $A = 0{,}99 \cdot 1{,}99 + 0{,}95 \cdot 1{,}97 + 0{,}06 \cdot (0{,}95 + 2 \cdot 1{,}97)$
   $A = \mathbf{4{,}14\ m^2}$

Stahlzargentür in anschlaglosem Mauerwerk

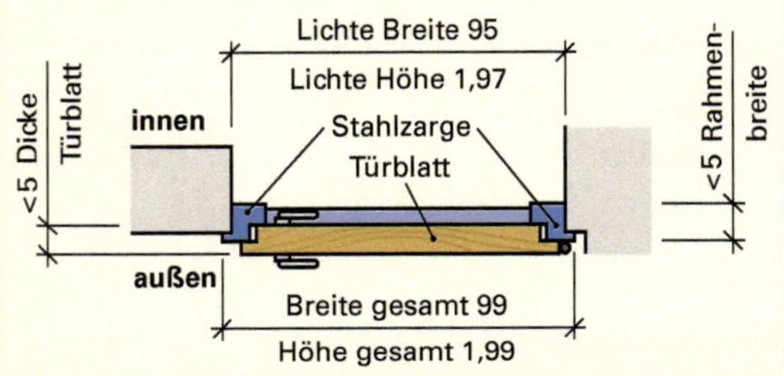

Aufmaß einer Zargentür mit Eckzarge

1. **Innen- bzw. Außenaufmaße: Wegen weniger als 5 cm Differenz werden gleiche Ansätze geschrieben.**
   $A = 0{,}99 \cdot 1{,}99 = \mathbf{1{,}97\ m^2}$
2. **Beiderseitiger Anstrich:**
   $A = 0{,}99 \cdot 1{,}99 \cdot 2 = \mathbf{3{,}94\ m^2}$
3. **Gegenzargen lfd. Meter:**
   $U = 0{,}99 + 2 \cdot 1{,}99 = \mathbf{4{,}97\ m}$

Tür mit Eckzarge

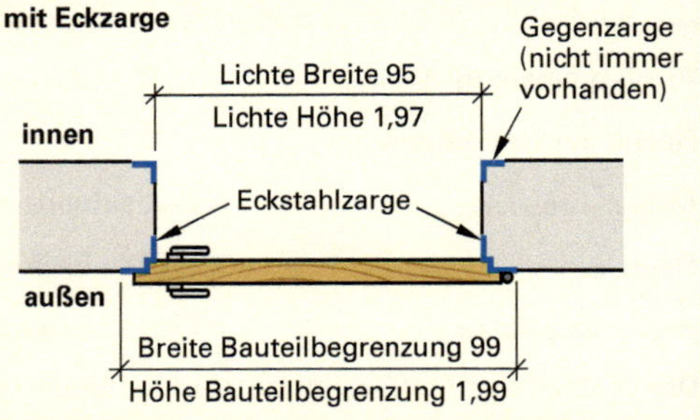

Aufmaß einer Zargentür mit Stahlumfassung

Hinweis:
Beim Innen- und beiderseitigen Anstrich wird die umfassende Stahlzarge wie das Futter bei Türen mit Futter und Bekleidung berechnet.

1. **Außen:** $A_{\text{außen}} = 0{,}65 \cdot 1{,}99 = \mathbf{1{,}29\ m^2}$
2. **innenseitiger Anstrich: (incl. innerer Einfassung)**
   $A = 0{,}65 \cdot 1{,}99 + 0{,}11 \cdot (0{,}61 + 2 \cdot 1{,}97) = \mathbf{1{,}79\ m^2}$
3. **Beiderseitiger Anstrich: (incl. innerer Einfassung)**
   $A = 0{,}65 \cdot 1{,}99 \cdot 2 + 0{,}11 \cdot (0{,}61 + 2 \cdot 1{,}97) = \mathbf{3{,}08\ m^2}$

Zargentür mit Stahlumfassung

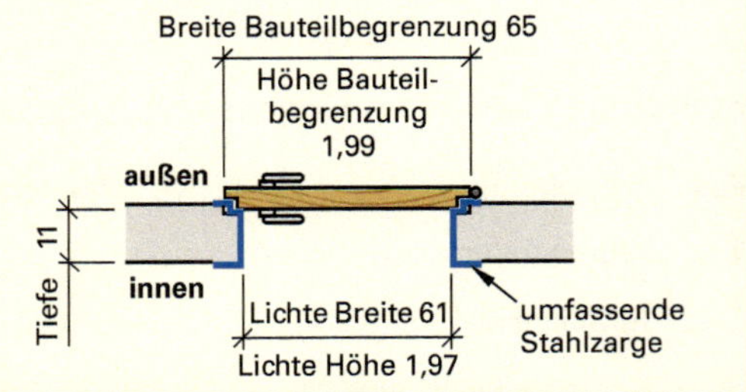

Übersicht 1: Maßansätze von Blockrahmen- und Zargentüren

15.5 Aufgaben

Alle angegebenen Maße wurden vor Ort gemessen.

Aufgabe 1

Berechnen Sie die Beschichtungsfläche in m² für 3 rechteckige Blendrahmenfenster in einem anschlaglosen Mauerwerk!

a) mit Fensterbrett innenseitig
b) außenseitig
c) beiderseitig mit Fensterbrett

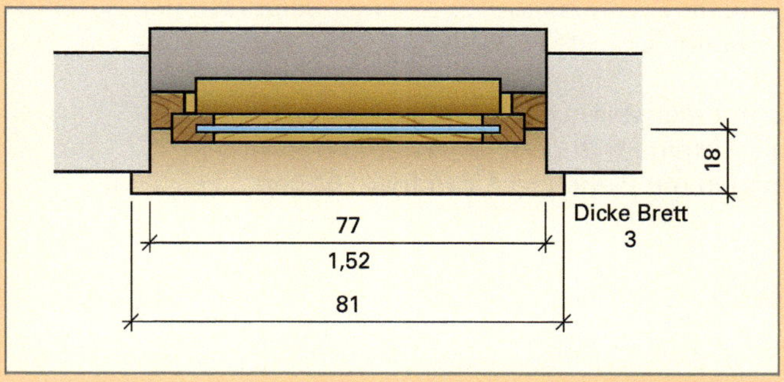

Aufgabe 2

Berechnen Sie die Beschichtungsfläche in m² für 3 ellipsenförmige Blendrahmenfenster für einen Außenanstrich!

a) innen
b) außen
c) beiderseitig

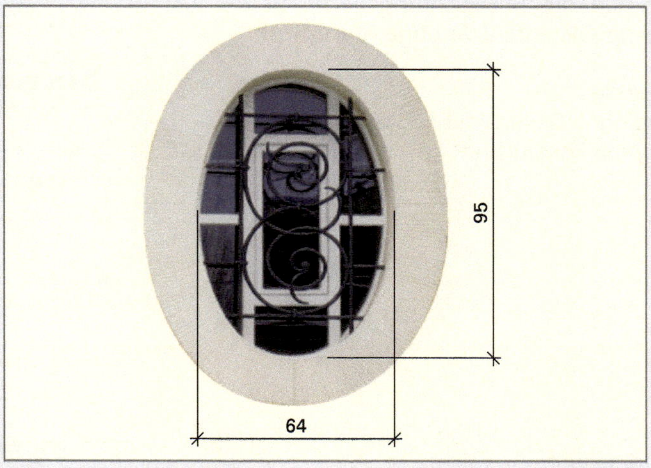

Aufgabe 3

Berechnen Sie die Beschichtungsfläche für 4 quadratische Verbundfenster in m², die sich in einem anschlaglosen Mauerwerk befinden!

a) innenseitig (3 Seiten) mit Fensterbrett
b) außenseitig
c) allseitig mit Fensterbrett

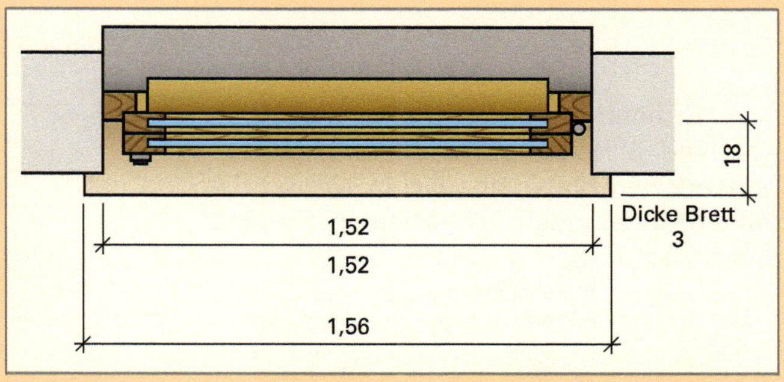

Aufgabe 4

Berechnen Sie die außenseitige Beschichtungsfläche in m² und den Materialverbrauch in kg für 3 Blendrahmenfenster, die in einem Korbbogen enden! Die Fenster besitzen einen Kämpfer und drei Flügel, sowie ein Oberlicht.

Der Zuschlag ist in Abschnitt 15.1. (S. 97) ablesbar.

Materialverbrauch:
- Zwischenbeschichtung (2 x) : 170 g/m²
- Decklack (1 x) : 85 g/m²
- Verdünnungsmittel : 10 %

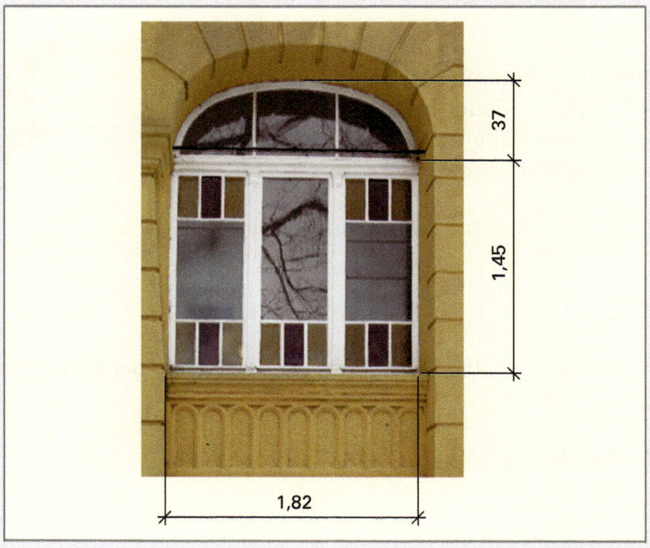

Aufgabe 5

Berechnen Sie die Anstrichfläche in m² einer beiderseitigen Beschichtung für nebenstehende Objekte!

a) Blendrahmenfenster in anschlaglosem Mauerwerk mit halbkreis-förmigem Bogen!
b) Fensterläden mit viertelkreis-förmigem Bogen

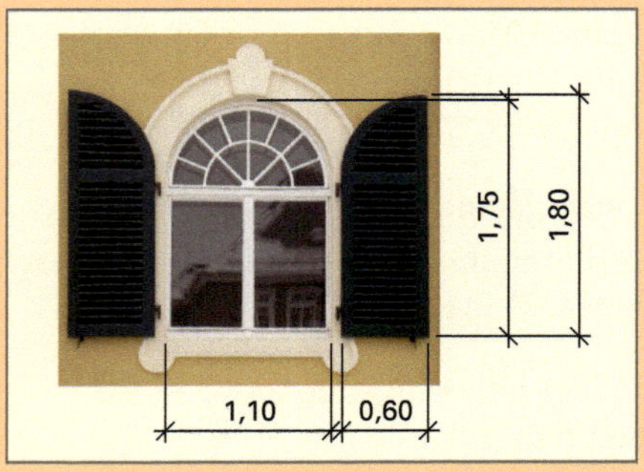

Aufgabe 6

Berechnen Sie die Beschichtungsfläche in m² für 2 zweiflüglige Kastenfenster ohne Anschlag!

a) außenseitig
b) innenseitig (3 Seiten) mit Fensterbrett
c) allseitig mit Fensterbrett

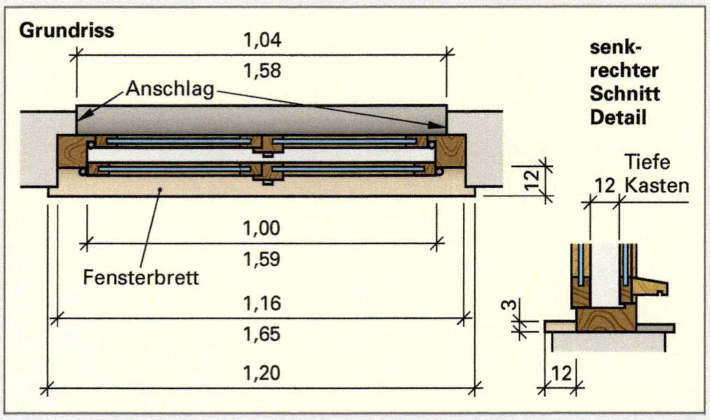

Aufgabe 7

Berechnen Sie 5 rechteckige Blendrahmentüren für einen beiderseitigen Anstrich!

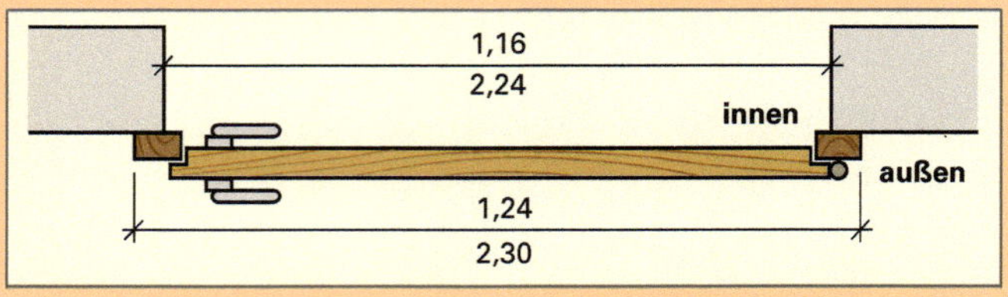

Aufgabe 8 Ermitteln Sie für die beiderseitige Anstrichfläche von 3 Holzzargentüren in anschlaglosem Mauerwerk den Materialbedarf in kg und die nötige Arbeitszeit in Stunden und Minuten für eine aufwendige Beschichtung!

Arbeitsschritt	Materialbedarf	Zeit
Spachteln	350 g/m²	25 min/m²
Vorstreichen (2 x)	240 g/m²	18 min/m²
Lackieren	140 g/m²	11 min/m²

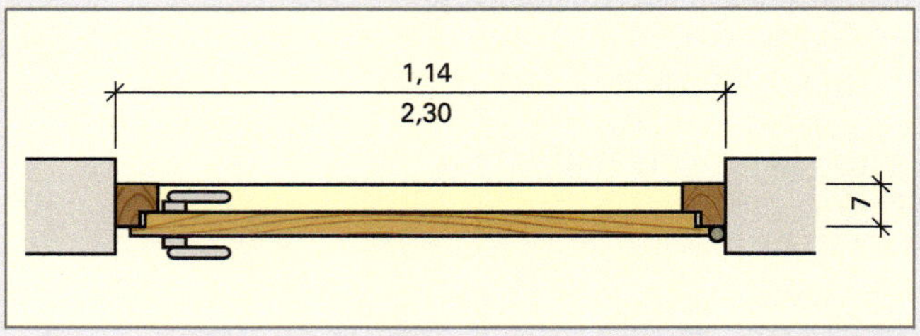

Aufgabe 9

Ermitteln Sie für 4 Türen mit Futter und Bekleidung in einem anschlaglosen Mauerwerk den Materialbedarf und die eingeplante Arbeitszeit für eine aufwändige beiderseitige Beschichtung!

Material- und Zeitangaben wie in Aufgabe 8.

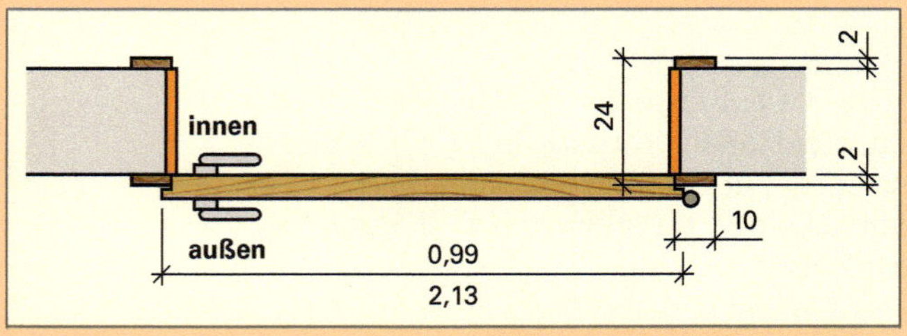

Aufgabe 10

Berechnen Sie die ungefähre Anstrichfläche für eine beiderseitige Beschichtung des Tores.

Maße: siehe Abbildung, Tordicke 7 cm.

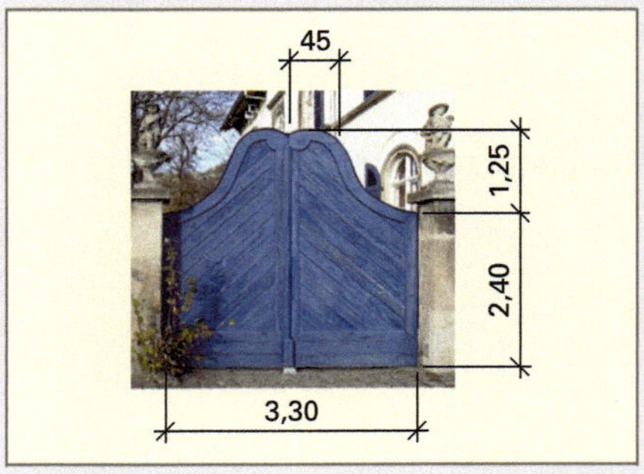

16.1 Grundlagen der Berechnung von Tapezierarbeiten

Tapezierarbeiten sind Leistungen, die der Maler und Lackierer nach Flächenmaß in Quadratmetern abrechnet. Analog zu den Anstricharbeiten werden Wandöffnungen (Fenster, Türen) übermessen. Ein Abzug erfolgt erst ab 2,50 m² Einzelgröße. Vorsprünge, Nischen, Erker, etc. werden hinzugerechnet.

Als Längenmaß in Metern wird z. B. das Anbringen von Fußleisten berechnet. Aussparungen von über 1,00 m, z. B. Unterbrechungen durch breitere Türen, werden abgezogen.

Für die Bedarfsermittlung von **Wandbekleidungen** werden Fenster und Türen nicht berücksichtigt. Erst bei sehr großen Fensterflächen und großformatigen Doppelflügeltüren ist es aus Kostengründen sinnvoll, die exakte Bahnenzahl für die zu tapezierende Fläche zu ermitteln. Auf der Baustelle geschieht dies meistens durch Abschreiten des Raumumfangs mit einer Tapetenrolle der entsprechenden Breite. Rollenbreite für Rollenbreite wird der Raum, ausgehend von einer Raumecke, seiner Abwicklung folgend umrundet und dabei gezählt, wie oft die Rollenbreite (= Bahnenbreite) nebeneinander passt. (Bild 1). Anhand der Wandhöhe und der Rollenlänge ermittelt der Maler und Lackierer, wie viele Bahnen er pro Rolle erhält und ob die Reststücke für die verbleibenden Flächen über Fenstern und Türen lang genug sind und damit ausreichen.

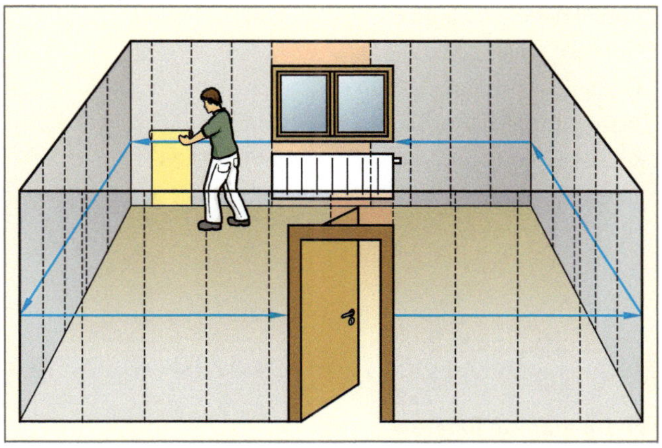
Bild 1: Bahnenbedarfsermittlung durch Abschreiten

Der **Tapetenbedarf** hängt grundsätzlich von folgenden Faktoren ab:

- Rollenmaß (bei Eurorolle: 10,05 x 0,53)
- Anzahl der aus der Rolle zu schneidenden Bahnen (bei Euromaß und normaler Raumhöhe: 3 Bahnen)
- Räumliche Besonderheiten wie Nischen, Vorsprünge, Schrägen, etc.
- Verschnitt der Tapete aufgrund des Musters

Ansatzfreie Tapeten besitzen kein Muster. Sie werden fortlaufend zugeschnitten, sodass kaum Verschnitt anfällt. Der Musterabstand gleicher Motive heißt Rapport. Deshalb werden Mustertapeten auch als **Rapporttapeten** bezeichnet. Bei Tapeten mit geradem Ansatz liegt das Muster jeder Bahn auf gleicher Höhe.

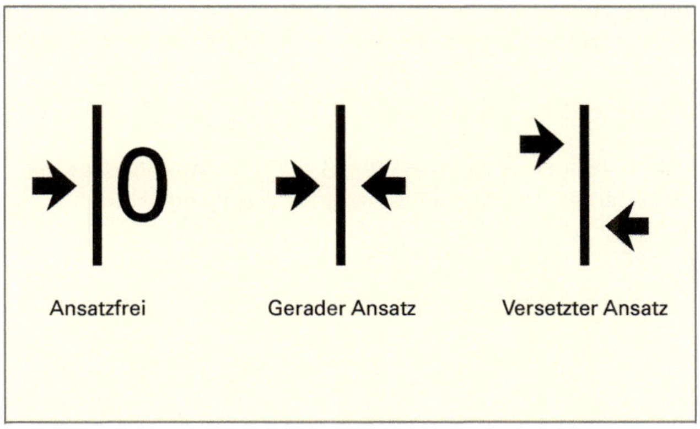

Bild 2: Wichtige Tapetensymbole für die Bedarfsberechnung

Beim Zuschneiden werden die gleichen Motive Bahn für Bahn aufeinandergelegt. Je kleiner der Rapport, desto geringer der Verschnitt. Der Verschnitt von **Mustertapeten** kann maximal eine Rapportlänge betragen. Bei Mustertapeten mit versetztem Ansatz werden die Bahnen um den auf dem Tapetenetikett angegebenen Wert versetzt geklebt. Die Angabe 54/27 bedeutet, dass die Wiederholung des Musters alle 54 cm erfolgt und die nächste Bahn mit einem Versatz von 27 cm geklebt werden muss.

Versatztapeten werden ähnlich wie Mustertapeten mit geradem Ansatz aufgeschnitten. Der Unterschied besteht darin, dass bei jeder zweiten Bahn die Motive deckungsgleich sind und somit jede zweite Bahn beim Aufschneiden um den Versatz verschoben wird.

Für die genaue Berechnung der **Rollenanzahl** muss ein Aufmaß erstellt werden. Die Maße hierfür werden entweder der Bauzeichnung entnommen oder am Objekt ermittelt.

Bei der Berechnung des Tapetenbedarfs kommt es oft nicht zu glatten Ergebnissen. Deshalb sind folgende Rundungsregeln zu beachten:

- Die Anzahl der pro Rolle errechneten Bahnen wird abgerundet, weil nur ganze Bahnen für die Raumhöhe nutzbar sind (z. B. 3,8 Bahnen abrunden ➜ 3 Bahnen).
- Die Anzahl der berechneten Rollen wird aufgerundet, da nur ganze Rollen bestellt werden können (z. B. 10,2 Rollen aufrunden ➜ 11 Rollen).
- Bei der Berechnung der Rapporte pro Bahn wird aufgerundet (z. B. 5,3 Rapporte aufrunden ➜ 6 Rapporte).

16.2 Abrechnung von Tapezierarbeiten

Die Preise für die Tapeten werden pro Rolle, manchmal auch für den laufenden Meter oder für den Quadratmeter vom Hersteller angegeben. Für die Angebots- und Rechnungserstellung muss der Maler und Lackierer eine Preisangabe bezogen auf den Quadratmeter angeben, damit der Kunde einen Angebotsvergleich vornehmen kann.

Beispielaufgabe für die Preisberechnung von Tapezierarbeiten:

Berechnen Sie den Preis einer Tapezierarbeit pro Quadratmeter!
Anzahl der Tapetenrollen inkl. Verschnitt: 11 Rollen
Preis pro Rolle: 52,00 €
Tapetengesamtpreis: 572,00 €
Tapezierte Fläche: 49,00 m²
Kosten für weitere Werk- und Hilfsstoffe: 123,25 €
Lohnkosten: 720,00 €

Kosten für Werk- und Hilfsstoffe		123,25 €
Kosten für Wandbekleidung	+	572,00 €
Lohnkosten	+	720,00 €
		1415,25 €
Dividiert durch die Gesamtfläche	:	49,00
		28,88 €
19 % MwSt.	+	5,49 €
Preis pro Quadratmeter		**34,37 €**

16.3 Überschlägige Tapetenbedarfsberechnung nach Flächenmaß

Für ansatzfreie Tapeten

Die Berechnung nach Flächenmaß berücksichtigt das Verhältnis der zu tapezierenden Gesamtfläche zur Fläche, die mit einer Rolle tapeziert werden kann. Bei einer Europarolle sind das 5,33 m². Dividiert man die Gesamtfläche durch die Tapetenfläche, so erhält man theoretisch die Anzahl der Rollen, die man benötigt. Der Verschnitt wird bei ansatzfreien Tapeten mit einem Abzug von 10 % berücksichtigt (5,33 m² – 0,53 m² = 4,8 m²).

Beispielaufgabe: Tapezieren von **Wandflächen** mit ansatzfreien Tapeten

Der Rollenbedarf ist für die Tapezierung der Wandflächen mit Europarolle (10,05 m x 0,53 m) ansatzfrei zu berechnen.

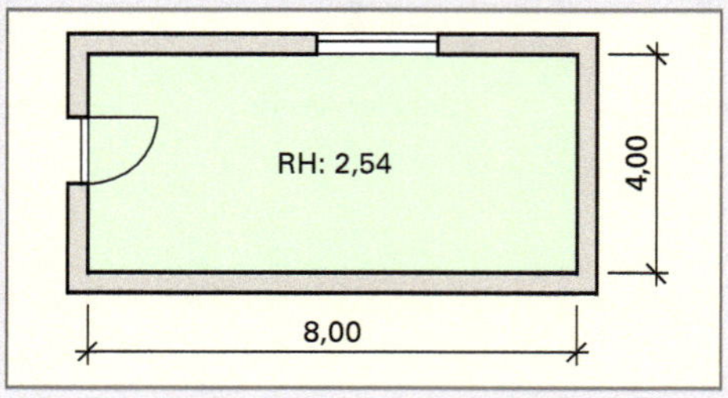

Tapezierfläche:	(8,00 + 4,00) · 2 · 2,54	= 60,96 m²
Nutzfläche pro Rolle:	5,33 – 10 %	= 4,80 m²
Rollenbedarf:	60,96 : 4,80 = 12,7	**➜ 13 Rollen**

Für Mustertapeten

Bei der Bedarfsberechnung von Mustertapeten müssen aufgrund des größeren Verschnitts höhere Abzüge berücksichtigt werden. Für Tapeten mit kleinem Rapport werden von der Nutzfläche einer Europarolle 20 % abgezogen (5,33 – (5,33 : 100 % · 20 %) = 5,33 – 1,07 = 4,26 m²).
Für große Rapporte und Versatzrapporte sogar 30 % (5,33 – (5,33 : 100 % · 30 %) = 5,33 – 1,60 = 3,73 m²).

Beispielaufgabe: Tapezieren von **Wandflächen** mit Mustertapeten

Der Rollenbedarf ist für die Tapezierung der Wandflächen mit Europarolle (10,05 m x 0,53 m) zu berechnen.
a) für kleine Rapporte; b) für große Rapporte

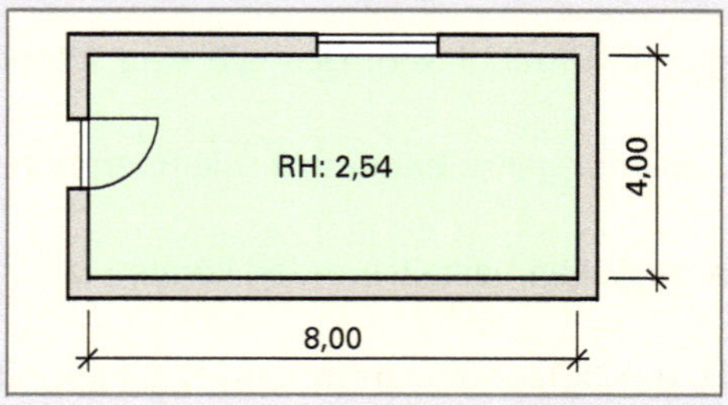

a) Für kleine Rapporte

Tapezierfläche:	(8,00 + 4,00) · 2 · 2,54	= 60,96 m²
Nutzfläche pro Rolle:	5,33 – 20 %	= 4,26 m²
Rollenbedarf:	60,96 : 4,26 = 14,3	**➜ 15 Rollen**

a) Für große Rapporte und Rapporte mit Versatz

Tapezierfläche:	(8,00 + 4,00) · 2 · 2,54	= 60,96 m²
Nutzfläche pro Rolle:	5,33 – 30 %	= 3,73 m²
Rollenbedarf:	60,96 : 3,73 = 16,3	**➜ 17 Rollen**

16.4 Überschlägige Tapetenbedarfsberechnung nach Faustformel und Tabelle

Mit einer Faustformel kann der Tapetenbedarf für Rollen mit Europamaß und normal geschnittene Räume leicht ermittelt werden.

Entsprechend der Formel $\frac{\text{Raumumfang} \cdot \text{Raumhöhe}}{5}$ wird die zu tapezierende Wandfläche durch den Faktor 5 geteilt.

Für Deckenflächen gilt entsprechend: $\frac{\text{Deckenlänge} \cdot \text{Deckenbreite}}{5}$ Für großformatige Muster wird empfohlen, durch den Faktor 4 zu dividieren.

Beispielaufgabe: Tapezieren von **Wandflächen** mit Mustertapeten

Der Rollenbedarf ist für die Tapezierung der Wandflächen mit Europarolle (10,05 x 0,53) nach Faustformel zu berechnen.

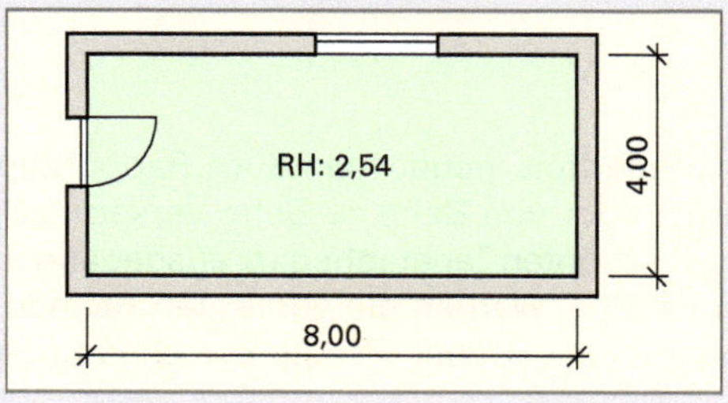

$$\frac{(8{,}00 + 4{,}00) \cdot 2 \cdot 2{,}54}{5}$$

$$= \frac{60{,}96}{5} = 12{,}2 \rightarrow \textbf{13 Rollen}$$

Für großformatige Muster:

$$\frac{60{,}96}{4} = 15{,}2 \rightarrow \textbf{16 Rollen}$$

II Aufmaße

Auf der Grundlage dieser Faustformel sind Tabellen erstellt worden, anhand derer der **Rollenbedarf** für ansatzfreie Tapeten annähernd abgelesen werden kann.

Tabelle 1: Rollenanzahl bei unterschiedlichen Raumhöhen

Raumumfang (m)	Rollenanzahl bei unterschiedlichen Raumhöhen (m)		
	2,10 – 2,35	2,40 – 3,05	3,10 – 4,00
6	3	4	5
10	5	7	9
12	6	8	11
15	8	10	14
18	9	12	17
20	10	14	19
24	12	**16**	23
31	15	19	25

16.5 Genaue Tapetenbedarfsberechnung nach Aufmaß und Bahnenanzahl

Für eine überschlägige Kalkulation mag die Bedarfsberechnung nach Flächenmaß hinreichend sein, als Grundlage für die Bestellung der erforderlichen Stückzahl der Tapetenrollen ist sie es nicht, weil die Nachbestellung von Tapeten immer problematisch ist. Der Hersteller kann in der Regel nicht garantieren, dass die nachgelieferten Rollen aus derselben Produktionseinheit (Charge) stammen. Unterschiedliche Herstellungschargen bedingen Farbtonabweichungen, die wiederum zu Kundenreklamationen führen können (vor der Verarbeitung sind die Anfertigungsnummern zu vergleichen). Deshalb muss der Rollenbedarf genau berechnet werden, um die erforderliche Anzahl bestellen zu können. Dies gilt umso mehr für hochwertige und teure Tapeten.

Für ansatzfreie Tapeten

Der exakte Rollenbedarf ansatzfreier Tapeten für die Wandflächen eines Raumes lässt sich wie folgt berechnen:

1. **Ermitteln des Raumumfangs**
   (Länge + Breite) · 2

2. **Ermitteln der Bahnenanzahl**
   Raumumfang : Bahnenbreite

3. **Ermitteln der Anzahl der Bahnen pro Rolle**
   Rollenlänge : (Raumhöhe + 10 cm Zugabe)

4. **Ermitteln der benötigten Rollenanzahl**
   Bahnenanzahl : Anzahl der Bahnen pro Rolle

Beispielaufgabe: Tapezieren von **Wandflächen** mit ansatzfreien Tapeten

Der Rollenbedarf ist für die Tapezierung der Wandflächen mit ansatzfreier Europarolle (10,05 x 0,53) zu berechnen.

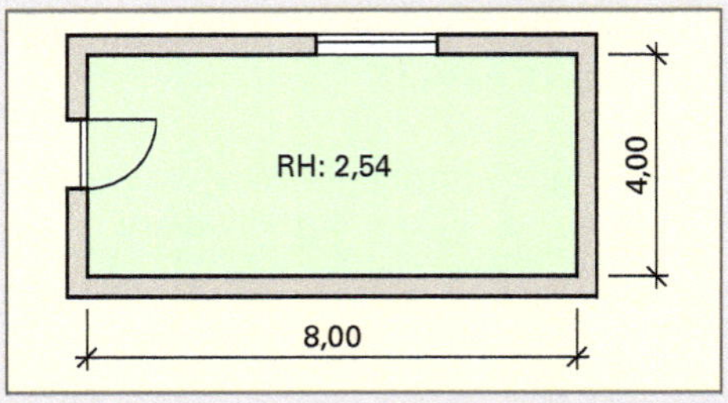

1. **Ermitteln des Raumumfangs:**
   (8,00 + 4,00) · 2 = 24,00 m
2. **Ermitteln der Bahnenzahl:**
   24,00 : 0,53 = 45,3 ➜ **aufrunden:** 46
3. **Ermitteln der Bahnen pro Rolle:**
   10,05 : (2,54 + 0,10) = 3,8 ➜ **abrunden:** 3 Bahnen
   (Reststücke für Tür- und Fensterstürze verwenden)
4. **Ermitteln der Rollenzahl:**
   46 : 3 = 15,3 Rollen
   Bei glatter Rollenzahl wird eine Ersatzrolle bestellt
   ➜ **16 Rollen**

Für Mustertapeten

Tapeten bei denen sich das Muster in regelmäßigen Abständen wiederholt, nennt man auch Rapporttapeten. Auf dem Einlegezettel ist angegeben, ob das Muster in geradem Ansatz oder von Bahn zu Bahn versetzt geklebt wird (versetzter Rapport). Bei großformatigen Mustern muss von einem erhöhten Tapetenbedarf ausgegangen werden, wenn die Bahnen fortlaufend von derselben Rolle aufgeschnitten werden. Werden die versetzten Bahnen von zwei unterschiedlichen Rollen aufgeschnitten, kann sehr ökonomisch gearbeitet werden. Für die Berechnung der exakten Bahnenlänge gilt:

1. Wandhöhe : Rapport = **Rapportanzahl** (aufrunden)
   \+ Zugabe von einem Rapport
   Bei ganzzahligen Ergebnissen wird ebenfalls ein Rapport zugegeben!
2. Rapportanzahl · Rapport(-länge) = **Bahnenlänge**

Beispielaufgabe: Tapezieren von **Wandflächen** mit Mustertapeten

Der Rollenbedarf ist für die Tapezierung der Wandflächen mit Europarolle (10,05 x 0,53) zu berechnen.

a) für kleine Rapporte (14/7)

b) für große Rapporte (50/25)

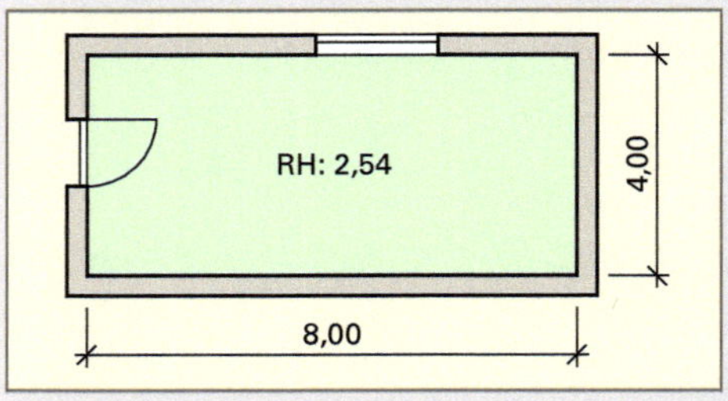

a) **Berechnung für kleine Rapporte (10/5)**

1. **Ermitteln des Raumumfangs:**
   (8,00 + 4,00) · 2 = 24,00 m
2. **Ermitteln der Bahnenzahl:**
   24,00 : 0,53 = 45,3 ➜ **aufrunden** 46
3. **Ermitteln der Bahnen pro Rolle:**
   Rapporte: 2,54 : 0,14 = 18,1 ➜ **aufrunden** 19 + 1
   Bahnenlänge: 20 · 0,14 = 2,80
   Bahnenzahl/Rolle: 10,05 : 2,80 = 3,6 ➜ **abrunden** 3
4. **Ermitteln der Rollenzahl:**
   46 : 3 = 15,3

   Es werden 16 Rollen benötigt

b) **Berechnung für große Rapporte (50/25)**

1. **Ermitteln des Raumumfangs:**
   (8,00 + 4,00) · 2 = 24,00 m
2. **Ermitteln der Bahnenzahl:**
   24,00 : 0,53 = 45,3 ➜ **aufrunden** 46
3. **Ermitteln der Bahnen pro Rolle:**
   Rapporte: 2,54 : 0,50 = 5,08 ➜ **aufrunden** 6 + 1
   Bahnenlänge: 7 · 0,50 = 3,50
   Bahnenzahl/Rolle: 10,05 : 3,50 = 2,9 ➜ **abrunden** 2
4. **Ermitteln der Rollenzahl:**
   46 : 2 = 23

   Es werden 23 Rollen benötigt

Bei ganzzahligem Ergebnis und großformatigen Mustern eine Ersatzrolle einplanen

Die unterschiedlichen Berechnungsarten führen annähernd zu gleichen Ergebnissen. Für eine ungefähre Preiskalkulation mag eine überschlägige Bedarfsberechnung genügen. Für ein genaues Angebot und bei ausgefallenen und wertvollen (teuren) Wandbekleidungen muss eine genaue Berechnung durchgeführt werden!

16.6 Symmetrische Aufteilung von Tapezierflächen

Bei der Verarbeitung von bestimmten Wandbekleidungen, z. B. Tapeten mit großen, wiederkehrenden Mustern oder Wandbildtapeten, die nicht die gesamte Wandfläche abdecken, muss die Wandbekleidung symmetrisch auf die Fläche abgestimmt werden. Dazu wird die Mitte der Wandlänge und die Mitte der Wandhöhe bestimmt.

Beispielaufgabe: Aufteilen von Wandflächen bei großformatigen Mustern

Teilen Sie die Tapete auf der Wand so auf, dass die großformatige Raute mit dem Wandmittelpunkt übereinstimmt und die übrigen Muster symmetrisch zu den Wandbegrenzungen verlaufen.

Tapetenmaß: Europarolle (10,05 m x 0,53 m)
Wandlänge: 3,18 m
Wandhöhe : 3,20 m

1. Wandmittelpunkt bestimmen und Mittelsenkrechte der Wand anzeichnen: 3,18 : 2 = 1,59
2. Halbe Bahnenbreite rechts und links von der Mittelsenkrechten (mit Bleistift) abtragen: 1,59 - 0,53 : 2 = 1,33
3. Die mittlere Bahn mit dem Hauptmuster auf die Wandhöhe ausrichten
4. Übrige Wandlänge rechts und links durch die Bahnenbreite dividieren (Bahnenbedarf für jeweils eine Seite): 1,33 : 0,53 = 2,5 ➜ 3 Bahnen
5. Gesamtbedarf: 7 Bahnen

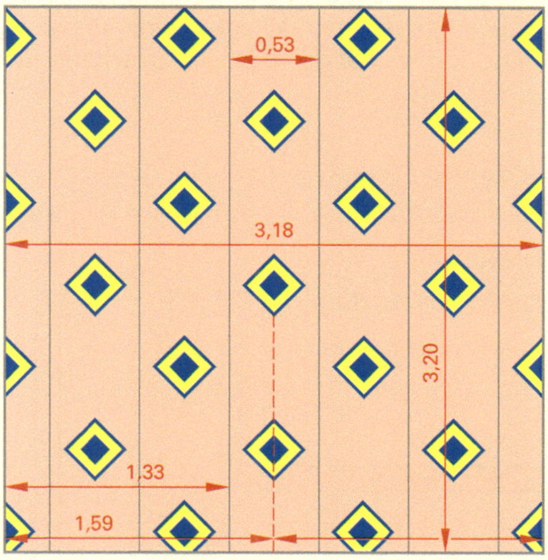

16.7 Das Tapezieren von Decken

Deckenflächen können in Längs- oder Querrichtung tapeziert werden. Welche Möglichkeit gewählt wird, hängt in der Regel vom Lichteinfall ab. Normalerweise liegen die Nähte in Richtung des Lichteinfalls **(Beispiel 1)**. Wird quer zum Lichteinfall tapeziert, beginnt man an der Fensterwand und arbeitet vom Licht weg, damit die Nähte nicht sichtbar werden. Das folgende Rechenbeispiel macht deutlich, welche Auswirkung die Tapezierrichtung auf den Materialverbrauch hat. Es ist zu bedenken, dass ein erhöhter **Verschnitt** zu höheren Kosten führt.

Beispielaufgabe: Tapezieren von Deckenflächen mit Tapeten ohne Rapport

Der Tapetenbedarf für die abgebildete Decke ist für die Tapezierung mit Europarolle (10,05 m x 0,53 m) zu berechnen.

Beispiel 1

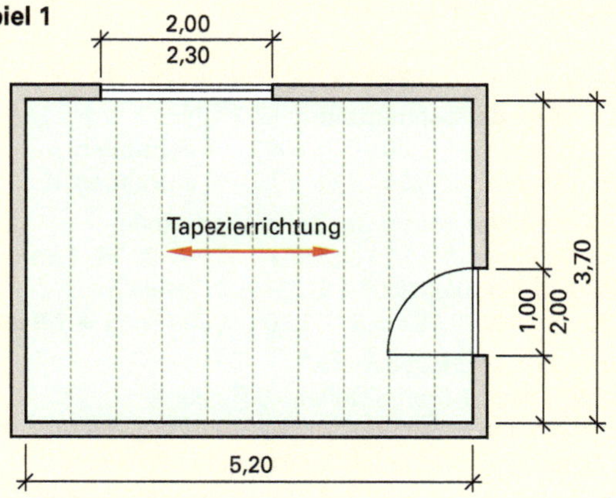

1. **Ausgehen von der Längswand:**
   Länge: 5,20 m
2. **Ermitteln der Bahnenzahl:**
   5,20 : 0,53 = 9,8 ➜ **aufrunden:** 10 Bahnen
3. **Ermitteln der Anzahl der Bahnen pro Rolle:**
   10,05 : (3,70 + 0,10) = 2,6 ➜ **abrunden:** 2 Bahnen
4. **Ermitteln der Rollenanzahl:**
   10 : 2 = 5

   Es werden 5 Rollen benötigt

Beispiel 2

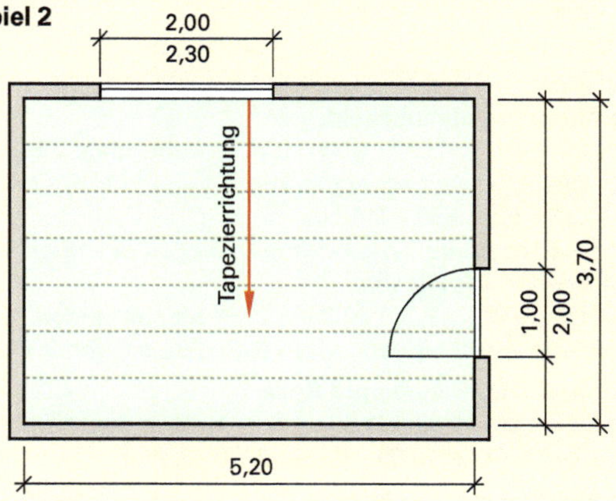

1. **Ausgehen von der Querwand:**
   Länge: 3,70 m
2. **Ermitteln der Bahnenzahl:**
   3,70 : 0,53 = 6,98 ➜ **aufrunden:** 7 Bahnen
3. **Ermitteln der Anzahl der Bahnen pro Rolle:**
   10,05 : (5,20 + 0,10) = 1,9 ➜ **abrunden:** 1 Bahn
4. **Ermitteln der Rollenanzahl:**
   7 : 1 = 7

   Es werden 7 Rollen benötigt

Bei zusammengesetzten Deckenflächen wird die Bedarfsberechnung für die Flächen getrennt vorgenommen. Zunächst wird jedoch der Bedarf für die größere Decke berechnet, da Verschnittstücke für die kleinere Fläche verwendet werden können.

Bei der Deckenfläche von **Bild 1** ist es zwar möglich, die größten Raummaße (Gesamtlänge · Gesamtbreite) als Berechnungsgrundlage zu nehmen, ökonomischer ist jedoch die getrennte Bedarfsberechnung für die Teilflächen. Neben dem Lichteinfall entscheidet die Menge des Verschnitts, ob in Längs- oder Querrichtung tapeziert wird.

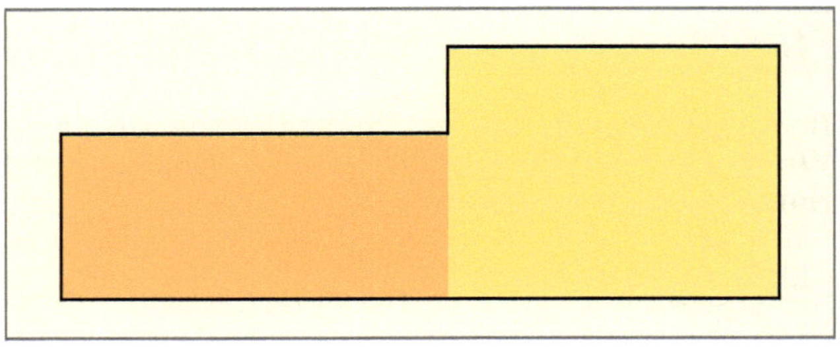

Bild 1: Aufteilung in Teilflächen

Beispielaufgabe: Tapezieren von zusammengesetzten Deckenflächen mit Tapeten ohne Rapport

Die abgebildete Deckenfläche wird mit einer Vliestapete tapeziert (10,05 x 0,53). Der Materialbedarf ist zu ermitteln.

Möglichkeit 1

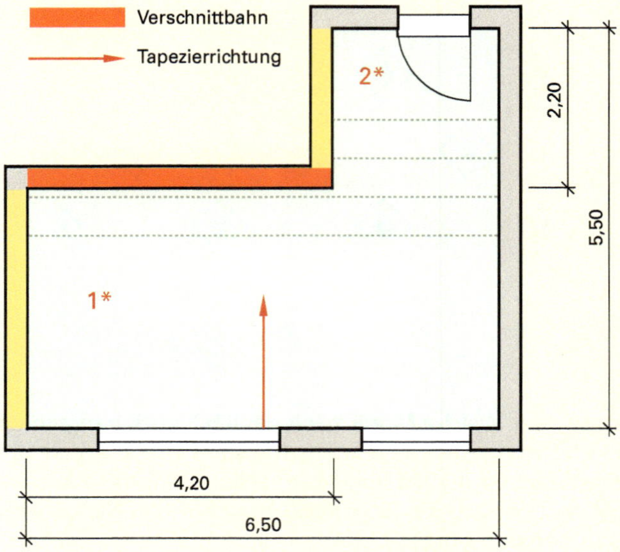

Möglichkeit 2

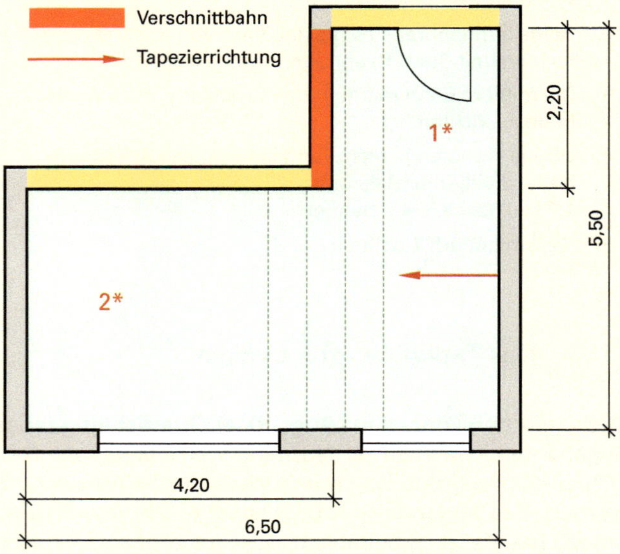

*** Bei den Berechnungen vom Raumteil mit der größten Bahnenlänge ausgehen. Reststücke der Rollen können für die kürzeren Bahnen des kleineren Raumteils verwendet werden!**

Möglichkeit 1:

1. **Ausgehen von der markierten Wand:**
   Länge 1: 5,50 – 2,20 = 3,30
   Länge 2: 2,20
2. **Ermitteln der Bahnenzahl:**
   Für Länge 1: 3,30 : 0,53 = 6,2 ➜ **aufrunden:** 7 Bahnen
   (Es bleibt eine Verschnittbahn mit folgender Breite übrig: 7 · 0,53 – 6,2 · 0,53 = 0,42 m nur 0,40 m Breite berücksichtigen wegen eventuell ungerader Schnittkante)
   Für Länge 2: 2,20 : 0,53 = 4,2 ➜ **hier abrunden:** 4
   (weil die Verschnittbahn 4,20 · 0,40 genutzt werden kann)
3. **Ermitteln der Bahnen pro Rolle:**
   10,05 : (6,50 + 0,10) = 1,5 ➜ **abrunden:** 1 Bahn
   Reststück/Rolle: 10,05 – 6,50 + 0,10 = 3,45 m
4. **Ermitteln der Rollenanzahl:**
   7 (Bahnen): 1 (Bahn / Rolle) = 7 Rollen

   Es werden 7 Rollen benötigt.

   Die Reststücke/Rolle von 3,45 m reichen für den kleineren Raumteil, da nur 4 Bahnen á 2,40 m (6,50 – 4,20 + 0,10) benötigt werden.

Möglichkeit 2:

1. **Ausgehen von der markierten Wand:**
   Länge 1: 6,50 – 4,20 = 2,30
   Länge 2: 4,20
2. **Ermitteln der Bahnenzahl:**
   Für Länge 1: 2,30 : 0,53 = 4,3 ➜ **aufrunden:** 5
   Für Länge 2: 4,20 : 0,53 = 7,9 ➜ **aufrunden:** 8
3. **Ermitteln der Anzahl der Bahnen pro Rolle:**
   Für Raumteil 1: 10,05 : (5,50 + 0,10) = 1,7 ➜ **1 Bahn**
   Reststück/Rolle: 10,05 – 5,50 + 0,10 = 4,65 m
   (**Raumteil 2:** 10,05 : (5,50 – 2,20 + 0,10) = 2,95 ➜ **2 Bahnen**)
4. **Ermitteln der Rollenanzahl**
   5 (Bahnen) : 1 (Bahn/Rolle) = 5 (Rollen)
   Es bleiben 5 Reststücke von 4,85 m übrig, die für 5 Bahnen von Raumteil 2 verwendet werden.
   Benötigt werden jedoch 8 Bahnen. Da nur 2 Bahnen für die kürzere Länge von Raumteil 2 aus einer Rolle aufgeschnitten werden können, benötigt man 2 weitere, also insgesamt **7 Rollen**.

16.8 Aufgaben

Aufgabe 1 In einer Schule sollen in 10 Klassenräumen mit gleicher Grundfläche und gleicher Fenster- und Türenanordnung die Decken und Wände mit Raufaser (33,50 x 0,53) tapeziert werden. Die Fußleistenhöhe beträgt 15 cm.

Berechnen Sie:

a) Den Rollenbedarf ohne Berücksichtigung der Bahnenlänge (überschlägige Bedarfsberechnung, 10 % Verschnitt).

b) Den genauen Rollenbedarf unter Berücksichtigung der Bahnenlänge.

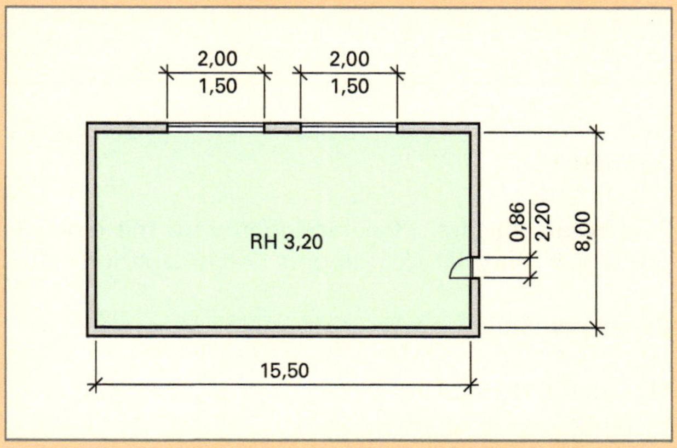

Aufgabe 2 In einer Reihenhaussiedlung werden 12 Wohnzimmerdecken mit Glattvlies (10,05 x 0,53) tapeziert.

Berechnen Sie den Rollenbedarf und ermitteln Sie die wirtschaftlichste Tapezierrichtung.

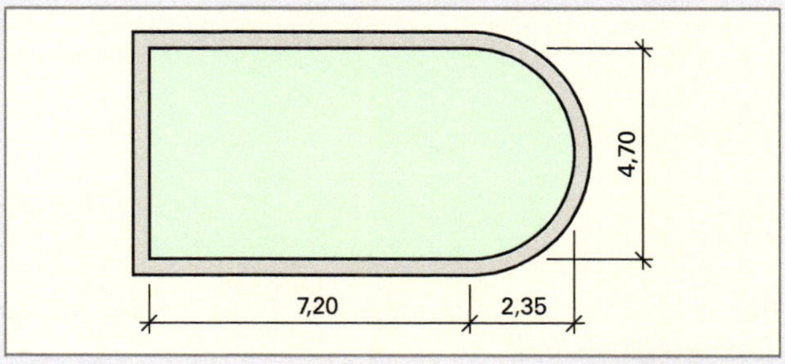

Aufgabe 3

Berechnen Sie den Bedarf an Renoviervlies (Objektware 50,00 x 1,00) für einen Ausstellungsraum! Fertigen Sie zunächst eine Skizze an! Die Fenster und Türen befinden sich jeweils an den gegenüberliegenden Längsseiten des Raumes. Sie werden für die Bedarfsberechnung nicht berücksichtigt. Rechnen Sie 10 % Verschnitt ein.

Länge:		75,30 m
Breite:		52,25 m
Raumhöhe:		6,40 m
3 Doppelflügeltüren	Breite:	2,20 m
	Höhe:	2,40 m
5 Fenster	Breite:	3,50 m
	Höhe:	2,40 m

Aufgabe 4

In einem runden Empfangsraum (Durchmesser 12,36 m, Wandhöhe 3,80 m) werden die Decke mit Raufaser (33,50 x 0,53), die Wände mit einer Vliesträgertapete (Europarolle) mit geradem Ansatz tapeziert.

Berechnen Sie den Tapetenbedarf. Fenster- und Türöffnungen bleiben unberücksichtigt!

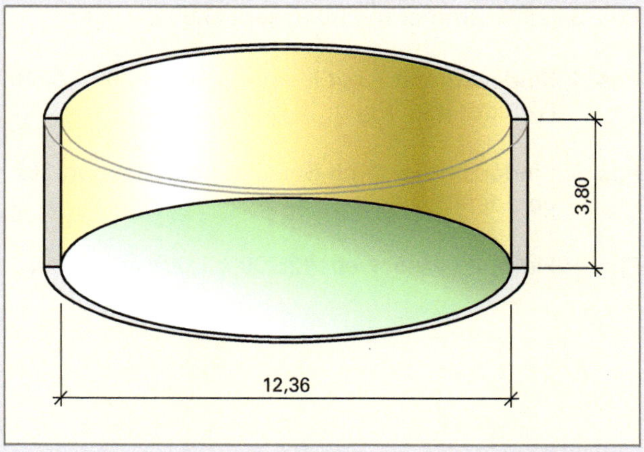

Aufgabe 5 In einem Raum von 3,20 m Höhe wird eine Mustertapete (Rapport 0,46 m) tapeziert. Wie viele Bahnen können aus einer Europarolle geschnitten werden?

Aufgabe 6

Eine Wand mit drei Pfeilervorlagen wird mit einer Rapporttapete (Europarolle, Rapport 12 cm) tapeziert.

Berechnen Sie:

a) den Bahnenbedarf

b) die Länge der Edelstahl-Kantenprofile

c) die Fußleiste

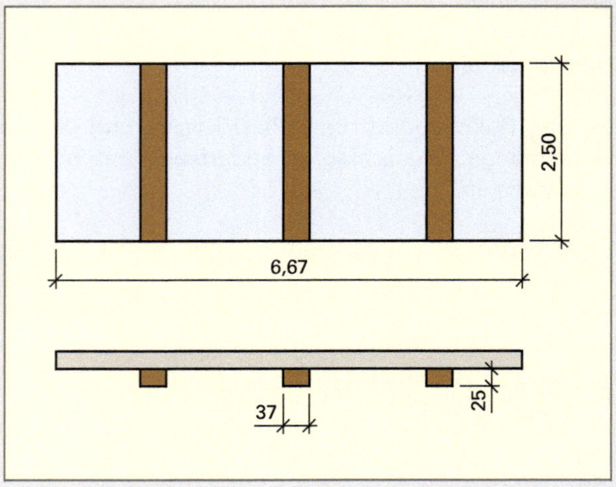

Aufgabe 7

Berechnen Sie den Rollenbedarf (Europarolle) für eine Treppenhauswand.

a) Ansatzfrei

b) Mustertapete (Rapport 25 cm gerader Ansatz)

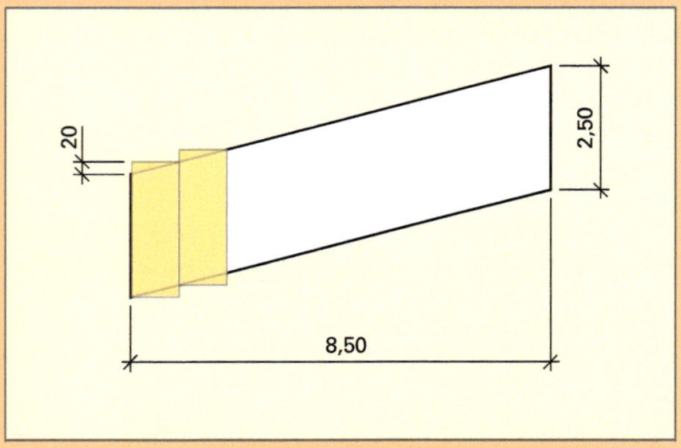

Aufgabe 8

Berechnen Sie den Tapetenbedarf anhand der Grundrisszeichnung für folgende Leistungsbeschreibung:

Pos. 1: Deckenflächen (alle Räume) Raufaser (33,50 x 0,53)

Pos. 2: Wohnzimmer mit Strukturvlies (10,05 x 0,53);

Pos. 3: Schlafzimmer mit Raufaser (33,50 x 0,53)

Pos. 4: Kinderzimmer 1 mit Mustertapete (10,05 x 0,53); (Versatz: 38 / 19)

Pos. 5: Kinderzimmer 2 mit Mustertapete (Rapport 26); gerader Ansatz

Pos. 6: Flur mit Glasgewebe (25,00 x 1,00); ansatzfrei

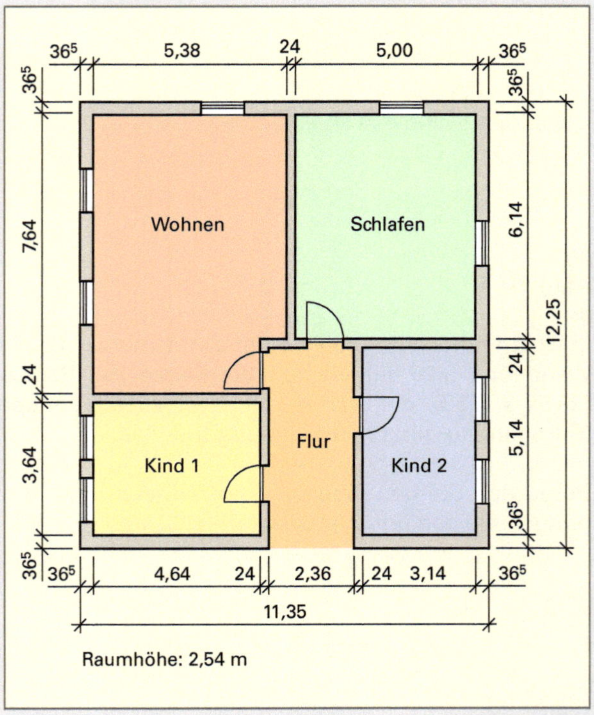

17.1 Aufmaßregeln für Fußböden

Bei der Abrechnung von **Fußbodenarbeiten** wird unterschieden zwischen der Abrechnung nach Zeichnungsmaß und **Fertigmaß**. Das **Zeichnungsmaß** entspricht den Rohbauabmessungen, ohne Verputz, Verkleidungen und Dämmstreifen. Das Fertigmaß ist das lichte Maß (die nutzbare Fläche) zwischen den Wänden, also die Fläche, die vom Maler vor Ort mit dem Meterstab ermittelt werden kann. Die zugrunde gelegte Fläche ist demnach beim Rohbaumaß größer als beim Fertigmaß (Bild 1).

Die Fußbodenfläche wird aus der Zeichnung oder durch das Aufmaß ermittelt und in Quadratmetern angegeben.

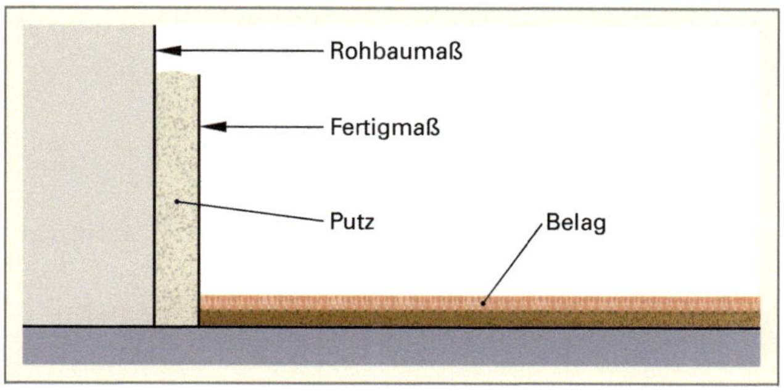

Bild 1: Rohbaumaß und Fertigmaß

Aufmaß von Bodenbelagarbeiten

Zu den vom Maler und Lackierer am häufigsten verlegten Bodenbelägen gehören elastische und textile Beläge, die als Bahnen- oder Fliesenware verarbeitet werden. Auch Fertigfußböden in Paneelformat aus Holz- und Holzwerkstoffen (Fertigparkett und Laminat) gehören ebenso zum Auftragsspektrum wie keramische Fliesenbeläge. Es gelten folgende Aufmaßregeln:

- Vorbereitungs- und Belagsarbeiten werden nach Fläche in Quadratmeter abgerechnet.
- Die Abrechnung erfolgt nach Rohbaumaß (Fußleisten, Dämmstreifen, etc. werden übermessen).
- Rücksprünge, z. B. Fenster- und Türnischen werden hinzugerechnet.
- Aussparungen, z. B. Pfeiler, Säulen, Kamine, Rohrdurchführungen, usw. werden ab einer Einzelgröße von 0,50 m² abgezogen.

In der VOB, ATV DIN 18365 sind die Regeln für Bodenbelagsarbeiten zugrunde gelegt. In der Regel bestimmt der Maler und Lackierer als Fachmann die **Verlegerichtung** und berücksichtigt hierbei einen möglichst geringen Verschnitt. Im Fall großer Flächen sind bei der Verlegung von Bahnenware Nahtstellen unumgänglich. Folgende Regeln sind zu beachten (Bild 2):

- **Rücksprünge**, z. B. **Türnischen** dürfen nur mit Streifen belegt werden, wenn die Bahnen nicht auf sie zulaufen
- **Kopfnähte** sind erst ab einer Bahnenlänge von 5,00 m erlaubt.

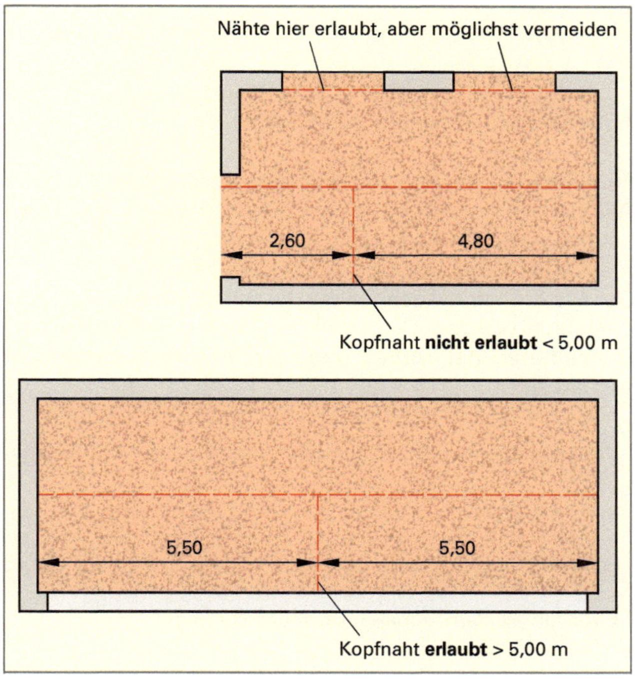

Bild 2: Nahtverlauf bei Bahnenware

Beispielaufgabe: Verlegung von Bodenbelag

Der Eingangsbereich einer Arztpraxis wird mit Linoleum belegt.

Ermitteln Sie das Aufmaß anhand der Zeichnung!

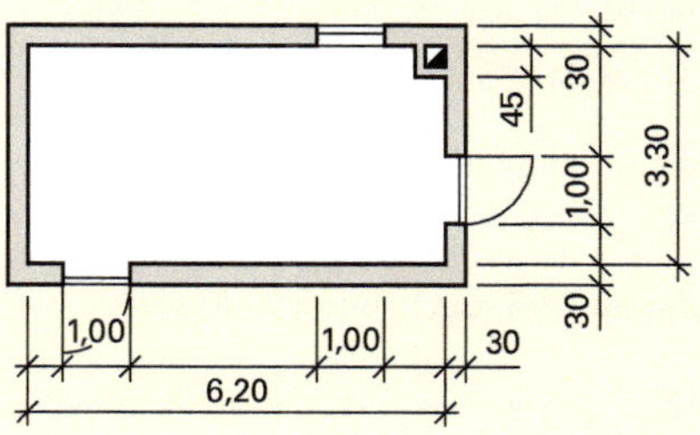

Pos	Bezeichnung	+	−	Abmessungen	Messgehalt	Abzug	Reiner Messgehalt	Einheit
1	Fußboden	1		6,20 · 3,30	20,46			
	Nischen	3		1,00 · 0,30	0,90		**21,36**	m²

Aufmaß von Bodenbeschichtungsarbeiten

Abzüge (Aussparungen, z. B. Schornsteine, Pfeilervorsprünge usw.) sowie **Zuzüge** (Rücksprünge, z. B. Tür- und Heizkörpernischen usw.) werden bis zu einer Einzelfläche von 0,50 m² übermessen. Bei mehr als 0,50 m² Einzelfläche sind sie abzuziehen bzw. hinzuzurechnen.

Beispielaufgabe: Aufmaß eines Fußbodens

Der Fußboden in dem Lagerraum eines Lebensmitteldiscounters wird mit einem Epoxidharz beschichtet.

Ermitteln Sie das Aufmaß anhand der Zeichnung.

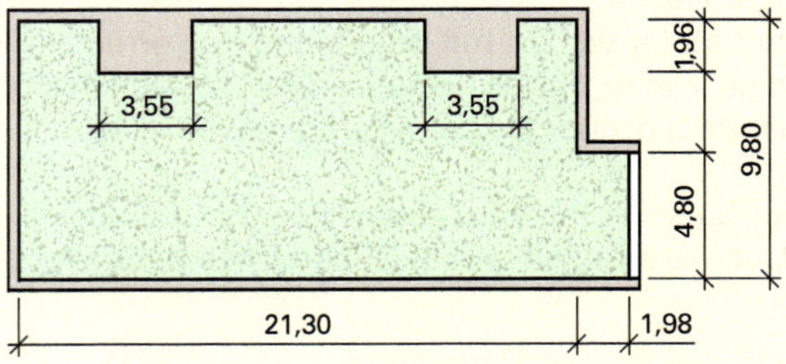

Pos	Bezeichnung	+	–	Abmessungen	Messgehalt	Abzug	Reiner Messgehalt	Einheit
1	Fußboden	1		21,30 · 9,80	208,74			
	Nische	1		4,80 · 1,98	9,50			
	Pfeilervorsprung		2	3,55 · 1,96		13,92		
							204,32	m²

Aufmaß von Fußleisten und Sockel

Fußleisten und gestrichene **Sockel** werden bis zu einer Höhe bzw. Breite von 30 cm nach Längenmaß abgerechnet. Alle zusätzlichen Längen von **Nischen, Pfeilervorsprüngen** etc. werden hinzugerechnet. Unterbrechungen unter 1,00 m Länge werden übermessen. Unterbrechungen von mehr als 1,00 m Länge müssen abgezogen werden.

Der Materialverbrauch für die Beschichtung von Fußleisten und Sockeln kann natürlich nicht über die Längenanga-be berechnet werden. Dieser wird in einer der Preiskalkulation vorangestellten Rechnung nach der zu beschichten-den Fläche berechnet und für den Kalkulationspreis (Preis pro Längenmeter) vom Maler und Lackierer entsprechend berücksichtigt.

Beispielaufgabe: Beschichten von Fußleisten und Schmutzsockel

In einem Abstellraum werden an drei Seiten die Holzfußleisten beschichtet. An der Stirnseite des Raumes (gegenüber der Eingangstür) wird ein Schmutzsockel in Höhe von 45 cm angelegt.

Ermitteln Sie das Aufmaß nach der Zeichnung!

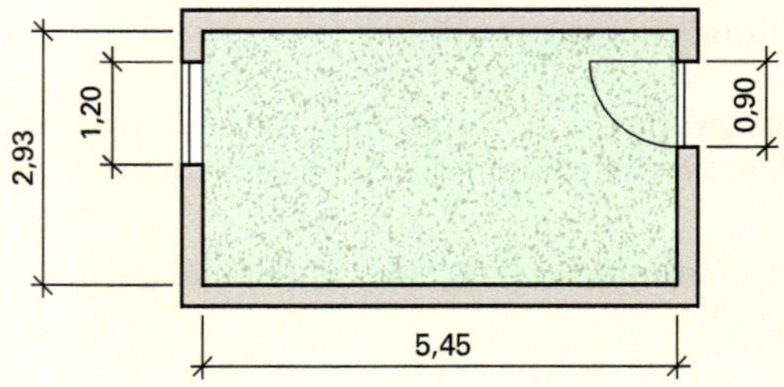

Pos	Bezeichnung	+	–	Abmessungen	Messgehalt	Abzug	Reiner Messgehalt	Einheit
1	Fußleiste	1		5,45 · 2 + 2,93	13,83		**13,83**	**m**
2	Schmutzsockel	1		2,93 · 0,45	1,32			
	Fenster (bodentief)		1	1,20 · 0,45		0,54	**0,78**	**m²**

Beispielaufgabe: Verbrauchsberechnung

Die Fußleisten (Breite: 6 cm) des abgebildeten Raumes sowie der Sockel erhalten einen dreifachen Anstrich mit einem Dispersionslack (Verbrauch 120 ml/m²), der auch als Grundierung geeignet ist.

Berechnen Sie den Verbrauch für die zu beschichtende Fläche.

Fußleisten	13,83 · 0,06 · 0,120 · 3 =	0,299
Schmutzsockel	0,78 · 0,120 · 3 =	0,281
	Gesamtverbrauch	**0,580 l**

17.2 Bedarfsermittlung für Bodenbeläge

Bahnenware

Textile und **elastische Bodenbeläge** werden meistens als Bahnenware geliefert. Gängige Bahnenbreiten sind 2,00 m, 4,00 m und 5,00 m. Ob die Bahnen längs oder quer verlegt werden, hängt von der Grundfläche des Raumes und der Bahnenbreite ab. Zu berücksichtigen ist, dass der Verschnitt gering ausfällt und wenige Ansätze und Nahtstellen nötig sind. Auch Ansätze im Nischenbereich der Verlegerichtung sind möglichst zu vermeiden. Für die Kalkulation und die Rechnungsstellung ist ein Aufmaß des Raumbodens notwendig, da der Preis für den Bodenbelag und die Verlegung pro Quadratmeter angegeben wird.

Damit ein sauberer Schnitt im Randbereich zum Wandanschluss möglich ist, werden 5 cm an den Kopf- und Längsbereichen der Bahn zugegeben. Werden **Randstreifen** zur Fußleistenausführung benötigt, wird die Randstreifenhöhe bei der Bahnenberechnung im Wandanschlussbereich zugerechnet. Für die Ausführung von **Doppelnahtschnitten** muss berücksichtigt werden, dass die Bahnen 10 bis 20 cm übereinander gelegt werden, um den Schnitt sauber ausführen zu können. Zur Bedarfsermittlung werden zwei Rechenschritte ausgeführt (**Übersicht 1**).

1. Bahnenanzahl $= \dfrac{\text{Raumbreite + Zugabe}}{\text{Bahnenbreite}}$

2. Bahnenlänge = Raumlänge + Zugabe 2 · 0,05 m (+ Nischen)

Übersicht 1: Bedarfsermittlung von Bodenbelägen

Beispielaufgabe: Verlegung von Bahnenware

In dem dargestellten Raum mit einer Eingangstür und einem Schiebetür-Fensterelement ist ein Bodenbelag zu verlegen!

Erstellen Sie das Aufmaß und ermitteln Sie den Bedarf des Bodenbelags, sodass aus dem Verschnitt der Randstreifen von 7 cm Breite abfällt. Wählen Sie die günstigste Verlegerichtung. Der Belag wird in der Breite 4,00 m geliefert.

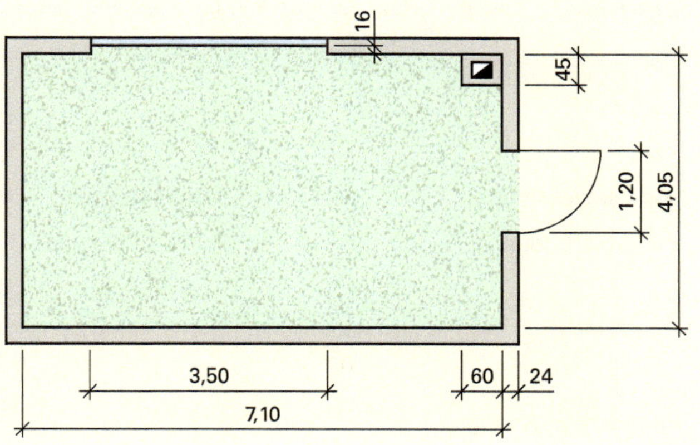

Pos	Bezeichnung	+	–	Abmessungen	Messgehalt	Abzug	Reiner Messgehalt	Einheit
1	**Fußboden**	1		7,10 · 4,05	28,76			
	Fensternische	1		3,50 · 0,16	0,56			
	Türnische	1		1,20 · 0,24	0,29			
							29,61	m²
2	**Randstreifen**	1		(7,10 + 4,05) · 2	22,30			
	Tür		1	1,20		1,20		
	Fensterelement		1	3,50		3,50		
							17,60	m²

1a: Bahnenzahl bei Querverlegung: (Raumlänge + Zugaben Doppelschnitt + Randzugabe + Randstreifen) : Bahnenbreite	(7,10 + 0,10 · 2 + 0,05 · 2 + 0,07 · 2) : 4,00 = 7,54 : 4,00 = 1,89 **➜ 2 Bahnen** (**Reststückbreite** 2 · 4,00 – 7,54 = 0,46)
1b: Bahnenzahl bei Längsverlegung: (Raumbreite + Zugaben Türnische + Fensternische + Doppelschnitt + Randzugabe + Randstreifen) : Bahnenbreite	(4,05 + 0,24 + 0,16 + 0,10 · 2 + 0,05 · 2 + 0,07 · 2) : 4,00 = 4,98 : 4,00 = 1,25 **➜ 2 Bahnen** (**Reststückbreite** 2 · 4,00 – 4,98 = 3,02) **Wegen geringerem Verschnitt wird die Querverlegung gewählt.**
2. Bahnenlänge **Bahn 1:** Raumbreite + Fensternische + Türnische + Randzugabe + Randstreifen **Bahn 2:** Raumbreite + Fensternische + Randzugabe + Randstreifen	4,05 + 0,16 + 0,24 + 0,05 · 2 + 0,07 · 2 = 4,69 m 4,05 + 0,16 + 0,05 · 2 + 0,07 · 2 = 4,45 m

Dielen

Fertigparkett und **Laminat** werden in Dielenform verlegt. Für die Materialbedarfsberechnung müssen die Dielengröße und der **Verlegeplan**, der den Fugenverlauf bestimmt, berücksichtigt werden. Da die Dielen in der Regel in **Verpackungseinheiten** geliefert werden, muss die Anzahl der Dielen pro Paket (Pack) bzw. die mit einem Paket zu belegende Fläche in Quadratmetern angegeben sein, damit die richtige Anzahl von Paketen bestellt werden kann. Neben der Länge und der Breite wird auch die **Konstruktionshöhe** der Dielen in mm angegeben (**Übersicht 1**).

Dielenmaße in mm	Verpackungseinheit	Zu belegende Fläche in m²
2230 x 200 x 13	6	2,68
1092 x 207 x 15	7	1,58
905 x 295 x 10,5	7	1,87

Übersicht 1: **Dielengrößen und Verpackungseinheiten**

Der geringste Verschnitt ergibt sich, wenn das Reststück der vorhergehenden Lage für die nächste wieder vorne angesetzt wird. Es ist darauf zu achten, dass die Nahtstelle einer Lage sich nicht an der gleichen Stelle der nächsten wiederholt. Ein Mindestabstand von 40 cm sollte zwischen den Fugen aufeinanderfolgender Lagen eingehalten werden.

Beispielaufgabe: Bedarfsberechnung für Fertigparkettverlegung

In dem abgebildeten Raum wird Fertigparkett mit der Dielengröße 2230 mm x 200 mm x 13 mm, Pack á 2,68 m², verlegt. Die Verlegung soll mit einem möglichst geringen Verschnitt erfolgen, auf einen gleichmäßig sich wiederholenden Fugenverlauf wird kein besonderer Wert gelegt.

Berechnen Sie den Bedarf an Fertigparkett für diese Verlegeart.

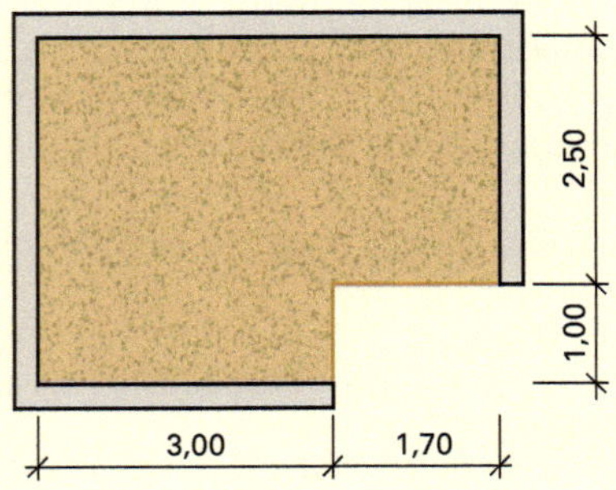

Pos	Bezeichnung	+	–	Abmessungen	Messgehalt	Abzug	Reiner Messgehalt	Einheit
1	Fußboden	1		(3,00 + 1,70) · 2,50	11,75			
		1		3,00 · 1,00	3,00			
							14,75	m²

Bedarfsberechnung

Gesamtfläche : Flächenangabe pro Pack — 14,75 : 2,68 = 5,5 (aufrunden) ➔ **6 Pakete**

Manche Kunden wünschen die Verlegung der Dielen im Verband. Dabei ist der Fugenverlauf jeder zweiten Lage identisch. Kurze Reststücke können bei dieser Verlegeart nicht mehr verarbeitet werden. Der Verschnitt ist entsprechend höher.

Beispielaufgabe: Fertigparkettverlegung im Verband

In einem Raum mit den gleichen Grundmaßen (siehe oben) werden die Fertigparkettdielen (2230 mm x 200 mm x 13 mm, Pack á 2,68 m², entspr. 6 Stck./Pack) im Verband verlegt.

Berechnen Sie den Bedarf an Fertigparkett für die Verlegung im Verband.

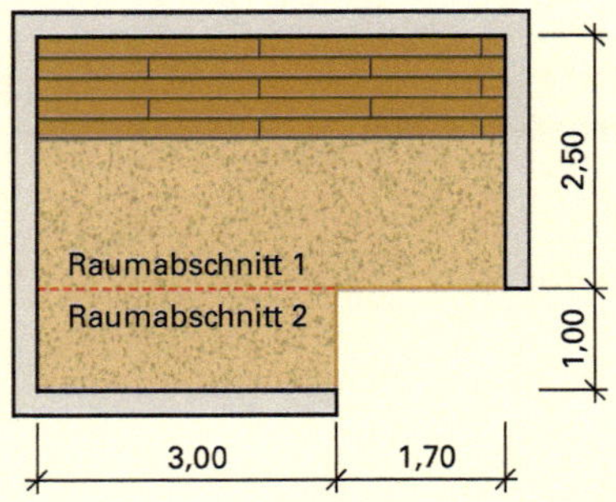

1. **Anzahl der Dielen für die Raumlänge:** Raumlänge : Dielenlänge
2. **Anzahl der Dielen für die Raumbreite:** Raumbreite : Dielenbreite
3. **Gesamtanzahl der Dielen:** Anzahl der Dielen für die Raumlänge · Anzahl der Dielen für die Raumbreite (Raumabschnitt 1 + 2)
4. **Anzahl der Pakete:** Gesamtanzahl der Dielen : Anzahl der Dielen pro Verpackungseinheit

1. Raumabschnitt 1: (3,00 + 1,70) : 2,230 = 2,1 ➔ 3 Dielen
   Raumabschnitt 2: 3,00 : 2,230 = 1,3 ➔ 2 Dielen
2. Raumabschnitt 1: 2,50 : 0,20 = 12,5 ➔ 13 Dielen
   Raumabschnitt 2: 1,00 : 0,20 = 5 Dielen
3. 3 · 13 + 2 · 5 = 39 + 10 = 49 Dielen
4. 49 : 6 = 8,1 ➔ **9 Pakete**

Wenn die Reststücke für weitere Lagen verwendet werden können, ergibt sich ein geringerer Verbrauch.

Fliesen

Neben keramischen Bodenfliesen werden auch textile und elastische Bodenbeläge im Fliesenformat verarbeitet. Keramische Bodenfliesen sind quadratisch oder rechteckig, textile und elastische in der Regel quadratisch.

Es werden verschiedene Verlegearten unterschieden. Bei der **Parallelverlegung** verlaufen die Fugen parallel, bei der **Diagonalverlegung** in einem Winkel von 45° zu den Raumwänden. Rechteckige Fliesen werden meistens parallel im **Verband**, d. h. mit verspringenden Fugen verlegt **(Bild 1)**.

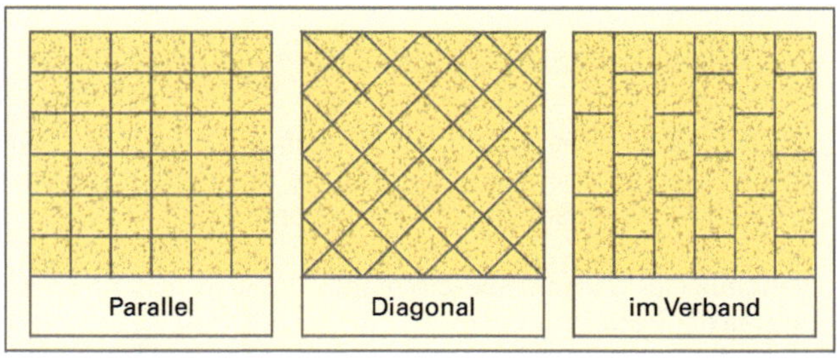

Bild 1: Verlegearten

Ratschläge für Berechnung und Verlegepraxis:

- Für die überschlägige Berechnung der Fliesenanzahl gilt:

$$\frac{\text{Fußbodenfläche}}{\text{Fliesenfläche}} = \text{Fliesenanzahl}$$

- Bei komplizierteren Grundrissen und Verlegemustern ist es ratsam, einen maßstabgetreuen Verlegeplan anzufertigen und den exakten Fliesenbedarf hieraus zu ermitteln.
- Bei Parallelverlegung ist die Fliesenanordnung so vorzunehmen, dass keine schmalen Randstücke eingesetzt werden, sondern an beiden Seiten mindestens die halbe Fliesenbreite übrig bleibt.
- Bei Diagonalverlegung muss darauf geachtet werden, dass in einer Raumecke mit einer zu einem gleichschenkligen Dreieck geteilte Fliese ausgegangen wird.

Beispielaufgabe: Parallelverlegung

Auf der abgebildeten Fußbodenfläche werden rechteckige Fliesen (60 cm x 30 cm) parallel im Verband verlegt.
Berechnen Sie die Anzahl der benötigten Fliesen:

Berechnung in 3 Schritten:

1. Fliesenanzahl für eine Reihe in der Raumbreite = $\frac{\text{Raumbreite}}{\text{Fliesenlänge}}$
2. Fliesenanzahl für eine Reihe in der Raumlänge = $\frac{\text{Raumlänge}}{\text{Fliesenbreite}}$
3. Gesamtanzahl der Fliesen
   Fliesenanzahl (von der Breite) · Fliesenanzahl (von der Länge)

1. Fliesenanzahl in der Raumbreite
   $\frac{2,50}{0,60} = 4,2 \rightarrow \mathbf{5}$
2. Fliesenanzahl in der Raumlänge
   $\frac{4,60}{0,30} = 15,3 \rightarrow \mathbf{16}$
3. Gesamtanzahl der Fliesen
   $5 \cdot 16 = \mathbf{80}$

Nischen werden gesondert berechnet

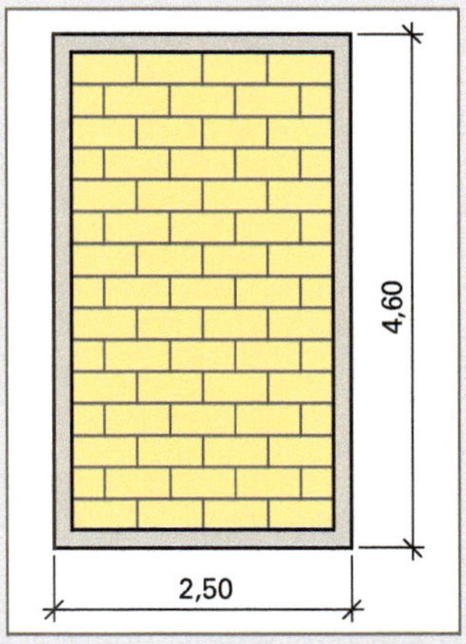

Beispielaufgabe: Diagonalverlegung

Auf der abgebildeten Fußbodenfläche werden quadratische Fliesen (Seitenlänge 30 cm; Diagonale 42,4 cm) diagonal verlegt.
Berechnen Sie die Anzahl der benötigten Fliesen:

Berechnung in 3 Schritten:

1. Fliesenanzahl für eine Reihe in der Raumbreite = $\frac{\text{Raumbreite}}{\text{Fliesendiagonale}}$
2. Fliesenanzahl für eine Reihe in der Raumlänge = $\frac{\text{Raumlänge}}{\text{Fliesendiagonale}}$
3. Gesamtanzahl der Fliesen
   Fliesenanzahl (von der Breite) · Fliesenanzahl (von der Länge) · 2

1. Fliesenanzahl in der Raumbreite
   $\frac{2,50}{0,424} = 5,9 \rightarrow \mathbf{6}$
2. Fliesenanzahl in der Raumlänge
   $\frac{4,60}{0,424} = 10,8 \rightarrow \mathbf{11}$
3. Gesamtanzahl der Fliesen
   $6 \cdot 11 \cdot 2 = \mathbf{132}$

Nischen werden gesondert berechnet

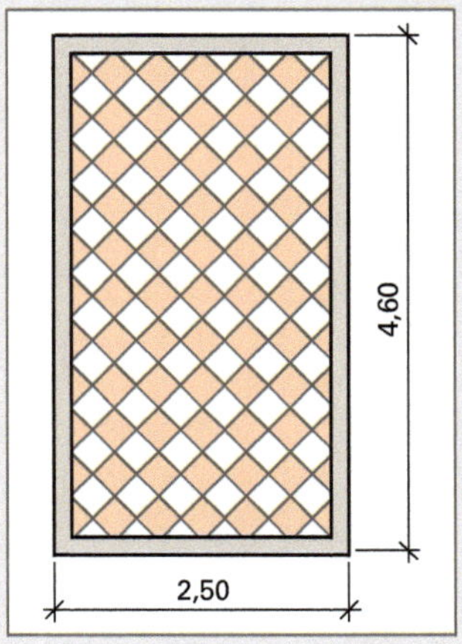

17.3 Bedarfsermittlung für Bodenbeschichtungen

Beispielaufgabe: Ölwannenbeschichtung

Die abgebildete Betonwanne ist als Auffangwanne für auslaufendes Heizöl vorgesehen. Erstellen Sie das Aufmaß und berechnen Sie den Material- und Gebindebedarf.

Verbrauch für Ölwannenbeschichtung:	330 ml/m²/Anstrich
Anzahl der Beschichtungen:	3
Höhe der Sockelbeschichtung:	1,20 m
Gebindegröße:	10 l

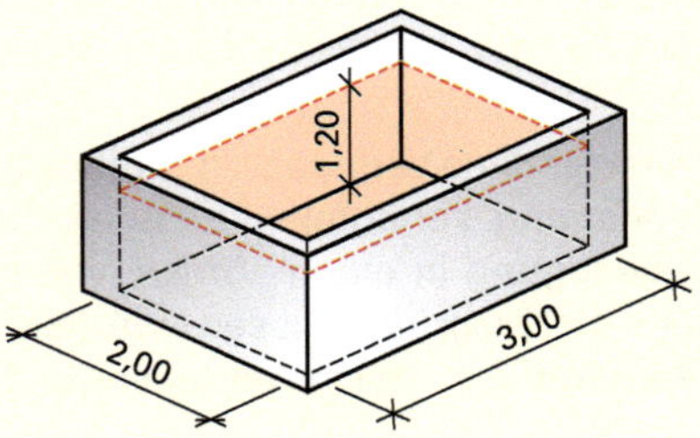

Pos	Bezeichnung	+	–	Abmessungen	Messgehalt	Abzug	Reiner Messgehalt	Einheit
1	Boden	1		3,00 · 2,00	6,00			
2	Sockel			(3,00 + 2,00) · 2 · 1,20	12,00			
							18,00	m²

Bedarfsberechnung

Reiner Messgehalt · Verbrauch/m² · Anzahl der Beschichtungen $18{,}00\ \text{m}^2 \cdot 330\ \frac{\text{ml}}{\text{m}^2} \cdot 3 = 17\,820\ \text{ml}$ = **17,820 l**

Gebindeanzahl

Gesamtverbrauch : Gebindegröße 17,820 : 10 = 1,78 **→ 2 Gebinde**

Beispielaufgabe: Industriefußboden

Die im Grundriss abgebildete Werkhalle soll eine Flüssigbeschichtung aus Epoxidharz in Belagstärke von 6 mm erhalten. Dazu wird die 2K-Beschichtung mit Quarzsand gemischt und als Verlaufbeschichtung eingebracht. Die Grundierung erfolgt mit demselben Werkstoff ohne Sandzugabe. Ermitteln Sie das Aufmaß und berechnen Sie den Bedarf von Stammlack, Härter und Quarzanteil.

Grundierung MV
Komp. A : Komp. B = 100 : 45
Verbrauch: 300g/m²
Verlaufbeschichtung
MV Komp. A : Komp. B = 100 : 45
Verbrauch: 220g/m²/mm Schichtdicke (Komp. A + Komp. B)
MV (A + B) : Quarz = 1 : 8

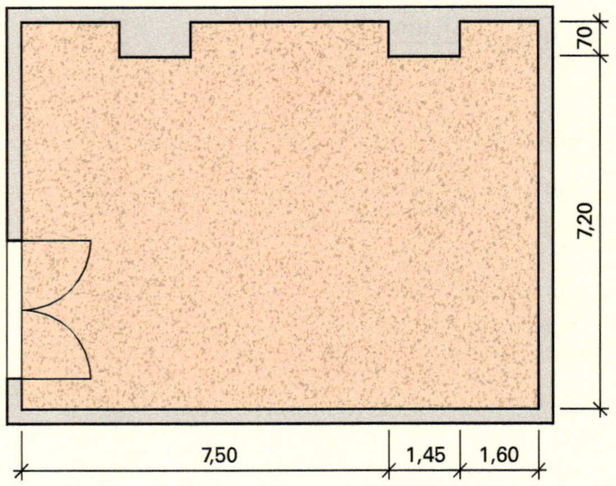

Pos	Bezeichnung	+	–	Abmessungen	Messgehalt	Abzug	Reiner Messgehalt	Einheit
1	Fußboden			(7,50 + 1,45 + 1,60) · (7,20 + 0,70)	83,35			
	Pfeilervorsprung		2	1,45 · 0,70		2,03		
							81,32	m²

Bedarfsberechnung

Beschichtungsaufbau	MV	Verbrauch kg/m²/(mm)	Fläche	Gesamtverbrauch (kg)	Bedarf (kg) Komp. A (s. Mischungsrechnen)	Komp. B	Gebindegröße (kg) A	B	Bestellmenge (Bedarf : Gebindegröße) A	B
Grundierung	100 : 45	0,300	81,32	24,400	16,828	7,572	17,24	7,76	90,856 / 17,24	40,884 / 7,76
Verlaufbeschichtung	100 : 45	0,220 · 6 (mm)	81,32	107,342	74,028	33,312	17,24	7,76		
					90,856	**40,884**			5,3 **→ 6**	5,3 **→ 6**
Mischquarz	1 : 8			107,342 · 8	858,736		25		34,3 **→ 35**	

17.4 Aufgaben

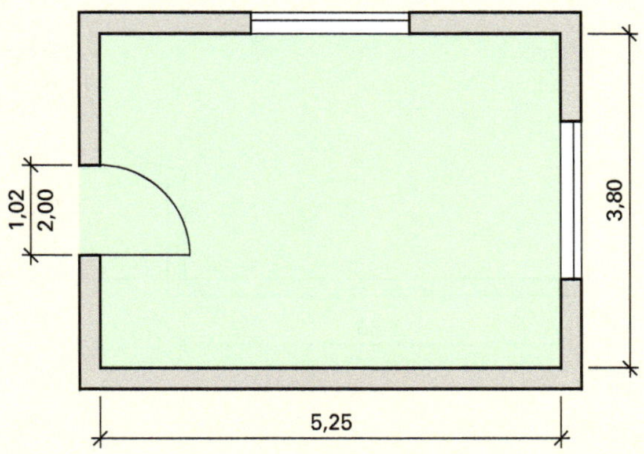

Aufgabe 1

Berechnen Sie den Materialbedarf für eine Diagonalverlegung mit quadratischen Fliesen der Kantenlänge 40 cm.

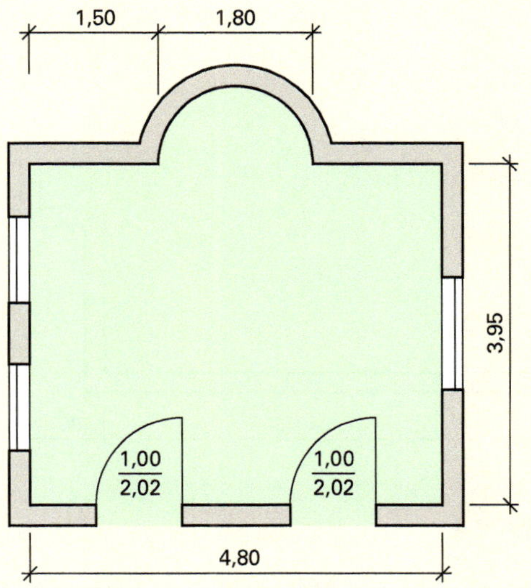

Aufgabe 2

Berechnen Sie den Bedarf an Fertigparkett für eine Verlegung mit möglichst geringem Verschnitt.

Dielenmaß: 1092 mm x 207 mm x 15 mm

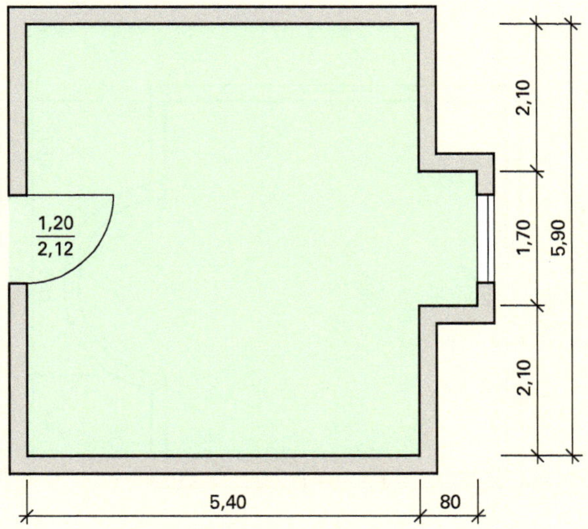

Aufgabe 3

Berechnen Sie den Fliesenbedarf für eine gerade Verlegung.
Fliesengröße: 60 cm x 30 cm
Berechnen Sie den Bedarf an CMO Flexmörtelkleber (s. Technisches Merkblatt, Zahnung: 6 mm x 6 mm x 6 mm)

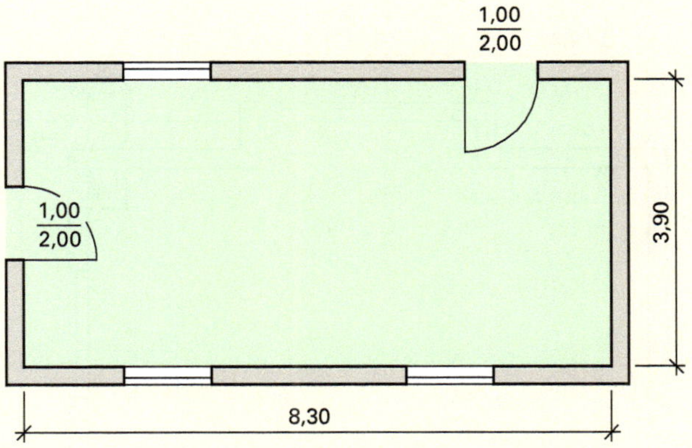

Aufgabe 4

Berechnen Sie den Bedarf an Fertigparkett für eine Verlegung mit Fugen in gleichmäßiger Wiederholung.

Dielenmaß: 2230 mm x 200 mm x 13 mm

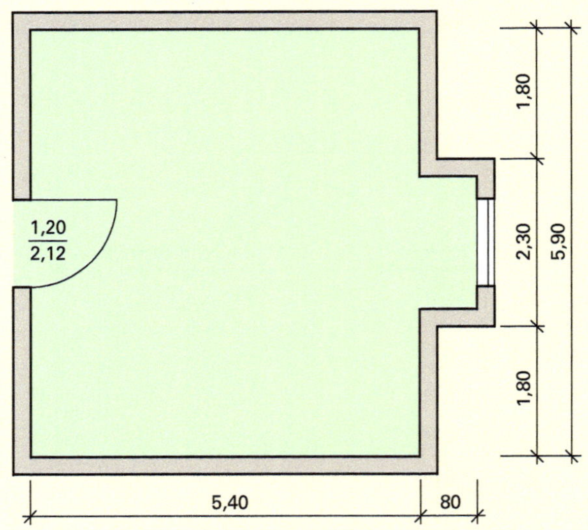

Aufgabe 5

Berechnen Sie den Materialbedarf für einen Flüssigbelag von 7 mm Schichtdicke!

Grundierung (CMO EP-Grund)
MV Komp. A : Komp. B = 3 : 1
Verbrauch: 400 g/m²

Verlaufbeschichtung (CMO EP-Vario)
MV Komp. A : Komp. B = 2 : 1
Verbrauch: 220 g/m²/mm Schichtdicke (Komp. A + Komp. B)
MV (A + B) : Quarz = 1 : 6
Verbrauch Quarz: 1,76 kg/m²/mm

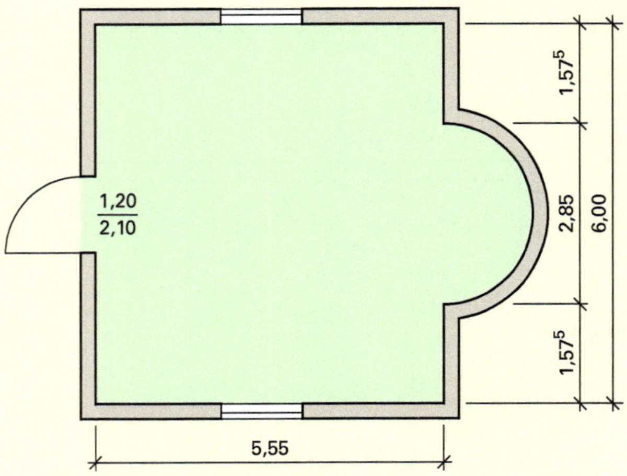

Aufgabe 6

Berechnen Sie den Materialbedarf für eine Bodenbeschichtung (CMO Acryl-Floor) mit umlaufendem Schmutzsockel von 50 cm.

Verbrauch: 200 ml/m²/Anstrich
Anzahl der Beschichtungen: 3

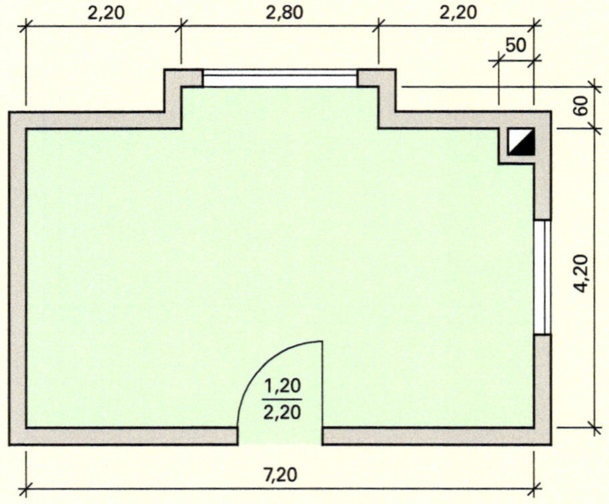

Aufgabe 7

Berechnen Sie den Bedarf an Teppichboden.

Ermitteln Sie die günstigste Verlegerichtung.

Bahnenbreite: 5,00 m

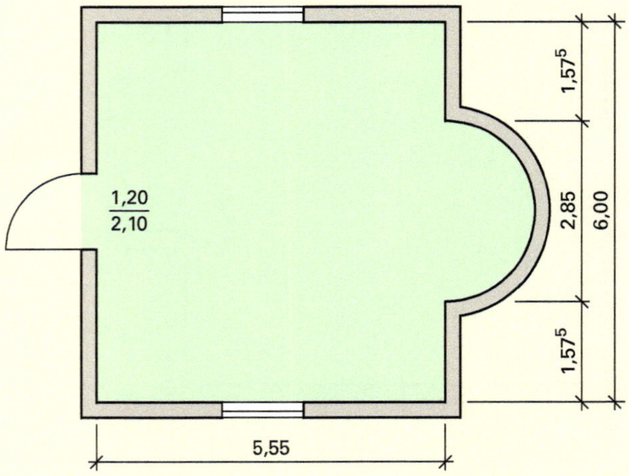

Aufgabe 8

Berechnen Sie den Bedarf an Teppichboden.

Ermitteln Sie die günstigste Verlegerichtung.

Bahnenbreite: 4,00 m

18.1 Konstruktive Planung

Aufmaß und Abrechnung von Trockenbauarbeiten sind in ihrem Ansatz ähnlich zu behandeln wie die Abrechnung von Maler- und Lackierarbeiten.
Da es sich bei Trockenbauarbeiten um konstruktive Ausbauarbeiten handelt, ist vorher eine gründliche Planung des Bauablaufs, der Materialmengen, Verschnitte, Zeitvorgaben etc. zu erstellen. Im Leistungsverzeichnis sollten Angaben über folgende Konstruktionen auftauchen:

- Einfach- oder Doppelständerwerk, Art der Profile, Aussteifungen
- Einbauten und ein- bis dreilagige Beplankungen, Plattenarten
- Bewegungsfugen, Anschluss-Profile, Randprofile, gleitende Anschlüsse
- Befestigungsmittel für flankierende massive und nichtmassive Bauteile
- Dämmstoffe und Brandschutzanforderungen
- Oberflächenbehandlung (Q1-4), Spachtelmaterialien, Fugendeckstreifen, Grundierungen

Die Umsetzung von Trockenbauarbeiten erfordert ein Hineindenken in die Konstruktionen und ihre Details. Der fertigen Wand sieht man zum Schluss nicht mehr die zahlreichen Arbeitsschritte an, die im Arbeitsprozess geleistet wurden **(Übersicht 1)**.

Übersicht 1: Aufbau einer Wandkonstruktion mit Ständerwerk, Dämmung, Beplankung

Der Maler und Lackierer stellt ein System zusammen, das er in seinem Angebot hinreichend beschreiben sollte. Vor der Ausführung von Trockenbauarbeiten erfolgt eine konstruktive Planung des Aufbaus (z. B. einer Wand oder Decke), um den Bauablauf für die ausführenden Mitarbeiter zu veranschaulichen (Verlegepläne). Dazu gehören Planungen der Grundrisse, Unterkonstruktionen und Beplankungen **(Übersicht 2)**.

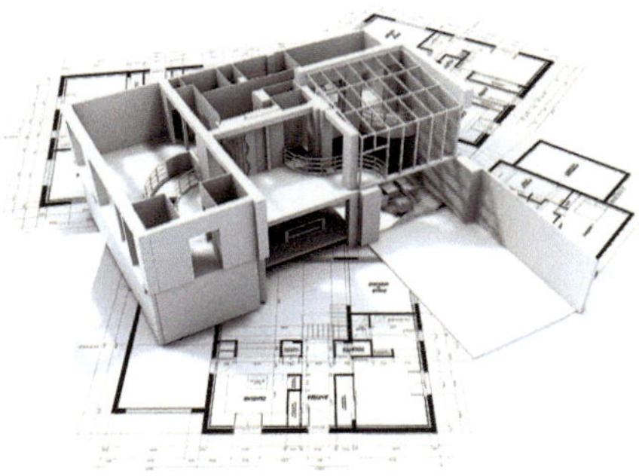

Grundrisse für die Planung, Wandverlauf, Lage im Raum, konstruktive Einbindung an den Raum

Zeichnungen von Unterkonstruktionen für die Veranschaulichung der Einbindung, z. B. einer Wand an Boden, Decke usw,

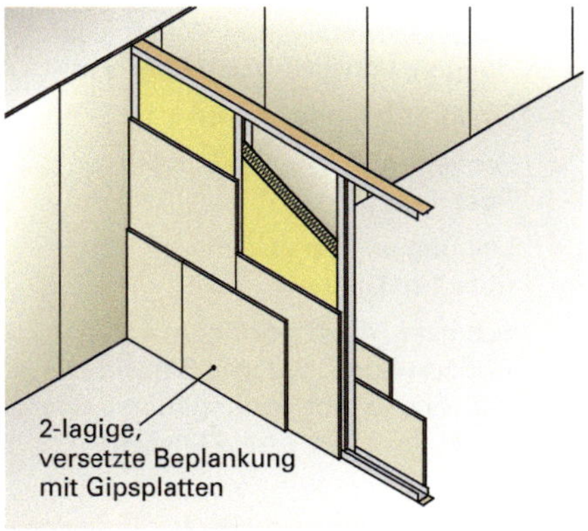

Beplankungsschemata für die mehrlagige Beplankung (hochkant, quer oder etwa die optische Ausrichtung von Deckenelementen in einem Raum).

Übersicht 2: Zeichnerische Bauplanung

Sind die Planungen abgeschlossen, lassen sich aus den Zeichnungen alle notwendigen Angaben errechnen:

- Materialmengen für den Aufbau
- Flächenberechnungen für die Oberflächen der Aufbauten (aus Gipsplatten)
- Details, die nicht über eine Flächenpauschale (z. B. in €/m²) abgerechnet werden.

18.2 Aufmaßregeln für Trockenbauarbeiten

Trockenbauarbeiten sind ähnlich wie Maler- und Lackierarbeiten aufzumessen und abzurechen: Die Leistungsbeschreibung sollte Ausführungshinweise, Beschaffenheiten, Arten, Tragfähigkeiten, Stoffe und Qualitätshinweise (z. B. für die Spachtelungen Q1-Q4) enthalten. Auch bei Trockenbauarbeiten gibt es Nebenleistungen (die in der Leistung und Abrechnung ohne Erwähnung enthalten sind) und besondere Leistungen (die gesondert aufgeführt und berechnet werden, Übersicht 1).

Nebenleistungen (ergänzend zu den allgemeinen Nebenleistungen)	Besondere Leistungen
• Auf- und Abbauen von Gerüsten, deren Arbeitsbühnen nicht höher als 2 m über dem Boden liegen • Reinigung des Untergrundes (bei leichter Verschmutzung) • Anfertigen von Musterplatten für Oberflächenbeispiele und Farbmuster • Fertigstellen von Trenn- und Montagewänden und Vorsatzschalen in zwei Arbeitsgängen zur Ermöglichung von Installationen durch andere Unternehmer, soweit die Leistungen im Zuge gleichartiger Trockenbauarbeiten kontinuierlich erbracht werden können	• Maßnahmen zum Schutz vor ungeeigneten klimatischen Bedingungen. • Besondere Maßnahmen zum Schutz von Bau- und Anlagenteilen sowie Einrichtungsgegenstanden, z. B. Abkleben • Maßnahmen zur Erfüllung erhöhter Anforderungen an die Ebenheit oder Maßhaltigkeit • Maßnahmen zur Erreichung höherer Oberflächenqualitäten • Lieferung bauphysikalischer Nachweise der Standsicherheit am Bauwerk

Übersicht 1: Nebenleistungen und besondere Leistungen bei Trockenbauarbeiten (Auswahl)

Im Trockenbau gibt es wie bei der Aufstellung und Abrechnung von Maler- und Lackierarbeiten Abrechnungseinheiten. So werden Bauteile entweder nach Fläche (m²), wenn die Bauteile eher flächenorientiert sind), Längenmaß (m, wenn die Bauteile eher längenorientiert sind) oder nach ihrer Anzahl berechnet (Übersicht 2).

Nach Flächenmaß (m²)	Nach Längenmaß (m)	Nach Anzahl (Stück)
• Reinigung und Vorbehandlung des Untergrundes • Auffüllungen und Schüttungen • Flächige Unterkonstruktionen **über 5 m²** • Dämmstoffschichten, Vliese, Deckenbekleidungen, Unterdecken, nichttragende Trennwände, Wandbekleidungen, Vorsatzschalen **über 5 m²** • Systemböden **über 5 m²** • Schließen von Aussparungen **über 5 m²** • Leibungsbekleidungen **über 1 m Tiefe** • Schürzen, Abschottungen, Ablagen, Abdeckungen, seitliche Bekleidungen, Friese, Abtreppungen mit einer Breite von über **1 m je Ansichtsfläche** • Verkofferungen und Bekleidungen mit einer **Abwicklung von über 1 m** • Schwert- und Reduzierelemente, Trenn- und Schutzschichten, Schutzbeläge, Folien, Bahnen, Dampfbremsen mit einer Breite von **über 1 m**	• Leibungsbekleidungen **unter 1 m Tiefe** • Schürzen, Abschottungen, Ablagen, Abdeckungen, seitliche Bekleidungen, Friese, Abtreppungen mit einer Breite **bis 1 m je Ansichtsfläche** • Verkofferungen und Bekleidungen mit einer **Abwicklung bis 1 m** • Trenn- und Schutzschichten, Schutzbeläge, Folien, Bahnen, Dampfbremsen mit einer Breite bis 1 m • Luftdichte Anschlüsse an Bauteilen • Fensterbänke, Fenster- und Türeinrahmungen, Schattenfugen, Nuten • Aussparungen mit einem Seitenverhältnis größer 4:1 und einer größten Länge über 2 m für Auf- und Einbauteile • Schwert- und Reduzierelemente bis 1 m Breite • Gleitende Decken, Wand und Bodenanschlüsse • Weitspannträger über 2 m Länge • Wandabzweigungen, Bekleidungen der Stirnseiten	• Flächen bis **5 m²** • Aussparungen mit einem Seitenverhältnis kleiner 4:1 **oder** einer größten Länge über 2 m für Auf- und Einbauteile • Schließen von Ausparungen bis 5 m² • Unterkonstruktionen, Verstärkungen, Aussteifungen, Auswechselungen und Überbrückungen mit einer Länge bis 2 m für Auf- und Einbauteile • Weitspannträger bis 2 m Länge

Übersicht 2: Abrechnungseinheiten bei Trockenbauarbeiten

Aufmaßregeln:

- Das Aufmaß kann sowohl direkt am Objekt als auch aus einer Zeichnung (falls vorhanden) genommen werden.
- Für die Berechnung sind die Maße der fertigen Bekleidung gültig (gilt für Flächen ohne begrenzende Bauteile).
- Bei Flächen mit begrenzenden Bauteilen werden die Maße bis zu den sie begrenzenden ungeputzten, ungedämmten, unbekleideten Bauteilen zugrunde gelegt. Unter den Begriff „begrenzende Bauteile" fallen nun auch Systemböden, Trockenunterböden, Estriche, leichte Trennwände, Unterdecken und abgehängte Decken.
- Bei der Ermittlung der Maße wird das jeweils größte Bauteilmaß zugrunde gelegt. Das ist z. B. bei der Ermittlung von umlaufenden Friesen um eine Säule von Bedeutung.

Es gelten die im Folgenden dargestellten Aufmaßregeln (Übersicht 1 und 2):

Übermessen werden	Abgezogen werden
• Aussparungen unter 2,50 m² • Aussparungen in Böden unter 0,50 m² • Unterbrechungen unter 1 m Einzellänge (bei der Abrechnung nach Längenmaß) • Anschlüsse, Reduzieranschlüsse, Friese, Randfriese, offene Fugen, Vertiefungen, Verkofferungen und dergleichen bis 30 cm Breite (diese werden übermessen und ge-sondert gerechnet)	• Aussparungen über 2,50 m² • Aussparungen in Böden über 0,50 m² • Unterbrechungen in der Bekleidung durch Bauteile über 30 cm • Unterbrechungen über 1 m Einzellänge (bei der Abrechnung nach Längenmaß)
Getrennt berechnet werden	
• Leibungen (in m) • Unmittelbar zusammenhängende, verschiedenartige Aussparungen • Rückflächen von Nischen, ganz oder teilweise bekleidete freie Wandenden und Oberseiten, Unterseiten von Schürzenbekleidungen sowie Leibungen	• Sonderformate und Flächen bis 5 m² • Gehrungen werden je Richtungswechsel nur einmal gerechnet • Gleichartige Aussparungen, die durch konstruktive Elemente getrennt sind • Anschlüsse, Friese, Fugen, Vertiefungen, Verkofferungen usw.

Übersicht 1: Aufmaßregeln bei Trockenbauarbeiten (Auswahl)

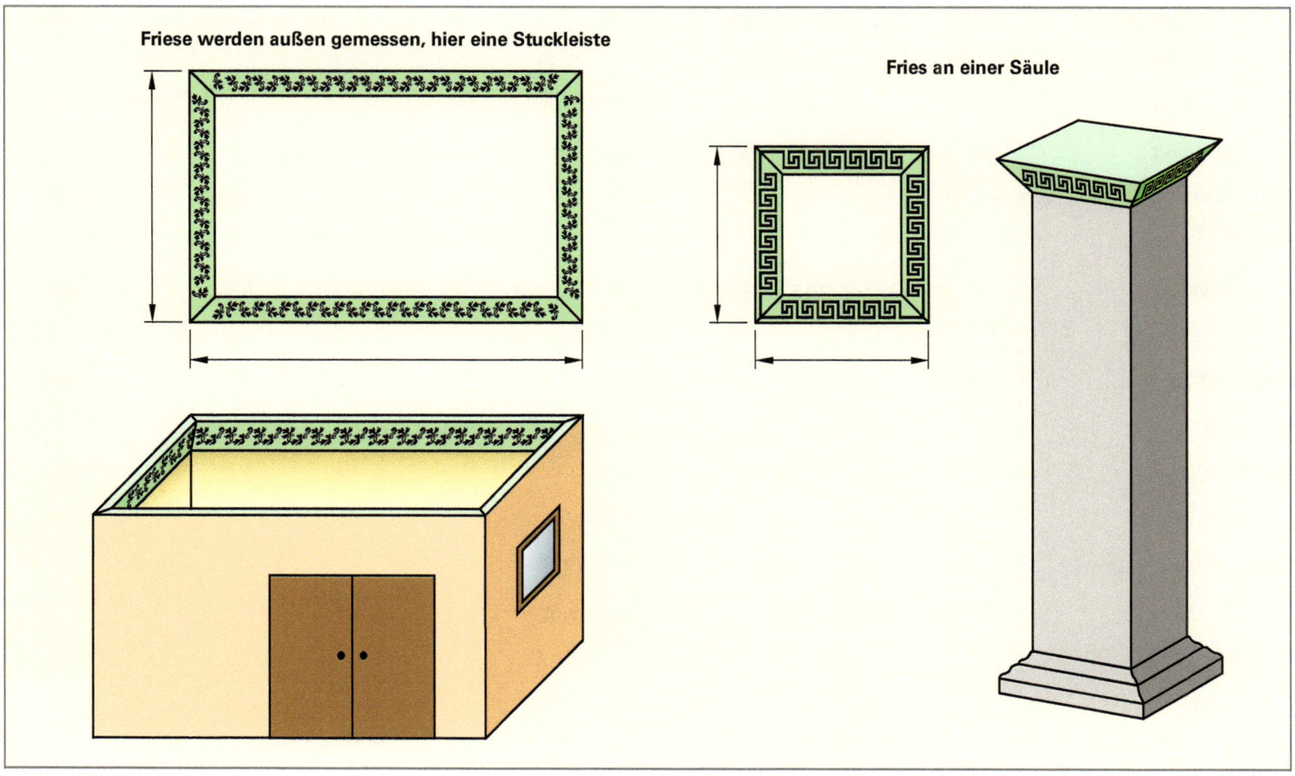

Übersicht 2: Aufmaßregeln bei Trockenbauarbeiten

18.3 Planung einer Trockenbauwand

Die Planung einer Wand verläuft in folgenden Schritten:

Konstruktionszeichnung

Zur Planung von Trockenbauarbeiten werden in Absprache mit dem Kunden die Wandverläufe geplant (**Bild 1**). Spricht nichts gegen diese Planung (Statik, Brandschutz usw.), so kann die genaue Planung erfolgen.

Leistungsbeschreibung

Pos 1 Doppelständerwand CW 50 / 75, doppelt beplankt, 80 mm Mineralfaserdämmung

Wohnungstrennwand, als Montagetrennwand in Ständer-Riegel-Konstruktion, Höhe 2,50 m, Dicke 205 mm

Feuerwiderstandsklasse DIN 4102 Teil 2: F30, Schalldämmmaß DIN 4109 RW, R = 60 dB, 80 mm Mineralfaserdämmstoff DIN 18165.

Ständer: 2 x 75 mm, Beplankung: 2 x Schallschutzplatte 12,5 mm, Verspachtelung Q3

Pos 2 Doppelständerwand wie oben, jedoch Beplankung mit imprägnierten Bauplatten 12,5 mm

Pos 3 Herstellen von Türausschnitten in oben beschriebenen Montagewänden, Einbau der Türzargen

Pos 4 Eckenausbildung mit Eckschienen zu oben beschriebener Montagewand

Pos 5 Grundierung und anschließende Beschichtung der Wände mit Streichputz (siehe Technische Merkblätter)

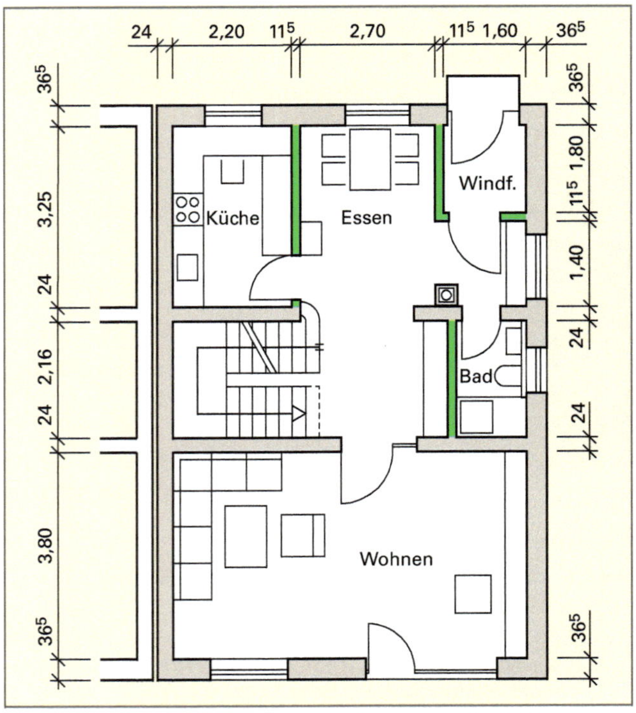

Bild 1: Planung der Trockenbauwände, Raumhöhe 2,60

Aufmaß

Pos	Bezeichnung	+	–	Abmessungen	Messgehalt	Abzug	Reiner Messgehalt	Einheit
1	Wand 1	1		3,25 · 2,60	8,45			
	Wand 2	1		1,80 · 2,60	4,68			
	Wand 3	1		1,60 · 2,60	4,16			
							17,29	**m²**
2	Wand 4	1		2,16 · 2,60	5,62		**5,62**	**m²**
3	Türzargen	2					**2**	**Stck**
4	Ecke	1		2,60			**2,60**	**m**
5	Wand 1-3			s.o.	17,29			
	Wand 4			s.o.	5,62			
							22,91	**m²**

18.4 Materialbedarfsermittlung

Ausgehend vom Wandaufbau wird der Materialbedarf für eine Wand ermittelt.

Beispielaufgabe: Materialermittlung für eine Trockenbauwand: Doppelständerwand CW 50 / 75, doppelt beplankt, 80 mm Mineralfaserdämmung

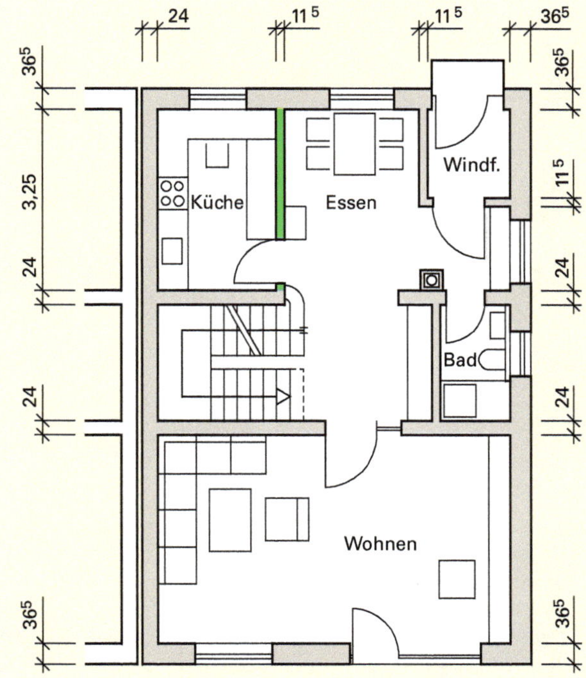

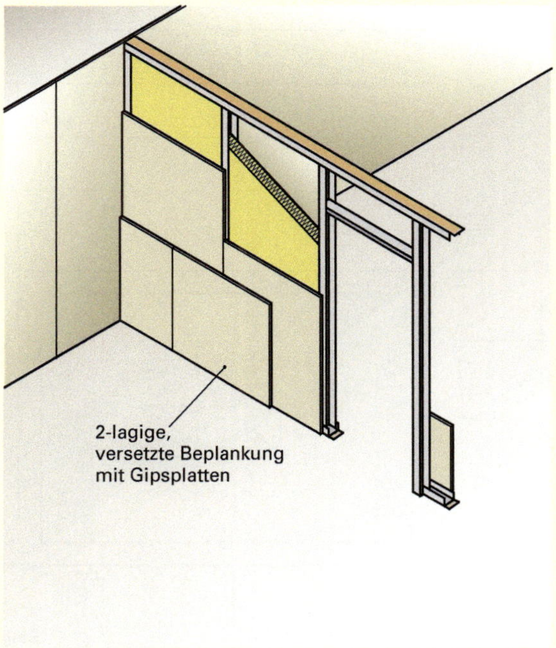

Bezeichnung	Einheit	Rechenweg	Rechnung	Material-bedarf
Gipsplatten	m²	Wandfläche · 2 (Vorder- und Rückseite) · 2 (Lagen der Beplankung)	3,25 · 2,60 · 2 · 2	33,80 m²
Dämmung	m²	Wandfläche (m²)	3,25 · 2,60	8,45 m²
CW-Profile	Stck	Wandlänge (m) : 0.625 m Abstand zwischen den Profilen) + 1	3,25 m : 0,625 m + 1	7 Stck
UW-Profile	lfm	Wandlänge · 2 (Boden und Decke)	3,25 · 2	6,50 m
Profile für den Türeneinbau	Stck	Anzahl der Profile (links und rechts), pro Tür 2 Stck	1 Tür · 2	2 Stck
Anschlussdichtungen	lfm	Wandumfang (2 · Wandlänge + 2 · Wandhöhe)	2 · 3,25 + 2 · 2,60	11,70
Schlagdübel	Stck	Wandumfang (m) · 1 Stck/m	(2 · 3,25 + 2 · 2,60) · 1	12 Stck
Fugendeckstreifen	lfm	Wandfläche · 1,5	8,45 m² · 1,5	12,66 m
Spachtelmasse	kg	0,8 kg/m² (bei 2-lagiger Beplankung)	8,45 m² · 0,8 kg/m²	6,760 kg
Schrauben	Stck	12,5 Stck/m² (bei 2-lagiger Beplankung)	8,45 m² · 12,5 Stck/m²	106 Stck
Tür incl. Zarge	Stck			1 Stck

Kostenermittlung

Flächenpauschalen für verschiedene Wand-, Boden, und Deckenaufbauten lassen sich aus Tabellen ablesen, damit der mathematische Aufwand einer Angebotserstellung nicht höher ist als der handwerkliche Aufwand.

Bezeichnung	Messgehalt	Einheit	Flächenpauschale	Preis
Doppelständerwand CW 50/75, doppelt beplankt, 80 mm Mineralfaserdämmung	8,45	m²	70,- € / m²	591,50 €

18.5 Aufgaben

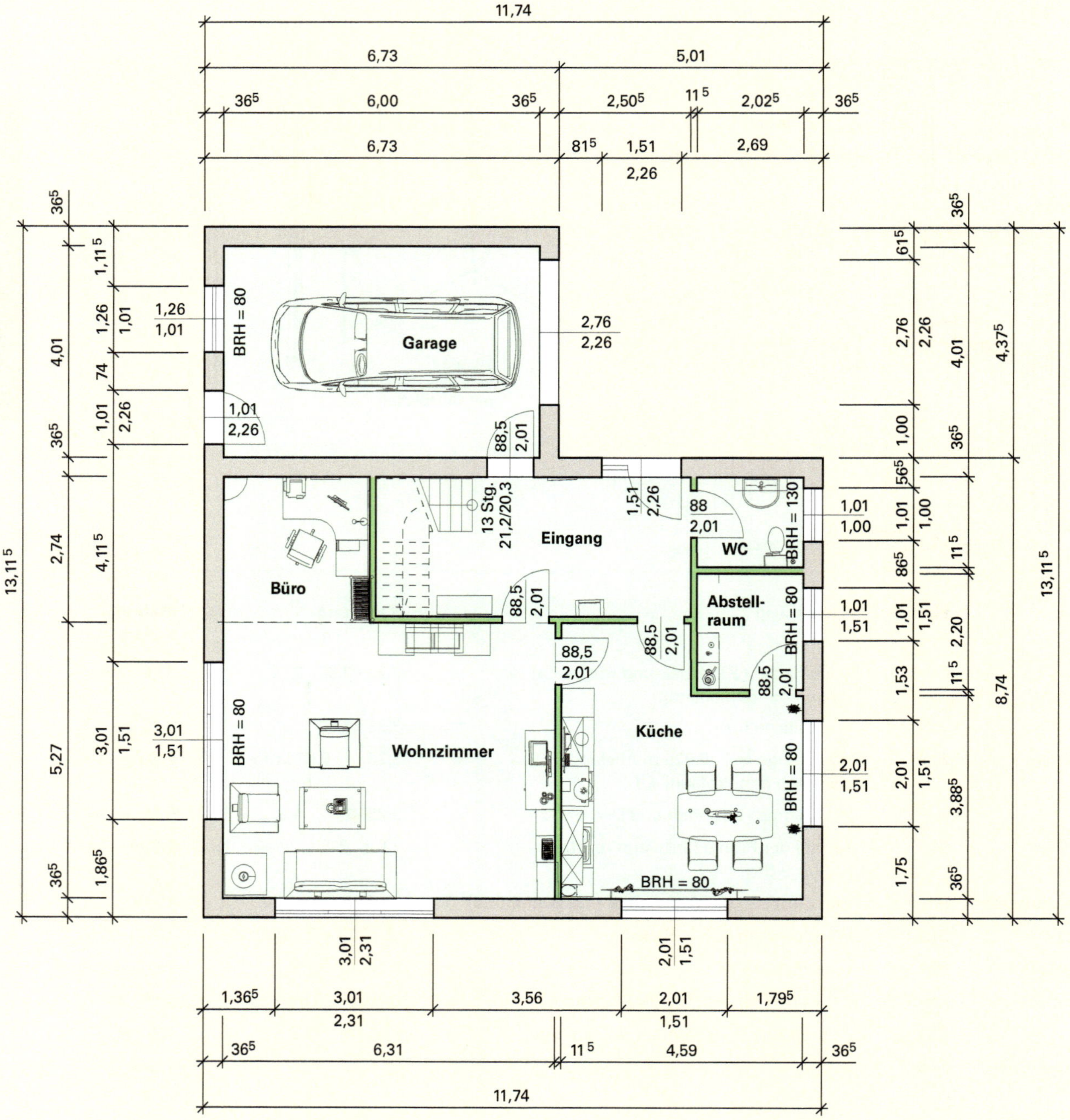

Aufgabe 1 Planen Sie die Konstruktion der in grün markierten Trockenbauwände.
Erstellen Sie das Aufmaß für die Wand und berechnen Sie die benötigten Materialmengen.

Pos 1 Einfachständerwände CW 50/75, doppelt beplankt, 40 mm Mineralfaserdämmung

Pos 2 Einbau-Türen inkl. Zarge

19.1 Aufmaßregeln für Fassaden

Fassaden schließen als Außenwände ein Gebäude allseitig ab. Die dazu verwendeten Baustoffe sind nicht in jedem Falle zu beschichten, z. B. wenn sie aus wetterbeständigem Material wie Ziegeln, Sichtbeton oder Glas hergestellt wurden. Mit dem Ziel einer zusätzlichen Farbgestaltung ergeben sich neue Grundsätze, entsprechende Beschichtungen und die Notwendigkeit des Aufmessens der Malerarbeiten.

Im Normalfall ist die Hauptfassade eines Gebäudes rechteckig, seltener quadratisch oder rund. Manchmal muss der Grundriss an die Grundstücksform angepasst werden. Fassaden werden nach folgenden Grundregeln aufgemessen:

- Maßeinheit ist m²
- Der Maßansatz beginnt immer mit der Abwicklung der unteren rechteckigen Fassadenflächen, dem man die Giebeldreiecke oder andere Elemente zufügt. Danach erfolgen die Abzüge der Öffnungen.
- Maßansatz zur Fassadenberechnung Hauptfassade

  $A =$ Umfang · Höhe
  \+ Zuzüge von Anbauten
  − Abzüge von Öffnungen.
- Es folgen gesonderte Objekte nach Längenmaß (Maßeinheit Meter) und Stück.

Besonderheiten beim Aufmaß sind in Übersicht 1 und 2 zusammengefasst (**Übersicht 1 und 2**).

- Öffnungen und Aussparungen unter 2,50 m² werden nicht berücksichtigt bzw. nicht abgezogen.
- Öffnungen und Aussparungen über 2,50 m² werden abgezogen.
- Leibungen werden als gesonderte Position aufgeführt (und in Metern abgerechnet).
- Der Einsatz eines weiteren Baustoffs, der die Hauptfläche beim Beschichten oder bei Kombinationen von Putz und Naturstein der Fall ist, kann zu Abzügen oder zu Zuschlägen führen.
- In die Fassade eingearbeitete, andersfarbige Unterbrechungen durch Gesimse oder Fachwerkbalken bis 30 cm Einzelbreite werden bei der Flächenberechnung übermessen.
- Die übermessenen, andersfarbigen Objekte werden zusätzlich in das Aufmaß übernommen.
- Mehrfarbige Anstriche oder unterschiedliche Putzstrukturen führen zu höherem Zeitaufwand und werden durch Zuschläge berücksichtigt.

Übersicht 1: Besonderheiten beim Aufmessen von Fassaden

An nebenstehender Fassade sind die wichtigsten Teile zu sehen, die in der Regel zum Aufmessen benötigt werden.

Aufmaß nach Fläche in m²:

- Hauptfassade (Straßen- und Giebelseite)
- Haussockel
- Öffnungen

Aufmaß nach Länge in m:

- Gesimse (Höhe und Ausladung angeben)
- Fensterleibung (Tiefe angeben)
- Fensterfasche (Ausdehnung angeben)
- Balken, Kanthölzer (bis 30 cm Einzelbreite)
- Dachrinnen, Fallrohre (Abwicklung angeben)
- Bänder und Striche

Aufmaß nach Stück

- schwer messbare dekorative Einzelteile
- Ornamente
- Wandmalereien

Übersicht 2: Fassaden-Beispiel zur Verdeutlichung der Aufmaßbesonderheiten

19.2 Beispiele zur Fassadenberechnung

Beispiel 1: Einfamilienhaus. Hinweis: Fenster und Türen werden in diesem Beispiel noch nicht berücksichtigt.

Hinweis: Die Zeichnung zeigt, wo die Aufmessung des Gebäudes erfolgen kann. Beim waagerechten Messen sollte das Bandmaß straff auf dem Boden liegen. Für die Höhenmessungen ist das für die Malerarbeit notwendige Gerüst Voraussetzung.

Für die Flächenberechnung benutzt man die Abwicklung des Gebäudes. Daraus geht hervor, dass mit Flächenformeln von Rechteck und Dreieck gearbeitet werden muss.

Der Gesamtmaßansatz in mathematischer Form lautet:

$$A = (b + h) \cdot 2 \cdot h + 2 \cdot \frac{b_{Dreieck} \cdot h_{Dreieck}}{2}$$

Da die Dreieckshöhe beim Messen sicher nicht genau ermittelt werden kann, muss sie in der Formel aus den Fassadenmaßen ermittelt werden. So wird der Maßansatz prüfbar.

$$A = (10{,}50 + 4{,}50) \cdot 2 \cdot 6{,}50 + 2 \cdot 4{,}50 \cdot \frac{(9{,}00 - 6{,}50)}{2}$$

$\mathbf{A = 206{,}25\ m^2}$

Die Fassade besitzt eine Anstrichfläche von 206,25 m².

Isometrische Darstellung

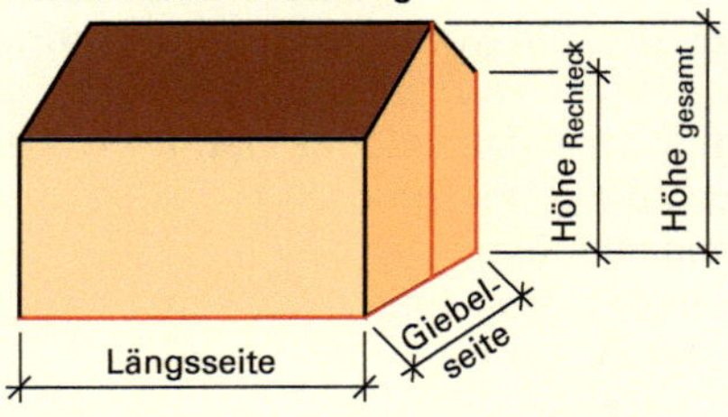

Abwicklung

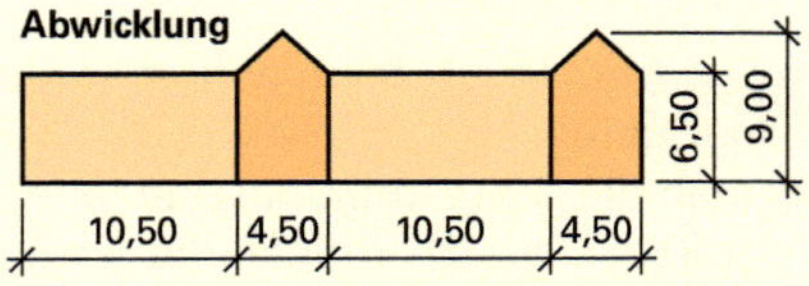

Mit den roten Linien sind die notwendigen Messorte gekennzeichnet

Pos	Bezeichnung	+	–	Abmessungen	Messgehalt	Abzug	Reiner Messgehalt	Einheit
1	Fassade	1		(10,50+4,50+10,50+4,50)·6,50	195,00			
	Giebel	2		$\frac{4{,}50 \cdot (9{,}00 - 6{,}50)}{2}$	11,25			
							206,25	m²

Beispiel 2: Mehrfamilienhaus. Hinweis: Da die Höhen der Trapeze und Dreiecke in den Giebelflächen nicht direkt gemessen werden konnten, müssen sie als Differenz aus den Gesamthöhen und den Teilhöhen angegeben werden. So ist das Aufmaß nachprüfbar.

Zum Schreiben des Maßansatzes sind in diesem Beispiel separate Vorberechnungen notwendig. Sie sollen zeigen, ob die Öffnungen abgezogen werden müssen. Es ist sinnvoll, in jedem Fall eine Begründung für die Abzüge in Kurzform zu schreiben.

Vorberechnungen für Abzüge:

Bei der Türhöhe muss für die Hauptfassade die Sockelhöhe berücksichtigt werden, da sie einen andersfarbigen Anstrich erhält (Die Tür wird anteilig übermessen).

$A_{Tür} = 1{,}06 \cdot (1{,}98 - 0{,}60) = 1{,}06 \cdot 1{,}38 = 1{,}46\ m^2$

$A_{Tür} < 2{,}50\ m^2$, kein Abzug

Bei der Sockelfläche gilt dann folgende Abzugsfestlegung:

$A_{Tür} = 1{,}06 \cdot 0{,}60 = 0{,}64\ m^2$

$A_{Tür} < 2{,}50\ m^2$, kein Abzug

$A_{Fenster} = 1{,}08 \cdot 1{,}77 = 1{,}91\ m^2$

$A_{Fenster} < 2{,}50\ m^2$, kein Abzug

Isometrische Darstellung

Türmaße:
b = 1,06 m
h = 1,98 m

Fenstermaße:
b = 1,08 m
h = 1,77 m
$t_{Lbg.}$ = 0,11 m

Abwicklung

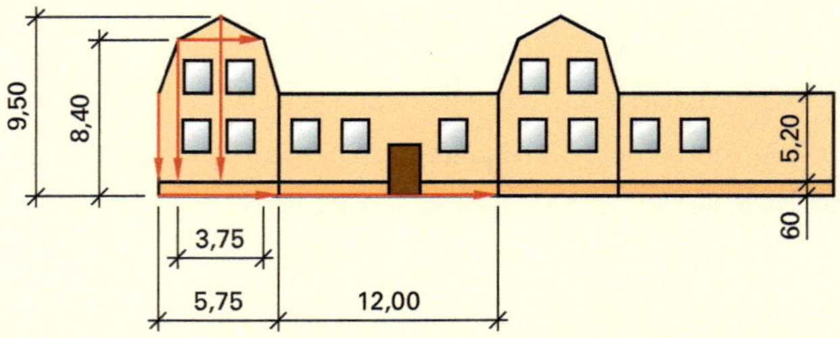

Mit den roten Linien sind die notwendigen Messorte gekennzeichnet

Pos	Bezeichnung	+	–	Abmessungen	Messgehalt	Abzug	Reiner Messgehalt	Einheit
1	Fassade	1		(5,75+12,00+5,75+12,00)·5,20	184,66			
	Giebeltrapez	2		$\frac{5{,}75 + 3{,}75}{2} \cdot (8{,}40 - 5{,}20)$	30,40			
	Giebeldreieck	2		$\frac{3{,}75 \cdot (9{,}50 - 8{,}40)}{2}$	4,13			
							219,13	m²
2	Sockel	1		(5,75+12,00+5,75+12,00)·0,60	21,30		**21,30**	m²

Beispiel 3: Straßenseite einer alten Villa

Hinweis: Die angegebenen Maße sind geschätzt.

Fassade: Breite: 8,00 m
Höhe bis zur Giebelspitze: 8,60 m
Fassadenhöhe seitlich: 8,00 m

Fenster: Breite: 0,80 m
Höhe: 2,20 m

Gesims: Maße ergeben sich aus der Fassadenbreite
Ausladung: 0,15 m
Höhe: 0,35 m

Maße der Bänder: b = 2,00 m, 0,40 m, 0,80 m h = 2,40 m

Dreiecksgiebelgesims:
Maße sind an der Oberkante gemessen
waagerechte Länge: 3,20 m, Giebelseiten: 0,70 m

Konsolen unter den Fenstern: ohne Maß

Pilaster und andere Einfassungen: Tiefe: 0,04 m.

Vorbereitung Abzüge Fenster:
$A_F = 0{,}80 \cdot 2{,}20 = 1{,}76\ \text{m}^2$
$A < 2{,}50\ \text{m}^2 \Rightarrow$ kein Abzug

Einfassung Zentauren: 2,00 m x 2,40 m
Blattdekor: 0,40 m x 2,40 m
Blattdekor: 0,80 m x 2,40 m

Pos	Bezeichnung	+	–	Abmessungen	Messgehalt	Abzug	Reiner Messgehalt	Einheit
1	Fassade							
	Rechteck	1		8,00 · 8,00	64,00			
	Giebel	2		$\frac{8{,}00 \cdot (8{,}60 - 8{,}00)}{2}$	11,25			
							66,40	m²
2	Gesims (oben, unten)	2		0,15 + 8,00 + 0,15	16,60			
	Gesims, Dreiecksgiebel	1		3,20 + 0,70 + 0,70	4,60			
							21,20	m
3	Bandeinfassungen	2		(2,00 + 2,40) · 2	17,60			
		1		(0,40 + 2,40) · 2	5,60			
		1		(0,80 + 2,40) · 2	6,40			
							29,60	m
4	Sonderposten							
	Giebeldekor	1					**1**	**Stck**
	Blattdekor							
	- schmal	1					**1**	**Stck**
	- breit	1					**1**	**Stck**
	Zentauren	2					**2**	**Stck**

19.3 Aufgaben

Die folgenden Aufgaben basieren auf Fotos von Fassaden und Zeichnungen. Da bei Fotos eine Bemaßung schwer möglich ist, sollen sie zum Zeigen der Messorte am Bauwerk dienen, die mit Farbstift und Pfeilen markiert werden. Es ist sinnvoll, aus den Abbildungen eine Ansichts- oder Grundrissskizze anzufertigen, die mit Maßbegriffen oder angenommenen Maßzahlen versehen werden kann. Aus ihnen lassen sich dann reale Maßansätze schreiben und Objektberechnungen durchführen.

Sehr sinnvoll ist es, beim Schreiben der Maßansätze Vorberechnungen anzustellen sowie die Abzüge bzw. Nichtabzüge von Öffnungen oder nicht behandelten Flächen zu klären und zu begründen. Manchmal können so auch Teilmaße, die am Objekt nicht direkt messbar sind, aus Gründen der Übersichtlichkeit eines Ansatzes ermittelt werden.

Aufgabe 1 Die Fassade des Gebäudes soll einen neuen Anstrich erhalten. Fertigen Sie von der abgebildeten Giebelseite eine Ansichtsskizze mithilfe von Transparentpapier an! Tragen Sie die Zahlenwerte für das Aufmaß ein!

Ermitteln Sie die Fassadenfläche unter Berücksichtigung der Öffnungen! Begründen Sie Abzüge und Nichtabzüge in Vorberechnungen!

Linke Fassade:	Breite:	6,10 m
	Höhe:	8,00 m
Rechte Fassade (Erker):	Breite:	6,30 m
	Höhe:	7,10 m
Vorsprung des Erkers:		0,90 m
Sockel (Souterrain)	Höhe:	2,10 m

Fenstermaße einschließlich vorhandener Einfassungen:
2 Zweiflügelfenster m. Kämpfer u. Oberlicht 1,35 x 1,75
2 Zweiflügelfenster m. Kämpfer u. Oberlicht 1,37 x 2,05
1 Dreiflügelfenster m. Kämpfer u. Oberlicht 2,65 x 1,75
1 Mehrflügelfenster mit Pfosten und Kämpfer 4,10 x 1,75
2 Souterrainfenster 0,65 x 1,00
Gestrichene Leibungen in den Erkerfenstern 0,07 m

Aufgabe 2 Berechnen Sie die Anstrichfläche der Fassadenansicht unter Berücksichtigung der Öffnungen!

Hauptfassade:
Breite: 8,75 m, davon Breite der vorstehenden Seiteneinfassungen (Bossen): 0,65 m
Höhe: 5,85 m
Giebeltrapez:
obere Breite: 2,75 m
Höhe: 2,40 m
Haussockel: Höhe: 0,80 m
Balkonuntersicht (weiß):
Breite: 2,20 m
Tiefe: 1,25 m
Dicke der Platte: 0,16 m
Fenstertür: Breite: 1,25 m, Höhe: 2,06 m
4 Zweiflügelfenster: Breite: 1,10 m, Höhe: 1,25 m
4 Kleinfenster: Breite: 0,60 m, Höhe: 0,90 m
2 Kellerfenster: Breite: 1,10 m, Höhe: 0,50 m
Leibungstiefen: 0,055 m

Aufgabe 3 Stellen Sie für das allseitig zu beschichtende Gebäude folgende Berechnungen an!

a) Ermitteln Sie folgende Beschichtungsflächen in m² unter Berücksichtigung der Öffnungen:
- Hauptfassade + Nebenfassade
- Sockel

b) Ermitteln Sie den Materialbedarf für eine Fassadenbeschichtung ihrer Wahl nach den Angaben in den Technischen Merkblättern!

c) Ermitteln Sie die Gesamtarbeitszeit der einzelnen Beschichtungen bei folgenden Arbeitsgängen in Stunden und Minuten!

Angaben zur Zeitvorgabe:
- 1 x Grundieren 5 min / m²
- 1 x Zwischenbeschichten 5 min / m²
- 1 x Schlussbeschichten 7 min / m²

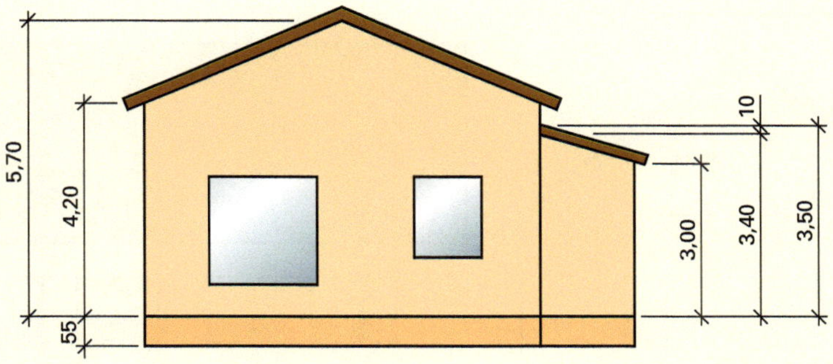

Giebelansicht

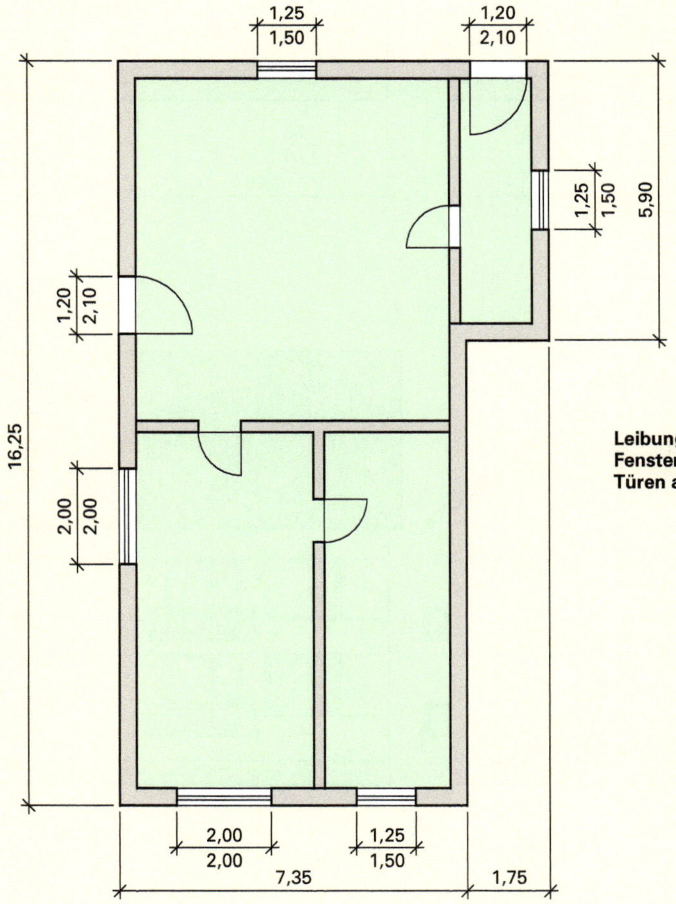

Leibungstiefen
Fenster außen 55 mm
Türen außen 115 mm

Grundriss

Aufgabe 4 Stellen Sie für das allseitig zu beschichtende Gebäude folgende Berechnungen an:

a) Ermitteln Sie die Anstrichfläche (Untersicht und Umfangsfläche) der Balkonträgerplatten in m²!

b) Ermitteln Sie die Anstrichfläche der hellen, umlaufenden Farbstreifen! Stellen Sie entsprechende Vorberechnungen an und geben Sie Begründungen für Abzüge bzw. Nichtabzüge!

c) Ermitteln Sie die Anstrichfläche der umlaufenden Sockelfläche in m²!

d) Ermitteln Sie die Anstrichfläche des senkrechten Eingangsbereiches der Fassade in m²!

e) Ermitteln Sie die Anstrichfläche der restlichen Fassadenfläche in m²! Stellen Sie auch hier Vorberechnungen an!

f) Ermitteln Sie den Materialbedarf für die unterschiedlichen Flächen des Auftrags! Angaben zum Anstrichaufbau verschiedener Fassadenbeschichtungssysteme und Materialverbrauch finden Sie in den Technischen Merkblättern.

Ansichten Vorderseite

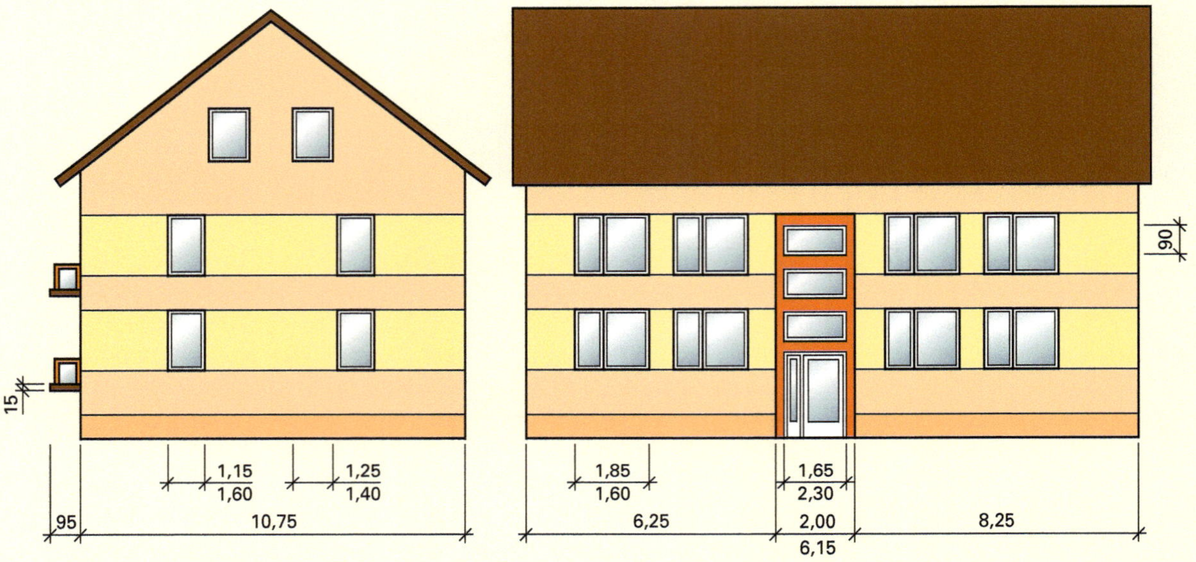

Leibungstiefen: 6 cm

Ansichten Rückseite

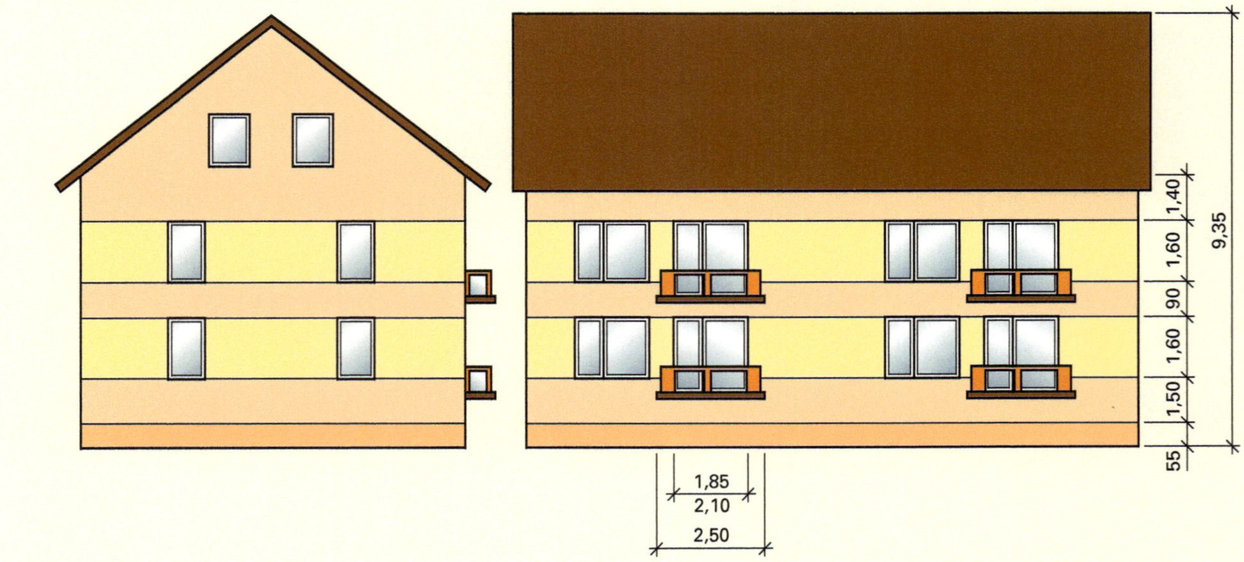

20.1 Aufmaß von Fachwerkfassaden

Beim Aufmaß von Fachwerk-Wandflächen werden die Bauteile wie folgt sortiert:

Flächenorientierte Bauteile (Fassadenfläche):

- Berechnet wird die gesamte Fassadenfläche nach Flächenmaß (m^2).

- Balken mit einer Breite von bis zu 0,30 m werden übermessen.
- Öffnungen bis zu einer Fläche von 2,50 m^2 werden übermessen.

Längenorientierte Bauteile (Fachwerkbalken):

- Die Balken werden nach Bauart (unterschiedlicher Breite) getrennt berechnet.
- Die Balken werden nach Längenmaß berechnet (m).

- Unterbrechungen der Balken unter 1,00 m werden übermessen.

Beispielaufgabe: Aufmaß einer Fachwerkfassade

Das Sockelgeschoss der Fachwerkfassade soll neu beschichtet werden. Es ergeben sich folgende Positionen:

Pos 1: Fassade beschichten

Pos 2: Balken bis 20 cm Breite beschichten

Pos 3: Balken bis 28 cm Breite beschichten

Bei der Berechnung der Balken ist es sinnvoll, systematisch vorzugehen, um Übermessungen und Dopplungen zu vermeiden. Erst können die liegenden, dann die stehenden und zum Schluss die diagonalen Balken einer Breite berechnet werden.

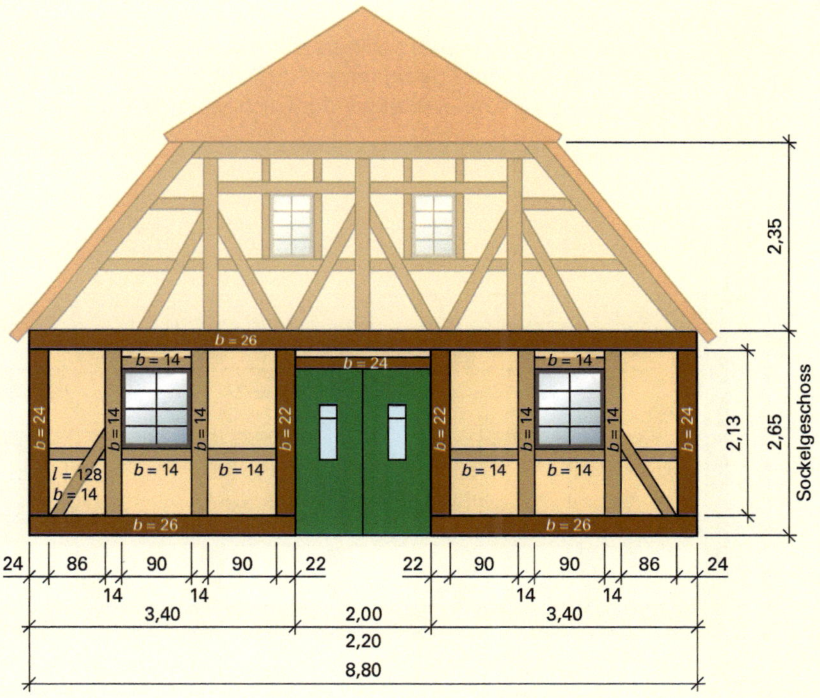

Pos	Bezeichnung	+	–	Abmessungen	Messgehalt	Abzug	Reiner Messgehalt	Einheit
1	Sockelwandfläche	1		8,80 · 2,65	23,32			
	Tor		1	2,00 · 2,20		4,40	**18,92**	m^2
2	Liegende Balken bis 20 cm	2		0,86	1,72			
		6		0,90	5,40			
	Stehende Balken bis 20 cm	4		2,13	8,52			
	Diagonale Balken bis 20 cm	2		1,28	2,56		**18,20**	m
3	Liegende Balken bis 28 cm	2		3,40	6,80			
		1		8,80	8,80			
	Stehende Balken bis 28 cm	4		2,13	8,52		**24,12**	m

20.2 Aufgaben

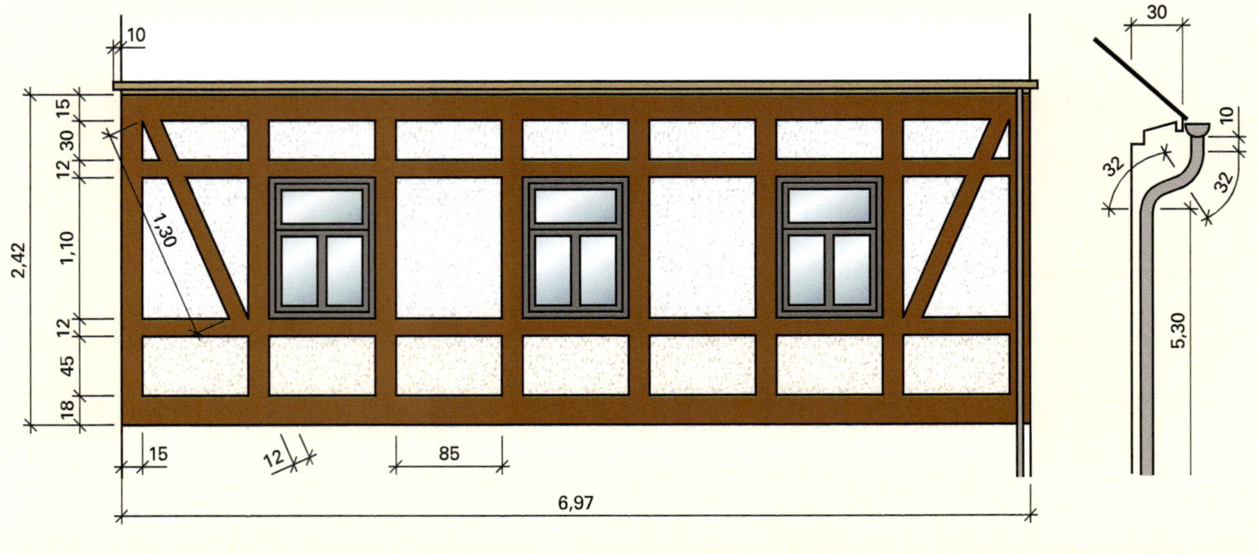

Aufgabe 1: Die Ausfachungen der Fachwerkfassade werden neu verputzt, die Fachwerkbalken und die Dachuntersicht mit einer geeigneten Holzlasur behandelt. Erstellen Sie das Aufmaß der Fachwerkfassade, der Fachwerkbalken, der Dachuntersicht und der Dachrinne!

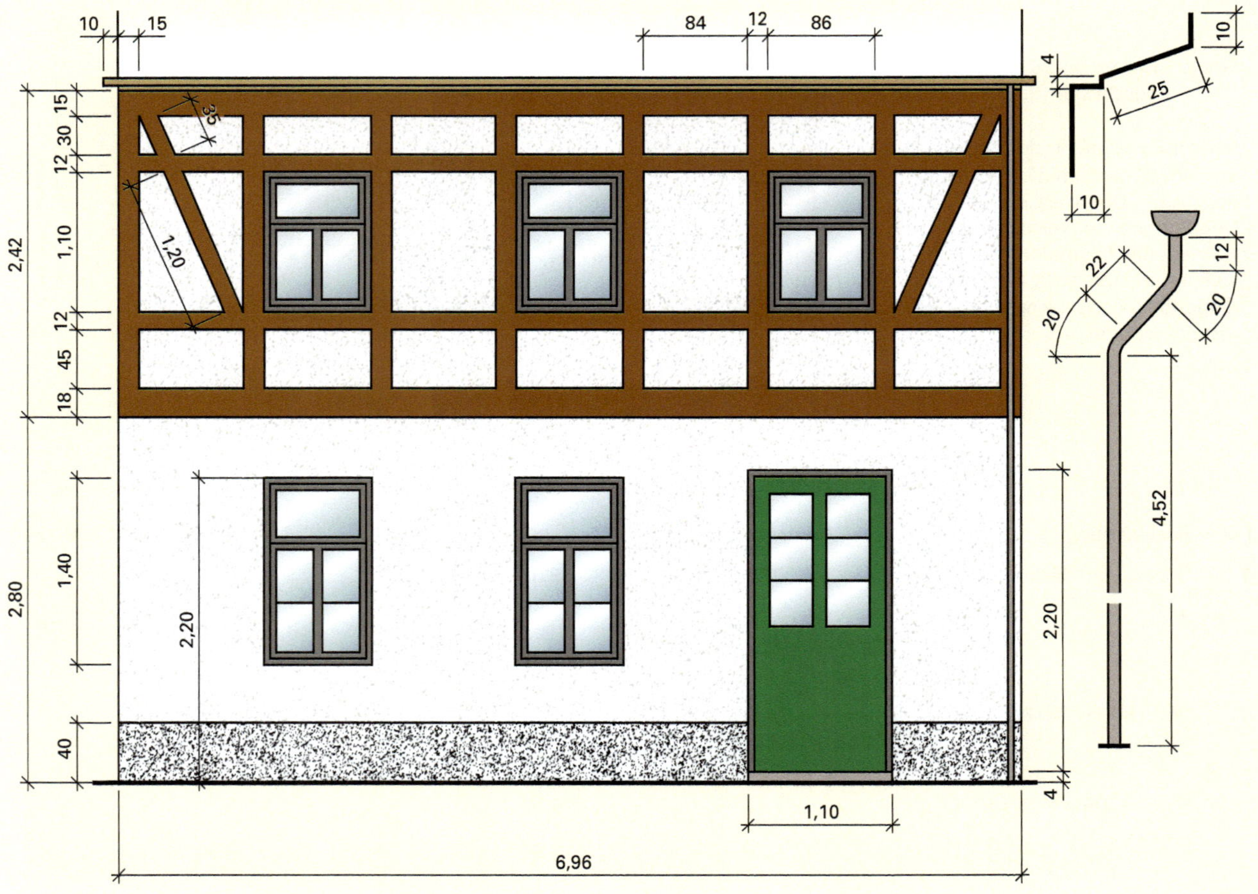

Aufgabe 2: Die Ausfachungen der Fachwerkfassade werden neu verputzt, die Fachwerkbalken und die Dachuntersicht mit einer geeigneten Holzlasur behandelt. Erstellen Sie das Aufmaß der Fachwerkfassade, der Fachwerkbalken. Der Sockel wird farbig abgesetzt.

21.1 Energetische Planung von Wärmedämmmaßnahmen

Bei Wärmedämmarbeiten muss der Maler und Lackierer bauphysikalisch planen können (Bild 1 - 2). So bildet er sich z. B. zum Energieberater fort.

Bild 1: Planung von WDVS in Alt- und Neubauten durch einen Energieberater

Bild 2: Bestandsanalyse von Altbauten: Erfassung von Wärmebrücken durch eine Wärmebildkamera

Durch wärmetechnische Berechnungen werden die U-Werte der Bauteile ermittelt, sodass die Dämmstoffe und die Dämmstoffdicken (Bild 3 und Bild 4), die zum Minimalziel führen (z. B. laut EnEV 2009), festgelegt werden.

Bild 3: Angaben auf Dämmstoffen: Wärmeleitgruppe (WLG) und Dämmstoffdicke

Bild 4: Schichtenaufbau einer Außenwand

Für die Berechnung eines Bauteils (wie z. B. einer Wand), müssen verschiedene Daten bekannt sein:

- Wärmeleitfähigkeit eines Baustoffes,
- die jeweilige Dicke des Baustoffes (z. B. 300 mm),
- Wandaufbau (Mauerwerk, Dämmstoffe, Putze),
- und die Zielvorstellung.

Sind diese Daten ermittelt, kann der sogenannte U-Wert eines Bauteils (z. B. einer Wand) geplant werden.

Der U-Wert gibt die Wärmemenge an, die in 1 Sekunde durch ein Bauteil von 1 m² einer bestimmten Dicke hindurchgeleitet wird.

Einheit des U-Wertes:
W/m² · K

Tabelle 1: U-Werte „alter" Wände

Bauteil	*U*-Wert
Einfache Außenwand im Altbau	1,20 W/m²K
Außenwand aus Leichthochlochziegel, *d* = 36,5 cm, innen und außen verputzt	0,40 W/m²K

Tabelle 2: Gesetzliche Anforderungen an Außenwände

Bauteil	*U*-Wert
Außenwand Niedrigenergiehaus	0,18 W/m²K
Außenwand nach EnEV 2009	0,28 W/m²K
Außenwand nach EnEV 2004	0,45 W/m²K
Außenwand WSchV von 1995	0,50 W/m²K

In Deutschland müssen nach neuen Gesetzgebungen bestimmte Anforderungen an den U-Wert (von Bauteilen) erfüllt werden (Tabelle 1 und 2).

21.2 Berechnung des U-Wertes

Die aktuelle EnergieEinsparVerordnung (EnEV) gibt Mindestanforderungen an den U-Wert (Wärmedurchlässigkeit) von Bauteilen an, die unbedingt eingehalten werden müssen. Sowohl alte Häuser als auch Neubauten sollen in Zukunft so ausgestattet werden, dass Heizkosten und CO2-Ausstoß vermindert werden. Diese Ziele lassen sich insbesondere durch die bessere „Ausstattung" der wesentlichen Bauteile eines Hauses erreichen: Dämmung von Wänden, Dach und Fenstern **(Bild 1)**.

Bild 1: Ziel der EnEV

Für die Berechnung eines Bauteils (wie z. B. einer Wand), müssen verschiedene Daten miteinander verrechnet werden **(Übersicht 1)**:

Dämmwert einer Schicht (Wärmedurchlasswiderstand):

$$\textbf{Widerstand} = \frac{\text{Dicke eines Baustoffes}}{\text{Wärmeleitfähigkeit des Baustoffes}}$$

Hat das Bauteil (hier: eine Wand) mehrere dämmende Schichten, hier:

- Innenputz,
- Mauerwerk,
- Mineralwolle-Dämmplatte
- Außenputz,

so müssen alle relevanten Schichten zu einem Gesamtwiderstand addiert werden:

Gesamtwiderstand = Summe der Einzelwiderstände des Bauteils

Die Wärmedurchlässigkeit eines Bauteils berechnet man nun durch
den Kehrwert des Gesamtwiderstandes:

$$U_{wert} = \frac{1}{\text{Gesamtwiderstand}}$$

Baustoff	Rohdichte in kg/m³	Wärmeleitfähigkeit als Wärmeleitzahl λ W/m • K
Vakuumdämmelemente	–	0,004
Luft	–	0,026
Mineralfaserdämmstoffe	20	0,035
Polystyrol-Hartschaum (EPS)	20	0,035
Zellulosedämmstoff	30	0,040
Nadelholz	600	0,13
Gasbeton-Blockstein	600	0,22
Leichthochlochziegel	800	0,39
Kunstharzputz	1100	0,70
Gipsmörtel	1400	0,70
Kalksandstein	1600	0,79
Kalkzementmörtel	1800	0,87
Normalbeton	2400	2,10
Stahl	7850	60,00

(Rohdichte: – oben, + unten; Wärmeleitfähigkeit: – oben, + unten)

Beispielrechnung:

$$\textbf{Widerstand} = \frac{\text{Dicke eines Baustoffes}}{\text{Wärmeleitfähigkeit des Baustoffes}}$$

$$\textbf{Widerstand Innenputz} = \frac{0{,}01\ \text{m}}{0{,}70} = 0{,}014$$

+

$$\textbf{Widerstand Mauerwerk} = \frac{0{,}30}{0{,}39} = 0{,}769$$

+

$$\textbf{Widerstand Mineralwolleplatte} = \frac{0{,}20}{0{,}035} = 5{,}714$$

+

$$\textbf{Widerstand Außenputz} = \frac{0{,}03}{0{,}70} = 0{,}042$$

$$= \textbf{Gesamtwiderstand} \qquad = \textbf{6,539}$$

$$U_{wert} = \frac{1}{\text{Gesamtwiderstand}} \quad \frac{1}{6{,}539} = \textbf{0,15}$$

möglicher Wandaufbau

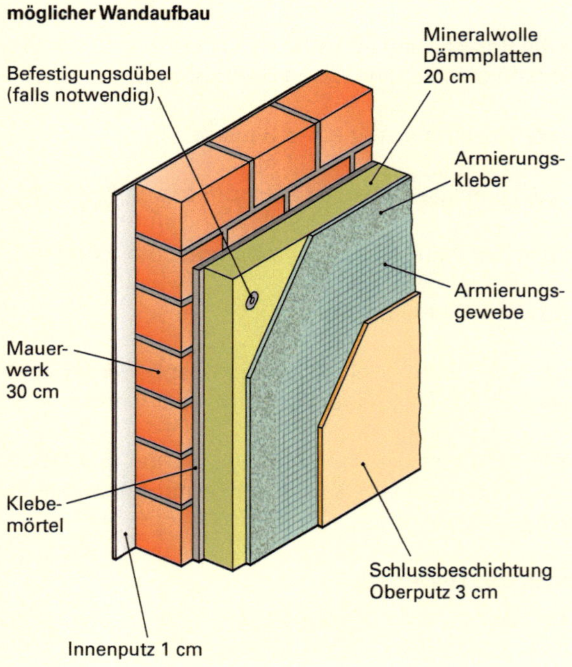

Übersicht 1: Berechnung der Wärmedurchlässigkeit eines Bauteils (Wand)

21.3 Aufmaß von WDVS

Wärmedämmarbeiten sind ähnlich wie Maler- und Lackierarbeiten aufzumessen und abzurechen:

Die Leistungsbeschreibung sollte Ausführungshinweise, Beschaffenheiten, Arten, Tragfähigkeiten, Stoffe und Qualitätshinweise enthalten.

WDVS erfordern eine Anzahl von baukonstruktiven Veränderungen der Fassade, sodass der Maler und Lackierer auf viele Details in der Ausschreibung achten muss, um nichts zu vergessen (**Bild 1**):

- Perimeterdämmung und Bauwerksabdichtung,
- Dämmstoffarten,
- Armierung, Befestigungen, Bewegungsfugen, Anschlussprofile
- Brandschutzanforderungen,
- Oberflächenbehandlung,
- Fensterbänke,
- Gerüstbauarbeiten, Ankerlöcher usw.

Auch bei Wärmedämmarbeiten gibt es Nebenleistungen (die in der Leistung und Abrechnung ohne Erwähnung enthalten sind) und besondere Leistungen (die gesondert aufgeführt und berechnet werden, **Übersicht 1**).

Bild 1: Konstruktiver Aufbau eines WDVS

Nebenleistungen	Besondere Leistungen
• Auf- und Abbauen von Gerüsten, deren Arbeitsbühnen nicht höher als 2 m über dem Boden liegen. • Reinigung des Untergrundes (bei leichter Verschmutzung). • Anfertigen von Musterplatten für Oberflächenbeispiele und Farbmuster. • An- und Beiputzarbeiten. • Schutz von Bauteilen vor Verunreinigungen und Beschädigung durch loses Abdecken.	• Vorhalten von Aufenthalts- und Lagerräumen, wenn der Auftraggeber Räume, die leicht verschließbar gemacht werden können, nicht zur Verfügung stellt. • Auf- und Abbauen sowie Vorhalten der Gerüste, deren Arbeitsbühnen höher als 2 m über Gelände oder Fußboden liegen. • Umbau von Gerüsten. • Herstellen von im Bauwerk verbleibenden Verankerungen. • Schließen von Ankerlöchern. • Maßnahmen zum Schutz vor ungeeigneten klimatischen Bedingungen. • Besondere Maßnahmen zum Schutz von Bau- und Anlagenteilen sowie Einrichtungsgegenständen, z. B. Abkleben von Fenstern, Türen, Böden, staubdichtes Abkleben von empfindlichen Einrichtungen und technischen Geräten, Staubschutzwände, Gerüstbekleidungen, Schutzanstriche, Notdächer, Auslegen von Hartfaserplatten und Bautenschutzfolien. • Maßnahmen zur Erfüllung erhöhter Anforderungen an die Ebenheit oder Maßhaltigkeit. • Reinigen des Untergrundes von grober Verschmutzung. • Vorbehandeln des Untergrundes. • Beseitigen von Hindernissen. • Liefern bauphysikalischer Nachweise. • Maßnahmen gegen Pilz- und Algenbefall. • Einbauen von Fensterbänken.

Übersicht 1: Nebenleistungen und besondere Leistungen bei WDVS (Auswahl)

Beim Aufmaß von Wärmedämmverbundsystemen gibt es wie bei der Aufstellung und Abrechnung von Maler- und Lackierarbeiten Abrechnungseinheiten. Es werden Bauteile entweder nach Fläche (m^2, wenn die Bauteile eher flächenorientiert sind), Längenmaß (m, wenn die Bauteile eher längenorientiert sind) oder nach ihrer Anzahl berechnet (Übersicht 1).

Nach Flächenmaß (m^2)	Nach Längenmaß (m)	Nach Anzahl (Stück)
• Wärmedämmverbundsysteme • Vorbehandeln des Untergrundes • Ausgleichen von unebenen Untergründen • Ausfütterungen über 2,50 m^2 Einzelgröße • Zusätzliche flächige Bewehrungen • Perimeterdämmungen mit über 1,00 m Höhe	• Leibungen Schürzen, Brandbarrieren, Abdekkungen über 1,00 m Breite je Seite • WDVS an Pfeilern, Lisenen, Stützen, Unterzügen, Abtreppungen bis 1,00 m Breite je Ansichtsfläche • Zuschnitte • Perimeterdämmungen bis 1,00 m Höhe • Fensterbänke, Faschen, Dekorprofile, Putzbänder, Bossenfugen, Schattenfugen • Armierungsputze und zusätzliche flächige Bewehrungen bis 1,00 m Breite	• WDVS bis 2,50 m^2 Einzelgröße • Vorbehandlungen auf Flächen bis 2,50 m^2 Einzelgröße • Herstellungen von Aussparungen • Einbau von Hilfskonstruktionen • Diagonalbewehrungen und Armierungspfeile • Ecken, Gehrungen, Kreuzungen, Verkröpfungen und Endungen von Dekorprofilen • Schließen von Verankerungsöffnungen, Gerüstankerlöchern, Öffnungen und Durchbrüchen • Auffütterungen bei Flächen bis 2,50 m^2 Einzelgröße

Übersicht 1: Abrechnungseinheiten bei Wärmedämmverbundsystemen (Auswahl)

Aufmaßgrundsätze

- Das Aufmaß kann sowohl direkt am Objekt gemessen als auch aus einer Zeichnung (falls vorhanden) entnommen werden.
- Für die Berechnung sind die Maße der **fertigen** Oberfläche gültig.
- Bei der Ermittlung der Maße wird das jeweils größte Bauteilmaß zugrunde gelegt.

Es gelten die im Folgenden dargestellten Aufmaßregeln (Übersicht 2):

Übermessen werden	Abgezogen werden
• Aussparungen unter 2,50 m^2 • Aussparungen in Böden unter 0,50 m^2 • Unterbrechungen unter 1 m Einzellänge (bei der Abrechnung nach Längenmaß) • Anschlüsse, Reduzieranschlüsse, Friese, Randfriese, offene Fugen, Vertiefungen, Verkofferungen und dergleichen bis 30 cm Breite werden übermessen und gesondert gerechnet	• Aussparungen über 2,50 m^2 • Aussparungen in Böden über 0,50 m^2 • Unterbrechungen in der Bekleidung durch Bauteile über 30 cm • Unterbrechungen über 1 m Einzellänge (bei der Abrechnung nach Längenmaß)
Getrennt berechnet werden	
• Unmittelbar zusammenhängende, verschiedenartige Aussparungen • Rückflächen von Nischen, ganz oder teilweise bekleidete freie Wandenden und Oberseiten, Unterseiten von Schürzenbekleidungen sowie Leibungen	• Sonderformate und Flächen bis 5 m^2 • Gehrungen je Richtungswechsel nur einmal • Gleichartige Aussparungen, die durch konstruktive Elemente getrennt sind • Anschlüsse, Friese, Fugen, Vertiefungen, Verkofferungen etc.

Übersicht 2: Aufmaßregeln für Wärmedämmverbundsysteme (Auswahl)

21.4 Bauliche Planung und Angebotserstellung eines WDVS

Die Planung eines Wärmedämmverbundsystems verläuft in folgenden Schritten:

Ermittlung der wärmetechnischen Daten (U-Werte der bestehenden und der geplanten Bauteile)

Ziel kann ein bestimmter Mindest- bzw. Höchstwert sein:

- Ein U-Wert von 0,24 für Außenwände

In diesem Beispiel wird dieser Wert durch Dämmung der Außenwände mit einem 14 cm/WLG 035-System auf Basis von Polystyrol erreicht.

Anfertigen einer Abbildung des angestrebten Werkes auf Basis einer Bauzeichnung (Übersicht 1)

In der Skizze werden für die farbliche Gestaltung und das Aufmaß folgende Entscheidungen getroffen:

- Wandfarbton
- Festlegung der Sockelhöhe
- Farbliche Absetzung des Sockels
- Evtl. Ausbildung von Faschen zur Akzentuierung der Fenster

Übersicht 1: Planung eines WDVS an einem Einfamilienhaus

Aufmaß der Fassade (Bild 1)

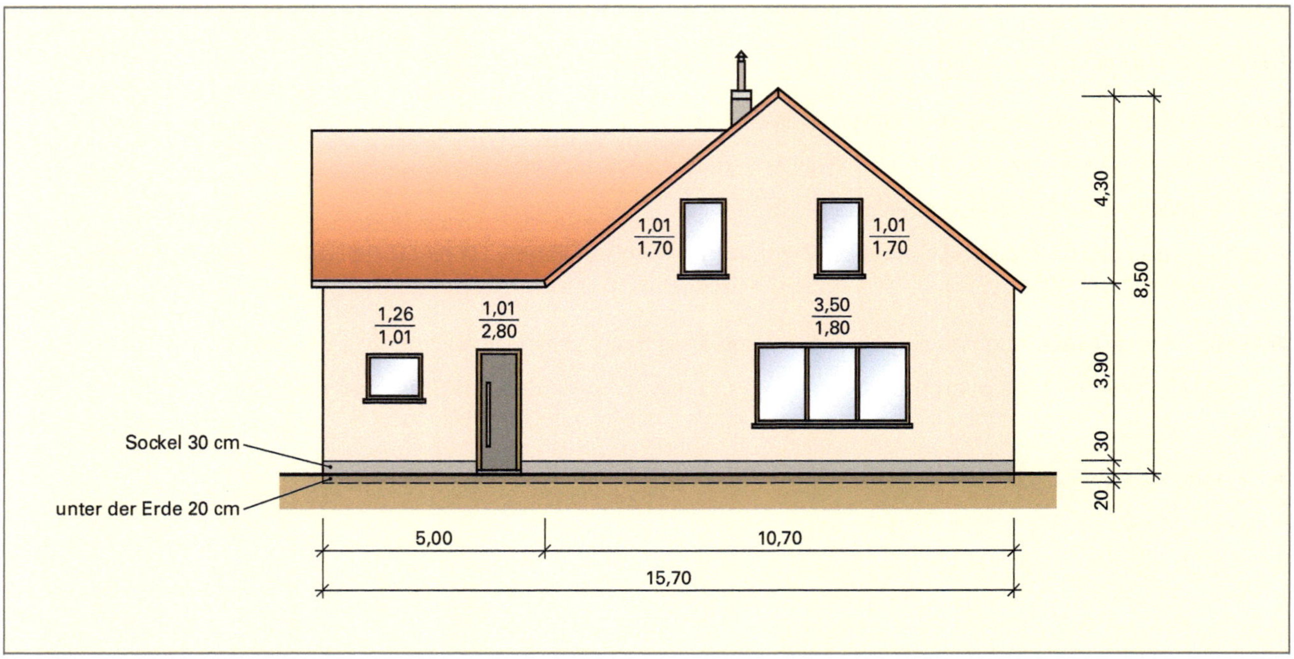

Bild 1: Aufmaß der Fassadenflächen, zur Übersichtlichkeit der anschließenden Berechnungen wird in diesem Beispiel nur eine Fassadenseite gezeigt.

Aufmaß in Tabellenform

Pos	Bezeichnung	+	–	Abmessungen	Messgehalt	Abzug	Reiner Messgehalt	Einheit
	Fassade gesamt (inkl. Sockel + Perimeterbereich) zur Vorbereitung des Untergrundes							
	Fassade	1		15,70 · (3,90 + 0,30 + 0,20)	69,08			
	Giebel	1		$\frac{10{,}70 \cdot 4{,}30}{2}$	23,00			
	Fenster		1	3,50 · 1,80		6,30		
							85,78	**m²**
	Fassade oberhalb Sockel, inkl. baukonstruktivem Zuschlag (Überstand pro Seite 14 cm) zur Dämmung							
	Fassade	1		15,70 · 3,90	61,23			
	Baukonstruktiver Zuschlag	2		0,14 · 3,90	1,09			
	Giebel	1		$\frac{10{,}70 \cdot 4{,}30}{2}$	23,00			
	Fenster		**1**	3,50 · 1,80		6,30		
							79,02	**m²**
	Perimeterbereich, inkl. baukonstruktivem Zuschlag (Überstand pro Seite 14 cm) zur Dämmung							
	Fassade	1		15,70 · (0,30 + 0,20)	7,85			
	Baukonstruktiver Zuschlag	2		0,14 · (0,30 + 0,20)	0,07			
							7,92	**m²**
	Sockelschiene, inkl. baukonstruktivem Zuschlag (Überstand pro Seite 14 cm)							
		1		15,70 + 0,14 + 0,14	15,98			
							15,98	**m**

Aufstellen einer Leistungsbeschreibung / Angebot

Da es bei einer Wärmedämmung eines Hauses in der Regel um eine sehr hohe Geldsumme geht, sollte hier eine sehr genaue Beschreibung der Leistungen erfolgen:

Position	Text	Menge/ Einheit	Einzel-Preis	Gesamt-preis
1	**Aufbringen eines WDVS Ostseite des Gebäudes, Perimeterdämmung im Sockelbereich**			
1.1	Gerüst für die Bearbeitung der Außenwand	85,78 m²	5,00 €/m²	428,90 €
	Erläuterung: Die Gerüstbauarbeiten übernimmt entweder der Malerbetrieb oder er beauftragt eine andere Firma. Gerüstarbeiten werden nach eingerüsteter Fläche abgerechnet. Das Gerüst wird in der Regel für 4 Wochen aufgestellt. Die Kosten betragen 5,- €/m² für die Zeit von 4 Wochen. Wird die Zeit überzogen, erfolgen Aufschläge.			
1.2	Wandflächen mit Hochdruckreiniger abstrahlen	85,78 m²	1,80 €/m²	154,40 €
1.3	Fassadenflächen mit Biozid gegen Algen und Moss behandeln	85,78 m²	2,50 €/m²	214,45 €
1.4	Grundbeschichtung von stark saugenden Untergründen mit Konzentrat auf Silikat-Basis, Verbrauch ca. 200 ml/m²	85,78 m²	3,50 €/m²	300,23 €
1.5	Sockelschienen aus stranggepresstem Leichtmetall-Fertigprofil in Trogform, mit orderseitig ausgebildetem T, mit Abzugskante, als Systemabschluss horizontal mit Montage-Schlagschrauben montieren, einschließlich Eckausbildung, für Dämmplattendicke 140 mm	15,98 m	9,00 €/m²	143,82 €
1.6	Fassadendämmplatten aus EPS-Hartschaum, WLG 035, Kantenausbildung: stumpf, Dämmplattendicke: 140 mm, mit mineralischem Werktrockenmörtel in der Wulst-Punkt-Methode verkleben	79,02 m²	20,00 €/m²	1580,40 €
1.7	Konstruktive Zusatzverdübelung der verklebten Fassaden-Dämmplatten mit Dämmstoff-Tellerdübeln und Kunststoffspreizstift. Dübelschema nach Herstellervorschrift. Verbrauch: 8 Stck/m²	79,02 m²	12,00 €/m²	948,24 €
1.8	Perimeterdämmplatten aus EPS-Hartschaum, WLG 035, Kantenausbildung: stumpf, Dämmplattendicke: 140 mm, mit bituminöser Klebemasse in der Wulst-Punkt-Methode verkleben	7,92 m²	35,00 €/m²	277,20 €
1.9	Konstruktive Verdübelung der verklebten Perimeterdämmplatten mit Dämmstoff-Tellerdübeln und Kunststoffspreiznagel im sichtbaren Sockelbereich. Dübelschema nach Herstellervorschrift. Verbrauch: 8 Stck/m² gemäß Herstellervorschrift	7,92 m²	12,00 €/m²	95,04 €
	Übertrag			**4142,68 €**

Pos. 1.5

Pos. 1.6

Pos. 1.7

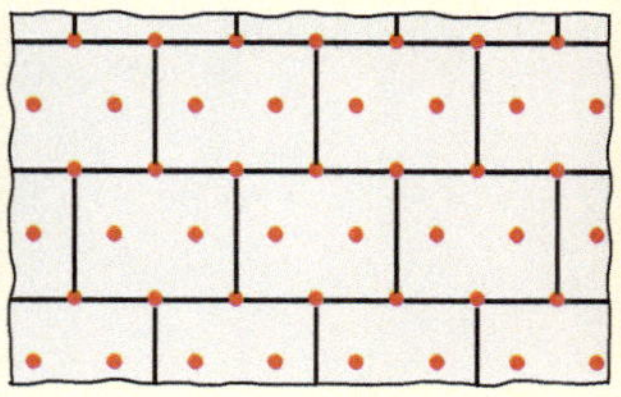

Pos. 1.7

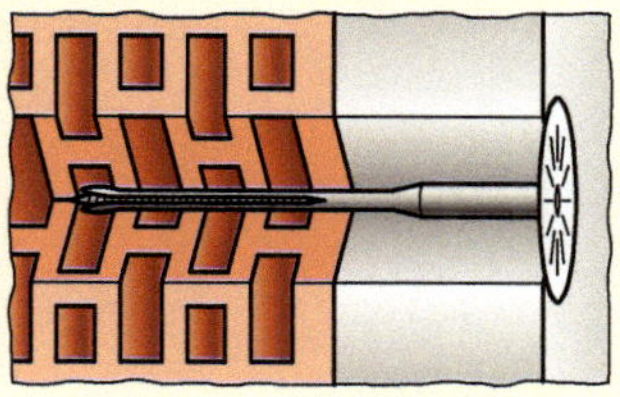

Position	Text	Menge/ Einheit	Einzel-Preis	Gesamt-preis
	Übertrag:			**4142,68 €**
1.10	Kantenschutz an Außenecken und Kanten mit Gewebeeckschutzwinkel, Schenkellänge 100 mm x 130 mm, herstellen Verbrauch: 1 m/m	34,61 m	7,00 €/m	242,27 €
1.11	Armierungsschicht aus mineralischem Werktrockenmörtel und Armierungsgewebe herstellen, einschließlich diagonaler Zusatzarmierung an Öffnungsecken. Schichtdicke 3-4 mm, Verbrauch 4,500 kg/m², Gewebe Verbrauch: 1,10 m²/m²	79,02 m²	15,00 €/m²	1185,30 €

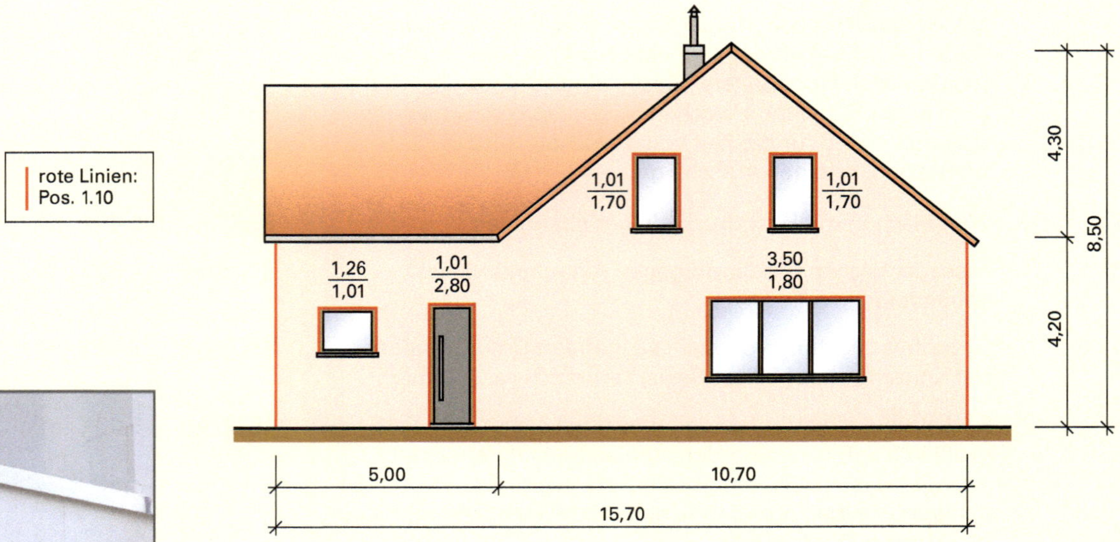

Position	Text	Menge/ Einheit	Einzel-Preis	Gesamt-preis
1.12	Grundbeschichtung von starksaugenden Untergründen mit Konzentrat auf Silikatbasis, Verbrauch: ca. 200 ml/m²	79,02 m²	3,20 €/m²	252,86 €
1.13	Strukturputz aus Silikatputz auftragen und strukturieren, Körnung 3,0 mm, Schriebenputz-Struktur, Farbton, Verbrauch: ca. 4,0 kg/m²	79,02 m²	15,00 €/m²	1185,30 €
1.14	Sockelfläche: Armierungsschicht aus mineralischem Werktrockenmörtel und Armierungsgewebe herstellen, einschließlich diagonaler Zusatzarmierung an Öffnungsecken. Schichtdicke 3-4 mm Verbrauch: 4,500 kg/m² Gewebeverbrauch: 1,10 m²/m²	7,92 m²	17,00 €/m²	134,64 €
1.15	Sockelfläche: Glattputzbeschichtung aus mineralischem Werktrockenmörtel herstellen und filzen, Schichtdicke: 2-3 mm, Verbrauch: 2,000 kg/m²	7,92 m²	16,00 €/m²	126,72 €
	Übertrag			**7269,77 €**

Position	Text	Menge/ Einheit	Einzel- Preis	Gesamt- preis
	Übertrag:			**7269,77 €**
1.16	Beschichtung mit Dispersions-Silikatfarbe zur farblichen Gestaltung vollflächig in zwei Arbeitsgängen, Verbrauch: ca. 250 ml/m²/Anstrich	79,02 m²	10,00 €/m²	790,20 €
1.17	Sockel: Beschichtung mit Dispersions-Silikatfarbe zur farblichen Gestaltung vollflächig in zwei Arbeitsgängen, Verbrauch: ca. 250 ml/m²/Anstrich	7,92 m²	10,00 €/m²	79,20 €

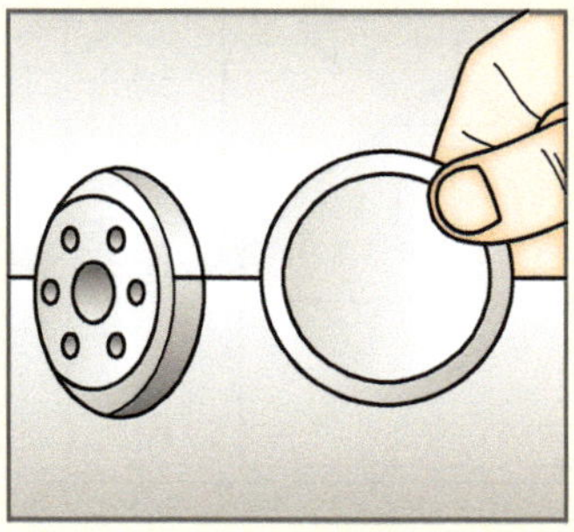

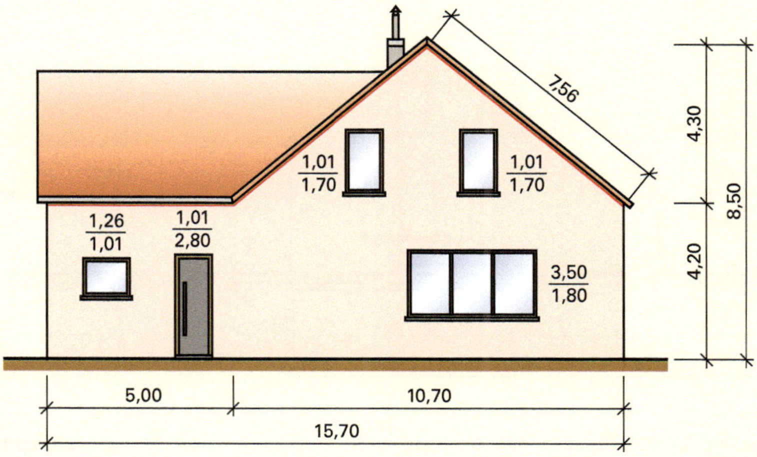

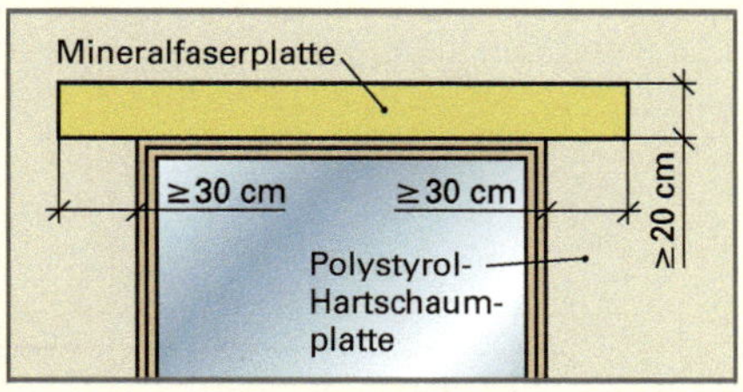

Position	Text	Menge/ Einheit	Einzel- Preis	Gesamt- preis
1.18	Anschlussfugen an angrenzende Bauteile ausbilden mit expandierendem Fugendichtband, Fugenbreite: 5 – 12 mm, Verbrauch: 1,00 m/m	15,12 m	5,00 €/m	75,60 €
1.19	Anputzprofile – Anschlussfugen an angrenzende Bauteile ausbilden mit Fertigteilprofil aus Kunststoff, selbstklebendem PE-Dichtband, Glasgewebestreifen und Klebestreifen für Folienabdeckung des Fensterrahmens, Verbrauch: ca. 1,0 m/m	25,81 m	5,00 €/m	129,05 €
1.20	Vorhandene Fensterbänke vor der Montage der neuen Fensterbänke fassadenbündig abtrennen.	4	20,00 €/Stck	80,00 €
1.21	Fensterbänke komplett mit Dichtungsprofil und Verschraubung am Fensterrahmen, passenden Seitenteilen sowie der erforderlichen Anzahl von Montagestücken und Mauerankern montieren. Farbton: alu-eloxiert dunkel, Länge …, Ausladung: 360 mm	4	45,00 €/Stck	180,00 €
1.22	Antidröhnband unterhalb der Fensterbänke liefern und anbringen	6,53 m	5,00 €/m	32,65 €
1.23	Glattputzbeschichtung als Faschen- und Leibungsausbildung aus mineralischem Werktrockenmörtel herstellen und filzen	25,81 m	13,00 €/m	335,53 €
1.24	Fensterleibungen und Faschen, Grundbeschichtung und 2 x Schlussbeschichtung im Farbton …	25,81 m	7,00 €/m	180,67 €
		Nettosumme		**9152,67 €**
		MWST 19 %		**1739,01 €**
		Bruttosumme		**10891,68 €**

21.5 Aufgaben

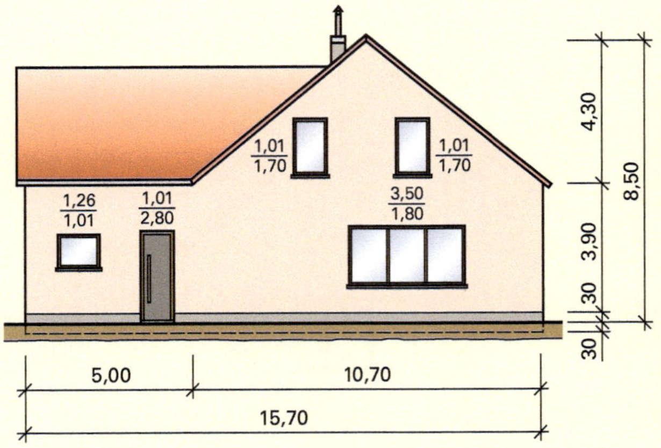

Ansicht Ost

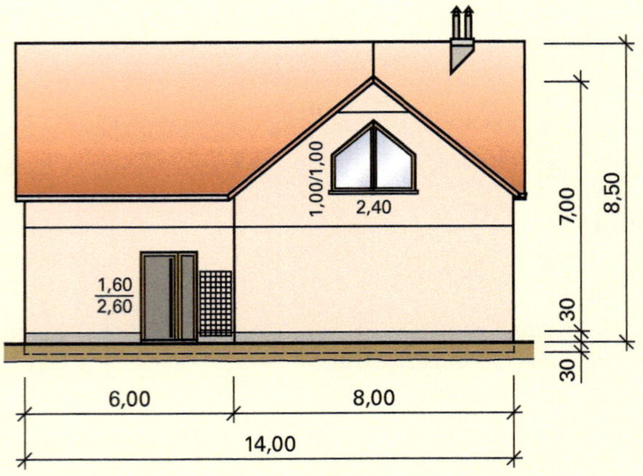

Ansicht Nord

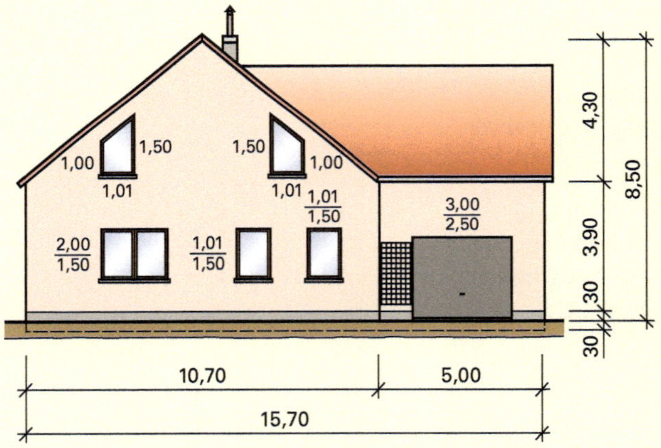

Ansicht West

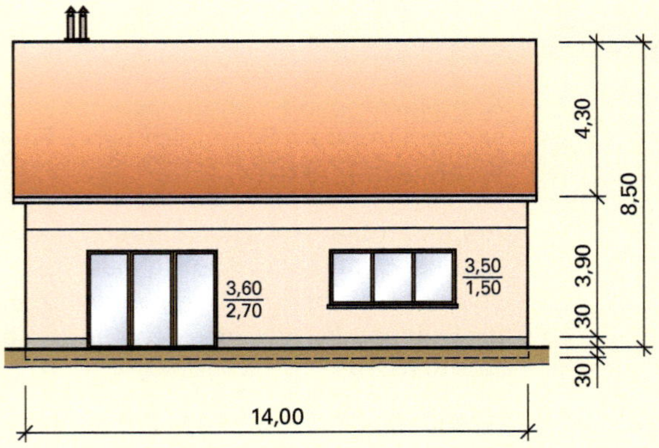

Ansicht Süd

Aufgabe 1 Berechnen Sie auch die drei weiteren Fassadenflächen des Hauses für ein WDVS.
Als Grundlage für die Berechnung einer Angebotssumme dienen die Kalkulationsgrundlagen der vorherigen Seiten.

22.1 Aufmaß von Heizkörpern

Heizkörper sind als Ausbauelemente Teile einer zentralen Heizungsanlage und dienen zum Beheizen von Räumen. Ihre Formen und Konstruktionen sind sehr unterschiedlich (Übersicht 1).

Plattenheizkörper

Radiator (Rippenheizkörper)

Übersicht 1: Heizkörperarten

Für die Berechnung werden zwei unterschiedliche Verfahren benutzt (Übersicht 2):

Abrechnung von Heizkörpern nach Tabellen	Abrechnung von Heizkörpern nach abgewickelter Fläche
Moderne Heizkörper sind genormt. Tabellen ermöglichen es, die Anstrichfläche schnell zu errechnen. Die Tabellen geben den Wert der Heizfläche an.	Ältere Heizkörper wie Rippenheizkörper, Konvektorheizkörper oder Heizschlangen sind heute kaum noch zu beschichten. Für diese liegen keine Heizflächentabellen vor. Diese sind nach Fläche abzuwickeln.

Übersicht 2: Berechnungsverfahren für Heizkörper

Werden Heizkörperflächen mittels Aufmaß ermittelt, so kann man Naben, Wölbungen und Rundungen nicht genau abwickeln, es sind nur Näherungswerte möglich. Deshalb wurden **Multiplikatoren** für diesen Zweck für Plattenheizkörper ermittelt, die in der Praxis Anwendung finden (Übersicht 3), z. B. 2,8 bei Gussradiatoren wegen der stark modellierten und gewölbten Oberflächen.

Bei Sonderformen ist die Art des Aufmaßes vor der Ausführung der Arbeit zu vereinbaren.

Heizkörpertyp	Multiplikator
Plattenheizkörper, **schwach** profiliert	2,1
Plattenheizkörper, **stark** profiliert	2,3
Gussradiatoren	2,8

Übersicht 3: Heizkörper-Multiplikatoren (Auswahl)

Je nach Bauform und Art der Baustelle trifft der Maler dabei auf unterschiedliche Problemstellungen (Übersicht 4), wie er modellierte Oberflächen, nicht zu erreichende Stellen oder Halterungen berechnen soll:

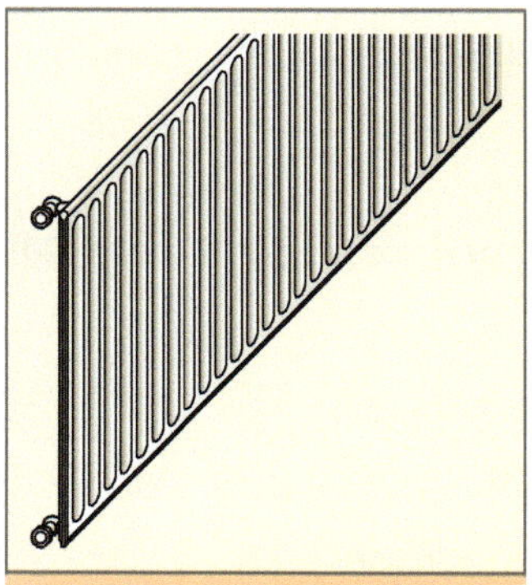
Werden Plattenheizkörper nur auf der Vorderseite beschichtet, dann ist der Faktor bzw. der Multiplikator zu halbieren.

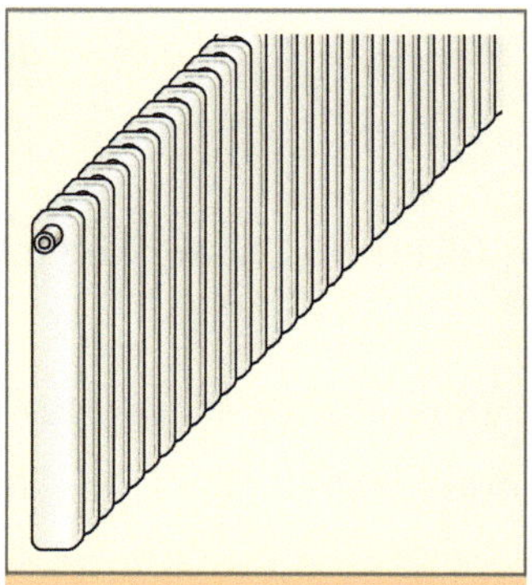
Werden Radiatoren montiert beschichtet, werden schwer zugängliche und deshalb unbehandelte Stellen nicht abgezogen.

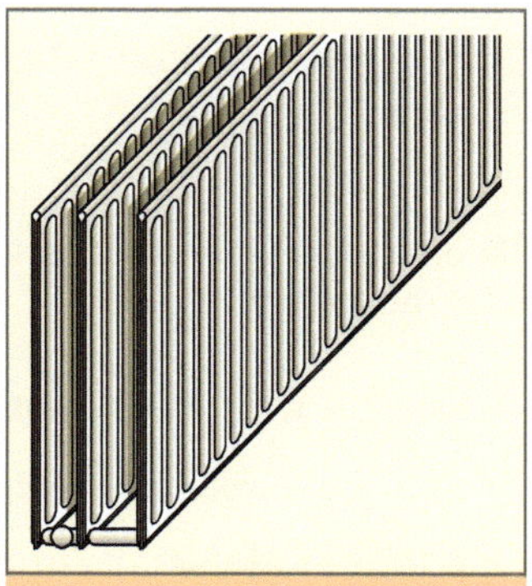
Werden mehrreihige Plattenheizkörper beschichtet, so ist der Multiplikator entsprechend der Reihen zu vervielfältigen.

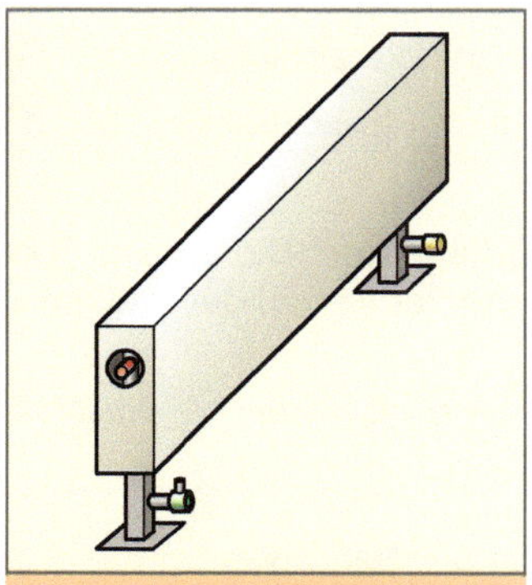
Konsolen, Halterungen und Anschlussstücke werden nach Anzahl abgerechnet.

Übersicht 4: Besonderheiten beim Aufmaß von Heizkörpern

22.2 Aufmaß von Heizkörpern nach Tabellen

Die Oberflächen vieler Heizkörper finden sich heutzutage in Tabellenform aufgelistet. In den Tabellen sind für verschiedene Typen die Bauhöhen, Nabenabstände und die jeweiligen Bautiefen aufgelistet (**Übersicht 1**). Aus der Tabelle werden in folgender Reihenfolge die Flächen ermittelt:

- **Heizkörpertyp in der Tabelle suchen.**
- Den vor Ort gemessenen Nabenabstand / die Bautiefe des Heizkörpers in der Tabelle finden und die dazu passende Fläche eines Gliedes bestimmen = **Fläche eines Gliedes**
- Die in der Tabelle nachgeschlagene Fläche (m²) mit der Anzahl der Glieder des Heizkörpers multiplizieren = **Fläche eines Heizkörpers**
- Anzahl der Heizungen mit der Fläche pro Heizung multiplizieren = **Gesamtfläche**

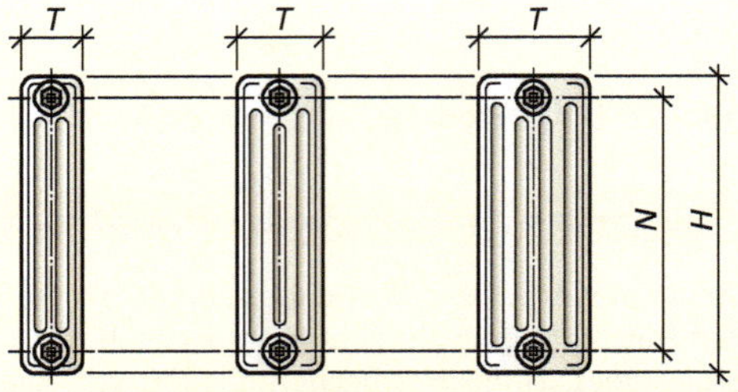

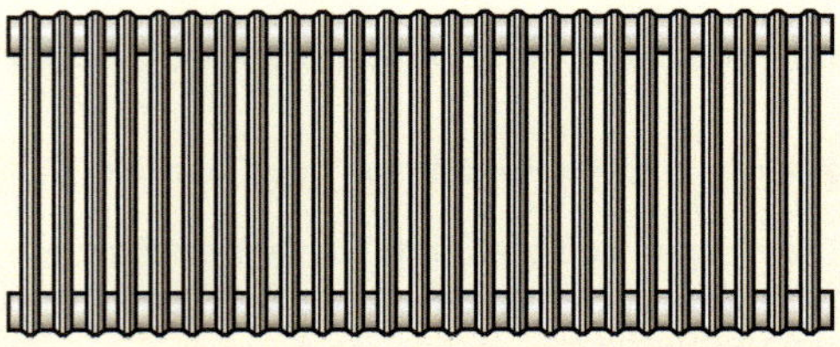

Heizfläche je Glied in m² (Beschichtungsfläche)

	Bauhöhe *H* in mm	Nabenabstand *h* in mm	Bautiefe *T* in mm			
			70	110	160	250
Gussradiatoren	280	200	–	–	–	0,185
	430	350	0,090	0,128	0,185	–
	580	500	0,120	0,180	0,255	–
	680	600	–	–	0,306	–
Stahlradiatoren	300	200	–	–	0,105	0,160
	450	350	–	0,105	0,155	–
	600	500	–	0,140	0,205	–
	1.000	900	–	0,240	0,345	–

Übersicht 1: Radiatoren nach DIN 4703 (Auswahl)

Beispielaufgabe: 2 Gussradiatoren nach DIN 4703, Bauhöhe 580 mm, Bautiefe 160 mm, jeweils mit 20 Gliedern

Pos	Bezeichnung	+	–	Abmessungen	Messgehalt	Abzug	Reiner Messgehalt	Einheit
1	Gussradiator	2		0,255 · 20	10,20		**10,20**	m²

Erläuterung: Die aus der Tabelle ermittelte Oberfläche eines Gliedes (0,225 m²) wird mit der Anzahl der Glieder (20) und der Anzahl der Radiatoren (2) mulipliziert

Beispielaufgabe: 3 Stahlradiatoren nach DIN 4703, Bauhöhe 600 mm, Bautiefe 110 mm, jeweils mit 30 Gliedern

Pos	Bezeichnung	+	–	Abmessungen	Messgehalt	Abzug	Reiner Messgehalt	Einheit
1	Stahlradiator	3		0,140 · 30	12,60		**12,60**	m²

Beispielaufgabe: 14 Stahlradiatoren nach DIN 4703, Bauhöhe 450 mm, Bautiefe 110 mm, jeweils mit 10 Gliedern

Pos	Bezeichnung	+	–	Abmessungen	Messgehalt	Abzug	Reiner Messgehalt	Einheit
1	Stahlradiator	14		0,105 · 10	14,70		**14,70**	m²

Bauhöhe in mm	Typ	Anzahl der Lagen	Anzahl der KV Bleche	Bautiefe in mm	Angaben pro Meter: Wärmeleistung bei Systemtemperatur 90/70/20* Watt	75/65/20* Watt	70/55/20* Watt	55/45/20* Watt	Wasserinhalt in dm²	Anstrichfläche in m²	Leergewicht in kg	Exponent n
200	**10**	1	0	26	309	249	202	132	3,89	**0,45**	10,61	1,2324
	11	1	1	66	515	414	336	219	3,89	**0,90**	13,61	1,2351
	20	2	0	104	564	454	369	241	7,74	**0,90**	22,21	1,2269
	21	2	1	104	741	595	482	313	7,74	**1,35**	24,50	1,2448
	22	2	2	144	969	779	631	410	7,74	**1,80**	27,46	1,2402
	30	3	0	182	816	658	535	350	11,58	**1,36**	33,81	1,2215
	31	3	1	182	993	798	646	420	11,58	**1,81**	36,20	1,2416
	32	3	2	182	1 183	950	769	499	11,58	**2,25**	38,03	1,2458
	33	3	3	222	1 425	1 144	926	601	11,58	**2,70**	41,31	1,2453
300	**10**	1	0	26	431	347	282	184	6,00	**0,65**	15,34	1,2228
	11	1	1	66	719	578	469	305	6,00	**1,66**	19,75	1,2362
	20	2	0	104	754	607	492	321	11,70	**1,30**	31,60	1,2323
	21	2	1	104	990	795	644	418	11,70	**2,32**	34,95	1,2454
	22	2	2	144	1 311	1 051	850	550	11,70	**3,33**	39,01	1,2530
	30	3	0	182	1 079	867	702	456	17,40	**1,96**	47,87	1,2418
	31	3	1	182	1 327	1 066	863	561	17,40	**2,97**	51,32	1,2431
	32	3	2	182	1 580	1 266	1 023	661	17,40	**3,98**	54,14	1,2573
	33	3	3	222	1 908	1 525	1 229	791	17,40	**4,99**	58,26	1,2697
400	**10**	1	0	26	547	441	358	234	8,07	**0,85**	20,02	1,2259
	11	1	1	66	909	731	593	386	8,07	**2,42**	25,87	1,2366
	20	2	0	104	936	752	609	396	15,75	**1,70**	40,95	1,2392
	21	2	1	104	1 224	981	793	513	15,75	**3,28**	45,33	1,2552
	22	2	2	144	1 625	1 301	1 051	678	15,75	**4,85**	50,80	1,2603
	30	3	0	182	1 326	1 063	860	556	23,43	**2,56**	61,87	1,2526
	31	3	1	182	1 639	1 314	1 063	688	23,43	**4,13**	66,32	1,2522
	32	3	2	182	1 947	1 556	1 254	807	23,43	**5,70**	70,36	1,2698
	33	3	3	222	2 347	1 871	1 505	964	23,43	**7,27**	75,72	1,2841

Übersicht 1: Profilierte Plattenheizkörper (Auswahl)

Beispielaufgabe: 3 Stück Typ 20, Bauhöhe 200 mm

Pos	Bezeichnung	+	–	Abmessungen	Messgehalt	Abzug	Reiner Messgehalt	Einheit
1	Typ 20, Bauhöhe 200 mm	3		Anstrichfläche 0,90 m²	2,70		**2,70**	m²

Erläuterung: Die aus der Tabelle ermittelte Oberfläche des Plattenheizkörpers (0,90 m²) wird direkt in die Spalte für die Berechnung eingetragen. Das Ergebnis wird wiederum mit der Anzahl der Heizkörper (hier 3 Stück) multipliziert.

Beispielaufgabe: 7 Stück Typ 33, Bauhöhe 400 mm

Pos	Bezeichnung	+	–	Abmessungen	Messgehalt	Abzug	Reiner Messgehalt	Einheit
1	Typ 33, Bauhöhe 400 mm	7		Anstrichfläche 7,27 m²	50,89		**50,89**	m²

22.3 Abrechnung von Heizkörpern nach abgewickelter Fläche

Bei der Abrechnung von Heizkörpern nach abgewickelter Fläche handelt es sich um eine einfache Flächenberechnung (Höhe · Breite des Heizkörpers) eines Gliedes oder einer Reihe, wobei die Modellierung der Heizung (und die damit verbundene vergrößerte Oberfläche) durch einen Multiplikator (**Tabelle 1**) ansatzweise berechnet wird.

Tabelle 1: Multiplikatoren für verschiedene Heizkörper bei Abrechnung nach Fläche

Gussradiator	Plattenheizkörper, schwach profiliert	Heizkörpertyp	Multiplikator
		Plattenheizkörper, schwach profiliert	2,1
		Plattenheizkörper, stark profiliert	2,3
		Stahlradiatoren	2,2
		Gussradiatoren	2,8
		Stahlröhrenradiatoren	2,3

Für alle Radiatoren gelten folgende Bezeichnungen:

Typ	Gliederzahl	Bauhöhe (in mm)	Bautiefe (in mm)	Bezeichnung
Gussradiator	20	580	110	Gussradiator 20 – 580 x 110
Stahlradiator	22	600	160	Stahlradiator 22 – 600 x 160
Stahlröhrenradiator	28	750	145	Stahlröhrenradiator 28 – 750 x 145

Beispielaufgabe: Verschiedene Radiatoren, Abrechnung nach Abwicklung und Multiplikator

Pos	Bezeichnung	+	–	Abmessungen	Messgehalt	Abzug	Reiner Messgehalt	Einheit
1	Gussradiator 20 – 580 x 110	3		20 · 0,580 · 0,110 · 2,8	10,72			
	Stahlradiator 22 – 600 x 160	5		22 · 0,600 · 0,160 · 2,2	23,23			
	Stahlröhrenradiator 28 – 750 x 145	7		28 · 0,750 · 0,145 · 2,3	49,02			
							82,97	m²

Für alle Plattenheizkörper gilt:

Typ	Profilierung	Anzahl der Reihen	Länge (in mm)	Breite (in mm)	Bezeichnung
Plattenheizkörper	Schwach profiliert	1 Reihe	1 600	700	Plattenheizkörper, schwach profiliert – 1 Reihe – 1600 x 700

Beispielaufgabe: Plattenheizkörper Hagan Type II schwach profiliert – 2 Reihen – 700 x 1600

Pos	Bezeichnung	+	–	Abmessungen	Messgehalt	Abzug	Reiner Messgehalt	Einheit
1	Plattenheizkörper	1		1,60 · 0,70 · 2 · 2,1	4,70		**4,70**	m²

Erläuterung: Da der Plattenheizkörper aus 2 Reihen besteht, wird die Fläche mit 2 multipliziert und dann mit dem Multiplikator aus der **Tabelle 1** nochmals multipliziert.

22.4 Aufmaß von Stahlbauteilen

Vor der Beschichtung und Berechnung von Stahlbauteilen und Stahlkonstruktionen ist zu prüfen, welcher Teil der VOB/C gilt:

- DIN 18363 Maler- und Lackierarbeiten – Beschichtungen (gilt bei privaten Aufträgen)
- DIN 18364 Korrosionsschutzarbeiten an Stahlbauten (gilt oder wird gefordert, wenn eine statische Berechnung oder Zulassung erforderlich ist)

Für beide DIN gelten jedoch die gleichen Aufmaßregeln (**Übersicht 1**):

Abrechnung nach	Geltungsbereich	Beispiel	Besonderheiten beim Aufmaß
Fläche (m²)	• Bei Vollwandkonstruktionen, bei Stahlprofilen und Rohren mit einem Umfang von mehr als 90 cm (bei der Ermittlung des Umfangs wird das größte Bauteilmaß zugrunde gelegt, z. B. der Außenbogen eines Rohres) • Bei Gittern, Geländern, Zäunen, Einfriedungen und Rosten (hier wird nur einseitig mit der Ansichtfläche gerechnet) • Bei Trapezprofilen und Wellblechen, bei Blechdächern, bei Türen und Zargen.		**Es werden abgezogen:** Überdeckungen, Aussparungen, Durchdringungen und dergleichen über 0,1 m² Einzelgröße
Länge (m)	• Bei Stahlprofilen und Rohren mit einem Umfang bis 90 cm • Bei Dachrinnen und Fallrohren • Bei Geländern • Bei zusätzlichen Beschichtungen von Kanten und Schweißnähten		**Es werden übermessen:** Kreuzungen, Überdeckungen und Durchdringungen bei Rohrleitungen, Armaturen, Flanschen und dergleichen. **Es werden abgezogen:** Unterbrechungen über 1 m Länge
Stückzahl (Stck)	• Getrennt nach Bauart und Maßen für Türen, Zargen, Gitter, Roste und Rahmen, Armaturen, Rohrschellen, Aufhängungen • Bei zusätzlichen Beschichtungen von Verbindungen wie Schrauben und Nieten		**Es bleiben unberücksichtigt:** Abweichungen von den vorgeschriebenen Maßen bis jeweils 5 cm in der Höhe und Breite und bis 3 cm in der Tiefe
Masse (t)	• Bei Profilen, Blechen und Bändern genormter Konstruktionen. • Bei dieser Abrechnung ist bei Stahl 7,85 kg / m² und bei Edelstahl 7,90 kg / m² je 1 mm Blech- oder Banddicke zugrunde zu legen. • Bei Verzinkungen wird die Masse der verzinkten Stahlkonstruktion zugrunde gelegt.		**Es bleiben unberücksichtigt:** Schrauben, Nieten, Schweißnähte und dergleichen

Übersicht 1: Aufmaßregeln für Stahlbauteile und Stahlkonstruktionen

Die wichtigsten genormten Profile sind: L- Stähle, T- Stähle, U- Stähle, I-Stähle und Hohlprofile (**Übersicht 1**). Alle Profiloberflächen können über Tabellenwerte oder über Abwicklung ermittelt werden.

Die Abrechnung erfolgt nach:

- Länge bei Profilen mit einem Umfang bis 90 cm
- Fläche bei Profilen mit einem Umfang über 90 cm
- Masse bei Vorgabe im Leistungsverzeichnis
- Anzahl (Stück) bei Armaturen und Flanschen

Bezeichnung	Beispiel	Bild	Abwicklung (des Umfangs)
Winkelstahl: **L-Stahl** nach DIN EN 10056-1	L 30 x 20 x 3	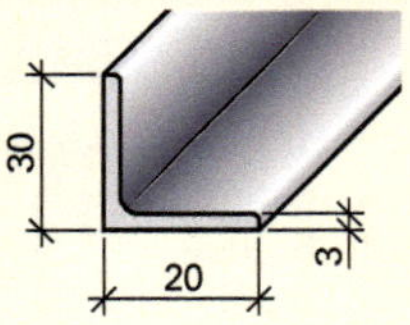	(0,02 + 0,03) · 2 = 0,10 m
T-Stahl (1/2 IPE- Stahl) nach DIN EN 10034	1/2 IPE 550	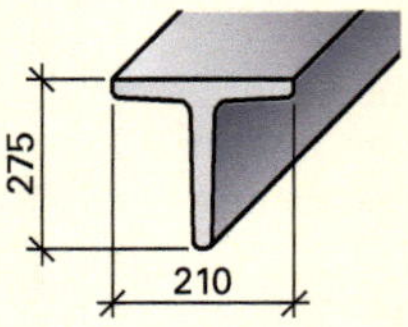	(0,275 + 0,21) · 2 = 0,97 m
U-Stahl nach DIN EN 10279	U 80	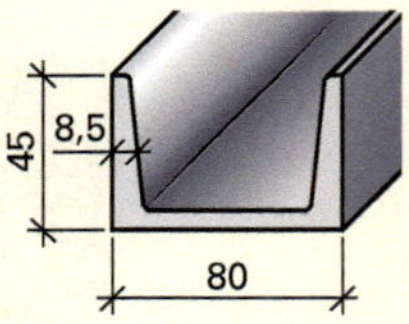	(0,045 + 0,08 + 0,0365) · 2 = 0,323 m
I-Stahl nach DIN EN 10034	IPE 330	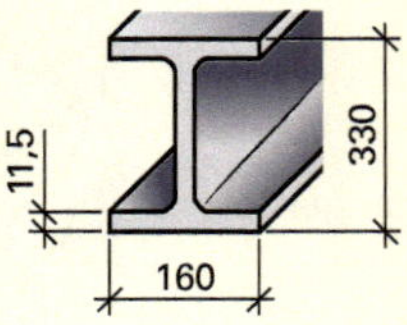	(0,16 + 0,33 + 0,1485) · 2 = 1,277 m
Quadratisches Hohlprofil nach DIN EN 10210	□ 100/6	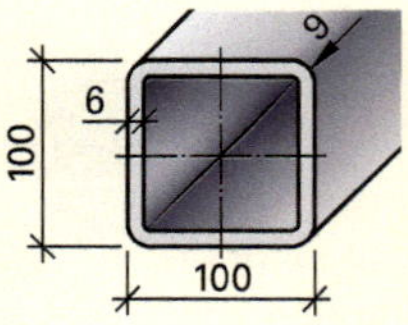	(0,1 + 0,1) · 2 = 0,40 m
Runde Hohlprofile nach DIN EN 10210	□ 76,1/4	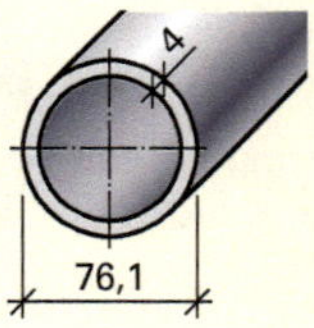	(76,1 · 3,14) = 238,96 mm = 0,239 m

Übersicht 1: Genormte Stahlprofile, Berechnung nach Abwicklung

Beispielaufgabe: U-Stahl U 80, 2,00 m lang

Pos	Bezeichnung	+	–	Abmessungen	Messgehalt	Abzug	Reiner Messgehalt	Einheit
1	U-80	1		[(0,045+0,08+0,0365)·2]·2,00	0,646		**0,646**	m²

Beispielaufgabe: 2 Stück I-Stahl IPE 330, 4,00 m lang

Pos	Bezeichnung	+	–	Abmessungen	Messgehalt	Abzug	Reiner Messgehalt	Einheit
1	IPE 330	2		[(0,16+0,33+0,1485)·2]·4,00	10,22		**10,22**	m²

Berechnung nach Tabellen

Die Oberflächen der wichtigsten genormten Profile (T-Stähle, U-Stähle, I-Stähle) lassen sich auch aus Tabellen ablesen (**Übersicht 1**).

Beispielaufgabe:

Ein I-Träger wurde eingebaut und beschichtet. Folgende Maße wurden gemessen:

Breite: 0,17 m Stegbreite: 0,03 m
Höhe: 0,18 m Länge: 8,75 m

Berechnen Sie die Anstrichfläche!

I-Träger

(0,17 + 0,18 + 0,07 · 2) · 2 · 8,75 = **8,58 m²**
(Umfang) – Länge)

Berechnung nach Tabellen

Die Berechnung nach Tabellen ermöglicht ein schnelleres und sicheres Ermitteln der Anstrichfläche. In den Tabellen sind für genormte Stahlbauteile die notwendigen Maße und die Anstrichfläche je Meter (m) angegeben.

Für die mögliche Berechnung nach Masse (t) ist zusätzlich die Anstrichfläche in Kilogramm (kg) aufgelistet.

Rundkantiger breitfüßiger T-Stahl (TB)

Kurzzeichen	Höhe mm	Breite mm	Gewicht je m kg	Anstrichfläche je m m²	Anstrichfläche je t m²
TB 30	30	60	3,64	0,171	46,98
TB 35	35	70	4,66	0,201	43,13
TB 40	40	80	6,21	0,233	37,52
TB 50	50	100	9,42	0,287	30,47
TB 60	60	120	13,40	0,345	25,75

Mittelbreiter I-Träger

Kurzzeichen I PE	Höhe mm	Breite mm	Gewicht je m kg	Anstrichfläche je m m²	Anstrichfläche je t m²
80	80	46	6,0	0,328	54,66
100	100	55	8,1	0,400	49,38
120	120	64	10,4	0,475	45,67
140	140	73	12,9	0,551	42,71
160	160	82	15,8	0,623	39,43
180	180	91	18,8	0,698	37,12
200	200	100	22,4	0,768	34,28
220	220	110	26,2	0,848	32,36
240	240	120	30,7	0,922	30,03
270	270	135	36,1	1,04	28,81
300	300	150	42,2	1,16	27,48
330	330	160	49,1	1,25	25,45
360	360	170	57,1	1,35	23,64
400	400	180	66,3	1,47	22,17
450	450	190	77,6	1,61	20,74
500	500	200	90,7	1,74	19,18
550	550	210	106,0	1,88	17,73
600	600	220	122,0	2,01	16,47

Normal-I-Träger

Kurzzeichen I NP	Höhe mm	Breite mm	Gewicht je m kg	Anstrichfläche je m m²	Anstrichfläche je t m²
80	80	42	5,94	0,304	51,17
100	100	50	8,34	0,370	44,36
120	120	58	11,1	0,439	39,54
140	140	66	14,3	0,502	35,10
160	160	74	17,9	0,575	32,12
180	180	82	21,9	0,640	29,22
200	200	90	26,2	0,709	27,06
220	220	98	31,1	0,775	24,91
240	240	106	36,2	0,844	23,31
260	260	113	41,9	0,906	21,62
280	280	119	47,9	0,966	20,16
300	300	125	54,2	1,03	19,00
320	320	131	61,0	1,09	17,86
340	340	137	68,0	1,15	16,91
360	360	143	76,1	1,21	15,90
380	380	149	84,0	1,27	15,11
400	400	155	92,4	1,33	14,39
425	425	163	104,0	1,41	13,55
450	450	170	115,0	1,48	12,86
475	475	178	128,0	1,55	12,10
500	500	185	141,0	1,63	11,56
550	550	200	166,0	1,80	10,84
600	600	215	199,0	1,92	9,65

Rundkantiger U-Stahl

Kurzzeichen U	Höhe mm	Breite mm	Gewicht je m kg	Anstrichfläche je m m²	Anstrichfläche je t m²
30×15	30	15	1,74	0,103	59,19
30	30	33	4,27	0,174	40,74
40×20	40	20	2,87	0,142	49,47
40	40	35	4,87	0,199	40,86
50×25	50	25	3,86	0,181	46,89
50	50	38	5,59	0,232	41,50
60	60	30	5,07	0,215	42,40
65	65	42	7,09	0,273	38,50
80	80	45	8,64	0,312	36,11
100	100	50	10,6	0,372	35,09
120	120	55	13,4	0,434	32,38
140	140	60	16,0	0,489	30,56
160	160	65	18,8	0,546	29,04
180	180	70	22,0	0,611	27,77
200	200	75	25,3	0,661	26,12
220	220	80	29,4	0,718	24,42
240	240	85	33,2	0,775	23,34
260	260	90	37,9	0,834	22,00
280	280	95	41,8	0,890	21,29
300	300	100	46,2	0,950	20,56
320	320	100	59,5	0,982	16,50
350	350	100	60,6	1,05	17,32
380	380	102	63,1	1,11	17,59
400	400	110	71,8	1,18	16,43

Übersicht 1: Oberflächen verschiedener Stahlprofile

Beispielaufgabe: 1 I-Träger, I PE 80

Pos	Bezeichnung	+	–	Abmessungen	Messgehalt	Abzug	Reiner Messgehalt	Einheit
1	I – PE 80, 1,00 m lang	1		1,00 · 0,328	0,328		**0,328**	m²

Beispielaufgabe: 20 U-Stahlträger 30 x 15

Pos	Bezeichnung	+	–	Abmessungen	Messgehalt	Abzug	Reiner Messgehalt	Einheit
1	U 30 x 15, 1,00 m lang	20		1,00 · 0,103	2,06		**2,06**	m²

22.5 Aufmaß von Rohren, Dachrinnen, Gittern, Geländern und Profilblechen

Maler- und Lackierer beschichten am Haus verschiedene Metallteile, die aufgrund ihrer äußeren Form schwierig aufzumessen sind. **Übersicht 1** zeigt die wichtigsten Metallteile und ihre Aufmaßregeln.

Bauteil	Beispiel
Rohre werden bis zu einem Umfang von 90 cm nach Längenmaß, darüber hinaus nach Flächenmaß berechnet. Die Länge wird entlang der Mittellinie bestimmt. Rohrbogen werden im Außenbogen gemessen.	
Die Länge der **Dachrinne** ist am vorderen Wulst zu messen, der Rinnenquerschnitt ist anzugeben. **Fallrohre** werden im Außenbogen gerechnet.	
Rollgitter (z. B. Garagentore) werden innen durch das tatsächliche Maß und außen durch das sichtbare Maß ermittelt.	
Profilbleche wie Wellbleche und Trapezbleche werden mithilfe von Tabellen oder durch die abgewickelte Fläche bestimmt.	
Gitter, Roste, Geländer und Zäune werden beidseitig beschichtet, aber nur einseitig gemessen. Gitter werden an der größten Sichtfläche gemessen. Rohrgeländer sind nach Länge abzurechnen.	
Geländer und Zäune werden von der Unterkante der Stützen bis zur Oberkante des Handlaufs gemessen. Treppenhäuser werden in Schrägrichtung gemessen.	

Übersicht 1: Aufmaßregeln für Rohre, Dachrinnen, Gitter, Geländer und Profilbleche

Beispielaufgabe: Aufmaß eines Wellblechdaches

Ein Wellblech für ein Dach eines Schuppens soll beidseitig beschichtet werden.
Maß des Wellbleches: 3,00 · 0,81 m

Ermitteltes Maß der Abwicklung:

1,20 m²/m² (nach Tabelle)

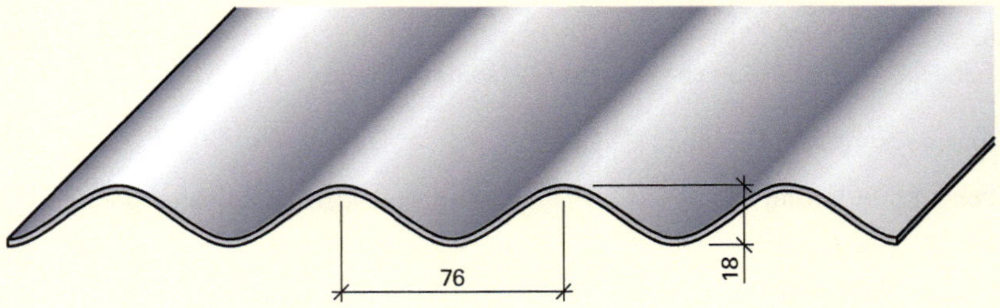

Pos	Bezeichnung	+	–	Abmessungen	Messgehalt	Abzug	Reiner Messgehalt	Einheit
1	Wellblech 18 x 76	1		3,00 · 0,81 · 1,20 · 2	5,832		**5,83**	m²

Erläuterung: Die Fläche des Bleches wird zunächst mit dem Multiplikator (1,20 m²/m²) verrechnet und anschließend mit der Anzahl der zu beschichtenden Seiten (Vorder- und Rückseite).

22.6 Aufgaben

Aufgabe 1 Drei Gussradiatoren nach DIN 4703 mit 10 Gliedern, 10-430x110 und zwei Stahlradiatoren mit 30 Gliedern, 30-450x160 sollen beschichtet werden. Ermitteln Sie den Messgehalt für alle Heizkörper nach Tabellen.

Aufgabe 2 Vier Plattenheizkörper vom Fabrikat Buderus Type PP-900x1600 sollen beschichtet werden. Ermitteln Sie den Messgehalt mithilfe der Tabelle 1!

Tabelle 1: Plattenheizkörper profiliert

Heizfläche je m Baulänge L in m² (Beschichtungsfläche)					
Fabrikat	Zahl der Reihen	Bauhöhe in mm			
Buderus		350	500	600	900
Type P	1	0,81	1,17	1,40	2,10
Type PP	2	1,63	2,35	2,80	4,20
Hagan		300	400	700	900
Type I	1	0,66	0,88	1,54	1,90
Type II	2	1,32	1,76	3,08	3,80
Type III	3	1,98	2,64	4,62	5,70

Aufgabe 3 Zwei Gussradiatoren nach DIN 4703, 20- 680x160 und drei Plattenheizkörper Fabrikat Hagan Type I-400x800 sollen eine neue Farbgebung erhalten. Ermitteln Sie das Aufmaß durch Abwicklung. Nutzen Sie dazu die Tabelle 1 und die Beispiele auf Seite 152!

Aufgabe 4 Die Erdgeschossfenster einer Werkhalle sollen zum Schutz mit Eisengittern versehen werden. Die Eisengitter sollen vor dem Einbau in die Fensteröffnung beidseitig lackiert werden. Ermitteln Sie das Aufmaß der Eisengitter. Die Maße entnehmen Sie der Zeichnung!

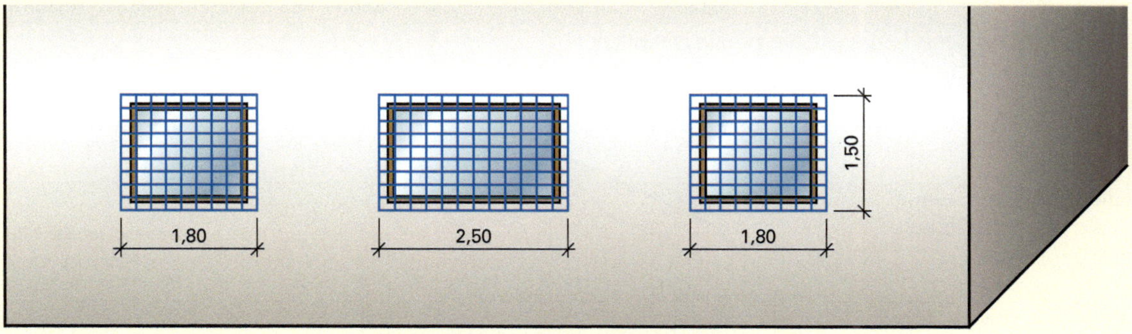

Aufgabe 5

Ein Rohrgeländer in einem Schulhaus soll eine neue Beschichtung erhalten.

Ermitteln Sie das Aufmaß!

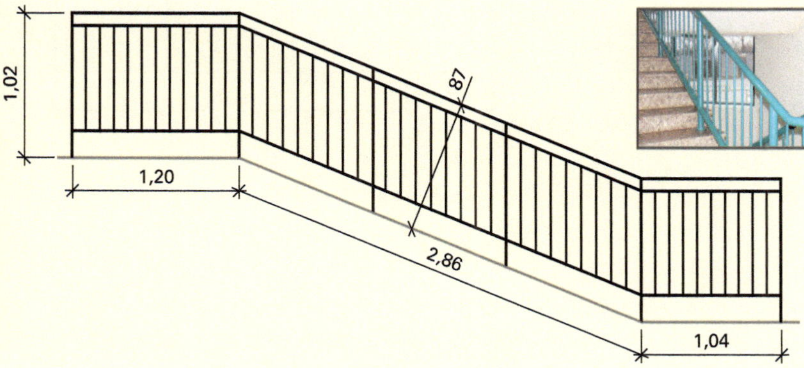

Aufgabe 6

Ein Stahlunterschrank für eine Werkstatt soll nach den Regeln der Technik eine Korrosionsschutzbeschichtung erhalten.

Das Gestell besteht aus:

- 4 Stück quadratischem Hohlprofil □ 80/6,3, Einzellänge: 0,90 m
- 6 Stück U-Profil U 80/50x5, Einzellänge: 1,60 m
- 5 Stück U-Profil U 80/50x5, Einzellänge: 0,90 m

Die zu beschichtende Fläche je Profil entnehmen Sie den Tabellen 1 und 2. Berechnen Sie die zu beschichtende Fläche für den Stahlunterschrank!

Tabelle 1: U-Profile

U-Profil	Maße in mm				Beschichtungsfläche je m in m^2
	h	b	s	r	
78/50x4	78	50	4	4	0,338
80/50x5	80	50	5	7,5	0,333
81/55x5	81	55	5	7,5	0,355
86/50x4	86	50	4	4	0,354

Tabelle 2: □-Profile (Quadrathohlprofil)

Maße in mm			Beschichtungsfläche je m in m^2
a	s	r	
80	6,0	12,0	0,299
80	6,3	6,3	0,309
80	3,2	5,0	0,311
80	5,0	10,00	0,303

Tabellen 1 und 2: Oberflächen verschiedener U- und O-Profile

Aufgabe 7

Die Giebelfläche einer Firma ist mit Trapezblech T 40/190 verkleidet.

Berechnen Sie die zu beschichtende Fläche!

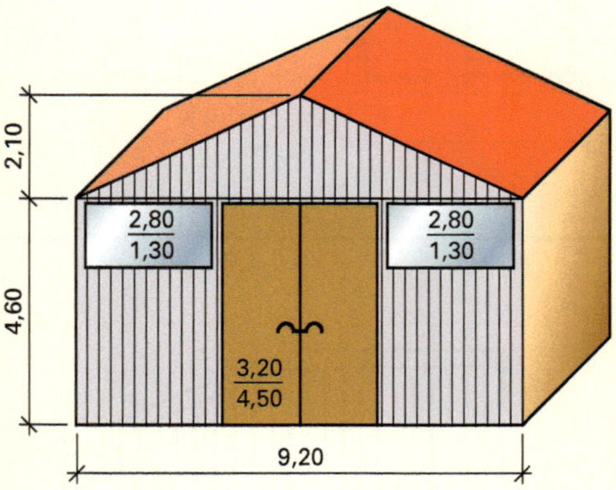

Trapezblech 40/190

h = 43,5 mm
b_1 = 190 mm
b_2 = 40 mm
Abwicklung je m^2 = 1,38 m^2

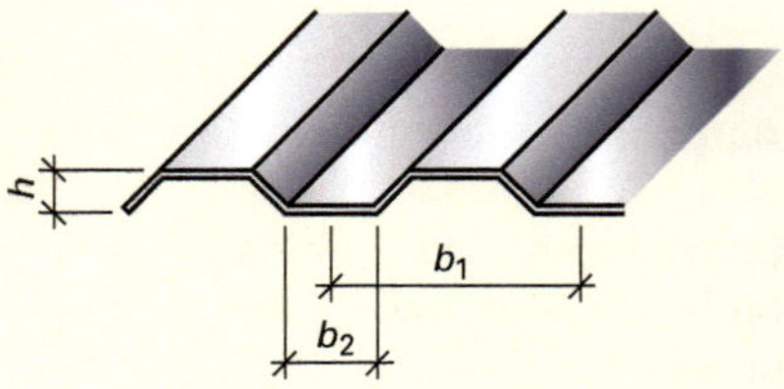

23.1 Tarifverträge und Lohnvereinbarungen

Grundlage des Zeitlohns ist der **Rahmentarifvertrag** (RTV) zwischen dem Hauptverband Farbe, Gestaltung, Bautenschutz – dem Bundesinnungsverband des deutschen Maler- und Lackiererhandwerks (Fachverband) und der Industriegewerkschaft Bauen-Agrar-Umwelt (Gewerkschaft).

Der Rahmentarifvertrag regelt unter anderem den
- Lohn vor und nach abgeschlossener Berufsausbildung (Tabelle 1),
- die Erschwerniszuschläge (Tabelle 2),
- die Zuschläge für Mehrarbeit, Nachtarbeit, Sonn- und Feiertagsarbeit (Tabelle 3).

Tabelle 1: Regelung der Entlohnung im Rahmentarifvertrag

Entlohnung	
Facharbeiter mit abgeschlossener Berufsausbildung	
Geselle nach zweijähriger tatsächlicher Tätigkeit im Maler- und Lackiererhandwerk	100 % **(Ecklohn)**
Geselle nach einjähriger tatsächlicher Tätigkeit im Maler- und Lackiererhandwerk	95 %
Geselle nach bestandener Gesellenprüfung	90 %
Arbeitnehmer ohne abgeschlossene Berufsausbildung	
Ab 5 Jahren Betriebszugehörigkeit	85 %
Ab 5 Jahren Gewerbezugehörigkeit	80 %
Im 3. oder 4. Jahr der Gewerbezugehörigkeit	70 %
Im 1. oder 2. Jahr der Gewerbezugehörigkeit	60 %
Ausbildungsvergütung	
Im 3. Ausbildungsjahr	Nach gültigem Tarifvertrag
Im 2. Ausbildungsjahr	Nach gültigem Tarifvertrag
Im 1. Ausbildungsjahr	Nach gültigem Tarifvertrag

Tabelle 2: Erschwerniszuschläge im Rahmentarifvertrag

Erschwerniszuschläge (Auszug)	
Ablaugen, Abbeizen, Abbrennen alter Anstriche	10 %
Arbeiten mit außergewöhnlicher Staubentwicklung und Verschmutzung	10 %
Auf- und Abbau von Gerüsten für die 1 Stunde pro Tag überschreitende Zeit	10 %
Arbeit auf Gerüsten über 20 m Höhe, auf beweglichem Hängegerüst	15 %
Arbeit mit Schutzmaske	20 %
Bei mehreren Zuschlägen beträgt die Obergrenze 30 %.	

Tabelle 3: Lohnzuschläge im Rahmentarifvertrag

Lohnzuschläge	
Mehrarbeit, Überstunden	25 %
Nachtarbeit (zwischen 20.00 und 6.00 Uhr)	25 %
Sonntag (zwischen 0.00 und 24.00 Uhr)	50 %
Gesetzlicher Feiertag, auch wenn dieser auf einen Sonntag fällt.	125 %
Oster- und Pfingstmontag, 1. Mai, Weihnachtsfeiertage, Neujahrstag	200 %
Fallen in der Nachtarbeit Überstunden an, sind beide Zuschläge zu zahlen. Fällt Nachtarbeit an Sonn- und Feiertagen an und sind diese Stunden Mehrarbeit, so gelten damit drei Zuschläge.	

Arbeitszeit:
Die regelmäßige wöchentliche Arbeitszeit beträgt laut Rahmentarifvertrag 40 Stunden. Die regelmäßige werktägliche Arbeitszeit ausschließlich der Ruhepausen beträgt von montags bis freitags 8 Stunden.
Die Arbeitszeit beginnt und endet an der vom Arbeitgeber benannten Arbeitsstelle. Das sind Baustelle oder Werkstatt. Umkleiden und Waschen gehören nicht zur Arbeitszeit. Bei Arbeiten, die im Verhältnis zu den gewerbeüblichen Arbeiten außergewöhnlich schmutzig sind, wird dem Arbeitnehmer vor Beginn der Pausen und vor Beendigung der Arbeitszeit bis zu insgesamt 15 Minuten täglich Zeit für die Körperreinigung gewährt. Diese Zeit gilt als Arbeitszeit.

Weitere Regelungen im Rahmentarifvertrag umfassen
- Geltungsbereich
- Urlaubsanspruch
- Kündigung
- Arbeitsfreistellung

und andere Punkte zum Arbeitsverhältnis.

Zur Anpassung des Einkommens an die allgemeine Lohn- und Preisentwicklung wird jährlich der Ecklohn in einem **Lohntarifvertrag** (LTV) auf Landesebene neu abgeschlossen. 2009 einigte man sich erstmals auch auf Mindestlöhne.

Bild 1: Die Lohnauszahlung, ein schöner Moment

Ecklohn
Der Ecklohn ist der im Lohntarifvertrag vereinbarte Lohn, den ein Facharbeiter oder Geselle mit abgeschlossener Berufsausbildung nach zweijähriger, tatsächlicher Tätigkeit im Maler- und Lackiererhandwerk für eine Arbeitsstunde bekommt.

Mindestlohn
Ein einheitlicher Mindestlohn kann durch Staat oder Tarifpartner für alle **Arbeitnehmer** oder begrenzt auf **eine Branche** eingeführt werden. Durch die untersten Entgeltgruppen in Tarifverträgen bestehen bereits faktisch Mindestlöhne.

Der Organisationsgrad der Gewerkschaften in Deutschland beträgt aber mittlerweile weniger als 70 Prozent, Tendenz fallend. Viele Branchen in Deutschland unterliegen heute gar keinem Tarifvertrag mehr oder er wird durch Ausnahmeregelungen unterlaufen.

Der Mindestlohn gilt für alle in diesem Handwerk Tätigen, auch für Leiharbeiter.

23.2 Einflüsse auf die individuelle Höhe des Lohns

Die individuelle Entlohnung sollte gerecht sein. Gerechtigkeit ist jedoch kein messbarer, juristisch fassbarer Begriff. Darum lässt sich die Frage nach gerechtem Lohn nicht eindeutig beantworten. Der vereinbarte Lohn ist dem Unternehmer häufig zu hoch, wird vom Gesellen zu niedrig eingeschätzt, und vielleicht leistet der Arbeitskollege viel weniger und bekommt den gleichen Lohn. Tatsächlich orientieren sich die Lohnvorstellungen der Erwerbstätigen weitgehend an der Selbsteinschätzung ihrer Produktivität.

Um eine relative, „empfundene" Lohngerechtigkeit zu erreichen, ist zu berücksichtigen, welche Anforderungen der Arbeitsplatz an den Einzelnen stellt, darüber hinaus die Leistung, die der einzelne an seinem Arbeitsplatz erbringt. Dabei spielen folgende Faktoren eine Rolle (**Tabelle 1**):

Tabelle 1: Einflüsse auf die Höhe des Zeitlohns

Anforderungen des Arbeitsplatzes an den Mitarbeiter	Ausbildungszeit Berufserfahrung Umgebungseinflüsse Erforderliche Fähigkeiten und Fertigkeiten	Dies erfordert vom Unternehmer eine klare Arbeitsplatzbeschreibung.
Anforderungen an die Leistungsfähigkeit und Leistungsbereitschaft des Mitarbeiters	Kenntnisse Fertigkeiten Verantwortungsbereitschaft geistige Belastbarkeit körperliche Belastbarkeit Flexibilität Verhalten beim Kunden Verhalten im Team Geschicklichkeit	Dies erfordert vom Mitarbeiter eine realistische Einschätzung seiner Eigenschaften und Fähigkeiten.
Soziale Gesichtspunkte	Lebensalter Familienstand Betriebszugehörigkeit	Leistung und soziale Gesichtspunkte sollten in angemessenem Verhältnis stehen.
Einfluss von Markt und Staat	Tarifabschlüsse Konjunkturelle Entwicklung Arbeitsmarkt	Sozial regulierend wirkt sich die Besteuerung nach Steuerklassen aus.

23.3 Vergütungsformen

Beschäftigte im Maler- und Lackiererhandwerk erhalten Lohn. Für die Lohnberechnung wird im Allgemeinen die Arbeitszeit zugrunde gelegt. Die Bezahlung erfolgt nach der zur Verfügung gestellten Zeit, der Anwesenheit (Zeitlohn). Zusätzlich zum Zeitlohn kann vom Betrieb eine Leistungszulage oder eine Prämie in Aussicht gestellt werden, wenn bestimmte Ziele erreicht werden, z. B. für Arbeitsmenge, Arbeitssorgfalt, Arbeitsqualität und Termineinhaltung.
Weit seltener erfolgt die Vergütung im Maler- und Lackierhandwerk nach Leistung des Arbeiters über den Leistungslohn.
Angestellten und andere Beschäftigten im nichtproduktiven Bereich (Büro, Verwaltung) mit monatlich gleichbleibenden Tätigkeiten zahlt der Arbeitgeber die Vergütung als Gehalt.

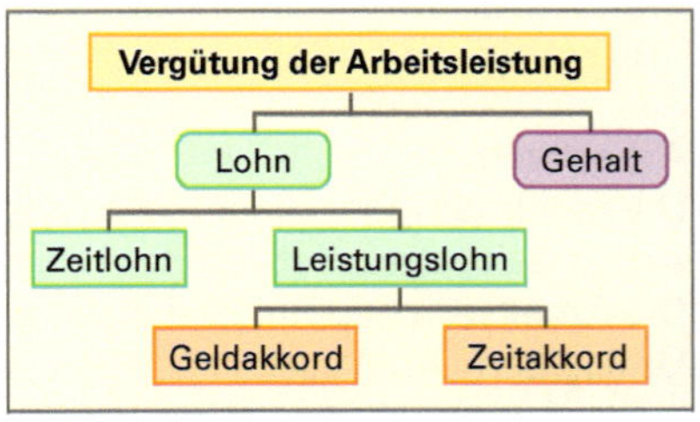

Bild 2: Vergütungsarten für geleistete Arbeit

Weitere Vergütungsmodelle, wie die Beteiligung der Mitarbeiter am Erfolg des Betriebs (Beteiligungslohn), sind im Maler- und Lackiererhandwerk nicht üblich (**Bild 2**).

23.4 Zeitlohn

Unabhängig von der Arbeitsleistung wird der Arbeitnehmer nach der Dauer der abgeleisteten Arbeitszeit entlohnt. Der Arbeitgeber erwartet dafür eine normale Leistung, eine Durchschnittsleistung.

Bruttolohn
minus
Abzüge
ergibt den
Nettolohn
oder den
Auszahlungsbetrag

Der **Bruttolohn** setzt sich zusammen aus Stunden · Stundenlohn, Zuschlägen und der Entlohnung der Überstunden.

Die **Abzüge** setzen sich zusammen aus

- Lohnsteuer, je nach Steuerklasse und Lohnbetrag **(Tabelle 1)**
- Solidaritätszuschlag (5,5 %)
- Kirchensteuer (je nach Bundesland 8 oder 9 % von der Lohnsteuer)
- den Beiträgen zu den Sozialversicherungen **(Tabelle 2)**.

Tabelle 1: Auszug aus der Lohnsteuertabelle

Lohn / Gehalt		LSt	Lohn / Gehalt		LSt	Lohn / Gehalt		LSt	Lohn / Gehalt		LSt
1 283,85	I,IV	87,51	**1 914,27**	I, IV	266,81	**2 160,46**	I, IV	340,05	**2 995,65**	I, IV	618,79
	II	30,97		II	199,49		II	268,81		II	534,17
	III	-,-		III	49,68		III	100,21		III	318,70
	V	309,08		V	549,04		V	657,09		V	1058,93
	VI	338,30		VI	585,51		VI	696,46		VI	1100,21
1 286,15	I, IV	88,07	**1 916,57**	I, IV	267,49	**2 291,61**	I, IV	380,74	**2 997,95**	I, IV	619,60
	II	31,53		II	200,12		II	307,37		II	534,94
	III	-,-		III	50,70		III	130,64		III	319,89
	V	309,84		V	549,98		V	718,11		V	1060,08
	VI	339,16		VI	586,53		VI	758,84		VI	1101,36
1 288,45	I,IV	88,66	**2 063,82**	I, IV	310,82	**2 293,91**	I, IV	381,46	**3 000,25**	I, IV	620,45
	II	32,04		II	241,11		II	308,05		II	535,75
	III	-,-		III	77,72		III	130,64		III	319,89
	V	301,52		V	613,72		V	719,21		V	1061,19
	VI	339,92		VI	651,98		VI	759,95		VI	1102,47

Tabelle 2: Versicherungsbeiträge 2010

Versicherungsart	%-Satz	wer zahlt?
• Rentenversicherung	19,9 %	Arbeitgeber (AG) und Arbeitnehmer (AN) zahlen je die Hälfte.
• Krankenversicherung	15,5 %	AG und AN zahlen je die Hälfte, AN zusätzlich 0,9 %. Folglich beträgt der AG-Anteil 7,3 % und der AN-Anteil 8,2 %.
• Arbeitslosenversicherung	2,8 %	AG und AN zahlen je die Hälfte.
• Pflegeversicherung	1,95 %	AG und AN zahlen je die Hälfte (außer in Sachsen). Kinderlose ab 23 Jahre zahlen zusätzlich 0,25 %.

Der **Nettolohn** ist der ausgezahlte Lohn, wenn kein Vorschuss oder sonstige Zahlungen erfolgten, die der Arbeitgeber einbehält.

Der **Auszahlungsbetrag** ist der Betrag, den der Arbeitgeber nach Abzug von gewährten Vorschüssen, nach Addieren eines Fahrtkostenzuschusses oder sonstigen Verbindlichkeiten oder Zahlungen vom Arbeitgeber erhält. Der ausgezahlte Betrag kann folglich vom Nettolohn abweichen.

Beispiel 1 zur Lohnberechnung:

Ein Geselle arbeitet im Monat August 190 Stunden. Darin sind 20 Überstunden eingeschlossen. Von den Überstunden wurden 10 Arbeitsstunden nachts gearbeitet.

Stundenlohn: 13,20 €

Abzüge: Lohnsteuer (LS): 492,75 €
Solidaritätszuschlag: 5,5 % von der LS
Kirchensteuer: 8 % von der LS
Sozialversicherung: 549,40 €

Wie hoch ist der Nettolohn?

Entlohnung		Stunden	Std.-Lohn (€)	Lohn (€)
100 %		190	13,20	2.508,00
25 %		20	3,30	66,00
25 %		10	3,30	33,00
			Bruttolohn	2.607,00
Abzüge	Lohnsteuer		492,75	
	Kirchensteuer		39,42	
	Solid.-Zuschlag		27,10	
	Soz.-Versicherung		549,40	– 1.108,67
			Nettolohn	**1498,33**

Übersicht 1: Berechnung des Beispiels 1

Zur Berechnung eignet sich das Schema der **Übersicht 1**.

III Leistungsabrechnung

Beispiel 2 zur Lohnberechnung:

Eine Gesellin, verheiratet, kein Kind, Steuerklasse III, konfessionslos, arbeitete im Monat 185 Stunden. Darin inbegriffen sind 8 Überstunden an einem Sonntag.

Stundenlohn: 14,05 €

Abzüge: Lohnsteuer (LS): 145,00 €
Solidaritätszuschlag: 5,5 % von der LS
Sozialversicherung: 517,17 €

Wie hoch ist der Nettolohn?

Entlohnung		Stunden	Std.-Lohn (€)	Lohn (€)
100 %		185	14,05	2.599,25
75 %		8	10,54	84,32
			Bruttolohn	2.683,57
Abzüge	Lohnsteuer		145,00	
	Solid.-Zuschlag		7,98	
	Soz.-Versicherung		517,17	– 670,15
			Nettolohn	**2.013,42**

Übersicht 1: Berechnung des Beispiels 2

Beispiel 3 zur Lohnberechnung:

Ein Geselle, ledig, evangelisch, Steuerklasse I, arbeitete im Monat März 186 Stunden. Darin sind 12 Überstunden eingeschlossen. 8 Stunden war er mit dem Aufbau eines Gerüstes beschäftigt.

Stundenlohn: 12,80 €

Abzüge: Lohnsteuer (LS): 330,50 €
Kirchensteuer: 8 % von der LS
Solidaritätszuschlag: 5,5 % von der LS
Rentenversicherung: 241,60 €
Krankenversicherung: 191,82 €
Arbeitslosenversicherung: 33,99 €
Pflegeversicherung: 23,67 €

Wie hoch ist der Nettolohn?

Entlohnung		Stunden	Std.-Lohn (€)	Lohn (€)
100 %		186	12,80	2.380,80
25 %		12	3,20	38,40
10 %		7	1,28	8,96
			Bruttolohn	2.428,16
Abzüge	Lohnsteuer		330,50	
	Kirchensteuer		26,44	
	Solid.-Zuschlag		18,18	
	Rentenversicherung		241,60	
	Krankenversicherung		191,82	
	Arbeitslosenvers.		33,99	
	Pflegeversicherung		23,67	– 866,20
			Nettolohn	**1.561,96**

Übersicht 2: Berechnung des Beispiels 3

23.5 Leistungslohn, Akkordlohn

Bei der Bezahlung nach Akkordlohn (Übersicht 3) wird für die zu leistende Arbeit ein fester Betrag vereinbart. Das Risiko liegt nun beim Arbeitnehmer. Arbeitet er schnell, verdient er mehr als bei der Bezahlung nach Zeitlohn, arbeitet er langsam, verdient er weniger. Grundgedanke ist: Wer mehr leistet, bekommt mehr Lohn.
Es empfiehlt sich für Arbeitnehmer, angebotenen Akkordlohn daraufhin zu überprüfen, ob bei realistischer Ausführung mindestens der übliche Zeitlohn erreicht wird.

Geldakkord	Zeitakkord
Der Arbeitnehmer erhält für eine bestimmte Leistungseinheit, z. B. m², Stückzahl, einen bestimmten Geldbetrag als Lohn. **Geldakkord = Menge · Lohnsatz je Einheit**	Für eine bestimmte Leistung muss eine bestimmte Vorgabezeit je Leistungseinheit und der Geldfaktor festgelegt sein. Der Geldfaktor, auch Minutenfaktor genannt, ist der 60ste Teil des Akkordrichtsatzes (Tariflohn) plus 15 %. **Zeitakkord = Menge · Vorgabezeit · Geldfaktor** **Geldfaktor = (Tarifstundenlohn: 60) + 15 %** **Lohn pro Leistungseinheit = Vorgabezeit · Geldfaktor**
Beispiel: Für das Streichen von Fensterläden bekommt der Maler und Lackierer je Fensterladen 5,20 €. Es sind 64 Fensterläden zu bearbeiten. Er braucht dafür 17 Stunden. Wie hoch ist der Stundenlohn des Gesellen? Entspricht der Verdienst dem Tariflohn von 13,99 €/h? **Lösung:** Bruttolohn = 64 x 5,20 € = 332,80 € 332,80 € : 17 h = 19,57 € Std.lohn **Sein Verdienst liegt über dem derzeitigen Tariflohn.**	**Beispiel:** Ein Geselle beschichtet 650,00 m² Deckenfläche in 30 Stunden. Die Vorgabezeit betrug 2,2 min pro m². Sein Stundenlohn (Zeitlohn) beträgt üblicherweise 12,00 €. Liegt der Verdienst des Gesellen über oder unter seinem üblichen Zeitlohn? **Lösung:** Geldfaktor: 12,00 € : 60 min = 0,20 €/min 15 % von 0,20 € = 0,03 € 0,20 € + 0,03 € = 0,23 €/min Lohn pro Leistungseinheit: 2,2 min x 0,23 € = 0,506 € Gesamtverdienst: 650,00 m² x 0,506 € = 328,9 € Verdienst pro Stunde: 328,90 € : 30 h = 10,963 €/h **Der Geselle hätte schneller arbeiten müssen, um über seinen Zeitlohn zu kommen.**

Übersicht 3: Berechnung des Leistungslohns

23.6 Lohn- und Gehaltsabrechnung

In der Lohnsteuertabelle werden Tages- und Monatslöhne gestaffelt aufgelistet. Von der entsprechenden Bruttolohnhöhe ausgehend, kann in der jeweiligen Steuerklasse, auch unter Berücksichtigung möglicher Kinderfreibeträge, die Lohnsteuer abgelesen werden. Gleichzeitig sind die Abzüge für die Kirchensteuer und für den Solidaritätszuschlag angeführt.
Heute erfolgt die Lohn- und Gehaltsberechnung in der Regel über ein Computerprogramm. Es ist wichtig, dass der Arbeitnehmer imstande ist, den Computerausdruck lesen und verstehen zu können **(siehe Abrechnungsbeispiel Bild 1)**.

Der Arbeitnehmer muss über seine geleisteten Stunden Buch führen. Nur so kann er die Abrechnung auf Richtigkeit überprüfen.

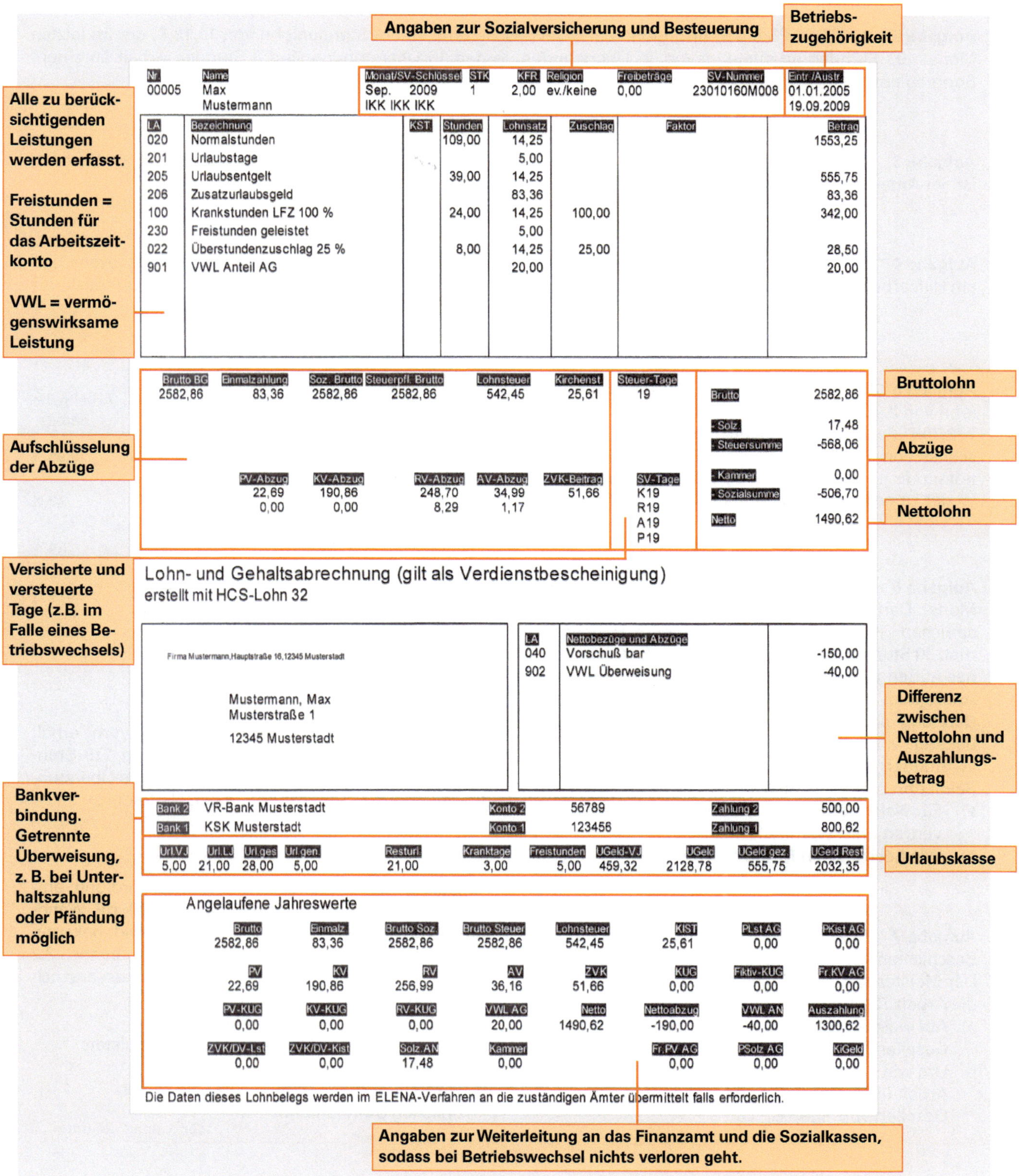

Nr.	Name	Monat/SV-Schlüssel	STK	KFR	Religion	Freibeträge	SV-Nummer	Entr./Austr.
00005	Max Mustermann	Sep. 2009 IKK IKK IKK	1	2,00	ev./keine	0,00	23010160M008	01.01.2005 19.09.2009

LA	Bezeichnung	KST	Stunden	Lohnsatz	Zuschlag	Faktor	Betrag
020	Normalstunden		109,00	14,25			1553,25
201	Urlaubstage			5,00			
205	Urlaubsentgelt		39,00	14,25			555,75
206	Zusatzurlaubsgeld			83,36			83,36
100	Krankstunden LFZ 100 %		24,00	14,25	100,00		342,00
230	Freistunden geleistet			5,00			
022	Überstundenzuschlag 25 %		8,00	14,25	25,00		28,50
901	VWL Anteil AG			20,00			20,00

Brutto BG	Einmalzahlung	Soz. Brutto	Steuerpfl. Brutto	Lohnsteuer	Kirchenst.	Steuer-Tage
2582,86	83,36	2582,86	2582,86	542,45	25,61	19

PV-Abzug	KV-Abzug	RV-Abzug	AV-Abzug	ZVK-Beitrag	SV-Tage
22,69	190,86	248,70	34,99	51,66	K19
0,00	0,00	8,29	1,17		R19
					A19
					P19

Brutto	2582,86
- Solz.	17,48
- Steuersumme	-568,06
- Kammer	0,00
- Sozialsumme	-506,70
Netto	1490,62

Lohn- und Gehaltsabrechnung (gilt als Verdienstbescheinigung)
erstellt mit HCS-Lohn 32

Firma Mustermann,Hauptstraße 16,12345 Musterstadt

Mustermann, Max
Musterstraße 1
12345 Musterstadt

LA	Nettobezüge und Abzüge	
040	Vorschuß bar	-150,00
902	VWL Überweisung	-40,00

Bank 2	VR-Bank Musterstadt	Konto 2	56789	Zahlung 2	500,00
Bank 1	KSK Musterstadt	Konto 1	123456	Zahlung 1	800,62

Url.VJ	Url.LJ	Url.ges	Url.gen.	Resturl.	Kranktage	Freistunden	UGeld-VJ	UGeld	UGeld gez.	UGeld Rest
5,00	21,00	28,00	5,00	21,00	3,00	5,00	459,32	2128,78	555,75	2032,35

Angelaufene Jahreswerte

Brutto	Einmalz.	Brutto Soz.	Brutto Steuer	Lohnsteuer	KIST	PLst AG	PKist AG
2582,86	83,36	2582,86	2582,86	542,45	25,61	0,00	0,00
PV	**KV**	**RV**	**AV**	**ZVK**	**KUG**	**Fiktiv-KUG**	**Fr.KV AG**
22,69	190,86	256,99	36,16	51,66	0,00	0,00	0,00
PV-KUG	**KV-KUG**	**RV-KUG**	**VWL AG**	**Netto**	**Nettoabzug**	**VWL AN**	**Auszahlung**
0,00	0,00	0,00	20,00	1490,62	-190,00	-40,00	1300,62
ZVK/DV-Lst	**ZVK/DV-Kist**	**Solz.AN**	**Kammer**		**Fr.PV AG**	**PSolz AG**	**KiGeld**
0,00	0,00	17,48	0,00		0,00	0,00	0,00

Die Daten dieses Lohnbelegs werden im ELENA-Verfahren an die zuständigen Ämter übermittelt falls erforderlich.

Bild 1: Computererstellte Lohn- und Gehaltsabrechnung

23.7 Aufgaben

Zur Lösung der Aufgaben müssen neben den Angaben auf dieser Seite die Angaben über die Höhe von Abzügen auf Seite 161 sowie die Angaben zum Rahmentarifvertrag auf Seite 159 berücksichtigt und verwendet werden.

Aufgabe 1 Wie hoch ist der tarifliche Stundenlohn eines Malers in Ihrem Bundesland, der nach bestandener Gesellenprüfung zuerst 1½ Jahre als Kurierbote arbeitete und sich nun bei einem Maler- und Lackiererbetrieb als Mitarbeiter bewirbt?

Aufgabe 2 Berechnen Sie den Bruttolohn eines Vollgesellen mit einem Stundenlohn von 14,12 €, der im letzten Monat 193 Stunden arbeitete, davon 15 Überstunden. In den 15 Überstunden sind 8 Stunden Arbeit an einem Sonntag enthalten.

Aufgabe 3 Ein Geselle verdient im Monat brutto 2.020,50 €. Seine Abzüge belaufen sich auf 875,90 €. Wie hoch ist der Anteil der Abzüge am Bruttolohn in %?

Aufgabe 4 Wie viel wöchentlich verdienen ein Geselle nach bestandener Gesellenprüfung, ein Vollgeselle und ein Hilfsarbeiter mit 10-jähriger Tätigkeit brutto bei einer täglichen Arbeitszeit von 8 Stunden in Ihrem Bundesland?

Aufgabe 5 Ein Geselle erhält im Mai einen Bruttolohn von 2.480,20 €. Seine Abzüge belaufen sich auf 738,20 €. Jede Woche erhält er einen Fahrtkostenzuschuss von 15,00 €. Wegen einer Familienfeier benötigte er einen Vorschuss von 150,00 €. Wie hoch ist der Überweisungsbetrag auf sein Konto?

Aufgabe 6 Ein Geselle arbeitete 188 Stunden im Monat. Darin waren 20 Stunden Arbeit mit Fensterstreichen, 10 Stunden Arbeit auf einem Hängegerüst, 30 Stunden Tapezieren, 6 Stunden Entrosten eines Außengeländers (Ri 2) von Hand, 3 Stunden mit Abbrennen alter Anstriche, und 2 Stunden für die Beratung eines Kunden enthalten. Die übrige Arbeitszeit verbrachte er mit üblichen Malerarbeiten. 16 Stunden davon waren Überstunden.
Sein Lohn beträgt 14,60 €.

a) Für welche Tätigkeiten gibt es laut Rahmentarifvertrag Erschwerniszuschlag?
b) Wie hoch ist sein Bruttolohn?

Aufgabe 7 Zwei Malergesellen übernehmen das Beschichten von 220 Industrieteilen in Akkordarbeit. Der Meister zahlt je Teil 9,70 €. Beide benötigen für die Arbeit 72 Stunden.

a) Auf welchen Stundenlohn kommen die beiden Gesellen?
b) Um wie viele % liegt der Akkordlohn für diese Arbeit über dem üblichen Lohn der beiden Gesellen von 14,00 €?

Tabelle 1: Versicherungsbeiträge 2010

Versicherungsart	%-Satz	Arbeitnehmeranteil	Arbeitgeberanteil
Rentenversicherung	19,9 %	9,95 %	9,95 %
Krankenversicherung	15,5 %	8,2 %	7,3 %
Arbeitslosenversicherung	2,8 %	1,4 %	1,4 %
Pflegeversicherung	1,95 %	0,975 % Kinderlose ab 23 Jahre 0, 25 % zusätzlich (= 1,225 % gesamt)	0,975 %

Aufgabe 8 Ein Arbeitsstellenleiter in Bayern erhält 110% des Ecklohnes. Die Arbeitszeit betrug 178 Stunden im Monat. Davon waren 20 Stunden als Überstunden zu vergüten. Berechnen Sie den Nettolohn.

Aufgabe 9 Ein Geselle wird im Zeitakkordlohn entlohnt. In einem Neubau hat er 1.582,00 m² Wandfläche beschichtet. Folgende Angaben sind bekannt: Stundenlohn: 14,20 €. Vorgabezeiten: Grundanstrich 2,2 min/m², Zwischenanstrich 2,5 min/m², Schlussanstrich 2,5 min/m²

a) Errechnen Sie den Geldfaktor.
b) Welchen Betrag bekommt er für die geleistete Arbeit?
c) Verdient er mehr oder weniger als seinen üblichen Stundenlohn?

24.1 Kalkulationsgrundlagen

Es ist das Ziel des Betriebes, Gewinn zu erzielen. Um sicher zu sein, dass dieses Ziel zufriedenstellend erreicht wird, muss der Unternehmer genau informiert sein, welche Kosten dem Betrieb entstehen.
Unter Kalkulation versteht man alle innerbetrieblichen Rechenverfahren, die dem Unternehmer ermöglichen, Selbstkosten, Angebotspreise und Gewinn oder Verlust zu seiner Geschäftstätigkeit zu ermitteln.
Neben der Kalkulation unterscheidet man Vor- und Nachkalkulation (Tabelle 1).

Tabelle 1: Arten der Kalkulation

Vorkalkulation	Kalkulation	Nachkalkulation
Häufig muss dem Kunden bereits vor der Auftragsvergabe/Auftragsausführung ein verbindlicher Angebotspreis genannt werden. Der Unternehmer ermittelt den Rechnungsbetrag im Voraus anhand einer Leistungsbeschreibung. Er bietet dem Kunden an, die Arbeit zu diesem Betrag auszuführen. Die Vorkalkulation wird mit Planwerten, ermittelt aus vergangenen Aufträgen, gerechnet. Je realistischer der Unternehmer mit vorliegenden betriebsbezogenen Kennzahlen vorkalkuliert, desto sicherer kann er sein, dass der Angebotspreis seine Kosten deckt.	Der Begriff Kalkulation beinhaltet die Berechnung der mit einem Produkt oder einer Leistung verbundenen Kosten mit dem Ziel der Preisfindung. Durch die Kalkulation lässt sich erkennen, wie viel Kosten ein Kostenträger, im Handwerk in der Regel der Kundenauftrag, verursacht. Weitere Aufgaben der Kalkulation: • Datenlieferung für die kurzfristige Erfolgsrechnung. • Bestandsbewertung für externe und interne Berechnungen. • Entscheidungshilfe für die Annahme von Aufträgen bei gegebenen Marktpreisen. • Ermittlung von Preisober- und Preisuntergrenzen.	Diese dient der Überprüfung der Vorkalkulation nach Ausführung der Arbeiten. Die Nachkalkulation wird nach Abwicklung eines Auftrages eingesetzt. Dann liegen die Istkosten (tatsächlich entstandenen Kosten) vor, sie werden zur Kostenkontrolle herangezogen. Aufträge werden in der Regel zu Normalkosten angenommen. Daher werden Vor- und Nachkalkulation regelmäßig verglichen, um zu prüfen, ob die tatsächlich entstandenen Kosten die kalkulierten Kosten nicht überschritten haben.

Alle Kosten, die durch die Führung eines Betriebes anfallen, müssen letztendlich von den Kunden über die gestellten Rechnungen bezahlt werden, da sie sonst vom Unternehmer aus eigener Tasche gezahlt werden und somit den Gewinn schmälern. Übersicht 1 zeigt die Erfassung aller Kosten zur Durchführung der Kalkulation.

Direkt verrechenbare Kosten = Jeder Kunde zahlt seinen Vebrauch.	Lohnkosten	Materialkosten (Werkstoffkosten)
Gemeinkosten = Kosten, die von allen Kunden gemeinsam getragen werden.	Lohnabhängige Gemeinkosten	Werkstoffabhängige Gemeinkosten
Bezahlung des unternehmerischen Risikos		Gewinn und Wagnis
Anteil für den Staat		Umsatzsteuer

Übersicht 1: Anfallende Kosten, die der Kunde zu zahlen hat

Direkt verrechenbare Kosten
Anfallende Lohnkosten und Materialkosten können direkt zu jedem Auftrag ermittelt und damit in Rechnung gestellt werden. Aufwändige sonstige Kosten, z. B. spezieller Maschineneinsatz, werden dem Kunden ebenfalls direkt in Rechnung gestellt.

Gemeinkosten
Schwieriger ist die Ermittlung und Zuordnung allgemeiner Kosten, wie z. B. Kosten für Strom, Miete, Fuhrpark usw. der sogenannten Gemeinkosten. Diese Kosten müssen über das Jahr erfasst werden. Sie werden von allen Kunden je nach Auftragsgröße als prozentualer Anteil auf den direkt verrechenbaren Kosten des Auftrags zugeschlagen. Die Gemeinkostensätze müssen vom Unternehmer immer wieder den wirtschaftlichen Gegebenheiten angepasst werden. So sind diese auch von Betrieb zu Betrieb verschieden.

Gewinn und Wagnis
Der Rechnungspreis enthält einen prozentualen Anteil, den der Unternehmer für sein unternehmerisches Risiko den Selbstkosten zuschlägt, meist 5 bis 12 %.

Umsatzsteuer
Die Umsatzsteuer (USt) ist eine Steuer, die den Austausch von Leistungen (= Umsatz) besteuert. Die Umsatzsteuer wird umgangssprachlich auch Mehrwertsteuer genannt (Mwst.).

Zuschlagskalkulation

Diese Kalkulationsart wird üblicherweise im Maler- und Lackiererhandwerk angewandt.

Der Angebotspreis/Rechnungspreis wird ermittelt, indem den direkt verrechenbaren Kosten prozentuale Anteile der Gemeinkosten zugeschlagen werden, ebenso die daraus entstehenden Selbstkosten und den Unternehmerpreis (**Übersicht 1**). Mit den auftragsbezogenen Lohn- und Werkstoffkosten und den betriebsinternen Kennzahlen zu den Gemeinkosten und zu Gewinn und Wagnis kann der Rechnungsbetrag berechnet werden.

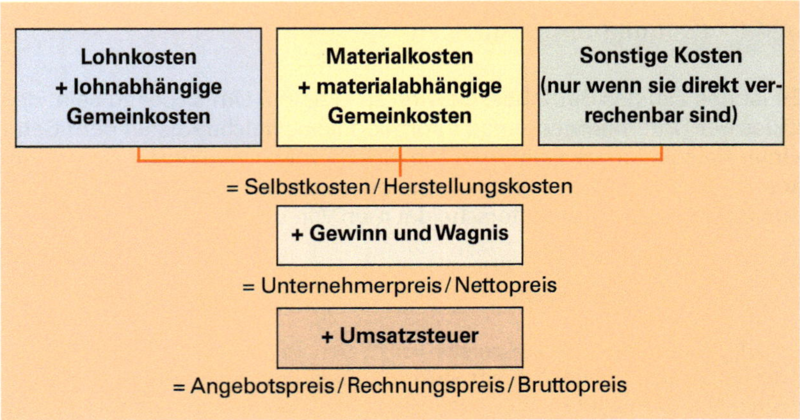

Übersicht 1: Prinzip der Zuschlagskalkulation

Kalkulationsschema

Das Schema der **Übersicht 1** eignet sich zur übersichtlichen Darstellung.

Beispiel 1:

Bei einem Auftrag fallen 2.580,00 € Lohnkosten und 712,50 € Werkstoffkosten an. Der Betrieb rechnet mit folgenden Werten:

Lohnabhängige Gemeinkosten	120 %
Werkstoffabhängige Gemeinkosten	30 %
Gewinn und Wagnis	10 %
Umsatzsteuer	19 %

Zu berechnen ist der Rechnungspreis.

Lohn		2.580,00	
+ Lohnabh. Gemeinkosten	120 %	3.096,00	
= Gesamt-Lohnkosten		Summe →	5.676,00
Werkstoffe		712,50	
+ Werkstoffabh. Gemeinkosten	30 %	213,75	
= Gesamt-Werkstoffkosten		Summe →	926,25
Selbstkosten			6.602,25
Gewinn + Wagnis		10 %	660,23
Nettopreis			7.262,48
Umsatzsteuer		19 %	1.379,87
Bruttopreis = Rechnungspreis			8.642,35

Übersicht 2: Berechnung des Beispiels 1

Beispiel 2:

Bei der Umlackierung eines LKW fielen Aufwendungen für Lohn in Höhe von 1.060,15 € an. Der Werkstoffverbrauch belief sich auf 550,00 €. Der Betrieb rechnet mit folgenden Zuschlagsätzen:

Lohnabhängige Gemeinkosten	190 %
Werkstoffabhängige Gemeinkosten	45 %
Gewinn und Wagnis	12 %
Umsatzsteuer	19 %

Wie hoch ist der Rechnungsbetrag?

Lohn		1.060,80	
+ Lohnabh. Gemeinkosten	190 %	2.015,52	
= Gesamt-Lohnkosten		Summe →	3.076,32
Werkstoffe		550,00	
+ Werkstoffabh. Gemeinkosten	45 %	247,50	
= Gesamt-Werkstoffkosten		Summe →	797,50
Selbstkosten			3.873,82
Gewinn + Wagnis		12 %	464,86
Nettopreis			4.338,68
Umsatzsteuer		19 %	824,35
Bruttopreis = Rechnungspreis			5.163,03

Übersicht 3: Berechnung des Beispiels 2

Da die Berechnung nach dem Eintrag des Lohnbetrages, des Materialbedarfs und der Prozentsätze immer gleich abläuft, kann der Unternehmer diese Arbeit heute zeitsparend über Kalkulationsprogramme am Computer erledigen.

24.2 Lohnkosten- und Materialkostenermittlung

Lohnkosten-Ermittlung

Die direkt verrechenbaren Lohnkosten erfasst der Unternehmer über den Wochenzettel, in denen die Arbeitszeiten zu den Aufträgen von den Mitarbeitern festgehalten werden. Darum sind Wochenzettel stets von den Mitarbeitern gewissenhaft auszufüllen und pünktlich abzugeben. Für jeden Kunden erfasst der Meister anschließend die gesamte Stundenzahl der Mitarbeiter.

Durch unterschiedliche Stundenlöhne kann er die Stunden aller am Auftrag Beteiligten addieren. Zu jedem Gesellen ist dessen Stundenlohn mit den geleisteten Stunden zu multiplizieren. Erst dann sind die Lohnkosten aller Gesellen zu addieren und ergeben die ins Schema einzutragenden Lohnkosten.

Beispiel 1:

Für einen Auftrag wurden folgende Arbeitszeiten ermittelt:

12 Stunden Geselle A je 13,20 €

12 Stunden Geselle B je 12,70 €

8,5 Meisterstunden je 16,12 €

Lösung:

Geselle A:	12 Std. · 13,20 €	=	158,40 €
Geselle B:	12 Std. · 12,70 €	=	152,40 €
Meister:	8,5 Std. · 16,12 €	=	137,02 €
einzutragender Lohn:			**447,82 €**

Beispiel 2:

Der Meister erstellt anhand der Wochenzettel folgende Liste zum Auftrag einer Wohnungsrenovierung. Welchen Lohnbetrag trägt er in sein Kalkulationsschema ein?

	Std.lohn in €	Mo	Di	Mi	Do	Fr	Sa	So
Hans	13,10	8	8		8	5		
Erkan	13,20	8	8					
Mario	11,80		5		3	3		

Lösung:

Hans:	8 + 8 + 8 + 5 =	29 Stunden		
		29 Std. · 13,10 €	=	379,90 €
Erkan:	8 + 8 =	16 Stunden		
		16 Std. · 13,20 €	=	211,20 €
Mario:	5 + 3 + 3 =	11 Stunden		
		11 Std. · 11,80 €	=	129,80 €
einzutragender Lohn:				**720,90 €**

Materialkosten-Ermittlung

Der Unternehmer bekommt in zeitlichen Abständen Rechnungen von Lieferanten, die alle eingekauften Materialien auflisten.

Beim Einkauf wird vom Listenpreise des Lieferanten je l, kg oder Gebinde ausgegangen. In der Rechnung sind Rabatte schon berücksichtigt. Skonto kann nach Vereinbarung bei rascher Bezahlung in Anspruch genommen werden. Prozentsätze für Beschaffungskosten und Schütt- und Schwundverlust werden auf den Materialverbrauch des Auftrages aufgeschlagen.

Für jeden Auftrag werden die Kosten der verbrauchten Werkstoffe addiert und in das Kalkulationsschema eingetragen.

Beispiel 1:

Beim Streichen einer Fassade wurden 2 Eimer a 25 l Dispersionsfarbe verarbeitet. Ein Eimer kostet laut Liste 45,80 €. An Tiefgrund wurden 16 l, Gebindepreis 32,40 € benötigt. Für treue Kundschaft erhält der Betrieb 15 % Rabatt. Es werden 3 % Skonto bei Zahlung innerhalb von 2 Wochen gewährt. Der Betrieb rechnet mit 7 % für Schütt- und Schwundverlust und 5 % Beschaffungskosten.

Welchen Werkstoffbetrag trägt der Meister in sein Kalkulationsschema ein?

Lösung:

Materialkosten des Auftrages nach Listenpreis:

Tiefgrund:			32,40 €
Dispersionsfarbe:	2 · 45,80 €	=	91,60 €
			124,00 €

Listenpreis – Treuerabatt	 15 %	124,00 € 18,60 €	100 % – 15 %
Rechnungspreis – Skonto	 3 %	105,40 € 3,16 €	100 % – 3 %
Einkaufspreis + Beschaffungskosten + Schütt- und Schwundverlust	 5 % 7 %	102,24 € 5,11 € 7,16 €	100 % + 5 % + 7 %
Einstandspreis (einzutragen ins Kalkulationsschema)		114 ,51 €	100 %

Beispiel 2:

An Werkstoffen werden dem Kunden in Rechnung gestellt:

4 Eimer Dispersionsfarbe je 42,00 €

1,2 l Vorlack für Fenster (ein 3-Liter-Gebinde kostet 24,60 €)

1,5 l Fensterlack (ein 3-Liter-Gebinde kostet 29,55 €)

Sonstige Werkstoffe: 86,50 €

Lösung:

Dispersionsfarbe:	4 · 42,00 €	=	168,00 €
Vorlack:	24,60 € : 3	=	8,20 € *
	1,2 · 8,20	=	9,84 €
Fensterlack:	29,55 € : 3	=	9,85 €
	1,5 · 9,85	=	14,78 € *
Sonstige Werkstoffe:			86,50 €
einzutragendes Material			**274,19 €**

*: Literpreis

III Leistungsabrechnung

24.3 Lohnmalnehmer und Werkstoffmalnehmer

Lohnmalnehmer

Ermittelt der Unternehmer den Betrag, der sich aus 1 € Lohn bei den Gemeinkostensätzen des Betriebs ergibt, so erhält er den Lohnmalnehmer.

Durch den Lohnmalnehmer kann der Unternehmer von jedem Lohnbetrag, der für den Kunden ausgegeben wird, durch einfaches Malnehmen

- den Nettolohnpreis ermitteln,
- die Kalkulationsschritte abkürzen,
- ermitteln, wie viel er für 1 Arbeitsstunde des Gesellen vom Kunden verlangen muss.

Werkstoffmalnehmer

Ermittelt der Unternehmer den Betrag, der sich aus 1 € für Material bei den Gemeinkostensätzen des Betriebs ergibt, so erhält er den Werkstoffmalnehmer.

Durch den Werkstoffmalnehmer kann der Unternehmer von jedem Materialbetrag, der für den Kunden ausgegeben wird, durch einfaches Malnehmen

- den Nettomaterialpreis ermitteln,
- die Kalkulationsschritte abkürzen.

Tabelle 1: Berechnung des Lohnmalnehmers

Lohn		1,00	
+ Lohnabh. Gemeinkosten	120 %	1,20	
= Gesamt-Lohnkosten		Summe →	2,20
Werkstoffe			
+ Werkstoffabh. Gemeinkosten	30 %		
= Gesamt-Werkstoffkosten		Summe	
Selbstkosten			2,20
Gewinn + Wagnis		10 %	0,22
Nettopreis			**2,42**
Umsatzsteuer		19 %	
Bruttopreis = Rechnungspreis			

Tabelle 2: Berechnung des Werkstoffmalnehmers

Lohn			
+ Lohnabh. Gemeinkosten	120 %		
= Gesamt-Lohnkosten		Summe	
Werkstoffe		1,00	
+ Werkstoffabh. Gemeinkosten	30 %	0,30	
= Gesamt-Werkstoffkosten		Summe →	1,30
Selbstkosten			1,30
Gewinn + Wagnis		10 %	0,13
Nettopreis			**1,43**
Umsatzsteuer		19 %	
Bruttopreis = Rechnungspreis			

Beispiel zu Tabelle 1 und 2:

Für einen Auftrag fallen als Kosten für Löhne 2570,00 € an, als Kosten für Werkstoffe 838,00 €. Wie hoch sind die Nettopreise für Lohn und Material, sowie der Rechnungspreis?

2570,00 € · 2,42 = **6.219,40 € Nettolohnpreis**

838,00 € · 1,43 = **1.198,34 € Nettomaterialpreis**

7417,74 €

Tabelle 3: Berechnung des Rechnungspreises

Nettopreis		7.417,74
Umsatzsteuer	19 %	1.409,37
Bruttopreis = Rechnungspreis		8.827,11

24.4 Stundenverrechnungssatz, Lohnminute

Der Stundenverrechnungssatz ist der Betrag, den ein Kunde für eine Arbeitsstunde bezahlen muss. Dieser Betrag ist für jeden Auftrag gültig. Er unterscheidet sich von Betrieb zu Betrieb wegen unterschiedlicher Kostenstruktur durch Lage, Größe und Belegschaftszusammensetzung, Betriebsausstattung und anderer Punkte. Von Zeit zu Zeit muss der Stundenverrechnungssatz an neue Gegebenheiten angepasst werden.

Nicht darin enthalten sind Materialkosten. Diese sind je nach Auftrag verschieden. Auch nicht enthalten ist die Umsatzsteuer: Diese kann erst bei der Rechnungsstellung mitsamt den Materialkosten ermittelt werden.

Lohnminute = der 60ste Teil des Stundenverrechnungssatzes

Beispiel

a) Wie hoch ist der Stundenverrechnungssatz eines Betriebes bei einem durchschnittlichen Stundenlohn von 13,85 € und einem Lohnmalnehmer von 2,66?

Lösung:
13,85 € · 2,66 = **36,84 € Stundenverrechnungssatz**

Das gleiche Ergebnis erhält man, wenn man in Tabelle 1 anstelle 1,00 € den Stundenlohn einsetzt, dann aber in diesem Betrieb mit 140 % lohnabh. Gemeink. und 11 % Gewinn + Wagnis rechnet.

b) Geselle Udo kommt am Montag 15 min zu spät, dafür geht er am Mittwoch 5 min früher. Am Freitag beginnt er aus Versehen 10 min zu früh. Jeden Tag raucht er vor der Werkstatt 2 Zigaretten morgens und 2 Zigaretten nachmittags, jeweils 5 min je Zigarette.
Um welchen Betrag geht es?

Lösung:
36,84 € : 60 = 0,61 € je Lohnminute

15 + 5 − 10 + (5 · 4 · 5) = 110 min

110 min · 0,61 €/min = **67,10 €**

24.5 Betriebliche Kennzahlen

Wer richtig entscheiden will, braucht eine Informationsbasis für die Geschäftsplanung, er braucht „Controlling". Da im Maler- und Lackiererhandwerk meist nur wenige Kostenarten das Betriebsergebnis beeinflussen, reicht es häufig aus, diese Kostenarten einem regelmäßigen Soll-Ist-Vergleich zu unterwerfen. Darüber hinaus gibt die Auswertung der Vorgänge durch eine betriebswirtschaftliche Analyse wichtige Einblicke zur Beurteilung des Betriebsergebnisses.

Über den Stundenverrechnungssatz lassen sich folgende betriebliche Kennzahlen ermitteln:

- Umsatz eines Gesellen pro Jahr/Monat/Tag
- Mindestumsatz des Betriebes pro Jahr/Monat/Tag

← Diese Beträge muss der Betrieb mindestens erarbeiten, um verlustfrei zu arbeiten

Vorteile:

- Damit ist es dem Unternehmer möglich, schnell, z. B. bei einer ersten Besichtigung des Auftrages, überschlägig einen Preisrahmen abstecken zu können. Dies setzt jedoch voraus, dass der Unternehmer den zeitlichen Aufwand des Auftrages möglichst genau abschätzen kann. Bei Großobjekten ist dies kaum möglich.
- Im Laufe eines Geschäftsjahres kann immer wieder Zwischenbilanz gezogen werden.
- Der Betrieb kann seine Kennzahlen mit Durchschnitts-Planzahlen vergleichen, die von den Landesinnungsverbänden jährlich veröffentlicht werden.

Arbeiten mit Kennzahlen am Beispiel der folgenden Firma:
Malerbetrieb „Eugen Maier"
Rechtsform: Einzelunternehmung
Standort: Reutlingen
Beschäftigte: 4
Durchschnittlicher Stundenlohn: 13,40 €
Lohnabhängige Gemeinkosten: 170 %
Werkstoffabhängige Gemeinkosten: 30 %
Gewinn und Wagnis: 9 %

Ermittlung des Stundenverrechnungssatzes:

Lohn		13,40	
+ Lohnabh. Gemeinkosten	170 %	22,78	
= Gesamt-Lohnkosten		Summe →	36,18
Werkstoffe			
+ Werkstoffabh. Gemeinkosten	30 %		
= Gesamt-Werkstoffkosten			
Selbstkosten			36,18
Gewinn + Wagnis		9 %	3,26
Nettopreis			**39,44**
Umsatzsteuer		19 %	
Bruttopreis = Rechnungspreis			

Stundenverrechnungssatz = 39,44 €

Welchen Betrag muss ein Geselle im Jahr erarbeiten?	39,44 x 1 650 Std. = 65.076,00 €	Jahresstundenzahl je Geselle laut Angabe des Instituts für Unternehmensführung 2010: 1 650 Stunden. 1.650 : 12 = 137,50 Std./Monat
Welchen Betrag muss ein Geselle im Monat erarbeiten?	39,44 x 137,50 = 5.423,00 €	
Welchen Betrag muss ein Geselle an 1 Tag erarbeiten?	39,44 x 8 = 315,52 €	

Es fallen nicht nur Lohnkosten, sondern auch Materialkosten an. Der Betrag ist je nach Auftrag unterschiedlich hoch. Es kann allgemein von 1/3 der Lohnsumme ausgegangen werden.

Mindestumsatz des Betriebes pro Jahr	Lohnsumme/Jahr x Mitarbeiterzahl 65.076,00 x 4 = 260.304,00 € + 1/3 davon als geschätzte Materialkosten 260.304,00 + 86.768,00 € = 347.072,00 €	
Mindestumsatz pro Stunde je Mitarbeiter	347.072,00 : 1650 = 210,35	210,35 : 4 Mitarbeiter = 52,59
Mindestumsatz pro Tag je Mitarbeiter	52,59 x 8 = 420,72	

Der Betrieb muss jeden Tag ungefähr 1.700 € umsetzen, um wirtschaftlich zu arbeiten.

Übersicht 1: Ermittlung betrieblicher Kennzahlen

Beispiel 1: Überschlagsrechnung mit den Kennzahlen aus Übersicht 1

Der Meister schätzt bei der Objektbesichtigung, dass 2 Mitarbeiter für die Renovierung der Wohnung 4 bis 5 Tage beschäftigt sein werden. Der Kunde will nicht mehr als 5000,00 € ausgeben.
Kann der Auftrag zu diesen Bedingungen angenommen werden?

Bei dem Stundenverrechnungssatz von etwa 40,00 € ergeben sich ungefähr:

5 Tage x 2 Mitarbeiter x 420,- € = 4.200 € (+ Ust. 1/5 = 5.040,00 €)

Antwort an den Kunden (nach 5 min):

„Lieber Herr X, wir können den Auftrag innerhalb ihrer Preisvorstellung ausführen. Den genauen Kostenvoranschlag erhalten Sie morgen."

Gedanken des Meisters:

Meine Leute schaffen das in 4 Tagen. Wir fangen an einem Dienstag an. Zum Wochenende sind wir dann fertig.

Beispiel 2: Überschlagsrechnung mit den Kennzahlen aus Übersicht 1

2 Gesellen arbeiten schon 2 Wochen an dem Auftrag. Übermorgen werden sie fertig. Im Kostenvoranschlag habe ich als Gesamtpreis mit Material 12.000 € stehen.
Verdiene ich daran?

Ausgehend von 250,00 €, die ein Geselle am Tag erarbeiten muss:
12 Tage x 2 Gesellen = 24 Tage
24 x 420,80 € = **10 099,20 €**

Fazit:
Alles im grünen Bereich. An diesem Auftrag bleibt wahrscheinlich noch etwas mehr übrig als vorgesehen.

Wichtig: Solche Überschlagsrechnungen ersparen nicht die exakte Kalkulation!
Bei ersten Preisnennungen ist von Vorteil, von einem höheren Betrag auszugehen. Wenn dann die Rechnung niedriger ausfällt, freut sich der Kunde.
Bei Preisverhandlungen diese Zahlen immer im Auge behalten und nur innerhalb des eigenen Spielraumes eventuell Preise den Kundenvorstellungen anpassen.

Weitere aufschlussreiche Kennzahlen zur kontrollierten Betriebsführung (siehe Tabelle 1):

Tabelle 1: Wichtige betriebliche Kennzahlen

Kennzahl	Berechnung	Erklärung
Eigenkapitalquote	$\frac{\text{Eigenkapital x 100 \%}}{\text{Gesamtkapital}}$	Sie gibt an, wie abhängig das Unternehmen von seinen Gläubigern ist. In der Praxis hat sich ein Richtwert von mindestens 30 % bewährt. Je höher die Eigenkapitalsquote, umso besser ist die Verhandlungsposition mit Kreditgebern.
Umsatzrentabilität	$\frac{\text{Gewinn vor Steuern x 100 \%}}{\text{Umsatz}}$	Sie gibt an, wie groß die Gewinnspanne des Unternehmens ist. Je größer die Umsatzrentabilität, desto besser können Preisschwankungen und Kostensteigerungen verkraftet werden.
Eigenkapitalrentabilität	$\frac{\text{Gewinn vor Steuern x 100 \%}}{\text{Eigenkapital}}$	Sie gibt die Verzinsung des eingesetzten Kapitals an. Sie sollte mindestens in Höhe der üblichen Zinsen für Fremdkapital liegen.
Anlagendeckungsgrad	$\frac{\text{Eigenkapital x 100 \%}}{\text{Anlagevermögen}}$	Er zeigt an, wie hoch das Anlagevermögen durch Eigenkapital finanziert ist. Langfristig sollten alle Anlagen eines Betriebs durch Eigenkapital gedeckt sein.
Liquidität 1 **Liquidität 2**	$\frac{\text{Barmittel}}{\text{kurzfristige Verbindlichkeiten}}$ $\frac{\text{Barmittel + Forderungen}}{\text{kurzfristige Verbindlichkeiten}}$	Liquidität ist die Fähigkeit eines Unternehmens, seinen Zahlungsverpflichtungen fristgerecht nachkommen zu können. Der Liquiditätsgrad sollte immer über 1 liegen. Liquidität 1 und 2 unterscheiden sich im kurz- und mittelfristigen Zugriff auf Kapital.

24.6 Maschinenkosten

Maschinenkosten fallen in der Kalkulation eines Auftrages unter die direkt verrechenbaren Kosten, wenn der Betrieb für diese Maschine den Maschinenstundensatz errechnet hat und Einsatzzeiten beim Kunden festgehalten wurden. Für Kleingeräte oder allgemein nur kurzzeitig benötigte Geräte ist es sinnvoller, diese Kosten über die Gemeinkosten in der Kalkulation zu berücksichtigen.

Stromkosten

Stromkosten hängen von der Leistung eines Gerätes, von seiner Einsatzdauer und von den Kosten einer Kilowattstunde (Stromtarif) ab. Abgerechnet werden die verbrauchten Kilowattstunden nach dem geltenden Stromtarif. Die Berechung erfolgt nach Tabelle 2.

Beispiel:
Das Schleifgerät mit der Leistung von 250 Watt wird für den Kunden am Montag 5 Stunden und am Dienstag 3 Stunden eingesetzt. Wie hoch sind die Stromkosten, wenn 1 kWh 16 Cent kostet?

Tabelle 2: Berechnungsschritte

Berechnung der verbrauchten Kilowattstunden	
Formel	Elektrische Arbeit = Leistung · Zeit
Einheit	kWh = kW · h
Berechnung der Stromkosten	
Formel	Stromkosten = Elektrische Arbeit · Stromtarif
Einheit	€ = verbrauchte kWh · € / kWh

Lösung:
Berechnung Zeiteinsatz: 5 h + 3 h = 8 h
Umwandlung Watt: 250 Watt = 0,250 Kilowatt (kW)
Berechnung Kilowattstunden: 0,250 kW · 8 h = 2,000 kWh
Berechnung Strompreis: 2,000 kWh · 0,16 € / kWh = 320 €

Maschinenstundensatz

Wird eine Maschine, z. B. ein Hochdruckreiniger oder ein Airlessgerät, längere Zeit eingesetzt, so bezahlt der Kunde den Einsatz nach Stunden mal dem Maschinenstundensatz.
Der Maschinenstundensatz umfasst alle Kosten des Maschineneinsatzes eines Jahres außer den Bedienungskosten. Zur Erstellung des Maschinenstundensatzes müssen folgende Punkte bekannt sein oder ermittelt werden (**Tabelle 1 und 2**).

Tabelle 1: Einflüsse auf den Maschinenstundensatz mit Beispiel

	Erklärung	Beispiel: Airless-Spritzgerät mit Elektromotor	Rechenbeispiel
Kaufpreis	Er ist durch die Einkaufsrechnung bekannt	4.670,00 €	
Energieverbrauch	Der Energiebedarf einer Maschine kann durch Benzin gedeckt werden, in der Regel heute aber mit elektrischem Strom. Der Energiebedarf richtet sich nach der Leistung der Maschine. Die Kosten pro Kilowattstunde legen die Energielieferanten fest.	Verbrauch: 1,0 kW/h Preis: 0,15/kWh	1,0 x 0,15 x 1.000 = **150,00 €**
Betriebszeit	Die Betriebszeit ist die Zeit, die die Maschine voraussichtlich im Jahr in Betrieb sein wird. Diese Stundenzahl beruht auf Erfahrung oder sie muss geschätzt werden.	200 Tage im Jahr je 5 Stunden = 1.000 Stunden Betriebszeit	
Prozentsätze	Durch die Anschaffung der Maschine fallen Kosten an oder Gewinne weg, die mit dem eingesetzten Kapital hätten erzielt werden können. Diese Kosten werden über Prozentsätze auf alle Kunden verteilt.	Prozentsätze, bezogen auf den Kaufpreis:	
	Abschreibung: In der voraussichtlichen Lebenszeit der Maschine muss der Anschaffungspreis von den Kunden bezahlt, d. h. abgeschrieben worden sein.	Abschreibung auf 5 Jahre = je Jahr 20 %	20 % von 4.670,00 € = **934,00 €**
	Verzinsung: Durch die Anschaffung der Maschine entfallen die Zinseinnahmen, die man erzielt hätte, wenn das Geld zur Bank gebracht worden wäre. Diese entgangenen Zinsen werden auf die Kunden verteilt.	Verzinsung 6 %	6 % von 4.670,00 € = **280,20 €**
	Gemeinkosten: Dieser Prozentsatz deckt Aufwendungen wie z. B. Lagerkosten ab.	Gemeinkosten 10 %	10 % von 4.670,00 € = **467,00 €**
	Instandhaltung: Auch voraussichtliche Reparaturen und Instandhaltungsaufwendungen werden auf die Kunden übertragen.	Instandhaltungskosten 10 %	10 % von 4.670,00 € = **467,00 €**

Tabelle 2: Berechnung des Maschinenstundensatzes des Airless-Spritzgerätes zum Beispiel aus Tabelle 1

Kosten für 1000 Maschinenstunden im Jahr = 150,00 € + 934,00 € + 280,20 € + 467,00 € + 467,00 €	**2.298,20 €**
Kosten für 1 Maschinenstunde = 2 298,20 € : 1.000 Stunden	**2,30 €**

Beispiel:

Ein Schwingschleifer kostet 348,50 €.
Stromverbrauch 0,5 kW/h
Strompreis 0,25 €/kWh
Betriebszeit voraussichtlich 150 Tage je 3 Stunden
Jährliche Abschreibung 25 %
Verzinsung 2,5 %
Gemeinkosten 10 %
Instandhaltung 8 %
Zu berechnen ist der Maschinenstundensatz

Lösung:

Stromkosten	150 x 3 h = 450 h 450 h x 0,5 kWh x 0,25 €	56,25 €
jährl. Abschreibung	25 % von 348,50 €	87,13 €
Verzinsung	2,5 % von 348,50 €	8,71 €
Gemeinkosten	10 % von 348,50 €	34,85 €
Instandhaltung	8 % von 348,50 €	27,88 €
Kosten für 450 Maschinenstunden im Jahr		214,82 €
Kosten für 1 Maschinenstunde 214,82 € : 450 h		**0,48 €**

Erfordert die Bedienung des Gerätes durchgängig einen Arbeiter, so sind zum Maschinenstundensatz die Kosten für 1 Lohnstunde (netto), ausgehend vom Ecklohn, dazuzuzählen.

Die Berechnung des Nettopreises einer Lohnstunde erfolgt ebenfalls im Kalkulationsschema. Dabei wird vom Stundenlohn und den betrieblichen Kennzahlen zu den Gemeinkosten wie üblich ausgegangen, siehe **Übersicht 1**, mit der Berechnung einer Lohnstunde, ausgehend von einem Stundenlohn von z. B. 13,50 €.

Lohn je Stunde		13,50	
+ Lohnabh. Gemeinkosten	120 %	16,20	
= Gesamt-Lohnkosten		Summe →	29,70
Werkstoffe			
+ Werkstoffabh. Gemeinkosten	30 %		
= Gesamt-Werkstoffkosten			
Selbstkosten			29,70
Gewinn + Wagnis		10 %	2,97
Nettopreis			**32,67**

Übersicht 1: Berechnung einer Lohnstunde

24.7 Aufgaben

Aufgaben zur Kalkulation

Aufgabe 1 Erklären Sie dem neuen Lehrling
a) was man unter Kalkulation versteht.
b) den Unterschied zwischen Vor- und Nachkalkulation.

Aufgabe 2 Zeichnen und benennen Sie das Kalkulationsschema
a) ohne nachzuschlagen.
b) zur Überprüfung (nachschlagen auf Seite 166).

Aufgabe 3 Tragen Sie zu einem Auftrag (Aufwendungen für Lohn: 700,00 €, Aufwendungen für Material: 300,00 €) folgende Werte und Angaben in das Kalkulationsschema ein:

lohnabhängige Gemeinkosten	125 %
werkstoffabhängige Gemeinkosten	33 %
Gewinn + Wagnis	10 %
Umsatzsteuer	19 %

Berechnen Sie den Rechnungspreis.

Aufgabe 4 Für Renovierungsarbeiten im Rathaus sind 2 Gesellen und 1 Hilfsarbeiter 8 Tage jeweils 8 Stunden beschäftigt. Der Gesellenlohn beträgt 13,80 €, der Hilfsarbeiterlohn 11,80 €.
Die Materialkosten betragen 880,00 €. Der Betrieb rechnet mit folgenden Zuschlagsätzen:

lohnabhängige Gemeinkosten	120 %
werkstoffabhängige Gemeinkosten	30 %
Gewinn + Wagnis	10 %
Umsatzsteuer	19 %

Wie hoch ist der Rechnungsbetrag?

Aufgabe 5 An einem Fahrzeug fielen folgende Arbeitszeiten bei der Beseitigung eines Unfallschadens am Kotflügel an: Arbeitsplatz einrichten 8 min, Schadstelle schleifen 10 min, Spachteln 10 min, Schleifen 20 min, Abdecken 8 min, Füller spritzen 10 min, Schleifen 15 min, Lackieren 25 min, Finishen 8 min. Der Stundenlohn des Gesellen beträgt 13,75 €. Höhe der Materialkosten: 32,80 €
Zuschlagsätze des Betriebs:

lohnabhängige Gemeinkosten	180 %
werkstoffabhängige Gemeinkosten	20 %
Gewinn + Wagnis	10 %
Umsatzsteuer	19 %

Wie hoch ist der Rechnungsbetrag?

Aufgabe 6 Für die Lackierung von 15 Büroschreibtischen wurden je Schreibtisch folgende Werkstoffe und Arbeitszeiten benötigt:

Werkstoffe:	0,250 l Grundierfarbe	12,60 € / l
	0,350 l Vorlack	15,00 € / l
	0,280 l Lack	20,00 € / l
	0,400 kg Spachtelmasse	5,80 € / kg
	sonstige Werkstoffe	2,80 €
Arbeitszeit:	Je Schreibtisch 150 min	
Stundenlohn:	14,20 €	

Es sind folgende Zuschläge zu berücksichtigen:

lohnabhängige Gemeinkosten	150 %
werkstoffabhängige Gemeinkosten	35 %
Gewinn + Wagnis	10 %
Umsatzsteuer	19 %

Wie hoch ist der Rechnungsbetrag?

Aufgaben zu Lohn- und Materialkosten

Aufgabe 7 a) Wie hoch ist der Lohnbetrag für das Kalkulationsschema bei folgenden Wochenzettelangaben?

	Stundenlohn	Mo	Di	Mi	Do	Fr	Mo	Di	Mi	Do	Fr	Mo	Di	Mi	Do	Fr
Geselle Fix	13,40 €	8		8	8	8	4		8	8	8					
Geselle Schlau	14,10 €	8		8	8	8	8		3	3	8	8				8
Meister Spitz	15,50 €	3				5	5								2	5
Hilfsarbeiter Fit	11,50 €	5		5							8	8				2

b) Zusätzlicher Zeitaufwand des Meisters: Fahrt in die Werkstatt, weil die Pinsel vergessen wurden: 1,5 Stunden. Diskutieren Sie, ob diese Zeit in die Lohnkosten einfließen soll.

Aufgabe 8 Maler M. erhält die Rechnung über eine Lacklieferung. Der Literpreis des Lackes beträgt laut Liste 12,20 €. Als langjähriger Kunde erhält er 10 % Rabatt, Skonto wird nicht gewährt.
Der Betrieb rechnet mit 8 % Schütt- und Schwundverlust und 5 % Beschaffungskosten.

Berechnen Sie den Einstandspreis je Liter für den Kunden.

Aufgabe 9 Welches Material ist preiswerter (bei gleicher Qualität und unter gleichen Bedingungen)?

Lack A: 5 l-Gebinde, Listenpreis 76,50 €, 10 % Rabatt auf den Listenpreis

Lack B: 1 Kiste a 6 x 3 l-Gebinde, Sonderaktionspreis je Kiste 266,40 €

Aufgabe 10 Für 1,00 m² Türbearbeitung verfügt Maler Findig über folgende Daten:

Material	Verbrauch	Preis
Grundierfarbe	85 ml/m²	7,80 €/l
Spachtelmasse	300 ml/m²	9,30 €/l
Vorlack	160 ml/m²	11,10 €/l
Lack	140 ml/m²	12,80 €/l

a) Wie hoch sind seine Materialkosten für 1,00 m²? Warum ist es sinnvoll, die Beträge auf 3 Stellen hinter dem Komma zu berechnen?

b) Wie hoch ist der Betrag, der in das Kalkulationsschema eingetragen wird, wenn der abzurechnende Auftrag 8 Türblätter mit einer Gesamtfläche von 28,80 m² umfasst? Der Betrieb rechnet mit 5 % Beschaffungskosten und 15 % Schütt- und Schwundverlust.

Aufgabe 11 Für einen Auftrag wurden 200 Liter Farbe zum Listenpreis von 1.760,00 € eingekauft.

Kalkulieren Sie mit:

12 % Mengenrabatt	6 % Schütt- und Schwundverlust
2 % Skonto	15 % Materialabhängige Gemeinkosten
5 % Beschaffungskosten	10 % Gewinn und Wagnis

a) Wie hoch ist der Nettomaterialpreis der Farbe?

b) Wie hoch ist der Nettomaterialpreis der Farbe je Liter?

Aufgabe 12

Für gelieferte Farben erhält Maler Fix nebenstehende Rechnung. Als guter Kunde erhält er 12 % Rabatt (außer für Sonderangebote).

Listenpreis der Farben je Gebinde:

Dispersionsfarbe: 61,70 €
Grundierfarbe: 20,80 €
Tiefgrund: 16,60 € Sonderangebot zum Sonderpreis
Fensterlack: 29,25 €
Listenpreis Schleifpapier je Rolle 28,30 €

a) Überprüfen Sie, ob die in Rechnung gestellten Beträge stimmen.

b) Welchen Betrag überweist er am 08. März 2011?

c) Welchen Betrag überweist er am 25. März 2011?

Farbengroßhandel Hempel Lübeck

An
Maler Fix
Lübek

Rechnung 04. März 2011

Dispersionsfarbe	12 • 54,30 €	651,60 €
Grundierfarbe	8 • 18,30 €	146,40 €
Tiefgrund wasserverd.	3 • 16,60 €	49,80 €
Fensterlack	4 • 25,74 €	102,96 €
Schleifpapier	3 Rollen a 24,90 €	74,70 €
		1015,46 €
	+ 19 % Umsatzsteuer	192,94 €
		1208,40 €

Abzug 3 % Skonto bei Zahlung innerhalb einer Woche bei Sparkasse Lübeck, BLZ 600 577 00, Konto 11 812

Aufgabe 13 An diesem Gebäude sind die Dachuntersicht, der Ortgang (Giebelbrett) und die Holzteile des Balkons mit Imprägnierlasur zu renovieren. Dieser Auftrag wird von 2 Gesellen, Boris und Fritz, erledigt. Geselle Fritz bekommt 14,10 € Stundenlohn, Boris bekommt 14,25 € je Stunde. Im folgenden Text sind alle Angaben zum Verlauf des Auftrages enthalten.

a) Ermitteln Sie den gesamten Materialaufwand!

b) Berechnen Sie die Materialkosten!

c) Ermitteln Sie den Zeitaufwand der beiden Gesellen!

d) Berechnen Sie die Lohnkosten.
Der Betrieb rechnet mit folgenden Zuschlagsätzen:

lohnabhängige Gemeinkosten:	130 %
werkstoffabhängige Gemeinkosten:	40 %
Gewinn + Wagnis:	9 %
Umsatzsteuer:	19 %

e) Ermitteln Sie den Rechnungsbetrag anhand des folgenden Textes!

Bild 1: Objekt zu Aufgabe 13

Text: Die Balkonstreben sowie der Handlauf werden abgeschraubt und im Tauchverfahren behandelt. Von der Beckenfüllung (250 Liter zum Literpreis von 5,20 €) wird 1/8 verbraucht. Mit dem Tauchen, einschließlich dem Abmontieren und der Vorarbeiten, sind Boris und Fritz 7 Stunden beschäftigt.

Die Dachuntersicht muss nur leicht gereinigt werden. Das Ortgangbrett und die Holzkante am Balkon an der Südseite sind jedoch stark verwittert. Fritz schleift den Ortgang 1 Stunde, die Holzkante am Balkon noch mal 1,5 Stunden. Diese verwitterten Teile erhalten 2 Anstriche mehr mit Imprägnierlasur als die weiteren Holzflächen, um sich richtig voll saugen zu können. Zeitaufwand für diese zusätzlichen Arbeitsgänge: 2 Stunden.

Ortgang, Untersicht und die sonstigen Holzteile streichen Boris und Fritz gemeinsam 2 x mit Imprägnierlasur. Für den ersten Arbeitsgang brauchen beide je 10 Stunden. Zu Beginn des zweiten Arbeitsganges arbeitet Boris erst mal 2 Stunden alleine, da Fritz dringend zum Finanzamt muss. Dann arbeiten beide 6 Stunden daran gemeinsam bis zum Feierabend.

Drei 5-Liter-Dosen hatten sie mitgebracht. Die dritte Dose ist noch halb voll. Preis der Lasur? Es ist die gleiche Lasur wie beim Tauchen.

Für die Schleifarbeiten werden 3,00 m Schleifpapier gebraucht. Eine 20 m-Rolle kostet 26,80 €.

Lieferung und Montage der Balkonteile erledigen beide Gesellen gemeinsam am Freitag von 13:00 Uhr bis 16:00 Uhr, damit der Kunde den Balkon am Wochenende benutzen kann. Dafür bekommen beide je 5 € Trinkgeld.

Aufgabe 14
Die verzinkten Türen dieser Mülleimeraufbewahrungsbehälter weisen Alterungsspuren, aber keine Roststellen auf und sollen von außen beschichtet werden.

a) Schreiben Sie das Aufmaß.

b) Arbeitsschritte nach Untergrundprüfung
Ammoniakalische Netzmittelwäsche
1 x EP-Haftgrund
1 x PUR-Lack
Welche Werkzeuge, Materialien und Hilfsmittel werden benötigt?

c) Folgende Verbrauchszahlen und Preise sind Ihnen bekannt:

EP-Haftgrund	70 ml/m²	14,30 €/l
PUR-Lack	85 ml/m²	56,40 € je 3-l-Dose

Bild 2: Objekt zu Aufgabe 14

Für die Untergrundvorbereitung planen Sie 30 min, das Grundieren wird ebenfalls 30 min dauern, für das Lackieren planen Sie 45 min. 5 min geben Sie dazu, damit alles abgesichert und nach Ausführung aufgeräumt ist. Sie rechnen mit einem Stundenlohn von 14,50 €. Berechnen Sie die Beträge für Lohn und Material.

d) Der Betrieb rechnet mit folgenden Zuschlagsätzen:

lohnabhängige Gemeinkosten:	120 %
werkstoffabhängige Gemeinkosten:	50 %
Gewinn + Wagnis:	10 %
Umsatzsteuer:	19 %

Wie hoch ist Ihr Angebotspreis?

Schätzen Sie, wie viel der Kunde für diese Arbeit bezahlen muss, **bevor** Sie die Aufgabe lösen.

■ **Aufgaben zu Lohn-, Werkstoffmalnehmer und betrieblichen Kennzahlen**

Aufgabe 15 Mit welchem Lohnmalnehmer kalkuliert ein Betrieb, wenn die lohnabhängigen Gemeinkosten 150 % und Gewinn und Wagnis 9 % betragen?

Aufgabe 16 Mit welchem Werkstoffmalnehmer kalkuliert ein Betrieb, wenn die werkstoffabhängigen Gemeinkosten 33 % und Gewinn und Wagnis 9 % betragen?

Aufgabe 17 Ein Betrieb rechnet mit dem Lohnmalnehmer 2,45 und dem Werkstoffmalnehmer 1,47. Wie hoch ist der Rechnungsbetrag für a), b) und c) einschließlich Umsatzsteuer 19 %, wenn zu diesen Aufträgen von folgenden Kosten ausgegangen wird:

a) Lohn: 8.465,90 € Werkstoffe: 2.450,70 €

b) Lohn: 2.567,00 € Werkstoffe: 740,79 €

c) Lohn: 12.760,50 € Werkstoffe: 4.590,00 €

Aufgabe 18

a) Was versteht man unter dem Stundenverrechnungssatz?

b) Warum ist im Stundenverrechnungssatz nicht die Umsatzsteuer enthalten?

Aufgabe 19 Berechnen Sie die Stundenverrechnungssätze von Betrieb A, B und C.

A: durchschnittlicher Stundenlohn: 14,80 €, lohnabhängige Gemeinkosten: 170 %, Gewinn und Wagnis: 9 %
B: durchschnittlicher Stundenlohn: 14,20 €, lohnabhängige Gemeinkosten: 130 %, Gewinn und Wagnis: 8 %
C: durchschnittlicher Stundenlohn: 15,00 €, lohnabhängige Gemeinkosten: 150 %, Gewinn und Wagnis: 15 %

Aufgabe 20 Der Handelspreis von 160 l Fassadenfarbe beträgt 1.440,00 €.

Der Betrieb kalkuliert mit

15 %	Rabatt	10 %	Schütt- und Schwundverlust
3 %	Skonto	20 %	materialabh. Gemeinkosten
6 %	Beschaffungskosten	10 %	Gewinn und Wagnis

a) Ermitteln Sie den Werkstoffmalnehmer.

b) Errechnen Sie den Nettomaterialpreis pro Liter Anstrichstoff.

Aufgabe 21 Bei einer ersten Besichtigung schätzen Sie den Zeitaufwand für die Wohnungsrenovierung für 3 Arbeiter auf 8 Tage. Welchen Preisrahmen können Sie dem Kunden etwa nennen, bevor Sie genau kalkulieren? Ihr betrieblicher Mindestumsatz liegt bei 440,00 € pro Tag je Mitarbeiter.

■ **Aufgaben zu Maschinenkosten**

Aufgabe 22 Eine Anlage mit einem Neuwert von 25 500,00 € wurde installiert. Kalkulieren Sie die Maschinenkosten je Stunde. Beachten Sie dabei folgende Werte:

Abschreibung:	20 %	Nutzung pro Jahr:	600 Stunden
Wartung und Instandsetzung:	10 %	Leistungsaufnahme:	1 kWh
Verzinsung:	6 %	Energiekosten je kWh:	0,24 €
Gemeinkosten:	10 %		

Aufgabe 23 Berechnen Sie nach folgenden Angaben die Maschinenkosten je Stunde und den Nettopreis pro Maschinenstunde unter Einbeziehung des Arbeitslohnes bei deren Bedienung.

Anschaffungspreis der Maschine:	14.500,00 €	Leistungsaufnahme:	0,650 kWh
Abschreibung:	18 %	Energiekosten je kWh:	0,20 €
Wartung und Instandsetzung:	10 %	Stundenlohn des Arbeiters:	14,20 €
Verzinsung:	6 %	Lohnabh. Gemeinkosten:	125 %
Gemeinkosten:	15 %	Gewinn und Wagnis:	9 %
Nutzung pro Jahr:	450 Stunden		

Aufgabe 24 Sie beabsichtigen, ein Reinigungsgerät zum Entfernen von Altanstrichen an Fassaden zu kaufen: Das Gerät ist voraussichtlich etwa 400 Stunden im Jahr im Einsatz. Informationen zu 2 Geräten liegen vor **(siehe unten)**.
Preis Hochdruckwasserstrahlgerät: 7.788,00 €, Preis Trockeneisstrahlgerät: 14.900,00 €

a) Entscheiden Sie sich für ein Gerät und begründen Sie Ihre Entscheidung?

b) Kalkulieren Sie zu dem Gerät die Maschinenkosten je Stunde. Beachten Sie dabei folgende Werte:

Abschreibung:	25 %	Leistungsaufnahme: (siehe Technisches Merkblatt)
Wartung und Instandsetzung:	10 %	Energiekosten je kWh: 0,20 €
Verzinsung:	4 %	
Gemeinkosten:	10 %	

c) Das Gerät ist ausschließlich auf Baustellen im Einsatz. Die Stromkosten sind nicht aufzubringen. Wie hoch ist dann der Maschinenstundensatz?

Technisches Merkblatt

Hochdruckwasserstrahlgerät

Produktbeschreibung	Hochdruckwasserstrahlgerät mit Stahlschutzrahmen und Luftbereifung zur leichteren Handhabung. Wasserfilter für saubere Wasserqualität. Die Kurbelwellenpumpe mit Keramikkolben und der hochwertige Pumpenkopf garantieren eine lange Lebensdauer. Der Arbeitsdruck ist stufenlos regulierbar. Durch das Fehlen elektronischer Bauteile werden Ausfälle durch Erschütterungen, Feuchtigkeit und Kälte vermieden. Der langsamlaufende Elektromotor schont das Netz durch die Anlaufoptimierung und hat eine 100 % Einschaltdauer (kann ohne Unterbrechung betrieben werden). Ein Betriebsstundenzähler ermöglicht eine problemlose Nachkalkulation und die Überwachung von Service-Intervallen.
Produktdaten	Arbeitsdruck: 50 - 500 bar Fördermenge: 8 - 15 l/min Leistung Elektromotor: 18 kW Pumpendrehzahl: 1460 u/min Schlauchinnendurchmesser: 10 mm (➜ geringer Druckverlust) Einschaltdauer: 24 Stunden/Tag Leergewicht: 200 kg Schalldruckpegel (DIN 45635): 78 dB (A) 1 m / LWA Lanze: 450 mm (auch bei eingeschränkten Platzverhältnissen geeignet)
Einsatzmöglichkeiten	Durch die stufenlose Druckregulierung lassen sich sowohl Reinigungs- als auch Entschichtungsarbeiten ausführen. Die hohe Arbeitsleistung ermöglicht auch großflächige Reinigungs- bzw. Entschichtungsarbeiten. Durch den Einsatz des Heißwasserzusatzgeräts können auch hartnäckige Verschmutzungen entfernt werden.
Hinweise zum Arbeits- und Umweltschutz	Spezielle Schutzkleidung schützt den Anwender und erhöht die Arbeitsleistung. Kontaminiertes Schmutzwasser muss aufgefangen und entsprechend der Abwasservorschriften entsorgt werden.

Technisches Merkblatt

Trockeneisstrahlgerät

Produktbeschreibung	Strahlgerät für die schonende Bearbeitung auch sensibler Oberflächen mit Trockeneispellets aus gefrorenem CO_2 (– 79 °C). Durch Luftdruck prallen die Pellets auf die Oberfläche, die kurzzeitig extrem abgekühlt wird. Es kommt zu Schrumpfungsprozessen und Versprödung der Verschmutzung bzw. Beschichtung. Durch den mechanischen Druck wird die Verschmutzung (Beschichtung) entfernt. Die stufenlose Einstellung lässt sowohl Reinigungs- als auch Entschichtungsarbeiten zu. Da Trockeneispellets nicht schmelzen, sondern verdunsten, müssen keine belasteten Schmutzabwässer, sondern lediglich trockene Rückstände entsorgt werden. Die Nachreinigung von Strahlgut entfällt. Über gewinkelte Stahlrohre (90° und 105°) ist die Bearbeitung auch schlecht zugänglicher Stellen möglich. Die Düsenverlängerung und unterschiedliche Düsengrößen ermöglichen einen flexiblen Einsatz des Gerätes.
Produktdaten	Leistung: 0,6 kW Edelstahlgehäuse Kabellänge: 7 m Luftdruck: 2 - 10 bar / 0,2 – 1 MPa Luftvolumenstrom: 0,5 – 3,5 m³ / min. Schalldruckpegel: 99 dB (A) Trockeneiskapazität: 18 kg Trockeneispellets (Durchmesser): 3 mm Trockeneisverbrauch: 15 – 50 kg / h Gewicht ohne Zubehör: 69 kg
Einsatzmöglichkeiten	Das Trockeneisstrahlen eignet sich besonders für empfindliche Oberflächen, weil Trockeneispellets relativ weich sind. Sie enthalten keine Feuchtigkeit, sodass elektrische Geräte und feuchtigkeitsempfindliche Oberflächen bedenkenlos bearbeitet werden können. Korrosionsprobleme treten nicht auf. Auch geeignet für Graffitientfernung, Fassadenreinigung, kaugummikontaminierte Fußböden.
Hinweise zum Arbeits- und Umweltschutz	Es sind die Standardsicherheitsvorschriften zu Strahlarbeiten zu beachten. Trockeneis ist umweltfreundlich, nicht elektrisch leitend. Die trockenen Verschmutzungsrückstände können problemlos über den Hausmüll entsorgt werden.

25.1 Ablauf der Unternehmensgründung

Für viele Malergesellen, die ihr Handwerk verstehen, stellt sich die Frage, ob es nicht möglich wäre, sich selbstständig zu machen und ein eigenes Unternehmen zu gründen. Verschiedene Gründe können den Ausschlag zu dieser Idee geben: Wunsch nach Unabhängigkeit, Beendigung beruflicher Frustration im Abhängigkeitsverhältnis zum Arbeitgeber, Wunsch nach höherem Einkommen, Beendigung von Arbeitslosigkeit, Wunsch nach beruflichem Aufstieg u.a.

Tabelle 1 zeigt Aspekte, die vor einer erfolgreichen Unternehmensgründung geklärt werden müssen.

Tabelle 1: Phasen und Aspekte der Unternehmensgründung

Orientierungsphase			Planungsphase		
Persönliche Voraussetzungen	**Arten der Existenzgründung**	**Geschäftsziele**	**Geschäftsplan**	**Finanzplan**	**Rechtliche Voraussetzungen**
• Unternehmerpersönlichkeit • Motive • Fachliche und handwerkliche Qualifikation	• Neues Unternehmen • Übernahme eines Unternehmens	• Leitbild • Wirtschaftliche Ziele	• Standort • Kundensegment • Wettbewerber • Ausstattung	• Kapitalbedarf • Geldgeber • Fördermittel	• Meisterbrief • Rechtsform • Anmeldung und Genehmigung

Orientierungsphase bei der Unternehmensgründung

Persönliche Voraussetzungen

Ein privater Unternehmer hat nicht nur wirtschaftliche, sondern auch soziale und gesellschaftliche Aufgaben. Um den vielfältigen Aufgaben gerecht zu werden, muss er über Qualifikationen in verschiedenen Bereichen verfügen (**Tabelle 2**).
Durch den direkten Kontakt des Maler und Lackierers mit den Kunden (häufig in dessen Wohnung) sind Umgangsformen, Sauberkeit, Verschwiegenheit und Zuverlässigkeit von besonderer Bedeutung.
Mit dem Besuch einer Meisterschule wird man in allen Bereichen auf die Unternehmertätigkeit vorbereitet. Hier wird auch die fachliche Qualifikation abgerundet.

Tabelle 2: Persönliche Qualifikationen zur Betriebsgründung

Fachliche Qualifikationen	Persönliche Qualifikationen	Unternehmerische Qualifikationen
• Branchenkenntnis • Berufserfahrung • Betriebswirtschaftliche Kenntnisse • Technisches Know-how • Rechtskenntnisse u.a.	• Leistungsbereitschaft • Selbstsicherheit (aber keine Arroganz) • Planungs- und Organisationstalent • Durchsetzungsvermögen • Flexibilität • Kreativität • Zuverlässigkeit • Psych. und physische Belastbarkeit u.a.	• Ergreifen von Initiativen • Gespür für Trends und Marktentwicklungen • Aufgeschlossenheit gegenüber Neuerungen • Risikobereitschaft • Fähigkeit zur Motivation von Mitarbeitern u.a.

Arten der Unternehmungsgründung

Je nach Bedingungen und Unternehmerpersönlichkeit kann die Existenzgründung auf verschiedene Art und Weise erfolgen.

Grundsätzlich unterscheidet man zwei Möglichkeiten:

- Gründung eines neuen Unternehmens
- Übernahme eines bestehenden Unternehmens

Die Gründung eines **neuen Unternehmens** erfolgt in der Regel im Maler und Lackiererhandwerk durch eine einzelne Person, der Malermeister wird zum Unternehmer.

Es ist aber auch eine „Teamgründung" möglich, wenn sich Gleichgesinnte zusammenfinden. Dies mindert in der Regel das Risiko für den Einzelnen durch besondere Rechtsformen. Es können Aufgabenfelder auf geeignete Mitglieder übertragen werden sodass nicht eine Person alles können muss. Bewährt hat sich die Aufgabenteilung in Verwaltung sowie Kundenkontakt/Arbeitsaufträge.

Eine Besonderheit ist die Gründung eines **Franchising-Unternehmens**. Der neue, eigenständige Betrieb „mietet" ein Geschäftskonzept. Dazu gehört meist die Unterstützung in der Firmenpräsentation, Einbeziehung in übergreifende Werbeaktionen sowie Beratung in der Geschäftsführung. Es ist besonders darauf zu achten, zu welcher Gegenleistung man sich verpflichtet, meist über eine Beteiligung. Beteiligung am Umsatz ist riskanter als Beteiligung am Gewinn. Der Betrieb muss dann trotz Talfahrt immer noch zahlen.

Sicherer ist die **Übernahme und Weiterführung eines bestehenden Unternehmens** durch Kauf, Pacht, Schenkung oder auf Rentenbasis. Der in Frage kommende Betrieb muss zuvor auf „Herz und Nieren" untersucht werden. Kundenstamm, Ansehen, Umsatz, Ausstattung und die Qualifikation der Mitarbeiter müssen vor der Übernahme realistisch eingeschätzt werden können.

Unternehmensziele

Grundüberzeugungen und Wertvorstellungen werden in einem Unternehmensleitbild festgehalten (Übersicht 1).

Übersicht 1: Leitbildfragen

Erstes wirtschaftliches Ziel privater Unternehmen ist es, maximalen oder zumindest angemessenen Gewinn zu erzielen. Dieser Gewinn, der in der Anfangsphase nur schwer zu erwirtschaften ist, ist Voraussetzung für das Erreichen des zweiten großen Ziels: den Erhalt der Firma.

In der Orientierungsphase ist noch alles offen. Es entstehen noch keine nennenswerten Kosten, es werden noch keine Verpflichtungen eingegangen. Schon in dieser Phase ist die Beratung als Entscheidungshilfe durch zuständige Institutionen hilfreich. Der Eintritt in die Planungsphase macht den Kontakt zu diesen Institutionen unbedingt notwendig (Übersicht 2).

Übersicht 2: Beratungsstellen zur Unternehmensgründung

■ Die Planungsphase bei der Unternehmensgründung

Geschäftsplan

Im Geschäftsplan (auch „Businessplan") wird genau beschrieben, wie die Geschäftsziele konkret umgesetzt werden. Für alle Einzelheiten der Unternehmensgründung und der Unternehmensführung muss ein Konzept erstellt werden. Erste Termine sind festzulegen (Übersicht 3).

Den Geldgebern (z. B. den Banken) dient der Geschäftsplan als Entscheidungshilfe, ob der die Selbstständigkeit anstrebende Meister mit seinen Vorstellungen kreditwürdig ist und mit öffentlichen Mitteln förderungswürdig erscheint.

Übersicht 3: Geschäftsplan

Auf der folgenden Seite wird das Beispiel eines Geschäftsplans vorgestellt.

Geschäftsplan

Gründer:
Peter Grebe, Maler- und Lackierermeister
Das Vorhaben:
Gründung eines Fachbetriebes für alle Malerarbeiten, einschließlich Trockenbau. An der Ausschreibung von Großobjekten wird sich mein Betrieb nicht beteiligen. Denkbar ist die Beteiligung an Aufträgen dieser Art als Subunternehmer.
Besonderheiten des Betriebes:
Grundlage des neuen Betriebes sind die Problemlösungskompetenz, die ich mir in meiner Berufspraxis in mehreren Betrieben erworben habe, die Kundenorientierung und das handwerkliche Können. Der Betrieb soll sich von den anderen Anbietern durch seine Flexibilität, Zuverlässigkeit und besondere Kundenbetreuung abheben. Ein modernes, einheitliches Erscheinungsbild soll schon auf den ersten Blick die Kompetenz des Betriebes vermitteln.
Leistungsprogramm:
Schwerpunkte der Tätigkeit werden sein: Die Renovierung sowie Neubeschichtung von Innenräumen und Fassaden samt Serviceleistungen wie z. B. Erinnerung an Überarbeitungsintervalle. Enge Kontakte bestehen bereits zu ortsansässigen Handwerkern aus anderen Branchen, mit denen ich objektbezogen kooperieren werde. So kann dem Kunden Renovierung und Umbau „aus einer Hand" angeboten werden.
Kunden:
Die 8.000 Einwohner der Stadt Neuhausen samt Umgebung, die Stadt Neuhausen, die örtlichen Industriebetriebe, die Wohnbaugesellschaft Reibach GmbH mit einem Bestand von 700 Wohnungseinheiten. Konkrete Kontakte bestehen zu der Wohnbaugesellschaft Reibach GmbH, mit der ich seit Jahren schon vertrauensvoll zusammenarbeite, zu den Architekten Herbst, Winter und Partner und zum Architekturbüro Marek. Sehr gute Beziehungen bestehen zur Maschinenfabrik Knopf und zur Fa. Immobilienverwaltung Dreher.
Standort:
Im Industriegebiet von Neuhausen, in der Gewerbestraße 18 wird eine Fläche von 100 qm (Werkstatt, Lager-, Büro- und Sozialräumen) angemietet. Die monatliche Kaltmiete beträgt 600 Euro. Der Mietvertrag hat eine Laufzeit von 5 Jahren mit der Möglichkeit einer Verlängerung um weitere 5 Jahre.
Wettbewerbssituation:
In dieser Branche herrscht in der Region derzeit ein harter Wettbewerb, der bei größeren Aufträgen teilweise erhebliche Preiszugeständnisse erfordert. Gute Marktchancen bestehen noch im Service, insbesondere der schnellen, störungs- und problemfreien Renovierung von Wohnungen. Gerade ältere Wohnungsbesitzer sind bei guter Beratung und bei qualitativ-hochwertiger Leistung bereit, noch gute bis auskömmliche Preise zu bezahlen.
Konkurrenten:
In Musterstadt sind noch 4 weitere Betriebe dieser Branche ansässig, wovon einer überregional tätig ist. Die anderen bieten auf dem regionalen Markt ein ähnliches Leistungsspektrum an, jedoch ohne „aus einer Hand"-Service.
Mitarbeiter:
Nach der Anlaufphase, die voraussichtlich 6 Monate dauern wird, ist die Einstellung von zwei Facharbeitern geplant. Die Büroarbeiten wird meine Ehefrau, gelernte Einzelhandelskauffrau, anfangs nebenberuflich ausführen. Nach der Anlaufphase wird sie als Halbtagskraft beschäftigt.
Rechtsform:
Einzelunternehmen, Inhaber ist Peter Grebe, Maler- und Lackierermeister.
Lieferanten:
Der Einkauf soll in erster Linie über den Großhändler Brilliant GmbH erfolgen, mit dem ich günstige Konditionen ausgehandelt habe. Im Einzelfall werde ich aber auch Preisangebote bei anderen Lieferanten einholen.
Marktzutritt:
Einige der genannten Kunden haben schon signalisiert, dass sie an einer Zusammenarbeit mit mir interessiert sind. Ein Tag der offenen Tür und eine umfassende Eröffnungswerbung sollen den neuen Betrieb schnellstmöglich bekannt machen. In den ersten Monaten werde ich in persönlichen Gesprächen die Kontakte zu den Industriebetrieben, zu den Architekten und Wohnbaugesellschaften intensivieren, sodass voraussichtlich schon nach wenigen Monaten eine gute Auslastung erreicht wird. Öffentlichkeitsarbeit erfolgt durch ständige Zeitungswerbung und durch Aktionen.
Preispolitik:
Orientieren werde ich mich am hiesigen Preisniveau. Überzeugen möchte ich durch meine Leistung, nicht aber durch Billigpreise.
Ich kalkuliere mit einem Stundenverrechnungssatz von 38,50 Euro für die Meisterstunde.
Risiken:
Risiken liegen vor allem in der Unsicherheit der Anlaufphase. Durch die guten und zahlreichen Kundenkontakte und durch die Eröffnungswerbung werden diese Risiken jedoch gering gehalten. Durch die Vereinbarung von Anzahlungen und Abschlagszahlungen und durch ein konsequentes Forderungsmanagement wird das Risiko eines Forderungsausfalls minimiert. Eine umfassende Betriebshaftpflichtversicherung schützt gegen die Risiken, die in der Auftragsbearbeitung liegen.
Investitionen:
Siehe Investitionsplan
Finanzierung:
Siehe Finanzierungsplan
Umsatz- und Gewinnplanung:
Siehe Rentabilitätsvorschau
Mittelfristige Perspektive:
5 Jahre nach der Gründung soll der Betrieb sich als kompetenter Anbieter etabliert haben. Mit maximal fünf Mitarbeitern soll der Betrieb noch eine überschaubare Größe haben.

Bild 1: Beispiel eines Geschäftsplanes für einen Maler- und Lackiererbetrieb

Investitionsplan
Er beinhaltet alle Anschaffungen, die voraussichtlich im ersten Jahr getätigt werden müssen. Dazu gehören:

Betriebsgrundstück und -gebäude	Geschäftsausstattung	Werkstattausstattung
Fuhrpark	Material- und Warenlager	Geräte, Maschinen und Werkzeuge

Übersicht 1: Inhalt des Investitionsplans

Zur Vorfinanzierung der betrieblichen Kosten und Außenstände sollten über einen Zeitraum von zwei Monaten folgende Positionen berücksichtigt werden:

Gründungskosten (Beratung, Rechtsanwalt, Steuerberater usw.)		Personalkosten
Miete bzw. Pacht	Energiekosten	Fahrzeugkosten
Büro- und Verwaltungskosten	Zinsen	Werbe- und Vertriebskosten
voraussichtliche Außenstände	Versicherungen usw.	notwendige Privatentnahmen für Lebensunterhalt, Miete

Übersicht 2: Betriebsmittelbedarf im Investitionsplan

Finanzplan
Zuerst erfasst der Meister vorhandenes Eigenkapital, alle Geldquellen, sowie Eigenleistungen in realistischem Umfang. Der Vergleich mit dem erforderlichen Kapitalbedarf weist häufig einen erheblichen Fehlbetrag auf, der zu finanzieren ist. Ganz ohne Schulden für Fremdkapital wird es also nicht gehen, ein normaler Vorgang, solange mit diesen Schulden Vermögenswerte geschaffen werden. Verhandlungsgeschick mag sich positiv auf die Konditionen auswirken, entscheidend ist jedoch, wie detailliert, realistisch und seriös der Finanzplan erstellt wurde. Ein Abraten der Bank von der Geschäftsgründung aufgrund der zu hohen finanziellen Belastungen sollte man sehr ernst nehmen.

Finanzhilfen
Nur Vorhaben können gefördert werden, die eine nachhaltige, tragfähige Existenz erwarten lassen. Anträge auf Finanzhilfen müssen grundsätzlich vor Investitionsbeginn bzw. Durchführung des Vorhabens gestellt werden.
Eigenmittel sollten in angemessenem Umfang eingesetzt werden können. Finanzhilfen können auch nach der Betriebsgründung für neue Investitionen zur Existenzsicherung beantragen werden (auch mehrmals). Auf die Finanzhilfen besteht kein Rechtsanspruch.

Rechtliche Voraussetzungen
Laut Handwerksordnung vom 01.01.2004 fällt das Handwerk des Malers und Lackierers unter Anlage A und ist somit zulassungspflichtig. Dies bedeutet, die Meisterprüfung muss erfolgreich abgelegt worden sein oder der zukünftige Unternehmer verfügt über eine vergleichbare Qualifikation, z. B. er war als Geselle mindestens 6 Jahre in verantwortlicher Stellung tätig. Eine Praxiszeit nach der Gesellenprüfung ist hilfreich, wird aber nicht vorausgesetzt. Die Existenzgründung muss auf jedem Fall mit dem Handwerkerrecht in Einklang stehen.

Anmeldung bei der Handwerkskammer
Dies ist die erste Anmeldung. Dort erhält man eine Handwerkskarte, für handwerksähnliche Gewerbe eine Gewerbekarte. Mit dieser Karte geht man zum Gewerbeamt/Bürgermeisteramt, das für den Betriebssitz zuständig ist.

Gewerbeanmeldung
Auf dem Gewerbeamt der Gemeinde (dem Betriebssitz) wird die Eröffnung des Betriebes angezeigt und mit der von der Handwerkskammer ausgestellten Handwerkskarte (Gewerbekarte) nachgewiesen, dass der Betrieb bei der Handwerkskammer eingetragen ist. Das Gewerbeamt bestätigt daraufhin die Anmeldung und informiert neben der Handwerkskammer noch eine Reihe anderer Ämter und Institutionen.

Finanzamt	Berufsgenossenschaft	statistisches Landesamt	Gewerbeaufsichtsamt

Übersicht 3: Gewerbeanmeldung

Bei folgenden Behörden sollten Sie die Betriebseröffnung unabhängig davon selbst anzeigen:

Behörde	Zweck
Finanzamt	Der Betrieb erhält eine Steuernummer.
Gewerbeaufsichtsamt	Damit die geplanten Betriebsräume den Bestimmungen entsprechen.
Bauamt	Wenn eine Nutzungsänderung von Räumen vorgesehen ist.
Arbeitsagentur	Der Betrieb erhält eine Betriebsnummer zur Ausstellung von Versicherungsnachweisen für die versicherungspflichtigen Beschäftigten.
Krankenkasse	Der Betrieb erhält eine Betriebsnummer zur Ausstellung von Versicherungsnachweisen für die versicherungspflichtigen Beschäftigten.
Berufsgenossenschaft	Damit der Betrieb unfallversichert ist.
Versicherungen	Auch für den Unternehmer persönlich muss ausreichender Versicherungsschutz bestehen.

Übersicht 4: Erste Anlaufstellen bei der Betriebseröffnung

25.2 Rechtsformen

Die ideale Rechtsform für ein Unternehmen gibt es nicht. Meist muss ein Kompromiss geschlossen werden. So lässt sich z. B. ein Höchstmaß an Selbstständigkeit nicht mit geringer Haftung vereinbaren. Die in **Tabelle 1** beschriebenen Gesichtspunkte sollten bei der Wahl der Rechtsform für den Maler- und Lackiererbetrieb beachtet werden.

Tabelle 1: Rechtsformen in der Übersicht	Einzelunternehmen	Stille Gesellschaft	Gesellschaft des bürgerlichen Rechts (GbR oder BGB-Gesellschaft)
Kapitalausstattung	kein Mindestkapital	kein Mindestkapital	kein Mindestkapital
Eintrag ins Handelsregister	nein	nein	nein
Haftung	Inhaber haftet unbeschränkt	Gesellschafter haftet nur mit seiner Einlage	Gesellschafter haften unbeschränkt
Geschäftsführung und Vertretung	Inhaber	Inhaber	Alle Gesellschafter sind zur Geschäftsführung berechtigt und verpflichtet
Voraussetzung zur Eintragung in die Handwerksrolle	Inhaber oder ein angestellter Betriebsleiter muss eintragungsfähig sein	keine Eintragung des stillen Gesellschafters	Ein Gesellschafter oder ein angestellter Betriebsleiter muss eintragungsfähig sein
Gewinnverteilung	Inhaber	Beteiligungsentgelt nach Vertrag	Alle Gesellschafter zu gleichen Teilen, wenn nicht anders vereinbart
Wichtiges	Das Einzelunternehmen ist nach wie vor die gebräuchlichste Rechtsform im Handwerk. Dies liegt u. a. daran, dass sie ein Höchstmaß an Selbstständigkeit bietet. Der Einzelunternehmer handelt ausschließlich eigenverantwortlich nach innen und außen. Ihm allein steht auch der Ertrag zu, er allein trägt das Risiko und alle finanziellen Lasten. Er haftet auch mit seinem Privatvermögen.	Der „Stille“ ist nicht Mitunternehmer, er steuert dem Unternehmen lediglich Kapital bei und tritt nach außen hin nicht auf. Handwerksrechtlich ist der stille Gesellschafter ohne Bedeutung.	Die Gesellschaft bürgerlichen Rechts ist eine im Handwerk häufig vorkommende Gesellschaftsform, unter der sich Handwerker, die keine Kaufmannseigenschaft haben, zusammenschließen.

Tabelle 1: Rechtsformen in der Übersicht	Offene Handelsgesellschaft (OHG)	Kommanditgesellschaft (KG)	Gesellschaft mit beschränkter Haftung (GmbH)	„Kleine“ AG
Kapitalausstattung	kein Mindestkapital	kein Mindestkapital	25.000 € Stammeinlage	50.000 € Mindeststammkapital
Eintrag ins Handelsregister	ja	ja	ja	ja
Haftung	Gesellschafter haften unbeschränkt	Komplementäre haften unbeschränkt, Kommanditisten nur mit ihrer Einlage	Keine persönliche Haftung der Gesellschafter, das Gesellschaftsvermögen haftet	Keine persönliche Haftung der Aktionäre, das Gesellschaftsvermögen haftet
Geschäftsführung und Vertretung	Alle Gesellschafter sind zur Geschäftsführung berechtigt und verpflichtet	Komplementär	Alle Geschäftsführer führen und vertreten die Gesellschaft gemeinsam	Geschäftsführung Vertretung Vorstand
Voraussetzung zur Eintragung in die Handwerksrolle	Ein Gesellschafter oder ein angestellter Betriebsleiter muss eintragungsfähig sein	Der Komplementär oder ein angestellter Betriebsleiter muss eintragungsfähig sein.	Es muss ein Betriebsleiter angestellt sein, der eintragungsfähig ist.	Es muss ein Betriebsleiter angestellt sein, der eintragungsfähig ist.
Gewinnverteilung	Zunächst Verzinsung der Geschäftseinlage mit 4 %, der Rest wird vertragsmäßig verteilt.	Zunächst Verzinsung der Geschäftseinlage mit 4 %, der Rest wird vertragsmäßig verteilt.	Nach Beschluss der Gesellschaftsversammlung	Dividende
Wichtiges	Da die Gesellschaft des bürgerlichen Rechts die Grundform für die offene Handelsgesellschaft ist, gelten die Ausführungen zum Handwerksrecht, zur Haftung, zur Geschäftsführung, zur Gewinn- und Verlustverteilung sowie zur steuerlichen Behandlung entsprechend bei einer offenen Handelsgesellschaft.	Die KG hat sich als vorteilhafte Rechtsform in jenen Fällen erwiesen, in denen sich Gesellschafter kapitalmäßig, aber ohne volle Haftung an einer Gesellschaft beteiligen wollen und eine Tätigkeit im Betrieb nur in geringem Umfang vorgesehen ist.	Die GmbH ist eine juristische Person, die selbst Träger eigener Rechte und Pflichten ist. Die für die GmbH maßgeblichen gesetzlichen Vorschriften finden Sie im GmbH-Gesetz.	Die kleine Aktiengesellschaft, die ebenso wie die GmbH eine Kapitalgesellschaft mit einer Rechtspersönlichkeit ist, ist eine Rechtsform, die auch für kleine und mittlere Betriebe interessant sein kann. Sie ist die einzige Gesellschaftsform mit Zugang zum Eigenkapitalmarkt (Börse).

25.3 Der Betrieb positioniert sich auf dem Markt

Ein Malerbetrieb, der Geld verdienen will, muss auf dem Markt bekannt sein, damit Kunden seine Leistung in Anspruch nehmen können und wollen.

Im Wirtschaftssystem Deutschlands werden Unternehmen in der Regel von Privatpersonen in einer Rechtsform gegründet. Der Staat gibt den gesetzlichen Rahmen und mögliche Rechtsformen vor, mischt sich aber in die Geschäftsführung nicht ein.

Die Unternehmen stehen im gegenseitigen Wettstreit um den Kunden, die Kundenaufträge. Will der Unternehmer nicht schon nach kurzer Zeit mit Verlust die Firma wieder schließen, muss der sich durch wirtschaftliches Handeln auf dem Markt behaupten. Nur so kann er seine Ziele erreichen: das Erzielen von Gewinn und den Fortbestand der Firma. Abgesehen von unkalkulierbaren Entwicklungen, wie z. B. eine Marktkrise, hat der Unternehmer mehrere Möglichkeiten sich auf dem Markt zu positionieren, diese Position zu erhalten und auszubauen (**Übersicht 1**).

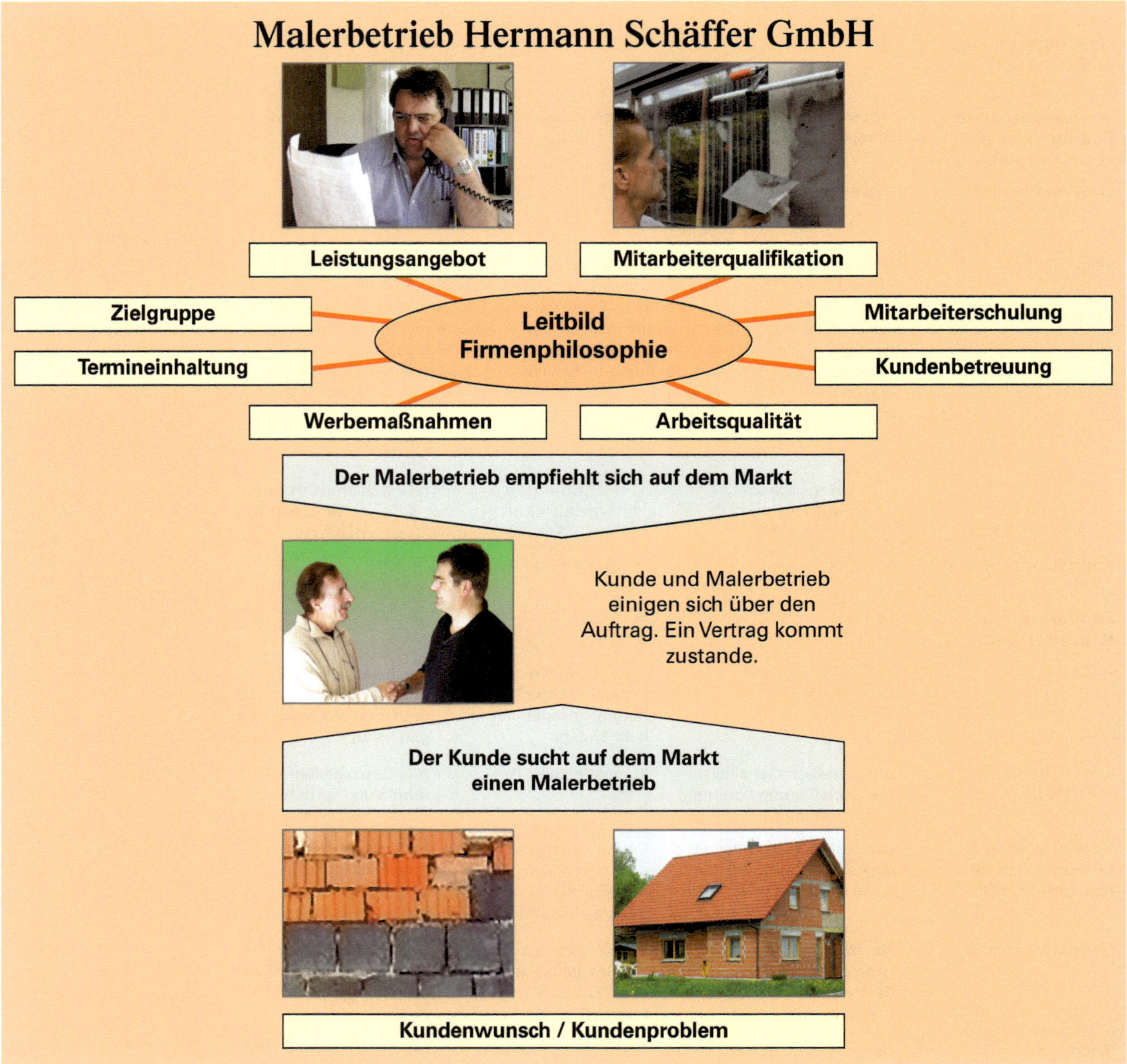

Übersicht 1: Der Malerbetrieb auf dem Markt

Eine Zertifizierung des Betriebes, z. B. nach der Qualitätsnorm ISO 9001:2000, umfasst die Überprüfung und Optimierung sämtlicher Handlungsbereiche des Betriebes. Sie erfolgt von außen und ist teuer. In der Regel kann der Malermeister seinen Betrieb für den Markt fit machen, indem er einige einfachen Regeln der Betriebsführung anwendet.

Dazu gehören z. B.:

- die straffe und sinnvolle Organisation des Betriebs
- klare Aufgabenverteilung im Betrieb
- anständiger und aufgabenbezogener Umgang der Beschäftigten miteinander
- Förderung von Fachkompetenz

Organisation des Betriebes

Je nach Größe und Leistungsumfang ist eine klare Aufgabenverteilung mit Zuständigkeiten notwendig (Übersicht 1). In einem Kleinbetrieb ist es dem Unternehmer häufig noch möglich, alles zu überblicken und im Griff zu haben. Wächst die Firma, empfiehlt sich die Erstellung eines detaillierten Organigramms über die Firmenorganisation mit genauer Arbeitstellenbeschreibung (Aufgaben, Zuständigkeiten, Kompetenzen). Meldungen von unten nach oben oder Anweisungen von oben nach unten müssen nach dem Organigramm erfolgen. Dann wissen immer alle Beteiligten Bescheid und es lassen sich Konflikte mit dem Kunden, aber auch Konflikte innerhalb der Firma vermeiden. Zur Organisation eines Betriebes gehört auch die Festlegung aller wichtigen betriebsinterner Abläufe. So ist z. B. festzulegen, wann und bei wem die Wochenzettel abzugeben sind und wie auf Verzug reagiert werden soll.

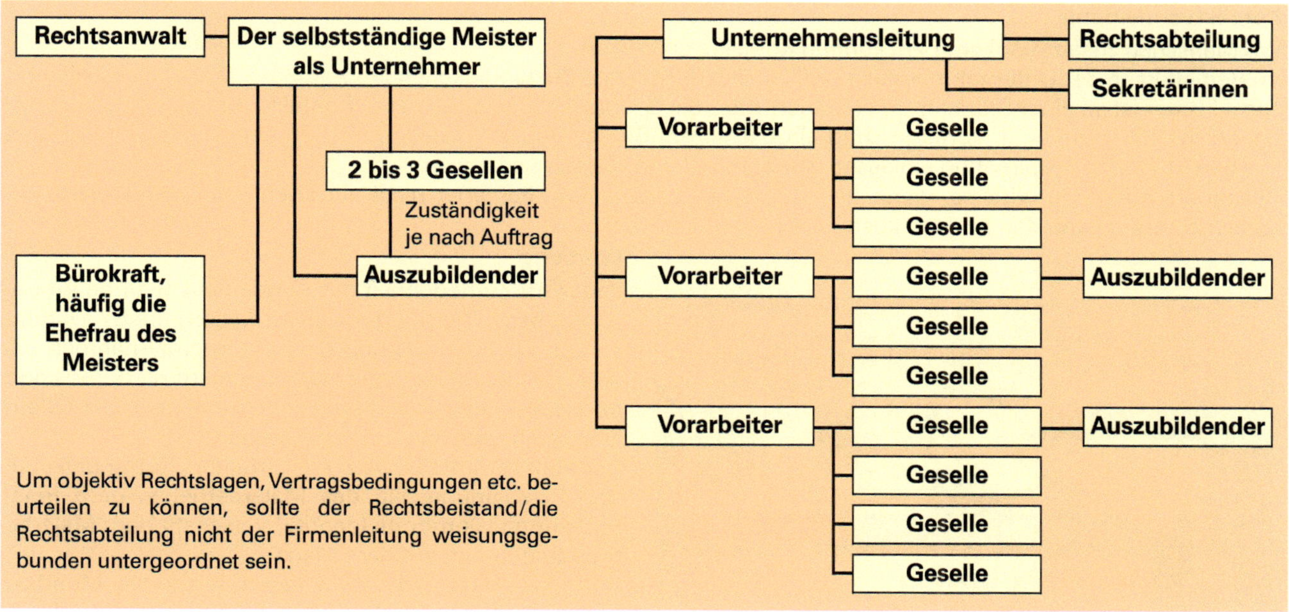

Übersicht 1: Organisationsstruktur von Malerbetrieben

Unternehmer, selbstständiger Meister

Er trägt nach außen die Verantwortung für den Betrieb und bestimmt das Profil des Unternehmens. Er kümmert sich um das Marktgeschehen, neue Aufträge, Ausschreibungen, das Abwickeln der Aufträge, das Erstellen von Rechnungen, Zahlungs- und Rechnungseingänge und vieles mehr. So ist es dem Meister ab einer Betriebsgröße von etwa 8 bis 10 Mitarbeitern kaum mehr möglich, mitzuarbeiten. Drei Zuständigkeiten sind besonders hervorzuheben:

- Im Betrieb muss alles nach Recht und Gesetz ablaufen.
- Zusagen und Termine sind immer einzuhalten.
- Alle Mitarbeiter bilden auf dem Markt eine Einheit, den Malerbetrieb X.

Mitarbeiter

Jeder Mitarbeiter, vom Meister bis zum Auszubildenden, steht im Kontakt mit dem Kunden.
Es erfordert vom Meister Menschenkenntnis, Stellen mit Bewerbern zu besetzen, die in das Bild der Firmenphilosophie passen.
Es lassen sich einige interne Probleme vermeiden, wenn der Unternehmer die Arbeitsteams aus Leuten bildet, die sich auch privat gut verstehen und schätzen.
Aufgrund der Betriebsorganisation weiß jeder Mitarbeiter, wem er Anweisungen geben darf und wessen Anweisungen er zu befolgen hat.

Kunde/Auftraggeber

Vom möglichen Leistungsangebot und der Firmenphilosophie des Malerbetriebes hängt es ab, an welche Kunden, d. h. an welche Zielgruppe sich der Unternehmer mit dem Betrieb wendet.
Die Beherrschung und Ausführung aller Grundtätigkeiten des Maler- und Lackiererhandwerks ist dafür nötig. Handelt es sich um Aufträge, die mit dem Know-how der Mitarbeiter nicht fachgerecht ausgeführt werden können, sollten diese nicht angenommen werden. Dazu zählen Aufträge:

- in denen Spezialtechniken gefordert werden, z. B. Airbrush
- die besondere Spezialgeräte erfordern, z. B. 500-bar-Hochdruckreiniger
- die sehr viele Mitarbeiter für kurze Zeit erfordern, z. B. für die Bearbeitung von Produktionsanlagen in der Industrie.

Auftraggeber lassen sich nach folgenden Kriterien unterscheiden:

- Privatkunde: Dieser gibt sein eigenes Geld für die Bearbeitung seines Eigentums aus.
- Gewerbliche Auftraggeber: Dazu gehören Vertreter von Baugesellschaften, Stadtbauämtern, Verwaltungsgesellschaften usw.
  Diese handeln im Auftrag Dritter.

Beide Kundentypen fordern einwandfreie Arbeit nach VOB.

Privatkunden legen meist mehr Wert auf Leistung plus Service (Sauberkeit, Höflichkeit, Anstand etc.). Kleinere oder junge Malerbetriebe haben auf diesem Markt gute Chancen. Hier ist der ideale Kunde der 1:1-Kunde. Er verdient in seinem Beruf in 1 Stunde soviel, wie er für die Arbeit des Malers bezahlen muss. Dem 1:3-Kunden ist verständlicherweise oft der Preis zu hoch, muss er doch 3 Stunden selbst arbeiten, um 1 Stunde Malerarbeit bezahlen zu können. Anfallende Aufträge werden von dieser Kundenschicht häufig selbst erledigt, vor allem das Streichen macht dieser Kunde gerne selbst. Der Maler wird dann gefordert, wenn das eigene Heimwerkerergebnis nicht mehr gefällt, oder wenn Arbeiten anfallen, die nur der wahre Fachmann erledigen kann.

Der **gewerbliche Auftraggeber** wählt in der Regel den günstigsten Anbieter. Auch große Malerbetriebe können sich auf diesem Markt nur schwer behaupten und haben in der Regel als weiteres Standbein den Privatkunden.

Konfliktvermeidung

Wo Menschen zusammenkommen, können Konflikte entstehen.

Im Betrieb kann der Unternehmer das Konfliktrisiko durch klare Zuständigkeiten **(vorhergehende Seite)** reduzieren.

Nicht immer ist an einer Situation zu erkennen, dass die Gesprächsentwicklung zum Konflikt führen kann. Es ist wichtig, solche Situationen im Vorfeld richtig einzuschätzen. So sollten sich Gesellen nicht in eine Diskussion mit dem Kunden über eine Reklamation einlassen, sondern auf den Meister verweisen.

Besonders schwierig wird es, wenn der Kunde nicht Recht hat, dies aber nicht einsehen will. Ungeschickte Gesprächsführung kann den Kunden kosten.

Bild 1: Website eines Malerbetriebes

Werbung

Jeder zur Zufriedenheit des Kunden ausgeführte Auftrag ist die beste Werbung für einen Malerbetriebs. Darüber hinaus kann der Betrieb durch Werbemaßnahmen wie Anzeigen in der Tagespresse, Internetauftritt **(Bild 1)** oder auch durch eine professionelle Kampagne in der Öffentlichkeit auf sich aufmerksam machen.

Der abgestimmte Einsatz von Verhalten, Kommunikation und Erscheinungsbild des Malerbetriebes nach innen und außen (Corporate Identity) verschafft dem Malerbetrieb Bedeutung auf dem Markt.

Äußerst effektiv ist im Malerhandwerk die Mund-zu-Mund-Werbung. Der Kunde ist bereit, den Maler bis in den Privatbereich seiner Wohnung zu lassen, dies erfordert Vertrauen. Nichts ist werbewirksamer als zufriedene Kunden, die den Malerbetrieb weiter empfehlen.

Nicht zu unterschätzen sind „Kleinigkeiten", wie ordentlicher Fahrstil mit dem Firmenfahrzeug oder das Verhalten der Mitarbeiter auf dem Gerüst, welches jeder Passant beobachten kann.

Dies bedeutet, dass selbst der Auszubildende zum Ansehen der Firma beiträgt.

25.4 Aufgaben

Aufgabe 1 Erstellen Sie das Organigramm des Betriebes, in dem Sie arbeiten.

Aufgabe 2 Welche Probleme können sich für den Auszubildenden ergeben, wenn im Betrieb die Zuständigkeit eines Gesellen für ihn nicht geregelt ist?

Aufgabe 3 Diskutieren Sie die folgenden Situationen, die zwischen Mitarbeiter und Kunde aufgetreten sind und zum Konflikt führen können. Ermitteln Sie den schlechtesten Verlauf und den idealen Verlauf des Gespräches in Ihrer Rolle als Meister oder Geselle.

a)	Von Ihnen wurden die alten Fensterflügel mir dem Schwingschleifer geschliffen. Später bemängelt die Hausfrau Schleifspuren in der Scheibe.
b)	Die Kundin, Frau des Zahnarztes Dr. Protz, beschwert sich beim Meister über ihre Unhöflichkeit. Sie sprachen sie mit „Frau Protz" und nicht mit „Frau Dr. Protz" an.
c)	Der Nachtbarbesitzer reklamiert bei Ihnen, dass Läufer im Lack an der Seite der Theke zu sehen sind, wenn man diese mit der Lampe von schräg unten anleuchtet.
d)	Herr Dr. Bohrer fragt Sie, ob Sie sein Wochenendhaus gegen entsprechende Bezahlung in Ihrer Freizeit renovieren könnten.
e)	Beim Arbeiten fragt Sie Frau Maier nach der Sauberkeit in der Wohnung von Frau Huber, bei der Sie ebenfalls die Wände gestrichen haben.
f)	An einem Mietshaus haben Sie den Auftrag, alle Fenster von außen zu streichen. Herr Munz bittet Sie, bei ihm die Fenster auch von innen zu streichen.

26.1 Die Ausbildung im Malerhandwerk

Jeder Malermeister, der sich erfolgreich auf dem Markt behaupten will, muss sorgfältig die Zukunft seines Betriebes planen. Dazu gehört auch die Förderung des Nachwuchses. Die Ausbildung hat im Malerhandwerk eine lange Tradition.

Schon im Mittelalter kannte man die mehrjährige Ausbildung des Lehrlings bei einem Meister. Rechte und Pflichten der beiden Vertragspartner wurden damals schon in einem Lehrvertrag niedergelegt. Der Lehrling musste dem Meister für die Ausbildung Lehrgeld bezahlen. Dafür durfte er im Hause seines Meisters leben und wurde von diesem erzogen. Auch die heutige Berufsausbildung verfolgt das Erziehungsprinzip. Neben der Vermittlung fachlicher Inhalte soll auch eine charakterliche und sittliche Förderung des Auszubildenden erfolgen.

Mit der Einführung der Gewerbeordnung zu Beginn der Industrialisierung im 19. Jahrhundert wurde durch die Handwerkskammern die Grundlage für eine Neuausrichtung der Lehrlingsausbildung geschaffen. Bis zur modernen dualen Ausbildung im Handwerk, wie wir sie heute vorfinden, war es ein weiter Weg.

Die duale Ausbildung hat sich als Kooperationsform zwischen den Vertragspartnern Betrieb (mit überbetrieblicher Ausbildung der Kammern) und der Berufsschule bewährt. Der Betrieb vermittelt die praktischen Fertigkeiten, die Berufschule die theoretischen Kenntnisse des Berufs und in den überbetrieblichen Lehrgängen der Handwerkskammer werden die Tätigkeiten eingeübt, die aufgrund einer eventuellen Spezialisierung der Betriebe nicht vermittelt werden können. In der Berufsschule werden die theoretischen Grundlagen für den Beruf erlernt. Das System hat aber nicht nur Vorteile (**Übersicht 1**). Wenn die Betriebe in konjunkturell schwierigen Zeiten nicht genügend Ausbildungsplätze zur Verfügung stellen können, muss der Staat durch zusätzliche Maßnahmen eingreifen, um den Schulabgängern eine berufliche Perspektive zu bieten. In der Bundesrepublik Deutschland liegt die Koordination der theoretischen und der praktischen Ausbildung in der staatlichen Verantwortung.

Im Rahmen der europäischen Angleichung ist auch die Maler- und Lackiererausbildung neu ausgerichtet worden. Die Neuordnung beinhaltet die projektorientierte Vermittlung der beruflichen Inhalte in der Berufsschule sowie eine sogenannte Stufung der Ausbildung (**Übersicht 2**).

Vorteile der dualen Ausbildung

- Abwechslung durch unterschiedliche Lernorte: (Betrieb und Schule)
- Betriebliche Entwicklung auf dem neuesten Stand (Konkurrenzdruck)
- Rekrutierung eigener Nachwuchsfachkräfte für den Betrieb
- Imagegewinn für ausbildende Betriebe
- Kostenreduzierung der betrieblichen Ausbildung durch den Produktionsbeitrag der Auszubildenden
- Erleichterung des Übergangs von der Ausbildung in den Beruf
- Überbetriebliche Ausbildungsstätten gleichen eventuelle Defizite der betrieblichen Praxis aus

Nachteile der dualen Ausbildung

- Die Nachfrage nach Ausbildungsplätzen ist oft höher als das Ausbildungsplatzangebot
- Die Ausbildungsqualität ist nicht durchgängig vergleichbar und stark abhängig vom einzelnen Betrieb
- Mitfinanzierung der Ausbildung durch den Staat, ohne Einflussmöglichkeit auf die Betriebe zu haben
- Fehlende systematische Durchgängigkeit von der Aus- zur Weiterbildung
- Hoher organisatorischer Aufwand der Ausbildung

Übersicht 1: Vor- und Nachteile der dualen Ausbildung

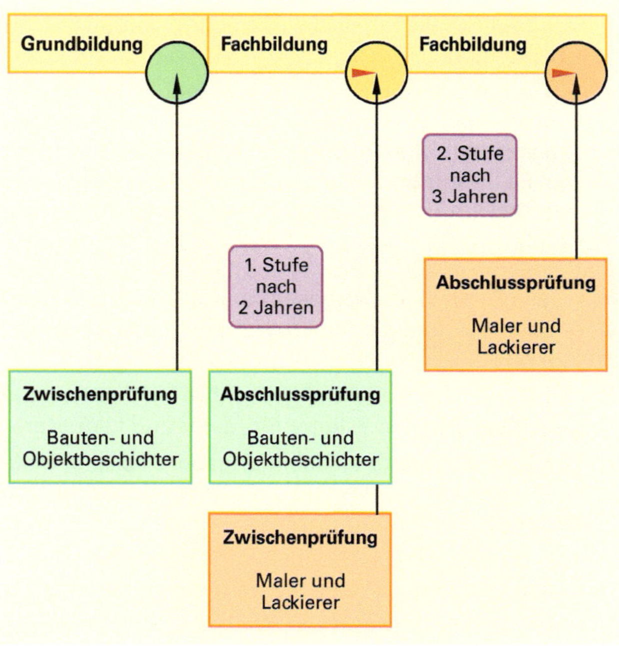

Übersicht 2: Schema der gestuften Malerausbildung

Bei einer gestuften Ausbildung kann schon nach zwei Jahren ein dem Ausbildungsstand entsprechender Berufsabschluss erreicht werden. Im Malerhandwerk ist das der Abschluss unterhalb der Gesellenebene als Bauten- und Objektbeschichter. Nach drei Jahren wird der Abschluss Maler- und Lackierergeselle erworben. Der angestrebte Abschluss wird nicht erst während der Lehrzeit entschieden, sondern die Vertragspartner legen zu Beginn der Ausbildung den angestrebten Abschluss und damit die Länge der Ausbildungsdauer im Ausbildungsvertrag fest.

In der dualen Ausbildung erfolgt im ersten Ausbildungsjahr eine breit angelegte berufliche Grundbildung. In der Berufsschule können verschiedene berufliche Fachrichtungen des gleichen Berufsfelds zusammen unterrichtet werden, z. B. Fahrzeuglackierer, Kirchenmaler, Maler für Gestaltung und Instandhaltung etc.

26.2 Rechtliche Grundlagen der Ausbildung

In Artikel 12 des Grundgesetzes ist der Rahmen festgelegt, dem andere gesetzliche Regelungen zur Berufswahl und Ausbildung nachgeordnet sind. „Alle Deutschen haben das Recht, Beruf, Arbeitsplatz und Ausbildungsstätte frei zu wählen. Die Berufsausübung kann durch Gesetz oder auf Grund eines Gesetzes geregelt werden."

Folgende gesetzliche Grundlagen sind für die Ausbildung von Malern und Lackierern bedeutungsvoll.

- Berufsbildungsgesetz (Übersicht 1)
- Handwerksordnung
- Jugendarbeitsschutzgesetz
- Ausbildungsverordnung mit Ausbildungsrahmenplan
- Schulgesetz
- Schulischer Rahmenlehrplan
- Ausbildungsvertrag

Allgemeine Vorschriften § 1 Berufsbildung **Berufsausbildungsverhältnis** § 3 Vertrag **Pflichten des Ausbildenden** § 6 Berufsausbildung § 7 Freistellung § 8 Zeugnis **Vergütung** § 10 Vergütungsanspruch § 11 Bemessung und Fälligkeit der Vergütung **Beginn und Beendigung des Berufsausbildungsverhältnisses** § 13 Probezeit § 15 Kündigung	**Berechtigung zum Einstellen und Ausbilden** § 20 Persönliche und fachliche Eignung § 22 Eignung der Ausbildungsstätte **Änderung der Ausbildungszeit** § 29 Abkürzung und Verlängerung der Ausbildungszeit **Prüfungswesen** § 34 Abschlussprüfung § 39 Zulassung zur Abschlussprüfung § 42 Zwischenprüfung

Übersicht 1: Berufsbildungsgesetz (Auszug Inhaltsübersicht)

Das Berufsbildungsgesetz (Übersicht 1) gilt für alle Berufsgruppen. **Die Handwerksordnung** macht Aussagen zur Berufsausbildung aus der spezifischen Perspektive des Handwerks. Zwischen beiden gesetzlichen Grundlagen gibt es eine Reihe von Überschneidungen.

Das Jugendarbeitsschutzgesetz beinhaltet die Vorschriften für die Beschäftigung von Jugendlichen unter 18 Jahren. Hier einige wichtige Auszüge aus dem Jugendarbeitsschutzgesetz:

- Jugendliche dürfen nicht mehr als acht Stunden täglich und nicht mehr als 40 Stunden wöchentlich beschäftigt werden (§ 8).
- Der Arbeitgeber hat den Jugendlichen für die Teilnahme am Berufsschulunterricht freizustellen (§ 9).
- Jugendlichen müssen im voraus feststehende Ruhepausen von angemessener Dauer gewährt werden. Die Ruhepausen müssen mindestens betragen ... 60 Minuten bei einer Arbeitszeit von mehr als sechs Stunden (§ 11).
- Jugendliche dürfen nicht beschäftigt werden mit Arbeiten, die ihre physische oder psychische Leistungsfähigkeit übersteigen, ... (§ 22)
- Ein Jugendlicher, der in das Berufsleben eintritt, darf nur beschäftigt werden, wenn er innerhalb der letzten vierzehn Monate von einem Arzt untersucht worden ist (Erstuntersuchung) und dem Arbeitgeber eine von diesem Arzt ausgestellte Bescheinigung vorliegt (§ 32).

In § 5 des Berufsbildungsgesetzes und in § 26 der Handwerksordnung sind die Inhalte festgelegt, die die **Ausbildungsverordnung** mindestens beinhalten muss:

1. Die Dauer der Ausbildung (2 Jahre für Bauten- und Objektbeschichter, 3 Jahre für Maler und Lackierer)
2. Die Bezeichnung des Ausbildungsberufes (z. B. Maler und Lackierer, Schwerpunkt Gestaltung und Instandhaltung)
3. Das Berufsbild: Übersicht zu den Fertigkeiten, Fähigkeiten und Kenntnissen, die erworben werden sollen
4. Den Ausbildungsrahmenplan (Tabelle 1): Beschreibung des Berufsbildes mit den Ausbildungsinhalten, die mindestens vom Betrieb vermittelt werden müssen
5. Die Prüfungsanforderungen zu Zwischen-, Abschluss- bzw. Gesellenprüfung

Tabelle 1: Ausbildungsrahmenplan 1. Ausbildungsjahr

Teil des Ausbildungsberufsbildes	Zu vermittelnde Fertigkeiten und Kenntnisse
Kundenorientierung	Arbeiten kundenorientiert durchführen / Gespräche kundenorientiert führen
Umgang mit Informations- und Kommunikationstechniken	Arbeitsaufgaben mithilfe von Informations- und Kommunikationssystemen lösen
Auftragsübernahme, Planung, Vorbereitung und Organisation von Arbeitsaufgaben, Arbeiten im Team	Informationen beschaffen und nutzen, insbesondere technische Merkblätter. Mengen ermitteln ... Arbeitsschritte planen ...
Einrichten von Arbeitsplätzen	Persönliche Schutzausrüstung verwenden
Bedienen und instand halten von Geräten, Werkzeugen, Maschinen und Anlagen	Werkzeuge und Geräte auswählen, handhaben und instand halten

Im Ausbildungsrahmenplan (Tabelle 1) werden die Tätigkeiten vorgegeben, die der Betrieb in der Ausbildung vermitteln muss.

Neben dem Betrieb ist auch die Schule ein wichtiger Kooperationspartner in der Ausbildung. Das Schulwesen gehört in den Aufgabenbereich der Bundesländer. So hat jedes Bundesland sein eigenes Schulgesetz. **Das Schulgesetz** gilt für alle Schulformen. Einige Aussagen gelten speziell für das Berufsschulwesen und sind somit auch für die Ausbildung von Bedeutung. Dazu gehören die Schulpflicht und die Rechte und Pflichten, die mit dem Schulbesuch verbunden sind.

Mit Beendigung der Schulzeit an einer allgemeinen Schule, je nach Bundesland sind dies 9 oder 10 Schuljahre, beginnt die Berufsschulpflicht. Sie endet mit dem Schuljahr, in dem der Schüler 18 Jahre wird bzw. mit dem Abschluss bestimmter Bildungsgänge. „Wer vor Vollendung des 21. Lebensjahres eine Berufsausbildung beginnt, bleibt bis zur Beendigung des Berufsausbildungsverhältnisses berufsschulpflichtig." Ein nicht mehr Schulpflichtiger ist für die Dauer seines Ausbildungsverhältnisses berechtigt am Berufsschulunterricht teilzunehmen" (SchulG).

Schüler haben das Recht, im Rahmen des Schulgesetzes ihre Interessen wahrzunehmen und an der Gestaltung der Bildungs- und Erziehungsarbeit der Schule mitzuwirken. Sie haben die Pflicht, durch die Vorbereitung auf den Unterricht, durch aktive Beteiligung am Unterricht, die Erledigung der Hausaufgaben und die Anfertigung erforderlicher Arbeiten daran mitzuarbeiten, dass die Aufgabe der Schule erfüllt und das Bildungsziel erreicht werden kann.

Im **Rahmenlehrplan** sind für alle Bundesländer die Inhalte verbindlich festgelegt, die in der Berufsschule in einem projektorientierten Ansatz vermittelt werden. Der Auszubildende lernt, in Anlehnung an die Malerpraxis, im Betrieb Kundenaufträge vollständig zu durchdenken und abzuarbeiten. Dies geschieht in Form der vollständigen Handlung in sechs Schritten:

1. Informieren 2. Planen 3. Entscheiden 4. Ausführen 5. Kontrollieren 6. Bewerten

Zugunsten dieser modernen Unterrichtsmethodik gehen die Fächer Technologie, Technisches Zeichnen, Gestaltung und Mathematik in den projektorientierten Lernfeldern auf. Die Kenntnisse der vormaligen Einzelfächer werden in 8 (Bauten- und Objektbeschichter) bzw. 12 Lernfeldern (Maler und Lackierer) erworben und überprüft. In der 3-jährigen Ausbildung zum Maler und Lackierergesellen wird zwischen verschiedenen Fachrichtungen unterschieden. Die jeweilige Fachrichtung hängt von der Ausrichtung und dem Tätigkeitsfeld des Malerbetriebes ab. Die Fachrichtung wird zu Anfang der Ausbildung festgelegt und in den Ausbildungsvertrag eingetragen. Die meisten Ausbildungsverträge werden für die Fachrichtung Gestaltung und Instandhaltung geschlossen.

Tabelle 1: Lernfelder der schulischen Ausbildung im Maler und Lackiererhandwerk (Rahmenlehrplan)

1. Stufe der Ausbildung		2. Stufe der Ausbildung		
Lernfelder 1. Ausbildungsjahr	**Lernfelder 2. Ausbildungsjahr**	**Lernfelder 3. Ausbildungsjahr**		
Gemeinsame berufliche Fachbildung		**Fachrichtung Gestaltung und Instandsetzung**	**Fachrichtung Kirchenmalerei und Denkmalpflege**	**Fachrichtung Bauten- und Korrosionsschutz**
Lernfeld 1: Metallische Untergründe bearbeiten	Lernfeld 5: Schutz- und Spezialbeschichtungen ausführen	Lernfeld 9: Innenräume gestalten	Lernfeld 9: Historische Arbeitstechniken ausführen	Lernfeld 9: Korrosionsschutzmaßnahmen durchführen
Lernfeld 2: Nichtmetallische Untergründe bearbeiten	Lernfeld 6: Instandhaltungsmaßnahmen ausführen	Lernfeld 10: Fassaden gestalten	Lernfeld 10: Historische Bauwerke und Räume instandsetzen	Lernfeld 10: Bautenschutzmaßnahmen durchführen
Lernfeld 3: Oberflächen und Objekte herstellen	Lernfeld 7: Dämm-, Putz- und Montagearbeiten ausführen	Lernfeld 11: Objekte instandsetzen	Lernfeld 11: Rekonstruktionen und Reproduktionen herstellen	Lernfeld 11: Betonoberflächen instand setzen
Lernfeld 4: Oberflächen gestalten	Lernfeld 8: Oberflächen und Objekte bearbeiten und gestalten	Lernfeld 12: Dekorative und kommunikative Gestaltungen ausführen	Lernfeld 12: Bauwerke, Räume und Objekte bearbeiten und gestalten	Lernfeld 12: Bauwerke und Bauteile instand setzen

26.3 Der Ausbildungsvertrag

Die Vertragspartner Betrieb (Ausbildender) und der Auszubildende schließen vor Ausbildungsbeginn einen rechtsgültigen Ausbildungsvertrag ab, für den die Schriftform vorgeschrieben ist. Der Ausbildungsvertrag enthält nach § 4 BBiG folgende Mindestangaben (**Übersicht 1**):

	Namen und Anschriften der Vertragspartner
A	Beginn und Dauer der Ausbildung
B	Dauer der Probezeit (mindestens 1 Monat, maximal 4 Monate)
C	Dauer der täglichen Arbeitszeit
D	Auszahlungstermine und Höhe der Ausbildungsvergütung
E	Dauer des Urlaubs
F G	Sonstige Vereinbarungen
	Unterschriften der Vertragspartner (bei Minderjährigen auch der Erziehungsberechtigten)
In den zusätzlichen Anlagen	Kündigungsvoraussetzungen
In den zusätzlichen Anlagen	Sachliche und zeitliche Gliederung der Ausbildung und das Ausbildungsziel
In den zusätzlichen Anlagen	Außerbetriebliche Ausbildungsmaßnahmen
In den zusätzlichen Anlagen	Antrag auf Eintragung in das Verzeichnis der Berufsausbildungsverhältnisse (§ 36 BbiG; § 30 HwO)

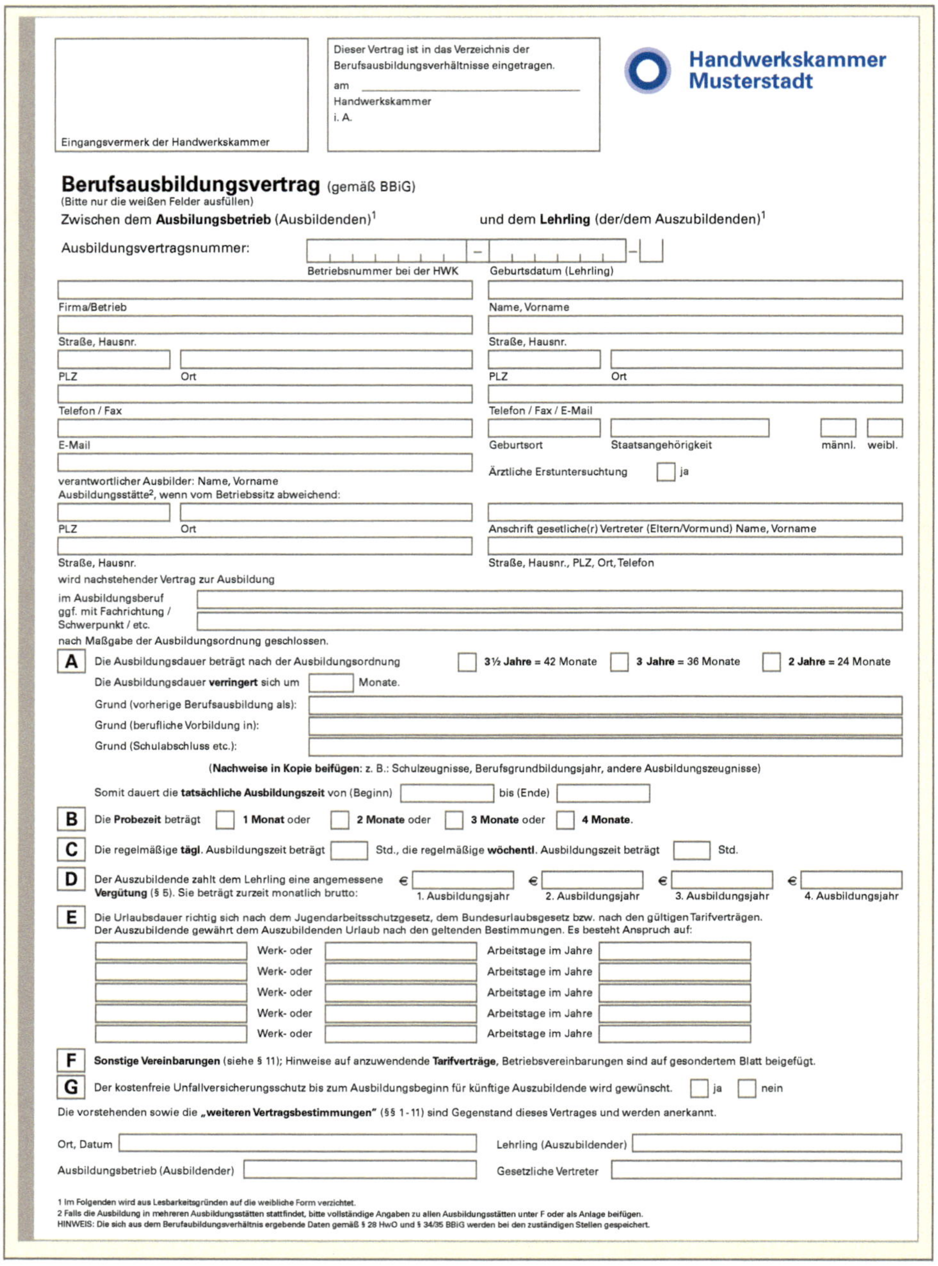
Eingangsvermerk der Handwerkskammer

Dieser Vertrag ist in das Verzeichnis der Berufsausbildungsverhältnisse eingetragen.
am
Handwerkskammer
i. A.

Handwerkskammer Musterstadt

Berufsausbildungsvertrag (gemäß BBiG)
(Bitte nur die weißen Felder ausfüllen)

Zwischen dem **Ausbilungsbetrieb** (Ausbildenden)[1] und dem **Lehrling** (der/dem Auszubildenden)[1]

Ausbildungsvertragsnummer: Betriebsnummer bei der HWK – Geburtsdatum (Lehrling) –

Firma/Betrieb | Name, Vorname
Straße, Hausnr. | Straße, Hausnr.
PLZ, Ort | PLZ, Ort
Telefon / Fax | Telefon / Fax / E-Mail
E-Mail | Geburtsort, Staatsangehörigkeit, männl., weibl.
verantwortlicher Ausbilder: Name, Vorname | Ärztliche Erstuntersuchung ja
Ausbildungsstätte[2], wenn vom Betriebssitz abweichend:
PLZ, Ort | Anschrift gesetliche(r) Vertreter (Eltern/Vormund) Name, Vorname
Straße, Hausnr. | Straße, Hausnr., PLZ, Ort, Telefon

wird nachstehender Vertrag zur Ausbildung
im Ausbildungsberuf
ggf. mit Fachrichtung / Schwerpunkt / etc.
nach Maßgabe der Ausbildungsordnung geschlossen.

A Die Ausbildungsdauer beträgt nach der Ausbildungsordnung ☐ **3½ Jahre** = 42 Monate ☐ **3 Jahre** = 36 Monate ☐ **2 Jahre** = 24 Monate
Die Ausbildungsdauer **verringert** sich um ☐ Monate.
Grund (vorherige Berufsausbildung als):
Grund (berufliche Vorbildung in):
Grund (Schulabschluss etc.):
(**Nachweise in Kopie beifügen**: z. B.: Schulzeugnisse, Berufsgrundbildungsjahr, andere Ausbildungszeugnisse)
Somit dauert die **tatsächliche Ausbildungszeit** von (Beginn) bis (Ende)

B Die **Probezeit** beträgt ☐ **1 Monat** oder ☐ **2 Monate** oder ☐ **3 Monate** oder ☐ **4 Monate.**

C Die regelmäßige **tägl.** Ausbildungszeit beträgt ☐ Std., die regelmäßige **wöchentl.** Ausbildungszeit beträgt ☐ Std.

D Der Auszubildende zahlt dem Lehrling eine angemessene **Vergütung** (§ 5). Sie beträgt zurzeit monatlich brutto: € 1. Ausbildungsjahr € 2. Ausbildungsjahr € 3. Ausbildungsjahr € 4. Ausbildungsjahr

E Die Urlaubsdauer richtig sich nach dem Jugendarbeitsschutzgesetz, dem Bundesurlaubsgesetz bzw. nach den gültigen Tarifverträgen. Der Auszubildende gewährt dem Auszubildenden Urlaub nach den geltenden Bestimmungen. Es besteht Anspruch auf:
Werk- oder Arbeitstage im Jahre
Werk- oder Arbeitstage im Jahre
Werk- oder Arbeitstage im Jahre
Werk- oder Arbeitstage im Jahre
Werk- oder Arbeitstage im Jahre

F **Sonstige Vereinbarungen** (siehe § 11); Hinweise auf anzuwendende **Tarifverträge**, Betriebsvereinbarungen sind auf gesondertem Blatt beigefügt.

G Der kostenfreie Unfallversicherungsschutz bis zum Ausbildungsbeginn für künftige Auszubildende wird gewünscht. ☐ ja ☐ nein

Die vorstehenden sowie die **„weiteren Vertragsbestimmungen"** (§§ 1-11) sind Gegenstand dieses Vertrages und werden anerkannt.

Ort, Datum | Lehrling (Auszubildender)
Ausbildungsbetrieb (Ausbildender) | Gesetzliche Vertreter

1 Im Folgenden wird aus Lesbarkeitsgründen auf die weibliche Form verzichtet.
2 Falls die Ausbildung in mehreren Ausbildungsstätten stattfindet, bitte vollständige Angaben zu allen Ausbildungsstätten unter F oder als Anlage beifügen.
HINWEIS: Die sich aus dem Berufaubildungsverhältnis ergebende Daten gemäß § 28 HwO und § 34/35 BBiG werden bei den zuständigen Stellen gespeichert.

Übersicht 1: Ausbildungsvertrag

Mit Abschluss des Ausbildungsvertrages gehen die Vertragspartner für die Ausbildungsdauer folgende Pflichten ein:

Tabelle 1: Pflichten des Ausbildenden / Auszubildenden

Pflichten des Ausbildenden	Pflichten des Auszubildenden
• Pflicht zur Vermittlung von Fertigkeiten und Kenntnissen • Kostenlose Bereitstellung von Ausbildungsmitteln • Freistellung zum Besuch der Berufsschule, zu Prüfungen und außerbetrieblichen Ausbildungsmaßnahmen • Fürsorgepflicht – Einhaltung von Jugendarbeits- und Unfallschutzvorschriften • Pflicht zu Zahlung der Ausbildungsvergütung und Gewährung von Urlaub	• Verpflichtung zur Aneignung der notwendigen Fertigkeiten und Kenntnisse • Sorgfaltspflicht im Umgang mit Arbeitsmitteln und beim Ausführen der Arbeiten • Pflicht zur aktiven Teilnahme am Berufsschulunterricht • Pflicht zum Führen eines Berichtshefts • Gehorsamspflicht – die Ausbilderanweisungen befolgen • Verschwiegenheitspflicht

26.4 Gesellen, Meister, Vorarbeiter

Während früher berufliche Kenntnisse oft lebenslang anwendbar blieben, lernt man heute nicht mehr den Beruf fürs Leben. Technologische Kenntnisse sind inzwischen innerhalb weniger Jahre überholt.

Die rasante Entwicklung der Technik und die stetig steigenden beruflichen und gesellschaftlichen Anforderungen erfordern die Bereitschaft der Arbeitnehmer, sich einem lebenslangen Lernprozess zu unterziehen, um nicht in Zukunft arbeitslos und durch mangelnde Lern- und Fortbildungsbereitschaft an den Rand der Gesellschaft gedrängt zu werden.

Die zukünftigen Erfordernisse der Arbeitswelt können nicht allein durch die Fachkompetenz gelöst werden. Es werden weitere Kompetenzen benötigt (Übersicht 1), die dabei helfen, sich neue Kenntnisse und Fertigkeiten zu erschließen. Erst ein hohes Maß an Fachkompetenz ergibt in Verbindung mit Human-, Sozial- und Methodenkompetenz eine umfassende berufliche Handlungskompetenz. Dabei ist Methodenkompetenz für die Realisierung aller anderen Kompetenzen notwendig.

Personal-, Individual- oder Humankompetenz

Leistungsbereitschaft
Ausdauer
Einstellung zur Arbeit

Sozialkompetenz

Teamfähigkeit
Konfliktfähigkeit
Kommunikationsfähigkeit

Methoden- und Lernkompetenz

Fähigkeit, sich mit geeigneten Methoden und Techniken Fach-, Personal- und Sozialkompetenz anzueignen

Schlüsselqualifikationen

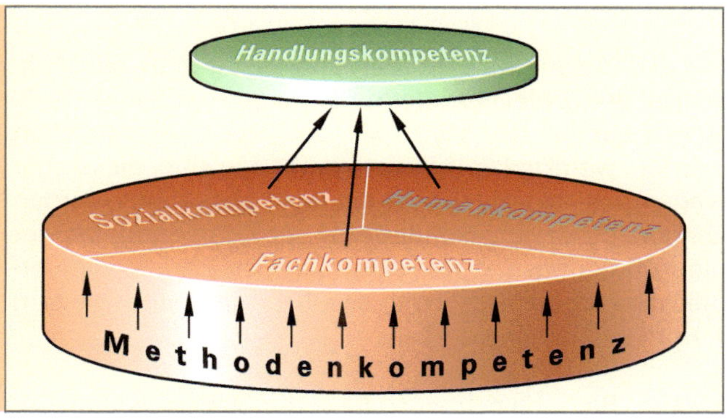

Übersicht 1: Der Weg zur Handlungskompetenz

In Zukunft werden aufgrund des demografischen Wandels weniger Auszubildende zur Verfügung stehen. Es kommt zu einem Wettbewerb um Fachkräfte und zu einem höheren Stellenwert von älteren Mitarbeitern.

Betriebe ermitteln durch ihre **Personalplanung** den Bedarf an Fachkräften, die zur Ausführung der Arbeitsaufträge benötigt werden. Im Rahmen der **Personalentwicklung** wird die Fort- und Weiterbildung geplant, um die Mitarbeiter fachlich auf anstehende und zukünftige Aufgaben vorzubereiten.

Im Malerhandwerk bieten sich viele Möglichkeiten der Weiterbildung. Z. B. kann direkt nach dem Gesellenabschluss eine Meister- oder Technikerausbildung (Übersicht 2) in Vollzeit- oder berufsbegleitend in Teilzeitform absolviert werden. Wer keine Meisterprüfung anstrebt, kann in Zusatzkursen zum Vorarbeiter ausgebildet werden und erlangt auf diesem Wege die Qualifikation, die Baustellen-, Mitarbeiter- und Arbeitsplanung selbstständig auszuführen. In betriebswirtschaftlich orientierten Lehrgängen wird der Abschluss „staatlich geprüfter Betriebswirt des Handwerks“ vermittelt.

Teil 1	Berufspraktische Kenntnisse und Fertigkeiten
Teil 2	Fachtheoretische Kenntnisse
Teil 3	Wirtschaftliche und rechtliche Kenntnisse
Teil 4	Berufs- und arbeitspädagogische Kenntnisse

Übersicht 2: Teilbereiche der Meisterausbildung

Wenn ein mittlerer Schulabschluss (Realschulabschluss, Fachoberschulreife) vorliegt, kann über Zusatzkurse im Rahmen einer Meister- bzw. Technikerausbildung an manchen Schulen sogar eine Hochschulreife erlangt werden. Eine abgeschlossene Meister- oder Technikerausbildung berechtigt auch ohne Hochschulreife zu einem Studium an einer Universität oder Fachhochschule.

Qualifizierte Fachkräfte finden im Malerhandwerk Beschäftigungsmöglichkeiten auf unterschiedlichen Führungsebenen, im Großhandel, z. B. als Außendienstmitarbeiter und Farbberater, in der Industrie oder je nach Ausbildung und Erfahrung in Anwendungstechnik, Entwicklung, Beratung und Verkauf. Auch das Schulungswesen bietet vielfältige Betätigungsmöglichkeiten: In der Privatwirtschaft, z. B. in der Kunden- und Mitarbeiterschulung, in beruflichen Schulen mit Meisterprüfung und pädagogischer Zusatzausbildung als Werkstattlehrer bzw. mit abgeschlossenem Hochschulstudium und Lehramtsausbildung im höheren Lehramt als Theorielehrer.

Der Staat fördert Ausbildungs- und Weiterbildungsmaßnahmen durch finanzielle Unterstützung. Schüler und Studenten werden im Rahmen des Bundesausbildungsförderungsgesetzes (Bafög) unterstützt. Obwohl als Meister-Bafög bezeichnet, wird die finanzielle Förderung der Aufstiegsfortbildung im Handwerk nicht durch das Bundesausbildungsförderungs- sondern durch das Aufstiegsfortbildungsförderungsgesetz geregelt. Schüler und Auszubildende (ohne Berufsausbildungsvertrag) erhalten Bafög-Zahlungen als Zuschuss, der nicht zurückbezahlt werden muss. Studenten erhalten eine Hälfte als Zuschuss, die andere als zurückzuzahlendes, zinsloses Darlehen. Das Verhältnis von Zuschuss und Darlehensanteil ist bei Meister-Bafög vom Familienstand des Antragstellers abhängig.

26.5 Arbeitsrechtliche Grundlagen

Mit dem **Arbeitsvertrag** gehen Arbeitnehmer und Arbeitgeber gegenseitige Verpflichtungen (Tabelle 1) ein. Der Arbeitnehmer ist verpflichtet, eine vertragsgemäße Arbeitsleistung zu erbringen, die der Arbeitgeber im Gegenzug finanziell angemessen vergüten muss. Im Malerhandwerk wird hierzu der gültige Tarifvertrag zugrunde gelegt. Normalerweise wird der Arbeitsvertrag auf unbefristete Zeit geschlossen, kann aber unter gewissen Voraussetzungen auch zeitlich befristet sein. Ein Arbeitsvertrag kann von beiden Vertragsparteien durch Kündigung gelöst werden. Hierbei sind die arbeitsrechtlichen Kündigungsfristen einzuhalten (Tabelle 2). Bei Neueinstellungen wird oftmals eine Probezeit vereinbart.

Für das Maler- und Lackiererhandwerk gibt es die Möglichkeit der **Schlechtwetterkündigung** in der Zeit vom 15. November bis 15. März. Sie darf nur ausgesprochen werden, wenn zwar Aufträge vorhanden sind, diese aber wegen des schlechten Wetters nicht ausgeführt werden können. Es ist eine Sonderform der Kündigung, bei der die Kündigungsfrist nur einen Tag beträgt und die Verpflichtung besteht, den freigestellten Mitarbeiter bis zum 1. April wieder einzustellen.

Manche Betriebe richten anstelle der Schlechtwetterkündigung **Arbeitszeitkonten** ein, bei denen die tatsächlichen Arbeitszeiten (inklusive Überstunden) mit den Fehlzeiten (Urlaub, Arbeitsausfall wegen Schlechtwetter) gegengerechnet werden. Ziel ist es, dass Arbeitszeitkonto zum Jahresende auf Null zu bekommen, sodass das Verhältnis von Arbeitszeitguthaben zum Arbeitszeitdefizit wieder ausgeglichen und die vertraglich geschuldete Arbeitzeit erreicht wird.

Tabelle 1: Pflichten von Arbeitgeber und Arbeitnehmer

Arbeitgeberpflichten	Arbeitnehmerpflichten
Direktionspflicht (Ort, Zeit und Inhalt der Arbeit)	Anzeigepflicht (Arbeitsunfähigkeit)
Vergütungspflicht	Sorgfaltspflicht (Arbeitsausführung)
Fürsorgepflicht	Verschwiegenheitspflicht
Sozialversicherungspflicht	Wettbewerbsunterlassungspflicht (keine Malerarbeiten außerhalb des Beschäftigungsverhältnisses)
Zeugnisausstellungspflicht	

Tabelle 2: Kündigungsfristen

Die Kündigung durch den Arbeitnehmer kann zum 1. oder 15. eines Monats mit einer Frist von vier Wochen erfolgen.

Während einer Probezeit (längstens bis zu 6 Monaten) kann mit einer Frist von 2 Wochen gekündigt werden.

Die Kündigungsfrist bei Kündigung durch den Arbeitgeber hängt von der Dauer der Betriebszugehörigkeit ab.

Betriebszugehörigkeit	Kündigungsfrist zum Ende eines Kalendermonats
2 Jahre	1 Monat
5 Jahre	2 Monate
8 Jahre	3 Monate
10 Jahre	4 Monate
12 Jahre	5 Monate

26.6 Aufgaben

1. Ein Auszubildender hat einen Lehrvertrag mit der Fachrichtung „Kirchenmalerei und Denkmalpflege" abgeschlossen. Da er meint, in der Fachrichtung „Gestaltung und Instandhaltung" zukünftig bessere Berufsaussichten zu haben, möchte er seine Fachrichtung wechseln.
2. Ein Auszubildender ist einen 2-jährigen Ausbildungsvertrag zum Bauten- und Objektbeschichter eingegangen. Während der Ausbildung beschließt er den Gesellenabschluss als Maler + Lackierer anzustreben.
3. Ein Auszubildender fällt zum wiederholten Mal durch die Gesellenprüfung. Ist er nun automatisch Bauten- und Objektbeschichter?
4. Die Auszubildenden einer Malerfirma üben im Deutschunterricht das Kundengespräch, trainieren im Sportunterricht die Rückenmuskulatur und diskutieren im Religionsunterricht über das Thema „Der Christ im Arbeitsalltag". Der Meister meint, man solle doch mehr für die Berufspraxis lernen.
5. Der langjährige Malergeselle möchte endlich mehr Verantwortung in der Firma übernehmen. Welche Weiterbildungsmöglichkeiten hat er?
6. Der Malerbetrieb „Fassade und Raum" kann wegen Dauerregen im Mai das Wärmedämmverbundsystem nicht anbringen. Da keine weiteren Aufträge vorliegen, spricht der Betriebsinhaber eine Schlechtwetterkündigung aus.
7. Welche Fähigkeiten muss ein Malergeselle neben der fachlichen Qualifikation haben, um im Arbeitsleben erfolgreich zu sein? Geben Sie Beispiele!
8. Erklären Sie das Prinzip der dualen Ausbildung.
9. Nennen Sie wichtige Gesetze für die Berufsausbildung und deren Aufgaben.
10. Erklären Sie den Unterschied zwischen Personalplanung und Personalentwicklung anhand eines Beispiels für einen Malerbetrieb.

27.1 Die Säulen der sozialen Sicherung

Wie jeder Beruf so hat auch der Malerberuf seine typischen Risiken. Neben der Gefahr drohender Arbeitslosigkeit gehören insbesondere Arbeitsunfälle und berufsbedingte Krankheiten dazu. Aber auch außerhalb der Arbeit passiert Unvorhersehbares. Schlimme Ereignisse können Menschen leicht aus der gewohnten Bahn werfen, einen negativen Einfluss auf die Lebensqualität und den Lebensstandard haben. Lebensbedrohlich sind sie aus finanziellen Gründen heute meist nicht mehr. Diesen Umstand verdanken wir den Versicherungen.

Ein Malergeselle verliert wegen der schlechten Auftragslage seinen Arbeitsplatz. Ein angestellter Malermeister erkrankt an einer Kontaktallergie gegen Lösemittel, muss seinen Beruf aufgeben und umschulen. Ein Auszubildender rutscht auf der Baustelle aus, bricht sich ein Bein und muss acht Wochen ins Krankenhaus.

In den oben genannten Fällen erhält der Malergeselle Arbeitslosengeld I, danach das auf Sozialhilfeniveau reduzierte Arbeitslosengeld II. Der angestellte Malermeister bekommt eine Umschulungsmaßnahme, der Auszubildende die medizinischen Leistungen und den Krankenhausaufenthalt bezahlt.

Versicherungen sind aus dem Leben des modernen Menschen nicht mehr wegzudenken. Ein Kind ist über seine Eltern versichert und muss sich über die Wahl der richtigen Versicherung keine Sorgen machen. Doch mit der Ausbildung und der Volljährigkeit steigt die Verantwortung für sich selbst und für andere. Auch der angehende Maler und Lackierer muss sich mit Versicherungen auskennen. Man unterscheidet zwischen gesetzlichen und privaten Versicherungen (**Übersicht 1**). Als Arbeitnehmer ist man automatisch gesetzlich versichert. Über den Abschluss privater Versicherungen entscheidet man in der Regel selber. Es gibt aber auch innerhalb der privaten Versicherungen sogenannte Pflichtversicherungen, die abschließen muss, wer bestimmte Lebensentscheidungen trifft. Jemand, der z. B. ein Auto fährt, braucht eine Kfz-Haftpflichtversicherung, wer ein Haus kauft, muss eine Gebäudeversicherung abschließen.

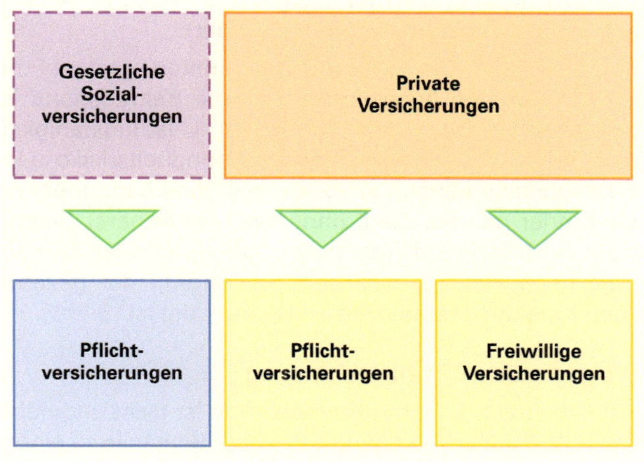

Übersicht 1: Einteilung der Versicherungen

Früher war in einem ländlich geprägten Umfeld die Großfamilie der Garant für das Überleben in der Not. Mit der industriellen Revolution kam es zu einer starken Landflucht, weil die Menschen Arbeit in den Fabriken der Städte suchten. Die Großfamilie zerbrach. Die Arbeitsbedingungen waren oft unmenschlich, Krankheiten und Arbeitsunfälle die Folge. Almosengeber wie Kirchen und Selbsthilfeorganisationen (z. B. die Gesellenvereine) konnten die wachsende finanzielle Not nicht mehr auffangen. Neue Formen der sozialen Absicherung mussten her. Dies war die Geburtsstunde der modernen Sozialversicherung. 1883 wurde vom damaligen Reichskanzler Bismarck die gesetzliche Krankenversicherung eingeführt. Bald danach folgten die Unfall- und die Rentenversicherung. Erst viele Jahre später wurde die Arbeitslosenversicherung ins Leben gerufen. Das gesetzliche Sozialversicherungssystem beinhaltet seit 1995 auch die Pflegeversicherung und steht somit heute auf fünf Säulen (**Übersicht 2**).

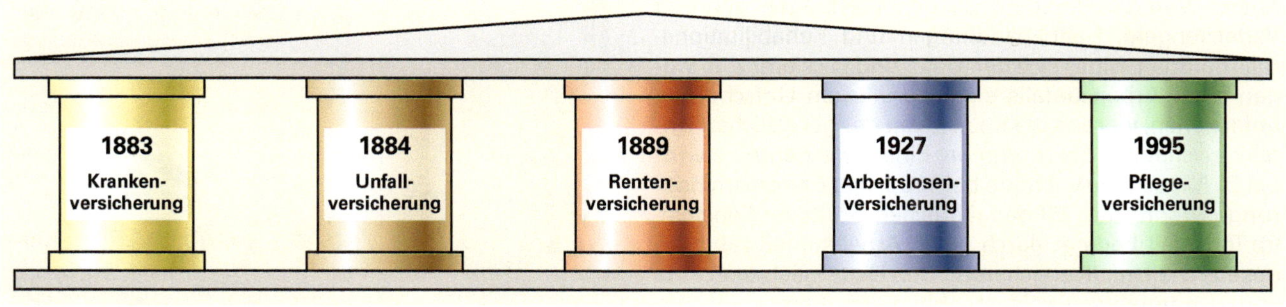

Übersicht 2: Die Säulen der gesetzlichen Sozialversicherung

Finanziert werden die gesetzlichen Sozialversicherungen, obwohl sie staatlich kontrolliert werden, nicht aus Steuergeldern, sondern aus den Beiträgen der Versicherungsnehmer (Arbeitgeber und Arbeitnehmer). Zur finanziellen Unterstützung fließen auch noch staatliche Zuschüsse in das System. Die Beitragshöhe orientiert sich am Bruttoeinkommen der Versicherten, nicht am Versicherungsrisiko. Im Bedarfsfall wird das geleistet, was der Einzelne benötigt, unabhängig von der Höhe der gezahlten Beiträge (Solidarprinzip).

Grundsätzlich ist jeder Arbeitnehmer pflichtversichert. Das gilt auch für Auszubildende. Für bestimmte Berufsgruppen, wie z. B. Freiberufler, Selbstständige, Beamte und besserverdienende Arbeitnehmer gelten Sonderregeln. Ein selbstständiger Malermeister kann entscheiden, ob er sich in der Sozialversicherung freiwillig oder über eine Privatversicherung versichert. Beiträge werden in der gesetzlichen Sozialversicherung nur bis zu einer gewissen Verdienstgrenze erhoben. Verdienstanteile, die über dieser Beitragsbemessungsgrenze liegen, werden nicht mehr zur Berechnung der Beitragshöhe herangezogen.

Die gesetzliche Krankenversicherung

Die gesetzliche Krankenversicherung übernimmt für ihre Mitglieder die Kosten, die durch die Versorgung mit Arzneimitteln, die Krankenhauspflege, sowie die ärztliche und zahnärztliche Behandlung anfallen.

Außerdem zahlt sie die Gesundheitsvorsorge, Rehabilitationsmaßnahmen, Mutterschafts- und Entbindungsgeld. Sie stellt somit Leistungen zur Erhaltung, Wiederherstellung und Verbesserung der Gesundheit bereit. Die meisten gesetzlich Versicherten sind Mitglied in einer Allgemeinen Ortskrankenkasse (AOK) oder einer von 10 Ersatzkassen. Daneben gibt es noch die Betriebs- und die Innungskrankenkassen. Ein geringerer Teil der Bevölkerung oberhalb der Versicherungspflichtgrenze von 49.500 € (Stand 2011) ist entweder freiwillig in der Gesetzlichen oder privat krankenversichert.

Die gesetzliche Krankenversicherung unterliegt dem Prinzip des sozialen Ausgleichs, d. h., die Beitragshöhe ist ausschließlich von der finanziellen Leistungsfähigkeit und nicht von Alter, Geschlecht, Gesundheitsrisiko oder Familienstand abhängig. So sind z. B. der Ehepartner und die Kinder mitversichert, ohne dass ein höherer Beitrag fällig wird. Steigende Ausgaben stehen fallenden Einnahmen gegenüber, sodass die Finanzierung der gesetzlichen Krankenversicherung stark gefährdet ist **(Bild 1)**.

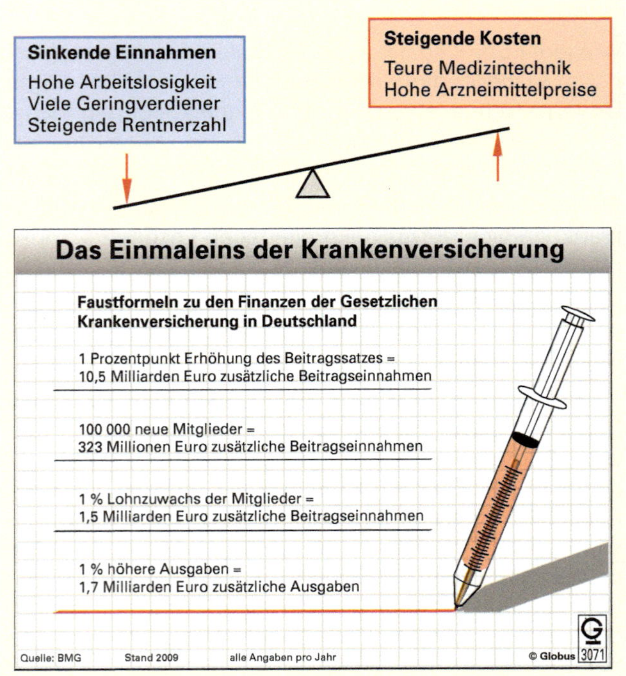

Bild 1: Finanzierungsrisiko Krankenversicherung

Die gesetzliche Unfallversicherung

Die Arbeit von Malern und Lackierern ist nicht ungefährlich **(Bild 2)**. Wie leicht kann es auf der Baustelle zu einem Arbeitsunfall kommen. Aber auch der Weg zur Arbeit ist gefahrenträchtig. Durch die gesetzliche Unfallversicherung sind Arbeitnehmer versichert gegen Unfälle am Arbeitsplatz und Wegeunfälle von der eigenen Wohnung zum Arbeitsplatz und zurück. Gezahlt wird nicht bei Unterbrechung des direkten Weges, bei Wegeunfällen unter Alkoholeinfluss und Umwegen. Auch der Gang zur Betriebskantine ist nicht versichert. Jedoch zahlt die gesetzliche Unfallversicherung bei Unfällen am Arbeitsplatz auch im Fall grober Fahrlässigkeit (Friedensprinzip).

Die gesetzliche Unfallversicherung tritt auch ein für die Kosten von Unfallfolgen. Zu den Leistungen gehören Verletztengeld, Heilbehandlungen und Rehabilitationsmaßnahmen. Muss sich der Maler und Lackierer z. B. wegen eines Arbeitsunfalls einer beruflichen Umschulung unterziehen, werden die Kosten von der gesetzlichen Unfallversicherung übernommen. Eine Verletztenrente wird bei 20 %iger, eine Vollrente bei 100 %iger Erwerbsminderung gezahlt (ca. 2/3 des jährlichen Bruttoverdienstes). Im Todesfall bedingt durch einen Arbeitsunfall zahlt die gesetzliche Unfallversicherung den Hinterbliebenen eine vom Bruttojahresverdienst abhängige Rente: vor der Vollendung des 45. Lebensjahres 30 %, danach 40 %, Waisen erhalten 20 %.

Bild 2: Unfallrisiken von Malern und Lackierern

Träger der gesetzlichen Unfallversicherung sind die Berufsgenossenschaften. Die gesetzliche Unfallversicherung ist die einzige Versicherung des gesetzlichen Sozialversicherungssystems, für die der Arbeitgeber alleine die Beiträge bezahlt. Ihre Höhe richtet sich nach dem Gefahrenpotenzial (Gefahrenklasse) des Betriebes und seiner Unfallhäufigkeit. Der Bund beteiligt sich ebenfalls an der Finanzierung der Unfallversicherung.

In Betrieben mit mehr als 20 Beschäftigten muss der Arbeitgeber einen Sicherheitsbeauftragten benennen, dessen Aufgabe es ist, Unfall- und Gesundheitsgefahren am Arbeitsplatz zu erkennen und diese nach Möglichkeit abzustellen bzw. auf die Einhaltung von Sicherheitsvorschriften und das Bereitstellen von Schutzausrüstungen zu achten. Der Arbeitgeber ist verpflichtet, jeden Arbeitsunfall, aufgrund dessen der Beschäftigte mehr als drei Tage fehlt, bei der zuständigen Berufsgenossenschaft anzuzeigen.

Die gesetzliche Rentenversicherung

Jeder Arbeitnehmer, auch der Auszubildende im Malerhandwerk, ist in der gesetzlichen Rentenversicherung. Für Selbstständige, dazu zählt z. B. der Malermeister mit eigenem Betrieb, gibt es die Möglichkeit der freiwilligen Versicherung. Das gilt auch für Hausfrauen und Geringverdiener.

Die heutigen Beschäftigten finanzieren durch ihre Beiträge die Renten der aktuellen Rentnergeneration, das nennt man den Generationenvertrag. Der demografische Wandel und Zeiten hoher Arbeitslosigkeit gefährden den Generationenvertrag, weil weniger Arbeitende nicht mehr genug Geld für die steigende Zahl der Rentner aufbringen können.

Rente/Monat = $EP_{pers} \cdot ZF_{pers} \cdot RA \cdot RW_{aktuell}$	
EP	Ein persönlicher **Entgeltpunkt** wird berechnet aus dem durchschnittlichen Verdienst / Beitragsjahr.
ZF	Ein persönlicher **Zugangsfaktor** ergibt sich aus dem Rentenbeginn. Zuschlag bei späterem, Abschlag bei vorzeitigem Rentenbeginn.
RA	Bei Alters- und Erwerbsunfähigkeitsrente wird der **Rentenartfaktor** 1 zugrunde gelegt.
RW	Der aktuelle **Rentenwert** ist ein dynamischer Faktor, der jährlich neu angepasst wird und in den auch ein demografischer Faktor mit eingeht.

Übersicht 1: Rentenformel

Träger der gesetzlichen Rentenversicherung für Angestellte sind die Deutsche Bundesanstalt in Berlin (BfA), und für Arbeiter die Landesversicherungsanstalten. Die Knappschaft ist zuständig für Bergleute, die Seekasse für Seeleute.

Arbeitgeber und Arbeitnehmer zahlen jeweils die Hälfte des Beitrags zur Rentenversicherung. Der Bund unterstützt das System mit Zuschüssen. Die Höhe der Anteile von Arbeitgeber und Arbeitnehmer wird prozentual aus dem Arbeitnehmer-Bruttolohn bis zur Beitragsbemessungsgrenze ermittelt (5.800 €/Monat im Westen bzw. 4.900 €/Monat im Osten, Stand 2013).

Der Bundestag legt die Höhe der Beiträge in Prozentpunkten wie auch die Beitragsbemessungsgrenze fest. Die Rentenversicherung zahlt bei verminderter Erwerbsfähigkeit, bei Erwerbsunfähigkeit und bei Eintritt in das Rentenalter, wenn bestimmte Bedingungen, z. B. genügend Beitragsjahre erfüllt sind. Die Höhe der Monatsrente wird anhand einer Rentenformel errechnet (**Übersicht 1**). Weitere Leistungen sind die kleine und große Hinterbliebenenrente sowie die Halb- und Vollwaisenrente.

Die gesetzliche Arbeitslosenversicherung

Die ursprüngliche Aufgabe der Arbeitslosenversicherung war die finanzielle Absicherung bei Arbeitslosigkeit. Durch das Arbeitsförderungsgesetz sind die Leistungen erheblich erweitert worden. Die Bundesanstalt für Arbeit (BA), als Träger der Arbeitslosenversicherung, finanziert auch Maßnahmen, die der Sicherung von Arbeitsplätzen dienen. Hierzu zählen:

- Arbeitsmarkt- und Berufsforschung
- Arbeitsvermittlung und Berufsberatung
- Förderung der beruflichen Bildung (Berufsausbildung, Fortbildung, Umschulung)
- Kurzarbeitergeld
- Saison-Kurzabeitergeld (früher Schlechtwettergeld)

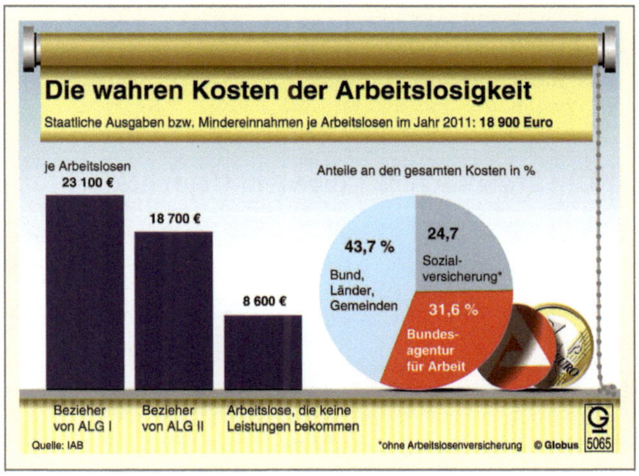

Bild 1: Die Kosten der Arbeitslosigkeit

Wer seinen Arbeitsplatz verliert und sich bei der ARGE (Arbeitsgemeinschaft von Agentur für Arbeit und kommunaler Verwaltung, mit dem Ziel der effizienteren Jobvermittlung) arbeitslos meldet, erhält je nach Anwartschaftzeit (Zeit, in der man vorher lückenlos in einem Beschäftigungsverhältnis war) bis zu 24 Monaten Arbeitslosengeld I. Bei Auszubildenden, die nach bestandener Berufsabschlussprüfung arbeitslos werden, wird die Ausbildungsvergütung als Berechnungsgrundlage genommen.

Danach erhält der Arbeitslose lediglich eine Grundsicherung auf Höhe der Sozialhilfe. Diese Leistung wird als Arbeitslosengeld II (Alg. II oder Hartz 4) bezeichnet.

Vorrangiges Ziel war, die Kosten der Arbeitslosigkeit zu senken und arbeitsfähige Sozialhilfeempfänger wieder in den Arbeitsmarkt zu integrieren. Diese Vorgehensweise ist jedoch umstritten, weil sie im Falle schuldloser Arbeitslosigkeit und langjähriger Beitragszahlungen zu Ungerechtigkeiten führt.

Die Beiträge zur gesetzlichen Arbeitslosenversicherung werden von Arbeitgebern und Arbeitnehmer ca. zur Hälfte aufgebracht. Versicherungspflichtig sind alle Arbeitnehmer, ausgenommen jene in geringfügigen Beschäftigungsverhältnissen bis 450,– €. Ab dem 01. Januar 2013 sind „Minijobber" mit 3,9 Prozent versicherungspflichtig in der Rentenversicherung. Auf Antrag können sie sich befreien lassen. In diesem Fall leistet der Arbeitgeber Pauschalbeiträge zur gesetzlichen Sozialversicherung von 15 % des Arbeitsentgeltes für die Rentenversicherung und 13 % für die Krankenversicherung. Dies gilt nicht für geringfügige Beschäftigungsverhältnisse in Privathaushalten. Hier sind es in beiden Fällen nur jeweils 5 %.

Die gesetzliche Pflegeversicherung

Die Lebenserwartung ist in Deutschland deutlich gestiegen, und die Zahl der Pflegebedürftigen wird in einer immer älter werdenden Gesellschaft rapide steigen (Bild 1).

Die häusliche Pflege hat Vorrang vor der Unterbringung in einer Pflegeeinrichtung. Nicht jeder alte Mensch kann in der Familie gepflegt werden. Kaum jemand ist in der Lage, einen Pflegeheimplatz allein aus eigenen Mitteln zu finanzieren. Deshalb wurde 1995 die gesetzliche Pflegeversicherung ins Leben gerufen.

Träger der Pflegeversicherung sind die den Krankenkassen zugeordneten Pflegekassen. Versichert sind alle Personen, die auch krankenversichert sind. Die Beiträge werden je zur Hälfte von Arbeitgeber und Arbeitnehmer getragen. Um den Arbeitgeberanteil zu finanzieren, wurde auf den Buß- und Bettag als gesetzlichen Feiertag verzichtet. Privat Krankenversicherte müssen eine private Pflegeversicherung abschließen.

Als pflegebedürftig gilt, wer über einen Zeitraum von mehr als 6 Monaten wegen einer körperlichen, geistigen oder seelischen Krankheit oder Behinderung für Verrichtungen des alltäglichen Lebens in erhöhtem Maße fremder Hilfe bedarf. Die Leistungen aus der Pflegeversicherung hängen von der Pflegebedürftigkeit und der Einordnung in sogenannte Pflegestufen ab.

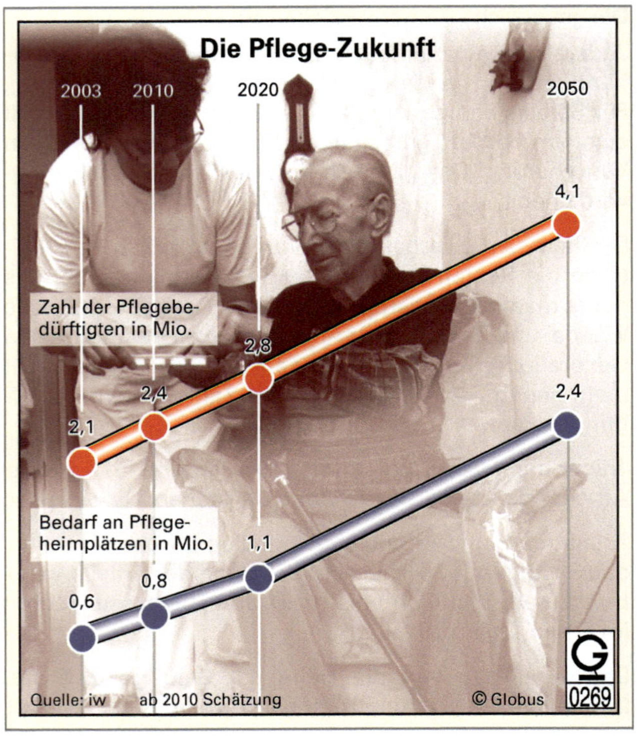

Bild 1: Pflege-Zukunft

(Stand 2013)	Pflegestufe I Erhebl. Pflegebedürftigkeit	Pflegestufe II Schwerpflegebedürftigkeit	Pflegestufe III Schwerstpflegebedürftigkeit
Häusliche Pflege (durch Familienangehörige)	235 €	450 €	675 €
Häusliche Pflege (durch ambulanten Pflegedienst)	440 €	1100 €	1650 €
Vollstationäre Pflege (im Pflegeheim)	700 €	1450 €	2325 €

28.2 Sozialversicherungen im Überblick

Gesetzliche Sozialversicherung	Beitragssatz Gesamt	Arbeitnehmeranteil	Arbeitgeberanteil	Versicherungsträger	Versicherungsleistungen
Krankenversicherung	15,5 %	8,2 %	7,3 %	Krankenkassen	• Arzt-/Krankenhauskosten • Krankengeld • Mutterschaftshilfe • Familienhilfe
Pflegeversicherung	2,05 %	1,025 %	1,025 %	Krankenkassen	• Finanzielle Unterstützung häuslicher Pflege • Finanzielle Unterstützung stationärer Pflege
Rentenversicherung	25,1 %	9,45 %	9,45 %	Versicherungsanstalten	• Erwerbsminderungsrente • Altersrente • Hinterbliebenenrente
Arbeitslosenversicherung	3,0 %	1,5 %	1,5 %	Bundesagentur für Arbeit	• Arbeitslosengeld I • Arbeitslosengeld II • Arbeitssicherung (z. B. Berufsforschung) • Arbeitsförderung (z. B. Umschulung)
Unfallversicherung	Gefahrenabhängig	–	?	Berufsgenossenschaften	• Unfallverhütung • Heilbehandlung • Umschulung • Unfallrente • Sterbegeld (bei Berufskrankheit, Wege-, Arbeitsunfall)

27.3 Die Probleme der sozialen Sicherung

Die ursprüngliche Idee der Sozialversicherung war es, die Menschen bei Beeinträchtigung ihrer Arbeitskraft die größte Not zu nehmen und ihnen dadurch das Überleben zu sichern. Heute bietet das System der Sozialversicherung nicht nur die Linderung der größten Not im Fall von Krankheit, Pflegebedürftigkeit, Unfall und Arbeitslosigkeit, sondern ermöglicht auch ein menschenwürdiges Dasein und im Alter eine angemessene Lebensführung. Darauf haben die Bürger der Bundesrepublik Deutschland sogar einen Rechtsanspruch.

Der Sozialstaat kann auf Dauer nur Bestand haben, wenn stetig steigende Leistungen und Kosten mit steigenden Beitragseinnahmen einhergehen. Höhere Beitragseinnahmen können bei gleichbleibender Beitragshöhe aber nur erwirtschaftet werden, wenn die Zahl der Arbeitnehmer in sozialversicherungspflichtigen Beschäftigungsverhältnissen zunimmt. Das Gegenteil ist aber der Fall.

Die prozentuale Erhöhung der Beiträge kann auch nicht die Lösung sein, da dies für die Arbeitgeber zu einer Verteuerung ihrer Produkte und damit zu einem Wettbewerbsnachteil führt. Für die Arbeitnehmer bedeuten höhere Beiträge mehr Abzüge vom Bruttolohn und damit geringere Einkünfte. Diese haben eine verminderte Kaufkraft zur Folge, die wiederum Auswirkungen auf die Gesamtwirtschaft hat. Somit wird der Versicherte wohl in Zukunft mehr Leistungseinschränkungen in der Sozialversicherung hinnehmen und eine erhöhte Selbstvorsorge in Form zusätzlicher Abgaben und privater Versicherungen vornehmen müssen.

27.4 Privatversicherungen

Das moderne Sozialsystem in Deutschland unterscheidet zwischen gesetzlichen Sozialversicherungen und privatrechtlichen Individualversicherungen. Bei individuellen Versicherungen entscheidet der Einzelne, inwieweit er seine persönlichen Risiken zusätzlich zum sozialen Versicherungssystem absichern möchte. Zu bedenken ist jedoch, dass Versicherungen auch Geld kosten. Der Maler und Lackierer stellt sich an dieser Stelle die Frage: „Welche Versicherungen brauche ich?" Die Antwort darauf hängt natürlich nicht pauschal vom Beruf ab, sondern z. B. auch vom Alter und der individuellen Lebenssituation **(Übersicht 1)**.

Ein Auszubildender muss eine Kraftfahrzeughaftpflichtversicherung abschließen, wenn er ein Auto fährt. Eine private Haftpflichtversicherung ist ebenfalls sinnvoll. Für das eigene Haus ist die Gebäudeversicherung vorgeschrieben. Wer verheiratet ist, sollte auch an die Familie denken und diese für den Notfall finanziell absichern. Viele tun dies über eine Lebensversicherung, die im Todesfall eine Versicherungssumme an die bezugsberechtigten Hinterbliebenen zahlt. Menschen, die gefährliche Sportarten ausüben, schließen eine private Unfallversicherung ab. Der selbstständige Malermeister benötigt zusätzliche Versicherungen, durch die nicht nur private, sondern auch geschäftliche Risiken abgesichert werden.

Manche Versicherungen sind absolut notwendig, andere schlichtweg überflüssig. Wer weder über- noch unterversichert sein möchte, sollte sich von einem unabhängigen Experten beraten lassen. Auch die Verbraucherschutzorganisationen helfen in dieser Frage weiter. Da die Leistungen des Sozialversicherungssystems in Zukunft eher noch rückläufiger ausfallen dürften, ist zusätzliche private Vorsorge ratsam. Dies gilt insbesondere für die private Altersvorsorge, die der Staat durch Zulagen unterstützt. Staatliche Zuschüsse gibt es für Fondssparpläne, private Renten-/Lebensversicherungen und den Erwerb von Wohneigentum. Unter mehreren Modellen, bekannt z. B. als Riester- und Rürup-Renten, sollte der Versicherungsnehmer die für ihn und seine Lebensplanung günstigste Variante wählen.

In der Ausbildung
- Krankenzusatzversicherung
- Berufsunfähigkeitsversicherung
- Haftpflichtversicherung
- Auslandsreisekrankenversicherung

Im Berufsleben
- Unfallversicherung
- Haftpflichtversicherung
- Berufsunfähigkeitsversicherung
- Krankenzusatzversicherung
- Auslandsreisekrankenversicherung
- Hausratversicherung

In der Lebensgemeinschaft
- Unfallversicherung
- Haftpflichtversicherung
- Krankenzusatzversicherung
- Auslandsreisekrankenversicherung
- Berufsunfähigkeitsversicherung
- Hausratversicherung
- Risikolebensversicherung
- Rechtschutzversicherung
- Pflegezusatzversicherung

Im Alter 50+ („Empty-Nesters")*
- Krankenhauszusatzversicherung
- Risikolebensversicherung
- Unfallversicherung
- Sterbegeldversicherung
- Hausratversicherung
- Haftpflichtversicherung

* *wenn die Kinder aus dem Haus sind*

Übersicht 1: Beispiele privater Versicherungen

27.5 Aufgaben

1. Erklären Sie den Unterschied zwischen gesetzlichen und privaten Versicherungen.
2. Nennen Sie die gesetzlichen Sozialversicherungen.
3. Warum ist die Zahl der gesetzlichen Sozialversicherungen im Lauf der Zeit erweitert worden?
4. Wer ist gesetzlich sozialversichert und wer nicht?
5. Nennen Sie Gründe, die das System der Krankenversicherung gefährden.
6. Welche Auswirkung hat eine steigende Arbeitslosigkeit auf das Sozialversicherungssystem?
7. Erklären Sie folgende Begriffe:
   - „Sozialer Ausgleich"
   - „Friedensprinzip"
   - „Generationenvertrag"
   - „Beitragsbemessungsgrenze"
8. Warum wurde das Arbeitslosengeld II auf die Höhe der Sozialhilfe gekürzt?
9. Warum gibt es in der Pflegeversicherung mehrere Stufen?
10. Erklären Sie im Zusammenhang mit der Pflegeversicherung die Begriffe „Pflegegeld" und „Sachleistungen".

11. Ein Maler- und Lackierergeselle ist 40 Jahre alt. Er hat mit 17 seine Ausbildung begonnen. Sein errechneter Bruttodurchschnittsverdienst beträgt zur Zeit € 24.800,95. Sein Zugangsfaktor (ZF) ist mit 1,0, sein aktueller Rentenwertfaktor (RW) mit 26,27 zu veranschlagen. Er möchte wissen, wie hoch seine Rente mit 67 Jahren sein wird. Berechnen Sie seine voraussichtliche monatliche Rente nach der Rentenformel.
12. Ein Malergeselle verdient im 2. Gesellenjahr € 13,29. Er arbeitet 40 Stunden pro Woche. Berechnen Sie:
    - seinen monatlichen Bruttolohn
    - die Höhe seiner Sozialabgaben
13. Wie hoch sind die Abgaben für den Arbeitgeber, wenn der Geselle im 3. Gesellenjahr € 13,99 verdient und der Arbeitgeberanteil für die Unfallversicherung 2,4 % beträgt?
14. Ein 30-jähriger verheirateter Malergeselle mit einem Kind verunglückt tödlich auf dem Weg zur Arbeit. Sein Jahresbruttoverdienst beträgt € 39 850,43. Berechnen Sie die Hinterbliebenenrente für die Witwe und das Kind.

15. Ermitteln Sie aus der Übersicht, welche privaten Grundversicherungen ein Mensch in jeder Alters- und Lebenssituation braucht.
16. Ermitteln Sie durch Internetrecherche deren ungefähre monatliche Beitragshöhe für einen 30-jährigen unverheirateten Versicherungsnehmer.
17. Zwei Malergesellen nehmen an einer Umschulungsmaßnahme zum Bürokaufmann aus folgenden Gründen teil.

    Geselle A: Wegen eines erlittenen Baustellenunfalls mit Folgeschäden

    Geselle B: Wegen eines Sportunfalls mit Folgeschäden

    Welche Sozialversicherung ist jeweils zuständig? Begründen Sie!

Wirtschaftsabläufe sind in Deutschland durch ein komplexes System von Rechtsverordnungen geprägt. Um für beide Seiten eines Kundenauftrages:

- Auftraggeber (Kunde) und
- Auftragnehmer (Malerbetrieb)

ein verbindliches System auf einer vertraglichen Basis aufzustellen, müssen sich alle Beteiligten an diese Regeln (Rechtsverordnungen) halten.

28.1 Rechtsordnung und Vertragsfreiheit

Rechtsordnung

In einem Rechtsstaat spricht man von einer Rechtsordnung, die durch

- Unbestechlichkeit,
- Rechtsansprüche und
- Bestrafung von Verstößen gegen die Rechtsordnung geprägt ist.

Die Rechtsordnung in der BRD ist durch das private und das öffentliche Recht geregelt (**Übersicht 1**).

Privates Recht	Öffentliches Recht
Im privaten Recht werden Rechtsverhältnisse zwischen Personen geregelt. Der Staat stellt dafür Gesetze (und Gerichte) zur Verfügung.	Im öffentlichen Recht werden Rechtsverhältnisse zwischen Staat und Personen geregelt.
• Bürgerliches Recht (BGB) • Arbeitsrecht • Sozialrecht • Handelsrecht	• Grundgesetz (GG) • Strafrecht • Steuerrecht • Verwaltungsrecht

Übersicht 1: Öffentliches und privates Recht

Vertragsfreiheit

Neben diesen Regelungen bestehen allerdings auch große Freiheiten im System, so z. B. die Vertragsfreiheit.

- Freiheit der Entscheidung, ob man einen Vertrag abschließt oder nicht
- Freiheit der Entscheidung, welchen Vertragspartner man wählt
- Freiheit der Entscheidung über den Inhalt eines Vertrages

Rechtsgeschäfte

Rechtsgeschäfte können sich auf Sachen (z. B. ein Möbelstück) oder Rechte (z. B. ein Nutzungsrecht) beziehen. Wichtig ist auch, dass es sowohl einseitige als auch mehrseitige Rechtsgeschäfte gibt.

- **Einseitige Rechtsgeschäfte** sind beispielsweise ein Testament oder eine Kündigung.
- Die bekannteste und weitaus häufigste Form eines **mehrseitigen Rechtsgeschäfts** ist demgegenüber der Vertrag.

Nur eine Person, die rechts- und geschäftsfähig ist, kann Rechtsgeschäfte abschließen. Die Rechtsfähigkeit einer natürlichen Person endet mit dem Tod, die Geschäftsfähigkeit kann jedoch bereits vorher eingeschränkt oder sogar ausgeschlossen werden, wenn eine dauerhafte geistige Störung vorliegt, die eine freie Willensbestimmung ausschließt (**Übersicht 2**):

	Natürliche Personen	Juristische Personen	
		privaten Rechts	öffentlichen Rechts
Beginn der Rechtsfähigkeit	Mit der Geburt	Durch Eintrag in das zuständige Register	Durch staatliche Verleihung
Eingeschränkte Geschäftsfähigkeit	Nach Vollendung des 7. Lebensjahres (außer bei dauerhafter schwerer Störung der Geistestätigkeit)		
Volle Geschäftsfähigkeit	Mit dem 18. Lebensjahr		
Ende der Rechtsfähigkeit	Mit dem Tod	Durch Löschung des Eintrags	Durch Aufhebung der staatlichen Zulassung
Ende der Geschäftsfähigkeit	Mit dem Tod oder bei Eintritt einer dauerhaften schweren Störung der Geistestätigkeit		

Übersicht 2: Rechts- und Geschäftsfähigkeit von Rechtspersonen

28.2 Formvorschriften bei Rechtsgeschäften

Inhalt und Form von Rechtsgeschäften können meist frei bestimmt werden. Wenn der Gesetzgeber keine bestimmte Form vorschreibt, so spricht man von Formfreiheit, wenn dagegen rechtliche Vorgaben bestehen, so spricht man von Formzwang (**Übersicht 1**).

<table>
<tr><th>Formfreiheit</th><th colspan="2">Formzwang</th></tr>
<tr><td rowspan="6">Besteht Formfreiheit, so kann das Rechtsgeschäft in jeder beliebigen Form abgeschlossen werden.

Kaufverträge können
• mündlich,
• schriftlich,
• elektronisch oder
• in Textform
abgeschlossen werden.</td><td colspan="2">Besteht für Rechtsgeschäfte oder Erklärungen Formzwang, so sind diese in der Regel nur gültig, wenn bestimmte Formvorschriften beachtet werden.</td></tr>
<tr><td>Schriftform
(z. B. Arbeitszeugnis – Schriftform kann durch elektronische Form ersetzt werden)</td><td>Der Inhalt des Rechtsgeschäfts muss
• schriftlich abgefasst und
• eigenhändig durch Namensunterschrift unterzeichnet werden.</td></tr>
<tr><td>Elektronische Form
z. B. Elektronische Steuererklärung</td><td>Der Aussteller der Erklärung fügt
• seinen Namen hinzu und
• versieht das elektronische Dokument mit einer qualifizierten Signatur.</td></tr>
<tr><td>Textform
Lohnabrechnung</td><td>Die Erklärung muss in einer Urkunde oder auf andere (zur dauerhaften Wiedergabe in Schriftzeichen) geeignete Weise (Fax, E-Mail) abgegeben werden.
Die Person des Erklärenden muss genannt werden (Angabe im Kopf oder im Inhalt des Textes ist ausreichend, eine eigenhändige Unterschrift ist nicht erforderlich).</td></tr>
<tr><td>Öffentliche (notarielle) Beglaubigung
Anmeldung zur Eintragung ins Handelsregister</td><td>Die Erklärung muss schriftlich abgefasst sein.
Die Unterschrift des Erklärenden muss von einem Notar beglaubigt werden.</td></tr>
<tr><td>Notarielle Beurkundung
Grundstückskaufvertrag</td><td>Der Inhalt des Rechtsgeschäfts wird von einem Notar beurkundet.
Der Notar prüft und bestätigt sowohl den Inhalt als auch die Unterschrift der Vertragspartner.</td></tr>
</table>

Übersicht 1: Formvorschriften bei Rechtsgeschäften

Bei zwei- oder mehrseitigen Rechtsgeschäften (Verträgen) entsteht das Rechtsgeschäft durch übereinstimmende Willenserklärungen der Vertragspartner.

- **Anfragen** dienen dazu, bei möglichen Anbietern Angebote einzuholen. Durch eine Anfrage entsteht keinerlei rechtliche Bindung.
- Ein **Angebot** ist eine an eine bestimmte Person gerichtete Willenserklärung eines Lieferers, Waren zu den angegebenen Bedingungen verkaufen zu wollen.
- Ein Kunde führt einen Angebotsvergleich durch, entscheidet sich, und gibt eine **Bestellung** in Auftrag. Ein Anbieter/Lieferant nimmt die Bestellung mit einer **Auftragsbestätigung** an. Es kommt ein **Kaufvertrag** zustande.

Bild 1: Anfragen, Anträge und Angebote werden auf einem Flohmarkt zumeist mündlich getätigt

Eine besondere Form von Verträgen besteht bei der Ausführung handwerklicher Leistungen **(Werkvertrag)**. Dabei garantiert der Handwerksbetrieb den Erfolg seiner Arbeit. Die Kunden haben dabei die vereinbarte Vergütung zu entrichten.

Wenn der Betrieb nicht nur Arbeitsleistungen erbringt, sondern die Materialien, die er zur Erstellung seines Werkes braucht, selbst beschafft, handelt es sich um einen **Werklieferungsvertrag**.

28.3 Ablauf von Werkverträgen

Der Maler und Lackierer arbeitet nach Beauftragung durch einen Kunden, der ein gestalterisches Anliegen hat oder ein Gebäude oder eine Oberfläche instand gesetzt oder geschützt haben möchte (Bild 1).

Bild 1: Werkvertrag

Allerdings ist es ein Unterschied, ob der Kunde ein privates Anliegen hat, oder ob es sich um einen öffentlichen oder gewerblichen Auftrag handelt:

- Bei öffentlichen Aufträgen wird nach VOB ausgeschrieben.
- Bei privaten Kunden gilt die VOB jedoch nicht mehr, stattdessen gilt das Bürgerliche Gesetzbuch (BGB), (Übersicht 1):

Ein öffentlicher Träger (z. B. Stadtverwaltung Frankfurt) oder ein gewerblicher Träger gibt eine Malerarbeit in Auftrag = „Ausschreibung"

Öffentliche **Ausschreibung** nach **VOB** Teil A.
Das Aufmaß liegt in Form einer **Bauzeichnung** vor.

Aufstellung einer Leistungsbeschreibung nach VOB unter professionellen Gesichtspunkten.

Aufstellen einer **Kalkulation**.

↓

Verschiedene Betriebe bemühen sich um den Auftrag.

Erstellen eines Angebotes.

Der aus Sicht des Auftraggebers günstigste Anbieter bekommt den Zuschlag.

Vertrag nach **VOB**.

↓

Ein „Privat-Kunde" (z. B. Familie Schulze) gibt eine Malerarbeit in Auftrag

Der Kunde spricht einen Malerbetrieb an und bittet um eine Beratung.

Das Aufmaß kann in Form einer **Bauzeichnung** vorliegen oder es kann vor Ort genommen werden.

Kunde und Malerbetrieb stellen zusammen eine Leistungsbeschreibung auf und vereinbaren einen Kostenrahmen, evtl. auch eine Festpreisvereinbarung.

↓

Schriftliche Vereinbarung nach **Werkvertrag**, Rechtsstreitigkeiten werden nach **BGB** entschieden.

↓

Keine schriftliche Vereinbarung, Rechtsstreitigkeiten werden nach **BGB** entschieden.

↓

Die Flächen und die Kosten werden geschätzt.

Der Malermeister sollte gut kalkulieren können.

↓

Mündliche Vereinbarung, Erteilung des Auftrags ohne genauere Leistungsbeschreibung.

Rechtsstreitigkeiten werden nach **BGB** entschieden.

↓

Durchführung der Arbeiten nach dem Stand der Technik, nach anerkannten Regeln, nach VOB ...

↓

Schreiben der Rechnung

↓

Nachträgliches Erstellen des Aufmaßes oder Abrechnung nach verbrauchtem Material und Stundenlohn und Schreiben der Rechnung.

Ein unsicheres Verfahren, das zu Streitigkeiten führen kann.

- Stimmen Qualität und Einhaltung der Fristen und Kosten, so ist in der Regel kein Problem zu erwarten.
- Hat der Malerbetrieb gut kalkuliert, so verdient er Geld – er macht Gewinn.
- Hat er schlecht kalkuliert, so macht er Verlust. Hat er unsauber gearbeitet, so gehen Gewinne bei den Nachbesserungsarbeiten wieder verloren.

Übersicht 1: Ablauf eines Kundenauftrags / Werkvertrags für Malerarbeiten

28.4 Werkverträge für private Auftraggeber

Zur Absicherung der Vertragsparteien werden für ***Werkleistungen*** Verträge aufgesetzt, in denen die Leistungen verschriftlicht werden. Für private Auftraggeber empfehlen der Zentralverband des Deutschen Baugewerbes (ZDB) und die Eigentümer Schutzgemeinschaft „Haus und Grund" einen Verbrauchervertrag für Bauleistungen, zu denen auch Kundenaufträge der Baunebengewerke (wie z. B. Maler- und Lackierarbeiten) zählen (**Übersicht 1**).

	Verbrauchervertrag für Bauleistungen **Einzelgewerk / Handwerkervertrag** zwischen Auftraggeber (nachfolgend AG genannt) und Auftragnehmer (nachfolgend AN genannt)
1.0	**Gegenstand des Vertrages**
1.1	Dem AN wird die Ausführung folgender Arbeiten ... (Art der Arbeiten) in folgendem Umfang ... (Leistungsbeschreibung) für das Bauvorhaben übertragen.
1.2	Der AG hat behördliche und sonstige Genehmigungen zu beschaffen und dem AN rechtzeitig zur Verfügung zu stellen.
1.3	Der AN schuldet die Übergabe folgender Unterlagen: ...
2.0	**Vertretung der Vertragspartner**
2.1	Der AG wird durch (Name) ... wie folgt beschränkt vertreten: ... Der Vertreter ist zur Beauftragung von Zusatzleistungen ❍ nicht berechtigt ❍ berechtigt bis zu einer Netto-Auftragssumme von ____ € ❍ uneingeschränkt berechtigt Der Vertreter ist zur Durchführung der Abnahme ❍ nicht berechtigt ❍ berechtigt
2.2	Der AN wird vertreten durch: ...
3.0	**Vertragsbestandteile**
	Vertragsbestandteile sind in nachstehender Reihen- und Rangfolge: • dieser Bauvertrag • die Leistungsbeschreibung vom ________ • Anlage Nr. ________ • die Pläne vom ________ • die Anlagen vom ________ • das Angebot vom ________ • Anlage Nr. ________ • die anerkannten Regeln der Technik (ATV/VOB/C)
4.0	**Vergütung**
4.1	Als Vergütung für die in Ziffer 1 bezeichneten Leistungen wird vereinbart: • die Pauschalsumme von (Pauschalpreisvertrag). ________ € netto zzgl. ________ € MwSt. insgesamt ________ € brutto • die vorläufige Summe von ________ € netto zzgl. ________ € MwSt. insgesamt ________ € brutto zur Abrechnung nach ausgeführten Mengen zu Einheitspreisen gemäß beiliegendem Leistungsverzeichnis (Einheitspreisvertrag).
4.2	**Leistungsänderungen und zusätzliche Leistungen:** Fordert der AG zusätzliche, über die Leistungsbeschreibung hinausgehende Leistungen oder eine Änderung der Leistungen des Vertrages, so hat der AN ihm vor der Ausführung dieser Leistungen ein schriftliches Angebot – basierend auf den ausgehandelten Bedingungen für die geänderten oder zusätzlichen Leistungen – mit einer Beschreibung der angebotenen Leistung und Bezifferung des hierfür geltend gemachten Preises vorzulegen. Vor Rückgabe des vom AG oder seinem Vertreter i. S. d. Ziffer 2.1 unterschriebenen Angebots ist der AN nicht zur Ausführung verpflichtet.
4.3	Der AG ist kein Bauleistender i.S.v. § 13 b UStG.
5.0	**Wasser und Strom** Dem AN werden Wasser- und Stromanschluss unentgeltlich zur Verfügung gestellt. Die Kosten des Verbrauchs für seine Leistung trägt der AN. Sie sind in die Preise einkalkuliert.
6.0	**Abnahme**
6.1	Der AG ist verpflichtet, das vertragsmäßig hergestellte Werk abzunehmen, sofern nicht nach der Beschaffenheit des Werkes die Abnahme ausgeschlossen ist. Ein förmlicher Abnahmetermin, an dem der Vertreter des AN, des AG sowie der/die AG teilnehmen, wird durchgeführt. Wegen unwesentlicher Mängel kann die Abnahme nicht verweigert werden.
6.2	Der Abnahme steht es gleich, wenn der AG nach Fertigstellungsanzeige durch den AN die Vereinbarung eines Abnahmetermins verweigert, obwohl er zur Abnahme verpflichtet ist.

Übersicht 1: Werkvertrag: Verbrauchervertrag für Bauleistungen – Handwerkervertrag

7.0	**Zahlungen**
7.1	Zahlungen sind nach Rechnungszugang beim AG sofort fällig.
7.2	Abschlagszahlungen ❍ werden nicht vereinbart. ❍ werden nach folgender Maßgabe vereinbart: ________ vom Hundert nach ________________ ________ vom Hundert nach ________________ (Beschreibung des Bauzustandes)
7.3	Der AG kann nur mit unbestrittenen oder rechtskräftig festgestellten Gegenforderungen aufrechnen.
7.4	❍ Die Parteien vereinbaren eine Gewährleistungssicherheit in Höhe von 5 % der Netto-Schlussrechnungssumme. In Höhe der Gewährleistungssicherheit erfolgt ein Sicherheitseinbehalt von der Schlusszahlung. Der Sicherheitseinbehalt ist auf Verlangen des AN Zug um Zug gegen Stellung einer Gewährleistungssicherheit auszuzahlen. ❍ Die Parteien vereinbaren keine Gewährleistungssicherheit.
8.0	**Haftung des AN** Für Schäden an den Rechtsgütern des AG haftet der AN grundsätzlich bei Verschulden.
9.0	**Verjährung von Mängelansprüchen** Mängelansprüche des AG verjähren innerhalb von 5 Jahren nach Abnahme der Bauleistung. (§ 634a Abs. 1 Nr. 2, Abs. 2 BGB)
10.0	**Aufwendungen für Mängelbeseitigung** Kommt der AN einer Aufforderung des AG zur Mängelbeseitigung nach und • gewährt der AG den Zugang zum Objekt zum vereinbarten Termin schuldhaft nicht oder • stellt sich heraus, dass ein Mangel objektiv nicht vorliegt, hat der AG die Aufwendungen des AN zu ersetzen. Mangels Vereinbarung der Sätze gelten ortsübliche Sätze.
11.0	**Termine / Ausführungsfristen**
11.1	Der Baubeginn wird am ________________ erfolgen.
11.2	Der AN ist verpflichtet, seine vertraglichen Leistungen bis spätestens zum ________________ fertigzustellen.
12.0	**Sonstige Vereinbarungen**
13.0	**Salvatorische Klausel** Ergänzende Vereinbarungen bedürfen der Schriftform. Die etwaige Unwirksamkeit einer oder mehrerer Bestimmungen dieses Vertrages lässt die Gültigkeit der übrigen Bestimmungen unberührt. Es kommt deutsches Recht zur Anwendung.
	Ort, Datum, Unterschriften der Vertragsparteien

Übersicht 1: Werkvertrag: Verbrauchervertrag für Bauleistungen – Handwerkervertrag

Ein Werkvertrag (die meisten Kundenaufträge eines Malerbetriebes sind Werkverträge und Werklieferungsverträge) zeichnet sich durch einige wichtige Grundsätze aus, die es zu beachten gilt (**Übersicht 2**):

Unternehmer (Malerbetrieb)	Kunde
Der Unternehmer verpflichtet sich, ein mangelfreies Werk/eine mangelfreie Werkleistung zu liefern.	Der Kunde verpflichtet sich, die vereinbarte Vergütung für das Werk/die Werkleistung zu zahlen.
Das Werk	
• Der Werkvertrag ist ein Erfolgsvertrag • Der Kunde hat einen Anspruch auf einen Werkerfolg • Beim Werk müssen die anerkannten Regeln der Technik und die gesetzlichen/behördlichen Bestimmungen beachtet werden!	

Übersicht 2: Grundsätze eines Werkvertrags

28.5 Kaufvertrag

Eine weitere häufige Vertragsform ist der Kaufvertrag.

- Durch den Kaufvertrag wird der Verkäufer einer Sache verpflichtet, dem Käufer die Sache zu übergeben und das Eigentum an der Sache zu verschaffen. Der Verkäufer hat dem Käufer die Sache frei von Sach- und Rechtsmängeln zu verschaffen.

- Der Käufer ist verpflichtet, dem Verkäufer den vereinbarten Kaufpreis zu zahlen und die gekaufte Sache abzunehmen.

Der Anbieter ist für eine bestimmte Frist, die er selbst festlegen kann, an sein Angebot gebunden, er kann also nicht plötzlich, nachdem man sein Angebot angenommen hat, die Preise oder Lieferbedingungen ändern, wenn nicht besondere Umstände vorliegen.

Wird das Angebot angenommen, ist ein Kaufvertrag zustande gekommen. Damit ist der Verkäufer verpflichtet, die Ware in einwandfreiem Zustand dem Käufer so bald wie möglich zu übergeben. Der Käufer seinerseits muss dem Verkäufer den vereinbarten Preis bezahlen. Er wird damit neuer Eigentümer der Ware. Der Kaufvertrag wird in der Regel schriftlich abgeschlossen, durch einen Stempel und Unterschriften ergänzt (**Bild 1**).

Bild 1: Kaufvertrag

Ein schriftlicher Kaufvertrag sollte folgende Angaben enthalten:

- **Genaue Bezeichnung der Ware und der Menge.**

- **Endpreis** (mit Mehrwertsteuer), möglicherweise **Skonto** (Rabatt bei sofortiger Zahlung).

- **Lieferbedingungen**: Wenn kein Liefertermin genannt wird, muss sofort geliefert werden.

- **Zahlungsbedingungen**: Wenn kein Zahlungstermin genannt wird, muss sofort bezahlt werden. In der Regel wird unter Eigentumsvorbehalt geliefert, d. h., die Ware bleibt bis zur vollständigen Bezahlung Eigentum des Verkäufers.

- **Erfüllungsort und Gerichtsstand**: Damit ist der Ort gemeint, an dem die Leistung erbracht wird. Hinsichtlich der Übergabe der Ware ist dies der Firmensitz oder der Wohnsitz des Verkäufers, hinsichtlich der Bezahlung ist dies der Firmensitz oder der Wohnsitz des Käufers.

- **Allgemeine Geschäftsbedingungen (AGB)**: Schriftlich abgefasste Kaufverträge enthalten in aller Regel umfangreiche meist kleingedruckte Passagen, die „Allgemeinen Geschäftsbedingungen" (AGB). Damit der Käufer nicht benachteiligt wird, gibt es hierzu im Bürgerlichen Gesetzbuch (BGB) gesetzliche Vorschriften (**Übersicht 1**).

Firmen müssen ihre Kunden spätestens bei Vertragsabschluss auf ihre AGB hinweisen und ihnen die Möglichkeit geben, die einzelnen Punkte genau zu prüfen. Das gilt auch bei Internetgeschäften.
Die Bedingungen müssen mühelos lesbar sein und so verständlich formuliert werden, dass sie auch ein Nichtjurist verstehen kann.
Überraschende Klauseln, d. h. Vertragsinhalte, mit denen man nicht rechnen konnte, sind unwirksam.
Vorschriften des BGB, die den Käufer schützen sollen, dürfen nicht durch andere Bestimmungen der AGB umgangen werden. So dürfen beispielsweise Gewährleistungsansprüche nicht aufgehoben werden. Erlaubt ist allerdings, dass sich der Verkäufer in den AGB das Recht auf Reparatur oder Ersatzlieferung vorbehält, bevor ein Anspruch auf Preisnachlass oder Rücktritt vom Vertrag geltend gemacht werden kann.
Der Verkäufer haftet dafür, dass die Ware tatsächlich die zugesicherten Eigenschaften besitzt. Eine Kaufsache kann also zurückgegeben werden, wenn sie nicht die in der Werbung versprochenen Eigenschaften (z. B. Benzinverbrauch bei Kfz) hat. Die Gewährleistungsfrist beträgt im Allgemeinen 2 Jahre.
Der Käufer hat das Recht zu wissen, wie lange er zeitlich an seinen Auftrag gebunden ist. Er sollte also auf einen verbindlichen spätesten Liefertermin drängen. Wenn dieser Termin verstrichen ist, kann er eine kurze Nachfrist setzen. Danach ist der Kaufvertrag aufgehoben.
Nach Vertragsabschluss dürfen die Preise für Waren oder Leistungen, die innerhalb von 4 Monaten geliefert oder erbracht werden, nicht erhöht werden.

Übersicht 1: Die wichtigsten Regelungen der „Allgemeinen Geschäftsbedingungen"

28.6 Weitere Vertragsarten

Weitere wichtige Vertragsarten sind (**Übersicht 1**):

Mietvertrag

Im Gegensatz zum Kaufvertrag wird beim Mietvertrag (§§ 535 - 580 BGB) kein Eigentum übertragen, das Eigentum wird nur einer anderen Person zur Nutzung überlassen, die dafür dem Eigentümer Miete zahlt.

Der Mieter wird also **Besitzer**, der Vermieter bleibt aber **Eigentümer**.

Vermietet werden können bewegliche Sachen wie Autos oder Werkzeuge, oder unbewegliche Sachen wie eine Wohnung oder ein Haus (Immobilien).

Leasingvertrag

Leasing (von engl. to lease = mieten, pachten) bezeichnet eine Art von Mietvertrag. Leasing ist eine Mischform aus Miete und Ratenkauf. Ein Leasingvertrag muss deshalb schriftlich abgeschlossen werden.

Beispiel: Ein Malerbetrieb least einen Kleinbus. Der Betrieb zahlt eine festgelegte Zeit lang regelmäßig eine bestimmte Gebühr (zusätzlich oft noch eine bestimmte Sonderzahlung).

Dafür bekommt der Malerbetrieb einen Kleinbus zur Verfügung gestellt. Die Firma ist verpflichtet, für die Instandhaltung des Fahrzeugs zu sorgen, zudem wird in der Regel auch eine bestimmte Kilometerzahl festgelegt, die nicht überschritten werden darf. Nach Ablauf der Leasingzeit kann der Betrieb das Fahrzeug zu einem günstigen Preis kaufen.

Kreditvertrag

Wer Geld braucht, kann einen Kredit aufnehmen (§§ 607 – 609 BGB). Der Kreditgeber stellt das Geld zur Verfügung und verlangt dafür einen bestimmten **Zins**. In der Regel wird vertraglich festgelegt, in welchem Zeitraum (**Laufzeit**) und in welchen Raten (**Tilgung**) der Kredit zurückgezahlt werden muss.

Ein Kreditvertrag muss schriftlich abgeschlossen und persönlich unterschrieben werden; ein Vertragsabschluss per Internet ist daher nicht zulässig. Er muss im Wesentlichen folgende Regelungen enthalten (§ 492 BGB):

- Höhe des Kreditbetrages
- Höhe der regelmäßigen Teilrückzahlungen für Tilgung, Zinsen und alle sonstigen Kosten
- Effektiver Zinssatz (die in einem Prozentsatz des Netto-Kreditbetrags anzugebende Gesamtbelastung pro Jahr)

Ein Kreditvertrag kann innerhalb von 14 Tagen jederzeit widerrufen werden.

Dienstvertrag

In einem Dienstvertrag (§§ 611-630 BGB) verpflichtet sich eine Person gegenüber einer anderen zur Arbeitsleistung gegen Entgelt. Die bekannteste und üblichste Form des Dienstvertrages ist der **Arbeitsvertrag**. Ob in dem Dienstvertrag ein Zeitlohn oder eine Bezahlung nach Leistung vereinbart wird, bleibt den Vertragsparteien überlassen. Allerdings gibt es hierbei Einschränkungen durch Gesetze und Tarifverträge.

Übersicht 1: Vertragsarten

28.7 Nichtigkeit und Anfechtbarkeit

Rechtsgeschäfte und Willenserklärungen, die nichtig sind, sind von Anfang an ungültig (**Übersicht 1**):

Rechtsgeschäfte / Willenserklärungen	Beispiel
Willenserklärungen von Geschäftsunfähigen	Der 5-jährige Marcel verschenkt den Akkuschrauber seines Vaters.
Willenserklärungen bei Bewusstlosigkeit oder vorübergehender Störung der Geistestätigkeit	Berti Rausch verkauft in volltrunkenem Zustand seinen Firmenbus für 1.000 €. Der Kaufvertrag ist nichtig, da bei Rausch eine Bewusstseinstrübung vorliegt.
Willenserklärungen, die zum Schein abgegeben wurden (Scheingeschäft)	Bei einem Grundstückskauf erklären Verkäufer und Käufer eines Grundstücks vor dem Notar, den Kauf zu einem Preis von 100 000,– € abwickeln zu wollen. Tatsächlich wurden jedoch 150 000,– € bezahlt. Mit dem zu niedrig angegebenen Kaufpreis sollte die Grunderwerbsteuer hinterzogen werden.
Rechtsgeschäfte, die gegen ein gesetzliches Verbot verstoßen	Ein Kaufvertrag über 50 g Rauschgift ist nichtig.
Rechtsgeschäfte, die gegen die guten Sitten verstoßen	Enzo sucht seit Wochen vergeblich nach einem Zimmer. Verzweifelt schließt er einen Tag vor Beginn seiner neuen Arbeitsstelle in Berlin einen Mietvertrag mit einer Monatsmiete von 1.200,– € für 12 m^2 ab. Der Vertrag ist nichtig (Mietwucher).
Rechtsgeschäfte, die gegen eine vom Gesetz vorgeschriebene Form verstoßen	Robert kauft ein Haus mit Grundstück durch eine mündliche Vereinbarung. Der Kaufvertrag ist nichtig, weil die vom Gesetz vorgeschriebene Form (notarielle Beurkundung) nicht beachtet wurde.
Willenserklärungen, die nicht ernstlich gemeint sind (Scherzgeschäfte).	Tilda Trumpf verspricht in ausgelassener Laune jedem ihrer Freunde, der sich bei einem Cocktailempfang die Hose herunter zieht 500,– €. Zu ihrem Entsetzen machen es einige. Tilda Trumpf muss nicht zahlen, weil sie ihre Willenserklärung nur zum Scherz abgegeben hat.

Übersicht 1: Nichtige Willenserklärungen und Rechtsgeschäfte

Rechtsgeschäfte und Willenserklärungen können durch Anfechtung ungültig werden. Folgende Gründe können zu einer Anfechtung führen (**Übersicht 2**):

Anfechtung	Erklärung	Beispiel
Inhaltsirrtum	Der Erklärende hat eine irrige Vorstellung von dem, was er äußert.	Bert Grabsch bestellt in Düsseldorf einen „Halve Hahn". Er weiß nicht, dass es sich dabei um ein Käsebrot handelt.
Erklärungs-irrtum	Die Äußerung des Erklärenden entspricht nicht dem, was er äußern wollte (Versprechen, Verschreiben, Vertippen, Verhören)	Ein Malergeschäft bietet ein Airlessgerät für 380,- € anstatt für 3.800,– € an.
Eigenschafts-irrtum	Der Erklärende hätte die Willenserklärung gar nicht abgegeben, wenn er sich über die Eigenschaften der Person oder der Sache im Klaren gewesen wäre.	Ein Malerunternehmen stellt einen Fahrer für die Belieferung der Baustellen ein, der Alkoholiker ist.
Übermittlungs-irrtum	Eine mit der Übermittlung beauftragte Person hat die Willenserklärung nicht richtig weitergegeben.	Ein Azubi kauft für seinen Betrieb (im Auftrag des Chefs) statt eines Laptops einen „normalen PC".
Anfechtung wegen arglistiger Täuschung	Der Erklärende wird durch Täuschung zur Abgabe einer Willenserklärung bewogen.	Malerbetrieb Fix kauft einen gebrauchten Firmenbus, bei dem es sich um ein „garantiert unfallfreies" Fahrzeug handelt (der Verkäufer verschweigt, dass er damit einen schweren Unfall hatte).
Anfechtung wegen widerrechtlicher Drohung	Der Erklärende wird durch eine widerrechtliche Drohung zur Abgabe einer Willenserklärung bewogen.	Ein Azubi droht seinem Chef, er werde gegenüber der Ehefrau einiges über das Vorleben ihres Mannes erzählen, wenn er ihm nicht sofort eine Lohnerhöhung gibt.

Übersicht 2: Anfechtung von Willenserklärungen und Rechtsgeschäften

28.8 Gewährleistung

Durch den Abschluss eines Vertrages hat sich der Verkäufer verpflichtet, dem Käufer das Eigentum an einer Sache frei von Sach- oder Rechtsmängeln zu verschaffen (Gewährleistungspflicht). Die gesetzlich vorgeschriebenen Gewährleistungsfristen für Malerarbeiten unterscheiden sich in ihrer Geltungszeit je nachdem welche Vertragsbedingungen gelten: nach VOB (Vertragsordnung für Bauleistungen, Vereinbarung mit öffentlichen oder gewerblichen Auftraggebern) oder nach BGB (Bürgerliches Gesetzbuch, gilt bei Privatkunden) (**Übersicht 1**):

		Gewährleistungsfristen	
		VOB	BGB
Innenarbeiten:			
Lackieren, Tapezieren, Verlegung von Teppichböden, Trockenbauten	Keine substanzerhaltenden Leistungen, zumeist Verschönerungs- oder Reparaturarbeiten	2 Jahre	2 Jahre
Außenarbeiten:			
Fassadenrenovierung, WDVS, Balkonbeschichtungen, Holzfenstersanierungen, Dachuntersichten, Balkongeländer	Substanzerhaltende Leistungen, Schutz und Werterhalt am Bauwerk	4 Jahre	5 Jahre

Übersicht 1: Gewährleistungspflichten für Malerarbeiten

Gewährleistung bedeutet, dass der Verkäufer für Fehler einzustehen hat, die bereits beim Verkauf vorlagen, nicht aber, dass die verkaufte Ware über die gesamte Frist eine entsprechende Haltbarkeit aufweisen muss.

Wenn der Käufer allerdings einen Mangel erst nach sechs Monaten beanstandet, muss er beweisen, dass der Mangel bereits von Anfang an vorgelegen hatte. Nicht alle Mängel sind jedoch direkt bei der Übergabe zu entdecken. Im Hinblick auf ihre Entdeckbarkeit lassen sich folgende Mängel unterscheiden (**Übersicht 2**):

Offene Mängel	Versteckte Mängel
Bei einer Prüfung der gekauften Sache sind diese sofort erkennbar:	Sie sind bei einer Prüfung nicht sofort erkennbar.
Beim Auspacken des Buches, das Azubi Tilda Trumpf in einer Buchhandlung gekauft hat, stellt sie fest, dass der Buchrücken nicht richtig verleimt ist. Dadurch fallen einige Seiten heraus.	Die Undichtigkeit des Wärmedämmverbundsystems konnte erst festgestellt werden, nachdem der erste Wintereinbruch mit Frost und Regen erfolgte.
Arglistig verschwiegene Mängel	
Ein arglistig verschwiegener Mangel liegt vor, wenn der Verkäufer dem Käufer absichtlich einen vorhandenen Mangel verschweigt. Dies kommt vorwiegend bei versteckten Mängeln vor.	
Der Verkäufer eines gebrauchten Firmenbusses verschweigt, dass es sich um einen Unfallwagen handelt.	

Übersicht 2: Offene, versteckte und arglistig verschwiegene Mängel

Bei einem Vertragsabschluss müssen sich die Vertragspartner darauf verlassen können, dass die mit dem Vertrag verbundenen Verpflichtungen auch eingehalten werden. Das BGB formuliert das folgendermaßen: „Der Schuldner ist verpflichtet, die Leistung so zu bewirken, wie Treu und Glauben mit Rücksicht auf die Verkehrssitte es erfordern" (§ 242).

Schlechtleistung liegt vor, wenn der Verkäufer seine Vertragspflicht, mangelfrei – d. h. ohne Sach- oder Rechtsmangel – zu leisten, nicht erfüllt.

- Ein **Rechtsmangel** liegt vor, wenn Dritte an der gelieferten Sache Rechte gegen den Käufer geltend machen können.
- Ein **Sachmangel** liegt vor, wenn die Sache zum Zeitpunkt der Übergabe (Gefahrenübergang) mit Fehlern behaftet ist (**Übersicht 1**).
- **Verschleiß** (Abnutzung) ist der Masseverlust (Oberflächenabtrag) einer Stoffoberfläche durch schleifende, rollende, schlagende, kratzende, chemische oder thermische Beanspruchung. Verschleiß- und Abnutzungserscheinungen müssen nicht unbedingt Sachmängel sein, zumeist entstehen sie durch die Benutzung. Wenn Verschleiß allerdings ursächlich auf einem Sachmangel beruht, so stellt die Abnutzung ebenfalls einen Sachmangel dar.

28.9 Aufgaben

a)

b)

c)

d)

e)

Aufgabe 1 Nehmen Sie zu obigen Sachmängeln Stellung. Wer ist verantwortlich, wer muss den Schaden zahlen?

Der Nutzen technischer Merkblätter

Eine der wichtigsten Entscheidungen beim Bearbeiten von Kundenaufträgen ist die Wahl des Beschichtungssystems. Der Maler und Lackierermeister ist dafür verantwortlich, dass die Beschichtung die geforderten und zugesagten Eigenschaften erfüllt (Lebensdauer, Schutz, Schönheit, Hygiene usw).

Viele Anbieter bestimmen den Markt der Beschichtungsstoffe, vom Marktführer bis zum Hersteller von Spezialprodukten. Es ist sicherer und einfacher für den Maler und Lackierer, wenn er nicht nur der Werbung und dem Verkäufer glauben muss, sondern wenn er imstande ist, sich selbst zu informieren und das geeignete Beschichtungssystem zum Auftrag auszuwählen. Neben angeeignetem Fachwissen und beruflicher Erfahrung helfen ihm Technische Merkblätter bei der Entscheidung.

Darüber hinaus informiert der Hersteller im Technischen Merkblatt verbindlich über wichtige Fakten nach Übersicht 1:

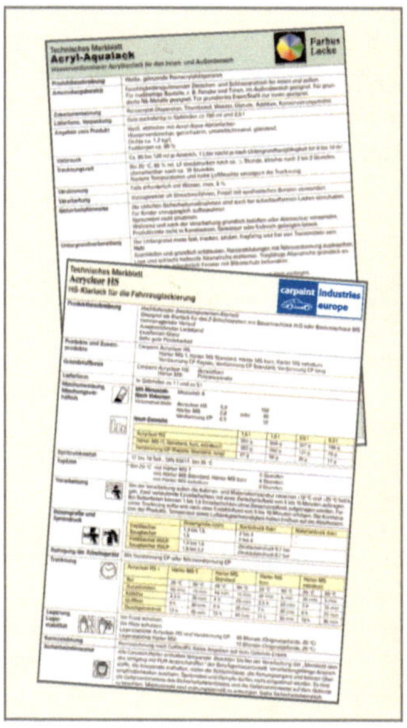

Technisches Merkblatt	**Werkstoff**	Art, Zusammensetzung, Eigenschaften, Glanzgrad, Farbpalette, Lieferviskosität, Lieferform, Dichte, Grenzwerte, Lager- und Transportvorschriften u.a.
	Anwendungsbereiche	Geeignete Untergründe, Objekte (übliche Beispiele)
	Verarbeitung	Anmischen, Abtönen, Verdünnen, Verträglichkeit, Applikationsverfahren, Verbrauch oder Ergiebigkeit, Trocknung, Verarbeitungstemperatur, Deklaration u.a.
	Beschichtungsaufbau	Untergrundvorbereitung, Möglichkeiten des Beschichtungsaufbaus, Besondere Hinweise
	Gefahren	Schutzmaßnahmen, Hinweis auf das Sicherheitsdatenblatt
	Anmerkungen	Angaben zum Hersteller, Ausgabedatum, Hinweis auf Geschäftsbedingungen

Übersicht 1: Inhalt eines Technischen Merkblattes

Neben den Technischen Merkblättern liegen zu allen Werkstoffen Sicherheitsdatenblätter kostenlos vor. Diese enthalten Informationen nach Übersicht 2.

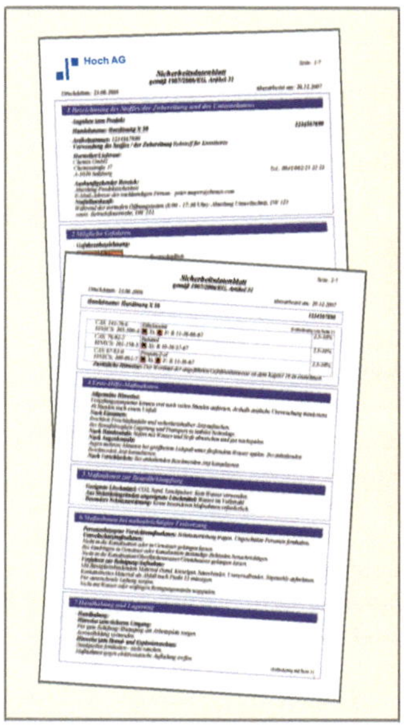

Sicherheitsdatenblatt	Bezeichnung des Stoffes
	Hersteller
	Mögliche Gefahren
	Zusammensetzung des Stoffes
	Angaben zu den Bestandteilen
	Erste-Hilfe-Maßnahmen
	Maßnahmen im Unglücksfall
	Kennzeichnung
	Persönliche Schutzausrüstung
	Lagerung
	Transport
	Entsorgung
	Angaben zu Rechtsvorschriften

Übersicht 2: Inhalt eines Sicherheitsdatenblattes

Natürlich sind die Informationen des Sicherheitsdatenblattes nicht nur für die Verarbeitung, sondern auch für die Wahl des Beschichtungsstoffes von Bedeutung. Allerdings werden für den Verarbeiter wichtige Informationen schon weitgehend im Technischen Merkblatt erfasst und in diesem, bei größerem Informationsbedarf, auf das Sicherheitsdatenblatt verwiesen.

Vorgehensweise beim Arbeiten mit dem Technischen Merkblatt (TM)

Während der Arbeit als Lehrling oder Geselle entscheiden andere, mit welchen Produkten im Betrieb gearbeitet wird. In verantwortlicher Position (als Vorarbeiter, Meister etc.) liegen der Entscheidung zwei Faktoren zugrunde:

- **Das Objekt:**
  Erfassen der Forderungen an die Beschichtung am zu beschichtenden Objekt (Untergrundart, Zustand des Untergrundes, zu erwartende Beanspruchung, Vorgaben des Kunden) und Größe der zu beschichtenden Fläche.

- **Der Markt:**
  Welche Produkte bieten Lackhersteller an? Erste Information erfolgt in der Regel über Werbung und Fachzeitschriften. Genaue Informationen erhält man über das Technische Merkblatt. Sie sind in der Regel leicht über die Website des Herstellers einsehbar und auszudrucken.

Nach Vergleich der Informationen verschiedener Hersteller fällt die Entscheidung für das Beschichtungssystem eines Herstellers. Zwar sind viele Werkstoffe verschiedener Hersteller ähnlich und somit kombinierbar, im Schadensfall bleibt der Maler und Lackierer dann aber auf jeden Fall auf den Kosten der Schadensbeseitigung sitzen. Kulanz wird nicht gewährt, es könnte ja das Produkt der Konkurrenz den Schaden verursacht haben. Für Grund-, Zwischen- und Schlussbeschichtung ist die empfohlene Produktlinie **eines Herstellers** einzuhalten. Informationen darüber gibt immer das Technische Merkblatt der Schlussbeschichtung.
Über das Technische Merkblatt der Schlussbeschichtung erfährt man, auf welchen Untergründen und mit welchen Produkten das Beschichtungssystem aufgebaut werden kann.

Preise sind nicht in Technischen Merkblättern enthalten. Dafür gibt es besondere Preislisten, die über einen bestimmten Zeitraum gültig sind.
Die benötigten Mengen lassen sich mithilfe der Verbrauchs- und/oder Ergiebigkeitsangaben im Technischen Merkblatt ermitteln.
Die Wahl der Gebindegröße ist wichtig, um nicht zu viel Material zu bestellen, aber auch, um Preisvorteile bei größeren Gebinden auszuschöpfen.

Auch der Ablauf der Auftragsabwicklung erfolgt unter Berücksichtigung der Angaben im Technischen Merkblatt (Auftragsverfahren, Trocknungszeiten u.a.). Besonderes Augenmerk ist auf Vorschriften zur Arbeitssicherheit zu legen. Genauere Angaben können im Sicherheitsdatenblatt nachgelesen werden.

Der Ablauf kann in **Übersicht 1** nachvollzogen werden.

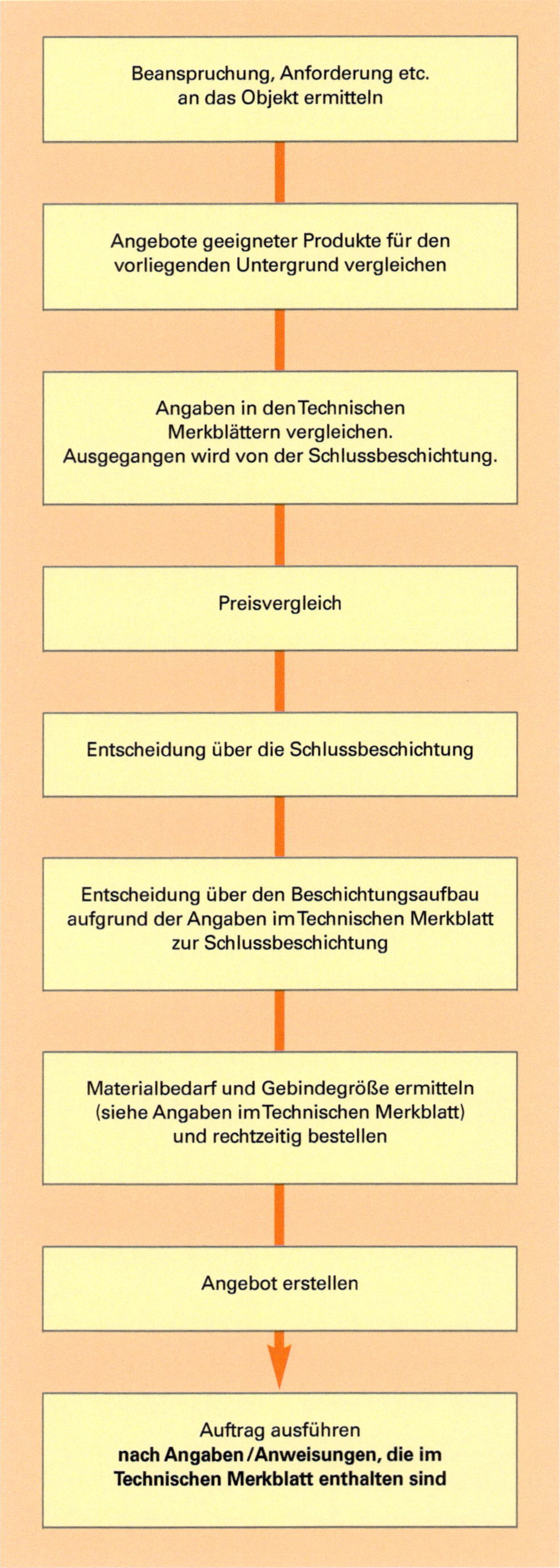

Übersicht 1: Informationsgewinn aus dem Technischen Merkblatt

30.1 Aufgaben zur Bearbeitung von Metalluntergründen

Lackfabriken bieten eine Vielzahl von Produkten zur Bearbeitung von Kundenaufträgen mit dem Untergrund Metall an. Dafür stehen Informationsmappen mit Technischen Merkblättern oder Seiten im Internet bereit.
Aus der Vielfalt der Produkte müssen die Werkstoffe ermittelt werden, die sich zur Bearbeitung des Kundenauftrages eignen und die geforderten Eigenschaften aufweisen.

Folgende Kundenaufträge sind in diesem Kapitel zu bearbeiten (**Bild 1-3 und Bild 4 nächste Seite**):

- Eisengeländer, werksgrundiert, lackieren
- Stahlbrücke über Neckar, Isar, Wupper, stark angerostete Zinkstaubbeschichtung, renovieren
- Verzinkte Dachrinne, neu, außen und innen streichen
- Putz-Silo mit intakter Altbeschichtung auf PUR-Basis, umlackieren

Die Auswahl der Werkstoffe erfolgt anhand der Technischen Merkblätter, die sich im Anschluss an diese Kundenaufträge auf Seite 211 bis 218 befinden.

Die Technischen Merkblätter dieses Fachbuches wurden in Anlehnung an Technische Merkblätter des Marktes erstellt. Die genannten Produkte decken für Übungszwecke eine breite Auftragspalette ab. Aus Gründen der Übersichtlichkeit wurden die Angaben zur Untergrundvorbereitung und zur Ausführung gekürzt. Besonderer Wert wurde auf die Produktbeschreibung im System, sowie auf Angaben zur Verbrauchsberechnung gelegt.

Bild 1: Eisengeländer, werksgrundiert, zu Aufgabe 1 a, S. 210

Bild 2: Stahlbrücke über Neckar, Isar, Wupper, stark angerostete Zinkstaubeschichtung, zu Aufgabe 1 b, S. 210

Bild 3: Verzinkte Dachrinne zu Aufgabe 1 c, S. 210

Aufgabe 1

Mithilfe der Technischen Merkblätter ist eine Liste der Werkstoffe für die folgenden Kundenaufträge zu erstellen:

a) Eisengeländer, werksgrundiert, lackieren (Bild 1, S. 209)

b) Stahlbrücke über Neckar, Isar, Wupper, stark angerostete Zinkstaubbeschichtung, renovieren (Bild 2, S. 209)

c) Verzinkte Dachrinne, neu, außen und innen lackieren (Bild 3, S. 209)

d) Putz-Silo mit intakter Altbeschichtung auf PUR-Basis, umlackieren (Bild 4)

Welche Produkte wählen Sie aus als

- Grundierung?
- Zwischenbeschichtung?
- Schlussbeschichtung?

Oft sind mehrere Beschichtungsaufbauten möglich.

Bild 4: Putz-Silo, zu Aufgabe 1 d

Aufgabe 2

Die Oberfläche einer pulverbeschichteten Fassadenverkleidung aus Metall an einem Industriegebäude beträgt 67,00 m² (Bild 5).

a) Empfehlen Sie einen geeigneten Beschichtungsaufbau.

b) Berechnen Sie die Verbrauchsmengen.

c) Wie viele Gebinde müssen Sie von den Materialien bestellen?

Bild 5: Fassadenverkleidung, zu Aufgabe 2

Ziel der Aufgaben 1 und 2 ist das Einüben der Vorgehensweise beim Arbeiten mit Technischen Merkblättern.

Vergleichbare Produkte mit gleicher Bindemittelbasis finden sich im Angebot namhafter Hersteller. So hat fast jeder Lackhersteller für Metalluntergründe einen wasserverdünnbaren Haftgrund auf Acrylbasis im Angebot (in diesem Buch Haftgrund Aqua EP).

Zusatzaufgabe

Bearbeiten Sie die Aufträge der Aufgabe 1 von Neuem mit Technischen Merkblättern, die Sie sich von Herstellern aus dem Internet besorgen.

a) Eisengeländer, werksgrundiert, lackieren

b) Stahlbrücke über Neckar, Isar, Wupper, stark angerostete Zinkstaubbeschichtung, renovieren

c) Verzinkte Dachrinne, neu, außen und innen lackieren

d) Putz-Silo mit intakter Altbeschichtung auf PUR-Basis, umlackieren

Welche Produkte wählen Sie aus als

- Grundierung?
- Zwischenbeschichtung?
- Schlussbeschichtung?

Oft sind mehrere Beschichtungsaufbauten möglich.

30.2 TM / Grundierungen

Technisches Merkblatt (Auszug)
Alkydgrund 80
Rostschutzgrundierung

Lackfabrik Köln

Produktbeschreibung	Rost passivierende lösemittelhaltige Alkydharzgrundierung. Bis 180 °C hitzebeständig. Geeignet für die Beschichtung mit Alkyd- oder Acrylharzlacken. Enthält max. 500 g/l VOC
Einsatzmöglichkeiten	Grundierung auf Eisenmetallen innen und außen, insbesondere Warmwasserheizkörper.
Hinweise zur Verarbeitung	Verdünnen zum Streichen und Rollen mit Terpentin-Ersatz 123, zum Spritzen mit Verdünnung 100 maximal 7 %. Staubtrocken nach ca. 30 min, klebfrei nach 60 min, überarbeitbar nach 3 Stunden Die Sicherheitshinweise auf dem Gebinde und im Sicherheitsdatenblatt sind zu beachten.
Verbrauch	Ca. 90 – 110 ml/m² bzw. 110 – 130 g/m² je Anstrich
Lieferform	In Gebinden zu 500 ml, 1 l und 2,5 l

Technisches Merkblatt (Auszug)
Haftgrund Aqua EP
Haftvermittelnde Grundierung

Lackfabrik Köln

Produktbeschreibung	Wasserverdünnbarer, zweikomponentiger Haftgrund. Epoxidharzbasis. Max. 50 g/l VOC
Einsatzmöglichkeiten	Haftvermittler für Beschichtungen im Außen- und Innenbereich, z. B. auf Zink, verzinktem Stahl, Aluminium und 2K-Beschichtungen. Kann mit Alkyd-, Acryl-, Epoxid-, Polyurethan-, Polymerisatharzlacken usw. beschichtet werden.
Hinweise zur Verarbeitung	Stammlack und Härter wird im Verbund geliefert. Der Innenboden ist zu durchstechen. Der Ansatz entspricht dem Mischungsverhältnis 4:1 Haftgrund LM EP: Härter MS Verdünnen mit Wasser maximal 5 %. Nicht unter 5 °C verarbeiten. Topfzeit ca. 1,5 Stunden. Klebfrei nach 5 Stunden, überarbeitbar nach 12 Stunden. Die Sicherheitshinweise auf dem Gebinde und im Sicherheitsdatenblatt sind zu beachten.
Verbrauch	Ca. 140 ml/m²
Lieferform	In Gebinden zu 500 ml, 1 l und 2,5 l (inklusive Härter)

Technisches Merkblatt (Auszug)
Haftgrund LM EP
Haftvermittelnde Grundierung

Lackfabrik Köln

Produktbeschreibung	Rost passivierender, lösemittelhaltiger zweikomponentiger Haftgrund auf Epoxidharzbasis. Enthält max. 500 g/l VOC. Dichte ca. 1,36 g/cm³
Einsatzmöglichkeiten	Haftvermittler für Beschichtungen im Außen- und Innenbereich, z. B. auf Zink, verzinktem Stahl, Aluminium, Pulverlacken, CoilCoating, überstreichbaren Kunststoffen und 2K-Beschichtungen. Besonders geeignet für Stahlteile, an die hohe mechanische und chemische Ansprüche gestellt werden.
Hinweise zur Verarbeitung	Stammlack und Härter wird im Verbund geliefert. Der Innenboden ist zu durchstechen. Der Ansatz entspricht dem Mischungsverhältnis 3,5:1 Haftgrund LM EP: Härter MS Standard Verdünnen mit EP-Spezialverdünnung 100 maximal 5 % Vorreaktionszeit 10 Minuten. Topfzeit ca. 8 Stunden. Überarbeitbar nach 6 Stunden. Die Sicherheitshinweise auf dem Gebinde und im Sicherheitsdatenblatt sind zu beachten.
Verbrauch	Ca. 120 ml/m²
Lieferform	In Gebinden zu 500 ml, 1 l und 2,5 l (inklusive Härter)

Technisches Merkblatt (Auszug)
Zinkstaubgrund EP
Zinkstaubreiche 2K-Grundierung

Lackfabrik Köln

Produktbeschreibung	Mit mikronisiertem Zinkstaub hochpigmentierte, thixotrope 2K-Grundierung auf Epoxidharzbasis mit exzellentem Korrosionsschutzverhalten. Bis 300 °C dauertemperaturbeständig. Dichte 3,00g/cm³, Festkörper ca. 84 Gewichts-%. Enthält max. 500 g/l VOC
Einsatzmöglichkeiten	Hochwertige, vielseitige Grundierung für gestrahlte Stahluntergründe im schweren Korrosionsschutz (Stahlkonstruktionen, Maschinen, Schiffsbau u.a.) mit hoher Beanspruchung. Kann mit Alkyd-, Acryl-, Epoxid-, Polyurethan-, Polymerisatharzlacken usw. beschichtet werden.
Hinweise zur Verarbeitung	Der Untergrund sollte nach Normreinheitsgrad Sa2 ½ vorliegen. Mischungsverhältnis entspricht in Gewichtsteilen 100: 8,5 EP-Zinkstaubgrund EP: Härter Topfzeit ca. 8 Stunden. Im Streichverfahren applizieren. Staubtrocken nach 45 min, klebfrei nach 2 Std, überarbeitbar nach 6 Stunden Bei Beschichtung mit Alkydharzlack ist ein Zwischenanstrich mit Zink-Haftgrund nötig. Die Sicherheitshinweise auf dem Gebinde und im Sicherheitsdatenblatt sind zu beachten.
Ergiebigkeit	Ca. 3,8 kg/m² bzw. 11,5 l/m² bei einer Trockenschicht von 40 µm
Lieferform	EP-Zinkstaubgrundierung 5 kg oder 25 kg, EP-Härter 0,560 kg oder 3 kg inklusive

30.3 TM / Zwischen- und Schlussbeschichtungen für normale bis hohe Beanspruchung

Technisches Merkblatt (Auszug)

Alkydglanz 290

Aromatenfreier Alkydharzlack

Lackfabrik Köln

Produktbeschreibung	Lösemittelhaltiger, hochglänzender, aromatenfreier Alkydharzlack Wetter- und glanzbeständig. Dichte 1,1g/cm³. Enthält max. 400 g/l VOC
Einsatzmöglichkeiten	Für hochwertige, normal beanspruchte Lackierungen, außen und innen. Kurzfristig beständig gegen Schmier-, Bohr- und Dieselöle. Empfohlen für grundierte Metallbauteile, z. B. Baumaschinen, Stahlkonstruktionen. Auch geeignet für Renovierung intakter Holzbeschichtungen im Innenbereich.
Hinweise zur Verarbeitung	Streichen, Rollen, Spritzen möglich. Einsatz Verdünnung 100 mit max. 8 Volumen-%. Staubtrocken nach ca. 60 min, klebfrei nach 5 h, überarbeitbar nach 24 h. Die Sicherheitshinweise auf dem Gebinde sind zu beachten.
Lieferform	In Gebinden zu 750 ml und 2,5 Liter
Verbrauch	Ca. 90 - 110 ml/m²
Beschichtungsaufbau	Der Untergrund muss fest, trocken, sauber, tragfähig sein. Vorhandene Altbeschichtungen auf Eignung, Trag- und Haftfähigkeit prüfen und, falls ungeeignet, entfernen.

Untergrund	Grundanstrich	Zwischenanstrich	Schlussanstrich
Eisen/Stahl unbehandelt	Alkydgrund 80		
Eisen/Stahl mit werkseitiger Grundierung	Alkydgrund 80	Alkydglanz 290	Alkydglanz 290
Intakte Altlackierung	Auf Schadstellen Alkydgrund 80	Je nach Anforderung Alkydgrund 80	
Zink, verzinkter Stahl, Aluminium, Hart-PVC	2 x Haftgrund LM EP		
CoilCoating, Pulverlackierung, 2K-Lackierung, Eloxiertes Aluminium	2 x Haftgrund LM EP	Alkydglanz 290	

Technisches Merkblatt (Auszug)

Mipolat Dickschicht

Aromatenfreier Alkydharzlack

Lackfabrik Köln

Produktbeschreibung	Einkomponentige Dickbeschichtung auf der Basis von Mischpolymerisat. Wetter- und glanzbeständig auch bei Industrieklima. Dichte ca. 1,2 g/cm³. Enthält max. 600 g/l VOC.
Einsatzmöglichkeiten	Für rationelle, dekorative und wetterschützende Dickbeschichtungen, außen und innen (Hallen- und Brückenkonstruktionen, Masten, Silos, Krananlagen, Rohrleitungen). Auf grundiertem Eisen/Stahl, direkt auf Zink oder verzinkten Untergründen, Aluminium und überstreichbaren Kunststoffen einsetzbar.
Hinweise zur Verarbeitung	Unverdünnt verarbeiten im Streich-, Roll- oder Airless-Spritzverfahren. Staubtrocken nach ca. 60 min, klebfrei nach 3-4 h, überarbeitbar frühestens nach 5 h, besser nach 24 h. Die Sicherheitshinweise auf dem Gebinde und im Sicherheitsdatenblatt sind zu beachten.
Lieferform	In Gebinden zu 750 ml und 2,5 Liter
Verbrauch	Ca. 120 ml/m² bei Trockenschicht 40 – 50 µm Im Airlessspritzauftrag 250 ml/m² bei Trockenschicht ca. 80 µm
Beschichtungsaufbau	Der Untergrund muss fest, trocken, sauber, tragfähig sein. Vorhandene Altbeschichtungen auf Eignung, Trag- und Haftfähigkeit prüfen und, falls ungeeignet, entfernen.

Untergrund	Grundanstrich	Zwischenanstrich	Schlussanstrich
Eisen/Stahl unbehandelt	Alkydgrund 80 oder Zinkstaubgrund EP		
Eisen/Stahl mit werkseitiger Grundierung	Alkydgrund 80		
Intakte Altlackierung	Auf Schadstellen Alkydgrund 80	Mipolat Dickschicht	Mipolat Dickschicht
Zink, verzinkter Stahl, Aluminium, Hart-PVC	Mipolat Dickschicht oder Zinkstaubgrund EP		
CoilCoating, Pulverlackierung, 2K-Lackierung, Eloxiertes Aluminium	Mipolat Dickschicht oder Haftgrund LM EP		

Technisches Merkblatt (Auszug)

Acrylic Satin

Wasserverdünnbarer Acrylharzlack

Lackfabrik Köln

Produktbeschreibung	Wasserverdünnbarer Seidenglanzlack auf Acrylharzbasis für innen und außen. Dichte 1,28 kg/l, Enthält max. 120 g/l VOC
Einsatzmöglichkeiten	Für hochwertige Lackierungen auf Eisen/Stahl, auf Zink oder verzinkten Untergründen und überstreichbaren Kunststoffen.
Hinweise zur Verarbeitung	Streichen, Spritzen, Rollen möglich. Mit Wasser verdünnen. Nicht unter 10 °C verarbeiten Staubtrocken nach 1 Stunde, grifffest nach 2 – 3 h, überarbeitbar nach 6 – 8 h, durchgetrocknet nach 24 h. Die Sicherheitshinweise auf dem Gebinde und im Sicherheitsdatenblatt sind zu beachten.
Lieferform	In Gebinden zu 750 ml und 2,5 Liter
Verbrauch	Ca. 90 ml/m² bei Trockenschicht 40 – 50 µm
Beschichtungsaufbau	Der Untergrund muss fest, trocken, sauber, tragfähig sein. Vorhandene Altbeschichtungen auf Eignung, Trag- und Haftfähigkeit prüfen und, falls ungeeignet, entfernen.

Untergrund	Grundanstrich	Zwischenanstrich	Schlussanstrich
Eisen/Stahl, blank	2 x Haftgrund Aqua EP	Acrylic Satin	Acrylic Satin
Eisen/Stahl mit werkseitiger Grundierung	1 x Haftgrund Aqua EP		
Intakte Altlackierung	Auf Schadstellen 1 x Haftgrund Aqua EP		
Zink, verzinkter Stahl, Hart-PVC	1 x Haftgrund Aqua EP		

Technisches Merkblatt (Auszug)

2K-PURCRYL Hochglanz

2K-PUR-Acryl-Hochglanzlack

Lackfabrik Köln

Produktbeschreibung	Hoch belastbarer, für außen und innen einsetzbarer, hochglänzender 2K-PUR-Acryllack, wetter- und glanzbeständig auch bei Industrieklima. Bis 60 °C temperaturbeständig. Enthält max. 550 g/l VOC
Einsatzmöglichkeiten	Für Lackierungen auf Stahlbauteilen, verzinkten Bauteilen, die hoher mechanischer Belastung ausgesetzt sind. Beständig gegen viele Chemikalien.
Hinweise zur Verarbeitung	Verarbeitung vorzugsweise im Spritzverfahren. Stammlack und Härter im angegebenen Verhältnis mischen, danach umtopfen und nochmals durchrühren. Der Ansatz entspricht dem Mischungsverhältnis 4:1 Stammlack: PUR-Härter Standard. Verdünnen mit PUR-Spezialverdünnung maximal 10 %. Vorreaktionszeit 10 Minuten. Topfzeit 6-8 Stunden. Staubtrocken nach 30 Minuten, klebfrei nach 2 Stunden, durchgetrocknet nach 6-8 Stunden, ausgehärtet nach ca. 7 Tagen. Die Sicherheitshinweise auf dem Gebinde und im Sicherheitsdatenblatt sind zu beachten.
Lieferform	In Gebinden zu 750 ml und 2,5 Liter (Stammlack und Härter werden getrennt geliefert)
Verbrauch	Ca. 120 ml/m² bei Trockenschicht 40 – 50 µm
Beschichtungsaufbau	Der Untergrund muss fest, trocken, sauber, tragfähig sein. Vorhandene Altbeschichtungen auf Eignung, Trag- und Haftfähigkeit prüfen und, falls ungeeignet, entfernen.

Untergrund	Grundanstrich	Zwischenanstrich	Schlussanstrich
Eisen/Stahl, blank	2 x Haftgrund LM EP	2K-Purcryl Hochglanz	2K-Purcryl Hochglanz
Eisen/Stahl mit werkseitiger Grundierung	1 x Haftgrund LM EP		
Zink, verzinkter Stahl, Aluminium, Hart-PVC	2 x Haftgrund LM EP		
CoilCoating, Pulverlackierung, 2K-Lackierung	2 x Haftgrund LM EP		

Technisches Merkblatt (Auszug)

2K-PURCRYL Härter

Isocyanathärter

Produktbeschreibung	Spezieller Härter auf Basis von polyfunktionellen aliphatischem Isocyanat
Einsatzmöglichkeiten	Zum Ansetzen mit 2K-Purcryl Hochglanz.
Hinweise zur Verarbeitung	Ansatz im entsprechenden Mischungsverhältnis und nach Vorschrift verarbeiten. Die Sicherheitshinweise auf dem Gebinde und im Sicherheitsdatenblatt sind zu beachten.
Lieferform	200 g, 500 g
Lagerung	Kühl und trocken. Anbruchgebinde gut verschließen.

30.4 TM / Zwischen- und Schlussbeschichtungen für sehr hohe Beanspruchung

Technisches Merkblatt (Auszug)

2K-EP Eisenglimmer

Dickschichtige EP-Eisenglimmer-Beschichtung für höchste Beanspruchung

Lackfabrik Köln

Produktbeschreibung	Dickschichtig zu verarbeitende zweikomponentige Zwischen- und Deckbeschichtung auf Epoxidharz-Basis, polyaminvernetzt, mit vor Korrosion schützenden Eisenglimmeranteilen. Festkörper ca. 75 %. Bis 120 °C temperaturbeständig.
Einsatzmöglichkeiten	Besonders geeignet für Industriegüter, bei denen der Sachwertschutz im Vordergrund steht. Resistent gegen mechanische und chemische Belastung (die meisten Öle, Säuren, Laugen und Lösemittel).
Hinweise zur Verarbeitung	Applikation im Spritzverfahren empfohlen. Streifenbildung beim Streichen oder Rollen möglich. Stammlack und Härter im angegebenen Verhältnis mischen. Der Ansatz entspricht dem Mischungsverhältnis 4:1 Stammlack: EP-Härter. Unverdünnt streichen. Topfzeit 8 Stunden. Staubtrocken nach ca. 4 Stunden, klebfrei nach 7 Stunden, überarbeitbar nach 12 Stunden. Die Sicherheitshinweise auf dem Gebinde und im Sicherheitsdatenblatt sind zu beachten.
Lieferform	2,5 kg Kombipackung inklusive Härter
Verbrauch	Ca. 4,8 m²/kg bei einer Trockenschicht von etwa 80 µm
Beschichtungsaufbau	Der Untergrund muss fest, trocken, sauber, tragfähig sein. Vorhandene Altbeschichtungen auf Eignung, Trag- und Haftfähigkeit prüfen und, falls ungeeignet, entfernen.

Untergrund	Grundanstrich	Zwischenanstrich	Schlussanstrich
Eisen/Stahl unbehandelt, Sa 2 ½ vorbereitet	1 x Haftgrund LM EP oder Zinkstaubgrund EP	2K-EP Eisenglimmer	2K-EP Eisenglimmer oder 2K-Purcryl Hochglanz oder PU-Dickschicht
Eisen/Stahl mit werkseitiger Grundierung	1 x Haftgrund LM EP		
Zink, verzinkter Stahl, Aluminium	1 x Haftgrund LM EP		

Technisches Merkblatt (Auszug)

PU2K-Dickschicht

Dickschichtige PUR-Beschichtung, hochchemikalienfest

Lackfabrik Köln

Produktbeschreibung	Dickschichtig zu verarbeitender zweikomponentiger Polyurethandecklack mit hervorragendem Eigenschaftsprofil und erhöhter Schutzwirkung gegen Säuren, Laugen, viele Lösemittel , Öle u.a. Seidenglanz. Dichte 1,35 g/cm³. Festkörper 70 %
Einsatzmöglichkeiten	Besonders geeignet für Industrieobjekte aus Eisen, Stahl oder Gusseisen mit besonderer Chemikalienbelastung (Brückenkonstruktionen, Tanks, Rohrleitungen u.a.). Hoher Sachwertschutz in Verbindung mit farbiger Gestaltungsmöglichkeit, breite Farbpalette.
Hinweise zur Verarbeitung	Stammlack und Härter im angegebenen Verhältnis mischen. Der Ansatz entspricht dem Mischungsverhältnis 5:1 Stammlack: EP-Härter. Unverdünnt streichen Verdünnen zum Airlessspritzen mit PUR-Spezialverdünnung auf 80 DINsec. Topfzeit 8 Stunden. Staubtrocken nach ca. 1-1,5 Stunden, klebfrei nach 4-5 Stunden, überarbeitbar nach 12 Stunden. Die Sicherheitshinweise auf dem Gebinde und im Sicherheitsdatenblatt sind zu beachten.
Lieferform	2,5 kg, 5 kg und 20 kg Kombipackung inklusive Härter, andere Gebindegrößen nach Vereinbarung
Verbrauch	Ca. 5 m²/kg bei einer Trockenschicht von etwa 80 µm
Beschichtungsaufbau	Der Untergrund muss fest, trocken, sauber, tragfähig sein. Vorhandene Altbeschichtungen auf Eignung, Trag- und Haftfähigkeit prüfen und, falls ungeeignet, entfernen.

Untergrund	Grundanstrich	Zwischenanstrich	Schlussanstrich
Eisen/Stahl unbehandelt Sa 2 ½ vorbereitet	Haftgrund LM EP oder Zinkstaubgrund EP	2K-EP Eisenglimmer	PU2K-Dickschicht
Zink, verzinkter Stahl, Aluminium	Haftgrund LM EP	Haftgrund LM EP	

30.5 TM / Beschichtung von Dachrinnen, Rohren, Geländern, Heizkörpern

Technisches Merkblatt (Auszug)
Vinylio Dachrinnenlack
Lack auf PVC-Basis

Lackfabrik Köln

Produktbeschreibung	Spezial-PVC-Lack (Vinylchloridpolymer) zur Beschichtung von Zink, Leichtmetall, Eisen und Hart-PVC für innen und außen. Enthält Lösemittel. Pigmentierung auch in Kupfereffekt. Dichte 1,0 g/cm³			
Einsatzmöglichkeiten	Anwendung z. B. auf Ziergittern, Geländern, Toren, Dachrinnen			
Hinweise zur Verarbeitung	Unverdünnt verarbeiten durch Streichen oder Rollen; Staubtrocken nach ca. 5 Stunden, trocken nach 12 Stunden; Die Sicherheitshinweise auf dem Gebinde und im Sicherheitsdatenblatt sind zu beachten.			
Lieferform	In Gebinden zu 750 ml			
Verbrauch	Ca. 100 ml/m² bei Trockenschicht 40-50 μm			
Beschichtungsaufbau	Der Untergrund muss fest, trocken, sauber, tragfähig sein. Vorhandene Altbeschichtungen auf Eignung, Trag- und Haftfähigkeit prüfen und, falls ungeeignet, entfernen.			
		Grundanstrich	**Zwischenanstrich**	**Schlussanstrich**
	Nach der Untergrund-vorbereitung	Vinylio unverdünnt	Vinylio unverdünnt	Vinylio unverdünnt

Technisches Merkblatt (Auszug)
Metallhaftlack
Dickschichtlack auf Epoxyester-Basis

Lackfabrik Köln

Produktbeschreibung	Dieser dickschichtige Lack auf Epoxyester-Basis ist Grund-, Zwischen- und Schlussanstrich. Pigmentierung auch in Kupfereffekt. Enthält max. 480 g/l VOC			
Einsatzmöglichkeiten	Universell einsetzbar auf allen Oberflächen aus Metall (Eisen/Stahl, Zink, Aluminium) innen und außen. Anwendung z. B. auf Ziergittern, Geländern, Toren, Dachrinnen, Fassadenbauteilen			
Hinweise zur Verarbeitung	Unverdünnt verarbeiten. Streichen, rollen, airless-spritzen möglich. Grifffest nach 8 Stunden, überarbeitbar nach 24 Stunden. Die Sicherheitshinweise auf dem Gebinde und im Sicherheitsdatenblatt sind zu beachten.			
Lieferform	In Gebinden zu 750 ml, 2,5 l und weiß 10 l			
Ergiebigkeit	1 l reicht bei einem Anstrich für etwa 10 m²			
Beschichtungsaufbau	Der Untergrund muss fest, trocken, sauber, tragfähig sein. Vorhandene Altbeschichtungen auf Eignung, Trag- und Haftfähigkeit prüfen und, falls ungeeignet, entfernen.			
		Grundanstrich	**Zwischenanstrich**	**Schlussanstrich**
	Nach der Untergrund-vorbereitung	Metallhaftlack unverdünnt	Metallhaftlack unverdünnt	Metallhaftlack unverdünnt

Technisches Merkblatt (Auszug)
Bitumol
Farbige Bitumenbeschichtung

Lackfabrik Köln

Produktbeschreibung	Rotbrauner, lösemittelhaltiger einkomponentiger Beschichtungsstoff auf Bitumenbasis. Enthält max. 500 g/l VOC			
Einsatzmöglichkeiten	Korrosionsschutz von Blechen aus Stahl und verzinktem Stahl (z. B. Dachrinnen innen).			
Hinweise zur Verarbeitung	Unverdünnt verarbeiten. Durchtrocknung je nach Luftbewegung mehrere Tage. Die Sicherheitshinweise auf dem Gebinde und im Sicherheitsdatenblatt sind zu beachten.			
Lieferform	In Gebinden zu 750 ml und 2,5 l			
Ergiebigkeit	1 l reicht bei einem Anstrich für etwa 12 m²			
Beschichtungsaufbau	Der Untergrund muss fest, trocken, sauber, tragfähig sein. Vorhandene Altbeschichtungen sind möglichst vollständig zu entfernen.			
		Grundanstrich	**Zwischenanstrich**	**Schlussanstrich**
	Nach der Untergrund-vorbereitung	Bitumol unverdünnt	Bitumol unverdünnt	Bitumol unverdünnt

Technisches Merkblatt (Auszug)

Heizkörperlack 180

Spezial-Alkydharzlack

Lackfabrik Köln

Produktbeschreibung	Bis +180 °C temperaturbeständiger aromatenfreier Spezial-Alkydharzlack. Lösemittelhaltig. Enthält max. 500 g/l VOC. Dichte ca. 1,13 g/cm³
Einsatzmöglichkeiten	Geeignet für Stahl- und Gussheizkörper, pulverbeschichtete Heizkörper sowie Rohrleitungen in Warmwasser- und Dampfheizungen.
Hinweise zur Verarbeitung	Im Streich-, Roll- und Spritzverfahren verarbeitbar. Zum Verdünnen Verdünnung 100 verwenden. Staubtrocken nach ca. 3 Stunden, klebfrei nach ca. 8 Stunden, überarbeitbar nach 24 Stunden. Die Sicherheitshinweise auf dem Gebinde und im Sicherheitsdatenblatt sind zu beachten.
Lieferform	In Gebinden zu 1 l, 2,5 l, 10 l
Ergiebigkeit	90 - 110 ml/m² je Anstrich
Beschichtungsaufbau	Der Untergrund muss fest, trocken, sauber, tragfähig sein. Vorhandene Altbeschichtungen auf Eignung, Trag- und Haftfähigkeit prüfen und, falls ungeeignet, entfernen.

Untergrund	Grundanstrich	Zwischenanstrich	Schlussanstrich
Heizkörper, Rohrleitungen unbehandelt oder gestrahlt Sa 2 1/2	Alkydgrund 80	Heizkörperlack 180	Heizkörperlack 180
Heizkörper, Rohrleitungen mit werkseitiger Grundierung nach DIN 55900	Schadstellen mit Alkydgrund 80	Heizkörperlack 180	Heizkörperlack 180
Heizkörper, Rohrleitungen innen, mit intakter, tragfähiger Alkydharzlackierung	–	Heizkörperlack 180	Heizkörperlack 180
Heizkörper, pulverlackiert und unbehandelte NE-Metall-Rohrleitungen	Haftgrund LM EP	Heizkörperlack 180	Heizkörperlack 180

Technisches Merkblatt (Auszug)

Heizkörperlack 180 Aqua

Spezial-Alkydharzlack

Lackfabrik Köln

Produktbeschreibung	Bis +120 °C temperaturbeständiger wasserverdünnbarer Heizkörperlack auf Acrylharzbasis. Sehr strapazierfähig, guter Verlauf, hochglänzend, geringe Vergilbungsneigung. Enthält max. 120 g/l VOC. Dichte ca. 1,28 g/cm³
Einsatzmöglichkeiten	Geeignet für Stahl- und Gussheizkörper, pulverbeschichtete Heizkörper sowie Rohrleitungen in Warmwasser- und Dampfheizungen.
Hinweise zur Verarbeitung	Im Streich-, Roll- und Spritzverfahren verarbeitbar. Staubtrocken nach ca. 0,5 Stunden, klebfrei nach ca. 2-3 Stunden, überarbeitbar nach 24-48 Stunden. Die Sicherheitshinweise auf dem Gebinde und im Sicherheitsdatenblatt sind zu beachten.
Lieferform	In Gebinden zu 1 l, 2,5 l, 10 l
Verbrauch	ca. 80 ml/m²
Beschichtungsaufbau	Der Untergrund muss fest, trocken, sauber, tragfähig sein. Vorhandene Altbeschichtungen auf Eignung, Trag- und Haftfähigkeit prüfen und, falls ungeeignet, entfernen.

Untergrund	Grundanstrich	Zwischenanstrich	Schlussanstrich
Heizkörper, Rohrleitungen unbehandelt oder gestrahlt Sa 2 1/2	Heizkörperlack 180 Aqua	Heizkörperlack 180 Aqua	Heizkörperlack 180 Aqua
Heizkörper, Rohrleitungen mit werkseitiger Grundierung nach DIN 55900	Schadstellen mit Heizkörperlack 180 Aqua	Heizkörperlack 180 Aqua	Heizkörperlack 180 Aqua
Heizkörper, pulverlackiert und unbehandelte NE-Metall-Rohrleitungen	Haftgrund LM EP	Heizkörperlack 180 Aqua	Heizkörperlack 180 Aqua

30.6 TM / Fahrzeuglackierung

Die Hersteller von Fahrzeuglacken bieten im allgemeinen Systemlösungen an, unter anderem sortiert

- nach Umweltfreundlichkeit, z. B. Lösemittellöslich konventionell oder highsolid – VOC-konform wasserverdünnbar
- nach Fahrzeugbeanspruchung, z. B. Pkw – Nutzfahrzeuge
- nach Arbeitsverfahren, z. B. 2K-Lackierung, Nass-in-Nass-Lackierung, Beilackierung, Spot-Repair

Aufgrund der Vielfalt der Produktreihen würde eine praxisgerechte Merkblattauswahl für Beschichtungssysteme den Rahmen dieses Buches sprengen. Nach Einübung der Vorgehensweise über die Aufgaben zur Bearbeitung von Metalluntergründen (Seiten 211-216) ist die Nutzung der Websites der Lackhersteller zu empfehlen.

Beispiele für Technische Merkblätter zu einem HS-2K-Klarlack:

Technisches Merkblatt (Auszug)

Acryclear HS

HS-Klarlack für die Fahrzeuglackierung

Carpaint Berlin

Produktbeschreibung	Hochfüllender Zweikomponenten-Klarlack auf Acrylatharzbasis. Geeignet als Klarlack für das 2-Schicht-System mit Basismischlack H_2O oder Basismischlack MS. Hervorragender Verlauf, ausgezeichneter Lackstand, exzellenter Glanz, sehr gute Polierbarkeit
Produkte und Zusatzprodukte	Carpaint Acryclear HS Härter MST, Härter MS Standard, Härter MS kurz, Härter MS extra kurz Verdünnung CP Rapido, Verdünnung CP Standard, Verdünnung CP Long
Lieferform	In Gebinden zu 1 Liter und zu 5 Liter
Mischanweisung Mischungsverhältnis	**Mit Messstab:** Messstab A **Nach Volumen:** Volumenanteile Acryclear HS 5 oder 100; Härter MS 2 oder 40; Verdünnung CP 0,5 oder 10 **Nach Gewicht:** (siehe Tabelle)

	1,5 Liter	1,0 Liter	0,5 Liter	0,3 Liter
Acryclear HS	981 g	654 g	327 g	196 g
Härter MS (T, Standard, kurz, extra kurz)	393 g	262 g	131 g	79 g
Verdünnung CP (Rapido, Standart, Long)	87 g	58 g	29 g	17 g

Spritzviskosität	17 bis 18 s DIN 53211 bei 20 °C
Topfzeit	bei 20 °C mit Härter MST 5 Stunden mit Härter MS Standard, Härter MS kurz 4 Stunden mit Härter MS extra kurz 3 Stunden
Verarbeitung	Kabinen- und Materialtemperatur zwischen +18 °C und +25 °C. Zwei verlaufende Einzelschichten mit einer Zwischenlüftzeit von 5 bis 10 Minuten auftragen. Bei Seitenteilen können 1 bis 1,5 Einzelschichten ohne Zwischenlüftzeit aufgetragen werden. Forcierte Trocknung soll erst nach einer Endablüftzeit von 5 bis 10 Minuten erfolgen.

Düsengröße und Spritzdruck

	Düsengröße (mm)	Spritzdruck (bar)	Materialdruck (bar)
Fließbecher	1,3 bis 1,5	2 bis 4	–
Saugbecher	1,5	2 bis 4	–
Fließbecher HVLP	1,5 bis 1,5	Zerstäuberdruck 0,7 bar	
Saugbecher HVLP	1,6 bis 2,2	Zerstäuberdruck 0,7 bar	

Reinigung der Arbeitsgeräte	mit Verdünnung CP oder Nitroverdünnung CP

Trocknung

Acryclear HS +	Härter MST		Härter MS Standard		Härter MS kurz		Härter MS extra kurz	
bei	20 °C	60 °C	20 °C	60 °C	20 °C	60 °C	20 °C	60 °C
staubtrocken	50 min	15 min	45 min	10 min	35 min	5 min	30 min	5 min
klebfrei	4,5 h	30 min	4 h	25 min	3,5 h	20 min	3 h	15 min
griffest	9 h	40 min	8 h	35 min	7 h	30 min	6 h	25 min
durchgetrocknet	13 h	45 min	12 h	40 min	11 h	35 min	10 h	30 min

Lagerung Kennzeichnung Sicherheitshinweise	Vor Frost schützen. Vor Hitze schützen. Kennzeichnung nach GefStoffV. Siehe Angaben auf dem Gebinde-Etikett. Alle Carpaint-Härter enthalten Isoyanate. Bei der Verarbeitung ist das „Merkblatt über den Umgang mit PUR-Anstrichstoffen“ der Berufsgenossenschaft zu beachten. Verarbeitungsfähige Anstrichstoffe, die Isocyanat enthalten, reizen die Schleimhäute/Atmungsorgane und können Überempfindlichkeiten auslösen. Spritznebel und Dämpfe dürfen nicht eingeatmet werden. Es sind die Gefahrenhinweise des Sicherheitsdatenblattes und die Gefahrenhinweise auf dem Gebinde zu beachten. Materialreste sind ordnungsgemäß zu entsorgen. Siehe Sicherheitsdatenblatt.

Technisches Merkblatt (Auszug)

Härter MS

Härter / Hardener für die Fahrzeuglackierung

Carpaint Berlin

Produktbeschreibung	Folgende Carpaint Härter MS stehen zur Verfügung: **Härter MS T** Für Ganzlackierungen im Pkw- und Lkw-Bereich, besonders bei hohen Verarbeitungstemperaturen über 25 °C **Härter MS Standard** Geeignet für alle Flächengrößen, Verarbeitungstemperatur bis 25 °C **Härter MS kurz** Geeignet für die Lackierung von Einzelteilen bis zur Teillackierung. Verarbeitungstemperatur nicht über 20 °C **Härter MS extra kurz** Für Kleinteilelackierung und Spot-Repair. Verarbeitungstemperatur 15 bis 20 °C
Einsatzmöglichkeiten	Haftvermittler (2K Sealer) Füller (Carpaint Füller, Carpaint Grundierfüller) Decklack (Carpaint 2K Uni Mischlacke) Klarlack (Carpaint Acryclear MS, Carpaint Acryclear HS)
Grundstoffbasis	Polyisocyanate
Hinweis	Die Härter reagieren mit Luftfeuchte und Wasser. Dadurch verlieren sie ihre Härtereigenschaften. Härterbehälter müssen daher nach Gebrauch sofort luftdicht verschlossen werden.
Lieferform	In Gebinden zu 200 ml, 500 ml, 1 Liter und 5 Liter
Lagerung Lagerstabilität	Vor Frost schützen. Vor Hitze schützen Lagerstabilität Härter MS: 12 Monate (Original-Gebinde bei 20 °C)
Kennzeichnung	Kennzeichnung nach GefStoffV. Siehe Angaben auf dem Gebinde-Etikett
Sicherheitshinweise	Alle Carpaint-Härter enthalten Isoyanate. Bei der Verarbeitung ist das „Merkblatt über den Umgang mit PUR-Anstrichstoffen" der Berufsgenossenschaft zu beachten. Verarbeitungsfähige Anstrichstoffe, die Isocyanat enthalten, reizen die Schleimhäute, die Atmungsorgane und können Überempfindlichkeiten auslösen. Spritznebel und Dämpfe dürfen nicht eingeatmet werden. Es sind die Gefahrenhinweise des Sicherheitsdatenblattes und die Gefahrenhinweise auf dem Gebinde zu beachten. Materialreste sind ordnungsgemäß zu entsorgen. Siehe Sicherheitsdatenblatt.

Technisches Merkblatt (Auszug)

Verdünnung CP

Verdünnungen /Thinner für die Fahrzeuglackierung

Carpaint Berlin

Produktbeschreibung	**Verdünnung CP T** Ganzlackierungen im Pkw- und Lkw-Bereich, besonders bei hohen Verarbeitungstemperaturen über 25 °C **Verdünnung CP Standard** Geeignet für alle Flächengrößen, Verarbeitungstemperatur bis 25 °C **Verdünnung CP kurz** Geeignet für die Lackierung von Einzelteilen bis zur Teillackierung. Verarbeitungstemperatur nicht über 20 °C
Einsatzmöglichkeiten	Haftvermittler (2K Sealer) Grundierung (Carpaint 1K Grundierung) Füller (Carpaint Füller, Carpaint Grundierfüller) Decklack (Carpaint 2K Uni Mischlacke) Klarlack (Carpaint Acryclear MS, Carpaint Acryclear HS)
Inhaltsstoffe	Xylol, Butylacetat, n-Butanol, Aceton, Ethylacetat, Ethanol
Lieferform	In Gebinden zu 500 ml, 1 Liter und 5 Liter
Lagerstabilität	Vor Frost schützen Vor Hitze schützen 48 Monate (nicht angebrochenes Original-Gebinde bei 20 °C)
Kennzeichnung	Kennzeichnung nach GefStoffV. Siehe Angaben auf dem Gebinde-Etikett
Sicherheitshinweise	Es sind die Gefahrenhinweise des Sicherheitsdatenblattes und die Gefahrenhinweise auf dem Gebinde zu beachten. Materialreste sind ordnungsgemäß zu entsorgen. Siehe Sicherheitsdatenblatt.

31.1 Aufgaben zur Bearbeitung von Holzuntergründen

Für die Bearbeitung des Untergrundes Holz wird eine Vielzahl von Beschichtungsprodukten angeboten. Der Maler und Lackierer hat die Wahl zwischen farbloser, lasierender und deckender Beschichtung wasserverdünnbaren oder lösemittellöslichen Lacken.
Für besondere Anwendungen gibt es häufig spezielle Lacke z. B. für Fußböden, für Möbel, bis hin zum Schultafellack. Auch auf diesem Markt muss sich der Maler und Lackierer orientieren können.

Folgende Kundenaufträge sind in diesem Kapitel zu bearbeiten **(siehe Bild 1 bis 3 und Bild 4 nächste Seite)**:

- Strandhäuschen mit intakter Altbeschichtung farbig streichen
- Neue Treppe und neuen Parkettboden beschichten
- Altbaufenster mit beschädigter Altlackierung auf Alkydharzbasis renovieren
- Holzboden im Kinderzimmer mit Bio-Lacken bearbeiten

Die Auswahl der Werkstoffe erfolgt anhand der Technischen Merkblätter, die sich im Anschluss an diese Kundenaufträge auf Seite 221 bis 228 befinden.

Die Technischen Merkblätter dieses Fachbuches wurden in Anlehnung an Technische Merkblätter des Marktes erstellt. Die genannten Produkte decken für Übungszwecke eine breite Auftragspalette ab. Aus Gründen der Übersichtlichkeit wurden die Angaben zur Untergrundvorbereitung und zur Ausführung gekürzt. Besonderer Wert wurde auf die Produktbeschreibung im System sowie auf Angaben zur Verbrauchsberechnung gelegt.

Bild 1: Strandhäuschen, siehe Aufgabe 1 a, S. 220

Bild 2: Neue Treppe und neuer Parkettboden siehe Aufgabe 1 b, S. 220

Bild 3: Altbaufenster mit beschädigter Altlackierung siehe Aufgabe 1 c, S. 220

Aufgabe 1

Mithilfe der Technischen Merkblätter ist eine Liste der Werkstoffe für die folgenden Kundenaufträge zu erstellen:

a) Strandhäuschen mit intakter Altbeschichtung farbig streichen (Bild 1, S. 219)

b) Parkettboden und Treppe in Neubau neu beschichten (Bild 2, S. 219)

c) Altbaufenster mit beschädigter Altlackierung auf Alkydharzbasis renovieren (Bild 3, S. 219)

d) Holzboden im Kinderzimmer mit Bio-Lacken bearbeiten (Bild 4)

Welche Produkte wählen Sie aus als

- Grundierung?
- Zwischenbeschichtung?
- Schlussbeschichtung?

Oft sind mehrere Beschichtungsaufbauten möglich.

Bild 4: Holzboden im Kinderzimmer, siehe Aufgabe 1 d

Aufgabe 2

An diesem Wohnhaus in einer Wohnsiedlung ist der neue Carport mit Schuppen farblos zu beschichten. Die Fläche beträgt 37,30 m² (Bild 5).

a) Empfehlen Sie einen geeigneten Beschichtungsaufbau.

b) Berechnen Sie die Verbrauchsmengen.

c) Wie viele Gebinde müssen Sie von den Materialien bestellen?

Bild 5: Kundenauftrag zu Aufgabe 2

Ziel der Aufgaben 1 und 2 ist das Einüben der Vorgehensweise beim Arbeiten mit Technischen Merkblättern.

Vergleichbare Produkte mit gleicher Bindemittelbasis finden sich im Angebot namhafter Hersteller. So hat fast jeder Lackhersteller für Holzuntergründe ein wasserverdünnbares, deckendes Lacksystem auf Acrylbasis im Angebot (in diesem Buch Window Acryl 20).

Zusatzaufgabe

Bearbeiten Sie die Aufträge der Aufgabe 1 von Neuem mit Technischen Merkblättern, die Sie sich von Herstellern aus dem Internet besorgen.

a) Strandhäuschen mit intakter Altbeschichtung farbig streichen

b) Parkettboden und Treppe in Neubau neu beschichten

c) Altbaufenster mit beschädigter Altlackierung auf Alkydharzbasis renovieren

d) Holzboden im Kinderzimmer mit Bio-Lacken bearbeiten

Welche Produkte wählen Sie aus als

- Grundierung?
- Zwischenbeschichtung?
- Schlussbeschichtung?

Oft sind mehrere Beschichtungsaufbauten möglich.

31.2 TM / Verkittung, Imprägnierung, Grundbeschichtung für Fenster und Türen

Technisches Merkblatt (Auszug)

Acrylkitt

Reparaturdichtstoff für Holz und Metall auf Acrylatbasis

Holz Müller Hamburg-Kiel-Rostock

Produktbeschreibung	Dichtstoff auf Acrylatbasis, weiß, lösemittelhaltig, einkomponentig, plastoelastisch. Nach der Trocknung mit Acryl- oder Alkydharzlack überstreichbar.
Einsatzmöglichkeiten	Zur Fugenversiegelung an Holzfenstern und als Ersatz für schadhafte Verkittung
Hinweise zur Verarbeitung	Gleichmäßig mit Druckpistole in die Fuge eindrücken, dann mit Netzmittel glätten. Nach Trocknung von 3 Tagen (abhängig von Temperatur und Luftfeuchte) überstreichbar mit Acryl- und Alkydharzlacken. Die Sicherheitshinweise im Sicherheitsdatenblatt sind zu beachten.
Verbrauch	Bei einem Fugenquerschnitt von 4 – 5 mm reicht die Kartusche für etwa 16,00 m
Lieferform	Kartuschen zu je 310 ml

Technisches Merkblatt (Auszug)

Holzimprägnierung 10

Vorbeugender Bläueschutz nur für außen

Holz Müller Hamburg-Kiel-Rostock

Produktbeschreibung	Tiefenwirksame, farblose, aromatenfreie, vorbeugende Bläueschutz-Holzimprägnierung. Geprüft gemäß Gütezeichen RAL Holzschutzmittel. Nach Trocknung mit Acryl- oder Alkydharzlack überstreichbar. Enthält max. 750 g/l VOC. Dichte ca. 0,8 g/cm³, enthält 8g/l Propiconazol als Wirkstoff
Einsatzmöglichkeiten	Als Imprägnierung und Bläueschutz von rohem Holz im Freien ohne Erdkontakt und ohne statische Beanspruchung z. B. Holzfenster, Außentüren, Pergolen, Dachuntersichten, Verbretterungen, Holzzäune, nicht jedoch für Holzflächen, die mit Lebens- oder Futtermittel in Kontakt kommen
Hinweise zur Verarbeitung	Nicht verdünnen, abtönen oder mit anderen Materialien mischen. Unverdünnt durch Streichen, Tauchen oder Fluten auf unverwittertes Holz auftragen. Staubtrocken nach ca. 30 min, überarbeitbar nach ca. 24 Stunden. Entflammbar. Kann allergische Reaktionen auslösen. Darf nicht in Gewässer gelangen. Die Sicherheitshinweise auf dem Gebinde und im Sicherheitsdatenblatt sind zu beachten.
Verbrauch	Je Anstrich ca. 60 – 70 ml/m². Mindesteinbringmenge 160 – 200 ml
Lieferform	500 ml, 1 l und 3 l

Technisches Merkblatt (Auszug)

Exoten-Isoliergrund

Isoliergrund gegen Holzinhaltsstoffe bei Hölzern innen und außen

Holz Müller Hamburg-Kiel-Rostock

Produktbeschreibung	Farblose wasserverdünnbare Sperrgrundierung auf Acryl-Alkyd-Basis. Dichte 0,99 g/cm³, 1 g/l VOC
Einsatzmöglichkeiten	Zur Verminderung des Durchschlagens wasserlöslicher farbiger Holzinhaltsstoffe. Diese können in einigen einheimischen und vielen exotischen Hölzern vorkommen. Sie beeinflussen die Trocknung und führen zu Farbdurchschlägen, die oft erst nach Monaten sichtbar werden. Empfohlen für begrenzt maßhaltige sowie maßhaltige Holzbauteile.
Hinweise zur Verarbeitung	Der Holzuntergrund muss saugfähig sein, Altanstriche gründlich entfernen. Die Applikation erfolgt nach der Imprägnierung mit Holzimprägnierung 10. Im Streich- und Rollverfahren in 2 Arbeitsgängen satt aufragen. Griffest nach ca. 1 h, überarbeitbar nach ca. 3 h mit allen Lacksystemen für Holz Die Sicherheitshinweise auf dem Gebinde und im Sicherheitsdatenblatt sind zu beachten.
Ergiebigkeit	Ca. 80 – 110 ml/m² je nach Holzuntergrund
Lieferform	500 ml, 1 l und 3 l

Technisches Merkblatt (Auszug)

Grundweiß LM

Deckende Holzgrundierung für außen und innen

Holz Müller Hamburg-Kiel-Rostock

Produktbeschreibung	Aromatenfreie, wasserdampfdurchlässige Alkydharzgrundierung mit hohem Füll- und Deckvermögen. Dichte 1,26 g/cm³, enthält max. 300 g/l VOC
Einsatzmöglichkeiten	Als Grundierung für Erst- und Zwischenbeschichtung von Holzbauteilen aus Laub- und Nadelholz außen und innen, z. B. Fenster, Türen, Holzverkleidungen usw. Überarbeitbar mit Acryl- oder Alkydharzlacken. Nicht für Möbelinnenflächen geeignet. Exotische Hölzer 2 x grundieren wegen der Holzinhaltsstoffe.
Hinweise zur Verarbeitung	Die Holzfeuchte darf bei maßhaltigen Bauteilen 15 %, bei begrenzt und nicht maßhaltigen Bauteilen 18 % nicht überschreiten. Untergrundvorbereitung nach BFS-Merkblatt Nr. 18. Falls erforderlich zuerst mit Holzimprägnierung 10 oder Holzlasur top10 behandeln. Nicht verdünnen, da hierdurch der VOC-Grenzwert überschritten wird. Auftragbar im Streich- und Rollverfahren. Staubtrocken nach ca. 4 h, klebfrei nach ca. 6 h, überarbeitbar nach ca. 24 h. Die Sicherheitshinweise auf dem Gebinde und im Sicherheitsdatenblatt sind zu beachten.
Ergiebigkeit	Ca. 90 – 110 ml/m² je nach Holzuntergrund
Lieferform	500 ml, 1 l und 3 l. Farbsysteme 1 l und 3 l

Technisches Merkblatt (Auszug)
Grundweiß Aqua
Deckende, wasserverdünnbare Holzgrundierung für außen und innen

Holz Müller Hamburg-Kiel-Rostock

Produktbeschreibung	Wasserverdünnbare, deckende Grundierung auf Reinacrylat-Basis Dichte 1,4 g/cm³, enthält max. 100 g/l VOC
Einsatzmöglichkeiten	Als Haftprimer für Grund- und Zwischenanstrich auf Holzuntergründen außen und innen, z. B. Fenster und Türen, Holzverkleidungen.
Hinweise zur Verarbeitung (Auszug)	Untergrundvorbereitung nach BFS-Merkblatt Nr. 18. Falls erforderlich, zuerst mit Holzimprägnierung 10 oder Holzlasur top10 behandeln. Bei Holzinhaltstoffen gegen Durchschlagen 1 x Grundanstrich mit Grundweiß LM, Auftragbar im Streich- und Roll- oder Spritzverfahren. Überarbeitbar nach ca. 2 - 3 h. Die Sicherheitshinweise auf dem Gebinde und im Sicherheitsdatenblatt sind zu beachten.
Ergiebigkeit	Ca. 90 – 120 ml/m² je nach Holzuntergrund
Lieferform	500 ml, 1 l und 3 l. Farbsysteme 1 l und 3 l

31.3 TM / Lasierende Grund-, Zwischen- und Schlussbeschichtungen für Fenster und Türen

Technisches Merkblatt (Auszug)
Holzlasur top 10
Aromatenfreie Holzlasur auf Alkydharz-Basis für außen und innen

Holz Müller Hamburg-Kiel-Rostock

Produktbeschreibung	Lösemittelhaltige Holzlasur für innen und außen, ohne biozide Wirkstoffe. Dichte 0,85 g/cm³, enthält max. 500 g/l VOC
Einsatzmöglichkeiten	Für wetterbeständige, lasierende Anstriche auf Laub- und Nadelholz, außen und innen, z. B. Türen und Fenster. Je nach Bauteil und Holzart außen zuerst mit Holzimprägnierung 10 behandeln.
Hinweise zur Verarbeitung	Mit Pinsel (Naturborsten) auftragen. Gebrauchsfertig eingestellt. Staubtrocken nach ca 1,5 h, grifffest nach 10 – 12 h, überarbeitbar nach 24 h. Die Sicherheitshinweise auf dem Gebinde und im Sicherheitsdatenblatt sind zu beachten.
Lieferform	In Gebinden zu 500 ml, 1 l und 3 l
Verbrauch	Ca. 70 ml/m² je Anstrich
Beschichtungsaufbau	Der Untergrund muss fest, trocken, sauber, tragfähig sein. Auf Eignung, Trag- und Haftfähigkeit prüfen und, falls ungeeignet, entfernen. Siehe BFS-Merkblatt Nr. 18

Untergrund	Grundanstrich	Zwischenanstrich	Schlussanstrich
Nichtmaßhaltige Bauteile, z. B. Zäune, Gartenhäuschen, Fachwerk.	Holzlasur top 10	Holzlasur top 10	Holzlasur top10
Begrenzt maßhaltige Bauteile, z. B. Fensterläden, Verbretterungen (Nut und Feder), Gartenmöbel	Holzlasur top 10	Holzlasur top 10	Holzlasur Dickschicht
Maßhaltige Bauteile, z. B. Fenster und Türen, außen	Holzlasur top 10	Holzlasur Dickschicht	Holzlasur Dickschicht
Maßhaltige Bauteile, z. B. Fenster und Türen, innen	Holzlasur top 10	Holzlasur top10 möglich	Holzlasur top 10 möglich

Technisches Merkblatt (Auszug)
Holzlasur Dickschicht
Aromatenfreie Dickschichtlasur auf Alkydharz-Basis für außen und innen

Holz Müller Hamburg-Kiel-Rostock

Produktbeschreibung	Lösemittelhaltige Dickschicht-Holzlasur für innen und außen ohne biozide Wirkstoffe. Dichte 0,92 g/cm³, Enthält max. 400 g/l VOC
Einsatzmöglichkeiten	Für wetterbeständige, lasierende Anstriche auf Laub- und Nadelholz, außen und innen. Je nach Bauteil und Holzart außen zuerst Imprägnierung mit Holzimprägnierung 10
Hinweise zur Verarbeitung	Mit Pinsel (Naturborsten) auftragen. Gebrauchsfertig eingestellt. Staubtrocken nach ca. 2 h, grifffest nach 7 – 8 h, überarbeitbar nach 24 h. Die Sicherheitshinweise auf dem Gebinde und im Sicherheitsdatenblatt sind zu beachten.
Lieferform	In Gebinden zu 500 ml, 1 l und 3 l
Verbrauch	Ca. 70 ml/m² je Anstrich
Beschichtungsaufbau (Auszug)	Der Untergrund muss fest, trocken, sauber, tragfähig sein. Auf Eignung, Trag- und Haftfähigkeit prüfen und, falls ungeeignet, entfernen. Siehe BFS-Merkblatt Nr. 18

Untergrund	Grundanstrich	Zwischenanstrich	Schlussanstrich
Begrenzt maßhaltige Bauteile, z. B. Fensterläden, Verbretterungen (Nut und Feder), Gartenmöbel	Holzlasur top 10	Holzlasur top 10	Holzlasur Dickschicht
Maßhaltige Bauteile, z. B. Fenster und Türen, außen und innen	Holzlasur top 10	Holzlasur Dickschicht	Holzlasur Dickschicht

Technisches Merkblatt (Auszug)
Holzlasur Aqua
Schadstoffarme Acryl-Holzlasur

Produktbeschreibung	Wasserverdünnbare, umweltschonende Acryl-Holzlasur (Reinacrylat-Dispersion) für außen und innen, thixotrop eingestellt. Dichte 1,05 g/cm³, Enthält max. 100 g/l VOC
Einsatzmöglichkeiten	Für diffusionsoffene Lasuranstriche auf Holzbauteilen aus Laub- und Nadelhölzern außen und innen. Je nach Bauteil und Holzart außen zuerst Imprägnierung mit Holzimprägnierung 10
Hinweise zur Verarbeitung (Auszug)	Mit Pinsel (Naturborsten) auftragen. Gebrauchsfertig eingestellt. Staubtrocken nach ca. 1 h, überarbeitbar nach Trocknung über Nacht. Die Sicherheitshinweise auf dem Gebinde und im Sicherheitsdatenblatt sind zu beachten.
Lieferform	In Gebinden zu 500 ml, 1 l und 3 l
Verbrauch	Ca. 90 - 110 ml/m² je Anstrich
Beschichtungsaufbau	Der Untergrund muss fest, trocken, sauber, tragfähig sein. Vorhandene Altbeschichtungen auf Eignung, Trag- und Haftfähigkeit prüfen und, falls ungeeignet, entfernen. Siehe BFS-Merkblatt Nr. 18.

Untergrund	Grundanstrich	Zwischenanstrich	Schlussanstrich
Nicht maßhaltige Bauteile, z. B. Zäune, Gartenhäuschen, Fachwerk. Begrenzt maßhaltige Bauteile, z. B. Fensterläden, Verbretterungen (Nut und Feder), Gartenmöbel	Holzlasur Aqua	Holzlasur Aqua	Holzlasur Aqua
Maßhaltige Bauteile, z. B. Fenster und Türen			

31.4 TM / Deckende Grund-, Zwischen- und Schlussbeschichtungen für Fenster und Türen

Technisches Merkblatt (Auszug)
Window Alkyd 20
Aromatenfreier hochglänzender Fensterlack

Produktbeschreibung	Lösemittelhaltiger, hochglänzender Alkydharzlack Dichte 1,20 g/cm³, Enthält max. 300 g/l VOC
Einsatzmöglichkeiten	Hochwertige Schlussbeschichtung, besonders für maßhaltige Holzbauteile, z. B. Fenster und Türen.
Hinweise zur Verarbeitung	Gebrauchsfertig eingestellt, nicht verdünnen. Verarbeitung im Streich- oder Rollverfahren. Staubtrocken nach ca. 4 h, klebfrei nach ca. 8 h, überarbeitbar nach ca. 48 h. Die Sicherheitshinweise auf dem Gebinde und im Sicherheitsdatenblatt sind zu beachten.
Lieferform	In Gebinden zu 500 ml, 1 l und 3 l
Verbrauch	Ca. 90 - 110 ml/m² je Anstrich
Beschichtungsaufbau	Der Untergrund muss fest, trocken, sauber, tragfähig sein. Vorhandene Altbeschichtungen auf Eignung, Trag- und Haftfähigkeit prüfen und, falls ungeeignet, entfernen. Siehe BFS-Merkblatt Nr. 18. Grund- und Zwischenanstrich mit Grundweiß LM, Schlussanstrich mit Window Alkyd 20. Bei intakten Altlackierungen sind die Schadstellen mit Grundweiß LM vorzustreichen (anstelle Grundanstrich).

Technisches Merkblatt (Auszug)
Window Acryl 20
Wasserverdünnbarer Fensterlack

Produktbeschreibung	Wasserverdünnbarer, umweltschonender Acrylharzlack, glänzend Dichte 1,20 g/cm³, Enthält max. 100 g/l VOC
Einsatzmöglichkeiten	Feuchtigkeitsregulierende Zwischen- und Schlussbeschichtung, besonders für maßhaltige Holzbauteile, z. B. Fenster und Türen
Hinweise zur Verarbeitung	Maximal mit 5 % Wasser verdünnbar. Vorzugsweise im Streichverfahren auftragen. Staubtrocken nach ca. 30 min, klebfrei nach ca. 2 - 3 h, überarbeitbar nach ca. 15 h. Die Sicherheitshinweise auf dem Gebinde und im Sicherheitsdatenblatt sind zu beachten.
Lieferform	In Gebinden zu 500 ml, 1 l und 3 l
Verbrauch	Ca. 80 - 120 ml/m² je Anstrich
Beschichtungsaufbau	Der Untergrund muss fest, trocken, sauber, tragfähig sein. Vorhandene Altbeschichtungen auf Eignung, Trag- und Haftfähigkeit prüfen und, falls ungeeignet, entfernen. Siehe BFS-Merkblatt Nr. 18. Grund- und Zwischenanstrich mit Grundweiß Aqua , Schlussanstrich mit Window Acryl 20. Bei intakten Altlackierungen sind die Schadstellen mit Grundweiß Aqua vorzustreichen (anstelle Grundanstrich).

31.5 TM / Beschichtung von Parkett- und Holzböden

Technisches Merkblatt (Auszug)

Floorsiegel Aqua

Abriebfeste, farblose Parkettversiegelung auf Polyurethanbasis

Holz Müller Hamburg-Kiel-Rostock

Produktbeschreibung	Wasserverdünnbare Acrylat-Polyurethan-Dispersion, einkomponentig Dichte ca. 1,03 g/cm^2. Enthält max. 100 g/l VOC
Einsatzmöglichkeiten	Für widerstandsfähige, farblose Versiegelungen auf neuen und bereits beschichteten Parkettfußböden, Dielen, Holzfußböden im Wohnbereich
Hinweise zur Verarbeitung	Unverdünnt verarbeiten. Max. mit 5 % Wasser verdünnbar. Streichen oder Rollen möglich Erstanstrich überarbeitbar nach 1 bis 2 Stunden, Zwischen- und Schlussanstrich nach frühestens 8 Stunden überarbeitbar, belastbar nach ca. 8 Tagen. Die Sicherheitshinweise auf dem Gebinde und im Sicherheitsdatenblatt sind zu beachten.
Lieferform	In Gebinden zu 500 ml, 1 l und 3 l
Ergiebigkeit	Ca. 90 - 120 ml/m^2 je Arbeitsgang
Beschichtungsaufbau	Der Untergrund muss fest, trocken, sauber, tragfähig sein. Vorhandene Altbeschichtungen auf Eignung, Trag- und Haftfähigkeit prüfen und, falls ungeeignet, entfernen. Intakte Lackierungen gut anschleifen. Schadstellen mit Floorsiegel Aqua ausbessern. Auftrag auf unbehandeltes Holz 3 x Floorsiegel Aqua mit Zwischenschliff. Zweimalige Schlussbeschichtung erhöht die Nutzschicht.

Technisches Merkblatt (Auszug)

Floorgrund bio

Holzboden-Grundierung

Holz Müller Hamburg-Kiel-Rostock

Produktbeschreibung	Wasserverdünnbare, lösemittelfreie Grundierung. Bindemittelharz aus Leinöl, Rizinenöl, Sonnenblumenöl und Kolophoniumglyzerinester. Dichte 1,1 g/cm^3
Einsatzmöglichkeiten	Für Holz und Holzwerkstoffe im Fußbodenbereich
Hinweise zur Verarbeitung	Unverdünnt verarbeiten durch Streichen oder Rollen Staubtrocken nach ca. 6 bis 9 Stunden, trocken nach 24 Stunden, ausgehärtet nach ca. 3 Tagen. Die Sicherheitshinweise auf dem Gebinde und im Sicherheitsdatenblatt sind zu beachten. Mögliche Allergien beachten. Benutzte Putzlappen können sich aufgrund der trocknenden Öle selbst entzünden.
Lieferform	In Gebinden zu 250 ml, 500 ml, 1 l
Verbrauch	Ca. 70 ml/m^2 je Anstrich
Beschichtungsaufbau	Der Untergrund muss fest, trocken, sauber, tragfähig sein. Vorhandene Altbeschichtungen auf Eignung, Trag- und Haftfähigkeit prüfen und, falls ungeeignet, entfernen. Als Grund- und Zwischenbeschichtung von unbehandeltem Holz. Bei Renovierungsbeschichtungen sind Schadstellen mit Floorgrund bio vor der Zwischenbeschichtung vorzustreichen.

Technisches Merkblatt (Auszug)

Floorwachs bio

Edelschutz für Holzböden

Holz Müller Hamburg-Kiel-Rostock

Produktbeschreibung	Farbloser, wasserverdünnbarer, lösemittelfreier Edelschutz. Bindemittelharz aus Leinöl, Rizinenöl, Sonnenblumenöl, Holzöl-Standöl, Bienenwachs und Carnaubawachs. Dichte 1,0 g/cm^3
Einsatzmöglichkeiten	Für Holz und Holzwerkstoffe im Fußbodenbereich
Hinweise zur Verarbeitung	Unverdünnt verarbeiten durch Streichen oder Rollen Im noch weichen Zustand polierbar nach frühestens 20 min bis spätestens 60 min nach Auftrag. Vorsichtig belastbar nach 24 h, Endhärte nach ca. 2 Wochen. Die Sicherheitshinweise auf dem Gebinde und im Sicherheitsdatenblatt sind zu beachten. Mögliche Allergien beachten. Benutzte Putzlappen können sich aufgrund der trocknenden Öle selbst entzünden.
Lieferform	In Gebinden zu 250 ml, 500 ml, 1 l
Verbrauch	Ca. 70 ml/m^2 je Anstrich
Beschichtungsaufbau	Der Untergrund muss fest, trocken, sauber, tragfähig sein. Vorhandene Altbeschichtungen auf Eignung, Trag- und Haftfähigkeit prüfen und, falls ungeeignet, entfernen. Unbehandelte Oberfläche 2 x ganzflächig mit Floorgrund bio behandeln. Schlussbeschichtung mit Floorwachs bio.

31.6 TM / Beschichtung von Möbeln

Technisches Merkblatt (Auszug)

AcPU-Aqua

Hochwertiges Wasserlacksystem für anspruchsvolle Möbeloberflächen

Holz Müller Hamburg-Kiel-Rostock

Produktbeschreibung	Modernes, schnell trocknendes Wasserlacksystem auf Acryl-Polyurethan-Basis Dichte 1,2 g/cm³. Enthält max. 96 g/l VOC
Einsatzmöglichkeiten	Grund- und Überzugslack für anspruchsvolle Möbeloberflächen im Innenbereich, z. B. alle Wohn- und Schlafmöbel (für Küchenmöbel Variante AcPU-Aqua 2K)
Hinweise zur Verarbeitung	Unverdünnt verarbeiten im Streich- oder Spritzverfahren. Staubtrocken nach ca. 1 h, schleifbar und überarbeitbar nach ca. 2 h. Die Sicherheitshinweise auf dem Gebinde und im Sicherheitsdatenblatt sind zu beachten.
Lieferform	In Gebinden zu 500 ml, 1 Liter und 3 Liter
Ergiebigkeit	Ca. 80 - 140 ml/m² je Arbeitsgang
Beschichtungsaufbau	Der Untergrund muss fest, trocken, sauber, tragfähig sein. Vorhandene Altbeschichtungen sind vollständig zu entfernen. Auftrag mindestens 2 x auf rohem Holzuntergrund mit 100 ml/m²

Technisches Merkblatt (Auszug)

Olio X

Schutzöl für Massivholz-Möbel

Holz Müller Hamburg-Kiel-Rostock

Produktbeschreibung	Lösemittelhaltiges, farbloses Öl für Möbel auf Basis Leinöl-Standöl-Naturharzester. Enthält Orangenterpen und mikronisiertes Wachs. Dichte 0,91 g/cm³.
Einsatzmöglichkeiten	Grund- und Überzugslack für beanspruchte Massivholzoberflächen im Innenbereich, z. B. alle Möbel, Küchenarbeitsplatten, Fensterbänke, Badmöbel, Tischplatten. Für Spielzeug geeignet.
Hinweise zur Verarbeitung	Vor Gebrauch gut aufrühren. Unverdünnt verarbeiten im Streich- oder Rollverfahren oder Ballenauftrag. Trockenzeit Erstanstrich 12 h, weitere Anstriche 24 h, Endhärte nach 4 Wochen. Geräteeinigung mit Testbenzin. Mögliche Allergien beachten. Benutzte Putzlappen können sich aufgrund der trocknenden Öle selbst entzünden. Die Sicherheitshinweise auf dem Gebinde und im Sicherheitsdatenblatt sind zu beachten.
Lieferform	In Gebinden zu 250 ml, 500 ml, 1 l
Ergiebigkeit	Je nach Holzart 1. Auftrag: 45 ml/m², d.h. 1 l reicht für ca. 22 m² 2. Auftrag: 11 ml/m², d.h. 1 l reicht für ca. 90 m² 3. Auftrag: 4 ml/m², d.h. 1 l reicht für ca. 250 m²
Beschichtungsaufbau	Der Untergrund muss fest, trocken, sauber, tragfähig sein. Vorhandene Altbeschichtungen sind vollständig zu entfernen. 1-3 Aufträge auf rohem Holzuntergrund je nach Holzart und Saugfähigkeit bis zur Schichtbildung. Nach jedem Auftrag nach 3 min nicht eingedrungenes Öl mit fusselfreiem Baumwolltuch einpolieren. Verbesserter Oberflächenschutz durch Schlussbehandlung mit Möbelwachs bio.

Technisches Merkblatt (Auszug)

Möbelwachs bio

Oberflächenschutz für Massivholz-Möbel

Holz Müller Hamburg-Kiel-Rostock

Produktbeschreibung	Lösemittelhaltiges, farbloses Möbelwachs. Enthält Carnaubawachs, Bienenwachs, Orangenöl, Dammar, Limonen. Dichte 0,79 g/cm³.
Einsatzmöglichkeiten	Im Innenbereich für Holz, z. B. Möbel, Türen, Wand- und Deckenbekleidungen
Hinweise zur Verarbeitung	Vor Gebrauch gut aufrühren. Unverdünnt mit Lappen oder Wachsbürste auftragen. Trockenzeit ca. 24 h. Geräteeinigung mit Testbenzin. Mögliche Allergien beachten. Reizend. Die Sicherheitshinweise auf dem Gebinde und im Sicherheitsdatenblatt sind zu beachten.
Lieferform	In Gebinden zu 250 ml, 500 ml, 1 l
Ergiebigkeit	Auftrag 12 ml/m², d.h. 1 l reicht für ca. 75-95 m²
Beschichtungsaufbau	Der Untergrund muss fest, trocken, sauber, tragfähig sein. Vorhandene Altbeschichtungen sind vollständig zu entfernen. 3 x Grundierung mit Olio X. Schlussbehandlung mit Möbelwachs bio. Hauchdünn und gleichmäßig mit Ballentuch oder Wachsbürste auftragen. Polieren mit Tuch, Polierbürste oder Poliermaschine in Holzfaserrichtung. Nachbehandlung 1 bis 2 x jährlich.

31.6 TM / Beschichtung von besonderen Objekten (Theken, Boote, Schultafeln)

Technisches Merkblatt (Auszug)

Holzsiegel HS

Extrem festkörperreicher 2K-High-Solid-Lack für Holz

Holz Müller Hamburg-Kiel-Rostock

Produktbeschreibung	Lösemittelhaltiger, aromatenfreier, festkörperreicher 2K-High-Solid-Lack auf Acrylatbasis, seidenglänzend Dichte 1,04 g/cm³. Enthält max. 499 g/l VOC, Festkörper 90 %
Einsatzmöglichkeiten	Zähelastischer Grund- und Überzugslack für stark belastete Holzoberflächen im Innenbereich, z. B. Treppen, Theken, Ladeneinrichtungen
Hinweise zur Verarbeitung	Stammlack und Härter wird im Verbund geliefert. Der Innenboden ist zu durchstechen. Der Ansatz entspricht dem Mischungsverhältnis 5:1 Holzsiegel HS : Härter MS. Unverdünnt verarbeiten im Streich- oder Spritzverfahren. Topfzeit ca. 2 h. Staubtrocken nach ca. 30 min, schleifbar und überarbeitbar nach ca. 3 h. Die Sicherheitshinweise auf dem Gebinde und im Sicherheitsdatenblatt sind zu beachten.
Lieferform	In Gebinden zu 500 ml, 1 Liter und 3 Liter (inklusive Härter)
Ergiebigkeit	Ca. 80 – 120 ml/m² je Arbeitsgang
Beschichtungsaufbau	Der Untergrund muss fest, trocken, sauber, tragfähig sein. Vorhandene Altbeschichtungen sind vollständig zu entfernen. Auftrag mindestens 2 x auf rohem Holzuntergrund mit 100 ml/m²

Technisches Merkblatt (Auszug)

Bootslack PUR

Hochwertiger Bootslack farblos

Holz Müller Hamburg-Kiel-Rostock

Produktbeschreibung	Hochglänzender, polyurethanmodifizierter Alkydharzlack, lösemittelhaltig, einkomponentig.
Einsatzmöglichkeiten	Hochwertige Lackierungen aller Art auf Holz im Bootsbau, z. B. Behälter, Schutzhauben, Möbel, Bootsdecks, Deckaufbauten u.a. Sehr gut seewasserbeständig. Nicht im Unterwasserbereich anwenden. Enthält max. 500 g/l VOC. Dichte ca. 1,1 g/cm³
Hinweise zur Verarbeitung	Im Streich-, Roll- und Spritzverfahren verarbeitbar. Staubtrocken nach ca. 3 h, klebfrei nach ca. 9 Stunden, überarbeitbar nach 24 Stunden, voll belastbar nach 7 Tagen. Die Sicherheitshinweise auf dem Gebinde und im Sicherheitsdatenblatt sind zu beachten.
Lieferform	In Gebinden zu 500 ml, 1 l , 2,5 l, 10 l
Ergiebigkeit	Ca. 8 m²/l bei 50 µm Trockenschicht
Beschichtungsaufbau	Der Untergrund muss fest, trocken, sauber, tragfähig sein. Vorhandene Altbeschichtungen auf Eignung, Trag- und Haftfähigkeit prüfen und, falls ungeeignet, entfernen. Mit Intervallen von 24 h etwa 4 bis 5 mal beschichten. Empfohlene Schichtdicke etwa 200 µm

Technisches Merkblatt (Auszug)

Schultafellack

Tuchmatter Lack auf Alkydharz-Basis für innen

Holz Müller Hamburg-Kiel-Rostock

Produktbeschreibung	Aromatenfreier, nichtreflektierender Alkydharzlack Dichte 1,28 g/cm³. Enthält max. 300 g/l VOC.
Einsatzmöglichkeiten	Für nicht reflektierende, matte Anstriche im Innenbereich, z. B. Schultafeln, Tischtennisplatten, Dekorelemente.
Hinweise zur Verarbeitung	Verarbeiten durch Streichen oder Rollen oder Spritzen. Falls erforderlich mit Testbenzin verdünnen. Nicht abtönen. An Schultafeln auf gleichmäßigen Verlauf achten. Staubtrocken nach ca. 1 h, griffest nach ca. 3 – 4 h, trocken und überarbeitbar nach 12 h Die Sicherheitshinweise auf dem Gebinde und im Sicherheitsdatenblatt sind zu beachten.
Lieferform	In Gebinden zu 750 ml und 1 l
Verbrauch	Ca. 90 - 100 ml/m² je Anstrich
Beschichtungsaufbau	Der Untergrund muss fest, trocken, sauber, tragfähig sein. Vorhandene Altbeschichtungen auf Eignung, Trag- und Haftfähigkeit prüfen und, falls ungeeignet, entfernen. Grund- und Zwischenanstrich mit Grundweiß LM 2 x Schlussbeschichtung mit Schultafellack

32.1 Aufgaben zur Beschichtung von Kunststoffen am Bau

Bild 1: Wandschrank

Aufgabe 1

Beantworten Sie folgende Fragen mithilfe der Technischen Merkblätter.

a) Wie werden Kunststoffe zur Beschichtung vorbereitet?

b) Die Türen eines Wandschranks (Bild 1) mit Kunststoffoberfläche sollen farblich den neuen Möbeln angeglichen werden. Die Kunststoffart ist nicht bekannt. Mit welchem Werkstoff grundieren Sie, um die größtmögliche Haftfestigkeit zum Untergrund zu erzielen?

c) Was versteht man unter einem „aromatenfreien Lack"?

d) Erklären Sie den Begriff „High Solid".

Bild 2: Verwittertes Kunststofffenster

Aufgabe 2

Die Kunststofffenster aus braunem, verwittertem Hart-PVC (Bild 2) sollen innen wie außen weiß beschichtet werden. Es werden besondere Anforderungen an die Oberflächenbeanspruchung gestellt.

a) Empfehlen Sie einen geeigneten Beschichtungsaufbau.

b) Berechnen Sie die Verbrauchsmengen für die ausgewählten Werkstoffe.

c) Erstellen Sie einen Arbeitsplan.

Bild 3: Kunststofftür

Aufgabe 3

Sie erhalten den Auftrag, 10 Türen (Bild 3) mit Kunststoffoberfläche (Hart-PVC) beidseitig umweltverträglich zu beschichten. Sie wählen dazu KU-Lacrylgrund bzw. KU-PU-Lacryl. Gefordert ist folgender Beschichtungsaufbau: Grundierung, Zwischen- und Schlussbeschichtung.

a) Berechnen Sie die Verbrauchsmengen für den genannten Beschichtungsaufbau.

b) Wie viele Gebinde werden benötigt?

Zusatzaufgabe

Bearbeiten Sie den Auftrag der Aufgabe 3 erneut mit Technischen Merkblättern, die Sie sich von Herstellern aus dem Internet besorgen.

a) Zwischen- und Schlussbeschichtung mit Dispersionslack.

b) Zwischen- und Schlussbeschichtung mit Alkydharzlack.

32.2 TM / Grundierungen für Kunststoffe am Bau

Technisches Merkblatt (Auszug) **Housepaint KU-Lacrylgrund** Acryl-Kunststoffgrundierung	Housepaint Dresden
Produktbeschreibung	Geruchsarme, schnelltrocknende und wasserverdünnbare Reinacrylatdispersion.
Produktdaten	Dichte: 1,3 g/cm³; VOC: EU-Grenzwert 130 g/l (2010); KU-Lacrylgrund enthält max.100 g/l VOC; Glanzgrad: matt
Einsatzmöglichkeiten	Schadstoffarme Grundierung für überstreichbare Kunststoffe (z. B. Hart-PVC).
Hinweise zur Verarbeitung	Untergrund reinigen und anrauen. Housepaint-KU-Lacrylgrund im Streich-, Roll- oder Spritzverfahren auftragen. Nach ca. 3 Std. (bei 20 °C u. 65 % rel. Luftfeuchte) mit Housepaint-PU-Lacryl überarbeitbar. Nicht mit weichmacherhaltigen Kunststoffen (z. B. Dichtprofilen) in Berührung bringen.
Lieferform	750 ml und 2,5-L-Metallgebinde
Verbrauch	Ca. 90 bis 120 ml / m² / Anstrich

Technisches Merkblatt (Auszug) **Housepaint KU-Pox-Grund** K-Haftvermittler und Grundierung	Housepaint Dresden
Produktbeschreibung	2-Komponenten-Grundierung auf Epoxidharzbasis. Wasserverdünnbar, schnell trocknend und geruchsarm.
Produktdaten	Grundton weiß, abtönbar; Dichte: 1,4g/cm³; VOC: EU-Grenzwert 140 g/l (2010); KU-Pox-Grund enthält max. 50 g/l VOC; Verarbeitungstemperatur zwischen +10 °C bis +25 °C; Mischungsverhältnis (Volumenanteile) 4:1; Topfzeit: 2 Std.
Einsatzmöglichkeiten	Haftvermittler und Grundierung für nicht saugende Untergründe. Auch auf problematischen Kunststoffuntergründen wird ein hohes Haftvermögen erreicht. Universell geeignet für nachfolgende Beschichtungen mit Acryl-, Alkydharz-, Polyurethan-, Polymerisat- oder Epoxidharzlacken.
Hinweise zur Verarbeitung	Kunststoffe entfetten und reinigen (Spiritus, ammoniakalische Netzmittelwäsche). Glatte Untergründe leicht anschleifen. Schleifstaub feucht aufnehmen. Komp. B mit Komp. A zu einer homogenen Masse mischen und im Roll- oder Streichverfahren verarbeiten.
Lieferform	1 kg (800 mg Komp. A; 200 mg Komp. B); 5 kg (Primer 4 kg, Härter 1 kg) jeweils im Kombigebinde
Verbrauch	Ca. 140 g / m²

32.3 TM Beschichtungen für Kunststoffe am Bau

Technisches Merkblatt (Auszug) **Housepaint PU-Lacryl** PUR-Acryl-Kombinationslack	Housepaint Dresden
Produktbeschreibung	Geruchsarmer, schnelltrocknender und wasserverdünnbarer Lack auf Bindemittelbasis Polyurethan-Reinacrylatdispersion.
Produktdaten	Dichte: 1,4 g/cm³; VOC: EU-Grenzwert 130 g/l (2010); PU-Lacryl enthält max.105 g/l VOC; Glanzgrad: matt u. seidengl; im Housepaint-System abtönbar
Einsatzmöglichkeiten	Für die Zwischen- und Schlussbeschichtung von normal beanspruchten Kunststoffoberflächen.
Hinweise zur Verarbeitung	Kann im Streich-, Roll- und Spritzverfahren verarbeitet werden. Zum Streichen geeignete Pinsel für Dispersionslackfarben mit synthetischen Borsten verwenden; zum Rollen geeignete Rollen mit vorzugsweise mikroporösem Schaumstoffbezug verwenden
Lieferform	750 ml; 2,5- und 5-l-Metallgebinde
Verbrauch	Ca. 90 bis 120 ml/m²/Anstrich

Technisches Merkblatt (Auszug) **Housepaint HS-Lakyd** Polyurethanverstärkter Alkydharzlack	Housepaint Dresden
Produktbeschreibung	High-Solid-Alkydharzlack, lösemittelhaltig, ohne aromatische Lösemittel (aromatenfrei); erstklassiger Verlauf und hohes Deckvermögen
Produktdaten	Dichte: 1,28 g/m³; VOC: EU-Grenzwert 300 g/l (2010); enthält max. 300 g/l VOC; hochglänzend oder seidenglänzend; im Housepaint-System abtönbar; speichel- und schweißecht (entspricht der EN 71-3 Sicherheit für Kinderspielzeug); Festkörpergehalt 75 % (High Solid) Trocknung: Staubtrocken nach 6 Std. (20 °C und 65 % rel. Luftfeuchte); grifftrocken nach ca. 12 h, ausgehärtet nach ca. 48 Stunden
Einsatzmöglichkeiten	Außen und innen einsetzbar; hohe Wetterbeständigkeit; beständig gegen mechanische Einflüsse und milde Chemikalien (Säuren, Laugen, Fette und Öle)
Hinweise zur Verarbeitung	Nicht unter 5 °C Luft- und Objekttemperatur verarbeiten; unverdünnt im Streich- oder Rollverfahren auftragen; zum Spritzen mit Housepaint-Universal-Kunstharzverdünnung spritzfertig einstellen mit dem DIN Auslaufbecher 4 mm. Niederdruckspritzen (HVLP): 50 s. Hochdruckspritzen: 130 s. Airless: unverdünnt Zur Einhaltung der VOC wird empfohlen, den Lack unverdünnt im Airless-Spritzverfahren zu verarbeiten
Lieferform	750 ml- und 3-Liter-Metallgebinde
Verbrauch	100 bis 120 ml / m² / Anstrich

Technisches Merkblatt (Auszug) **Housepaint Puretan** 2K-Polyurethan-Acrylharzlack	Housepaint Dresden
Produktbeschreibung	2-Komponenten-PU-Beschichtung für außen und innen
Produktdaten	Glanzgrad hochglänzend; VOC: EU-Grenzwert 500 g/l (2010); enthält max. 450 g/l VOC Dichte: 1,2 g/cm³ (verarbeitungsfertige Mischung) Mischungsverhältnis Stammlack: Härter = 6 : 1 (Gew.-Teile) Temperaturbeständigkeit bis 120 °C Trocknungszeiten: nach ca. 15 min. staubtrocken; nach ca. 60 min. grifffest; nach ca. 6 Std. durchgetrocknet; nach ca. 7 Tagen ausgehärtet und voll belastbar; Topfzeit (potlife) bei 20 °C max. 7 Stunden **Stammlack (Komponente A)**: Dichte: 1,1 – 1,3 g/cm³ Flammpunkt über 21 °C Gefahrenklasse nach VbF entfällt Kennzeichnung n. GefStoffV Symbol Xi Reizend; Symbol N Umweltgefährlich **Härter (Komponente B)**: Dichte: 1,1 – 1,25 g/cm³ Flammpunkt über 21 °C; Gefahrenklasse nach VbF A II Kennzeichnung: GefStoffV Symbol Xn Gesundheitsschädlich Gefahrenbestimmende Komponente/n zur Etikettierung Aliphatisches Polyisocyanat
Einsatzmöglichkeiten	Außen und innen, für mechanisch und chemisch besonders beanspruchte Oberflächen; beständig gegen die meisten Säuren, Laugen, Lösemittel, Öle und Fette.
Hinweise zur Verarbeitung	Streich-, roll- und spritzbar; nach 12 überarbeitbar. Bei mehrschichtigem Aufbau muss bei der Überschreitung der Härtungszeit von 12 Stunden ein Zwischenschliff erfolgen, um die Zwischenhaftung zu gewährleisten; nicht bei Temperaturen unter +10 °C und einer rel. Luftfeuchte über 75 % verarbeiten.
Lieferform	Verpackungsgrößen Stammlack und Härter: 6 kg Komponente A; 1 kg Komponente B im Kombigebinde
Verbrauch	Ca. 100 g / m² / Anstrich

32.4 Aufgaben zur Beschichtung von Kunststoffen am Fahrzeug

Bild 1 bis 3: Kunststoffanbauteile

Aufgabe 1

Beantworten Sie folgende Fragen mithilfe der Technischen Merkblätter.

a) Ein Mikroporöses Kunststoffanbauteil soll lackiert werden. Mit welchem Werkstoff schließen Sie die Poren?

b) Welcher Hilfsstoff wird der Haftgrundierung zugegeben, wenn flexible Kunststoffteile beschichtet werden sollen?

c) Was versteht man unter dem Begriff „Tempern"?

d) Erklären Sie die Begriffe:
- Basecoat
- Clearcoat
- Topcoat

Aufgabe 2

Der nach einem Unfall ausgetauschte flexible Kunststoff-Stoßfänger (0,83 m²) eines Fahrzeugs soll in Wagenfarbe beschichtet werden. Bearbeiten Sie die Übung mit den Technischen Merkblättern.

a) Empfehlen Sie einen geeigneten Beschichtungsaufbau.

b) Ermitteln Sie die Verbrauchsmengen für die ausgewählten Werkstoffe.

c) Erstellen Sie einen Arbeitsplan.

Aufgabe 3

Sie erhalten den Auftrag, 20 Karosserieteile aus Kunststoff für eine nachfolgende Beschichtung mit Carpaint-Plastik-Primer zu grundieren. Die zu beschichtende Gesamtfläche beträgt 12,50 m².

a) Berechnen Sie die Verbrauchsmengen für die genannte Grundierung für 2 Spritzgänge.

b) Wie viele Volumenteile von Primer, Härter und Carpaint-Verdünner werden jeweils für die berechnete Verbrauchsmenge benötigt?

c) Wie viele Gebinde werden benötigt?

LESONAL

STANDOX

AKZO NOBEL

sikkens

Bild 4: Hersteller von Kfz-Reparaturlacken

Zusatzaufgabe

Bearbeiten Sie den Auftrag der Aufgabe 2 erneut mit Technischen Merkblättern, die Sie sich von Herstellern (Bild 4) aus dem Internet besorgen.

a) Für den Aufbau einer Metalliclackierung mit Basecoat und Clearcoat.

b) Für den Aufbau einer Uni-Lackierung mit Topcoat.

32.5 TM / Werkstoffe zur Untergrundvorbereitung von Kunststoffen am Fahrzeug

Technisches Merkblatt (Auszug)

Carpaint Plastic-Primer

2-Komponenten EP-Primer

Carpaint Berlin

Produktbeschreibung	Carpaint-Plastic-Primer ist eine leicht füllende Zweikomponenten-Haftgrundierung, bestehend aus einem modifizierten Epoxidharz und einer Polyamid-Härterkomponente.
Produktdaten	Topfzeit: 7 Std. bei 20 °C; VOC max. 540 g/Ltr.; Viskosität:15 – 17 s DIN 53211 bei 20 °C MV: 5 Volumenteile Primer, 1 Volumenteil Härter, 2 Volumenteile Carpaint-Verdünnung
Einsatzmöglichkeiten	Haftgrundierung für Kunststoffe, besonders für solche mit hohem PP-Anteil wie z. B. PP/EPDM, TPO, thermoplastische Polyolefine.

Hinweise zur Verarbeitung:

Lackierverfahren	Düsengröße	Spritzdruck in bar
Fließbecher konventionell	1,4 – 1,6	2 – 4
Saugbecher konventionell	1,2 – 1,5	2 – 4
Fließbecher HVLP	1,4 – 1,6	0,7 Zerstäuberdruck

Die zu lackierende Fläche mit Carpaint-Kunststoffreiniger entfetten und mit Scotch Brite Typ A fine anschleifen und evtl. 60 min. bei 60 °C tempern (Tempern: Erwärmen von Bau- und Karosserieteilen über einen längeren Zeitraum, um mechanische Spannungen zu vermindern). Anschließend nochmals entfetten. Überlackierbar nach 30 min. bei 20 °C mit Carpaint-Basecoat bzw. Carpaint-Topcoat.

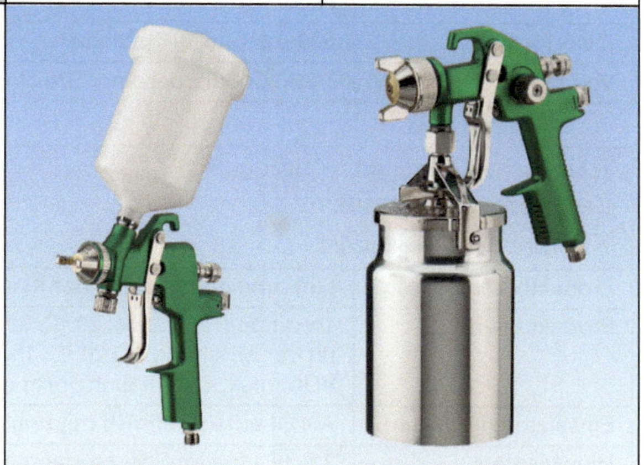

Fließbecherpistole Saugbecherpistole

Lieferform	Komp. A und Komp. B jeweils im 1 Litergebinde
Verbrauch	1 Ltr. für 12 m² bei 10 – 15 μm pro Spritzgang

Technisches Merkblatt (Auszug)

Carpaint Elastifizierer

2K-Elastifizierungsmittel

Carpaint Berlin

Produktbeschreibung	Lösemittelhaltiges 2-Komponenten-Spezialpolyesterharz
Produktdaten	Mischungsverhältnis 5 : 1 Mischungsverhältnis mit Plastikprimer: 4 : 1 für hochflexible Kunststoffe bzw. 2 : 1 für flexible Kunststoffe.
Einsatzmöglichkeiten	Als Zusatz zu Carpaint-Plastik-Primer für die Beschichtung flexibler und hoch flexibler Kunststoffteile
Hinweise zur Verarbeitung	Härter mit Stammmaterial im Verhältnis 5 : 1 mischen und gut durchrühren. Danach in den zuvor angemischten Carpaint-Plastic-Primer im Mischungsverhältnis 4 : 1 bzw. 2 : 1 (je nach Kunststoffart) zugeben und wiederum gut durchmischen. Durch die Zugabe verlängert sich die Trocknungszeit von Carpaint-Plastic-Primer
Lieferform	200 ml und 1 Ltr. Kunststoffflasche

Technisches Merkblatt (Auszug)

Carpaint Porenwischfüller

1K-Wischfüller

Carpaint Berlin

Produktbeschreibung	1K-Wischfüller
Produktdaten	Ablüftzeit 5 bis 10 min.; Trocknung: 30 min. bei 20 °C, 10 min. bei 60 °C (Objekttemperatur)
Einsatzmöglichkeiten	Zum Füllen von Mikroporen in Kunststoffoberflächen
Hinweise zur Verarbeitung	Mit flusenfreiem Stoffballen auf die mit Kunststoffreiniger behandelte Kunststoffoberfläche auftragen oder dünn mit Kunststoffspachtel auftragen. Überschüssiges, feuchtes Material mit Kunststoffreiniger entfernen, getrocknetes Material mit Schleifpapier.
Lieferform	250 g Tube

32.6 TM / Beschichtungen für Kunststoffe am Fahrzeug

Technisches Merkblatt (Auszug)
Carpaint-Basecoat
1-Komponenten Basislack

Carpaint Berlin

Produktbeschreibung	Spritzfertiger 1-Komponenten-Basislack auf Wasserbasis. In einer Vielzahl von Uni-, Metallic- und Pearlfarbtönen.		
Produktdaten	Viskosität 25 – 35 s. DIN 4 bei 20 °C; VOC: EU-Grenzwert 420 g/l (2010) Carpaint-Basecoat enthält max. 350 g/l; Trocknung: 20 min. bei 20 °C		
Einsatzmöglichkeiten	Als farbgebender Basislack für nachfolgende Klarlackbeschichtung		
Hinweise zur Verarbeitung	2 Spritzgänge zum Erreichen der Deckkraft. Nach jedem Spritzgang matt ablüften		
	Lackierverfahren	**Düsengröße in mm**	**Spritzdruck in bar**
	Fließbecher konventionell	1,2 – 1,3	3 – 4 am Lufteinlass
	Fließbecher LVLP[1]	1,2 – 1,3	2 – 2,5 am Lufteinlass
	Fließbecher HVLP[2]	1,2 – 1,3	0,7 an der Luftkappe
Lieferform	500-ml- und 1-l-Gebinde		
Verbrauch	1 Ltr. für 6 m² bei einer Schichtdicke von 20 µm; Schichtdicke in 2 Arbeitsgängen 15 – 25 µm		

Technisches Merkblatt (Auszug)
Carpaint-Clearcoat
2-Komponenten Klarlack

Carpaint Berlin

Produktbeschreibung	Luft- und ofentrocknender Klarlack (Clearcoat).		
Produktdaten	Trocknung: 8 Std. bei 20 °C, 30 min. bei 60 °C; MV Stammlack : Härter : Verdünnung = 5 : 3 : 1 Viskosität der Mischung bei 20 °C: 15 – 17 s. DIN 4; Topfzeit 45 min. bei 20 °C; VOC: max. 420 g/l (entspricht der EU-Richtlinie 2010).		
Einsatzmöglichkeiten	Als Oberflächenfinish mit brillantem Glanz für Basislackierungen mit Carpaint-Basecoat		
Hinweise zur Verarbeitung	2 Schichten im Spritzverfahren. Ablüftzeit zwischen den Arbeitsgängen: 0 – 5 min. 3 – 5 min. vor der Ofentrocknung.		
	Lackierverfahren	**Düsengröße in mm**	**Spritzdruck in bar**
	Fließbecher LVLP[1]	1,2 – 1,3	2 – 4 am Lufteinlass
	Fließbecher HVLP[2]	1,2 – 1,3	0,7 an der Luftkappe
Lieferform	500-ml- und 1-l-Gebinde		
Verbrauch	1 l für 6,2 m² bei 45 – 60 µm Schichtdicke; angestrebte Schichtdicke: 45 – 60 µm		

Technisches Merkblatt (Auszug)
Carpaint-Topcoat
2-Komponenten Decklack

Carpaint Berlin

Produktbeschreibung	Luft und ofentrocknender 2-Komponenten Decklack (Topcoat). Das Stammmaterial besteht aus Polyester- und Acrylatharzen, der Härter aus Isocyanaten. VOC: EU-Grenzwert 420 g/l (2010) Carpaint-Topcoat enthält max. 417 g/l.		
Produktdaten	Trocknung: 11 h. bei 20 °C, 30 min. bei 60 °C		
Einsatzmöglichkeiten	Als hochglänzende Decklackierung (ohne nachfolgende Klarlackbeschichtung)		
Hinweise zur Verarbeitung	2 dünnverlaufende Spritzgänge mit einer Zwischenablüftzeit von 1 – 3 min.		
	Lackierverfahren	**Düsengröße in mm**	**Spritzdruck in bar**
	Fließbecher konventionell	1,2 – 1,3	2 – 2,5 am Lufteinlass
	Fließbecher LVLP[1]	1,2 – 1,3	2 – 2,5 am Lufteinlass
	Fließbecher HVLP[2]	1,2 – 1,3	0,7 Zerstäuberdruck
Lieferform	500-ml- und 1-l-Gebinde		
Verbrauch	1 Ltr. für 7 m² bei 45 – 65 µm Schichtdicke; angestrebte Schichtdicke 55 µm		

Erklärung:
[1] LVLP: **L**ow **V**olume **L**ow **P**ressure ⇒ Nebelreduziertes Spritzverfahren mit hoher Übertragungsrate und verringertem Luftverbrauch
[2] HVLP: **H**igh **V**olume **L**ow **P**ressure ⇒ Nebelreduziertes Spritzverfahren mit hoher Übertragungsrate und hohem Luftverbrauch

33.1 Aufgaben zur Beschichtung mineralischer Untergründe

Die Bearbeitung **mineralischer Untergründe** stellt den Maler und Lackierer vor vielfältige Herausforderungen. Wände müssen verputzt (Bild 1), Unebenheiten ausgeglichen, Edelputze aufgezogen, Fassaden beschichtet (Bild 2), Decken und Wände gestrichen werden (Bild 3). Umfangreiche Kenntnisse insbesondere hinsichtlich der infrage kommenden Werkstoffe sind dazu notwendig.

Folgende Kundenaufträge sind in diesem Kapitel zu bearbeiten

- Mauerwerk verputzen
- Fassaden beschichten
- Innenräume renovieren

Bild 1: Verputzen von Mauerwerk

Die Auswahl der Werkstoffe erfolgt anhand der Technischen Merkblätter, die sich im Anschluss an diese Kundenaufträge befinden.

Bild 2: Beschichten einer Fassade

Die Technischen Merkblätter dieses Fachbuches wurden in Anlehnung an Technische Merkblätter des Marktes erstellt. Die genannten Produkte decken für Übungszwecke eine breite Auftragspalette ab. Aus Gründen der Übersichtlichkeit wurden die Angaben zur Untergrundvorbereitung und zur Ausführung gekürzt. Besonderer Wert wurde auf die Produktbeschreibung im System, sowie auf Angaben zur Verbrauchsberechnung gelegt.

Bild 3: Wandanstrich

Bild 1: Andachtsraum mit Schimmelneigung

Aufgabe 1: Innenräume beschichten

Ermitteln Sie mithilfe der Technischen Merkblätter

- die Werkstoffe und den Anstrichaufbau,
- die Verbrauchsmengen und die Anzahl der zu bestellenden Gebinde.

a) für die Beschichtung von Glasgewebe in einem Treppenhaus (155 m^2).

b) für die Beschichtung der Wände eines Gruppenraumes in einem Kindergarten (100 m^2).

c) für die Beschichtung von Lehmputz in einem privaten Wohnraum (Decke und Wände 146 m^2).

d) für die Beschichtung eines Andachtsraumes (75 m^2) in einer Kapelle (Bild 1) mit hoher Luftfeuchtigkeitsbelastung (Schimmelneigung).

Welche Produkte wählen Sie aus als
- Grundierung?
- Zwischenbeschichtung?
- Schlussbeschichtung?

Oft sind mehrere Beschichtungsaufbauten möglich.

Bild 2: Feuchtigkeitsbelastetes Mauerwerk

Aufgabe 2: Wände verputzen

Ermitteln Sie mithilfe der Technischen Merkblätter

- die Werkstoffe und den Anstrichaufbau,
- die Verbrauchsmengen und die Anzahl der zu bestellenden Gebinde.

a) für die Ausführung von feuchteregulierendem Oberputz auf vorhandenem Unterputz im Wohnbereich (254 m^2).

b) für den Verputz von feuchtigkeitsbelastetem Mauerwerk (Bild 2) im Kellergeschoss (65 m^2).

c) Für den Verputz von Rohmauerwerk in einer Waschküche (95 m^2).

Welche Produkte wählen Sie aus als
- Grundierung?
- Unterputz?
- Oberputz?

Oft sind mehrere Beschichtungsaufbauten möglich.

Bild 3: Historische Kalkputzfassade

Aufgabe 3: Fassaden beschichten

Ermitteln Sie mithilfe der Technischen Merkblätter

- die Werkstoffe und den Anstrichaufbau,
- die Verbrauchsmengen und die Anzahl der zu bestellenden Gebinde.

a) für die Beschichtung der Kalkputzfassade (962 m^2) eines historischen Rathauses (Bild 3).

b) für die Renovierung einer mit Dispersionsfarbe beschichteten Fassade eines Wohnhauses (380 m^2).

c) für die Überarbeitung eines feuchtigkeitsbelasteten, stark verwitterterten Silikatfarbenanstrichs (210 m^2).

d) für die Ausführung eines Zementputzsockels an einem Einfamilienhaus (25 m^2).

Welche Produkte wählen Sie aus als
- Grundierung?
- Zwischenbeschichtung?
- Schlussbeschichtung?

Oft sind mehrere Beschichtungsaufbauten möglich.

33.2 TM Grundierungen

Technisches Merkblatt (Auszug) **Ico-Tiefgrund** LH-Tiefgrund	
Produktbeschreibung	Lösungsmittelhältiger Tiefgrund für außen und innen, hohe Ergiebigkeit, kein Anlösen intakter Altanstriche, Festigung sandender Untergründe, hohe Eindringtiefe, verseifungsbeständig. Viskosität: dünnflüssig; Dichte: 0,9 g/cm³; Bindemittel: Acryl-Mischpolymerisat; VOC: max. 750 g/l (entspricht dem EU-Grenzwert 2010) Flammpunkt: 40° C; bei 20° C und 65 % rel. Luftfeuchtigkeit; nach ca. 8 Stunden beschichtbar; falls erforderlich, mit Kunstharz-Universalverdünnung verdünnen.
Einsatzmöglichkeiten	Zum Grundieren und Verfestigen von Untergründen für Beschichtungen mit Dispersionsfarben und Kunstharzputzen und lösemittelhaltigen Beschichtungsstoffen. Besonders geeignet für mürbe, sandende und stark saugende Untergründe, auch für Gips und Gipsplatten.
Hinweise zur Verarbeitung	Nicht-tragfähige Altanstriche entfernen, Neuputzstellen gut austrocknen lassen; Vorzugsweise im Streichverfahren unverdünnt auftragen; bei besonders saugfähigen Untergründen mit Universalverdünnung bis zu 50 % strecken und mehrmals nass-in-nass in den Untergrund einbürsten. Auf trockenem Untergrund auch bei Temperaturen unter 0 °C verarbeitbar. Bei der Verarbeitung in Innenräumen auf gute Belüftung achten.
Lieferform	1-l- und 10-l-Metallkanister
Verbrauch	Pro Anstrich ca. 200 ml/m² bei glatten und schwach saugenden Untergründen

Technisches Merkblatt (Auszug) **Ico-Aquagrund** LF-Grundierung	
Produktbeschreibung	Wasserverdünnbare Grundierung auf Basis Acrylatdispersion für innen und außen; wasserdampfdurchlässig, schnelltrocknend, sehr ergiebig und geruchsneutral; gut geeignet für die Verwendung in bewohnten Räumen und in Räumen der Lebensmitteltechnologie; Überstreichbar nach 12 Stunden bei 20 °C und 65 % rel. Luftfeuchte; Dichte 1,0 g/cm³; VOC: EU-Grenzwert (2010) 30 g/l; Aquagrund enthält max. 1 g/l VOC
Einsatzmöglichkeiten	Innen und außen zum Grundieren, saugfähiger und sandender Untergründe, wie Putze, Gips und Gipsplatten, Kalksandstein, Ziegel und Klinker, Beton, Porenbeton und tragfähige, auch leicht kreidende Altanstriche. Besonders für die nachfolgende Beschichtung mit Werkstoffen auf Basis von Kunststoffdispersion geeignet.
Hinweise zur Verarbeitung	Verarbeitung nur auf tragfähigen Untergründen; nicht-tragfähige Beschichtungen entfernen: bei sandenden Untergründen unverdünnt „nass in nass", bis zur Sättigung mit der Bürste in den Untergrund einmassieren. Auf festen Untergründen auch im Roll- und Niederdruckspritzverfahren. Bei nicht-sandenden Untergründen mit bis zu 50 % mit Wasser verdünnen, bei Porenbeton bis zu 100 %. Nicht zu satt grundieren. Überarbeitbar mit Dispersionsfarben und Kunstharzputzen.
Lieferform	1-l- und 10-l-Kunststoffkanister
Verbrauch	150 – 200 ml je nach Saugfähigkeit des Untergrundes

Technisches Merkblatt (Auszug) **Ico-Fixativ** Grundierung und Bindemittel für Silikatfarben	
Produktbeschreibung	Flüssiges Kaliumsilikat, Bindemittel für 2K-Ico-Silikatfarbe und als Grundierung für mineralische Untergründe bei nachfolgendem Silikatanstrich. Spez. Gewicht: ca. 1,17 g/cm³; pH-Wert: ca. 11,3; Farbton gelb, klar; VOC: EU-Grenzwert (2010) 30 g/l; Fixativ enthält max. 1 g/l VOC
Einsatzmöglichkeiten	Fixativ wird als Grundierung auf mineralischen Untergründen für nachfolgende mineralische Beschichtungen sowie als Bindemittel und Verdünnung für Ico-Silikatfarben verwendet.
Hinweise zur Verarbeitung	Auf saugfähigen Untergründen 1 Teil Fixativ mit 2 Teilen Wasser, auf sandenden Untergründen 1 : 1 mit Wasser verdünnt auftragen.
Lieferform	5-l- und 10-l-Gebinde
Verbrauch	Auf normal saugendem Untergrund 100 ml Fixativ gemischt mit 100 ml Wasser

Technisches Merkblatt (Auszug) **Ico-Primkat** Innengrundierung	Coating materials international
Produktbeschreibung	Innengrundierung für Dispersionssilikatfarben. Bindemittelgemisch auf Basis Kieselsol und Hydrosol. Egalisiert unterschiedliches Saugverhalten und verfestigt den Untergrund. Hohe Eindringtiefe und Untergrundverfestigung, leicht verkieselnd, lösemittelfrei, geruchsarm. VOC: EU-Grenzwert (2010): 20 g/l; Ico-Primkat enthält max. 1 g/l VOC
Einsatzmöglichkeiten	Ico-Primkat wird als Grundierung auf mineralischen Untergründen für nachfolgende Beschichtungen mit Innendispersionssilikatfarben, z. B. Inkat und Diskativ verwendet.
Hinweise zur Verarbeitung	Vorzugsweise im Streichverfahren, jedoch auch roll- und spritzbar. Bei stark saugenden Untergründen ist zweimalige Anwendung empfehlenswert. Glanzstellen vermeiden.
Lieferform	5-l- und 10-l-Gebinde
Verbrauch	Je nach Untergrund, 0,1 – 0,2 l / m² / Anstrich

Technisches Merkblatt (Auszug) **Ico-Grundoxan** Siliconharzgrundierung	Coating materials international
Produktbeschreibung	Hydrophobierende Spezialgrundierung auf Basis Acryl-Hydrosol, Polysiloxan Dichte: ca. 1,0 g/cm3; VOC: EU-Grenzwert (2010): 20g/l; Ico-Grundoxan enthält max. 1g/l VOC
Einsatzmöglichkeiten	Für festigende und egalisierende Grundanstriche auf grob porösen, saugenden und leicht sandenden Putzen für nachfolgende Beschichtung auf Basis von Silikonharzemulsion. Besonders auch für Kalksandsteinmauerwerk geeignet.
Hinweise zur Verarbeitung	Unverdünnt. Es ist darauf zu achten, dass die Grundierung keinen geschlossenen, glänzenden Film ergibt. Zu fette Grundierung führt zu Haftfestigkeitsstörungen.
Lieferform	10-l-Kunststoffkanister
Verbrauch	Ca. 150 – 200 ml/m² auf normal saugenden Untergründen.

Technisches Merkblatt (Auszug) **Ecolos-Claygrund** Lehmputzgrundierung	Ecolos Stuttgart München
Produktbeschreibung	Ecolos-Claygrund Lehmputzgrundierung ist eine pulverförmige Fertigmischung ohne Körnung bestehend aus Kreide, Talkum, Kasein, Borax, Kaolin, Titandioxid, Cellulosefaser, Gummi-Arabicum. Die mit Wasser angemischte Lehmputzgrundierung ist 24 h verarbeitbar (abdecken). Die Trocknungszeit beträgt 12 – 24 h je nach Temperatur und Luftfeuchtigkeit
Einsatzmöglichkeiten	Lehmputzgrundierung für die Grundierung von Ecolos-Lehm-Oberputz, zur Vorbereitung für Ecolos-Lehmfarbe.
Hinweise zur Verarbeitung	Die Lagerung in geschlossenen Gebinden ist trocken und kühl für mindestens ein Jahr möglich. Angebrochene Gebinde wieder fest verschließen. Der Untergrund muss frostfrei, fest und sauber sein. Lose Körnung ggf. mit weichem Handfeger abfegen. Der Lehmputz muss vollständig durchgetrocknet sein. Ecolos-Lehmputzgrundierung hat keine festigende oder sperrende Wirkung. Die Trockenmasse wird per Bohrmaschine und Rührstab (Ø 100 mm) mit möglichst hoher Drehzahl in ca. 10 l (entspricht 1 l pro kg) sauberes Wasser eingerührt und weitere 2 bis 3 Minuten intensiv durchgerührt. Nach 30 Minuten Ruhezeit erneut 1 bis 2 Minuten rühren. Die Lehmputzgrundierung wird mit einer kurzflorigen Malerrolle oder mit der Streichbürste aufgetragen.
Lieferform	5-kg und 12,5-kg-Oval-Deckeleimer
Verbrauch	150-200 g Trockenmasse/m² Lehmputzfläche (5 kg für 25-35 m², 12,5 kg für 60-85 m²)
Beschichtungsaufbau	Der Untergrund muss frostfrei, fest und sauber sein. Lose Körnung ggf. mit weichem Handfeger abfegen.

Untergrund	Grundanstrich	Zwischenanstrich	Schlussanstrich
Putze	Ecolos-Claygrund	Ecolos-Claypaint	Ecolos-Claypaint
Raufaser	Ecolos-Claygrund	Ecolos-Claypaint	Ecolos-Claypaint
Gipskartonplatten	Ecolos-Claygrund	Ecolos-Claypaint	Ecolos-Claypaint
Ecolos-Clayfinery (Lehmoberputz)	Ecolos-Claygrund	Ecolos-Claypaint	Ecolos-Claypaint

33.3 TM / Fassadenfarben

Technisches Merkblatt (Auszug) **Ico-Lotophobo** Farblose Hydrophobierung	Coating materials international
Produktbeschreibung	Farblose Hydrophobierung auf Basis Siloxan. Bildet keine Schicht, die Diffusionsfähigkeit des Untergrundes bzw. Anstrichs bleibt erhalten. Hoch alkalibeständig, stark wasserabweisend. Spez. Gewicht: ca. 0,8 g/cm³; VOC: EU-Grenzwert (2010): 20 g/l; Ico-Lotophobo enthält max. 1g/l VOC
Einsatzmöglichkeiten	Ico-Lotophobo bildet einen unsichtbaren Schutz gegen Wasser, sauren Regen und atmosphärische Verschmutzung auf mineralischen Anstrichen und mineralischen Untergründen, z. B. Putz, Beton, Waschbeton, Kalksandstein, Faserzement.
Hinweise zur Verarbeitung	Der Untergrund muss fest, trocken, sauber, tragfähig sein. Vorhandene Altbeschichtungen auf Eignung, Trag- und Haftfähigkeit prüfen und, falls ungeeignet, entfernen. Den Untergrund mit der Bürste vorzugsweise zweimal nass-in-nass bis zur Sättigung tränken. Nicht bei aufgeheizten Untergründen und direkter Sonneneinstrahlung verarbeiten. Die Sicherheitsvorschriften im Umgang mit lösemittelhaltigen, brennbaren und umweltgefährdenden Anstrichmitteln sind zu beachten (Xn, N, enthält aromatische Kohlenwasserstoffe)
Lieferform	5-l und 10-l-Gebinde
Verbrauch	Je nach Eindringtiefe und Saugfähigkeit des Untergrundes zwischen 0,2 bis 0,8 l/m² bei zweimaligem Anstrich

Technisches Merkblatt (Auszug) **Ico-Silika** 2K-Silikatfassadenfarbe	Coating materials international
Produktbeschreibung	Mineralische 2-Komponenten-Silikatfarbe, bestehend aus dem Ico-Farbpulver mit organischen Pigmenten und einem Bindemittel auf Basis flüssigem Kalium-Silikats (Wasserglas). EU-Grenzwert (2010): 30 g/l; Ico-Silika enthält max. 1g/l VOC Ico-Silika-Farbpulver: Stampfdichte: 0,7 – 0,9 g/cm³ Ico-Silika-Fixativ: Spezifisches Gewicht: 1,18 g/cm³; pH-Wert: 11,5 Ico-Silikafarbe: Dampfdiffusionswiderstand: sd = 0,01 m Ico-Silika weist folgende Eigenschaften auf: • Verkieselung mit dem mineralischen Untergrund • keine Filmbindung • kalkähnliche, matte Optik • lichtechte, anorganische Pigmente • für historische Gebäude geeignet • unbrennbar • beständig gegen Industrieabgase und Lösemittel • baubiologisch völlig unbedenklich und umweltfreundlich • geruchlos • nicht quellbar
Einsatzmöglichkeiten	Auf saug- und tragfähigen mineralischen Untergründen, insbesondere auf Putzen. Besonders auch zur Renovierung historischer Bauten und Bauprojekte mit besonderen Ansprüchen an Farbbrillanz und Lebensdauer.
Hinweise zur Verarbeitung	Der Untergrund muss fest, trocken, sauber, tragfähig sein. Vorhandene Altbeschichtungen auf Eignung, Trag- und Haftfähigkeit prüfen und, falls ungeeignet, entfernen. 5 kg Farbpulver in 4 Liter Fixativ einsumpfen und zu einer homogenen Masse verrühren, (wenn möglich über Nacht stehen lassen). Auftrag mit der Bürste oder einem Niederdruckspritzgerät. Stark saugende Untergründe werden mit Silika-Fixativ grundiert. Je nach Beanspruchung erfolgen 2 – 3 Anstriche. Für den ersten und zweiten Anstrich wird Silika mit Fixativ zusätzlich verdünnt (4 bis 6 Teile Fixativ auf 10 Teile Silika). Der Schlussanstrich wird unverdünnt ausgeführt. Zur Rissverschlämmung und Strukturangleichung werden der eingesumpften Silika-Masse bis zu 50 % hochfüllender silikathaltiger Schlämmzusatz zugegeben. Evtl. mit Fixativ streichfertig einstellen. Der so eingestellte Werkstoff wird zur Rissverschlämmung und Strukturangleichung ausschließlich mit der Streichbürste in den Untergrund einmassiert und an der Oberfläche in der gewünschten Weise strukturiert.
Lieferform	Silika-Farbpulver: 5-kg- und 30-kg-Sackware; Silika-Fixativ: 4-l- und 24-l-Blechgebinde; Schlämmzusatz: 5-kg- und 25-kg-Kunststoffgebinde
Verbrauch	Ca. 0,220 kg/m² Silika-Farbpulver + ca. 0,200 l/m² Silika-Fixativ pro Anstrich auf glattem Untergrund. Schlämmzusatz: Ca. 0,150 kg/m²

Technisches Merkblatt (Auszug) **Ico-Dispersika** Dispersionssilikatfassadenfarbe	Coating materials international
Produktbeschreibung	Kombination aus Kieselsol und Wasserglas mit geringem Anteil Kunststoffdispersion; hoch witterungsbeständig; UV-stabil, säurebeständig, antistatisch; alkalisch (pilz- und algenfeindlich); nicht brennbar (DIN 4102-A2); mineralisch matt; diffusionsoffen, nicht filmbildend, mikroporös; lösemittel- und weichmacherfrei. Spezifisches Gewicht: ca. 1,6 g/cm³; Anteil Kunststoffdispersion: < 5 %; pH-Wert: ca. 11; Diffusionsäquivalente Luftschichtdicke: sd ≤ 0,01 m bei Trockenschichtdicke ca. 240 μm; VOC: EU-Grenzwert (2010): 30 g/l; Dispersika enthält max. 3 g/l
Einsatzmöglichkeiten	Dispersika eignet sich für die Beschichtung von mineralischen Untergründen (auch im Denkmalschutz) und tragfähigen, dispersions- und silikonharzgebundenen Anstrichen und Putzen. Nicht geeignet sind folgende Untergründe: Holz, plasto-elastische Beschichtungen, verseifungsfähige Altfarben, nicht benetzbare Untergründe (z. B. Lacke) und Porenbeton.
Hinweise zur Verarbeitung	Der Untergrund muss fest, trocken, sauber, tragfähig sein. Dispersika im Streich-, Roll- oder Airlessverfahren (Düse: 0,65 mm bzw. 0,027 inch). Trocknung zwischen Grund- und Schlussanstrich mind. 12 h. Grundanstrich: Dispersika im Normalfall unverdünnt bzw. bis max. 5 % mit Fixativ verdünnt, auftragen. Bei stark saugenden Untergründen bis max. 10 % mit Fixativ verdünnen. Schlussanstrich: Dispersika unverdünnt auftragen.
Lieferform	5-kg- und 25 kg-Gebinde
Verbrauch	Ca. 0,250 kg/Anstrich auf glattem Untergrund

Technisches Merkblatt (Auszug) **Ico-Silicona** Siliconharzfassadenfarbe	Coating materials international
Produktbeschreibung	Wasserabweisende, hochdiffusionsfähige Fassadenfarbe auf Basis Polysiloxanemulsion und Polymerdispersion. Wasser und Schmutz perlen ab (Lotuseffekt). Dichte 1,5 g/cm³; pH-Wert 9,0 -10,0; Wasserdampfdiffusion Massenstromdichte V 2100 g/(m²·d) Wasserdampfdiffusion sd-Wert 0,01 m; Wasserdurchlässigkeitsrate 0,05 kg/(m²· $\sqrt{h}$); Schichtdicke 160-220 μm. VOC: EU-Grenzwert (2010): 40 g/l; Ico-Silicona enthält max. 40 g/l
Einsatzmöglichkeiten	Auf tragfähigen mineralischen Untergründen und tragfähigen Fassadenanstrichen.
Hinweise zur Verarbeitung	Der Untergrund muss fest, trocken, sauber, tragfähig sein. Vorhandene Altbeschichtungen auf Eignung, Trag- und Haftfähigkeit prüfen und, falls ungeeignet, entfernen. Grundierung mit Ico-Grundoxan. Zwischenbeschichtung: Silicona bis. max. 10 % mit Wasser verdünnt. Schlussbeschichtung: Silicona bis max. 10 % mit Wasser verdünnt. Überarbeitbar nach ca. 8 h bei 20 °C und 65 % relativer Luftfeuchte.
Lieferform	12,5 Liter; weiß und in der Ico-Farbpalette lieferbar.
Verbrauch	Ca. 0,200 l/m² je Anstrich

Technisches Merkblatt (Auszug) **Ico-Dispersiona** Kunststoffdispersionsfassadenfarbe	Coating materials international
Produktbeschreibung	Universelle, matt auftrocknende Dispersionsfarbe; Dichte (23 °C) 1,4 g/ml; nichtflüchtiger Anteil (Festkörper) 69 %; pH-Wert 8-9; Wasserdampfdiffusion Massenstromdichte V 13-16 g/(m²·d); Wasserdampfdiffusion sd-Wert >1,44 m; Schichtdicke 100-200 μm; VOC: EU-Grenzwert (2010): 30 g/l; Dispersiona enthält max. 3 g/l
Einsatzmöglichkeiten	Ausgezeichnete Haftung auf mineralischen Untergründen und tragfähigen Altanstrichen.
Hinweise zur Verarbeitung	Der Untergrund muss fest, trocken, sauber, tragfähig sein. Streichen, Rollen, Airlesssspritzen. Überarbeitbar nach ca. 8 Stunden (+ 20 °C / 65 % rel. Luftfeuchte). Verarbeitungsfertig, bis max. 10 % mit Wasser verdünnbar. Grundierung je nach Untergrund mit: Ico-Aquagrund. Zwischenbeschichtung: Bis max. 5 – 10 % mit Wasser verdünnt. Schlussbeschichtungen: Bis max. 5 % mit Wasser verdünnt.
Lieferform	10 Liter; weiß und in der Ico-Farbpalette lieferbar.
Verbrauch	Ca. 0,200 l/m²/Anstrich

33.4 TM / Innenwandfarben

Technisches Merkblatt (Auszug) **Ico-Inkat** Silikatfarbe	Coating materials international
Produktbeschreibung	Einkomponenten-Mineralfarbe für Innenanstriche auf Basis Silikat-Kaliwasserglas mit geringen Zusätzen von Stabilisatoren auf organischer Basis. Überstreichbar nach ca. 24 Stunden bei +20 °C/65 % rel. Luftfeuchtigkeit. Vollständig abgebunden nach 28 Tagen. VOC: EU-Grenzwert (2010): 30 g/l; Inkat enthält: max. 1 g/l VOC.
Einsatzmöglichkeiten	Auf mineralischen Untergründen im Innenbereich
Hinweise zur Verarbeitung	Der Untergrund muss fest, trocken, tragfähig und frei von Verschmutzungen sein; Neuputze mindestens 28 Tage durchhärten lassen. Falls notwendig, z. B. auf kreidenden, leicht porigen und stark saugfähigen Untergründen mit Ico-Dispersiona verdünnt oder Ico-Primkat unverdünnt grundieren. Je nach Untergrund Ico-Inkat für die Zwischenbeschichtung bis max. 15 % mit Wasser verdünnen, für die Schlussbeschichtung max. 10 % Wasser zugeben. Trocknungszeiten zwischen den Beschichtungen von mind. 24 h einhalten (20 °C/65 % relative Luftfeuchte) Ico-Inkat ist streich-, roll- und airless-spritzbar. Bei der Verarbeitung Haut und Augenschutz tragen und empfindliche Oberflächen (Glas, Keramik, Naturstein, Lackierungen, Metalle) abdecken. Farbspritzer sofort entfernen.
Lieferform	15-l-Gebinde, weiß und in der Ico-Silikattonpalette
Verbrauch	0,5 – 0,6 kg/m² bei 2-maliger Beschichtung

Technisches Merkblatt (Auszug) **Ico-Diskativ** Dispersions-Silikatfarbe-Aktiv	Coating materials international
Produktbeschreibung	Diskativ wirkt photokatalytisch und reduziert dadurch Schadgase und Gerüche. Hoch scheuerbeständig und für Allergiker geeignet. Dichte 1,55 g / m³ Nassabriebbeständigkeit und Kontrastverhältnis Klasse 1; VOC: EU-Grenzwert (2010): 40 g/l; Ico-Diskativ enthält: max. 3 g/l VOC.
Einsatzmöglichkeiten	Diskativ ist für Wand und Decke im Innenbereich geeignet. Besonders für stark beanspruchte Bereiche in öffentlichen Einrichtungen und Gebäuden der Lebensmittelindustrie. Auf allen mineralischen Untergründen sowie Gipskarton, Glasgewebe und tragfähigen Altanstrichen einsetzbar. Bei unterschiedlichem Saugverhalten des Untergrundes mit Primkat grundieren.
Hinweise zur Verarbeitung	Umluft- und Untergrundtemperatur dürfen +5 °C nicht unterschreiten. Stark saugende oder sandende Untergründe mit Primkat vorbehandeln. Primkat ist streich-, roll- und airless-spritzbar (Düse: 0,64 mm bzw. 0,025 inch); Trocknungszeit von mindestens 6 Stunden zwischen Grund- und Schlussanstrich einhalten. Grundanstrich: Diskativ mit maximal 10 % Fixativ verdünnt; Schlussanstrich unverdünnt.
Lieferform	5-l- und 15-l-Kunststoffeimer
Verbrauch	ca. 0,25 l/m² bei zweimaligem Auftrag

Technisches Merkblatt (Auszug) **Ico-Insilco** Siliconharzfarbe, innen	Coating materials international
Produktbeschreibung	Stumpfmatte, diffusionsfähige und hochdeckende Innenfarbe auf Siliconharzbasis. Nassabriebklasse 3 nach EN 13300, leicht auszubessern. Siliconharzemulsion mit Zusatz von Polymerdispersion. VOC: EU-Grenzwert (2010): 40 g/l; Ico-Insilco enthält: max. 10 g/l VOC.
Einsatzmöglichkeiten	Auf sauberen, trockenen und tragfähigen Wänden und Decken im Innenbereich. Auf mineralischen Untergründen, Altbeschichtungen und Wandbekleidungen. Besonders geeignet für Räume mit ungünstigen Lichtverhältnissen. Nicht auf feuchte oder verschmutzte Untergründe aufbringen.
Hinweise zur Verarbeitung	Auf sauberen, trockenen und tragfähigen Wänden und Decken im Innenbereich. Streich-, roll- und airless-spritzbar (Düse 0,018 - 0,026, Druck 150 – 180 bar)
Lieferform	10-l-Kunststoffeimer
Verbrauch/ Ergiebigkeit	0,140 – 0,170 l / m²; 7 – m² / l

Technisches Merkblatt (Auszug) **Ecolos-Claypaint** Lehmfarbe	
Produktbeschreibung	Diffusionsfähige Lehmfarbe für den Innenbereich. Trocknet tuchmatt auf. Reine Naturfarbe, frei von Konservierungsstoffen, Dispersionen oder chemischen Weichmachern. Materialverbrauch (abhängig von Untergrund und gewünschter Struktur); mit der Rolle: ca. 50 bis 90 g/m pro Anstrich (ca. 1,25 bis 1,75 Liter Wasser je kg Trockenpulver); mit der Streichbürste: ca. 40 bis 70 g/m pro Anstrich (ca. 2,0 bis 2,2 Liter Wasser je kg Trockenpulver)
Einsatzmöglichkeiten	Für den Innenbereich, auch in Feuchträumen, außer im direkten Spritzwasserbereich, nicht verwendbar in Bereichen mit einer Dauerfeuchtigkeitsbelastung. Ecolos-Claypaint ist trocken abriebbeständig und mit Wasser wieder anlösbar. Positiver Einfluss auf das Raumklima, da feuchteregulierend und frei von chemischen Zusätzen.
Hinweise zur Verarbeitung	Das Trockenpulver in die erforderliche Menge Wasser geben und zu einer homogenen Masse bei niedriger Drehzahl verrühren. Der Auftrag erfolgt in zwei bis drei Arbeitsgängen mit der Rolle oder Streichbürste auf allen saugfähigen Untergründen, z. B. Putze, Raufaser, Gipskartonplatten, usw. Der Untergrund muss dauerhaft trocken, tragfähig, sauber, staub-, fett- und ausblühungsfrei sowie frei von Trennschichten sein. Die Haftfestigkeit mit dem Untergrund muss überprüft werden. Ecolos-Clayfinery vor der Beschichtung mit Ecolos-Claypaint mit Ecolos-Claygrund grundieren.
Lieferform	Gebindegrößen: 2 kg und 10 kg in den Farbtönen weiß, gelb, ocker, orange, rot, blau, schwarz
Verbrauch	Materialverbrauch (abhängig von Untergrund und gewünschter Struktur); mit der Rolle: ca. 50 bis 90 g/m pro Anstrich (ca. 1,25 bis 1,75 Liter Wasser je kg Trockenpulver); mit der Streichbürste: ca. 40 bis 70 g/m pro Anstrich (ca. 2,0 bis 2,2 Liter Wasser je kg Trockenpulver)

Technisches Merkblatt (Auszug) **Ico-Kalka** Kalkfarbe	
Produktbeschreibung	Anwendungsfertige Kalkfarbe (DIN 55945) auf Basis Sumpfkalk und Marmormehl, angereichert mit Titandioxid-Pigmenten (gutes Deckvermögen). Ohne synthetische Bindemittel. Spez. Gewicht: ca. 1,56 g/cm^3 ; Dampfdiffusionswiderstand: sd < 0,02 m
Einsatzmöglichkeiten	Auf allen tragfähigen und verschmutzungsfreien mineralischen Untergründen
Hinweise zur Verarbeitung	Sandende Untergründe mit Ico-Kalka 1:3 mit Wasser verdünnt vorstreichen. Trockene Untergründe leicht anfeuchten, Grundanstrich mit Wasser verdünnt ausführen, Schlussbeschichtung unverdünnt. Zwei Anstriche genügen. Zwischentrocknung mind. 4 h. Augen, Haut und empfindliche Oberflächen schützen (hochalkalisch).
Lieferform	5-l- und 10-l-Gebinde
Verbrauch	ca. 0,350 kg/m^2 bei zweimaligem Anstrich.

Technisches Merkblatt (Auszug) **Ico-Latexcoat** Hochglanzlatex	
Produktbeschreibung	Hochglänzende, besonders strapazierfähige Innendispersionsfarbe auf Basis Polyvinylacetat-Copolymer; Nassabriebbeständigkeit Klasse 1; lösemittel- und weichmacherfrei; überarbeitbar nach 4 – 6 h, durchgetrocknet nach 3 Tagen; Dichte ca. 1,26 g/m^3; VOC: EU-Grenzwert (2010): 30 g/l; Latexcoat enthält max. 1g/l VOC.
Einsatzmöglichkeiten	Auf besonders beanspruchten Flächen im Innenbereich. Als Untergründe sind geeignet: Putz, Raufaser, Beton, Gipskarton, Faserzement, Kalksandsteinmauerwerk.
Hinweise zur Verarbeitung	Anwendbar auf tragfesten und unverschmutzten Untergründen im Streich- Roll- und Airless-Spritzverfahren. Auf saugfähigen Untergründen mit Aquagrund grundieren. Zwischen- und Schlussanstrich bei Bedarf mit 3 – 5 % Wasser verdünnen.
Lieferform	5-l- und 10-l-Kunststoffeimer
Verbrauch	130 – 150 ml/m^2 pro Anstrich

Technisches Merkblatt (Auszug) **Ico-Dispefa** Dispersionsfarbe	Coating materials international
Produktbeschreibung	Hochwertige Innenwandfarbe auf Basis Styrolacrylatdispersion; emissions- und lösemittelfrei; trocknet tuchmatt auf; Nassabriebklasse 2 (scheuerbeständig nach DIN 53778) Dichte 1,4 g/cm³; Mindestverarbeitungstemperatur 5 °C Untergrund-, Luft- und Materialtemperatur; VOC: EU-Grenzwert (2010) 30 g/l; Dispefa enthält max. 1 g/l VOC.
Einsatzmöglichkeiten	Für alle Innenwandflächen, z. B. Putz, Mauerwerk, Gipsplatten, Raufaser, Prägetapeten, Glasfasergewebe usw.
Hinweise zur Verarbeitung	Auf tragfähigen, festen und sauberen Untergründen im Streich-, Roll- oder Spritzverfahren auftragen. Leicht sandende bzw. kreidende Untergründe mit LH- oder LF-Grundierung festigen. In der Regel genügt ein zweimaliger Auftrag. Bei Bedarf mit Wasser bis zu 5 % verdünnbar.
Lieferform	5-l- und 10-l-Kunststoffgebinde; Farbton weiß
Verbrauch	120 – 180 ml/m² (je nach Untergrund)

33.5 TM / Putze

Technisches Merkblatt (Auszug) **Ico-Kalkputz** Kalkputz	Coating materials international
Produktbeschreibung	Mineralischer Trockenmörtel bestehend aus hydraulischem Kalk, mineralischen Zuschlägen, Bläh-perlite, Luftporenbildner, Zellulose; Druckfestigkeit: ≥ 2,5 N/mm²; Festmörtelrohdichte: 1.400 kg/m³; Ergiebigkeit: ca. 750 l/t; Baustoffklasse: A 1; Mörtelgruppe: P I (DIN V 18550); Wasserbedarf: ca. 6,5 l/30 kg
Einsatzmöglichkeiten	Innen und außen, an Wänden und Decken, auf neuen und alten Putzgründen. Als einlagiger Putz oder Unterputz. Für alle mineralischen Oberputze und lösungsmittelfreie Beschichtungen.
Hinweise zur Verarbeitung	Auftrag maschinell oder von Hand möglich. Trockenmörtel mit Wasser mischen und zu einer verarbeitungsfähigen Masse rühren. Den Mörtel in der angegebenen Dicke (ca. 10 – 20 mm) auftragen und mit der Latte abziehen. Bei stark oder unterschiedlich saugenden Untergründen zweischichtig nass in nass arbeiten. Verhältnis von erster zu zweiter Schicht = ²/₃ zu ¹/₃. Bei Verwendung als Unterputz mit einem Straßenbesen oder der Zahnspachtel nach dem ersten Anziehen aufrauen. Bei Verwendung als Einlagenputz am nächsten Tag 3 – 4 mm auftragen und nach dem Anziehen die Oberfläche abreiben oder abfilzen.
Lieferform	30-kg-Papiersack
Verbrauch/ Ergiebigkeit	bei 15 mm Dicke: ca. 20,0 kg/m²; ca. 1,5 m²/30 kg; Ergiebigkeit: ca. 750 l/t

Technisches Merkblatt (Auszug) **Ico-Gipsputz** Gipsputz	Coating materials international
Produktbeschreibung	Mineralischer Trockenmörtel nach DIN EN 13279-1. Ergiebig und leicht zu glätten. Zusammensetzung: Gips, Zusatzmittel zur Verbesserung von Haftung und Verarbeitbarkeit. Druckfestigkeit: > 2 N/mm²; Wärmeleitfähigkeit: < 0,44 W/mK; Baustoffklasse: A1; Mörtelgruppe: P IV (DIN V 18550; Wasserbedarf ca. 15 l/30 kg; Auftragsdicke: 10 mm
Einsatzmöglichkeiten	Zum Verputzen von Decken und Wänden. Verwendung als einlagiger Innenputz. Auch als Untergrund für Anstrichsysteme und für Küchen und Bäder im privathäuslichen Bereich geeignet (DIN 18550).
Hinweise zur Verarbeitung	Verarbeitung mit der Feinputzmaschine oder von Hand. Den Trockenmörtel mit der angegebenen Menge Wasser zu einer verarbeitungsfähigen Masse gründlich durchmischen. Anschließend in der angegebenen Dicke auftragen und mit der Latte abziehen. Die Putzfläche nach dem Anziehen mit einem groben Schwamm nässen und die Oberfläche entweder filzen oder glätten. Danach für gute Querbelüftung sorgen. Im Fall, dass Bewegungen zu angrenzenden Bauteilen auftreten, wird der Putz eingeschnitten.
Lieferform	30-kg-Papiersack
Verbrauch/ Ergiebigkeit	bei 10 mm Dicke: ca. 10,0 kg/m²

Technisches Merkblatt (Auszug) **Ico-Zementputz** Zementputz	
Produktbeschreibung	Mineralischer Trockenmörtel nach DIN EN 998-1. Witterungs- und frostbeständig, wasserabweisend, mechanisch hoch belastbar. Zusammensetzung: Zement, mineralische Zuschläge und Zusatzmittel zur Verbesserung von Haftvermögen und Verarbeitung. Druckfestigkeit: > 6 N/mm²; Festmörtelrohdichte: ca. 1650 kg/m³; Baustoffklasse: A 1; Mörtelgruppe: P III (DIN V 18550).
Einsatzmöglichkeiten	Innen und außen, auf Mauerwerk (nach DIN 1053). Besonders geeignet für den Dauernassbereich, z. B. für Gebäudesockel oder Wände im Erdreich. Auch für hohe mechanische Belastung und als Untergrund für Abdichtungen geeignet. Die Verwendung auf wärmegedämmtem Mauerwerk ist nicht möglich.
Hinweise zur Verarbeitung	Keine Zusätze beimischen und nicht unter 5 °C Untergrund und Umgebungstemperatur verarbeiten. Frische Mörtelschicht vor Regenbelastung und zu schnellem Feuchtigkeitsentzug schützen. Sinterhaut ist zu entfernen. Angrenzende Bauteile vom Putzsystem trennen. Auftrag maschinell oder von Hand möglich. Trockenmörtel mit Wasser mischen und zu einer verarbeitungsfähigen Masse rühren. Den Mörtel in der angegebenen Dicke (ca. 15 mm) auftragen und mit der Latte abziehen. Als Unterputz die Oberfläche entsprechend der weiteren Beschichtung bearbeiten. Bei Verwendung als Einlagenputz auf die erste Schicht am nächsten Tag 3 – 4 mm auftragen und nach dem Anziehen die Oberfläche durch Abreiben mit der Filzscheibe glätten.
Lieferform	30-kg-Papiersack, 42 Säcke/Palette
Verbrauch/ Ergiebigkeit	bei 15 mm Dicke: ca. 23,0 kg/m² ca. 1,3 m²/30 kg; Ergiebigkeit: ca. 650 l/to

Technisches Merkblatt (Auszug) **Ico-Disperplast** Dispersionsoberputz	
Produktbeschreibung	Verarbeitungsfertiger Oberputz auf Dispersionsbasis. Mechanisch hoch belastbar und lösemittelfrei. Zusammensetzung: Organische Bindemittel, mineralische Zuschlagstoffe, Zusatzmittel zur Verbesserung von Verarbeitbarkeit; sd_{H2O}-Wert: ca. 0,5
Einsatzmöglichkeiten	Oberputz für außen und innen auf Unterputzen und als Oberbeschichtung für Wärmedämm-Verbundsysteme.
Hinweise zur Verarbeitung	Den planeben abgezogenenen Unterputz mit Aquagrund grundieren. Standzeiten des Unterputzes beachten. Den Putz mit einem langsam laufenden Rührgerät gut aufrühren. Gegebenenfalls mit etwas Wasser verarbeitungsfähig einstellen und in Kornstärke mit Glättkelle auf den Untergrund aufziehen oder mit einem Spritzgerät aufbringen und mit Kunststoffglätter, Holzscheibe oder PU-Brett je nach gewünschter Oberfläche strukturieren. Nass-in-nass arbeiten und angezogene Flächen nicht mehr bearbeiten.
Lieferform	25-kg-Eimer
Verbrauch/ Ergiebigkeit	Bei 0,5 mm Körnung: ca. 1,2 kg/m²; ca. 20,8 m²/25 kg; bei 1 mm Körnung: ca.1,8 kg/m²; ca. 13,8 m²/25 kg; bei 1,5 mm Körnung: ca. 2,6 kg/m²; ca. 9,6 m²/25 kg; bei 2 mm Körnung: ca. 3,2 kg/m²; ca. 7,8 m²/25 kg; bei 3 mm Körnung: ca. 3,9 kg/m²; ca. 6,4 m²/25 kg

Technisches Merkblatt (Auszug) **Ico-Buntsteinputz** Buntsteinputz	
Produktbeschreibung	Wetterbeständiger, hoch wasserabweisender und mechanisch belastbarer Buntsteinputz nach DIN 18558. Hoch elastisch und lösemittelfrei, bestehend aus organische Bindemitteln, Natursteinen, Zusatzmitten; sd_{H2O}-Wert: ca. 0,6
Einsatzmöglichkeiten	Natursteinputz für außen und innen auf Unterputzen und als Oberbeschichtung für Wärmedämm-Verbundsysteme im Sockelbereich
Hinweise zur Verarbeitung	Den planeben abgezogenenen Unterputz mit Aquagrund grundieren. Standzeiten des Unterputzes beachten. Den Buntsteinputz mit einem langsam laufenden Rührgerät aufrühren und gegebenenfalls mit etwas Wasser einstellen und in 3 – 4 mm Schichtstärke mit der Glättkelle auf den Untergrund aufziehen und in einer Richtung gleichmäßig abglätten. Nass in nass arbeiten und angezogene Flächen nicht mehr bearbeiten.
Lieferform	25-kg-Eimer
Verbrauch/ Ergiebigkeit	ca. 4,5 kg/m²; ca. 5,5 m²/25 kg

Technisches Merkblatt (Auszug) **Ico-Silikaputz** Silikatputz	Coating materials international
Produktbeschreibung	Verarbeitungsfertiger Oberputz. Zusammensetzung: Kaliwasserglas, organische Bindemittel, mineralische Zuschlagstoffe, Zusatzmittel zur Verbesserung von Verarbeitbarkeit und Haftung am Untergrund, Pigmente. Hohe Wasserdampfdurchlässigkeit (sd-Wert: ca. 0,2) und hervorragende Haftung durch Verkieselung mit dem Untergrund, witterungsbeständig und lösemittelfrei. Schützt gegen Algen- und Pilzbefall.
Einsatzmöglichkeiten	Als Oberputz für die Verarbeitung auf mineralischen Unterputzen für außen und innen. Auch für Wärmedämmverbundsysteme geeignet.
Hinweise zur Verarbeitung	Den planeben abgezogenenen Unterputz mit Primkat grundieren. Standzeiten des Unterputzes beachten. Den Putz mit einem langsam laufenden Rührgerät gut aufrühren. Gegebenenfalls mit etwas Wasser verarbeitungsfähig einstellen und in Kornstärke mit Glättkelle auf den Untergrund aufziehen, oder mit einem Spritzgerät aufbringen und mit Kunststoffglätter oder Stahltraufel je nach gewünschter Oberfläche strukturieren. Nass-in-nass arbeiten und angezogene Flächen nicht mehr bearbeiten.
Lieferform	25-kg-Kunststoffeimer
Verbrauch / Ergiebigkeit	1,5 mm Körnung: ca. 2,9 kg/m^2; ca. 8,6 m^2/25 kg; bei 2 mm Körnung: ca. 3,5 kg/m^2; ca. 7,1 m^2/25 kg; bei 3 mm Körnung: ca. 4,5 kg/m^2; ca. 5,5 m^2/25 kg

Technisches Merkblatt (Auszug) **Ico-Silicoputz** Siliconharzputz	Coating materials international
Produktbeschreibung	Verarbeitungsfertiger Oberputz für innen und außen, bestehend aus Silikonharz, organischen Bindemitteln, mineralische Zuschlägen, Zusatzmitteln zur Verbesserung von Verarbeitbarkeit und Haftung, Pigmenten. Hohe Wasserdampfdurchlässigkeit (sd-Wert: ca. 0,4), mechanisch hoch belastbar und lösemittelfrei. Schützt gegen Algen- und Pilzbefall.
Einsatzmöglichkeiten	Den planeben abgezogenenen Unterputz mit Grundoxan grundieren. Standzeiten des Unterputzes beachten. Den Putz mit einem langsam laufenden Rührgerät gut aufrühren. Gegebenenfalls mit etwas Wasser verarbeitungsfähig einstellen und in Kornstärke mit Glättkelle auf den Untergrund aufziehen oder mit einem Spritzgerät aufbringen und mit Kunststoffglätter, Holzscheibe oder PU-Brett je nach gewünschter Oberfläche strukturieren. Nass-in-nass arbeiten und angezogene Flächen nicht mehr bearbeiten.
Hinweise zur Verarbeitung	Als Oberputz für die Verarbeitung auf Unterputzen für außen und innen. Auch für Wärmedämmverbundsysteme geeignet.
Lieferform	25-kg-Kunststoffeimer
Verbrauch/ Ergiebigkeit	0,5 mm Körnung: ca. 1,2 kg/m^2; ca. 20,8 m^2/25 kg; bei 1 mm Körnung: ca. 1,9 kg/m^2; ca. 13,1 m^2/25 kg; bei 1,5 mm Körnung: ca. 2,9 kg/m^2; ca. 8,6 m^2/25 kg; bei 2 mm Körnung: ca. 3,5 kg/m^2; ca. 7,1 m^2/25 kg; bei 3 mm Körnung: ca. 4,5 kg/m^2; ca. 5,5 m /25 kg

Technisches Merkblatt (Auszug) **Ico-Marblo** Marmor-Dekorspachtelmasse	Coating materials international
Produktbeschreibung	Verarbeitungsfertige, mineralische Spachtelmasse für dekorative Oberflächen in Marmoroptik; hoch diffusionsfähig (sd_{H2O} < 0,14); Zusammensetzung: Kalkhydrat, Marmormehl, Wasser, Glykole, Additive
Einsatzmöglichkeiten	Für hochexklusive und dekorative Innenraumgestaltung: Nur für sorgfältig vorbereitete Untergründe geeignet.
Hinweise zur Verarbeitung	Tragfähigen und glatten Untergrund durch Spachteln mit mineralischer Spachtelmasse herstellen (Qualitätsstufe Q4). Marblo in Fleckspachteltechnik aufspachteln. Nach leichter Antrocknung überstehende Grate mit einem Spachtel leicht abschieben. Nach einer Trocknungszeit von 12 Std. weiter Fleckspachtelgänge aufbringen (Zwischentrocknung ca. 6 h) Der letzte Fleckspachtelgang wird hauchdünn aufgetragen und mit leichtem Druck mit der venezianischen Glättkelle verdichtet, sodass ein Oberflächenglanz entsteht.
Lieferform	5-kg-Kunststoffeimer
Verbrauch/ Ergiebigkeit	Je nach Anzahl der Arbeitsgänge; 3 kg ca. 15 m^2

Technisches Merkblatt (Auszug) **Ecolos-Clayplaster** Lehmunterputz	Ecolos Stuttgart München
Produktbeschreibung	Ein- oder mehrlagiger Unterputz. Zusammensetzung: Natur-Baulehm bis 5 mm, Sand 0 – 2 mm, Gerstenstroh 30 mm; Rohdichte ca. 1.600 kg/m³ (Druckfestigkeit 1,5 N/mm², Haftfestigkeit 0,05 N/mm², gute Regulierung der Umgebungsfeuchtigkeit.
Einsatzmöglichkeiten	Als Hand- oder Maschinenputz auf Mauerwerk, Massivbaustoffen, Leichtlehm, Schilfrohr u. ä. Zum Anmörteln von Dämmplatten im Innenbereich.
Hinweise zur Verarbeitung	Der Untergrund muss frostfrei, trocken und frei von Salzbelastung sein. Ein Vornässen ist nur zum Binden von Oberflächenstaub notwendig. Putzträger wie z. B. Rohrgewebe dürfen nicht feucht sein. Der Untergrund muss tragfähig, sauber und rau sein, da Lehmputze nur mechanisch haften. Unter Wasserzugabe von ca. 10 – 15 % (erdfeucht) maschinell anmischen und mit der Putzmaschine anspritzen oder mit der Kelle anwerfen bzw. aufziehen. Variable Schichtdicken von 8 – 35 mm je nach Untergrundbeschaffenheit möglich. Die Mörtelkonsistenz mit Wasser auf die Auftragsstärke abstimmen. Als Einlagenputz ebenmäßig abreiben. Für besonders glatte Oberflächen eine zusätzliche Schicht Lehm-Oberputz aufziehen. Nach dem Auftrag für gute Querbelüftung sorgen (Fenster und Türen öffnen).
Lieferform	Erdfeucht in 1,2 t Big-Bag; trocken in 30-kg-Säcken oder 1,0 t Big-Bag
Ergiebigkeit	(Erdfeucht in 1,2 t Big-Bags) ergibt 700 l Putzmörtel (Trocken in 1,0 t Big-Bags) ergibt 625 l Putzmörtel (Trocken in 30 kg Säcken) ergibt 20 l Putzmörtel, 42 Sack/Pal.

Technisches Merkblatt (Auszug) **Ecolos-Clayfinery** Lehmoberputz	Ecolos Stuttgart München
Produktbeschreibung	Einlagiger Oberputz für den Innenbereich. Zusammensetzung: Natur-Baulehm, Sand 0 – 0,8 mm. Flachs bis 15 mm, Perlite. Da kein chemischer Abbindeprozess stattfindet, ist das Material abgedeckt über mehrere Tage verarbeitungsfähig und kann ebenso über diesen Zeitraum in Putzmaschinen und Schläuchen verbleiben. Unbegrenzte Lagerung. Reguliert den Feuchtigkeitsgehalt der Raumluft. Rohdichte ca. 1.600 kg/m³ Druckfestigkeit 1,5 N/mm², Schwindmaß 3,0 %, Haftfestigkeit 0,05 N/mm², Abrieb < 0,5 g, Wasserzugabe: (6 – 7 l pro 30 kg Sack).
Einsatzmöglichkeiten	Als Hand- oder Maschinenputz auf Clayplaster, Lehmbauplatten und anderen ebenen Flächen aus Lehm-Baustoffen.
Hinweise zur Verarbeitung	Der Untergrund muss frostfrei, trocken und frei von Salzbelastung sein. Ein Vornässen ist nur zum Binden von Oberflächenstaub notwendig. Putzträger wie z. B. Rohrgewebe dürfen nicht feucht sein. Der Untergrund muss tragfähig, sauber und rau sein, da Lehmputze nur mechanisch haften. Unter Wasserzugabe von ca. 20 – 23 % maschinell anmischen und mit der Putzmaschine anspritzen oder mit der Kelle anwerfen bzw. aufziehen (Putzstärke ca. 2 – 3 mm). Werden feiner strukturierte Oberflächen gewünscht, sollte der Putzmörtel vor dem Reiben stärker angezogen haben. Je nach verwendetem Werkzeug ergeben sich unterschiedlich Oberflächenstrukturen. Schwamm, Holz- oder Kunststoffbrett sind zum Reiben geeignet. Für glatte Oberflächen wird die Nachbehandlung mit der Glättkelle empfohlen. Nach dem Auftrag für gute Querbelüftung sorgen (Fenster und Türen öffnen).
Lieferform	30-kg-Sack
Verbrauch/ Ergiebigkeit	30 kg ergeben 20 l Putzmörtel für 5 bis 7 m² bei 3 mm Auftrag 30 kg ergeben 20 l Putzmörtel für 8 bis 11 m² bei 2 mm Auftrag

34.1 Aufgaben zur Verlegung von Fußbodenbelägen

Die Technischen Merkblätter dieses Fachbuches wurden in Anlehnung an Technische Merkblätter des Marktes erstellt. Die genannten Produkte decken für Übungszwecke eine breite Auftragspalette ab. Aus Gründen der Übersichtlichkeit wurden die Angaben zur Untergrundvorbereitung und zur Ausführung gekürzt. Besonderer Wert wurde auf die Produktbeschreibung im System, sowie auf Angaben zur Verbrauchsberechnung gelegt.

Aufgabe 1

Mithilfe der Technischen Merkblätter ist eine Liste der Werkstoffe für die folgenden Kundenaufträge zu erstellen:

a) Veloursbodenbelag mit Vliesrücken in vorübergehend bewohnter Mietwohnung verlegen (Bild 1)	Welche Produkte wählen Sie aus? • Grundierung? • Kleber? Oft gibt es mehrere Möglichkeiten!
b) Schubfeste Verlegung CV-Belag auf Zementestrich	
c) Verklebung Fertigparkett auf Zementestrich (Bild 2)	
d) Feinsteinzeug-Bodenfliesen verlegen (Bild 3)	

Bild 1: Veloursboden

Aufgabe 2

Auf verschiedenen Fußbodenflächen sollen Bodenbeläge verlegt werden.

- Empfehlen Sie den Voranstrichstoff und den Kleber!
- Berechnen Sie den Werkstoffbedarf!
- Ermitteln Sie die Anzahl der zu bestellenden Gebinde!

a) 55 m² Wohnzimmer mit Laminatdielen (Zahnspachtel B11)

b) 23 m² Badezimmer mit Feinsteinzeugfliesen (Zahnung 6 x 6 x 6 mm)

Bild 2: Verlegen von Fertigparkett

Ziel der Übung 1 und 2 ist das Einüben der Vorgehensweise beim Arbeiten mit Technischen Merkblättern.

Vergleichbare Produkte mit gleicher Bindemittelbasis finden sich im Angebot namhafter Hersteller.

Bild 3: Fliesenverlegung

Zusatzaufgabe

Bearbeiten Sie die Aufträge der Aufgabe 1 von Neuem mit Technischen Merkblättern, die Sie sich von Herstellern aus dem Internet besorgen.

Welche Produkte wählen Sie aus?

- Grundierung?
- Kleber?

Oft gibt es mehrere Möglichkeiten!

34.2 Aufgaben zur Beschichtung von Fußböden

Bild 1: Undichter Balkonfliesenbelag

Bild 2: Garagenboden mit Altanstrich

Bild 3: Ölkontaminierter Werkstattboden

Aufgabe 1

Mithilfe der Technischen Merkblätter ist eine Liste der Werkstoffe für die folgenden Kundenaufträge zu erstellen:

a) Abdichtung von Fliesenbelag auf Balkonboden (Bild 1)

b) Beschichtung eines unisolierten Garagenbodens mit Ausbruchstelle und Epoxi-Altanstrich (Bild 2). Zur Reprofilierung des Bodens (Spachtelarbeiten) geeignete Werkstoffe aus der Betoninstandsetzung wählen

c) Ölauffangwanne in einem Heizungskeller

Welche Produkte wählen Sie aus?

- Grundierung?
- Zwischenbeschichtung?
- Schlussbeschichtung?

Oft sind mehrere Beschichtungsaufbauten möglich.

Aufgabe 2

Der ölkontaminierte und gerissene Zementestrich (Gesamthohlräume ca. 8 l) einer Autowerkstatt (165 m²) soll mit einem rutschfesten Epoxi-Mörtelbelag (8 mm Schichtdicke) saniert werden (Bild 3).

a) Empfehlen Sie einen geeigneten Beschichtungsaufbau

b) Berechnen Sie die Verbrauchsmengen.

c) Wie viele Gebinde müssen Sie von den Materialien bestellen?

Ziel der Übung 1 und 2 ist das Einüben der Vorgehensweise beim Arbeiten mit Technischen Merkblättern.

Vergleichbare Produkte finden sich im Angebot namhafter Hersteller.

Zusatzaufgabe

Bearbeiten Sie den Auftrag der Aufgabe 2 für eine rutschfeste Bodenbeschichtung (3 mm) auf Polyurethanbasis mit Technischen Merkblättern, die Sie sich von Herstellern aus dem Internet besorgen.

a) Empfehlen Sie einen geeigneten Beschichtungsaufbau.

b) Berechnen Sie die Verbrauchsmengen.

c) Wie viele Gebinde müssen Sie von den Materialien bestellen?

- Grundierung?
- Zwischenbeschichtung?
- Schlussbeschichtung?

Oft sind mehrere Beschichtungsaufbauten möglich.

34.3 Werkstoffe zur Vorbereitung von Belags- und Beschichtungsarbeiten für Fußböden

Technisches Merkblatt (Auszug)

Meflo-Primer

Bodengrundierung

Produktbeschreibung	Lösemittelfreies Grundierkonzentrat auf Basis Kunstharzdispersion, sehr emissionsarm, hemmt das Eindringen von Wasser. Trocknungszeit zwischen ca. 1,5 bis 3 Stunden, abhängig von der Saugfähigkeit des Untergrundes, Temperatur und Luftfeuchtigkeit. VOC: EU-Grenzwert (2010): 140 g/l; Meflo-Primer enthält max. 30 g/l VOC.
Einsatzmöglichkeiten	Einsetzbar als Grundierung, Voranstrich und Haftbrücke im Innenbereich für Belagarbeiten auf folgenden Untergründen:

Untergrund	Verdünnung mit Wasser
Glatte und dichte Untergründe, z. B. vorgefertigte Betonböden, besonders verdichtete Zementestriche, Terrazzo, Sandstein, Fliesen- und Plattenbeläge, Untergründe mit Spachtelmassen- und Klebstoffresten, für nachfolgende Spachtel-, Ausgleichsmassen und Mörtel.	1 : 1/2
Stark saugende und poröse Zementestriche zwischen Spachtel- und Ausgleichsmassen	1 : 5
Rohbetonböden	1 : 1
Glatte Betonwände und -decken für gipsgebundene Spachtelmassen	1 : 3
Gipswandbauplatten und Gipsputz vor der Verarbeitung von Wandspachtelmassen und Dünnbettmörtel auf Zementbasis	1 : 3
Holzspanplatten beim Einsatz von Spachtel- und Augleichsmassen bei Fliesenverlegungen	unverdünnt

Hinweise zur Verarbeitung	Untergrund muss trocken, fest und frei von Staub und Trennmitteln sein. Floorprimer mit der vorgegebenen Wassermenge in einem sauberen Gefäß vermischen. Voranstrich mit Besen, Bürsten oder Rollen gleichmäßig auftragen und zu einem klaren, dünnen Film trocknen lassen. Die Mindestbodentemperatur soll über +5 °C betragen.
Lieferform	5 kg, 10 kg, 20 kg im Eimer
Verbrauch	

Verdünnung mit Wasser	Verbrauch Floorprimer
1 : 1/2	ca. 200 g
1 : 1	ca. 150 g
1 : 3	ca. 50 g
1 : 5	ca. 30 g
unverdünnt	ca. 300 g

Technisches Merkblatt (Auszug)

Meflo-Ausgleichsmasse

Ausgleichsmasse

Produktbeschreibung	Schnell belastbare und verlegereife Ausgleichsmasse auf Zementbasis; optimale Verlaufeigenschaften. Für Auftragsdicken ab 3 mm. Auch in dicken Schichten rissfrei. Pumpfähig. Verarbeitbar ca. 30 min, abhängig von Temperatur und Luftfeuchtigkeit. MV: ca. 5 l Wasser : 25 kg Pulver, entsprechend ca. 1 RT Wasser : 4 RT Pulver
Einsatzmöglichkeiten	Für die Verwendung im Innenbereich. Zum Ausgleichen und Nivellieren von Betonböden, Zementestrichen, Calciumsulfatestrichen, Gussasphaltestrichen, Terrazzo und Fliesenbelägen. Ergibt ebene Verlegeflächen für nachfolgende Verlegearbeiten: Fliesen, Naturstein, Bodenbeläge. Auch als Nutzschicht einsetzbar, z. B. in Kellern, Dachböden, Abstellräumen und Werkstätten mit mäßiger mechanischer Belastung.
Hinweise zur Verarbeitung	Der Untergrund muss fest, trocken und frei von Staub sein. Verunreinigungen und Trennmittel entfernen. Untergrund mit Meflo-Primer grundieren. Das Pulver wird in einem mit der entsprechenden Menge Wasser gefülltes, sauberes Anrührgefäß gegeben und unter kräftigem Rühren maschinell eingerührt, sodass ein klumpenfreier, verfließender Mörtel entsteht. Je nach Schichtstärke mit Rakel oder Glättkelle aufziehen. Bei Schichtstärken über 10 mm mit Sand der Körnung 0 – 8 mm im Verhältnis Mörtel : Sand = 1 RT : 0,5 RT strecken.
Lieferform	12 kg, Sackware
Verbrauch	ca. 1,7 kg Pulver je m^2 und mm

Technisches Merkblatt (Auszug) **Meflo-Reiniger** Dekontaminierer	MeFlo
Produktbeschreibung	Farbloses Phosphat- und lösemittelfreies Reinigungsmittel mit Spezialtensiden. Dichte: 1,03 kg/Liter; ph-Wert: 7 (neutral); Lagerstabilität: >12 Monate
Einsatzmöglichkeiten	Dekontaminationsmittel für Ölverschmutzungen auf Beton- und Estrichböden
Hinweise zur Verarbeitung	Im Sprühverfahren unverdünnt auftragen und ca. 30 Minuten einwirken lassen. Danach die Oberfläche mit Wasser und Schrubber bis zur Schaumbildung bearbeiten. Anschließend die Feuchtigkeit mit einem Nasssauger aufnehmen oder mit Sägespänen binden und abkehren. Gegebenenfalls Vorgang wiederholen, bis kein Öl mehr an die Oberfläche dringt.
Lieferform	5 l und 10 l im Kunststoffgebinde
Verbrauch	Je nach Saugfähigkeit des Untergrundes 100 bis 200 ml/m²

Technisches Merkblatt (Auszug) **Meflo-Impur 100** PUR Imprägnierung	MeFlo
Produktbeschreibung	Einkomponentiges, niedrigviskoses Polyurethanharz. Enthält Isocyanate. Trocknet durch Aufnahme von Feuchtigkeit aus der Luft bzw. aus dem Untergrund. Durch große Eindringtiefe wird eine verbesserte Oberflächenfestigkeit des Untergrundes erreicht. VOC: EU-Grenzwert (2010): 500 g/l; Meflo-Impur enthält max. 400 g/l VOC.
Einsatzmöglichkeiten	Innen und außen zur Staubbindung und Verminderung des Abriebs von zementgebundenen Estrichen. Auch als Grundierung für die Überarbeitung mit PUR- und EP-Systemen verwendbar.
Hinweise zur Verarbeitung	Den Estrich tränken und die Imprägnierung mit einem Boden-Flächenstreicher in den Untergrund einmassieren.
Lieferform	5 l und 10 l im Metallgebinde, farblos
Verbrauch	Je nach Saugfähigkeit des Untergrundes 100 bis 130 ml/m²

Technisches Merkblatt (Auszug) **Meflo-Sperrgrund** 2-Komponenten EP-Sperrschicht	MeFlo
Produktbeschreibung	Lösemittelfreie 2-Komponenten Epoxidharz-Sperrschicht. Beständig gegen Laugen, Schmier- und Treibstoffe sowie verdünnte Säuren. Hohes Haftvermögen auf kritischen Untergründen. MV 100 : 53; Dichte: 2,2 kg/Ltr.; Festkörpergehalt: 100 %; Topfzeit: 10 °C: 50 min., 30 °C: 18 min.; Trocknung (20 °C): nach 12 h beschichtbar, nach 24 Std. belastbar; VOC: EU-Grenzwert (2010): 500 g/l; Meflo-Sperrgrund enthält max. 250 g/l VOC
Einsatzmöglichkeiten	Als Absperrgrundierung auf gereinigten, ölkontaminierten, zementgebundenen Untergründen. Verhindert als Sperrschicht das Aufsteigen von Feuchtigkeit unter feuchtigkeitsempfindlichen Beschichtungssystemen (auch unter PVC, Parkett und Fliesen). Durch die erhöhte Viskosität ist die Verwendung als Ausgleichsschicht (Kratzspachtelung) möglich. Eine Überarbeitung mit EP- oder PUR-Systemen ist möglich.
Hinweise zur Verarbeitung	Glatten Untergrund aufrauen (Strahlen), evtl. reinigen mit Meflo-Reiniger. Komponente B in Komponente A geben und langsam ca. 1 min. mit Rührwerk mischen. Material mit Gummischieber oder Glättkelle auftragen und nach ca. 10 min. mit Malerwalze nachrollen. Weitere Beschichtung innerhalb von 24 Stunden aufbringen, ansonsten mit Quarzsand abstreuen (Körnung 0,3 – 0,9 mm).
Lieferform	Komp. A: 10 kg mit Komp. B: 5,3 kg
Verbrauch	Als Grundierung 0,25 bis 0,35 kg/m² (aufgetragen mit der Malerwalze) Als Kratzspachtelung: 0,6 bis 1,6 kg/m² (aufgetragen mit der Glättkelle) Als Sperrschicht in 2 Arbeitsgängen: 0,5 – 0,7 kg/m² je Arbeitsgang (mit Gummischieber)

Technisches Merkblatt (Auszug) **Meflo-Voranstrich** Haftbrücke für glatte Untergründe	MeFlo
Produktbeschreibung	Meflo-Voranstrich ist eine lösemittelfreie, Zweikomponenten-Kunstharzdispersion mit Epoxidharzanteilen. MV: Komp. A : Komp. B = 1 : 1; Dichte: ca. 1,0 kg/l; pH-Wert: ca. 11. Nach der Reaktion und der Trocknung entsteht eine haftaktive Zwischenschicht für die weitere Überarbeitung. Topfzeit ca. 60 min.; Trocknung ca. 1 h; VOC: EU-Grenzwert (2010): 140 g/l; Meflo-Voranstrich enthält max. 90 g/l VOC.
Einsatzmöglichkeiten	Im Innenbereich als Haftbrücke auf glatten Untergründen, z. B. geglätteten Betonböden, verdichteten Zementestrichen, Spachtelmassen, schlecht abgesandeten Gussasphaltestrichen, alten Gussasphaltböden, vergüteten Calciumsulfatestriche, Magnesitestrichen, Spanplatten, Fliesen, Klinker, Stahlblech, Kunststoffbeschichtungen, Lack-, Öl- und Plastikanstrichen, unter Spachtelmassen und Dünnbettmörteln.
Hinweise zur Verarbeitung	Komponente A und B mischen und gut durchrühren Meflo-Voranstrich mit Pinsel, Rolle, Moosgummi oder glattem Spachtel dünn auf den gereinigten Untergrund auftragen. Zur besseren Verarbeitbarkeit bis max. 5 % mit Wasser verdünnbar. Der nachfolgende Auftrag der Spachtelmasse muss innerhalb von 2 Tagen erfolgen, um eine optimale Haftfestigkeit zu gewährleisten.
Lieferform	Komp. A: 6 kg mit Komp. B: 6 kg im Kombigebinde
Verbrauch	Als Grundierung 0,25 bis 0,35 kg/m² (aufgetragen mit der Malerwalze) Als Kratzspachtelung: 0,6 bis 1,6 kg/m² (aufgetragen mit der Glättkelle) Als Sperrschicht in 2 Arbeitsgängen: 0,5 – 0,7 kg/m² je Arbeitsgang (mit Gummischieber)

Technisches Merkblatt (Auszug) **Meflo-Parkettgrund** Estrichgrundierung	MeFlo
Produktbeschreibung	Meflo-Parkettgrund ist eine lösemittelfreie, Zweikomponenten-Epoxidharzgrundierung. MV: Komp. A (GT) : Komp. B (GT) = 3 : 1; MV: Komp. A (RT) : Komp. B (RT) = 100 : 37 Dichte: 1,1 g/ml (DIN 53 217); EU-Grenzwert (2010): 500 g/l; Meflo-Parkettgrund enthält max. 200 g/l VOC.
Einsatzmöglichkeiten	Für die Vorbereitung von sandenden, aber tragfähigen Estrichen, insbesondere abgesandetem Gussasphalt.
Hinweise zur Verarbeitung	Der Untergrund muss tragfähig und frei von Verschmutzungen sein. Untergrundfeuchtigkeit ohne Fußbodenheizung: 5 % CM für Zementestriche, 0,5 % CM für Anhydritestriche, 3-12 % CM für Magnesia Estriche (je nach Anteil der organischen Bestandteile). Bei Fußbodenheizung: 4 % CM für Zementestriche, 0,3 % CM für Anhydritestriche, 3-12 % CM für Magnesia Estriche (je nach Anteil der organischen Bestandteile). Komponente A und B vor der Verarbeitung mischen und mehrere Min. bei ca. 400 U/Min. durchrühren.
Lieferform	10-kg-Gebinde
Verbrauch	0,3 - 0,5 kg/m², je nach Saugfähigkeit des Untergrundes.

Technisches Merkblatt (Auszug) **Meflo-Abdichtung** Boden- und Wandabdichtung	MeFlo
Produktbeschreibung	Gebrauchsfertige, lösemittelfreie Dispersion mit Spezialzusätzen. Leicht verarbeitbar, pastös. Bildet einen wasserdichten, elastischen Film. Verarbeitbar von + 5 °C bis 30 °C. Trocknungszeit ca. 12 h, für außen, innen und Fußbodenheizung geeignet. VOC: EU-Grenzwert (2010): 140 g/l; Meflo-Abdichtung enthält max. 30 g/l VOC.
Einsatzmöglichkeiten	Abdichtung von Boden- und Wandflächen in Nassbereichen (Bäder, Duschen Bodenabläufen) vor der Verlegung von Fliesenbelägen.
Hinweise zur Verarbeitung	Der Untergrund muss fest, trocken, tragfähig und sauber sein. Gipsuntergründe und geschliffene Calciumsulfatestriche mit Meflo-Primer vorstreichen, 1:3 mit Wasser verdünnt. Holzspanplatten müssen zur Aufnahme eines Fliesenverbandes geeignet sein (V100 mit Nut- und Feder, verwindungssteif befestigt). Die Verarbeitung erfolgt mit kurzfloriger Rolle, Flächenstreicher oder Glättkelle. Immer in mindestens zwei Schichten satt aufzutragen, Mindestschichtdicke 0,5 mm. Fugenbänder und Manschetten beim zweiten Auftrag vollflächig überstreichen bzw. überspachtelt und in die Dichtschicht einbinden.
Lieferform	5-kg- und 10-kg-Eimer
Verbrauch	1,1 kg/m² Gesamtmenge bei zweimaligem Auftrag (entspr. 0,5 mm Schichtdicke)

Technisches Merkblatt (Auszug) **Meflo-Injektionsharz** Harz zur Rissverpressung	MeFlo
Produktbeschreibung	2-Komponenten Epoxidharz, niedrigviskos. Frei von Lösungsmitteln, Weichmachern und Halogenen (Chlor). Hohe Elastizität und Reißfestigkeit. Sehr gute Flankenhaftung. Dichte: 1,2 g/cm³ (Mischung); MV: Komp. A : Komp. B = 4 : 1 Haftzugfestigkeit: > 3,5 N/mm² (Betonbruch); Zugfestigkeit: 50 N/mm²; Dehnung: 5 %; Topfzeiten: 23 °C : 39 min; 15 °C : 63 min; 8 °C : 131 min.
Einsatzmöglichkeiten	Zum Verschließen von Rissen in Beton- und Estrichflächen, zur Verklebung hohlliegender Verbundestriche; zur kraftschlüssigen Verklebung von Betonbauteilen. Wegen hoher kapillarer Steigfähigkeit auch für drucklose Injektionsverfahren geeignet.
Hinweise zur Verarbeitung	Komp. A und Komp. B mit Rührwerk (ca. 300 U/min) mind. 2 min. mischen und in sauberes Gefäß umfüllen. Risse reinigen (mit ölfreier Pressluft). Die Bohrlöcher beidseitig entlang des Risses versetzt (Abstand halbe Bauteildicke im Winkel von 45°) anbringen. Bohrlochtiefe mind. 70 % der Bauteildicke; Bohrlochdurchmesser entsprechend der Einfüllstutzen (Packer). Das Injektionsmaterial wird mittels druckregelbarer Injektionspumpe eingebracht. Nach dem Erhärten des Harzes Packer entfernen und Öffnungen mit Reparaturmörtel verschließen.
Lieferform	5-kg-Kombigebinde
Verbrauch	1,2 kg/Liter Hohlraum

Technisches Merkblatt (Auszug) **Meflo-EP-Aquagrund** Wasseremulgierte EP-Grundierung	MeFlo
Produktbeschreibung	Farbige Grundierung und Haftvermittler auf 2-K-Epoxidharzbasis, wasseremulgierbar. Dichte 1,4 g/m³ (bei 23 °C); Mischungsverhältnis (MV) 4:1 Gewichtsteile. Topfzeit bei 20 °C und 60 % relativer Luftfeuchtigkeit ca. 60 Minuten. Trockenzeit: Begehbar nach 1 Tag, mechanisch belastbar nach 3 Tagen, voll belastbar nach 7 Tagen (bei 23 °C und 65 % rel. Luftfeuchte); VOC: EU-Grenzwert (2010): 140 g/l; Meflo-EP-Aquagrund enthält max. 100 g/l VOC.
Einsatzmöglichkeiten	Als Grundierung und Haftvermittler für Beschichtungssystemen im Wand- und Bodenbereich. Auch für feuchtigkeitsempfindliche bzw. feuchtigkeitsbelastete Untergründe. Restfeuchte für mineralische Untergründe maximal 6 %. Einsatzbereiche sind Garagen, Industrieböden, Parkhäuser, Balkone.
Hinweise zur Verarbeitung	Den Untergrund durch Festkörperstrahlen bzw. Schleifen mit der Tellermaschine (Diamantschleifblatt) so vorbereiten, dass dieser frei von losen Teilen, sauber und tragfähig wird. Ausbruchstellen mit EP- oder PCC-Mörtel ausbessern. Risse mit Injektionsharzharz verschließen. Komp. A und Komp. B zu einer homogenen Masse mit geeignetem Rührgerät (max. 400 U/min) verrühren und in ein sauberes Gefäß umfüllen und nochmals durchrühren. Material mit Gummischieber auf der Fläche verteilen und mit der Bodenwalze (mittlere Florlänge) in den Untergrund einarbeiten und nachrollen. Bei stark saugfähigen Untergründen mit bis zu 10 % Wasser verdünnen. Zwischen den Arbeitsgängen mind. 12 Stunden und max. 48 Stunden warten (bei 20 °C) Bei längeren Arbeitsunterbrechungen muss die grundierte Oberfläche nochmals angeschliffen werden.
Lieferform	10-kg-Kombi-Blechgebinde
Verbrauch	Je nach Saugfähigkeit des Untergrundes ca. 150 – 200 g/m²

34.4 TM / Werkstoffe für die Verlegung von Bodenbelägen

Technisches Merkblatt (Auszug) **Meflo-Textilelift** Teppich-Fixierung	MeFlo
Produktbeschreibung	Wiederaufnahmekleber (Fixierung) auf Basis Acrylat-Copolymer
Einsatzmöglichkeiten	Haftklebefilm für die Verlegung von maßstabilen Textilbelägen mit Vliesrücken im Wohnbereich bei normaler Beanspruchung. Geeignet für Stuhlrollen und Fußbodenheizung auf glatten, saug- und nicht saugfähigen Untergründen.
Hinweise zur Verarbeitung	Material auf vorbereiteten Untergrund (gereinigt, evtl. gespachtelt und grundiert) dünn und gleichmäßig auftragen. Film trocknen lassen, Textilbelag einlegen und anreiben.
Lieferform	10-kg-Kunststoffkanister
Verbrauch	50 – 150 g/m²

Technisches Merkblatt (Auszug)
Meflo-Textilebond
Textilbelagklebstoff

Produktbeschreibung	Emissionsarmer, lösemittelfreier Dispersionsklebstoff mit hoher Anfangshaftung. Ablüftezeit: 0 – 15 min., Einlegezeit 0 – 30 min.; geeignet für Stuhlrollen und Fußbodenheizung.
Einsatzmöglichkeiten	Auftrag- und saugfähigen Untergründen im Innenbereich. Zum Kleben von Textilbelägen mit textiler oder Latexschaum-Rückenausstattung, für Nadelvlies- und gewebte Textilbeläge, sowie für Kokos- und Sisalbeläge mit und ohne Rückenausstattung.
Hinweise zur Verarbeitung	Der Untergrund muss die Anforderungen der DIN 18365 für Bodenbelagarbeiten erfüllen (tragfähig, rissfrei, dauertrocken, frei von Trennmitteln und Verschmutzungen). Meflo-Textilebond mit Zahnspachtel gleichmäßig auf den vorbereiteten Untergrund auftragen. Ca. 10 bis 15 min. ablüften lassen und den Textilbelag in den noch benetzungsfähigen Kleberauftrag einlegen und anschließend anreiben bzw. anwalzen. Bei diffusionsoffenen Belägen bzw. besonders saugfähigen Untergründen kann ohne Ablüftzeit gearbeitet werden. Nach ca. 30 Minuten nochmals anreiben oder anwalzen.
Lieferform	14-kg-Eimer
Verbrauch	300 g/m² – 350 g/m² bei Zahnspachtel B 1 für Beläge mit wenig strukturierter Rückseite 400 g/m² – 450 g/m² bei Zahnspachtel B 2 für Beläge mit strukturierter Rückseite 450 g/m² – 500 g/m² bei Zahnspachtel B 3 für Beläge mit stark strukturierter Rückseite

Technisches Merkblatt (Auszug)
Meflo-Elastobond
PVC-/CV- Bodenbelagkleber

Produktbeschreibung	emissionsarmer Dispersionsklebstoff für die Verlegung von elastischen Bodenbelägen im Nassbett. Dichte ca. 1,3 kg/l; Offenzeit: ca. 30 Minuten; belastbar nach ca. 24 Stunden.
Einsatzmöglichkeiten	Für die Verlegung von homogenen und heterogenen PVC-/CV- und Polyolefinbelägen auf trag- und saugfähigen Untergründen. Nicht geeignet für PVC-kaschierte Korkbeläge.
Hinweise zur Verarbeitung	Der Untergrund muss fest, trocken und tragfähig sein. Nicht unter 15 °C Bodentemperatur und über 75 % rel. Luftfeuchtigkeit verarbeiten. Den Kleber gut umrühren und mit einer Zahnspachtel (A2 oder A3) auftragen. Belag nach einer Ablüftezeit von ca. 10 Minuten ohne Lufteinschlüsse in das noch nasse Klebstoffbett einlegen und gut anreiben. Spannungen und Lufteinschlüsse sind auf jeden Fall zu vermeiden. Nach der fertigen Verlegung den Boden nochmals sorgfältig anwalzen bzw. anreiben. Eine Verschweißung der Fugen ist nach frühestens 24 Stunden nach der Verlegung möglich. Frische Kleberflecken mit einem feuchten Tuch entfernen. Arbeitsgeräte mit Wasser reinigen.
Lieferform	14-kg-Kunststoffeimer, cremeweiß, pastös
Verbrauch	Verbrauch Zahnung A2: ca. 300 g/m²; Zahnung A3: ca. 330 g/m²

Technisches Merkblatt (Auszug)
Meflo-Woodbond
Parkettkleber

Produktbeschreibung	Einkomponentiger, feuchtigkeitshärtender, elastischer und gebrauchsfertiger Polyurethan-Parkettklebstoff. Gießbar und leicht spachtelbar; geruchsneutral, lösemittelfrei, sehr emissionsarm EC 1 R. Nach 12 Stunden belast- und schleifbar. Für elastische, trittschalldämpfende Verklebungen (Trittschallverbesserung bis zu 14 dB, gemäß DIN 52 210). Geeignet für die direkte Verklebung auf alten, tragfähigen Fliesenbelägen, handelsüblichen Parkettholzarten und Problemhölzern wie Ahorn und Buche. Auch für Fußbodenheizungen.
Einsatzmöglichkeiten	Für die Verklebung von Massivparkett, Mosaikparkett, Stabparkett (Nut und Feder), Dielen, Hochkantlamellen, Fertigparkett und Laminatböden auf Träger aus Holzwerkstoffen.
Hinweise zur Verarbeitung	Der Untergrund muss eben, fest, sauber, trocken, staubfrei und verlegereif nach VOB Teil C DIN 18 356 Parkettarbeiten sein. Zement-, Anhydrid- und Anhydridfließestrich mit einer Scheibenschleifmaschine anschleifen und mit einem Industriestaubsauger reinigen. Abgesandeten Gussasphalt mit Meflo-Parkettgrund vorbehandeln. Woodbond kann ohne Voranstrich auf verlegereife Zementestriche, Anhydritestriche, Spanplatten, Beton und Fliesen eingesetzt werden. Verlegezeit ca. 80 Minuten bei 23 °C und 50 % rel. LF.
Lieferform	10-kg-Blechgebinde
Verbrauch	Für Massivparkett, Mosaikparkett, Hochkantlamelle, Spachtelzahnung B 3 Verbrauch 700-900g/m²; für 2-Schicht Fertigparkett kleinformatig Spachtelzahnung B 3 oder B 11 Verbrauch 700-900g/m² bzw. 800-1000 g/m²; für massive Parkettstäbe, Dielen, Fertigparkett großformatig, Holzpflaster mit Spachtelzahnung B 11 (Verbrauch 800-1000 g/m²) oder Spachtelzahnung B 15 (Verbrauch 900-1200 g/m²), für Laminat Spachtelzahnung B11 (Verbrauch 800-1000 g/m²) oder Spachtelzahnung B 15 Verbrauch 900-1200 g/m².

Technisches Merkblatt (Auszug)
Meflo-Flexmörtelkleber
Fliesenkleber

Produktbeschreibung	Vielseitiger flexibler, wasserfester und frostbeständiger Fliesenkleber auf Zement-Basis, zum Verlegen von keramischen Belägen, Betonwerkstein- und feuchtigkeitsunempfindlichen Naturwerksteinplatten im Innen- und Außenbereich. Erfüllt die C2-Anforderungen nach EN 12004; MV: 25 kg Flexmörtelkleber auf 10,5 l Wasser; Mörtelfrischgewicht: ca. 1,4 kg/l; der Mörtel ist bei +20 °C ca. 5 Stunden lang verarbeitbar.
Einsatzmöglichkeiten	Im Innen- und Außenbereich. Zum Ansetzen und Verlegen von Fliesen aus Steingut und Steinzeug, Mosaik aus Glas und Porzellan, Betonwerksteinplatten und feuchtigkeitunempfindlichen Naturwerksteinplatten, Feinsteinzeugfliesen. Zum Ansetzen von Gipskartonplatten, Dämmplatten aus Hartschaum und Mineralfasern, Hartschaum-Dämmplatten mit Mörtelkaschierung. Zum Verlegen von Fliesen auf Heizestrichen und in Schwimmbecken. Zum Kleben von Decken- Sicht- und Schallschutzplatten.
Hinweise zur Verarbeitung	Auf tragfähigem, trockenem oder feuchten Untergrund einsetzbar. Gipsuntergründe mit CMO-Floorprimer, 1 : 3 mit Wasser gemischt, vorstreichen. Mörtelpulver in Wasser maschinell einrühren, sodass eine klumpenfreie, homogene Masse entsteht. Kurz vor Gebrauch nochmals durchrühren, um die Geschmeidigkeit zu erhöhen. Den Flexmörtelkleber mit einer Zahnspachtel auftragen und die Fliesen innerhalb von 10 min. in das Kleberbett einlegen. Bei besonders beanspruchten Flächen im Buttering-Floating-Verfahren arbeiten.
Lieferform	Sackware zu 4 kg und 25 kg
Verbrauch	Ca. 1,0 kg/m² Pulver bei Zahnung 3 x 3 x 3 mm; ca. 1,6 kg /m² Pulver bei Zahnung 6 x 6 x 6 mm; ca. 2,2 kg/m² Pulver bei Zahnung 8 x 8 x 8 mm

34.5 TM / Werkstoffe für die Beschichtung von Fußböden

Technisches Merkblatt (Auszug)
Meflo-Acryl-Siegel
Acrylatbeschichtung

Produktbeschreibung	Einkomponentige, wasserverdünnbare, carbonfaserverstärkte Boden- und Ölaufwangwannenbeschichtung auf Basis Methacrylat. Gut zu reinigen, sehr verschleißfest, widerstandsfähig gegen mechanischen Abrieb. Emissionsarm, schadstoffgeprüft, UV-, witterungs- und ölbeständig, elastisch, umweltschonend. Dichte ca. 1,3 g/cm³; Trockenschichtdicke ca. 45 µm bei 100 ml/m² Auftragsmenge; VOC: EU-Grenzwert (2010): 140 g/l; Meflo-Acryl-Siegel enthält max. 100 g/l VOC.
Einsatzmöglichkeiten	Schutzbeschichtung für mineralische Bodenflächen innen und außen und Hartasphaltestrich innen mit normaler Gehbelastung. Zugelassen auch für Ölauffangwannen und Aufzugschächte im Innen- und Außenbereich (Amtliches Prüfzeugnis). Hoch schlag-, abrieb- und verschleißfest, UV-, witterungs- und ölbeständig, elastisch, umweltschonend und wasserverdünnbar
Hinweise zur Verarbeitung	Die Oberflächenzugfestigkeit des Untergrundes ≥ 1,0 N/mm². Nur Untergründe beschichten, die ihre Ausgleichsfeuchte erreicht haben und nicht durch stehendes Wasser belastet sind (Gefälle beachten). Meflo-Acryl-Siegel kann gestrichen, gerollt oder gespritzt werden (Airless, Düse 0,013 - 0,015 inch). Als Ölwannenbeschichtung müssen zwei aufeinanderfolgende Anstriche in unterschiedlichen Farbtönen ausgeführt werden. Die Beschichtungen sind dadurch nachzuweisen, dass die 3. Beschichtung ca. 1 cm unterhalb der 2. Beschichtung ausgeführt wird. Nach Fertigstellung ein Schild anbringen mit Informationen zu Beschichtungsstoff, Ausführungsdatum und Verarbeiter.
Lieferform	2,5 l, 5 l, 10 l im Kunststoffgebinde. Seidenglänzend, Farbtöne der CMO-Palette.
Verbrauch	150 – 200 ml/m²/Anstrich. Ölwannenbeschichtung Gesamtverbrauch: > 950 ml/m²

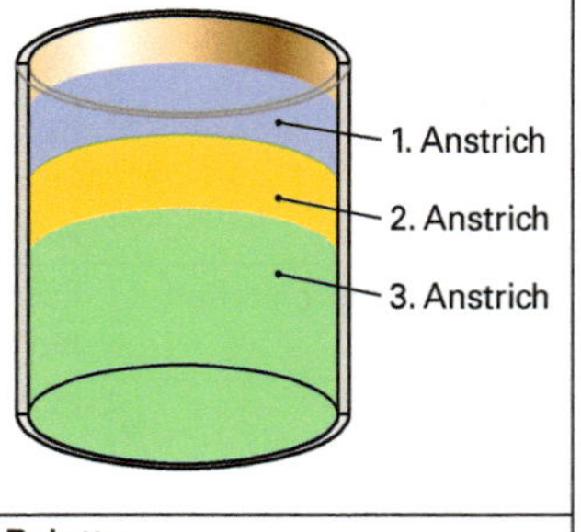

Beschichtungsaufbau

Untergrund	Grundanstrich	Zwischenanstrich	Schlussanstrich
Saugende, mineralische Untergründe	Meflo-Acryl-Siegel, 30 % mit Wasser verdünnt	Meflo-Acryl-Siegel	Meflo-Acryl-Siegel
Rissfreie, glatte Untergründe		Meflo-Acryl-Siegel	Meflo-Acryl-Siegel
Gerissene Untergründe	Meflo-Acryl-Siegel mit Gewebeeinbettung	Meflo-Acryl-Siegel	Meflo-Acryl-Siegel
Ölwannenbeschichtung	Meflo-Acryl-Siegel	Meflo-Acryl-Siegel	Meflo-Acryl-Siegel

Technisches Merkblatt (Auszug)

Meflo-EP-Vario

Komponenten Epoxidharzbeschichtung

Produktbeschreibung	Farbige, chemisch und mechanisch belastbare, lösemittelfreie (nicht wasseremulgierte) 2K-Epoxidharzgrundierung und Bindemittel für Verlaufbeschichtungen innen und außen; Dichte (23 °C) 1,08 g/cm³; Verarbeitungstemperatur 8 °C – 30 °C; Untergrundtemperatur 8 °C und 3 °K über Taupunkt; MV: Komp. A : Komp. B = 100 : 45 VOC: EU-Grenzwert (2010): 500 g/l; Meflo-EP-Vario enthält max. 200 g/l VOC.
Einsatzmöglichkeiten	Je nach Anforderung und Ausführung hochbeständige Industrie-, Parkhaus- und Balkonbeschichtung. Abhängig von der Quarzzugabe sind hohe Schichtdicken möglich. Durch Abstreuquarz sind rutschhemmende Oberflächen herstellbar. Zur farbigen Oberflächengestaltung mit anderen Meflo Epoxidharz- und Polyurethansystemen beschichtbar.
Hinweise zur Verarbeitung	Der **Untergrund** muss trocken, tragfähig und sauber sein, frei von trennenden Schichten. Minderfeste Schichten entfernen; Haftzugfestigkeit im Mittel 1,5 N/mm²; kleinster Einzelwert 1,0 N/mm², Druckfestigkeiten > 25 N/mm². Für die **Zubereitung** Komp. A mit Komp. B mischen und zu homogener Masse ca. 4 Minuten maschinell verrühren (max 300 U/min.) Nach dem Mischen in ein sauberes Gebinde umfüllen und nochmals durchrühren. **Verarbeitung**: Versiegelung mit einer Bodenwalze, selbstverlaufende Masse mit einem Gummischieber (Rakel) verteilen. Danach mit der Stachelwalze und Nagelschuhen entlüften. Für die rutschfeste Beschichtung die noch feuchte Oberfläche mit Streuquarz abstreuen, nach der Trocknung überschüssigen Sand abkehren und Deckversiegelung auftragen.
Lieferform	Komp. A 6,90 kg / Komp. B 3,10 kg im 10-kg-Kombigebinde; Komp. A 17,24 kg / Komp. B 7,76 kg jeweils im Blechgebinde; farblos, glänzend

Beschichtungsaufbau und Verbrauch

Anforderungsprofil	Beschichtungsaufbau	Verbrauch
Versiegelung	1) Meflo EP-Grund 2) Meflo EP- oder PU-Besch.	ca. 0,3 - 0,5 kg/m² s. Technisches Merkblatt
Beschichtung, selbstverlaufend 1 - 2 mm	1) Meflo EP-Grund / Vario 2) 1 GT Meflo EP-Gund/ Vario gemischt mit 1,5 GT Quarzsand (Körnung: 0,1 – 0,5 mm)	ca. 0,3 - 0,5 kg/m² ca. 0,7 kg/m² ca. 1 kg/m²
Beschichtung, selbstverlaufend 2 - 3 mm	1) Meflo EP-Grund 2) 1 GT Meflo EP-Vario gemischt mit 1 GT Quarzsand (Körnung: 0,01 mm) + 1 GT Quarzsand (Körnung: 0,1 –0,5 mm)	ca. 0,3 - 0,5 kg/m² ca. 0,5 kg/m²/mm Schichtdicke ca. 0,5 kg/m²/mm Schichtdicke ca. 0,5 kg/m²/ mm Schichtdicke
Beschichtung, selbstverlaufend > 3 mm	1) Meflo EP-Grund 2) 1 GT Meflo EP-Vario gemischt mit 1 GT Quarzsand (Körnung: 0,01 mm) + 1 GT Quarzsand (Körnung: 0,1 –0,5 mm) + 1 GT Quarzsand (Körnung 0,3 – 0,8 mm)	ca. 0,3 - 0,5 kg/m² ca. 0,5 kg/m²/mm Schichtdicke ca. 0,5 kg/m²/mm Schichtdicke ca. 0,5 kg/m²/mm Schichtdicke ca. 0,5 kg/m²/mm Schichtdicke
Kunstharz-Mörtelbelag, selbstverlaufend 6 - 15 mm	1) Meflo EP-Grund 2) 1 GT Meflo EP-Vario gemischt mit 8 GT Meflo Spezialquarz	ca. 0,3 - 0,5 kg/m² ca. 0,22 kg/m²/mm Schichtdicke ca. 1,76 kg/m²/mm Schichtdicke
Für die Rutschhemmung müssen die Schritte 3 und 4 zusätzlich ausgeführt werden!		
Rutschhemmende Beschichtung (zusätzliche Abstreuung mit Quarzsand)	3) Abstreuen mit Quarzsand (Körnung 0,5 – 1 mm) 4) Deckversiegelung mit Meflo EP- oder PU-Besch.	ca. 1,5 kg/m² (nach dem Abfegen) s. Technisches Merkblatt

Technisches Merkblatt (Auszug)

Meflo-EP-Aqua

Wasseremulgierbare Epoxidharzbeschichtung

Produktbeschreibung	Farbige, wasseremulgierbare, diffusionsfähige Epoxidharzbeschichtung, mechanisch und chemisch belastbar; Sd_{H_2O} < 4 m; Dichte (Mischung 23 °C) 1,82 g/cm³; MV (GT): Komp. A : Komp. B = 85 : 15; Topfzeit ca. 1,5 h bei 20 °C; Festkörpergehalt 65 %; VOC: EU-Grenzwert (2010): 140 g/l; Meflo-EP-Aqua enthält max. 100 g/l VOC.		
Einsatzmöglichkeiten	Für feuchtigkeitsempfindliche Estriche (z. B. Magnesitestrich), Estriche ohne Feuchtigkeitssperre sowie erdberührte, zementgebundene Bodenflächen. Auch geeignet für neue Estriche oberhalb der Restfeuchte und als Wandbeschichtung; Hohe Abriebfestigkeit. Als Bindemittel in gefüllten Oberflächenschutzsystemen für mechanische und chemische Beanspruchung (entsprechend OS 8). Geeignet für Garagen, Parkhäuser, Balkone, Werkhallen, nicht abgedichtete Estriche und erdberührte Bodenflächen. Auf kritischen Untergründen (Gussasphalt, keramische Beläge, Altanstrichen) Probeanstrich durchführen.		
Hinweise zur Verarbeitung	Stammmasse und Härter maschinell mischen (max. 400 U/min), homogen gemischte Masse in leeres Gebinde umfüllen und je nach Schichtdicke bzw. Füllgrad mit der Bodenwalze auftragen bzw. fließfähige Masse mit dem Gummischieber verteilen. Für rutschhemmende Ausführung Abstreuquarz, für Dekoversiegelung Dekochips in die noch feuchte Beschichtung einstreuen. Danach mit PU-Transflex die Schlussversiegelung ausführen.		
Lieferform	10-kg-Kombigebinde und 25 kg (Komp. A 21,25 kg; Komp. B 3,75 kg), matt oder seidenglänzend, licht- und industriegrau. Ab 25 kg in den Farbtönen der Meflo-Palette lieferbar		
Beschichtungsaufbau und Verbrauch	**Anforderungsprofil**	**Beschichtungsaufbau**	**Verbrauch**
	Farbige Versiegelung	1) Grundierung EP-Aquagrund 2) EP-Aquaschicht	ca. 150 – 200 g/m² ca. 200 – 250 g/m³
	Dekoversiegelung < 0,5 mm	1) Grundierung EP-Aquagrund 2) EP-Aquaschicht 3) Einstreuen von Deko-chips 4) Transparente Versiegelung mit PU-Flex	ca. 150 – 200 g/m² ca. 200 – 250 g/m³;
	Rutschhemmende Versiegelung	1) Grundierung EP-Aquagrund 2) EP-Aquaschicht 3) Einstreuen von Einstreuquarz 0,4 –0,8 mm 4) Transparente Versiegelung mit PU-Flex	ca. 150 – 200 g/m² ca. 200 – 250 g/m³; ca. 1,5 kg nach dem Abfegen
	Mechanisch hoch belastbare, selbstverlaufende Beschichtung ca. 2 mm	1) Grundierung EP-Aquagrund 2) 1 GT EP-Aquaschicht gemischt mit 1 GT Mischquarz (0,1 – 0,5 mm) + 10 % Wasser	ca. 1,8 kg/m² ca. 2,7 kg/m²

Technisches Merkblatt (Auszug)

Meflo-PU-Transflex

Polyurethanversiegelung

Produktbeschreibung	Einkomponentige, luftfeuchtigkeitshärtende, transparente, hochelastische Polyurethanversiegelung. Rissüberbrückend, dauernassbelastbar, UV-beständig, lösemittelhaltig; VOC: EU-Grenzwert (2010): 500 g/l; Meflo-PU-Transflex enthält max. 450 g/l VOC.
Einsatzmöglichkeiten	Innen und außen als abriebfeste Versiegelung auf farbigen Beschichtungen und als Flüssigkeitsabdichtung auf gerissenen Fliesenbelägen bzw. undichten Fugen.
Hinweise zur Verarbeitung	Auf tragfähigem, verschmutzungsfreiem Untergrund ohne aufsteigende Feuchtigkeit. Dispersionsbeschichtungen frühestens nach 2 Tagen überarbeiten. Nur für die rutschhemmende Versiegelung wird PU-Transflex mit 5 % PU-Verdünner verdünnt und mit Quarzsand (Körnung 0,5 – 1 mm) gemischt. Mit kurzfloriger, lösemittelbeständiger Bodenwalze auftragen.
Lieferform	5-kg-Gebinde, glänzend und seidenmatt
Verbrauch	ca. 150 ml/m²

35.1 Aufgaben zu Werk- und Hilfsstoffen

Die Technischen Merkblätter dieses Fachbuches wurden in Anlehnung an Technische Merkblätter des Marktes erstellt. Dies genannten Produkte decken für Übungszwecke eine breite Auftragspalette ab. Aus Gründen der Übersichtlichkeit wurden die Angaben zur Untergrundvorbereitung und zur Ausführung gekürzt. Besonderer Wert wurde auf die Produktbeschreibung im System, sowie auf Angaben zur Verbrauchsberechnung gelegt.

Aufgabe 1

Mithilfe der Technischen Merkblätter ist eine Liste der Werkstoffe für die folgenden Kundenaufträge zu erstellen:

a) Tapezierarbeiten (Raufaser) auf Gipsputz (mit Ausbruchstellen) ausführen

b) Betoninstandsetzung (freigelegte Bewehrungsstähle) mit Schutzbeschichtung ausführen (Bild 1)

c) Nikotinkontaminierter Schankraum in einer Gaststätte beschichten

Welche Produkte wählen Sie aus?
- Füllmörtel?
- Spachtelmasse?
- Grundierung?
- Zwischenbeschichtung?
- Schlussbeschichtung?

Oft sind mehrere Beschichtungsaufbauten möglich.

Bild 1: Freiliegender Bewehrungsstahl

Aufgabe 2

Die Fugen in dem Exklusiv-Wellnessbereich eines Nobelhotels sollen verfugt werden. Empfehlen Sie die geeigneten Werkstoffe und berechnen Sie die Verbrauchsmengen.

a) Für Eckfugen (Bild 2) zwischen Sanitärfliesen im Boden- und Wandanschlussbereich (Fugengesamtmaß: 150 x 0,005 x 0,005)

b) Für Anschlussfugen zwischen Natursteinmauerwerk und Sichtbeton (Fugengesamtmaß: 7,50 x 0,015 x 0,01)

c) Für das Verfugen im Anschlussbereich Wand/Fußleiste (Bild 3) für nachfolgende Beschichtungs- und Tapezierarbeiten (Gesamtvolumen: 150 x 0,003 x 0,002)

Bild 2: Sanitäranschlussfugen

Ziel der Aufgaben 1 und 2 ist das Einüben der Vorgehensweise beim Arbeiten mit Technischen Merkblättern.

Vergleichbare Produkte mit gleicher Bindemittelbasis finden sich im Angebot namhafter Hersteller.

Zusatzaufgabe

Bearbeiten Sie die Aufträge der Aufgabe 1 von Neuem mit Technischen Merkblättern, die Sie sich von Herstellern aus dem Internet besorgen.

a) Tapezierarbeiten (Raufaser) auf Gipsputz (mit Ausbruchstellen) ausführen

b) Betoninstandsetzung (freigelegte Bewehrungsstähle) mit Schutzbeschichtung ausführen

c) Nikotinkontaminierter Schankraum in einer Gaststätte beschichten

Welche Produkte wählen Sie aus?
- Füllmörtel?
- Spachtelmasse?
- Grundierung?
- Zwischenbeschichtung?
- Schlussbeschichtung?

Oft sind mehrere Beschichtungsaufbauten möglich.

Bild 3: Verfugung von Anschlussfugen

35.2 TM / Spachtelmassen

Technisches Merkblatt (Auszug)
Hilfix-Gypsum
Gipsspachtelmasse

Hilfix

Produktbeschreibung	Kunststoffvergütete Gipsspachtelmasse, bestehend aus Gipspulver, Füll- und Kunststoffen. Nicht brennbar (Klasse A1), leicht verarbeitbar mit langer Nachbearbeitungszeit. Gute Schleifbarkeit und hohe Füllkraft. Anmischverhältnis: ca. 1 RT Wasser : 2 RT Pulver.
Einsatzmöglichkeiten	Verwendbar als Ansetz-, Fugen- und Spachtelgips. Zum Verspachteln von Fugen, Schlitzen, Löchern und Rissen und zum Verspachteln von Fugen bei Bauplatten, z. B. Gipskarton. Als Decken- und Wandspachtelmasse für Schichtdicken von 0 – 20 mm. Zum Herstellen von Oberflächen mit Qualitätsstufe Q1 bis Q4. Auf Mauerwerk, Putz, Gips-, Gipskartonplatten und anderen Untergründen geeignet. Für nachfolgende Anstriche, Tapeten und Putze auf Dispersionsbasis.
Hinweise zur Verarbeitung	Der Untergrund muss fest, trocken, tragfähig und frei von Verschmutzungen sein. Nicht tragfähige Anstriche und Tapeten müssen entfernt werden. Direkter Auftrag auf saugfähigen und festen Untergründen. Zur Staubbindung und zur Haftverbesserung bei Fugenverspachtelung mit Hilfix-Aquagrund 1 : 3 mit Wasser verdünnt grundieren. Kann maschinell mit Misch-, Förderpumpe, Airlessgerät oder per Hand verarbeitet werden. Auf ca. 11,0 - 12,5 l Wasser wird das Mörtelpulver in das Anrührgefäß gegeben und angerührt. Zur Handverarbeitung wird nach einer Reifezeit von 1 bis 3 Minuten nochmals durchgerührt. Anschließend kann Hilfix-Gypsum mit der Glättkelle aufgezogen werden. Die Konsistenz ist je nach Erfordernis durch Verringerung oder Erhöhung der Wassermenge regulierbar.
Lieferform	5-kg- und 25-kg-Sack
Verbrauch	ca. 1,0 kg Pulver je m^2/mm

Technisches Merkblatt (Auszug)
Hilfix-Displast
Dispersionsspachtel

Hilfix

Produktbeschreibung	Verarbeitungsfertiger, lösemittelfreier, weißer Dispersionsspachtel zum Glätten von Decken und Wänden im Innenbereich. Nassfest, auf Null ausziehbar, schleifbar, airless-spritzbar. Dichte: 1,8 g/cm^3; Verarbeitungszeit: ca. 20 min. bei 20 °C; Trocknungszeit ca. 12 h bei 1 mm Schichtdicke; max. Schichtdicke: 3 mm/Arbeitsgang; pH-Wert ca. 9
Einsatzmöglichkeiten	Zur Herstellung von tapezier- und beschichtungsfähigen Spachtelungen entsprechend der Qualitätsstufen Q 3 und Q 4 auf allen trag- und saugfähigen sowie nicht saugfähigen Untergründen. Zur vollflächigen Überspachtelung unebener Untergründe wie z. B. beschichtetes Glasgewebe und Fliesen (nicht im Nassbereich). Für nicht saugfähige Untergründe, z. B. korrosionsgeschützte Metallflächen und lackierte Oberflächen. Zum Überspachteln von Porenbeton, Gipsplatten und -dielen, Stein, Putz und Beton. Auch geeignet zum Kleben von Unterlagsstoffen zur Flächensanierung, z. B. Renoviervlies.
Hinweise zur Verarbeitung	Der Untergrund muss sauber, fest, trocken, tragfähig, sauber und frei von Trennmitteln sein. Nicht tragfähige Beschichtungen entfernen. Stark saugende Untergründe mit Hilfix-Tapeziergrund vorbehandeln. Zur Einstellung der Konsistenz kann Hilfix-Displast mit bis zu 5 % mit Wasser verdünnt werden. Das Material wird maschinell mit dem Airlessgerät oder per Hand mit der rostfreien Glättkelle aufgetragen. Zum Verkleben von Unterlagsstoffen wird der Untergrund zunächst mit Hilfix-Displast abgespachtelt und nach der Trocknung mit einem Zahnspachtel (B2/B3) etwas über Bahnenbreite aufgetragen und quer zur Tapezierrichtung abgekämmt. Renoviervlies wird in das frische Kleberbett mit Glättkelle oder Tapezierspachtel eingelegt und sanft angedrückt.
Lieferform	16-kg-Eimer
Verbrauch	Ca. 0,6 – 1 kg/m^2 je nach Untergrund

Technisches Merkblatt (Auszug) **Hilfix-Fassadenspachtel** Faserarmierter Fassadenspachtel	Hilfix
Produktbeschreibung	Faserarmierter Fassadenspachtel, bestehend aus hydraulischen Bindemitteln, Füllstoffen und Kunststoffen in Pulverform. Trocknungszeit bei 10 mm Schichtdicke ca. 1 Tag; Anmischverhältnis: 1 RT Wasser : 2 RT Pulver); Dichte: 1 g/cm³
Einsatzmöglichkeiten	Verwendung innen und außen für Decke, Wand und Fassade. Zum partiellen Ausbessern sowie zum Spachteln und Glätten. Für nachfolgende Beschichtungen und Putze auf mineralischer und organischer Bindemittelbasis. Auch für die Sanierung von Rissen geeignet Rissgruppe A.1 und A.2, BFS-Merkblatt 19
Hinweise zur Verarbeitung	Der Untergrund muss fest, trocken, tragfähig und sauber sein. Lose und schwach gebundene Anstriche entfernen. Glatte, nicht saugende Untergründe durch Schleifen aufrauen (z. B. Klinker und Fliesen). Eine Vorbehandlung mit Grundiermitteln ist nicht notwendig. Das Pulver wird auf die entsprechende Menge Wasser in ein Anmachgefäß unter Rühren zugegeben und zu einer geschmeidigen Masse verrührt. Die Spachtelmasse ist ca. 25 min. bei Raumtemperatur verarbeitbar und kann nach 45 min. durch Filzen und Glätten nachbehandelt werden. Zum Verfüllen von Löchern und Ausbruchstellen sowie zum Verspachteln besonders rauer Untergründe kann durch Zugabe von Sand zum angemachten Mörtel (3 RT Mörtel : max. 1 RT Sand) die Spachtelmasse gestreckt werden.
Lieferform	5-kg- und 25-kg-Sack
Verbrauch	ca. 0,9 kg Pulver/m²/mm Schicht

35.3 TM / Fugenprimer und Dichtstoffe

Technisches Merkblatt (Auszug) **Hilfix-Fugenprimer** Fugengrundierung	Hilfix
Produktbeschreibung	Einkomponentige, filmbildende Fugengrundierung zur Haftverbesserung von Dichtstoffen und Fugenflanken. Ablüftzeit ca. 20 bis 30 Minuten, max. mehrere Stunden, je nach Temperatur und Luftfeuchtigkeit.
Einsatzmöglichkeiten	Für saugende Untergründe, z. B. Beton, Putze etc. und nicht saugende Untergründe, z. B. Kunststoffe, Metalle, Lackierungen.
Hinweise zur Verarbeitung	Untergründe von Fetten, Verschmutzungen und nicht tragfähigen Anhaftungen befreien. Haftvermindernde Substanzen entfernen. Fugenprimer mit einem Pinsel ganzflächig, jedoch nicht über den Fugenrandbereich auftragen. Nach dem Ablüften, den Dichtstoff blasenfrei in die Fuge einbringen.
Lieferform	250-ml- und 1-l-Flasche

Technisches Merkblatt (Auszug) **Hilfix-Plastocryl** Acryl-Dichtungsmasse	Hilfix
Produktbeschreibung	1-Komponenten-Dichtstoff und Spachtelmasse auf Acryl-Dispersions-Basis, elastoplastisch. Schnelle Hautbildung, deshalb schon nach kurzer Zeit überstreichbar. Dichte 1,1 g/cm³; Trocknung: Nach ca. 15 Minuten Hautbildung; Härtung ca. 1 mm/12 h (23 °C/50 % rel. LF).
Einsatzmöglichkeiten	Durch die hohe Konsistenz zum Ausspachteln von Fugen, Mauer- und Putzrissen geeignet. Im Innenausbau für Fugen mit geringer Bewegung, die auch mit Dispersionsanstrich überstrichen oder mit Tapeten überklebt werden können.
Hinweise zur Verarbeitung	Der Untergrund muss fest, trocken, fett- und ölfrei sein. Untergrundtemperatur mind. + 5 °C, max. + 30 °C. Auf porösem oder stark saugendem Untergrund durch leichtes Anfeuchten der Fugenflanken wird eine Haftungsverbesserung erreicht. Auf Kunststoffen und lackierten Flächen sind Verträglichkeit und Haftung zu prüfen. Mit Polyäthylen- oder Polyurethan-Schaumstoff-Profil-Hinterfüllprofil die Fugentiefe begrenzen. Verhältnis Fugenbreite : Fugentiefe = 1 : 1 bis 2 : 1.
Lieferform	300 ml-Kartusche; (1 Karton = 12 Kartuschen); Farbton: Weiß, Grau

Technisches Merkblatt (Auszug) **Hilfix-Elastosil** Silikon-Dichtstoff	Hilfix
Produktbeschreibung	Elastischer 1-Komponenten-Dichtstoff auf Basis von Silikonkautschuk, Acetatsystem. Verarbeitungstemperatur Luft und Untergrund zwischen 5 °C und 35 °C. Nicht überstreichbar.
Einsatzmöglichkeiten	Für Fugen von 10 bis 25 mm Breite. Für die Anwendung im Sanitärbereich aufgrund fungizider Zusätze geeignet. Nicht für die Verwendung in Fugen mit Dauerwassereinwirkung, z. B. Schwimmbäder, Aquarien, Trinkwasserbehältern. Ebenfalls nicht für Natursteine, oxidierende Metalle und alkalische Untergründe, z. B. Beton, zement- und kalkhaltige Putze.
Hinweise zur Verarbeitung	Verschmutzungen von den Fugenflanken entfernen, auch Hydrophobierungen und Antigraffitibeschichtungen. Verhältnis 2 : 1 von Fugenbreite zu -dicke einhalten. Fugen mit geschlossenzelligem PE-Profilen hinterfüllen. Fugendichtstoff einspritzen und mit Fugenspachtelwerkzeug glätten.
Lieferform	Farbton: transparent, weiss, grau, schwarz, braun, beige 300 ml Kartusche; Verpackungseinheit 12 Kartuschen/Karton

Technisches Merkblatt (Auszug) **Hilfix-Elastopur** Polyurethan-Dichtstoff	Hilfix
Produktbeschreibung	Gebrauchsfertiger, 1-komponentiger elastischer Dichtstoff auf Basis Polyurethan für die Fugenabdichtung nach DIN 18 540-F. Härtung (Vernetzung) durch Reaktion zwischen Bindemittel und Luftfeuchtigkeit; Dichte: ca. 1,3 g/ml (DIN 53 479); Trocknung: Nach ca. 1 Stunde Hautbildung; Härtung ca. 1 mm / 12 h (23 °C/50 % rel. LF); zul. Gesamtverformung 25 %; Bruchdehnung 900 %; Rückstellvermögen > 85 %
Einsatzmöglichkeiten	Für nach DIN 18540 abzudichtende Fugen im Hochbau, Anschlussfugen an Fenstern und Türen. Für Fugenbreiten ab 10 mm.
Hinweise zur Verarbeitung	Verschmutzungen von den Fugenflanken entfernen, auch Hydrophobierungen und Antigraffitibeschichtungen. Verhältnis 2 : 1 von Fugenbreite zu -dicke einhalten. Standardfugenbreiten für Fugen zwischen Betonbauteilen Mindestfugenbreite bei Fensteranschlussfugen: 10 mm
Lieferform	Farbton: Weiß, grau, braun, beige, schwarz Kartusche 300 ml (1 Karton = 12 Kartuschen); Beutel à 600 ml (1 Karton = 20 Beutel)

35.4 TM / Werk- und Hilfsstoffe für Tapezierarbeiten

Technisches Merkblatt (Auszug) **Hilfix-Tapeziergrund** Wasserverdünnbare Grundierung	Hilfix
Produktbeschreibung	Wasserverdünnbare Grundierung auf Basis feinteiliger Kunstharzdispersionen Dichte: 1 g/ml; Trocknungszeit ca. 2 – 3 h
Einsatzmöglichkeiten	Zur festigenden Vorbehandlung von Untergründen und zum Regulieren der Saugfähigkeit von Untergründen, insbesondere vor Tapezierarbeiten. Geeignet für Beton, alte Putze und Trockenputze (z. B. Gipskarton- und Gipsfaserplatten).
Hinweise zur Verarbeitung	Mit Bürste oder Pinsel auftragen. Leicht sandende Untergründe abbürsten. Alte Tapeten, Tapetenreste und Leimfarbenanstriche entfernen. **Untergründe** – **Mischungsverhältnis** Normal saugende Untergründe (Alte Putze, Gipskarton) – unverdünnt Stark saugende Untergründe – Unverdünnt, satt auftragen Schwach saugende Untergründe – 2T Hilfix-Tapeziergrund : 1T Wasser Nicht saugende Untergründe (z. B. glatter Beton) – Siehe TM Hilfix-Normalkleister bzw. Hilfix-Dispersionskleber
Lieferform	5-l- und 10-l-Kunststoffkanister
Verbrauch	60 - 150 g/m²

Technisches Merkblatt (Auszug)

Hilfix-Normalkleister

Metylzellulosekleister

Produktbeschreibung	Transparenter Methylzellulosekleister mit hoher Anfangshaftung und guter Korrigierbarkeit; pH-Wert: ca 7 (neutral); Schüttgewicht: ca. 330 g/l; Löslichkeit: ca. 20 Minuten in kaltem Wasser.
Einsatzmöglichkeiten	Zum Einkleistern von Papiertapeten. Auch für das Kleistergerät geeignet. Zum Grundieren von besonders saugfähigen und auch sehr glatten Untergründen als Haftvermittler für nachfolgende Tapezierarbeiten mit Hilfix-Dispersionskleber gemischt. Ansatzverhältnis: 2T Kleisteransatz (1 : 70) mit 1T Hilfix-Dispersionskleber.
Hinweise zur Verarbeitung	Packungsinhalt in **kaltes** Wasser klumpenfrei einrühren, kurz stehen lassen (2-3 min.), danach nochmals durchrühren und ca. 20 Minuten reifen lassen. Anschließend kräftig durchschlagen und verarbeiten. Für Rollenmakulatur dem Kleisteransatz 20 % Hilfix-Dispersionskleber zugeben.

Verwendung	MV	Wasser pro Packung
Vorkleistern	1 : 80	10 l
Leichte Papiertapeten	1 : 70	8,750 l
Normale Papiertapeten	1 : 60	7,500 l
Schwere Papiertapeten	1 : 50	6,250 l

Lieferform	200-g-Paket
Ergiebigkeit	Bei Ansatz: 1 : 80 ca. 100 m²; 1 : 70 ca. 50 m²; 1 : 60 ca. 40 m²; 1 : 50 ca. 30 m²

Technisches Merkblatt (Auszug)

Hilfix-Spezialkleister

Kunstharzvergüteter Metylzellulosekleister

Produktbeschreibung	Kunstharzvergüteter Methylzellulose mit besonders hoher Klebkraft; pH-Wert: ca 7 (neutral); Schüttgewicht: ca. 550 g/l; Löslichkeit: ca. 30 Minuten in kaltem Wasser. Hohe Feuchtfestigkeit und Anfangsklebkraft bei guter Korrekturmöglichkeit.
Einsatzmöglichkeiten	Zum Tapezieren von schweren Papiertapeten, Prägetapeten Raufaser, Strukturtapeten, PVC-Tapeten auf Papierträger (Vinyltapeten); Tapeten aus Naturwerkstoffen (z. B. Gras-, Kork-, Leinentapeten), Wandbildtapeten, Textiltapeten. Auch für alle Tapetenarten, die anstelle eines Papierträgers auf Vliesträger kaschiert sind.
Hinweise zur Verarbeitung	Packungsinhalt in kaltes Wasser klumpenfrei einrühren, kurz stehen lassen (2-3 min.), danach nochmals durchrühren und ca. 15 Minuten reifen lassen. Anschließend kräftig durchschlagen und verarbeiten. Um die Klebekraft und die Feuchtfestigkeit zu erhöhen, wird dem Kleisteransatz 15 % Hilfix-Dispersionskleber zugegeben. Dies wird besonders bei spaltbarer Rollenmakulatur bzw. spaltbaren Tapeten empfohlen. Dadurch kann nach Abziehen der Oberschicht bei fachgerechter Verarbeitung die Unterschicht als Tapeziergrund für die Neutapezierung verbleiben.

Verwendung	MV	Wasser pro Packung
Vorkleistern	1 : 40	8 l
Raufaser	1 : 20	4 l
Vlies	1 : 20	4 l

Lieferform	200-g-Paket
Ergiebigkeit	Bei Ansatz: 1 : 40 ca. 80 m²; 1 : 20 ca. 26 m²

Technisches Merkblatt (Auszug) **Hilfix-Dispersionskleber** Dispersionskleber	Hilfix
Produktbeschreibung	Transparent auftrocknende Kunststoffdispersion; Offenzeit ca. 30 min.
Einsatzmöglichkeiten	Zum Kleben von Textiltapeten, groben Gewebetapeten, Metalltapeten usw. Für Tapezierarbeiten in Feuchträumen und als Zusatz in Spezialkleister zur Klebkraftverbesserung. Zum Grundieren von besonders saugfähigen und auch sehr glatten Untergründen als Haftvermittler für nachfolgende Tapezierarbeiten. Ansatzverhältnis: 2 T Kleisteransatz (1 : 70) mit 1 T Dispersionskleber.
Hinweise zur Verarbeitung	Entsprechend der Wandbekleidung bzw. des Wandbelags mit mittelflorigem Roller auf die Wand aufrollen bzw. mit einem Zahnspachtel auftragen. Etwas über Bahnenbreite arbeiten und die Offenzeit berücksichtigen. Zur Verlängerung der Offenzeit (z. B. bei sehr hohen Raumtemperaturen) kann bis zu 20 % Spezialkleister zugegeben werden. Zu berücksichtigen ist in diesem Fall die ausreichende Saugfähigkeit des Untergrundes bzw. die Diffusionsfähigkeit des Belags. Nicht zu empfehlen für Metalltapeten.
Lieferform	750-g- und 3-kg-Gebinde
Verbrauch	Ca. 250 g/m² je nach Wandbelag und Untergrund; bei Zahnspachtelauftrag 400 g/m²

35.5 Isolieranstriche

Technisches Merkblatt (Auszug) **Hilfix-Isofix** LH-Isolierfarbe	Hilfix
Produktbeschreibung	Lösemittelhaltige Isolierfarbe auf Kunstharzbasis, zellulosefrei. Dichte 1,6 g/cm³; Verbrauch 160 – 300 ml/m²/Anstrich; Verarbeitungstemperatur 5 – 30 °C bei max. 85 % rel. Luftfeuchte; Gefahrensymbol F; Flammpunkt + 15 °C; Staubtrocken nach ca. 1 h; überstreichbar nach ca. 5 – 6 h; VOC: EU-Grenzwert (2010): 350 g/l; Hilfix-Isofix enthält max. 350 g/l VOC.
Einsatzmöglichkeiten	Zum Isolieren von Wasser- Ruß-, Nikotin-, Teerflecken. Die Ursache von Wasserflecken müssen zuvor beseitigt werden.
Hinweise zur Verarbeitung	Mit Pinsel oder Flächenstreicher 2 mal auftragen (nur bei porenfreier Beschichtung ist Isolierwirkung gegeben). Neuputze erst nach ca. 3 – 4 Wochen behandeln. Verdünnung mit Ethylalkohol (Spiritus); Reinigung der Werkzeuge mit Nitroverdünnung. Nach der Trocknung mit Dispersionsfarben, Dispersionslackfarben und lösemittelhaltigen Lacken überarbeitbar.
Hinweise zum Arbeitsschutz	Bei der Verarbeitung in geschlossenen Räumen auf gute Be- und Entlüftung achten. Bei der Arbeit nicht rauchen. Im Brandfall Feuerlöscher der Klasse B oder C verwenden.
Lieferform	750-ml-, 2,5-l- und 10-l-Gebinde
Verbrauch	Ca. 130 – 150 ml/m²

Technisches Merkblatt (Auszug) **Hilfix-Isoaquafix** LF-Isolierfarbe	Hilfix
Produktbeschreibung	Lösemittelfreie Isolierfarbe auf Basis Alkydharzemulsion. Nassabriebbeständigkeit 2; Dichte: 1,5 g/cm³; matt auftrocknend; VOC: EU-Grenzwert: 130 g/l. Isoaquafix enthält max. 80 g/l VOC.
Einsatzmöglichkeiten	Zum Isolieren von Nikotin, austretenden Inhaltstoffen aus Gipskartonplatten und trockenen Wasserflecken. Auch auf Polystyrol (Styropor) verwendbar. Kann auch als Schlussanstrich verwendet werden.
Hinweise zur Verarbeitung	Gegebenenfalls mit Hilfix-Aquagrund grundieren. Mit Pinsel oder Flächenstreicher 2 mal auftragen (nur bei porenfreier Beschichtung ist Isolierwirkung gegeben). Neuputze erst nach ca. 3 – 4 Wochen behandeln; Reinigung der Werkzeuge mit Wasser. Nach der Trocknung (mind. 12 Std.) mit Werkstoffen auf Dispersionsbasis überarbeitbar.
Hinweise zum Arbeitsschutz	Bei der Verarbeitung in geschlossenen Räumen auf gute Be- und Entlüftung achten. Bei der Arbeit nicht rauchen. Im Brandfall Feuerlöscher der Klasse B oder C verwenden.
Lieferform	5-l und 10-l-Kunststoffeimer
Verbrauch	Ca. 100 – 180 ml/m²

35.6 TM / Werk- und Hilfsstoffe für die Betoninstandsetzung

Technisches Merkblatt (Auszug) **Hilfix-Korrohaft** Korrosionsschutz und Haftbrücke	Hilfix
Produktbeschreibung	Kunstoffmodifizierter Zementtrockenmörtel. Anmischverhältnis als Korrosionsschutz: 1 Gewichtsteil Trockenmörtel zu 0,16 Gewichtsteile Wasser; Anmischverhältnis als Haftbrücke: 1 Gewichtsteil Trockenmörtel zu 0,18 Gewichtsteile Wasser; Frischmörtelrohdichte: ca. 2.100 kg/m³; Haftzugfestigkeit nach 28 Tagen > 1,5 N/mm²; Verarbeitungsdauer bei 20 °C ca. 60 Minuten.
Einsatzmöglichkeiten	Korrosionsschutz für Stahlarmierungen und Haftschlämme zwischen Beton und Reparaturmörtel in der Betoninstandsetzung. Gute Haftung auf Bewehrungsstahl und Betonuntergründen (Normal-, Schwer- und Leichtbeton). Erforderliche Abreißfestigkeit des Untergrundes 1,5 N/mm², Einzelwert nicht unter 1,0 N/mm².
Hinweise zur Verarbeitung	Bewehrungsstahl freilegen und Sa 2 1/2 entrosten. Jegliche Verschmutzungen, Trennmittel (Öl, Fett) entfernen. Die Kanten der Ausbruchstellen im Winkel 45° - 60° abschrägen. Mörtel in die entsprechende Wassermenge (Ansatz bei Verwendung als Haftschlämme und Korrosionsschutz unterschiedlich!) geben und mit einem Rührgerät (ca. 400 U/min.) solange rühren, bis eine homogene Masse entsteht. Den Stahl mit dem Korrosionsschutz satt einstreichen. Nach der Trocknung (ca. 4 h bis max. 48 h) die zweite Schicht auftragen. Die Mindestschichtdicke muss 1 mm betragen. Nach der Aushärtung der zweiten Schicht (ca. 24 h) wird die Haftschlämme aufgebracht. Für die Verwendung als Haftschlämme) den Untergrund vornässen und auf den nur noch mattfeuchten Untergrund die Haftschlämme mit einer Streichbürste porenfüllend auftragen. Danach den Füllmörtel (Reprofilierungsmörtel) in die Ausbruchstelle nass in nass einbringen. Voraussetzung für eine gute Haftung ist das Aufbringen des Mörtels in die noch feuchte Haftschlämme.
Lieferform	5-kg- und 25-kg-Sack
Verbrauch/ Ergiebigkeit	Korrosionsschutz: Ca. 160 g/m Trockenmörtel je Auftrag, Ø 16 mm. Haftschlämme: Ca. 1,6 - 2,0 kg/m² Trockenmörtel, je nach Art des Untergrundes.

Technisches Merkblatt (Auszug) **Hilfix-PCC-Mörtel** PCC-Feinmörtel	Hilfix
Produktbeschreibung	Kunststoffmodifizierter, faserverstärkter Zementmörtel (PCC Polymer Cement Concrete). Größtkorn: 2 mm; Frischmörtelrohdichte: ca. 2.200 kg/m³ Anmischverhältnis: 1 Gewichtsteil Trockenmörtel : 0,12 Gewichteteile Wasser (3 Liter Wasser pro Sack)
Einsatzmöglichkeiten	Zum Reprofilieren von befahrbaren, nicht befahrbaren und dynamisch beanspruchten horizontalen und vertikalen Betonuntergründen. Für die Instandsetzung von statisch relevanten Betonbauteilen. Zum Verfüllen von Fehl- und Ausbruchstellen und zum Flächenauftrag, z. B. zur Vergrößerung der Betondeckung. Zur Herstellung von Verbundestrichen (Schichtdicken von 15-40 mm). Erforderliche Abreißfestigkeit des Untergrundes 1,5 N/mm², Einzelwert nicht unter 1,0 N/mm². Für Normal-, Leicht- und Schwerbeton.
Hinweise zur Verarbeitung	Jegliche Verschmutzungen, Trennmittel (Öl, Fett) entfernen. Die Kanten der Ausbruchstellen im Winkel (45° - 60° abschrägen). Mörtel in Gefäß mit einer Teilmenge der erforderlichen Wasserzugabe geben und mit einem Rührgerät (ca. 400 U/min.) ca. 3 min. mischen. Danach restliches Wasser zugeben und nochmals rühren bis eine homogene Mörtelmasse entsteht. Den Mörtel auf die zuvor aufgebrachte Haftschlämme (Hilfix-Korrohaft) nass in nass festverdichtend auf- bzw. einbringen. Mindestschichtdicke 6 mm, maximale Schicht 40 mm. Bei tiefen Ausbruchstellen lagenweise reprofilieren. Hilfix-PCC-Mörtel kann im Nassspritzverfahren verarbeitet werden. Vor zu schneller Austrocknung infolge von Sonnen-einstrahlung oder Windeinwirkung durch geeignete Nachbehandlungsverfahren schützen.
Lieferform	25-kg-Sack
Verbrauch/ Ergiebigkeit	Trockenmörtel ca. 2,0 kg/mm/m².

Technisches Merkblatt (Auszug)
Hilfix-Betonspachtel
Kunststoffmodifizierter Zementspachtel

Produktbeschreibung	Kunststoffmodifizierter Zementmörtel, maschinell verarbeitbar, trocken filzbar. Für Schichtdicken von 1 - 5 mm. Größtkorn: 0,4 mm; Frischmörtelrohdichte: ca. 1900 kg/m³; MV 1 GT Mörtel : ca. 0,25-0,27 GT Wasser; 6,25 –6,75 l Wasser auf 25 kg (Sack); Mindestschichtdicke 1 mm, max. 5 mm; Höhere Schichtdicken können durch mehrlagiges Arbeiten erreicht werden.
Einsatzmöglichkeiten	Zum Füllen von Ausbruchstellen und Lunkern und zum ganzflächigen Spachteln von Betonbauteilen. Für alle Betonarten (Normal-, Schwer- und Leichtbeton).
Hinweise zur Verarbeitung	Die Abreißfestigkeit des Untergrundes muss 1,0 N/mm² im Mittel betragen, kleinster Einzelwert 0,5 N/mm². Bewehrungsstahl mit Korrohaft behandeln. Ausbruchstellen > 5 mm mit Hilfix-PCC-Mörtel reprofilieren. Zubereitung des Feinspachtels: Wassermenge in ein Gefäß geben, Mörtel zugeben und mit 400 U/Min. maschinell ca. 3 min. zu einer homogenen Masse verrühren. 2 min. reifen lassen, anschließend nochmals kurz rühren. Der Untergrund muss sauber und frei von trennenden Rückstanden (Öl) sein. Untergrund vornässen und matt abtrocknen lassen. Danach Hilfix-Betonsspachtel mit Traufel bzw. Glättkelle auftragen. Vor dem Auftragen des Feinspachtels darf er nur noch matt feucht sein. Vor Sonneneinstrahlung bzw. Austrocknung durch geeignete Nachbehandlungsmaßnahmen schützen.
Lieferform	10-kg- und 25-kg-Sack
Verbrauch	Trockenmörtel ca. 1,6 kg/m²/mm

Technisches Merkblatt (Auszug)
Hilfix-Betonschutz
Betonfarbe

Produktbeschreibung	Rissüberdeckende Schutzbeschichtung für Beton (auch mit Altbeschichtung) auf Basis Styrolacrylat-Dispersion; diffusionsäquivalente Luftschichtdicke sd H_2O: ca. 0,88 m (bei 160 µm Trockenschichtdicke; diffusionsäquivalente Luftschichtdicke sd CO_2: ca. 368 m (bei 160 µm Trockenschichtdicke); Dichte: ca. 1,4 g/cm³; Festkörpergehalt: ca. 65 Gew.-%; Trockenschichtdicke: ca. 40 – 50 µm/100 ml/m²		
Einsatzmöglichkeiten	Schutzbeschichtung auf alten, beschichteten und neuen Betonflächen.		
Hinweise zur Verarbeitung	Der Untergrund muss frei von Verschmutzungen und tragfähig sein (Trennmittel, Öle, Fette) entfernen. Tragfähigen Untergrund durch Festkörperstrahlen herstellen Haftzugfestigkeit i.M. 1,0 N/mm², kleinster Einzelwert 0,5 N/mm²). Der Untergrund muss frei von korrosionsfördernden Chloriden sein. Nichttragfähige Altanstriche entfernen, tragfähige Altanstriche durch Dampfstrahlen reinigen. Ausbruchstellen mit Hilfix-PCC Mörtel, Rautiefen und Lunker mit Hilfix-Betonspachtel nach Werksvorschrift ausbessern. Das gebrauchsfertige Material vor der Verarbeitung aufrühren und je nach Applikationsverfahren und Verarbeitungsbedingungen mit bis zu 5 % Wasser verdünnen. Das Material ist streich-, roll- und spritzbar (Airless 0,018-0,021 inch). Mindestens 80 µm Trockenschichtdicke sind erforderlich.		
Beschichtungsaufbau	**Untergrund**	**Grundierung**	**Beschichtung**
	Partielle Spachtelung mit Hilfix-Betonspachtel	Hilfix-Aquagrund 1 : 2 mit Wasser verdünnt	2 x Hilfix-Betonschutz
	Saugfähige, mineralische Untergründe (z. B. Beton, Putz)	Hilfix-Aquagrund	2 x Hilfix-Betonschutz
	Vollflächige Spachtelung mit Hilfix-Fassadenspachtel	entfällt	2 x Hilfix-Betonschutz
	Tragfähiger Altanstrich	CMO-Aquagrund	2 x Hilfix-Betonschutz
Lieferform	5-l- und 12-l-Eimer, weiß und in den Farbtönen der Hilfix-Palette		
Verbrauch/ Ergiebigkeit	Ca. 200 ml/m²/Anstrich		

Zu den häufiger eingesetzten Produkten sollte der Fachmann den Liter-Preis kennen. Auch wenn ein Produkt nicht als Liter-Gebinde im Handel ist, ist das sinnvoll, um gleichwertige Produkte vergleichen zu können.

- Verschiedene Produkte: Es muss darauf geachtet werden, wie viel in der Dose tatsächlich enthalten ist. Ein 750-ml-Gebinde zum Preis von 9,90 € ist teurer als ein 1-l-Gebinde zum Preis von 12,00 € : 9,90 : 750 · 1000 = 13,20 €.
- Gleiches Produkt: Je größer das Gebinde, umso günstiger ist der Literpreis. Wird ein Produkt selten und in geringer Menge gebraucht, so macht es Sinn, das kleinste Gebinde zu kaufen. Eine häufig verarbeitete weiße Grundierung kann auch bei kleiner momentaner Verbrauchsmenge als 3 l-Gebinde eingekauft werden, da es bald wieder benötigt wird.
- Heute sind Liter-Preise üblich, Kilogramm-Preise sind selten. Enthält ein Produkt viele schwere Füllstoffe, so kauft der Maler letztendlich über den Kilogrammpreis weniger Materialmenge ein.

Werkstoffe zur Beschichtung metallischer Untergründe

Lackfabrik Köln

Grundierungen (S. 211)	500 ml	1 l	2,5 l	5 kg	25 kg
Alkydgrund 80	3,40 €	6,20 €	14,50 €		
Haftgrund Aqua EP	5,20 €	9,15 €	22,50 €		
Haftgrund LM EP	5,40 €	9,40 €	23,50 €		
Zinkstaubgrund EP				19,60 €	87,50 €

Zwischen- und Schlussbeschichtungen für normale bis hohe Beanspruchung (S. 212-213)	750 ml	2,5 l	10 l	200 g	500 g
Alkydglanz 290	10,20 €	30,75 €			
Mipolat Dickschicht	7,50 €	18,00 €			
Acrylic Satin	10,35 €	32,80 €			
2K-Purcryl Hochglanz	25,80 €	85,30 €	350,00 €		
2K-Purcryl Härter				4,70 €	10,50 €

Zwischen- und Schlussbeschichtung für sehr hohe Beanspruchung (S. 214)	2,5 kg	5 kg	20 kg		
2K-EP Eisenglimmer	7,90 €				
PU2K-Dickschicht	27,50 €	52,50 €	198,00 €		

Beschichtung von Dachrinnen, Rohren, Geländern, Heizkörpern (S. 215)	750 ml	1 l	2,5 l	10 l	
Vinylio Dachrinnenlack	5,70 €				
Metallhaftlack	4,20 €		9,40 €	35,10 € nur weiß	
Bitumol	3,80 €		8,80 €		
Heizkörperlack 180		12,00 €	29,00 €	110,30 €	
Heizkörperlack 180 Aqua		11,20 €	27,10 €	98,10 €	

Carpaint Berlin

Fahrzeuglackierung (S. 217)	200 ml	500 ml	750 ml	1 l	5 l
Acrylclear HS				26,50 €	129,00 €
Härter MS	4,80 €	10,80 €		19,80 €	97,50 €
Verdünnung CP		3,50 €		6,10 €	29,20 €

Werkstoffe zur Beschichtung von Holz

Holz Müller Hamburg-Kiel-Rostock

Verkittung, Imprägnierung, Grundbeschichtung für Fenster und Türen (S. 221)	500 ml	1 l	3 l	Kartuschen à 310 ml
Acrykitt				3,80 €
Holzimprägnierung 10	1,90 €	2,80 €	7,90 €	
Exoten-Isoliergrund	3,90 €	7,30 €	19,90 €	
Grundweiß LM weiß	4,50 €	7,90 €	22,50 €	
Farbsysteme		8,40 €	24,00 €	
Grundweiß Aqua	3,60 €	6,90 €	20,50 €	
Farbsysteme		7,90 €	22,00 €	

Werkstoffe zur Beschichtung von Holz

Holz Müller
Hamburg-Kiel-Rostock

Lasierende Grund-, Zwischen und Deckbeschichtung für Fenster und Türen (S. 222)	500 ml	1 l	3 l	
Holzlasur top 10	5,10 €	9,60 €	27,90 €	
Holzlasur Dickschicht	5,90 €	11,10 €	32,40 €	
Holzlasur Aqua	5,00 €	9,50 €	27,00 €	

Deckende Grund, Zwischen- und Schlussbeschichtung für Fenster und Türen (S. 223)	500 ml	1 l	3 l	
Window Alkyd 20	8,30 €	15,20 €	44,50 €	
Window Acryl 20	7,90 €	14,90 €	43,80 €	

Beschichtung von Parkett- und Holzböden (S. 224)	250 ml	500 ml	1 l	3 l	
Floorsiegel Aqua		4,80 €	8,50 €	24,60 €	
Floorgrund bio	3,30 €	5,95 €	11,30 €		
Floorwachs bio	4,30 €	7,90 €	15,40 €		

Beschichtung von Möbeln (S.225)	250 ml	500 ml	1 l	2,5 l	3 l
AcPU-Aqua		7,90 €	37,20 €		x
Olio X	5,90 €	9,90 €	16,80 €		
Möbelwachs bio	4,20 €	7,20 €	12,30 €		

Beschichtung von besonderen Objekten (Theken, Boote, Schultafeln) (S. 226)	500 ml	750 ml	1 l	2,5 l	10 l
Holzsiegel HS	9,90 €		18,30 €		169,10 €
Bootslack PUR	13,10 €		25,00 €	61,25 €	220,00 €
Schultafellack	16,90 €		32,50 €		

Werkstoffe zur Beschichtung von Kunststoffen am Bau

Housepaint
Dresden

Grundierungen für Kunststoffe am Bau (S. 228)	750 ml	1 l	2,5 l	1 kg	5 kg
KU-Lacrylgrund	18,69 €		54,99 €		
KU-Pox-Grund				37,90 €	180,50 €

Beschichtungen für Kunststoffe am Bau (S. 228-229)	750 ml	2,5 l	3 l	5 l	7 kg
PU-Lacryl	23,99 €	62,75 €		112,99 €	
HS-Lakyd	21,83 €		69,98 €		
Puretan					

Werkstoffe zur Beschichtung von Kunststoffen am Fahrzeug

Carpaint
Berlin

Werkstoffe zur Untergrundvorbereitung für Kunststoffe am Fahrzeug (S. 231)	200 ml	500 ml	1 l	250 g	1 kg
Plastic-Primer			62,95 €		
Elastifizierer	14,95 €		49,95 €		
Porenwischfüller				9,95	35,43

Beschichtungen für Kunststoffe am Fahrzeug (S. 232)	250 ml	500 ml	750 ml	1 l	2,5 l
Basecoat		64,90 €		119,95 €	
Clearcoat		24,95 €		42,67 €	
Topcoat		49,95 €		93,72 €	

Werkstoffe zur Beschichtung von mineralischen Untergründen

Coating materials international | Ecolos Stuttgart München

Grundierungen (S. 235-236)					
	1 l	5 l	10 l	5 kg	12,5 kg
Tiefgrund	5,96 €		42,50 €		
Aquagrund	3,30 €		25,00 €		
Fixativ		47,41 €	89,43 €		
Primkat		25,48 €	45,29 €		
Grundoxan			58,95 €		
Claygrund				54,90 €	116,00 €

Fassadenfarben (S. 237-238)					
	5 l	10 l	12,5 l	5 kg	12,5 kg
Lotophobo	65,90 €	119,37 €			
Silika				39,75 €	182,78 €
Dispersika				63,75 €	273,50 €
Silicona			167,79 €		
Dispersiona		78,69 €			

Innenwandfarben (S. 239-241)					
	5 l	10 l	15 l	2 kg	10 kg
Inkat			79,61 €		
Diskativ	52,70 €		137,30 €		
Insilco		134,25 €			
Claypaint				27,50 €	86,00 €
Kalka	39,90 €	67,90 €			
Latexcoat	72,34 €	129,99 €			
Dispefa	48,00 €	94,10 €			

Putze (S. 241-244)					
	5 kg	10 kg	25 kg	30 kg	
Kalkputz				13,30 €	
Gipsputz				17,64 €	
Zementputz				4,93 €	
Disperplast			14,40 €		
Buntsteinputz			34,80 €		
Silikaputz			74,50 €		
Silicoputz			73,75 €		
Marblo	60,21 €				
Clayplaster				14,20 €	
Clayfinery				17,60 €	

Werkstoffe zur Bearbeitung von Fußböden

MeFlo

Werkstoffe zur Vorbereitung von Belags- und Beschichtungsarbeiten von Fußböden (S. 247-249)					
	5 l	10 l	5 kg	10 kg	12 kg
Primer			54,35 €	87,45 €	
Ausgleichsmasse					63,75 €
Reiniger	25,43 €	40,23 €			
Impur 100	89,85 €	157,93 €			
Sperrgrund				187,10 €	
Voranstrich					183,00 €
Parkettgrund				160,72 €	
Abdichtung			27,50 €	50,20 €	
Injektionsharz			53,75 €		
EP-Aquagrund				122,50 €	

Werkstoffe zur Bearbeitung von Fußböden

Werkstoffe für die Verlegung von Bodenbelägen (S. 250-252)	3 kg	4 kg	10 kg	14 kg	25 kg
Textilelift	15,90 €		49,25 €		
Textilebond				90,36 €	
Elastobond				45,30 €	
Woodbond			77,46 €		
Flexmörtelkleber		5,60 €			25,70 €

Werkstoffe für die Beschichtung von Fußböden (S. 252-254)	5 l	10 l	5 kg	10 kg	25 kg
Acryl-Siegel	33,90 €	61,98 €			
EP-Vario				124,40 €	287,75 €
EP-Aqua				172,30 €	380,25 €
PU-Transflex			174,50 €		

Werk- und Hilfsstoffe

Spachtelmassen (S. 256-257)	5 kg	16 kg	25 kg		
Gypsum	9,70 €		38,50 €		
Displast	12,45 €	32,80 €			
Fassadenspachtel	26,10 €		106,80 €		

Fugenprimer und Dichtstoffe (S. 257-258)	250 ml	1 l	Kartusche	Beutel	
Fugenprimer	12,60 €	32,80 €			
Plastocryl			7,87 €		
Elastosil			8,40 €		
Elastopur			15,40 €	29,95 €	

Werk- und Hilfsstoffe für Tapezierarbeiten (S. 258-260)	5 l	10 l	125 g	750 g	3 kg
Tapeziergrund	38,50 €	64,00 €			
Normalkleister			3,49 €		
Spezialkleister			5,35 €		
Dispersionskleber				7,95 €	21,95 €

Isolieranstriche (S. 260)	750 ml	2,5 l	5 l	10 l	
Isofix	16,95 €	44,50 €		148,97 €	
Isoaquafix			116,60 €	218,95 €	

Werk- und Hilfsstoffe für Betoninstandsetzung (S. 261-262)	5 l	12 l	5 kg	10 kg	25 kg
Korrohaft			7,72 €		34,45 €
PCC-Mörtel					38,65 €
Betonspachtel				17,60 €	35,25 €
Betonschutz	52,35 €	114,00 €			

Adobe Stock.com, Dublin, Irland:

S. 13/1 © photoclicks
S. 14/1 © Gerhard Egger
S. 14/2 © Szasz-Fabina Jozsef
S. 14/3 © sakura
S. 19/2 © juk
S. 19/3 © Frank_U
S. 23/1 © MeeRok
S. 27 © kinara
S. 34/1 © Dariusz Kopestynski
S. 34/2 © Romsky
S. 34/3 © Klaus-Peter Adler
S. 34/4 © Liane Remmler
S. 34/4 © Samari
S. 34/5 © weim
S. 35/4 © Daniel Bujack
S. 35/5 © Kirsty Pargeter
S. 40/3 © FotoFrank
S. 40/4 © riko23
S. 69/1 © Michael Kempf
S. 73/1 © ArtmannWitte
S. 73/2 © Mirko Raatz
S. 73/3 © Michael Kempf
S. 73/5 © hazan
S. 73/6 © Sebastian Krauleidis
S. 74/1 © Otto Durst
S. 74/3 © Klaus Eppele
S. 74/4 © fancyfocus
S. 75/2 © schachspieler
S. 78/1 © myriam spitz mooser
S. 78/2 © Franck Boston
S. 78/3 © Gina Sanders
S. 82/1 a © DREIDESIGN.com
S. 82/1 b © euregiophoto
S. 82/1 c © euregiophoto
S. 82/1 d © Grischa Georgiew
S. 82/1 e © arsdigital.de
S. 82/1 f © euregiophoto
S. 82/1 g © DREIDESIGN.com
S. 82/1 h © 3darcastudio
S. 125/1 a © view7
S. 125/1 b © BG
S. 125/1 c © BG
S. 125/2 a © Franck Boston
S. 125/2 b © SIGNTIME
S. 139/1 © Kirsty Pargeter
S. 139/2 © Ingo Bartussek
S. 139/3 © G. Schwarz
S. 139/4 © Alterfalter
S. 140/1 © Jean Kobben
S. 141/1 © SIGNTIME
S. 143/1 b © FrankU
S. 146/2 © bogopicture
S. 146/3 © Clara Dinand
S. 146/4 © Alterfalter
S. 146/5 © Wolfgang Cibura
S. 147/3 © Clara Dinand
S. 147/5 © Lisa F. Young
S. 149/1 a © electriceye
S. 149/1 b © Irina Fischer
S. 153/1 © Friedberg
S. 153/2 © FotoLyriX
S. 153/3 © Otto Durst
S. 153/4 © Sharpshot
S. 156/1 © Kaarsten

Adobe Stock.com, Dublin, Irland:

S. 156/2 © fotohansi
S. 156/3 © Friedberg
S. 159/1 © Edyta Pawlowska
S. 160/1 © garteneidechse
S. 192/2 a © minimalistisch
S. 192/2 b © Jürgen Effner
S. 192/2 c © khorixas
S. 192/2 d © Stihl024
S. 192/2 e © GordonGrand
S. 198/1 © Heiner Witthake
S. 199/1 © philipus
S. 199/2 © Dan Race
S. 202/1 © Gina Sanders
S. 203/1 © M&S Fotodesign
S. 202/2 © Pictures4you
S. 202/3 © Gina Sanders
S. 202/4 © Pictures4you
S. 206/1 © Frank-Peter Funke
S. 206/2 © januar design
S. 206/3 © shellifish
S. 206/4 © Andreas Böhm
S. 211 © Gunnar Assmy
S. 212 © Gunnar Assmy
S. 213 © Gunnar Assmy
S. 214 © Gunnar Assmy
S. 215 © Gunnar Assmy
S. 216 © Gunnar Assmy
S. 217 © Vladimir Kramin
S. 218 © Vladimir Kramin
S. 219/1 © Neale Cousland
S. 220/1 © magda3lna
S. 228 © Maksym Yemelyanov
S. 229 © Maksym Yemelyanov
S. 230/1 © Jaak
S. 230/2 © FotoWorx
S. 230/3 © Matthias Haas
S. 231/1 © Vladimir Kramin
S. 231/3 © Vladimir Kramin
S. 231/4 © Vladimir Kramin
S. 232 © Vladimir Kramin
S. 233/1 © mirpic
S. 233/3 © Khorzhevska
S. 234/2 © Tiberius Gracchus
S. 235 © M S
S. 236/1 © M S
S. 236/2 © M S
S. 236/3 © julien tromeur
S. 237 © M S
S. 238 © M S
S. 239 © M S
S. 240/1 © julien tromeur
S. 240/2 © M S
S. 240/3 © M S
S. 241 © M S
S. 242 © M S
S. 243 © M S
S. 244 © julien tromeur
S. 245/1 © RRF
S. 245/2 © Klaus-Peter Adler
S. 245/3 © Jacques Ribieff
S. 246/1 © Jacques PALUT
S. 255/1 © Franz Pfluegl
S. 255/2 © smena
S. 255/3 © Tatjana Balzer

Adobe Stock.com, Dublin, Irland:

S. 263/1 © Gunnar Assmy
S. 263/2 © Vladimir Kramin
S. 264/2 © Maksym Yemelyanov
S. 264/3 © Vladimir Kramin
S. 265/1 © M S
S. 265/2 © julien tromeur

Archiv Verlag Europa-Lehrmittel, Haan-Gruiten:

S. 145
S. 178

Beuth Verlag GmbH, Berlin:

S. 71

dpa Picture-Alliance GmbH, Frankfurt am Main:

S. 193
S. 194

Fotos der Autoren, Haan-Gruiten:

S. 9
S. 39/5
S. 42/1 – 4
S. 59/3 a – i
S. 60/1 – 2
S. 61/1
S. 62/1 – 2
S. 63/1 – 2
S. 64/1 – 2
S. 65
S. 66
S. 70
S. 73/4 + 7
S. 74/2 + 5
S. 75/1, 3 – 7
S. 107
S. 108
S. 131
S. 133
S. 134
S. 152
S. 157
S. 158
S. 174
S. 182
S. 206/5
S. 209
S. 210
S. 219/2 – 3
S. 220/2
S. 227
S. 230/4
S. 231/2
S. 233/2
S. 234/1 + 3
S. 246/2 – 3